SCHRIFTENREIHE FÜR GEOLOGISCHE WISSENSCHAFTEN

HEFT 11

HERAUSGEGEBEN VOM VORSTAND DER GESELLSCHAFT
FÜR GEOLOGISCHE WISSENSCHAFTEN DER DDR (GGW)

MANFRED STÖRR (Hrsg.)

V. Internationales Symposium — Genese des Kaolins

Mit 164 Abbildungen und 58 Tabellen

IUGS
UNESCO
IGCP

THEORIA CUM PRAXI

AKADEMIE-VERLAG · BERLIN

Schriftenr. geol. Wiss. · Berlin 11 (1978) · S. 1—350

Die „Schriftenreihe für Geologische Wissenschaften" erscheint in Ergänzung zur „Zeitschrift für Geologische Wissenschaften".

Die Hefte werden in zwangloser Folge herausgegeben und jeweils einem Themenkomplex gewidmet. In ihnen können sowohl umfangreichere Einzelarbeiten als auch Arbeiten mehrerer Autoren zu vielseitig interessierenden Themen veröffentlicht werden. So ergänzen sich beide Publikationsorgane sinnvoll.

Die Themen und Reihenfolge der Hefte der Schriftenreihe werden von Verlag und Herausgeber festgelegt.

Herausgeber ist der Vorstand der Gesellschaft für Geologische Wissenschaften der DDR (GGW)

— Vorsitzender der GGW: Prof. Dr. sc. nat. RUDOLF DABER, Museum für Naturkunde an der Humboldt-Universität zu Berlin, DDR - 104 Berlin, Invalidenstraße 43

— Wissenschaftlicher Sekretär der GGW: Dipl.-Min. JOACHIM LAMPRECHT

— Das Sekretariat der Gesellschaft für Geologische Wissenschaften der DDR hat seinen Sitz in DDR - 104 Berlin, Invalidenstraße 43, Fernsprecher 2826490/2826460

— Mit der Herausgabe dieses Heftes beauftragt: Prof. Dr. sc. nat. MANFRED STÖRR, Ernst-Moritz-Arndt-Universität Greifswald, DDR - 22 Greifswald, Friedrich-Ludwig-Jahn-Straße 17a

Redaktion der Schriftenreihe für Geologische Wissenschaften: DDR - 1055 Berlin, Dimitroffstraße 171, Fernsprecher 4365441

Redaktionelle Betreuung der Schriftenreihe: Dipl.-Geol. ERIKA BIELEFELDT und Dipl.-Geol. IRMGARD FUHRMANN

Manuskripte und Korrespondenz erbeten an die Anschrift der Redaktion

Redaktionsschluß: 25. Mai 1977

Erschienen im Akademie-Verlag, 108 Berlin, Leipziger Straße 3—4

Lizenznummer: 100/467/78
P 173/77
Gesamtherstellung: VEB Druckhaus „Maxim Gorki", 74 Altenburg
Bestellnummer: 7625796 (2170/11) · LSV 1425
Printed in GDR
DDR 68,— M

INHALT

СОДЕРЖАНИЕ

CONTENTS

Vorwort

Im vorliegenden Heft der „Schriftenreihe für Geologische Wissenschaften" werden die meisten der auf dem V. Internationalen Symposium „Genese des Kaolins" des Projekts Nr. 23 „Correlation of Genesis of Kaolin" des IGCP der UNESCO gehaltenen Vorträge publiziert. Das Symposium wurde von der Sektion Geologische Wissenschaften der Ernst-Moritz-Arndt-Universität Greifswald organisiert und fand vom 14. bis 20. September 1975 in Dresden statt. Das Programm von drei Vortragstagen und vier Tagen Exkursionen

Abb. Teilnehmer an der Exkursion

zu den wichtigsten Kaolinaufschlüssen unseres Landes bot Gelegenheit, eine Fülle wissenschaftlicher Probleme zu behandeln.

Nutzung und Erforschung des Kaolins haben gerade vom Gebiet der DDR aus wesentliche Impulse erhalten. So führte die Erfindung des Porzellans durch J. F. Böttger zu Beginn des 18. Jahrhunderts in Meißen zu einer intensiven Untersuchung der Kaoline. Am Anfang unseres Jahrhunderts wurde die wissenschaftliche Diskussion des Kaolinproblems ganz besonders durch die in den damaligen Ländern Sachsen und Thüringen gewonnenen Erkenntnisse beeinflußt. Im Bestreben, diese Traditionen weiterführen zu wollen, wurde das Symposium in Dresden genutzt, die neuesten Forschungsergebnisse zu diskutieren und damit zur Erfüllung des IGCP-Projekts beizutragen.

Die Veranstalter möchten die Gelegenheit nutzen, sich bei allen Autoren und Teilnehmern am Symposium für ihre aktive Mitwirkung zu bedanken. Weiterhin gilt unser Dank der Leitung der Ernst-Moritz-Arndt-Universität für die Unterstützung der Veranstaltung. Ganz besonders danken wir der Redaktion der „Schriftenreihe für Geologische Wissenschaften" für die Herausgabe und gute Ausstattung des vorliegenden Heftes.

Manfred Störr

Schriftenr. geol. Wiss. · Berlin 11 (1978) · S. 9—28

Zur Bildung von Lagerstätten chemogener eluvialer Tone

Von FEDOR VASIL'EVIČ ČUCHROV, Moskau

Mit 10 Abbildungen

1. Einleitung

Das chemogene Eluvium ist die Gesamtheit der in situ lagernden chemischen Umwandlungsprodukte der in der Hypergenesezone instabilen Minerale. Die Vorgänge bei seiner Anreicherung und sein Stoffbestand sind für die genetische Deutung vieler nutzbarer Minerale von großem Interesse. Zu letzteren gehören Kaolintone, Bentonite und Bauxite.

Die Hauptprodukte des chemogenen Eluviums reichern sich auf dem Festland unter subaerischen Bedingungen an, wo der wichtigste Faktor für seine Entstehung die Einwirkung der deszendenten Oberflächenwässer auf die Gesteine ist. Es ist dies das subaerische chemogene Eluvium, das die typischen Verwitterungskrusten, die Ansammlung hypergenen Materials in schmalen Zonen unterschiedlicher Teufe und die Böden aufbaut.

Neben dem subaerischen kann das subaquatische chemogene Eluvium ausgeschieden werden. Es entsteht unter marinen Bedingungen, indem das klastische Material zerfällt und neue stabile Minerale gebildet werden. Für dieses subaquatische chemogene Eluvium wird der zusammenfassende Begriff Hydroeluvium vorgeschlagen.

In diesem Beitrag sollen die wichtigsten Bildungsbedingungen des chemogenen Eluviums, seine Umwandlung und das Verhältnis zwischen Ton- und Bauxitbildung betrachtet werden.

2. Das subaerische chemogene Eluvium

Die bis heute bekannten Daten verweisen für die Bildungen des alten subaerischen Eluviums eindeutig auf Bedingungen eines feuchten und warmen Klimas. Es war die Voraussetzung für den intensiven Zerfall der Minerale. Die Mächtigkeit der eluvialen Lager wird durch die Höhe des Grundwasserspiegels in bezug auf die durch Denudationsprozesse relativ eingeebnete Oberfläche bestimmt. Die Unterschiede im Mineralbestand des chemogenen Eluviums hängen von der Verwitterungsintensität ab, die durch die Zerfallsgeschwindigkeit der Ausgangsminerale und die Wegfuhr der einzelnen Komponenten bestimmt wird, mit anderen Worten von der Durchlässigkeit der Hypergenesezone und vom Charakter der verwitternden Gesteine.

Die intensive Zerklüftung, wie sie für plateauartige Anhöhen tropischer Gebiete charakteristisch ist, beschleunigt erstens die Verwitterung, zweitens bestimmt sie die fast völlige Oxydation des Eisens noch vor dem Zerfall der Silikate und drittens gewährleistet sie die intensive Abfuhr der Kieselsäure und der Basen. Mit Abnahme der Durchlässigkeit wird die Intensität dieser Vorgänge geringer. In solchen Gebieten der feuchten Tropen, in denen während der Bildung des chemogenen Eluviums die Durchlässigkeit vermindert wurde, werden sich die Verwitterungsprofile in ihrem chemischen und in ihrem Mineralbestand nicht von den Zonen der intensivsten Durchlässigkeit in den außertropischen Gebieten unterscheiden.

2.1. Verwitterungskrusten auf aluminiumreichen Silikatgesteinen

Unter den Bedingungen der höchsten Durchlässigkeit können sich aus Bauxit aufgebaute Verwitterungskrusten bilden. Bei Abnahme der Verwitterungsintensität wird die unter den Bauxiten folgende Zone der Kaolintone mächtiger. In außertropischen

Gebieten ist die Bildung von Mineralen der freien Tonerde stark reduziert. Selbst bei maximaler Durchlässigkeit sind die Verwitterungskrusten hier fast völlig aus Kaolintonen aufgebaut.

Eine weniger intensive Verwitterung und die Abfuhr von Basen und Kieselsäure führt zur Bildung von Hydroglimmern, Chloriten, Montmorilloniten, Nontroniten. Die Profile des chemogenen Eluviums, die sich unter verschiedenen Verwitterungsbedingungen, vor allem bei unterschiedlicher Durchlässigkeit bilden, sind auf Abb. 1 gezeigt. Der intensivste Silikatzerfall bei gleichzeitiger Wegfuhr des Siliziums aus den Alkali- und Erdalkalimineralen ist für die Profile vom Typ 1a und 1b kennzeichnend, die für die Lateritverwitterungskrusten vieler Länder typisch sind. Ein Profil, ähnlich dem Typ 1c ist an obertriassischen Verwitterungskrusten auf Diabasen der Depression

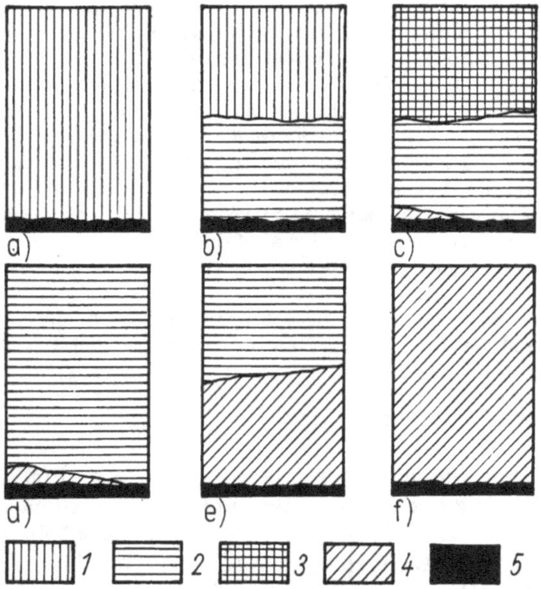

Abb. 1. Profile des chemogenen Eluviums über aluminiumreichen Silikatgesteinen, geordnet nach Abnahme der Verwitterungsintensität (von a zu f)

1 – Al-Oxide; 2 – Kaolinit, Halloysit; 3 – Al-Oxide, Kaolinit, Halloysit; 4 – Hydroglimmer, Chlorit, Montmorillonit, Nontronit usw.; 5 – verwitterndes Ausgangsgestein

von Orsk (Südural) gefunden worden, wo unter der Gibbsit-Kaolinitzone eine Hydrochlorit- und Kaolinitzone vorhanden ist (Černjachovskij 1966). In der Verwitterungskruste des Pechsteins bei Meißen (DDR) besteht die oberste Zone der Verwitterungskruste zu ungefähr gleichen Anteilen aus Kaolinit und einem mixed-layer Illit-Montmorillonit-Schichtmineral. In größerer Teufe verringert sich der Kaolinitanteil und bei 35 m Tiefe ist er verschwunden; in einer noch tiefer gelegenen, 5–10 m mächtigen Zone herrscht ein Illit-Montmorillonit-Mineral vor (Störr u. a. 1969). Dieses Beispiel ist ein Übergangsprofil für 1d zu 1e: Profile der Typen 1d und 1e sind weit verbreitet und aus zahlreichen Ländern bekannt, auch aus einigen Gebieten der UdSSR.

In den unteren Teilen der Kaolinverwitterungskruste auf Graniten (Typ 1d) fehlt fast immer als relativ leicht verwitterndes Mineral der Plagioklas, dagegen wird Kalifeldspat nicht selten in bedeutenden Mengen zugleich mit Kaolinit oder Hydroglimmer beobachtet (Kramarenko 1968). Bei der Kaolinisierung von Graniten auf dem Massiv Saint-Austell in Cornwall (England) wurde Plagioklas zu Kaolinit umgebildet; der

Kalifeldspat ist hier durch ein Gemisch von Glimmer und Quarz ersetzt bzw. unverändert erhalten (Bristow 1969). In Tirschenreuth (BRD) bleiben während der Kaolinisierung des Plagioklases Kalifeldspat und Glimmer unverändert erhalten (Köster 1974). Ein Profil nach Typ 1e mit Kaolin- und Hydroglimmerzone ist z. B. charakteristisch für die Verwitterungskruste von Lipariten und sauren Tuffen der Lagerstätte von Angren in Mittelasien (Petrov 1969). Es muß hervorgehoben werden, daß der Gehalt an den einzelnen Schichtsilikaten im Toneluvium sehr stark vom Mineralbestand und damit von der chemischen Zusammensetzung der Ausgangsgesteine abhängt.

In der Ukrainischen SSR ist die Entwicklung von Montmorillonit im unteren Teil der Kaolinzone (Typ 1d, 1e) charakteristisch für die Verwitterungskrusten von Tscharnokit, Granodiorit, Amphibol-Pyroxen-Plagioklasgneis, Monzonit, Syenit, Anorthosit; die Verwitterungszone auf Gabbro, Noriten, Amphiboliten, Chlorit-Amphibolschiefern unterscheidet sich von den soeben genannten durch höheren Gehalt an Montmorillonit und Auftreten von Hydrochlorit und Vermiculit (Rus'ko 1974).

Die weit bekannte rotfarbene Verwitterungskruste bei Adsharia an der Schwarzmeerküste (Romaškevič 1974) kann auf Grund der Struktur ihres Profils als Übergangsbereich von 1e zu 1f betrachtet werden. Der obere Bereich wird an vielen Stellen von einer Ocker-Kaolinmasse, ihre untere Zone von Eisenmontmorillonit aufgebaut. Sehr wahrscheinlich war der Bereich des sich hier über hyaloklastischen Gesteinen gebildeten Montmorillonits ursprünglich bedeutend mächtiger, infolge der Umwandlung von Montmorillonit zu Kaolinit wurde er jedoch verringert (Rasumova 1974).

Das Profil vom Typ 1f ist für die Montmorillonit-Hydroglimmer-Verwitterungskruste aus dem Prä-Eifel im Gebiet der Kursker Magnetanomalie charakteristisch, die sich über Muskovit-Biotitgneisen gebildet hat; der Montmorillonitgehalt erreicht in ihr 55% (Nikitina 1968).

Montmorillonit-Verwitterungskrusten nach Typ 1f sind im europäischen Teil der RSFSR nachgewiesen worden; die Bentonittone haben sich über basenreichen Gesteinen gebildet (Kirsanov 1972). Auf der Insel Olchon (im Baikalsee) haben sich über Granitoiden Kaolintone gebildet; im chemogenen Eluvium aus Amphiboliten, Pyroxeniten und Amphibolschiefern herrscht der Montmorillonit vor (Čekin 1968).

Die Abhängigkeit der Verwitterungsprodukte von den Ausgangsgesteinen kann ferner durch das präglaziale chemogene Eluvium von Oliviniten und den mit ihnen verbundenen Phlogopit-führenden Olivin-Pyroxengesteinen des Kovdormassivs auf der Halbinsel Kola belegt werden. Die untere Zone dieses Eluviums wird von Hydrophlogopit über Vermiculit bis zu Phlogopit aufgebaut, während die obere (Tonzone) durch das Endprodukt der Phlogopitverwitterung, den Kolskit, der mit Lizardit identisch ist, vertreten wird. Auf aluminiumreichen Gesteinen der Halbinsel Kola hat sich eine Kaolinverwitterungskruste mit einer Hydroglimmerzone im unteren Teil des Profils gebildet (Afanasev 1964).

In einigen Kaolinlagerstätten der UdSSR ist für das gesamte Eluvialprofil der Tone ein Gehalt an ausschließlich Kaolinit- und Hydroglimmer kennzeichnend (Rusinov & Mucha 1975). Als mögliche Ursache für diese Erscheinung kann der ausnehmend hohe Glimmergehalt in den Primärgesteinen angesehen werden (Rus'ko 1974). In der Lagerstätte Newjansk im Ural sind die erhöhte Hydroglimmermengen enthaltenden Kaolintone das chemogene Eluvium der liegenden Glimmerschiefer (Petrov 1969).

Die Durchlässigkeit, von der in vielem der Mineralbestand des chemogenen Eluviums abhängt, wird außer durch das Klima vom Relief bestimmt. Die Abhängigkeit des Stoffbestands der Verwitterungskrusten vom Relief wird an Lagerstätten in Westafrika und der Kasachischen SSR bewiesen. Dort haben sich auf Hochebenen Laterite gebildet, in Tiefebenen ist das Eluvium hingegen hauptsächlich durch Kaolintone vertreten (Michajlov 1970, 1971).

Die Abhängigkeit des chemischen und des mineralischen Bestands des chemogenen Eluviums von der Durchlässigkeit gestattet nicht nur die Deutung der Struktureigenheiten der Verwitterungsprofile, sondern darüber hinaus die räumliche Trennung sowie das unterschiedliche Alter der eigentlichen eluvialen Kaolin- und Bauxitlagerstätten zu klären. Beispiele für unterschiedlich altes, chemogenes, subaerisches Eluvium liefern die prätertiären Verwitterungskrusten der Kaoline und die eozänen Bauxite von Guayana (Valeton 1973).

2.2. Verwitterungskrusten auf relativ eisenreichen Silikatgesteinen

Am ausführlichsten untersucht sind Verwitterungskrusten dieses Typs, die sich über Serpentiniten und solchen Gesteinen gebildet haben, die für sie Ausgangsgesteine sind (Abb. 2). Bei maximaler Durchlässigkeit werden Basen und Kieselsäure fast vollständig weggeführt, während Eisen und Aluminium als Hydroxide im chemogenen Eluvium angereichert werden. Nur in den untersten Teilen der Verwitterungsprofile werden manchmal Nontronit, Montmorillonit, Chlorit und andere Silikate beobachtet, die leicht in Lösung übergehende Basen enthalten. Mit Verringerung der Durchlässigkeit vergrößert sich diese Silikatzone; sie ist umso mächtiger, je weniger intensiv Basen und Kieselsäure weggeführt wurden. Wenn bedeutend weniger Kieselsäure abtransportiert wird, dann bilden sich in der oberen Zone des Profils anstatt der Minerale der freien Tonerde zugleich mit den Eisenoxyden Kaolinit oder Halloysit. Wird die Abfuhr des aufgelösten Materials aus der Verwitterungskruste gleich Null, kommt es zur Vorherrschaft von basenreichen Schichtsilikaten; dies ist vor allem der Nontronit. In der Übergangszone

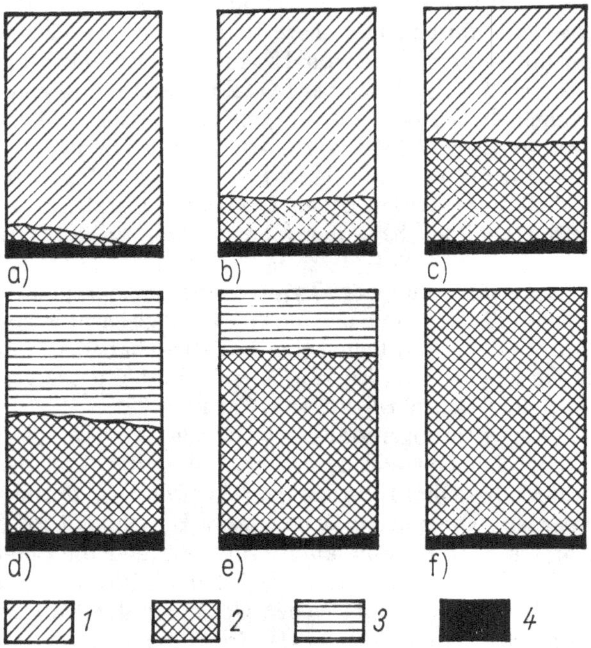

Abb. 2. Profile des chemogenen Eluviums über relativ eisenreichen Silikatgesteinen, geordnet nach Abnahme der Verwitterungsintensität

1 — Fe^{3+} und Al-Oxide; 2 — Nontronit, Montmorillonit; 3 — Fe^{3+}-Oxide, Kaolinit, Halloysit; 4 — verwitterndes Ausgangsgestein

zum Ausgangsgestein sind Anzeichen einer äußerst intensiven Abfuhr von Magnesium und Calcium nicht selten.

Profile intensiver Verwitterung — 2a, 2b, 2c — sind für Verwitterungskrusten sehr charakteristisch, die über Serpentiniten unter den Bedingungen eines tropischen Klimas entstanden sind (Kuba, Guinea, Südural, Kasachische SSR und andere). Das in den Ausgangsgesteinen enthaltene Aluminium ist im gesamten Eluvium oder zumindest in seinem oberen Teil an Minerale der freien Tonerde gebunden. Eine verringerte Durchlässigkeit führt zur Bildung von Profilen des Typs 2d, 2b oder/und 2f. Ein typischer Vertreter von Verwitterungskrusten nach Typ 2d und 2e ist die eluviale Nickellagerstätte von Glavitsa-Golesch im Bezirk Kossowo (Serbien, SFR Jugoslawien). Hier wird die untere Zone von Nontroniten aufgebaut, die obere aus Goethit mit einem untergeordneten Anteil (18—45%) von Halloysit und Kaolinit, wobei ersterer wiederum vorherrschend ist (Maksimović & Crnković 1968).

Charakteristische Profile vom Typ 2f haben sich in Niederungsgebieten von Westafrika mit Verwitterung ultrabasischer Gesteine unter den Bedingungen einer verminderten Durchlässigkeit gebildet; Hauptminerale des Eluviums sind Montmorillonit und Nontronit, freie Eisenoxide fehlen (Michajlov 1968). Ein Profil analogen Typs hat sich über Serpentiniten in Brunei/Südostmalaysia (Staat Sabach) in Gebieten gebildet, wo die Verwitterungskruste auf Bergabhängen liegt, d. h. dort, wo der Oberflächenabfluß vor dem Einsickern des Wassers stark vorherrscht. Ebenfalls in Brunei an Stellen einer zwar intensiveren aber noch immer behinderten Einsickerung (über geneigt lagernden Andesitkörpern) besteht die Verwitterungskruste hauptsächlich aus Kaolinit und Goethit, die im Liegenden von Nontronit abgelöst werden. Auf plateauförmigen Bereichen ist die Verwitterungskruste bei maximaler Einsickerung lateritisch; ihre Hauptminerale sind Goethit und Gibbsit (Eswaran & Sys 1972).

2.3. Verwitterungskrusten auf Karbonatgesteinen

Die Bildung des Eluviums auf Kalksteinen und Dolomiten ist im wesentlichen unter Bedingungen möglich, die eine relativ rasche Auflösung der Karbonate unter Anreicherung von unlöslichem Material oder Produkten seiner Verwitterung ermöglichen. Selbstverständlich ist die Natur eines solchen Eluviums von den Klimabedingungen abhängig.

In den feuchten Tropen geht die Auflösung von Karbonaten sehr rasch vor sich. Dabei zerfallen die in Kalksteinen und Dolomiten eingeschlossenen silikatischen feinen Detritusteilchen leicht; die Kieselsäure geht in Lösung über. Die Tonerde bildet einen in Wasser unlöslichen Rückstand, der durch in Karstdepressionen und Vertiefungen abfließende Wässer mechanisch umgesetzt wird und dort auch sedimentiert werden kann: Es bilden sich die Lagerstätten der rötlichen Sedimentbauxite vom Karsttyp. Dazu gehören zum Beispiel die Lagerstätten auf den Salomoninseln, in denen das Silikatmaterial der Korallenkalksteine das Ausgangsgestein der freien Tonerde bildete (de Weisse 1970). Gleicher Ursprung muß den in Kalkstein-Dolomitlagern eingeschlossenen und auf Karstoberflächen angereicherten Bauxiten der Lagerstätten in Griechenland, der SFR Jugoslawien, der Ungarischen Volksrepublik, in Frankreich, der UdSSR und anderen Ländern zugeschrieben werden. Hauptvoraussetzung für die Bildung solcher Lagerstätten ist neben dem Klima die intensive Auflösung von Calcit und Dolomit der Karbonatgesteine auf Kontinenten.

Unter Bedingungen eines weniger warmen und weniger feuchten Klimas führt die Wirkung der atmosphärischen Wässer auf die Kalksteine und Dolomite zur Anreicherung von wenig oder fast nicht verändertem, in Wasser unlöslichem Material, das durch neugebildete Eisenoxide rötlich oder rötlich-braun gefärbt ist. Diese Bildungen sind als terra rossa bekannt. Ein solches Eluvium ist zum Beispiel für das Ausgehende der

Karbonatgesteine des Mittelmeergebiets charakteristisch; manche Teile sind durch Oberflächenwässer umgelagert und befinden sich auf sekundärer Lagerstätte. Auf Kuba ist die terra rossa auf Miozänkalksteinen unter äolischen Kalksteinen des Pleistozäns begraben (Abb. 3). Die rötliche und die rötlich-braune Färbung der Bauxite auf Karstlagerstätten und die der terra rossa muß mit der Ausscheidung feindisperser freier Eisenoxide bei der Verwitterung der Eisensulfide in den Karbonatgesteinen in Zusammenhang gebracht werden.

Abb. 3. Terra rossa — das Eluvium miozäner Kalksteine; im Hangenden Kalksteine des Pleistozän. Kuba

3. Die Bildungsbedingungen der Tonminerale

3.1. Bildungsbedingungen der Kaolinminerale im chemogenen subaerischen Eluvium

Bei gleichem Anteil reagierender Komponenten bestimmt die Bildungsgeschwindigkeit der Reaktionsprodukte die sich neubildenden Minerale; je höher erstere ist, desto weniger günstig sind die Voraussetzungen zur Bildung stabiler Mineralphasen. Das bedeutet, daß bei Verwitterung der Silikate bei intensiver Basenabfuhr mit Silizium- und Aluminiumverbindungen als Hauptreagenzien rasch ablaufender chemischer Verwitterung Allophane, bei mittlerer Reaktionsgeschwindigkeit Halloysit (Hydrohalloysit) und bei der langsamsten — Kaolinit entstehen. Die am wenigsten stabilen Allophane lösen sich auf oder gehen unter Beibehaltung der ursprünglichen morphologischen Eigenheiten in Halloysit über, der Halloysit wandelt sich allmählich in Kaolinit um. Dies sei an einigen Beispielen näher erläutert.

Die Bildung der Allophane bei besonders schneller Verwitterung der Silikate wurde mehrfach an Hand der hypergenen Vorgänge in den Tropen nachgewiesen. Zum Beispiel sind im Äquatorgebiet von Kamerun, wo die durchschnittliche jährliche Niederschlagsmenge 10000 mm beträgt, in den Produkten chemischer Verwitterung Allophane weit verbreitet. In den Tropenbereichen von Kamerun mit anhaltenden Trockenperioden und einer durchschnittlichen jährlichen Niederschlagsmenge von 1500 bis 6000 mm wurde in den Verwitterungsprodukten Halloysit beobachtet, der aus Allophan hervor-

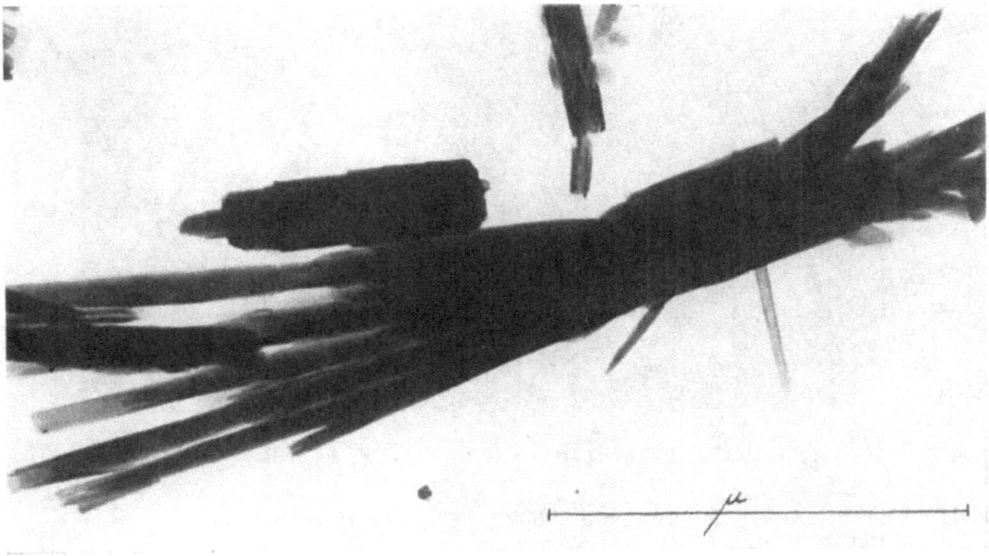

Abb. 4. Zersplitterter Halloysitpolykristallit. Kasachische SSR

gegangen ist und zum Teil durch rundliche Aggregate von 0,5—2 μm Durchmesser vertreten ist (Sieffermann & Millot 1969). Auf der Insel Teneriffa dominiert in den Verwitterungsprodukten pyroklastischer Gesteine der Halloysit, der ein Produkt der Alophanumwandlung ist und durch rundliche und längliche Körperchen vertreten wird. In den Verwitterungsprodukten aus Gebieten mit gemäßigtem Klima sind Allophan und Halloysit bisher nicht nachgewiesen (Caldas & Schweinhofer 1974). In Japan wurden Halloysitlagerstätten durch Verwitterung pyroklastischen Materials aus rundlichem Allophan nach einem Übergangsstadium über globularen Halloysit durch Einwirkung deszendenter Lösungen gebildet (Minato & Utada 1972).

Bei der Bildung der Verwitterungskruste über Andesiten im Raum Cascade Range in Kalifornien (USA) war der Allophan das erste Produkt der hypergenen Veränderung; allmählich ging er in Halloysit-Allophan (Allophan als Halloysitanteil) über, der seinerseits in reinen Halloysit umgewandelt wurde (Hendricks u. a. 1967). Anreicherungen oder verstreute Ausscheidungen von rundlichem Halloysit in Tertiärablagerungen Baschkiriens (Borovko 1960) und in den Kreidebildungen von Minnesota (USA) (Parham 1970) weisen auf seine langanhaltende Stabilität hin.

Im Unterschied zum rundlichen Allophan, aus dem rundlicher Halloysit entsteht,

Abb. 5. Ein Aggregat zonaler Halloysitpolykristallite. Kasachische SSR

bilden sich bei einem langsameren Ablauf der Verwitterung, wenn die Reaktionsgeschwindigkeit in ihrer Wechselwirkung zwischen Kieselsäure und Tonerde zu schwach für die Bildung von Allophanen und zu stark für die Umwandlung in Kaolinit ist, Halloysit in Form länglicher Röllchen.

Die länglichen Halloysitröllchen sind Polykristallite von prismatischem Aussehen mit einer gemeinsamen Längsachse, die meist der kristallographischen b-Achse, seltener der a-Achse parallel ist (Čuchrov u. a. 1966). Das Wachstum der einzelnen Polykristallite wurde durch ihre Aufspaltung beendet (Abb. 4). Im Querschnitt sind die Halloysitpolykristallite meist zonal (Abb. 5) gebaut. Zwischen den Zonen liegen freie Räume, durch welche aus ihnen „Kerne" herausfallen (Abb. 6), was zur Umwandlung dieser Polykristallite in hohle Röllchen führt; im Schnitt bewahren sie oft ihre polygonale Form (Abb. 7). Die Entstehung der Zwischenräume in den Halloysitpolykristalliten muß mit dem Übergang des Hydrohalloysits (Endellits) in Metahalloysit in Zusammenhang gebracht werden.

Die besten Bedingungen zur Bildung von Halloysit ohne Allophanzwischenstadium liegen in der intensiven Verwitterung der feuchten Tropen; deshalb ist in ihrem chemogenen Eluvium Halloysit äußerst weit verbreitet. Als ein Beispiel kann die tropische Verwitterungskruste auf verschiedenen Gesteinen bei Hongkong dienen (Granite, Syenite, Quarzmonzonite, Rhyolithporphyre, Lamprophyre, pyroklastische Gesteine); ihr Hauptmineral ist Halloysit, Kaolint fehlt oder wird in geringen Mengen als Produkt der Halloysittransformation aufgefunden (Parham 1969). In Idaho und Washington (USA) besteht das chemogene Eluvium eines Tertiärbasalts im wesentlichen aus Halloysit; das chemogene Eluvium auf Kreidegranodiorit, Syenit, Quarzmonzonit und Tonalit enthält neben Halloysit viel Kaolinit (Hosterman 1960).

Beträchtliche Halloysitmengen haben sich in einigen tektonischen Störungszonen gebildet, wo die Zirkulation der deszendenten Lösungen erleichtert ist. Große Ansammlungen eines solchen Halloysits finden sich in der Lagerstätte Nowo-Brdo in dem Bezirk Kossowo (SFR Jugoslawien).

Die bevorzugte, schnelle Bildung von Halloysit aus Silikatgesteinen im Vergleich zu Kaolinit bei Einwirkung von Lösungen, die als Produkt der Pyritverwitterung Schwefelsäure enthalten, kann an verschiedenen Beispielen gezeigt werden. So hat sich in Stanford (Kentucky, USA) Halloysit bei Einwirkung schwefelsaurer Lösungen mit pH 3,0—3,7 auf dem unlöslichen Illitrückstand der Devonkalksteine gebildet: Die Schwefelsäure bildete sich durch Lösung pyrithaltiger Tonschiefer. In Indiana (USA) ist mit der Pyritverwitterung die Bildung von abbauwürdigen Halloysitlagerstätten verbunden (Keller u. a. 1966). Im nordwestlichen Teil von Kansas (USA) kommt Halloysit dieser Herkunft mit Alunit vergesellschaftet vor (Swineford u. a. 1953).

In vulkanischen Gebieten, wo Halloysitlagerstätten auftreten, wird deren Bildung infolge Zersetzung von Gesteinen durch saure Lösungen schwefelhaltiger Gase hervorgerufen (Keller u. a. 1963; Papke 1971).

Die Umwandlung von Halloysit als einem instabilen Mineral in den stabilen Kaolinit kann unter Beibehaltung der ihm eigenen Kristallitformen vor sich gehen, d. h. unter Bildung von Kaolinit-Pseudomorphosen nach Halloysit. Daneben ist die Umwandlung von Halloysit zu Kaolinit in pseudohexagonalen Blättchen möglich. Die spontane Umwandlung von Halloysit zu Kaolinit erklärt das Fehlen des ersteren in prämesozoischen Verwitterungskrusten.

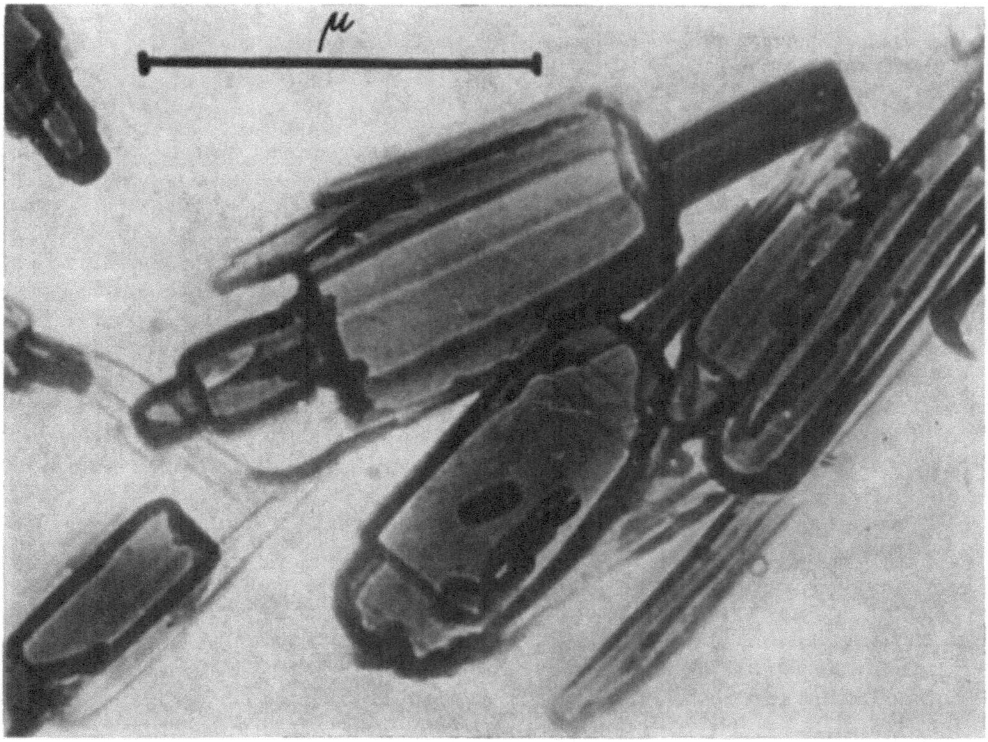

Abb. 6. Polygonale Halloysitpolykristallite mit „Kernen“. Kasachische SSR

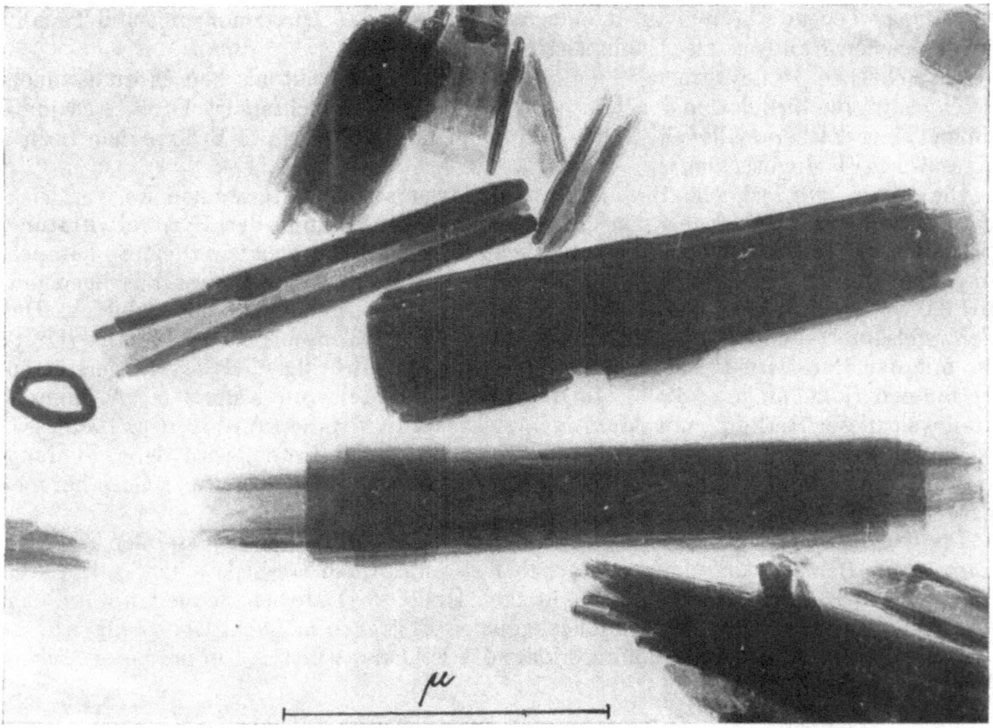

Abb. 7. Halloysitpolykristallite mit „Kernen" und hohlen Röhrchen; ein polygonaler Schnitt der letzteren ist zu erkennen

3.2. Biogene und abiogene Umwandlungen im chemogenen subaerischen Eluvium

Bei unveränderter Durchlässigkeit ist ein Anwachsen der oberen Zonen des chemogenen Eluviums durch Abbau der unteren zu erwarten. Als Beispiele seien genannt: die Bildung von freier wäßriger Tonerde durch Umwandlung von Halloysit, sowie von wäßrigem Eisenoxid zugleich mit Mineralen der freien Tonerde, Kaolinit und Halloysit auf Kosten von Nontronit, die Umsetzung von Montmorillonit zu Kaolinit. Mit steigender Durchlässigkeit werden diese Vorgänge intensiver. Wird sie hingegen geringer, werden etliche Minerale in den einzelnen Zonen der Verwitterungskruste stabilisiert, doch begünstigt sie den Übergang von Halloysit in Kaolinit. Die wechselnde Zufuhr deszendenter Lösungen, die periodisch oder ständig das chemogene Eluvium sättigen, schafft Vorbedingungen für Veränderung des letzteren unter der Einwirkung biogener und abiogener Faktoren.

Eine große Rolle bei der Umwandlung des Eluviums spielen die hineingelangenden organischen Stoffe, die aus den hangenden Böden ausgelaugt werden. Die dabei einsetzenden Vorgänge hängen vom Klima ab. In tropischen Gegenden verläuft die Zersetzung des organischen Stoffs unter Teilnahme von Mikroorganismen äußerst schnell (während der Zeit, da die Verwitterungskrusten mit Feuchtigkeit gesättigt sind); es bilden sich reduzierende Bedingungen heraus unter Freiwerden von Kohlensäure. Das Eisen im Goethit, einem typischen Mineral des tropischen chemogenen Eluviums, wird zu Fe^{2+} reduziert; es geht als Bikarbonat in Lösung über; bei der Ablösung der reduzierenden Bedingungen durch oxydierende (bei Entwässerung der Verwitterungskrusten) wird unter Teilnahme von Eisenbakterien das Fe^{2+} zu Fe^{3+} oxydiert; es bildet sich Ferrihydrit, der spontan in Hämatit übergeht. Hier haben wir die oberen roten Horizonte, die für das Eluvium der tropischen Gebiete so äußerst charakteristisch sind (Abb. 8).

In Gebieten mit gemäßigtem Klima verläuft die Zersetzung organischer Verbindungen bedeutend langsamer als in den Tropen und Subtropen. Ein beträchtlicher Teil des Eisens wird organisch gebunden; die langsame bakterielle Zersetzung des letzteren führt zur Bildung von Goethit. Der primäre Hämatit wird aufgelöst und aus diesen Lösungen Geothit ausgeschieden. Die rote Färbung des Eluviums wechselt damit in eine gelbbraune über. Das Eisen wird über organische Verbindungen in großen Mengen oder vollständig aus dem Eluvium fortgeführt. So entstandene Kaoline sind durch Eisenoxide auffallend hellgelb gefärbt (Černjachovskij 1966; Petrov 1969). Organische Aluminiumverbindungen entstehen durch Umlagerung freier Tonerde in tropischen Verwitterungskrusten. In außertropischen Zonen kann ihre Bildung mit Verwitterung der Silikate bei Bodenprozessen zur Ausscheidung geringer Mengen freier Tonerde führen.

Bei Versumpfung und Bedeckung der organischen Stoff enthaltenden Verwitterungskrusten erhöht sich im chemogenen Eluvium das reduzierende Milieu und führt zur Ausscheidung von Siderit, Eisensulfiden und weiteren Mineralen; die Migration von Aluminium in Form von organischen Verbindungen führt zu einer zweiten Generation von Mineralen der freien Tonerde. Organische Säuren zersetzen die Montmorillonite

Abb. 8. Ausstrich des tropischen Eluviums in einem Hohlweg. Kuba. Über verwittertem Serpentinit sind die untere Zone aus gelbem und die obere (dunkle) Zone aus rötlichem Ocker erkennbar

und andere Silikate, in den Lösungen bildet sich Kaolinit neu. In Verwitterungskrusten, die von kieselsäurereichen Gesteinen überdeckt werden, kommt es zur Degradation von Bauxiten und Kaolintonen. Die Bauxite gehen in Kaolintone über und die kaolinisierten Gesteine im wesentlichen in Opalgesteine — Pelikanite, die in der Ukrainischen SSR nicht selten sind. Im Südural und in Mogodschary sind Silizifizierungsprodukte alter Verwitterungskrusten ehemaliger Serpentinite weit verbreitet. In Zentralkasachstan ist es zur Opalisierung der Halloysitaggregate gekommen (Abb. 9).

Abb. 9. Halloysitpolykristallite in einer Opalmasse. Kasachische SSR

4. Subaquatisches chemogenes Eluvium oder Hydroeluvium

Wenn das in das wäßrige Milieu hineingelangte klastische Material in diesem stabil ist, so behält es zu Beginn der Diagenese seinen Mineralbestand bei. In chemisch aggressiven Medien wird das klastische Material vordiagenetisch umgewandelt. Die Veränderungen an dem unter Wasserbedeckung gelangten Material führen zur Bildung des subaquatischen chemogenen Eluviums oder des Hydroeluviums, das weiterhin diagenetisch verändert wird. Auf diesem Wege können sich zum Beispiel Kaolinitgesteine und Bentonite bilden.

4.1. Hydroeluviale Kaolinitgesteine

Hydroeluviale Kaolinitgesteine entstehen unter Wasserbedeckung bei starker Beteiligung von sich zersetzendem organischem Stoff. Die auffallendste Eigenschaft solcher Gesteine ist ihr steiniges Aussehen; sie weichen im Wasser nicht auf.

Diese steinigen Kaolinitgesteine, die Zwischenschichten und Linsen in Steinkohlen, hauptsächlich des Karbons, bilden, und die unter dem Mikroskop aus verschiedenen Kaolinitlamellen und ihren wurmförmigen Aggregaten von einer Größe bis zu 2 mm bestehen, werden häufig als Tonsteine bezeichnet. Sie sind in Steinkohlenhorizonten der BRD (Ruhr), der UdSSR (Donbass, Karaganda, Ekibastus und andere), aus der VR Polen und weiteren Ländern bekannt. Für einen Teil der Tonsteine gibt es Hinweise auf ein tuffartiges Ausgangsmaterial (Bouroz 1962; Francis 1969; Ryszka & Wilk 1974), obwohl ihre Bildung aus nichtvulkanogenem Detritus ebenfalls unverkennbar ist (Guthörl 1956).

Abb. 10. Feinstruktur des flint clay aus der Lagerstätte Borowitschi (RSFSR)

Feinerkristalline steinige Gesteine gleicher Zusammensetzung, in denen mit Hilfe des Elektronenmikroskops kristalline Kaolinitindividuen deutlich zu erkennen sind, werden allgemein als flint clay bezeichnet. Viele ihrer bekannten Lagerstätten gehören in das Karbon, doch sind ebensolche Gesteine aus Perm-, Jura-, Kreide- und Tertiärhorizonten bekannt. In der sowjetischen Literatur werden diese Tonsteine ebenso wie der flint clay unter der Bezeichnung Krustentone (Ssucharnye glyny) zusammengefaßt (Čuchrov 1971).

Alle Gesteine des flint clay Typs sind See-Sumpfbildungen. In einigen Lagerstätten bildet die Steinkohle das Hangende der flint clay Horizonte. Hauptausgangsmaterial für die Bildung des flint clay waren die in die See-Sumpfumgebung gelangten terrigenen Silikatteilchen. Kaolinit ist durch verschieden orientierte Lamellenlagen und ihre engen Verwachsungen sowie gegenseitigen Durchwachsungen vertreten (Abb. 10). Der Charakter der Kaolinitaggregate im flint clay gestattet, sie als aus Kolloidgerinnseln entstanden zu deuten. Solche Gerinnsel findet man in rezenten Sümpfen (Lukašov u. a. 1971). Zu den Mineralneubildungen einiger flint clays gehören Pyrit und Tonerdehydrate (Gibbsit, Böhmit, Diaspor); ihr Gehalt übersteigt meist nicht 8—10%. Im flint clay der Pripjatniederung wurden in einem Karbon-Horizont von Sandsteinen, Argilliten, Sanden und Tonen mit Braunkohlezwischenlagen in den flint clays mit den typischen Mineralen der freien Tonerde Anreicherungen von Bauxitgesteinen (9—28% freie Tonerde) in Form von Schichten und Linsen entdeckt (Maevskaja u. a. 1970; Dmitriev 1970).

In der Kursker Magnetanomalie liegt der flint clay des Karbons teilweise auf eluvialen Bauxiten und wechsellagert örtlich mit umgelagerten Böhmitbauxiten, die bis 78% Tonerde und 2—3% Kieselsäure enthalten; primär sind die Bauxite Bildungen der Lateritverwitterungskruste (Chosainov 1970).

In Montenegro (SFR Jugoslawien) findet sich flint clay in mesozoischen bauxitführenden Karbonatgesteinen im Hangenden oder Liegenden der Bauxitlager, sowie auch unabhängig von ihnen.

Nach ihrem Äußeren unterscheiden sich die heller gefärbten Bauxite der oberen Teile einiger Lagerstätten nicht von den flint clays. Die Bildung der flint clays und die Eisenabfuhr aus den meist rötlichen Bauxiten mit ihrer helleren Verfärbung während Versumpfungsperioden gilt als sicher. Die flint clays der bauxitführenden Karbonatlager von Montenegro müssen mit dem Absinken der terra rossa in See-Sumpfwasserbecken in Verbindung gebracht werden. Aus dem unlöslichen Material der Karbonatgesteine haben sich flint clays eines Bauxitgebiets in Frankreich (Halm 1952) und von Machtesch-Ramon in Isral (Bentor 1966) gebildet.

Flint clays können in verschiedenen klimatischen Zonen entstehen, wo in See-Sumpfwasserbecken feine Silikatteilchen hineingetragen werden, die instabil sind, wenn sie in saure Lösungen mit reicher organischer Substanz gelangen. Die flint clays auf Lagerstätten in Missouri (USA) haben sich hauptsächlich auf Kosten von Illit gebildet, der teilweise aus den sich auflösenden Dolomiten stammt. Den festen (steinigen) Kaolinitgesteinen des Borowitschibezirks (RSFSR) und der Pripjatniederung (Belorussische SSR) wurden bei ihrer Bildung offenbar bedeutende Mengen detritischer Glimmerteilchen zugeführt. In einigen dieser Kaolinitgesteine des Saargebiets und des Donbass findet man Kaolinitpseudomorphosen von Detritusfeldspat und Glimmer (Guthörl u. a. 1956; Sarickij 1973).

Für den Kaolinit der flint clays und der Tonsteine ist eine hochgradige Strukturordnung charakteristisch. Möglicherweise waren die feinkristallinen Varietäten dieser Gesteine stellenweise einer Umkristallisation mit Vergrößerung ihrer kristallinen Individuen und ihrer Verwachsungen unterworfen.

Besondere Aufmerksamkeit verdienen die Minerale der freien Tonerde in den typischen flint clays. Im Gegensatz zu den analogen Mineralen der Lateritverwitterungskrusten sind sie nicht subaerische, sondern subaquatische Bildungen. Als Hauptvoraussetzung für die Entstehung von Tonerdehydraten muß die Zersetzung von aluminiumhaltigen Silikaten unter Einwirkung von an organischen Verbindungen reichen sauren Lösungen angesehen werden. Teile des dabei frei werdenden Aluminiums bilden organische Verbindungen, wodurch eine Wechselwirkung mit Kieselsäure unmöglich wird. Die organischen Verbindungen des Aluminiums besitzen eine geringe Stabilität; bei ihrem Zerfall scheidet sich freie Tonerde aus. Vermutlich wird die Stabilität der freien Tonerde durch einen Abfluß in den See-Sumpfwasserbecken begünstigt, der die Wegfuhr der aufgelösten Kieselsäure ermöglicht. Eine solche Trennung von Kieselsäure und Tonerde findet zweifelsohne in den heutigen Sümpfen der Belorussischen SSR statt (Lukašev u. a. 1971). In holländischen Sümpfen sind unter den Neubildungen Kaolinit und Böhmit gefunden worden (Hudig u. a. 1964).

Die Kaolinitneubildung aus Zerfallsprodukten der Silikate in sauren Lösungen unter Beteiligung von organischer Substanz pflanzlicher Herkunft wird durch Experimente von Linares & Huertas (1971) bestätigt. Diese haben Lösungen von Aluminium-Fulvatkomplexen und Kieselsäure als Reagenzien benutzt; die Experimente wurden bei Zimmertemperatur durchgeführt. Außer Kaolinit sind in den Präzipitaten Gibbsit, Bayerit und Böhmit nachgewiesen worden. In der Natur entstehen organische Aluminiumkomplexe bei Einwirkung von Humuslösungen auf Silikate. Wie aus den Angaben von HEM & LIND (1974) hervorgeht, hängt das Verhältnis zwischen dem Anteil freier Tonerde und dem des Kaolinits, die sich unter den erwähnten Bedingungen bilden, von den pH-Werten ab; in stark sauren Lösungen ist die Kaolinitsynthese wesentlich behindert.

Es sind also die in den flint clays enthaltenen authigenen Minerale der freien Tonerde genetisch nicht mit der Lateritbildung verbunden. Große abbauwürdige Konzentrationen sind nicht bekannt.

Die in verschiedener Menge aus dem subaerischen Eluvium in die alten See-Sumpfwasserbecken geratenen allochthonen Minerale der freien Tonerde können in den flint clays der Kursker Magnetanomalie und von Montenegro enthalten sein.

4.2. Hydroeluviale Montmorillonittone (Bentonite)

Im Ergebnis der Montmorillonitbildung unter Wasserbedeckung durch Silikatveränderung sind in der UdSSR und in anderen Ländern zahlreiche Bentonit-Lagerstätten entstanden. Im Unterschied zu den flint clays bilden sich die Bentonite aus Silikatmaterial nicht im sauren, sondern im alkalischen Milieu, das für marine Becken charakteristisch ist. Die meisten Bentonite des hydroeluvialen Typs sind das Umwandlungsprodukt vulkanogenen Materials, vorzugsweise von Aschesubstanz. Wichtigste Vorbedingung für diesen Prozeß sind die chemische Instabilität der vulkanischen Asche im Meerwasser sowie der äußerst langsame Abfluß der an Basen angereicherten Lösungen aus der Zersetzungssphäre des Silikatmaterials. Man kennt hydroeluviale Bentonite, die sich unter den Bedingungen des offenen Meeres, der Lagunen-Meere und/oder der See-Lagunen gebildet haben. Einige dieser Lagerstätten haben sich fernab von jeglicher vulkanischer Tätigkeit aus terrigenen Sedimentpartikeln gebildet. Als Beispiel können Pliozänbentonite des Wolgagebiets dienen, deren Ausgangsmaterial Zerstörungsprodukte sedimentärer Festlandsgesteine waren, die in Meereslagunen eingeschwemmt wurden; im wesentlichen waren es primär Hydroglimmer (RATEEV 1972). Die Veränderung des Silikatmaterials unter marinen Bedingungen mit Bildung von Montmorillonit entsprechen der Halmyrolyse nach HUMMEL.

Zusammenfassung

Der Begriff des subaerischen chemogenen Eluviums vereinigt Verwitterungskrusten und andere Anreicherungen von Verwitterungsprodukten in situ. Der chemische und mineralogische Bestand eines solchen Eluviums in nach ihrer Lage im Profil vergleichbaren Zonen hängt sehr wesentlich von seiner Durchlässigkeit ab. Die tropischen Verwitterungskrusten aluminiumreicher Gesteine werden bei maximaler Durchlässigkeit an freier Tonerde und freien Eisenoxiden angereichert. Bei geringerer Durchlässigkeit sind die tropischen den außertropischen Verwitterungskrusten ähnlich. Aluminium wird in beiden Bereichen an Schichtsilikate gebunden, der größte Teil des Eisens ist durch freie Oxide vertreten, doch kann es ebenso an Nontronit und Montmorillonit gebunden sein (vorherrschend in den unteren Teilen der Verwitterungskruste). Auf relativ eisenangereicherten Gesteinen in tropischen Gebieten mit maximaler Durchlässigkeit bilden sich zugleich mit den Tonerdehydraten freie wäßrige Eisenoxide. Die verminderte Durchlässigkeit begünstigt hier wie in den außertropischen Zonen die Bildung von Nontronit oder von Gemischen der Eisenoxide mit Kaolinit und Halloysit. Bei günstigem Relief kann die Mächtigkeit der außertropischen Verwitterungskrusten die ihrer tropischen Analoga übersteigen.

Die Bildung des Bauxit- und Kaolineluviums findet bei unterschiedlicher Durchlässigkeit statt; daher sind gleichaltrige Lagerstätten eluvialer Bauxite und die eigentlichen Kaolinlagerstätten des eluvialen Typs räumlich getrennt; in gleichen Horizonten stellen sie verschiedenalte Bildungen dar. Eluviale Halloysittone bilden sich im Unterschied zu den Kaolinittonen bei schnellstmöglichem Verlauf der Wechselreaktion zwischen Kieselsäure und Tonerde.

Die Silikatzersetzung unter Wasserbedeckung führt zur Bildung des subaquatischen Eluviums oder des Hydroeluviums. Veränderungsprodukte von tuffogenem Material und terrigenem Detritus in sauren Wässern der See-Sumpfbecken sind die Krustentonsteine oder flint clays. In einigen hydroeluvialen Kaolinitgesteinen werden Minerale der freien Tonerde nachgewiesen, die auf die hydroeluviale Bildung zurückgeführt werden können.

Im alkalischen Meerwasser bilden sich aus tuffogenem Material und terrigenem Detritus hydroeluviale Bentonittone (Bentonite).

Резюме

Наибольшее количество хемогенного элювия накапливается на суше в субаэральных условиях. Это — субаэральный хемогенный элювий. Им сложены типичные коры выветривания, накопления гипергенного материала в узких линейных зонах различной глубины и почвы. Помимо субаэрального следует различать субаквальный хемогенный элювий. Его образование происходит в тех бассейнах, в которых снесенный с суши кластогенный материал разлагается и синтезируются новые, устойчивые минералы. Этот процесс следует за седиментацией и предшествует диагенезу. Для субаквального хемогенного элювия можно предложить общее название гидроэлювий.

Имеющиеся данные однозначно указывают на формирование накоплений древнего субаэрального элювия в условиях влажного и теплого климата. Различия в минеральном составе хемогенного элювия, зависят от интенсивности выветривания, которая определяется скоростью разложения исходных минералов и степенью выноса отдельных компонентов, т. е. дренажем зоны гипергенных процессов и характером выветривающихся пород.

На силикатных породах, богатых алюминием, в условиях наиболее интенсивного дренажа могут облазоваться коры выветривания, нацело (фиг. 1a) сложенные бокситами. При понижении интенсивности дренажа более мощной становится находящаяся под бокситами зона каолиновых глин. Во внетропической зоне образование минералов свободного глинозема проявляется весьма слабо или не происходит вовсе. При максимальном дренаже здесь коры выветривания почти нацело сложены каолиновыми глинами (фиг. 1d).

Ослабление интенсивности выветривания и выноса оснований и кремнезема приводит к образованию гидрослюд, хлоритов, монтмориллонитов, нонтронитов. Содержание в субаэральном глинистом элювии различных слоистых силикатов в значительной степени зависит от минерального и химического состава исходных пород.

Степень дренажа, от которой во многом зависит состав хемогенного элювия, помимо климата определяется рельефом. Зависимость строения и вещественного состава кор выветривания от рельефа хорошо иллюстрируется данными по Западной Африке и по Казахстану, где на высоких пенепленах образовались латериты, а в низинных равнинах и на низких пенепленах элювий представлен преимущественно каолиновыми глинами.

При образовании кор выветривания на силикатных породах, относительно обогащенных железом в условиях максимального дренажа происходит интенсивный вынос оснований и кремнезема, тогда как железо и алюминий накапливаются в хемогенном элювии в виде гидроокислов (фиг. 2a). Лишь в самых нижних частях профиля иногда наблюдаются нонтронит, монтмориллонит, хлориты и другие силикаты, содержащие легко переходящие в растворы основания. С понижением степени дренажа мощность зоны названных силикатов увеличивается. Наибольшее ослабление выноса растворенного материала из коры выветривания имеет следствием господство в ней обогащенных основаниями слоистых силикатов, прежде всего нонтронита (фиг. 2f).

Формирование существенных количеств элювия на известняках и доломитах возможно в условиях, обеспечивающих сравнительно быстрое растворение карбонатов с накоплением нерастворимого материала или продуктов его выветривания. Во влажных тропиках и, вероятно, в прилегающей к ним субтропической зоне растворение карбонатов происходит очень энергично. При этом силикаты заключенных в известняках и доломитах мелких детритных частиц легко разлагаются, кремнезем переходит в растворы, а глинозем образует нерастворимый в воде остаток, который может механически перемещаться стекающими в карстовые депрессии и углубления водами и отлагаться в них; так образуются месторождения красноватых одадочных бокситов карстового типа.

В условиях менее теплого и менее влажного климата воздействие атмосферных вод на известняки и доломиты приводит к накоплению в элювии мало измененного или почти не измененного нерастворимого в воде материала, окрашенного новообразованными окислами железа в красноватый или красновато-бурый цвет. Этот материал известен под названием terra rossa (фиг. 3).

При одинаковом соотношении реагирующих компонентов характер синтезирующихся веществ зависит от скорости образования продуктов реакции. При выветривании силикатов с сильным выносом основанийй, когда главными реагирующими веществами являются соединения кремния и алюминия, при наиболее быстром течении химического выветривания возникают аллофаны, при средней его скорости — галлуазит (фиг. 4—7) и при наименьшей — каолинит.

Изменение состава нисходящих растворов, периодически или постоянно насыщающих хемогенный элювий, создает предпосылки для его преобразования под действием биогенных и абиогенных факторов. Например, в тропических областях в связи с разложением органического вещества с участием микроорганизомов образуется ферригидрит, который самопроизвольно переходит в гематит; так формирируются верхние красноцветные горизонты, весьма характерные для элювия тропических областей (фиг. 8).

Попадающий в водные бассейны кластогенный материал приводит к формированию субаквального хемогенного элювия или гидроэлювия. Указанным путем могут образоваться каолинитовые породы типа flint clay и бентониты.

Все породы типа флинт клэй относятся к озерно- болотным образованиям. В некоторых месторождениях кровлю залежей флинт клэя слагает каменный уголь. Главным исходным метариалом для образования флинт клэя служили попавшие в озерно-болотную среду частицы терригенных силикатов. Каолинит представлен различно ориентированными пачками пластиночек и их тесными срастаниями и взаимопрорастаниями (фиг. 10).

Возможность синтеза каолинита из продуктов разложения силикатов в кислых растиворах при обилии органического вещества растительного происхождения подтверждена экспериментально. Аутигенные минералы свободного глинозема, содержщиеся во флинт клэях, не имеют никакой генетической связи с латеритообразованием. В отличие от флинт клэев бентониты образуются из силикатного материала не в кислой, а в щелочной среде, характерной для морских бассейнов. Главная масса бентонитов гидроэлювиального типа относится к продуктам перерождения вулканогенного материала, преимущественно пеплсвого.

Summary

On the mainland by far the largest part of the chemogenic eluvium is accumulated under subaerial conditions. The eluvial material forms soils and typical weathering crusts as well as agglomerations of hypergene material in narrow linear zones at different depths. Besides the subaerial accumulation, there is also a subaqueous accumulation of chemogenic eluvial material. Such an accumulation takes place in basins in which the clastogene material, transported from the mainland, is deposited, and new stable minerals are formed. This latter process occurs after sedimentation and prior to diagenesis. The subaquatic chemogenic eluvium is also termed hydro-eluvium.

The data so far available give evidence that the accumulation of the old subaerial eluvium took place in a warm-humid climate. Differences in the mineral composition of the eluvium are related to the varying intensity of the weathering process, which, in turn, is determined by the decomposition rate of the parent minerals and the extent of elution of individual mineral components, i.e. by the drainage of the zone in which the hypergene processes take place and by the character of the rocks subjected to weathering.

In silicate rocks, rich in aluminium, intensive drainage may produce weathering crusts, composed of bauxites only (fig. 1a). A decrease in drainage intensity leads to an increasing thickness of the underlying kaolin clay zone. In non-tropical areas the formation of free alumina minerals takes place on a very limited scale only, and usually no such minerals are formed. Under maximum drainage the weathering crusts of such areas are almost completely composed of kaolin clays (fig. 1d).

A decrease in the intensity of weathering and in the removal of bases and alumina leads to the formation of hydromicas, chlorites, montmorillonites, and nontronites. The content of various phyllosilicates in the subaerial clay eluvium is definitely related to the chemical and mineral composition of the parent rock.

The intensity of drainage, which has a definite influence on the composition of the chemogenic eluvium, is in turn influenced by climate and relief. The relationship between the profile and mineral composition of the weathering crusts on one hand and the relief on the other hand is illustrated by the conditions encountered in Western Africa and in Kazakhstan, where on high peneplains laterites were formed, whereas on lowland plains and low peneplains kaolin clays predominate.

Under maximum drainage the formation of weathering crusts on iron-rich silicate rocks is conected with an intensive elution of bases and siliceous earths, whereas iron and aluminium are accumulated as hydroxides (Fig. 2a). Only in the lowest parts of the profile one can find nontronite, montmorillonite, chlorites and other silicates which contain easily soluble bases. With decreasing drainage the thickness of the zone of these silicates increases. A further decrease in drainage produces a predominance of phyllosilicates, rich in bases, especially of nontronite (fig. 2f).

Larger quantities of eluvial material are formed on limestones and dolomites if the carbonates are rapidly dissolved and the insoluble material or its weathering products are accumulated at the same time. In humid tropical areas and probably in the adjacent subtropical zones the dissolution of the carbonates proceeds at a rather high speed.

In this process the silicates of the small detrital particles, enclosed in the limestones and dolomites, are in part disintegrated, silica is dissolved, and alumina forms an insoluable residue, which is mechanically removed by waters flowing to the karst depressions where it is deposited. In this way karstic deposits of red sedimentary bauxites are formed.

In a less warm and less humid climate the impact of atmospheric water on the limestones and dolomites leads to an accumulation of only slightly weathered or almost unweathered insoluble material. Due to the new-formed iron oxides this material has a reddish to reddish-brown coloration and therefore is also termed "terra rossa" (fig. 3).

Given a constant proportion of the reacting components, the characteristics of the new-formed substances are primarily related to the velocity of formation of the reaction products. If Si- and Al-compounds are the main reacting components, a rapid weathering of the silicates together with a pronounced removal of bases produces allophanes. At an intermediate rate of weathering halloysite (figs. 4—7) is formed, and a low rate of weathering leads to the formation of kaolinite.

Changes in the composition of the supergene solutions, which saturate the eluvial material periodically or constantly, provide the conditions for its alteration under the impact of biogenetic and non-biogenetic factors. In tropical regions for instance, the decomposition of organic matter by microorganisms is instrumental in the formation of ferrihydrite, which is then changed to hematite. In this way the red upper horizons, which are characteristic of the eluvium of the tropical regions, are formed (fig. 8).

The clastogene material, transported to the water basins, represents the initial material for the formation of the subaquatic chemogenic eluvium (hydro-eluvium). In this way kaolinite rocks of the flint clay type and bentonites are formed.

The occurrence of flint clays is related to lake and mire formations. At some places hard coal forms the roof of the flint clay deposit. The main initial material for the formation of flint clays are the terrigene silicate particles, deposited in a lake/mire environment. Here the kaolinite occurs in differently oriented stacks of platelets with close intergrowths (fig. 10).

The possibility of kaolinite formation from the weathering products of silicates in acid solutions, abundant in organic matter of plant origin, has been verified by experiments.

Authigenic minerals of free alumina, contained in the flint clays, have no genetic relation to laterite formation. In contrast to the flint clays, which are formed in an acid environment, the bentonites are formed from silicate material in an alkaline environment, which is typical of marine basins. The major part of the hydro-eluvial bentonites belongs to the alteration products of igneous rocks, especially ashes.

Literatur

Afanasev, A. P.: Zur Mineralogie und Geochemie der präglazialen Verwitterungskruste der Halbinsel Kola. — Autorref. der Kandit. Diss., 1964 (russ.).

Bentor, J. K.: The clays of Israel. In: Guide book to the excursions. — Jerusalem: 1966. S. 43 to 44; 81—84, (engl.).

Borovko, N. G.: Halloysit aus tertiären Ablagerungen von Baschkirien. — Zap. vses. miner. obšč., Leningrad **89** (1960) 3, S. 361—364, (russ.).

Bristow, C. M.: Kaolin deposits of the United Kingdom of Great Britain and Northern Ireland. — Intern. Geol. Congr., Rep. 23rd sess., Proc. Symp. 1 — Kaolin deposits of the world, A—Europe, Prague 1969. S. 275—288, (engl.).

Bouroz, A.: Sur la pluralité d'origin des tonstein. — Ann. soc. géol. du Nord, Lille **82** (1962), S. 77—94, (franz.).

Čekin, S. S.: Über Kaoline und desintegrierte Granite der Insel Olchon (Baikal). In: Sborn. Kaolinlagerstätten der UdSSR und ihre Genesis. — Moskva: izd. Nauka 1968. S. 53—59, (russ.).

Černjachovskij, A. G.: Das Eluvium und die Produkte seiner Umlagerung. — Moskva: izd. Nauka 1966, (russ.).

Chosainov, N. P.: Feuerfeste Tone der KMA, ihre Varietäten und praktische Bedeutung. In: Sborn. Tone, ihre Mineralogie, Eigenschaften und praktische Bedeutung. — Moskva: izd. Nauka 1970. S. 214—221, (russ.).

Čuchrov, F. V.: Über die Krustentone. In: Sborn. Ideen des Akad. D. S. Beljankin im Bereich der Petrographie und ihre weitere Entwicklung. — Moskva: izd. Nauka 1971. S. 77—88, (russ.).

Čuchrov, F. V.; Svjagin, B.-B.; Rudnickaja, E. S.; Ermilova, L. P.: Über die Natur und Genese der Halloysite. — Izv. Akad. nauk SSSR, ser. geol., Moskva (1966) 3, S. 3—20, (russ.).

Dmitriev, F. L.: Bauxitgehalt des Territoriums der BSSR. In: Sborn. Feste Bodenschätze der BSSR. — Minsk: izd. Nauka i technika 1970. S. 68—75, (russ.).

Eswaran, H.; Sys, C.: Clay mineralogy of soils on ultrabasic rocks from Sabah, Borneo. — Proc. Intern. Clay Conf. 1972, Madrid 1973, S. 215—226, (engl.).

Francis, E. H.: Le tonstein du Royaume-Uni. — Ann. soc. géol. du Nord, Lille **89** (1969), S. 209 bis 214, (franz.).

Guthörl, P.; Hoehne, K.; Schüller, A.: Monographie der Saartonsteine. — Geologie, Berlin **5** (1956) 8, S. 695—751.

Halm, L.: Comparative study of American and French flint clays. — Bull. Amer. ceram. soc., **31** (1952) 1—3, S. 79—84, (engl.).

Hem, J. D.; Lind, C. J.: Kaolinite synthesis at 25 °C. — Science, **184** (1974), S. 1171—1173, (engl.).

Hendricks, D. M.; Whitting, L. D.; Jackson, M. L.: Clay mineralogy of andesite saprolite. — Clays and clay miner., **14** (1967), S. 395—420, (engl.).

Hosterman, J. W.: Geology of the clay deposits in parts of Washington and Idaho. — Clays and clay miner., **7** (1960), S. 285—292, (engl.).

Hudig, J.; v. d. Marel, H. W.; Beutelspacher, H.: Identifizierung und Bildung von Tonmineralien in den Niederungsmoorböden der Niederlande. — Z. Pflanzenern., Düngung. Bodenkd., Weinheim **105** (1971) 3, S. 224—239.

Keller, W. D.: Hydrothermal kaolinization (endellitization) of volcanic glass rock. — Clays and clay miner., **10** (1963), S. 333—343, (engl.).

Keller, W. D.; McGrain, P.; Reesman, A. L.; Saum, N. M.: Observations on the origin of endellite in Kentucky, and their extension to "indianite". — Clays and clay miner., **13** (1966), S. 107—120, (engl.).

Kirsanov, N. V.: Genetische Klassifikation und Gesetzmäßigkeiten der Verteilung von Bentonittonen. In: Sborn. Rohstoffbasis von Bentoniten der UdSSR und ihre Ausnutzung in der Volkswirtschaft. — Moskva: izd. Nedra 1972. S. 39—55, (russ.).

Köster, H. M.: Ein Beitrag zur Geochemie und Entstehung der Oberpfälzischen Kaolin-Feldspat-Lagerstätten. — Geol. Rdsch., Stuttgart **63** (1974) 2, S. 655—687.

Kramarenko, V. P.: Kaolinverwitterungskrusten auf Granitoidgesteinen des Ukrainischen kristallinen Schildes. In: Sborn. Kaolin-Lagerstätten und ihre Genese. — Moskva: izd. Nauka 1968. S. 46—52, (russ.).

Linares, J.; Huertas, F.: Kaolinite: Synthesis at room temperature. — Science, **171** (1971), S. 896—897, (engl.).

Lukašov, K. I.; Kovalev, V. A.; Suchovickaja, A. L.; Chomič, A. A.; Generalova, V. A.: Geochemie der See-Sumpflithogenese. — Minsk: izd. Nauka i technika 1971, (russ.).

Maevskaja, N. D.; Puškina, S. A.; Sekret, V. N.: Feuerfeste Krustentone in Viséablagerungen der Pripjatniederung. In: Sborn. Feste Bodenschätze der BSSR. — Minsk: izd. Nauka i technika 1970, (russ.).

MAKSIMOVIĆ, Z.; CRNKOVIĆ, B.: Halloysite and kaolinite formed through alteration of ultramafic rocks. — Intern. Geol. Congr., Rep. 23rd sess., Proc. Symp. 1 — Genesis of kaolin deposits, Prague 1968, S. 95—105, (engl.).

MICHAJLOV, B. M.: Verwitterungskruste des Liberischen Schilds. In: Sborn. Geochemie der Sedimentgesteine und Erze. — Moskva: izd. Nauka 1968, S. 48—71, (russ.).

— Eluviale Typen und Faziesanalyse der Verwitterungskrusten des westlichen Kasachstan. In: Sborn. Untersuchung und Nutzung der Tone und Tonminerale. — Alma-Ata: 1970. S. 156—166, (russ.).

MINATO, H.; UTADA, M.: A mode of occurrence of halloysite from Otaki, Nagano prefecture, Central Japan. — Proc. Intern. Clay. Conf., Kaolin Symp., Madrid 1972, S. 31—40, (engl.).

NAGASAWA, K.; TAKESHI, H.; FUJII, N.; HACHISUKA, E.: Occurrence, properties and uses of the clays and allied minerals in Japan. In: The Clays of Japan. — Tokyo: Geol. surv. Jap. 1969. S. 17—63, (engl.).

NIKITINA, A. P.: Die alte Verwitterungskruste des kristallinen Fundaments der Anteklise von Woronesh und ihr Bauxitgehalt. — Moskva: izd. Nauka 1968, (russ.).

PAPKE, K. G.: Halloysite deposits in the Terraced Hills, Washoe County, Nevada. — Clays and clay miner., **19** (1976), S. 71—74, (engl.).

PARHAM, W.: Halloysite-rich tropical weathering products of Hong Kong. — Proc. Intern. Clay Conf., Tokyo **1** (1969), S. 403—416, (engl.).

— Clay mineralogy and geology of Minnesotas kaolin clays. — Minnesota geol. surv., spec. publ., (1970), (engl.).

PETROV, V. P.: Kaolinlagerstätten der UdSSR. — Intern. Geol. Congr., Rep. 23rd sess., Proc. Symp. 1 — Kaolin deposits of the world, A—Europe, Prague 1969, S. 289—319, (russ.).

RASUMOVA, V. N.: Hydrothermale Mineralbildung und die Rolle ihrer Produkte in Auslaugungskrusten und in Böden. — Abh. Intern. Kongr. Bodenforsch., **7** (1974), S. 30—36, (russ.).

RATEEV, M. A.: Klimatische Eigenarten der humiden Zone der Lithogenese während der Bildung von Bentonittonen pliozänen Alters im Wolgagebiet. In: Sborn. Rohstoffbasis der Bentonite in d. UdSSR und ihre Nutzung in der Volkswirtschaft. — Moskva: izd. Nedra 1972. S. 64—68, (russ.).

ROMAŠKEVIČ, A. I.: Böden und Verwitterungskrusten der feuchten Tropen von Westgrusinien. — Moskva: izd. Nauka 1974, (russ.).

RUSINOV, M. I.; MUCHA, A. G.: Die Verwitterungskruste von Graniten des Bisembajewmassiv — Quelle des Feldspatrohstoffs. — Geol. rudn. mestorož., Moskva (1975) 2, S. 91—94, (russ.).

RUSKO, Ju. A.: Die Kaolinverwitterungskruste des Ukrainischen Schilds. — Autorref., Dokt. Diss., Kiev, 1974, (russ.).

RYSZKA, J.; WILK, A.: Charakteristika tonstein z warstw florowskich (gruszowskich) z kopalini Grodziec. — Prace miner. komis. nauk miner., Polska Akad. nauk, Warszawa **38** (1974), S. 29—37, (poln.).

SARICKIJ, N. V.: Kaolinitzwischenschichten (Tonsteine) in Kohlenflözen des Donbass als Produkte der Umlagerung der alten Verwitterungskruste. — Kora vyvetrivanija, (1973) Lief. 12, S. 226 bis 232, (russ.).

SIEFFERMANN, G.; MILLOT, G.: Equatorial and tropical weathering of recent basalts from Cameroon allophanes, halloysite, metahalloysite, kaolinite and gibbsite. — Proc. Intern. Clay Conf., Tokyo **1** (1969), S. 417—430, (engl.).

STÖRR, M.; SCHWERDTNER, G.; BUCHWALD, J.: Kaolinlagerstätten der Deutschen Demokratischen Republik. — Intern. Geol. Congr., Rep. 23rd sess., Proc. Symp. 1 — Kaolin deposits of the world, A—Europe, Prague 1969. S. 107—140.

SWINEFORD, A.; MCNEAL, J. D.: CRUMPTON, C. F.: Hydrated halloysite in Blue Hill shale. — Clays and clay miner., (1953), S. 158—170, (engl.).

VALETON, I.: Laterite als Leithorizonte zur Rekonstruktion tektonischer Vorgänge auf den Festländern. — Geol. Rdsch., Stuttgart **62** (1973), S. 153—161.

WEISSE, G. DE: Bauxite sur un atoll du Pacifique. — Miner. Deposita, London **5** (1970), S. 181—183, (franz.).

Manuskripteingang: 12. Mai 1976

Anschrift des Autors:

Professor Dr. F. V. ČUCHROV, Institut für Geologie der Erzlagerstätten der Akademie der Wissenschaften der UdSSR
SU - Moskau, Staromonetny pereulok 33/35

Schriftenr. geol. Wiss. · Berlin 11 (1978) · S. 29—33

Réflexions sur la Genèse des Gisements de Kaolin Industriel dans le Massif Armoricain

De Janine Esteoule-Choux; Jacques Esteoule, Rennes-Cedex

De une Tableau

La Bretagne produit à l'heure actuelle la majeure partie des kaolins industriels français. De nombreux indices prouvent qu'avant même l'époque romaine, il existait des exploitations destinées aux poteries. Ceci s'est poursuivi tout au cours des âges et de nombreuses occurences de kaolin ont été exploitées à une époque ou à une autre pour alimenter les faïenceries locales. Peu à peu cette production s'est concentrée dans quelques grands gisements exploités industriellement. C'est au problème posé par la genèse de ces derniers qu'est consacrée la présente note.

Avant d'aborder ce sujet, il est bon de faire en quelques lignes, le point de nos connaissances sur la kaolinisation dans le Massif Armoricain.

Il est admis et démontré que le Massif Armoricain, vieille plateforme hercynienne, a été profondément latéritisé à la fin du Secondaire et au début du Tertiaire: on retrouve en de nombreux points des vestiges de ces latérites parfaitement conservées (Esteoule-Choux 1967). Cette altération météorique s'est attaquée uniformément à tous les types de roches et sur des épaisseurs variables: elle est contrôlée par la circulation des eaux et c'est ainsi que dans la ville de Rennes, des fondations effectuées pour un édifice public ont permis d'observer une poche kaolinisée profonde de plus de 20 mètres.

D'autre part, l'érosion a attaqué une partie de cette couverture qu'elle a entraînée dans de petits bassins lacustres éocènes où l'on peut trouver jusqu'à plus de 40 mètres de kaolin (Durand 1960; Esteoule-Choux 1967).

A côté de ces gisements dont l'origine est claire, il en existe un certain nombre qui ont longtemps été considérés comme hydrothermaux et dont l'origine est actuellement remise en question: ce sont notamment le gisement de Berrien (Finistère) formé à partir d'un granite à muscovite, de Ploemeur (Morbihan) dont la roche mère est un leucogranite riche en muscovite, de Nozay (Loire-Atlantique) provenant d'un granite à muscovite, de Plemet (Côtes-du-Nord) formé aux dépens d'une diorite quartzique et d'une aplite, de Kerrouet (Côtes-du-Nord) (granite à muscovite), de Quessoy (Côtes-du-Nord) (granite orthogneissique à muscovite).

La relation de ces types de gisements avec des « granulites » (granite à 2 micas) et des failles injectées de quartz a été reconnue dès 1936 par Milon. Plus tard, Nicolas a repris l'étude des principaux gisements exploités alors: Ploemeur (1956), Guiscriff (1957) et conclut avec les éléments dont il disposait, à une origine profonde. Récemment, Charoy (1975) après avoir étudié la température de formation des inclusions de quelques quartz de Ploemeur penche pour une origine profonde tout en admettant que la veine de quartz est une conséquence de la kaolinisation et non la cause. D'autre part Chauris (1965) étudiant les minéralisations pneumatolytiques du Massif Armoricain, voit dans la kaolinisation de Berrien et de Nozay, une manifestation de phénomènes hydrothermaux.

Nous avons repris l'étude de détail de Ploemeur, Berrien et Quessoy depuis un an. Le simple examen de ces gisements montre qu'ils possèdent en commun trois caractères:

— ils proviennent de l'altération de granite à muscovite

— les roches mères lorsqu'elles peuvent être observées présentent les marques d'une cataclase importante

— ils sont en général en relation avec d'importantes veines de quartz et parfois sillonnés par de nombreux filonnets quartzeux.

Ces quelques remarques et observations des carrières ne fournissent pas un ensemble cohérent d'arguments en faveur soit d'une origine hydrothermale, soit d'une origine météorique bien qu'il existe toujours à la surface ou à proximité immédiate de ces gisements des manifestations non équivoques de kaolinisation d'origine latéritique. Ce dernier point n'est plus contesté mais il constitue un phénomène qui dans une large mesure est indépendant du processus responsable de la genèse du gisement.

Il semble que la mise en place de ces kaolins ne soit pas due à l'un ou l'autre de ces processus évoqués plus haut, mais à l'enchaînement de plusieurs conditions toutes nécessaires mais dont l'ensemble seul est suffisant pour donner naissance à un tel gisement.

— La première condition est la mise en place d'un matériel granitique dont le chimisme soit favorable à la kaolinisation. Il s'agit en général de leucogranite riche en muscovite ou de roches dont la composition chimique est voisine (tableau). Ce chimisme peut être schématisé pour l'instant de la manière suivante:

Silice: environ 75%
Alumine: environ 15%
Cafémiques: environ 1,5% et $< 2\%$
Alcalins: environ 8%

La mise en place de ce matériel propice à la kaolinisation est bien évidemment en relation avec des manifestations d'origine profonde (pneumatolytiques ou hydrothermales) dont les vestiges se retrouvent fatalement dans le gisement même ou à proximité immédiate. La majeure partie de ces leucogranites est d'âge hercynien, exception faite pour Quessoy qui est d'âge cadomien.

Tableau

	A	B	C	D
Perte au feu	1,40	1,51	1,93	1,32
SiO_2	74,15	75,03	73,66	73,03
Al_2O_3	14,75	15,76	16,58	15,95
Fe_2O_3	0,15	0,49	1,23	0,77
FeO	0,40	—	—	—
MgO	0,40	traces	traces	0,46
CaO	0,40	0,38	0,69	0,69
MnO	0,03	—	—	—
K_2O	3,70	2,16	1,26	4,58
Na_2O	3,60	4,24	3,94	3,29
TiO_2	0,18	0,44	traces	traces
SO_3	—	—	0,53	—
P_2O_5	0,35	—	—	—
		100,01	99,82	100,09

	A	B	C	D
Silice	74,15	75,03	73,66	73,03
Alumine	14,75	15,76	16,58	15,95
Cafémiques	1,38	0,87	1,92	1,92
Alcalins	7,30	6,40	5,20	7,87

A — granite à deux micas de Nozay (CHAURIS 1964); B — diorite quartzique grenue du Pas-Plémet (NICOLAS 1956); C — Aplite du Pas-Plémet (NICOLAS 1956); D — granite à deux micas de Ploemeur (NICOLAS 1956)

— La deuxième condition est l'existence de mouvements tectoniques qui d'une part donnent naissance à des fractures à l'échelle du gisement et d'autre part à une cataclase importante de la roche. Cette dernière se manifeste par des microfractures visibles en plaque mince mais surtout par une microfissuration préférentielle des feldspaths qui ne peut être révélée que par des techniques appropriées que l'on utilise en mécanique des roches. L'origine de cette microdivision des feldspaths doit être recherchée soit dans l'écrasement des roches le long des fractures au corus de mouvements tectoniques soit au cours de phases de décompression. En effet, au cours de l'établissement ou du relâchement des contraintes, le granite est particulièrement sujet à la microfissuration par suite du comportement mécanique différent du quartz et des feldspaths. Le quartz est un minéral qui ne comporte pas de clivages et qui est relativement élastique tandis que les feldspaths présentent des directions de clivages faciles et sont peu élastiques (Perami 1975). Il est clair qu'au cours des mouvements tectoniques l'alternance des phases de compression et de relâchements des contraintes a abouti d'une part à une fracturation en grand de la roche et d'autre part à une microfissuration des feldspaths qui présentent une microporisité offrant alors des surfaces considérables à l'altération. La tectonique hercynienne a provoqué de nombreux et importants cisaillements dans le Massif Armoricain et ses manifestations peuvent être observées dans les différents gisements. Les failles hercyniennes ont ensuite rejoué au Miocène et surtout au Pliocène.

— La troisième condition est la mise en jeu d'un mécanisme physicochimique capable de kaoliniser les feldspaths.

Il semble que celui-ci soit d'une part beaucoup moins brutal que l'altération latéritique qui s'accompagne d'un drainage important et nivelle toutes les roches quel que soit leur chimisme, d'autre part beaucoup moins agressif qu'une altération par les solutions hydrothermales agissant à la fois par leur température et leur acidité. Cette hydrolyse tranquille des feldspaths donne naissance à la kaolinite et la silice excédentaire n'est éliminée que très partiellement: elle reste en place dans le gisement pour donner des silices fines ou nourrir des silicifications qui remplissent les fractures ouvertes pour former les filons et filonnets de quartz que l'on observe généralement dans ces gisements.

Si l'on s'interroge sur la nature des processus qui ont pu entrer en jeu dans cette 3ème phase, on peut songer à un mécanisme tel que l'effet thermogravitationnel (Schott 1973) qui utiliserait la porosité crée par la fracturation de la roche, le gradient thermique qui existe au niveau des coupoles granitiques et permettrait, sans mouvement de fluide important, la concentration (effet positif) ou l'élimination (effet négatif) de tel ou tel élément du gisement.

Conclusion

Ce schéma pris comme hypothèse de travail qui se distingue à la fois d'un « schéma météorique » et d'un « schéma hydrothermal » paraît également différent du schéma « resurgent » présenté au cours des discussions qui ont clôturé le Troisième Symposium International sur le Kaolin à Rennes (Keller 1974).

Le schéma proposé ici ne constitute pas la combinaison des deux mécanismes (météorique et hydrothermal) mais un mécanisme original qui diffère des autres par le fait qu'il exige la réalisation successive de plusieurs conditions de nature différente et leur enchaînement dans le temps. Si l'une de ces conditions ne se trouve pas réalisée au moment opportun, l'ensemble du processus se trouve bloqué: il apparaît que les diverses conditions n'agissent pas comme les éléments d'une somme, mais comme les divers facteurs d'un produit. Ce schéma diffère également par le fait qu'il ne nécessite pas des quantités d'eau importantes ni la mise en jeu de températures élevées.

Résumé

Les grands gisements de kaolin industriels de Bretagne ont été longtemps considérés comme hydrothermaux. Leur origine est remise en question et une étude systématique de leur genèse a été entreprise. Comme l'hypothèse d'une origine hydrothermale ou celle d'une origine météorique ne sont pas satisfaisantes, les auteurs proposent un nouveau schéma de genèse: mise en place d'un matériel granitique convenable, phase tectonique entraînant une fracturation de la roche et surtout une microfissuration des feldspaths, processus physicohimique qui pourrait être l'effet thermogravitationnel.

Zusammenfassung

Die großen Industriekaolinlagerstätten der Bretagne wurden lange Zeit als hydrothermale Bildungen angesehen. Die Frage ihrer Herkunft wird erneut aufgeworfen und eine systematische Untersuchung ihrer Entstehung vorgenommen. Da weder die Hypothese eines hydrothermalen noch die eines meteorischen Ursprungs befriedigt, schlagen Verf. ein neues Entstehungsschema vor: Raumschaffung eines geeigneten granitischen Materials, tektonische Phase mit anschließender Gesteinszertrümmerung und insbesondere Mikrozerklüftung der Feldspäte, ein physikalisch-chemischer Vorgang, der das Ergebnis einer Thermogravitation sein könnte.

Резюме

Долгое время считалось, что месторождения промышленного каолина Бретани являются гидротермальными образованиями. В данной статьи заново поднимается вопрос о происхождении этих месторождений и проводятся результаты систематического исследования данной продлемы. Поскольку гипотезы гидротермального или метеорного происхождения не могуть дать удовлетворительного ответа, авторы предлагают новую схему образования месторождений каолина: выполнение пространства гранитным материалом, тектоническая фаза с последующим раздроблением породы и в частности образованием микротрещин в половых шпатах. Это физикохимический процесс, возможно в результате термогравитации.

Summary

For a long time, the large deposits of industrial kaolin of Brittany have been considered to be hydrothermal ones. The question of their origin is raised again and their genesis is subjected to a systematic investigation. As the hypotheses of a hydrothermal, or meteoric, origin do not satisfy, a new scheme of genesis suggested by the authors includes emplacement of corresponding granitic material, tectonic phase involving a fragmentation of rock and, in particular, a microfissuration of feldspars, a physico-chemical process that could be the effect of a thermal gravitation.

Bibliographie

Charoy, B.: Ploemeur kaolin deposit (Brittany): an example of hydrothermal alteration. — Rev. pétrol., Nancy (1975), (engl.).

Chauris, L.: Les minéralisations pneumatolytiques du Massif Armoricain. — Mém. B.R.G.M., 31 (1965) 218 p., (franz.).

Durand, S.: Le Tertiaire de Bretagne. Etude stratigraphique, sedimentaire et tectonique. — Mém. soc. géol. mineral. Bretagne, 12 (1960), 389 p., (franz.).

Esteoule-Choux, J.: Contribution à l'étude des Argiles du Massif Armoricain. Argiles des altérations et argiles des bassins sédimentaires tertiaires. — Rennes, Thèse ronéo, 1967, 319 p.; Mém. soc. géol. mineral. Bretagne, 14 (1970), 319 p., (franz.).

KELLER, W. D.: Actes du Troisième Symposium sur le Kaolin. — Exeter—Rennes: 1974, (engl.).
MILON, Y.: Observations sur quelques gîtes de kaolin de Bretagne et leur répartition. — Bull. soc. géol. mineral. Bretagne, (1936), p. 3—9, (franz.).
NICOLAS, J.: Contribution à l'étude géologique et minéralogique de quelques gisements de kaolin bretons. — Paris, thèse sci. 1956, 254 p., (franz.)
— Sur la genèse des kaolins de Guiscriff (Morbihan). — Bull. clay mineral., London **3** (1957) 19, p. 244—248, (franz.).
PERAMI, R.: Contribution à l'étude expérimentale de la microfissuration des roches sous actions mécaniques et thermiques. — Toulouse, Thèse 1971, 276 p., (franz.).
SCHOTT, J.: Contribution à l'étude de la thermodiffusion dans les milieux poreux. Application aux possibilités de concentrations naturelles. — Toulouse Thèse 1973, 198 p., (franz.).

Manuskripteingang: 12. Mai 1976

Anschrift der Autoren:

Dr. J. ESTEOULE-CHOUX, Laboratoire de Géologie des Formations de Couverture d l'Ouest, Université de Rennes
F - 35031 Rennes-Cedex

Dr. J. ESTEOULE, Laboratoire de Minéralogie et Géotechnique, Département de Génie Civil,
Institut National des Sciences Appliquées de Rennes
F - 35031 Rennes-Cedex

Schriftenr. geol. Wiss. · Berlin 11 (1978) · S. 35–49

Die Tonmineralparagenesen der Tertiärsedimente der DDR

Von DIETER FELDHAUS; MANFRED STÖRR, Greifswald

Mit 4 Abbildungen und 2 Tabellen

1. Einleitung

Die Tertiärsedimente besitzen für die DDR eine außerordentlich große Bedeutung. So werden jährlich über 250 Mill. t Braunkohle, Feuerfesttone, verschiedene Grob- und Baukeramiktone, Glassand, Bauzuschlagstoffe und anderes gewonnen. Die allseitige Erforschung des Tertiärs ist daher dringend erforderlich. Das Ziel der vorliegenden Arbeit besteht darin, Gesetzmäßigkeiten der Verbreitung der Tonmineralparagenesen zu finden. Es ist allgemein bekannt, daß kontinentale Sedimente vorherrschend Kaolinit und marine Sedimente dominierend Dreischichtsilikate enthalten, falls auf dem Abtragungsgebiet eine kaolinitische Verwitterungskruste erodiert wurde. Da dieser Zustand während des Tertiärs in Mitteleuropa gegeben war, wurden entsprechend der paläogeographischen Situation im Süden der DDR vor allem kaolinitische, kontinentale Tone und im Norden marine Dreischichttonmineral-haltige Tone abgelagert. Die mehrfachen epirogenen Hebungen und Senkungen führten zu wiederholten Veränderungen der Faziesbereiche. Inwieweit die vielfältigen vorhandenen marinen, ästuarinen, lagunären und limnisch-fluviatilen Sedimente differenzierte Tonmineralparagenesen enthalten, die gleichzeitig die Entwicklung des Festlands widerspiegeln, soll hier untersucht werden. Die Aussagen stützen sich auf eine große Anzahl eigener Mineralanalysen sowie auf aus der Literatur entnommene Angaben.

2. Geologischer Überblick

Der geologische Bau des Gebiets der DDR wird geprägt von

- der Norddeutsch-Polnischen Senke im Norden und
- dem variszischen Orogen im Süden (Abb. 1).

Die Norddeutsch-Polnische Senke ist seit dem Altpaläozoikum Sedimentationsraum und besitzt mehr als 10 km mächtige Sedimente. Während das Sedimentmaterial des Altpaläozoikums vor allem vom Baltischen Schild stammt, wurde nach der Heraushebung der Varisziden auch das Böhmische Massiv Sedimentliefergebiet. Diese Situation beherrscht die gesamte Entwicklung im Tertiär. Epirogene Hebungen und Senkungen führen zu mehrfachen randlichen Überflutungen des Grundgebirges bzw. zu Verlandungen. Die Saxonische Bruchtektonik beginnt in der Oberkreide (subherzyne Phase), wo die altangelegten Tiefenbrüche mobilisiert wurden (z. B. Elbelineament, Mitteldeutscher Hauptabbruch), erreicht im Neogen einen Höhepunkt (Erzgebirgs-Südrandstörung, Horstbildung – Thüringer Wald, Harz) und dauert bis in das Pleistozän. Morphologisch kann das DDR-Gebiet gegliedert werden in:

- flachwellige Ebene im Nordteil, gebildet durch die Eiszeit mit Grund- und Endmoränen, Urstromtälern und Sanderflächen, deren Höhe nur selten mehr als 100 m ü. NN liegt;
- Mittelgebirge im Süden. Das Gebiet steigt generell von Nord nach Süd pultschollenartig an und erreicht im Erzgebirge seine größte Höhe (Fichtelberg 1214 m).

Die Hebung der Mittelgebirge erfolgte in mehreren Phasen, so daß die oberkretazisch-tertiären Peneplains eine stufenförmige Anordnung (piedmont stairways) zeigen. Durch junge Täler sind die alten Peneplains tief zertalt.

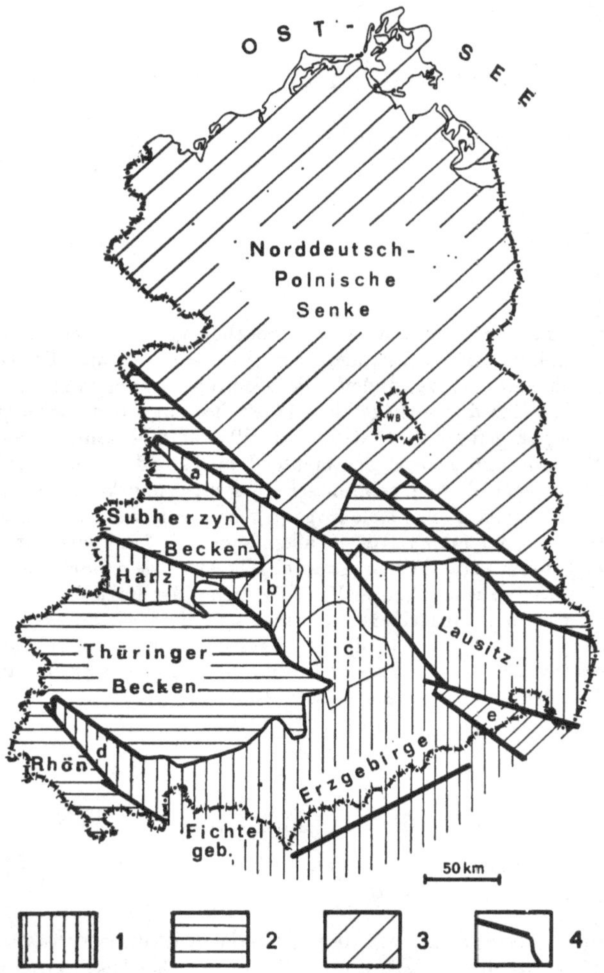

Abb. 1. Geologische Übersichtskarte des Prätertiär der DDR

1 — Paläozoikum und Präkambrium; 2 — Trias; 3 — Kreide; 4 — Störungen bzw. Grenzen stratigraphischer Einheiten; a — Flechtingen-Roßlauer-Scholle; b — Hallescher Porphyrkomplex; c — Nordwestsächsischer Porphyrkomplex; d — Thüringer Wald; e — Sächsisches Kreidebecken

Während des Tertiärs existierten folgende genetische Einheiten (Abb. 2, 3):

— marines Sedimentationsbecken,
— kontinentales Sedimentationsgebiet,
— Festlandsbereich.

Das marine Becken (Norddeutsch-Polnische Senke) umfaßt im wesentlichen tonige und sandige Sedimente. Die Gesamtmächtigkeit erreicht im Zentralteil des Beckens ca. 1000 m. Die Detrituszufuhr erfolgte sowohl von Süden (Böhmisches Massiv) als auch von Norden (Baltischer Schild). Transgressions- und Aufarbeitungshorizonte besitzen einen erhöhten Glaukonitgehalt (Grünsande). Durch epirogenetische Hebungen verflacht und verlandet das Becken teilweise, so daß sich einzelne kontinentale Horizonte, örtlich mit Braunkohlen, in die marine Folge einschalten (z. B. im Mittelmiozän).

Der kontinentale Sedimentationsbereich ist ein maximal 150 km breiter Saum zwischen dem südlich gelegenen Festland und dem nördlichen marinen Becken. Die Genese und die Verbreitung der kontinentalen Sedimente ist differenziert. Auf Abb. 2 ist die Maximalverbreitung schematisch dargestellt. Der Bereich kontinentaler Sedimentation wurde während des Tertiärs im Süden periodisch durch Einbeziehung von Festlandsgebieten erweitert (Eozän; z. B. Weißelsterbecken; Oligozän-Miozän — Lausitz) und im Norden insbesondere im Mitteloligozän und im Mittelmiozän durch marine Transgressionen eingeengt.

Die in Binnensenken, Ästuaren, Lagunen und Flüssen gebildeten kontinentalen Sedimente bestehen überwiegend aus Tonen und Sanden mit einer eingelagerten Folge zum Teil sehr mächtiger Braunkohlenhorizonte. Vielfach läßt sich eine deutliche rhythmische Sedimentation von Sand—Ton—Kohle beobachten.

Das Festland erfuhr im Alttertiär eine langanhaltende Peneplainisation und dement-

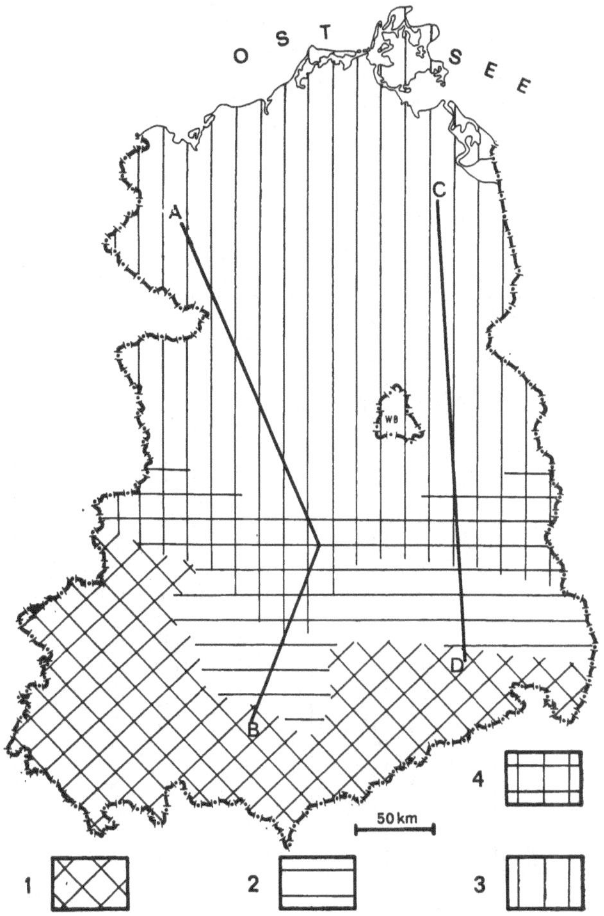

Abb. 2. Schematisierte Karte der Verbreitung der Abtragungs- und Sedimentationsgebiete des Tertiär

1 — vorwiegend Abtragungsgebiet und nur lokal erhaltene Reste der Kaolinkruste; 2 — Bereich der kontinentalen Sedimentation mit gut erhaltener Kaolinkruste im Liegenden; 3 — Bereich mariner Sedimentation; 4 — Bereich mit wechselnd mariner und kontinentaler Sedimentation

A—B, C—D: Spurlinien der in Abb. 3 bzw. Abb. 4 dargestellten geologischen Schnitte

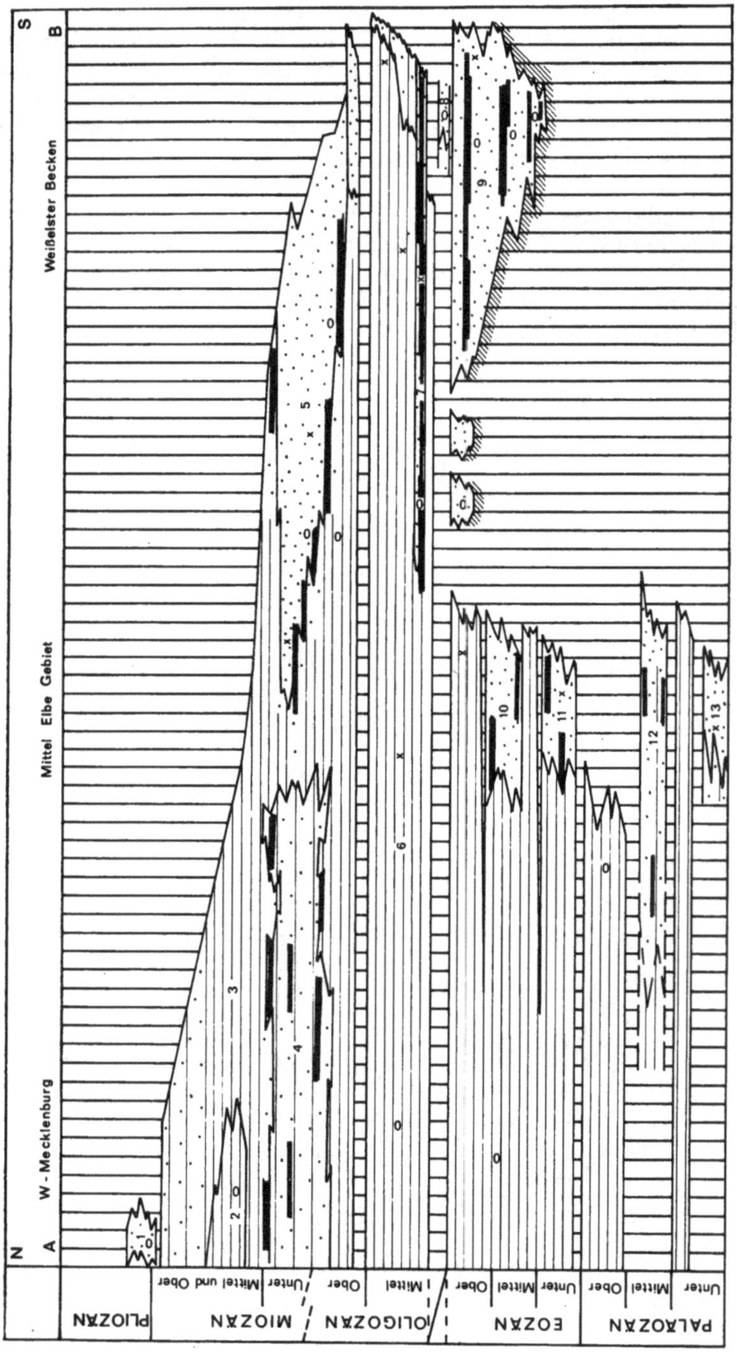
N
S
A
B
W - Mecklenburg
Mittel Elbe Gebiet
Weißelster Becken
PLIOZÄN
MIOZÄN
OLIGOZÄN
EOZÄN
PALÄOZÄN
Unter
Mittel und Ober
Ober
Mittel
Ober
Mittel
Unter
Ober
Mittel
Unter

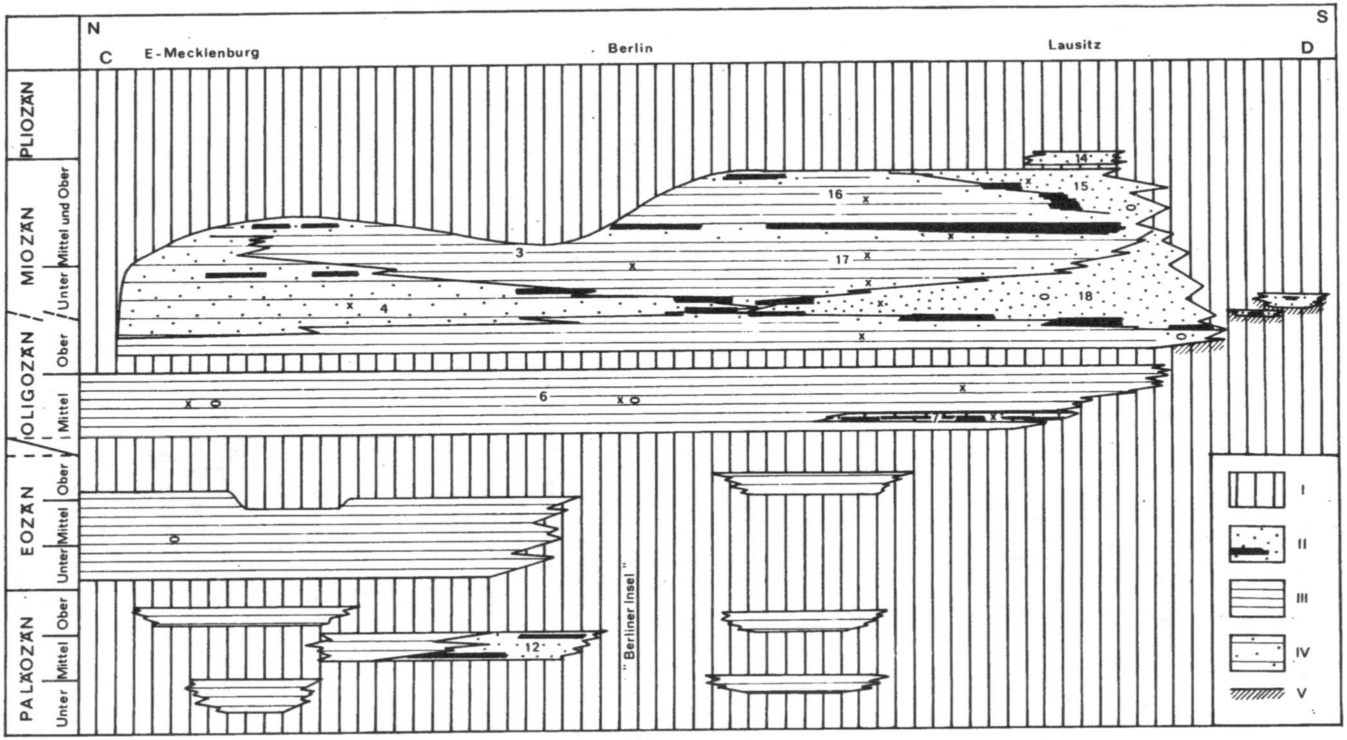

Abb. 3. Stark schematisierte stratigraphische Schnitte durch das Tertiär der DDR (in Anlehnung an LOTSCH 1968). Verlauf der Spurlinien s. Abb. 2

I — Schichtlücken; II — terrestrische Schüttungen mit Kohleflözhorizonten; III — marine Sedimente; IV — brackische Sedimente; V — Kaolinkruste; × — Mineralanalysen der Autoren; O — Mineralanalysen, aus der Literatur entnommen

1 — pliozäner Bergton-Diatomit; 2 — Glimmertonkomplex; 3 — Formsandhorizont; 4 — Quarzsandhorizont; 5 — Nordwestsächsischer Schuttfächer; 6 — Rupeltonkomplex; 7 — Calauer Schichten; 8 — Haselbacher Schichten; 9 — Eozän des Weißelster-Beckens; 10 — Serie von Schlieben; 11 — Lindaer Schichten; 12 — Nassenheider Schichten; 13 — Zahnaer Schichten; 14 — Ausläufer der Posener Sande; 15 — jüngerer Lausitzer Schuttfächer; 16 — Obere Briesker Schichten; 17 — Untere Briesker Schichten; 18 — älterer Lausitzer Schuttfächer

sprechend tiefgründige Verwitterung, die auf Grund der klimatischen Bedingungen vorwiegend Kaoline erzeugte. Entsprechend dem generellen Vordringen des Sedimentationsraums nach Süden wird die Kaolinkruste einerseits durch die überlagernden Sedimente konserviert und andererseits in Hebungsgebieten erodiert. Die Kaolinisierung setzt sich bis in das jüngste Tertiär hinein fort (vgl. Störr, Kužvart & Neužil 1978).

3. Tonmineralbestand der Tertiärsedimente

In den untersuchten Proben wurden folgende Tonminerale identifiziert (Tab. 1):

- Kaolinit (Hauptbestandteil),
- Montmorillonit-Muskovit-mixed-layer-Mineral, vollständig quellfähig (Hauptbestandteil),
- Muskovit-Montmorillonit-mixed-layer-Mineral, unvollständig quellfähig (Hauptbestandteil),
- Muskovit und Illit (Hauptbestandteil),
- Montmorillonit (selten Hauptbestandteil),
- Chlorit (geringe Menge),
- Halloysit (sehr selten).

Weiterhin enthalten die Proben geringe Anteile Glaukonit sowie vereinzelt Boehmit und Gibbsit neben Quarz, Feldspat und anderen Nichttonmineralen. Im folgenden werden die wichtigsten Phasen unter genetischem Aspekt behandelt.

Kaolinit ist in allen tonigen Tertiärgesteinen als ein Hauptbestandteil enthalten. Er liegt fast ausschließlich als Fireclay-Typ (b-achsen-ungeordneter Kaolinit) vor. Der Ordnungsgrad ist verschieden. Henning (1972) und Landgraf (1971) leiten beispielsweise aus der relativ geringen Halbwertsbreite des (001)-Reflexes einen guten Ordnungsgrad für die Kaolinite der eozänen bzw. oligozänen Tone im Norden der DDR ab. Fiedler & Steinike (1966) deuten die sehr unterschiedlichen d-Werte von Kaoliniten aus den Spremberger Schichten, die zwischen 7,16 und 7,22 Å variieren, als eine mögliche Wechsellagerung von Kaolinit- und anderen, etwas dickeren Schichten (Halloysit?).

Nach DTA-Untersuchungen kaolinitreicher Proben zu urteilen, sprechen die Peaktemperaturen von 950 °C bzw. 560 °C ebenfalls für Fireclay-Minerale. Morphologisch liegt der Kaolinit generell als scharf begrenzte, pseudohexagonale Täfelchen vor, deren Hauptmenge im Korngrößenbereich $< 2\,\mu m$ vorkommt, also wie gewöhnlich in den Tonen sehr viel feinkörniger als im primären Kaolin ist.

Unter genetischem Aspekt ist der Kaolinit als Verwitterungsrest anzusprechen, der während der Umlagerung die übliche Kornverfeinerung und b-Achsen-Unordnung erfahren hat. Nach den bisherigen Ergebnissen können keine Beziehungen zwischen der strukturellen bzw. morphologischen Ausbildung des Kaolinits und dem Ursprungskaolin bzw. dem Sedimentationsraum erkannt werden.

Diagenetische Kaolinitneubildungen, wie sie Steinike (1966) aus den Spremberger Schichten beschreibt (Verwachsungen von Kaolinit und Hellglimmer, Kaolinitwürmer, Ausfüllungen von Schrumpfrissen und durch Kaolinit verdrängte Xylite) sind gelegentlich auch in anderen Schichten vorhanden, spielen jedoch mengenmäßig nur eine untergeordnete Rolle.

Vollständig quellfähige Montmorillonit-Muskovit-mixed-layer-Minerale sind in den meisten Proben als Hauptbestandteil enthalten. In zahlreichen Publikationen über die marinen Tone des Nordens der DDR wird dieses Mineral als Montmorillonit angesprochen (Fiedler 1962; Biehl 1963; Köhler 1963, 1967; Böttcher & Pohlhardt 1965). Aus kontinentalen Sedimenten sind nur vereinzelt Montmorillonit oder volltändig quellfähige Dreischichtsilikate bestimmt worden (Steinike 1966; Starke 1970; Lasch 1973). Landgraf (1971) und Henning (1972) beschreiben das Mineral als muskovitischen Montmorillonit und bringen damit den Charakter des Minerals als gemischte Struktur zum Ausdruck.

Tab. 1. Mineralgehalte von Tertiärsedimenten der DDR

Abteilung	Ablagerungsbedingungen	stratigraphische bzw. fazielle Einheiten	Mineralgehalte in Masse-%						
			Kaolinit	Mu-Mo-m-l-Min	Muskovit, Illit	Calcit, Dolomit	Feldspat	Quarz	weitere Minerale
Pliozän	kontinental	Bergtonkomplex	10	60	10	—	2	18	
		Pliozän in Thüringen	5	20—30	15	—	10—15	40	
Miozän und Ober-Oligozän	kontinental bis ästuarin	Raunoer Schichten (jüngerer Lausitzer Schuttfächer)	32—66	10—30	10—20	—	5	11—35	
		Spremberger Schichten (älterer Lausitzer Schuttfächer)	40—70	5—20	5—30	—	0—5	5—40	
	brackisch	Quarzsand- und Formsandhorizont	52	5	13	—	10	27	Böhmit ca. 5%, Gibbsit ca. 3%
		Spezialtonhorizont	45	—	20	—	—	12	Halloysit 20%, Gibbsit ca. 3%,*)
		Ton des 2. Lausitzer Flözhorizonts	15—20	5	25	—	10	40	
	marin	Briesker Schichten	3—30	5—15	30—50	—	5	30—40	Gibbsit**)
		Cottbusser Schichten	10	30	10—20	0—10	10	25	Chlorit, Gibbsit**)
		Stettiner Sande	17	21	35	—		27	Chlorit, Glaukonit
Mittel-Oligozän	ästuarin	Calauer Schichten	30—50	5—30	5—40	—	3	15—30	
	marin	Rupel beckenzentral+)	5—15	25—35	15—25	3—10	5—10	15—30	Chlorit
		beckenrandlich	15	20—40	10—25	0—5	5—10	30	Glaukonit
Eozän	ästuarin	Lindaer Schichten	35	5—10	15—25	—	3	30—40	
	kontinental	Weißelster-Becken	40—70	0—15	15	—	3	20—40	
	marin	beckenzentral++)	10—15	30—45	10—15	2	5—10	20—35	vulkanogener Montmorillonit, Siderit, Chlorit
		beckenrandlich	5—10	10—20	35—40	—	5	30—45	Glaukonit
Paläozän	kontinental	Eislebener Becken	35—50	10—20	5—20	—	3	20—30	
	ästuarin	Zahnaer Schichten	40—60	10—20	15—20	—	—	20—30	
	marin		10*)	35*)	55*)				

*) Angaben nach STARKE (1970); **) Angaben nach STEINIKE (1966); +) Angaben nach LANDGRAF (1971); ++) Angaben nach HENNING (1972)

Die durchgeführten Untersuchungen ergaben, daß in den kontinentalen Sedimenten mit Ausnahme von einigen Lokalschüttungen und bentonitisierten Tuffen die quellfähigen Dreischichtsilikate ebenfalls als Montmorillonit-Muskovit-mixed-layer-Mineral vorliegen. Die charakteristischen Merkmale sind nach AL-RAWI u. a. (1973), je nach der Substitution des Si^{IV} durch Al^{IV}, verschieden.

Die in Tab. 2 zusammengestellten Röntgendaten lassen erkennen, daß mit zunehmendem Mu-Anteil charakteristische Verschiebungen der d-Werte und eine Abnahme der Intensität des 1. Basisreflexes erfolgt. K^+-Belegung bedingt eine Kontraktion und damit eine Verstärkung des muskovitischen Charakters des Minerals. Die Intensitäten des glykolierten, K^+-belegten Minerals verringern sich mit wachsender Al-Substitution ganz erheblich (Abb. 4).

Nicht zuletzt thermisch tritt der Charakter einer gemischten Struktur deutlich hervor, indem mit zunehmendem Mo-Anteil der bei 700 °C liegende, für Montmorillonit typische endotherme Peak größer wird, auf Kosten des für Muskovit charakteristischen Peaks bei 560—580 °C.

In genetischer Hinsicht stellt dieses Mineral eine Verwitterungsneubildung dar, die in der Dreischichtsilikat-Zone der Kaolinprofile häufig anzutreffen ist (STÖRR 1975). Durch die Umlagerung und Milieuänderungen sind offenbar keine wesentlichen strukturellen Veränderungen an dem Mineral erfolgt, wenn man von Kornverfeinerungen absieht.

Unvollständig quellfähige Muskovit-Montmorillonit-mixed-layer-Minerale treten besonders in einigen Lokalschüttungen auf, und sie ähneln denen, die in den benachbarten Kaolinen zu finden sind (z. B. Pechstein, Porphyr, Ignimbrit, Buntsandstein), die mineralogisch von STÖRR (1975) und in den Beiträgen dieses Hefts von LANDGRAF (1978) sowie KRANZ, MACHAJDIK & WIEGMANN (1978) näher charakterisiert wurden. In den Tertiärtonen sind verschiedentlich von STEINIKE (1966), LASCH (1973) und weiteren Autoren derartige mixed-layer-Minerale gefunden worden. Die neuen Untersuchungen ergaben, daß vorwiegend in den umgelagerten Buntsandstein- bzw. Ignimbrit-, Porphyr- und Pechsteinkaolinen die unvollständig quellfähigen mixed-layer-Minerale als Hauptbestandteil auftreten und wie folgt röntgenographisch charakterisiert sind: $d_{(001)}$ 10,7—12 Å bei Mg^{2+}-Belegung und Quellung auf 11,5—13 Å nach Glykolierung; K-Belegung ruft Kontraktion der aufgeweiteten Schichten hervor und bedingt asymmetrische 10 Å-Reflexe. Die Quellfähigkeit geht dadurch nicht verloren. Durch Temperung kontrahieren die Schichten vollständig.

Glimmer ist in allen Proben nachzuweisen und liegt im wesentlichen als 2 M-Muskovit vor. Zuweilen wächst der Glimmergehalt auf $> 50\%$ an (Glimmertone). Meist nimmt der Anteil des Glimmers in den Kornfraktionen $> 2\,\mu m$ zu. Die Röntgenreflexe solcher Glimmer sind scharf und symmetrisch. In den Kornfraktionen $< 2\,\mu m$ werden die Glimmerminerale meist als Illit bezeichnet, vor allem wegen des intensitätschwachen, asymmetrischen 10 Å-Reflexes. Hierzu muß bemerkt werden, daß in dieser Asymmetrie vielfach die genannten mixed-layer-Minerale verborgen sind und besonders dann schwer erkennbar sind, wenn z. B. durch Dispergiermittel bedingte Schichtkontraktionen auftreten. In solchen Fällen werden dann vorhandene mixed-layer-Minerale als 2 M-Glimmer (Illit) bestimmt, was besonders ungünstig für die Klärung genetischer Fragen ist, weil die vorhandenen 2 M-Muskovite fast immer Verwitterungsreste sind, die betreffenden Wechsellagerungsminerale dagegen meist Verwitterungsneubildungen.

Montmorillonit wird von HENNING (1968) aus bentonitisierten Tuffen aus dem Eozän des Nordens der DDR beschrieben. Dieses Mineral repräsentiert einen typischen Montmorillonit mit geringer Si-Substitution durch Al, blättchenförmiger Gestalt und den charakteristischen d-Werten (Tab. 2), die ihn von den gemischten Strukturen abgrenzen. Außerdem ist Montmorillonit in geringer Menge von MUCKE, ZWAHR & SCHWALBE (1975) in den miozänen Tonen des Berzdorfer Beckens bestimmt worden, die in unmittelbarer Nachbarschaft zu den bentonitisierten Basalten stehen.

Tab. 2. Röntgendaten des 1. Basisreflexes des vollständig quellfähigen Montmorillonit-Muskovit-mixed-layer-Minerals und von Montmorillonit. Als Intensitätsbezug wurde der Montmorillonit von Bayard gewählt. (Angaben nach AL-RAWI u. a. 1974)

Behandlung			d-Wert (Å) $Si_{3,9}$, $Al_{0,1}$	d-Wert (Å) $Si_{3,7-3,9}$, $Al_{0,3-0,1}$	d-Wert (Å) $Si_{3,6-3,7}$, $Al_{0,4-0,3}$	d-Wert (Å) $Si_{3,5-3,6}$, $Al_{0,5-0,4}$
Mg^{2+}, Ca^{2+}	110 °C		15	14,7—15,2	14,5—14,6	13,3—14,3
	600 °C		9,65	9,7— 9,8 sym.	9,7— 9,8	9,8 sym.
	110 °C Äthg	(001)	17 I. 80%	17 I. 30—80%	17 I. 20—40%	Glyz. 17,5—18,5 I. 20%
		(002)	8,53	8,8—8,85	8,87	
	350 °C Äthg		17	17		Glyz. 17,5
	600 °C Äthg		17	17		Glyz. 17,5 teilw.
K^+	110 °C			11—14 B	10—15	10 asym.
	600 °C			9,8 sym.	9,8 sym.	9,9 sym.
	110 °C Äthg		17	17	17	Glyz. 17—19
	350 °C Äthg		17	17	17	Glyz. 17,5 teilw.
	600 °C Äthg		17	17	17	Glyz. 10
Vorkommen			bent. Tuffe Eozän bent. Tuffe Oberkreide	Oberkreide	Eozän Oberkreide	Pleistozän Oligozän Oberalb

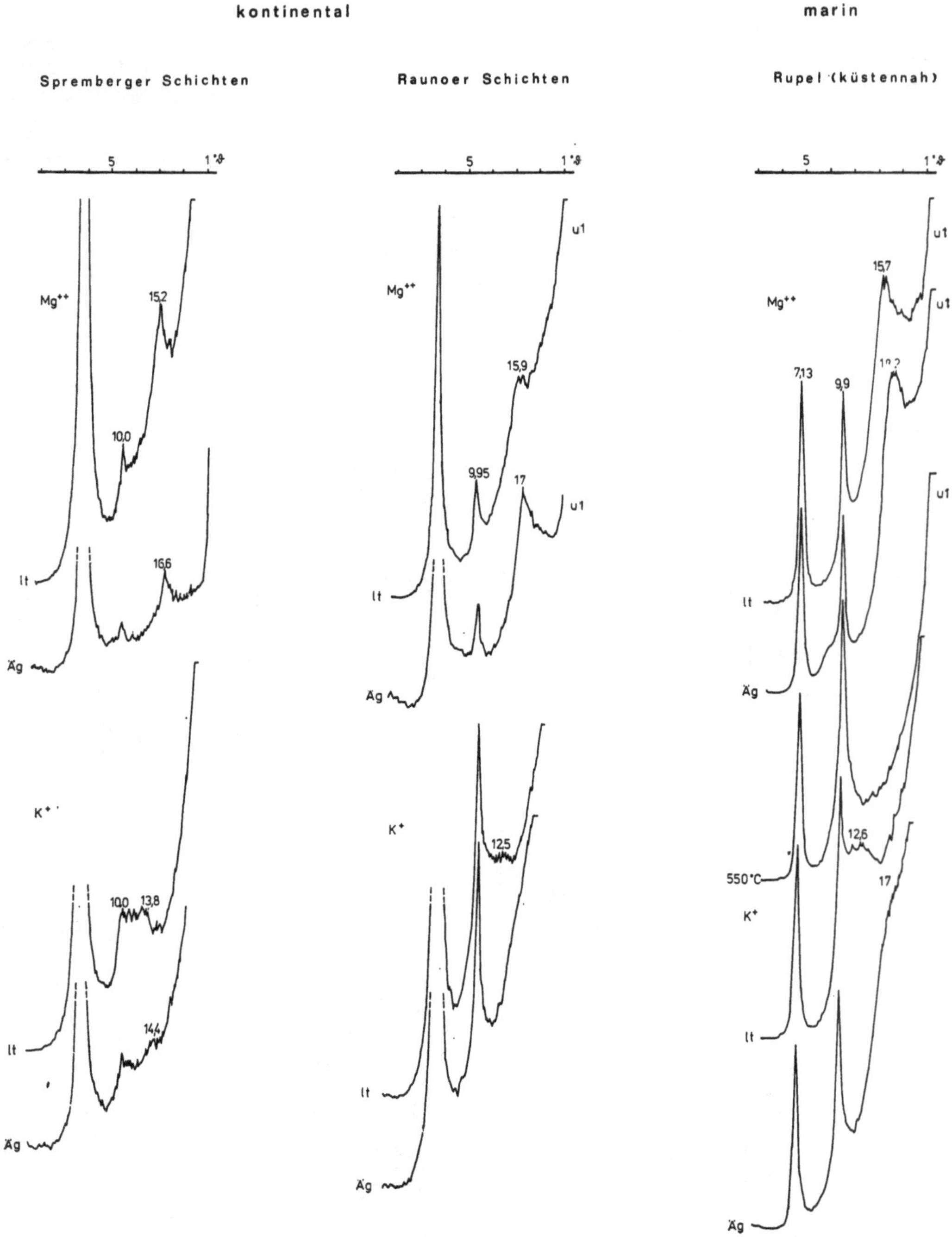

Abb. 4. Röntgentexturaufnahmen von Proben mit vollständig quellfähigem mixed-layer-Mineral

Chlorit ist in allen marinen und nur selten in den kontinentalen Sedimenten in geringen Mengen vorhanden. Gewöhnlich liegt er als Fe-Mg-Chlorit des IIb Polytyps vor. In den gröberen Fraktionen (2—63 μm) sind die grünlichen Chloritblättchen ähnlich wie die Glimmer relativ angereichert.

Halloysit wurde in einigen Proben des Lausitzer Spezialtonhorizonts in Mengen bis zu 20% gefunden. Der Halloysit besitzt typische Röllchenform und liegt als Metahalloysit vor. Aus den Spremberger Schichten wurde von STEINIKE (1966) akzessorischer Halloysit beschrieben.

4. Die Tonmineralparagenesen

Wie aus Tab. 1 hervorgeht, sind die Tonmineralparagenesen der unter verschiedenen Bedingungen abgelagerten Sedimente in erster Linie in quantitativer Hinsicht differenziert. Die Minerale Kaolinit, Mo-Mu-mixed-layer und Glimmer charakterisieren den Bestand der durch Fernschüttung erzeugten allgemeinen Tonmineralparagenese. Qualitative Differenzierungen, wie das Auftreten der unvollständig quellfähigen mixed-layer-Minerale oder der vulkanogenen Montmorillonite, sind durch lokale Besonderheiten bedingt (Lokalschüttungen). Wird der Mineralbestand insgesamt beleuchtet, so wird augenscheinlich, daß vom Paläozän bis einschließlich Miozän eine kaolinitische Verwitterungskruste erodiert wurde, wobei, wie die Anwesenheit geringer Mengen Feldspat sowie die vollständig quellfähigen Dreischichtminerale belegen, nicht nur die Kaolinitzone, sondern auch tiefere Teile des Kaolinprofils (Dreischichtsilikat-Zone) umgelagert wurden. Erst im Pliozän wird die Kaolinitmenge der kontinentalen Sedimente so gering, daß das Ende der kaolinitischen Verwitterung, die seit Beginn der Unterkreide herrschte, angezeigt ist.

Aus dem Mineralbestand der Tertiärsedimente läßt sich grob abschätzen, daß die Tonmineralgehalte in den Fernschüttungen jeweils ca. $^{1}/_{3}$ Kaolinit, Mo-Mu-mixed-layer-Mineral und Glimmer betrugen. Durch selektive Sedimentation sind entsprechend den Bedingungen Anreicherungen bzw. Verarmungen der einzelnen Minerale eingetreten. Weiterhin ist zu berücksichtigen, daß eine südliche und eine nördliche Schüttung in das Becken erfolgte. Während auf dem Böhmischen Massiv die Kaolinisierung bis in das Miozän hinein anhielt, war sie auf dem Baltischen Schild wahrscheinlich bereits früher beendet bzw. nur noch lokale kaolinitische Verwitterung vorhanden. Die nördlichen Schüttungen haben daher offenbar weniger Kaolinit geliefert als die südlichen.

Die marine Tonmineralparagenese ist durch die Verarmung an Kaolinit und Anreicherung der Dreischichtsilikate gekennzeichnet, wobei hinsichtlich der Kaolinitanteile zwischen Beckenzentrum und Beckenrand keine wesentlichen Differenzierungen zu verzeichnen sind. Dagegen enthalten die am Beckenrand abgelagerten Sedimente meist etwas mehr Glimmer als die feinerkörnigen beckenzentralen. Letztere Tone führen stets geringe Mengen Chlorit, was möglicherweise ein Hinweis auf Schüttungen vom Baltischen Schild ist, da in den südlichen Schüttungen, selbst in den glimmerreichen, nur äußerst selten Chlorit auftritt und Anzeichen für Chloritneubildungen fehlen.

Die Paragenese der ästuarinen Sedimente ist durch Kaolinitanreicherung und Dreischichtsilikatverarmung gekennzeichnet. Die ausgedehntesten Ästuare finden sich im Neogen (nordwestsächsischer Schuttfächer, älterer und jüngerer Lausitzer Schuttfächer), deren Entstehung durch rasche Schüttungen relativ kurzer Flüsse erfolgte, die ein oxydierendes, schwach saures Milieu erzeugten. Auf diese Weise erklärt sich die Oxydation der organischen Substanz (helle Tone) sowie die untergeordnete Kaolinitneubildung (STEINIKE 1966). Das Vorhandensein von vollständig quellfähigen Dreischichtsilikaten spricht für Fernschüttungen und dafür, daß die Einzugsgebiete der Flüsse zumeist bis in das Zentrum des Böhmischen Massivs reichten.

Brackische Sedimente, deren Paragenese etliche Besonderheiten aufweisen, sind insbesondere im Neogen verbreitet. Neben den bisher beschriebenen vorwiegend südlichen Schüttungen kommen mit dem Quarzsand- bzw. Formsandhorizont sowie dem altersgleichen Glimmerton eindeutig vom Baltischen Schild herrührende Schüttungen vor. Die in den vorwiegend aus Quarz bestehenden Sanden eingelagerten geringmächtigen Tone zeigen die für kontinental beeinflußte Sedimente typische Anreicherung von Kaolinit und Verarmung von Dreischichtsilikaten. Weiterhin treten Al-Hydroxide (Boehmit, Gibbsit) in geringen Mengen auf, wie sie in brackisch-lagunären Sedimenten häufig als authigene Bildung zu finden sind und was als Aufhebung des Anti-Gibbsit-Effekts gedeutet werden kann.

Eine bemerkenswerte Paragenese zeigen die Glimmertone. Üblicherweise dominiert in dem fast schwarzen Glimmerton der Muskovit über quellfähige Dreischichtsilikate sowie Kaolinit. In diese eigentlich marine Paragenese sind mehrere bis 30 cm mächtige graue Tonhorizonte eingelagert, die oft $> 50\%$ Kaolinit enthalten, also typisch kontinentale Paragenese besitzen. Hier zeigt sich deutlich eine Verzahnung von marin-brackischen mit kontinentalen Tonmineralparagenesen. Diese kaolinithaltigen Tone belegen, daß im Neogen ebenfalls von Norden her Kaolinit in das Tertiärbecken transportiert worden sein muß, aber insgesamt nur in untergeordneter Menge.

Die Tonmineralparagenese der oberen Briesker Schichten, die Feinsande mit eingelagerten Tonen (Spezialtonhorizont) darstellen, ist insofern interessant, weil hier Kaolinit, Halloysit (bis 20%), Gibbsit und Glimmer, aber keine quellfähigen Dreischichtsilikate vorkommen. Diese Paragenese ist ein Zeugnis dafür, daß unter brackisch-lagunären Verhältnissen in größerem Umfang durchaus Tonmineralneubildungen stattfanden, denn der Halloysit ist kaum als Verwitterungsrest anzusprechen, auch deshalb nicht, weil in den Kaolinen zuweilen zwar Halloysit auftritt, aber keineswegs in großen Konzentrationen.

Die Tonmineralparagenese der limnisch-fluviatilen Sedimente ist außerordentlich differenziert. Es finden sich hier die meisten der industriell genutzten Kaolinit-Tonlagerstätten der DDR. Charakteristisch ist, daß für die Bildung dieser Tone die lokalen Schüttungen eine bedeutende Rolle spielten. In ihren Tonmineralparagenesen spiegeln sich daher die Besonderheiten des Mineralbestands der umgelagerten primären Kaoline wider.

Hinsichtlich ihrer Tonmineralführung konnte nachgewiesen werden, daß die am Westrand des Weißelster-Beckens liegenden fluviatil-limnischen Tone neben Kaolinit dieselben unvollständig quellfähigen Tonminerale enthalten, wie sie in den umgebenden Buntsandsteinkaolinen vorkommen, z. B. die Tone von Roßbach, Plessa, Amsdorf. In den Tonen, die in den Verbreitungsgebieten des Halleschen, Nordwestsächsischen oder Meißner Porphyrs liegen, finden sich die aus den betreffenden Kaolinen bekannten mixed-layer-Minerale, z. B. Tone von Seilitz—Löthain, Ballendorf, Colditz, Brandis, oder die Tone führen außerdem noch Buntsandsteinmaterial (Bennstedter Ton bei Halle).

Für die Lausitz hat Lasch (1973) unterschieden zwischen Tonen aus Granodioritkaolin (Wetro, Klix, Guttau), Tonen aus Grauwackenkaolin (Wiesa—Thonberg, Großsaubernitz, Schwepnitz) und Tonen aus paläozoischen Schieferzersätzen (Kodersdorf, Niesky, Weidmannsheim—Zinzendorfgrube). Letztere enthalten einen relativ hohen Glimmeranteil entsprechend der Zusammensetzung der Schieferkaoline. Die eigenen Untersuchungen ergaben, daß in allen Lausitzer Tonen als wichtigstes Dreischichtsilikat das vollständig quellfähige mixed-layer-Mineral auftritt, wie es auch in den marinen Sedimenten des Beckenzentrums vorkommt. Dies ist ein Hinweis darauf, daß dieses Mineral im kontinentalen und marinen Sedimentationsmilieu gleichartig ausgebildet ist, wenn man von einer geringfügigen K^+-Adsorption im marinen Milieu absieht.

5. Schlußfolgerungen

Die Untersuchungen ergaben, daß in den marinen, brackischen und ästuarinen Sedimenten eine qualitativ gleiche Tonmineralparagenese auftritt (Kaolinit, Glimmer, vollständig quellfähiges Mu-Mo-mixed-layer-Mineral), die im wesentlichen den Stoffbestand einer Fernschüttung vom Böhmischen Massiv repräsentiert. Die Feldspatarmut der Sedimente belegt, daß vornehmlich Kaoline erodiert wurden, wobei neben der Kaolinit-Zone in großem Umfang die Dreischichtsilikat-Zone abgetragen wurde (mixed-layer-Minerale, Feldspat). Tonmineralneubildungen sind nur untergeordnet vorhanden: Glaukonit in Transgressionshorizonten und in sehr geringem Maße in „normalen" marinen Sedimenten; Montmorillonit aus vulkanischen Gläsern in eozänen Glasasche-Tuff-Horizonten des Nordens der DDR. Halloysit und Al-Hydroxyde in brackisch-lagunären Sedimenten.

Die eindeutig nachweisbaren Schüttungen vom Baltischen Schild unterscheiden sich qualitativ nicht von den Tonmineralparagenesen des Böhmischen Massivs.

In quantitativer Hinsicht sind die kontinentalen Sedimente reicher an Kaolinit, während die marinen bis in unmittelbare Küstennähe an Kaolinit verarmt sind. Der Übergang zwischen marin bzw. kontinental beeinflußten Tonsedimenten scheint meist in Form von Verzahnungen beider Sedimenttypen vorzuliegen.

Einige der limnisch-fluviatilen Tone enthalten Tonminerale, die die lokalen Verhältnissen widerspiegeln, insbesondere tritt das relativ stabile unvollständig quellfähige mixed-layer-Mineral in Erscheinung, das von den umgebenden Kaolinen abgeleitet wird (Ostthüringen, Nordwestsachsen).

Die starke Reduzierung der Kaolinitführung kontinentaler pliozäner Sedimente zeigt an, daß die regionale Kaolinisierung zu dieser Zeit auf dem Böhmischen Massiv abgeschlossen war, auf dem Baltischen Schild ist sie möglicherweise bereits früher beendet gewesen.

Zusammenfassung

Es wurden die Tonmineralparagenesen der Teritärsedimente (vornehmlich Tone) untersucht und festgestellt, daß in den marinen, brackisch und ästuarinen Sedimenten, die durch Fernschüttungen vom Böhmischen Massiv und Baltischen Schild gebildet wurden qualitativ dieselben Tonminerale (Kaolinit, Glimmer, vollständig quellfähiges Montmorillonit-Muskovit-Wechsellagerungsmineral) enthalten. Dabei sind die marinen Sedimente an Kaolinit verarmt und in den kontinentalen ist Kaolinit relativ angereichert. Verschiedene limnisch-fluviatile Sedimente (Lokalschüttungen) spiegeln die Tonmineralparagenesen der erodierten, in der Umgebung anstehenden Kaoline wider.

Резюме

В третичной эре каолинитовая кора выветривания Богемского массива была эродирована и переотложена. В нескольких трансгрессиях море продвигалось от Северогерманско-Польской впадины на юг и залило северный край Богемского массива. В целом осадочные породы Северогерманско-Польской впадины имеют морской характер. Преобладающими глинистыми минералами являются способные к набуханию трехслойные силикаты (неправильно смешаннослойные минералы мусковита и монтмориллонита) наряду с иллитом, каолинитом и кварцем, небольшие содержания полевого шпата, кальцита, доломита и сидерита.

Прибрежная площадь находилась под строгим материковым влиянием, и особенно в неогене формировались эстуариновые местонахождения. Глины прибрежной зоны содержат преимущественно каолинит (типа фаер клэя) и способные к набуханию трехслойные силикаты, иллит, мусковит, кварц и т. д.

В пределах Богемского массива развивашись внутренние впадины (тектонического происхождения или выщелачиванием основания). Глины этих впадин содержат преимущественно каолинит (типа фаер клэя). Особенно терригенные глины, отложенные в внутренних впадинах или реках, свидетельствуют о первичных каолинах, которые предоставляли осадочный материал. Характерными признаками являются трехслойные силикаты.

Обнаружены следующие глины:

— Глины преимущественно по гранодиоритовым каолинам (верхний олигоцен-миоцен под Ветро, Гуттау, Кликсом),
— Глины с—о составляющими переотложенных граувакковых каолинов (верхний олигоцен-миоцен под Визой-Тонбергом, Грос-Заубернитцем, Швепнитцем),
— Глины сс составляющими палеозойских сланцевых каолинов (миоцен под Кодерсдорфом, Ниским, Вайдманнсхайм—Цинцендорфгрубе),
Глины преимущественно по порфировым и пехштейновым каолинам (миоцен Лётгайнского бассейна),
— Глины преимущественно по порфировым каолинам (миоценовые глины Северозападной Саксонии, как напр. Брандиса, Баллендорфа и Кольдитца),
— Глины, преимущественно состоящие из Галлских порфировых каолинов со составляющими цветного песчанного каолина (бассейн Беннстедта-Нитлебена),
— Глины проимущественно по тесчанным каолинам (как напр. Плесса, Россбах Амсдорф).

Переотложение каолинитовой коры выветривания еще началось в палеоцене, о чем можно заключить по содержанию палеоценовых осадков, и продолжалось до самой третичной эры.

Summary

During the Tertiary the kaolinitic weathering crust of the Bohemian Massif was eroded and redeposited. In several transgressions the sea encroached from the North-German-Polish Depression towards the South and inundated the northern fringe of the Bohemian Massif. In general the clay minerals of the North-German Polish Depression is of marine nature. Predominant clay minerals are the swelling three-layer silicates (random mixed-layer minerals muscovite/montmorillonite) besides illite, kaolinite and quartz, small amounts of feldspar, calcite, dolomite and siderite.

The coastal area was under strong continental influence and especially in the Neogene estuarine deposits were formed. The clays of the coastal area contain mainly kaolinite (fire clay type) and swelling three-layer silicates, illite, muscovite, quartz etc.

In the Bohemian Massif interior depressions developed (of tectonic origin or through leaching of the basement). The clays of these depressions contain predominantly kaolinite (fire clay type).

Espacially the terrestrial clays, which were deposited in interior basins or rivers, give evidence of the primary kaolins, which provided the sedimentary material. Characteristic signs are the three-layer silicates.

The following clays were found:

— Clays predominantly derived from granodiorite-kaolins (Upper Oligocene-Miocene of Wetro, Guttau, Klix)
— Clays with components of redeposited graywacke kaolins (Upper Oligocene-Miocene of Wiesa-Thonberg, Gross-Saubernitz, Schwepnitz)
— Clays with components of Paleozoic shist kaolins (Miocene of Kodersdorf, Niesky, Weidmannsheim—Zinzendorfgrube)
— Clays predominantly derived from porphyry and pitchstone kaolins (Miocene of the Löthian basin)
— Clays predominantly derived from porphyry kaolins (Miocene clays in North-West Saxony, e.g. Brandis, Ballendorf, Colditz)
— Clays predominantly consisting of Halle porphyry kaolins with components of variegated sandstone kaolins (Bennstedt-Nietleben basin).
— Clays predominantly derived from sandstone kaolins (e.g. Plessa, Roßbach, Amsdorf).

The redeposition of the kaolinitic weathering crust began already in the Paleocene, as can be concluded from the kaolinite content of paleocene sediments, and continued to the uppermost Tertiary.

Literatur

AL-RAWI, D.; HENNING, K.-H.; LANDGRAF, K.-F.; STÖRR, M.: Über die Dreischichtsilikate feinklastischer Sedimente der Oberkreide, des Tertiärs und des Quartärs im Norden der DDR. — Acta Univ. Carolinae, Geol., Praha 1 (1977) S. 25—35.

BIEHL, N.: Die Mineralanalyse, ein wichtiges Hilfsmittel zur Kennzeichnung der materialbedingten Trockeneigenschaften grobkeramischer Rohstoffe. — Silikattechnik, Berlin **8** (1963), S. 250 bis 254.

BÖTTCHER, A.; POHLHARDT, J.: Bericht über die im Jahre 1964 vom Institut für Angewandte Mineralogie Dresden durchgeführten Arbeiten. — Wiss.-techn. Informationsd., VVB Feste Minerale, Berlin **6** (1965).

BROWN, B. E.; BAILEY, S. W.: Chlorite polytypism. I. Regular and semirandom one-layer structures. — Amer. Mineral., Menasha **47** (1962), S. 819—850, (engl.).

FIEDLER, G.: Über den Nachweis von Alkali-Montmorillonit im Friedländer Blauton. — Silikattechnik, Berlin **13** (1962), S. 329—330.

FIEDLER, G.; STEINIKE, K.: b-Achsen-ungeordneter Kaolinit mit Gitteraufweitung in c-Richtung, eine Strukturvarietät des Kaolinites. — Ber. deutsch. ges. geol. Wiss., B, Berlin **12** (1967), S. 187—193.

HENNING, K.-H.: Mineralogische Untersuchung eozäner Tone aus der Lagerstätte Friedland und aus Bohrungen in Mecklenburg. — Greifswald, Ernst-Moritz-Arndt-Univ., Diss., 1968.

— Mineralogische Untersuchung des eozänen Tones der Lagerstätte Friedland (Bezirk Neubrandenburg). — Ber. deutsch. Ges. geol. Wiss., B, Berlin **16** (1972), S. 5—39.

KÖHLER, R.: Laboruntersuchungen zur Beurteilung von Spültonen. — Wiss.-techn. Informationsd., VVB Feste Minerale, Berlin **6** (1965), S. 30—33.

— Spülungstone — Erkundung, Untersuchung, Erprobung. — Wiss.-techn. Informationsd., VVB geol. Forsch. Erkdg., Berlin **8** (1967), S. 3—26.

KRANZ, G.; MACHAJDIK, D.; WIEGMANN, J.: Strukturuntersuchungen am Illit-Montmorillonit-mixed-layer-Mineral aus der Kaolinlagerstätte Seilitz bei Meißen. — Schriftenr. geol. Wiss., Berlin 11 (1978), S. 115—123.

MUCKE, CH.; ZWAHR, H.; SCHWALBE, W.: The Kaolinitic Weathering Crust in the Region of the Berzdorf Basin and the Brown Coal Open Cast Mine at Berzdorf. In: STÖRR, M. (Ed.): Kaolin Deposits of the GDR in the Northern Region of the Bohemian Massif. — Greifswald: Ernst-Moritz-Arndt-Univ. 1975. S. 133—149, (engl.).

LANDGRAF, K.-F.: Mineralogische Untersuchung des mitteloligozänen Tones der Lagerstätte Mallis (Bezirk Schwerin, DDR). — Ber. deutsch Ges. geol. Wiss., B, Berlin **16** (1971), S. 437 bis 474.

— Mineralogische Charakteristik von Dreischichtsilikaten aus Kaolinen der DDR. — Schriftenr. geol. Wiss., Berlin 11 (1978), S. 141—147.

LASCH, G.: Geochemisch-mineralogische Untersuchungen an tertiären Tonen der Lausitz. — Freiberger Forsch.-H., C, Leipzig 290 (1973), S. 1—76.

LOTSCH, D.: Tertiär (Paläogen und Neogen). In: Grundriß der Geologie der DDR. Bd. I. — Berlin: Akad.-Verl. 1968. S. 356—379.

STARKE, R.: Verteilung und Faziesabhängigkeit der Tonminerale in den geologischen Systemen. — Freiberger Forsch.-H., C, Leipzig 254 (1970), S. 1—185.

STEINIKE, K.: Lithogenetische Untersuchungen tonig-sandiger Sedimente des Oberoligozäns und tieferen Miozäns im Raume der Niederlausitz. — Jb. Geol., Berlin **2** (1966), S. 301 bis 350.

STÖRR, M. (Ed.): Kaolin Deposits of the GDR in the Northern Region of the Bohemian Massif. — Greifswald: Ernst-Moritz-Arndt-Univ. 1975. S. 1—243.

STÖRR, M.; KUŽVART, M.; NEUŽIL, J.: Age and Genesis of the Weathering Crust of the Bohemian Massif. — Schriftenr. geol. Wiss., Berlin 11 (1978), S. 265—281, (engl.).

Manuskripteingang: 21. März 1977

Anschrift der Autoren:

Dipl.-Geol. FELDHAUS; Prof. Dr. M. STÖRR, Ernst-Moritz-Arndt-Universität Greifswald, Sektion Geologische Wissenschaften 22 - Greifswald, Friedrich-Ludwig-Jahn-Straße 17a

Schriftenr. geol. Wiss. · Berlin 11 (1978) · S. 51–78

Synthesen von Tonmineralen unter spezieller Berücksichtigung festländischer Bedingungen

Von Hermann Harder, Göttingen

Mit 7 Abbildungen und 14 Tabellen

1. Experimente zur Kieselsäureausscheidung

Durch Untersuchungen an eisenhaltigen Kohlensäuerlingen (Harder 1964) konnte gezeigt werden, daß es möglich ist, Kieselsäure aus sehr verdünnten Lösungen in röntgenamorphen Hydroxiden anzureichern. — Kohlensäurehaltige Quellwässer enthalten neben anderen Ionen in gelöster Form Eisen und Kieselsäure. Kommen die Wässer in den Bereich der Oberfläche, so fällt das zweiwertige Eisen durch Oxidation als rotbraunes Eisen-III-Hydroxid aus. Diese röntgenamorphen Hydroxide adsorbieren oder fällen die Kieselsäure selbst aus sehr verdünnten Lösungen aus. Andere röntgenamorphe Hydroxide, wie z. B. vor allem das Aluminium, sind ebenfalls in der Lage, die Kieselsäure aus sehr verdünnten Lösungen — bis herunter zu einigen Zehntel ppm (mg SiO_2/l) — durch Mitfällen aus den Lösungen auszuscheiden (Harder 1965).

Durch Alterung dieser röntgenamorphen Hydroxid-Kieselsäure-Niederschläge war es möglich, bei niedrigen Temperaturen Quarz (Harder & Flehmig 1967), Feldspat, Montmorin, Illit, Talk und andere Tonminerale zu synthetisieren. — Die chemische Verwitterung, der Kieselsäuregehalte der Gewässer und die Bildung der silikatischen Tonminerale ist — zumindest zu einem Teil — durch das „Ausfällen" der Hydroxid-Kieselsäure-Niederschläge zu verstehen. Um die Gesetzmäßigkeit der Kieselsäureverteilung, die sich zwischen der Verwitterungslösung und dem Hydroxidniederschlag einstellt kennenzulernen, waren weitere Untersuchungen notwendig. Neben dem Aluminium-Kieselsäureverhältnis in den Ausgangslösungen, der Temperatur und dem Alterungszustand der Hydroxide erwies sich der Polymerisationszustand der Kieselsäure, die zur Herstellung der Versuche verwandt wurde, als weiterer wichtiger Faktor, der die Kieselsäureverteilung bestimmt. Aus Kieselsäure und Aluminium enthaltende Lösungen wurden durch Neutralisation die Hydroxide gefällt und die Kieselsäureverteilung auf die Lösungen und die Hydroxidniederschläge ermittelt. — Der Kieselsäuregehalt der Hydroxidniederschläge bzw. die Verteilung der Kieselsäure zwischen Lösung und Niederschlag kann durch verschiedene Faktoren beeinflußt werden: 1. Polymerisationszustand der Kieselsäure; 2. Verhältnis der ausgefällten Ionen in der Lösung; 3. Temperatur; 4. Wasserstoffionenkonzentration; 5. Alterungs- bzw. Kristallisationszustand der Hydroxide und 6. der Salzgehalt. — Auf Grund der Experimente kann zu den einzelnen Punkten folgendes ausgeführt werden:

Zu 1. Der Polymerisationsgrad der Kieselsäurelösungen, die bei den Experimenten verwandt werden, ist von großem Einfluß auf die Kieselsäureverteilung zwischen Lösung und Niederschlag. Werden bei Ansetzen der Versuche polymere Kieselsäuren den Lösungen zugegeben und die Hydroxide sofort gefällt, so werden höhere SiO_2-Werte in den Niederschlägen gefunden als mit depolymerisierten Lösungen. Die Depolymerisation der Kieselsäure benötigt mehrere Tage, wie durch die Untersuchungen von Krauskopf (1959) bekannt ist. Die Abhängigkeit der Adsorption der Kieselsäure von der Depolymerisation ist aus Tab. 1 ersichtlich. Wird die Fällung der Hydroxide unmittelbar nach Zugabe einer entsprechenden SiO_2-Menge einer polymeren Kieselsäurelösung durchgeführt, so wird mehr Kieselsäure von dem Niederschlag adsorbiert als wenn Experimente mit

Tab. 1. Abhängigkeit des SiO_2-Gehalts in den Aluminiumhydroxid-Niederschlägen vom Polymerisationszustand der Kieselsäure

Fällungsbedingungen: 20 °C, pH 7
2,9 mg SiO_2/l H_2O einer Kieselsäurelösung, die 3400 mg SiO_2/l H_2O enthält
3,0 mg Al_2O_3/l H_2O

Depolymerisationszeit der Kieselsäure*) Stunden	SiO_2-Gehalt nach der Aluminiumhydroxid-Fällung	
	in Lösung mg/l	im Niederschlag Gew.-%
0	1,3	35
9	1,65	29
14	1,95	24
24	2,21	19
72	2,26	18
240	2,30	17

*) Zeit für die Depolymerisation der Kieselsäure. Fällung der Aluminiumhydroxide nach der angegebenen Zeit (siehe Text Punkt zu 1.).

gleichen Konzentrationen einer depolymerisierten monomeren Kieselsäurelösung durchgeführt werden. Bei Experimenten mit einer monomeren Kieselsäurelösung befindet sich ein größerer Teil der Kieselsäure in der Lösung, während bei polymeren Lösungen weniger Kieselsäure in der Gleichgewichtslösung nachzuweisen ist. — Die Depolymerisation ist zeitabhängig. Verdünnt man die polymeren Kieselsäurelösungen, gibt erst nach einiger Zeit die Aluminiumlösungen hinzu und führt anschließend die Fällung aus, so ist die Kieselsäureverteilung zwischen Lösung und Niederschlag stark von der Zeit abhängig, die für die Depolymerisation der Kieselsäurelösung zur Verfügung stand (s. Tab. 1). Erst nach mehreren Tagen haben sich Gleichgewichtsbedingungen eingestellt. Aus den Analysen ergibt sich, daß von der monomeren Kieselsäure nur etwa die Hälfte der Kieselsäure an die Hydroxide adsorbiert ist als es bei polymeren Kieselsäuren der Fall ist.

In der Natur wird man überwiegend mit monomerer Kieselsäure rechnen müssen. — In heißen vulkanischen Quellwässern sind jedoch zum Teil sehr hohe Kieselsäuregehalte von über 1 000 mg SiO_2/l ermittelt worden. Kühlen sich diese Lösungen ab, so bilden sich polymere Kieselsäurelösungen. Die Depolymerisation der Kieselsäure benötigt besonders bei sauren pH-Werten lange Zeiten und ist somit für geologische Prozesse von Wichtigkeit.

Die Durchführung der weiteren Experimente und die Herstellung der Kieselsäurelösungen (meist Wasserglaslösungen) und Aluminium-Chlorid-Lösungen erfolgte in der Weise wie es früher angegeben wurde (Harder 1965, S. 432). Zum Ansetzen der Versuche wurden einmal polymere Kieselsäurelösungen verwandt (3400 mg SiO_2/l H_2O) und zum anderen monomere Kieselsäurelösungen (10 bzw. 100 mg SiO_2/l H_2O). Die monomere Kieselsäurelösung wurde durch Verdünnen der konzentrierten Lösung hergestellt und erst nach vollständiger Depolymerisation (etwa nach zehn Tagen) für die Versuche verwandt. — Aus den Aluminium und Kieselsäure enthaltenden Lösungen wurden die Hydroxide durch Neutralisation (Zugabe von HCl bzw. NaOH oder NH_4OH) gefällt. Nach der Neutralisation und der damit verbundenen Fällung der Aluminiumhydroxid-Kieselsäure-Niederschläge wurde meist nach 24 Stunden abfiltriert und die Kieselsäure in der Lösung sowie oft im Niederschlag bestimmt (nach der etwas abgeänderten Methode von Alexander 1953). Der Kieselsäuregehalt der Hydroxidniederschläge wurde wasserfrei berechnet angegeben. Der Wassergehalt lag bei über 90% H_2O. — Die Genauigkeit der Ergebnisse ist, nachdem der Polymerisationsgrad der Kieselsäure zum Ansetzen der Versuche berücksichtigt worden ist, recht gut. Größere Fehler traten auf, wenn die Konzentrationen von Aluminium und Kieselsäure sehr unterschiedlich und vor allem die Gehalte sehr gering waren.

Zu 2. Der Kieselsäuregehalt in den Aluminiumhydroxid-Niederschlägen ist weiterhin wesentlich abhängig vom Verhältnis der Kieselsäure zum Aluminium und vom absoluten Gehalt in der Ausgangslösung (Abb. 2, Tab. 2, Tab. 3). Bei einem Verhältnis von Aluminium zur Kieselsäure von etwa 1:1 finden wir im Niederschlag, wenn monomere Kieselsäure zum Ansetzen der Experi-

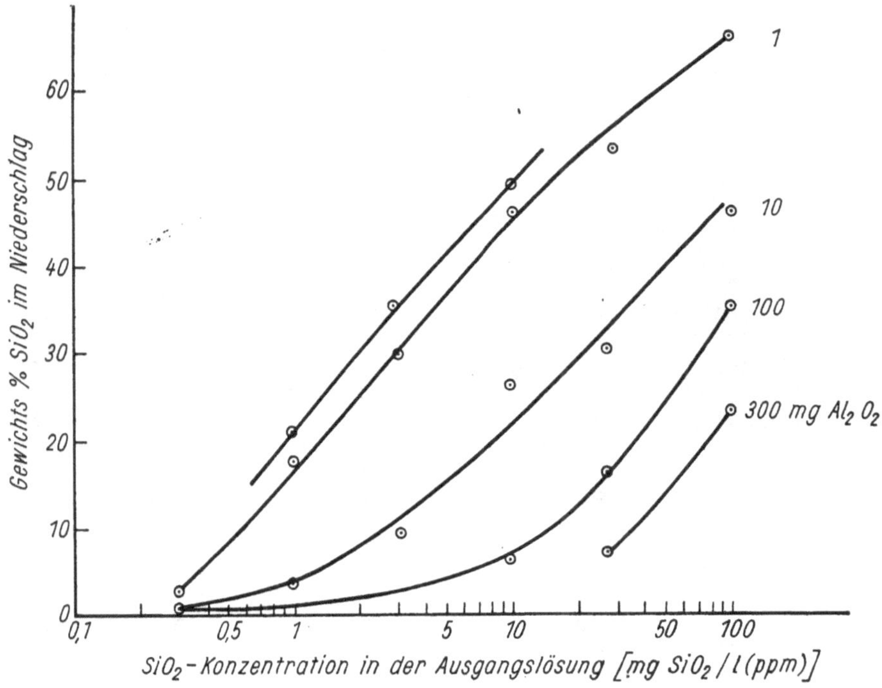

Abb. 1. Abhängigkeit des SiO_2-Gehalts in den Aluminiumhydroxid-Niederschlägen vom Gehalt der Ausgangslösung an monomerem SiO_2 und Al_2O_3 (Werte an den Kurven), (pH 7 und 20 °C)

mente verwandt wurde, zwischen 36 und 3% SiO_2 (bei polymerer Kieselsäure 48 und 23% SiO_2). Dabei ist ein höherer Kieselsäuregehalt im Niederschlag zu finden, wenn die Ausgangslösung 100 ppm SiO_2 oder mehr enthielt, während in Lösungen, die nur 1 ppm enthielten, in den Niederschlägen wesentlich weniger nachzuweisen ist. Kommt in der Ausgangslösung etwa dreimal mehr Kieselsäure als Aluminium vor, so finden wir bei monomerer Kieselsäure in den Niederschlägen 46—21% SiO_2 und bei polymerer Kieselsäure in den Niederschlägen 66—29% SiO_2. Bei diesen Experimenten ist dann weit mehr als die Hälfte der Kieselsäure in der Lösung zu finden. Ist etwa zehnmal mehr Kieselsäure in den Ausgangslösungen nachzuweisen, so resultiert ein Niederschlag, der 50—3% SiO_2 enthält (polymer rund 80% SiO_2), während in den Lösungen noch sehr viel Kieselsäure vorhanden ist. Tritt in den Ausgangslösungen etwa 100mal mehr Kieselsäure als Aluminium auf, so resultieren Aluminiumniederschläge, die noch reicher an Kieselsäure sind. Der Kieselsäuregehalt in der Lösung bleibt bei diesem Experiment sehr hoch. Die Reproduzierbarkeit der letztgenannten Ergebnisse ist schlechter.

Ist jedoch Aluminium in den Ausgangslösungen im Überschuß vorhanden, so wird die Kieselsäure zum größten Teil aus der Lösung entfernt. Bei einem 10- oder 30fachen Aluminiumüberschuß werden die Kieselsäuregehalte in den Lösungen nach erfolgter Fällung auf einige ppm oder weniger (minimal 0,05 mg SiO_2/l) erniedrigt. Hervorzuheben ist, daß auch bei diesen Experimenten mit polymerer Kieselsäure weniger Kieselsäure in den Lösungen nachzuweisen ist als bei Experimenten gleicher Ausgangskonzentration mit monomerer Kieselsäure. — Der variable Kieselsäuregehalt in den Niederschlägen kann gut aus Abb. 1 ersehen werden.

Zu 3. Bei niedrigen Temperaturen wird mehr Kieselsäure an die Hydroxide adsorbiert als bei höheren. Recht deutlich ist die Temperaturabhängigkeit der Kieselsäureaufnahme aus den Adsorptionsisothermen bei 3°, 20° und 80 °C ersichtlich (Abb. 3, Tab. 4). Bei 80 °C wird besonders wenig Kieselsäure aus monomeren SiO_2-Lösungen an die Hydroxide adsorbiert. Bei hohen Temperaturen bleibt der größte Teil der Kieselsäure in der Lösung. Bei 3 °C ist mehr Kieselsäure in den Niederschlägen nachzuweisen als es bei 20 °C der Fall ist.

Tab. 2. Abhängigkeit des SiO_2-Gehalts in den Aluminiumhydroxid-Niederschlägen vom Si/Al-Verhältnis in der Ausgangslösung bei pH 7 und 20 °C

Konzentration in Lösung vor der Fällung		SiO_2-Gehalt nach der Aluminiumhydroxid-Fällung			
		mit polymerer Kieselsäure		mit monomerer Kieselsäure	
SiO_2 mg/l	Al_2O_3 mg/l	in Lösung mg/l	im Niederschlag Gew.-%	in Lösung mg/l	im Niederschlag Gew.-%
102	1000	0,37	9	5	9
102	300	0,7	25	10	24
102	100	15	46	45	36
102	30	45	66	76	46
102	10	60	81	93	47
102	3	64	93	99	50
102	1	98	82	100	67
27,5	300	0,3	8	4	7,5
27,5	100	0,8	21	7,5	17
27,5	30	10,5	36	15	30
27,5	10	19	46	23	31
27,5	3	21	68	25,3	42
27,5	1	21	87	26,3	54
27,5	0,3	21	97	27,2	50
27,5	0,1	20	99		
10,6	100	0,89	8,7	3,5	7
10,6	30	0,81	24	5,7	14
10,6	10	3,7	40	6,9	27
10,6	3	6,0	60	9,5	27
10,6	1	6,5	81	9,7	47
10,6	0,3	6,9	92	10,3	50
2,9	30	0,9	6	1,3	5
2,9	10	0,95	15	1,75	10
2,9	3	1,15	35	2,25	18
2,9	1	1,4	58	2,5	30
2,9	0,3	1,45	81	2,7	36
2,9	0,1	1,6	92	2,9	
1,1	30	0,38	2	0,45	2
1,1	10	0,45	6	0,69	4
1,1	3	0,5	18	0,86	7
1,1	1	0,58	34	0,88	18
1,1	0,3	0,62	62	1,02	21
1,1	0,1	0,68	81	1,0	50
0,29	100	0,04	0,4	0,10	0,2
0,29	30	0,05	0,8	0,12	0,7
0,29	10	0,10	1,9	0,2	1,0
0,29	3	0,16	4,3	0,25	1,3
0,29	1	0,18	10	0,26	3,0
0,29	0,3	0,20	23	0,28	3,0
0,29	0,1	0,25	29	0,29	–

Tab. 3. Abhängigkeit des SiO_2-Gehalts in den Aluminiumhydroxid-Niederschlägen vom Si/Al-Verhältnis in der Ausgangslösung bei pH 7 und 20 °C mit polymerer Kieselsäure (3400 mg SiO_2/l H_2O in der Ausgangslösung)

Konzentration in Lösung vor der Fällung		SiO_2-Gehalt nach der Aluminiumhydroxid-Fällung	
SiO_2 mg/l	Al_2O_3 mg/l	in Lösung mg/l	im Niederschlag Gew.-%
300	1000	4,2	23
300	300	22,4	48
300	100	10,4	66

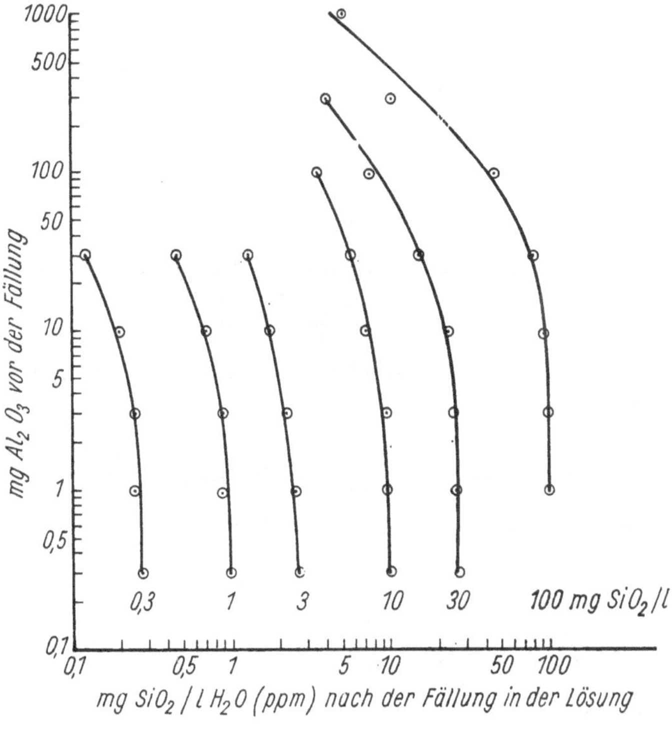

Abb. 2. Diagramm zur Ermittlung der Kieselsäurekonzentration in den Lösungen vor (Angaben an den Kurven) oder nach der Fällung der Aluminiumhydroxide (pH 7 und 20 °C)

Zu 4. Von der Wasserstoffionenkonzentration ist der an die Hydroxide adsorbierte Kieselsäuregehalt nicht sehr stark abhängig (Tab. 5). Da die Lösungen bewußt ungepuffert waren, wurden die zunächst eingestellten pH-Werte durch das Ausfällen der Hydroxide nach einiger Zeit deutlich erniedrigt. Bei hohen und niederen pH-Werten war die Fällung der Aluminiumhydroxide nicht quantitativ. — Von monomerer Kieselsäure wird bei allen pH-Werten weniger Kieselsäure an die Hydroxide adsorbiert als bei polymerer Kieselsäure (Tab. 5). — Erst bei höheren pH-Werten konnte bei Eisen- und Manganhydroxiden gezeigt werden, daß weniger, und bei sehr basischen Werten keine Kieselsäure mehr adsorbiert wird [s. hierzu Flehmig (1967) und Menschel (1967)].

Zu 5. Eine Adsorption ist von der Größe der Oberfläche der adsorbierenden Substanz abhängig. Es war so zu erwarten, daß der Kristallisations- bzw. Alterungszustand der Hydroxide von allergrößtem Einfluß auf die Aufnahme der Kieselsäure an die Hydroxide ist. Röntgenamorphe

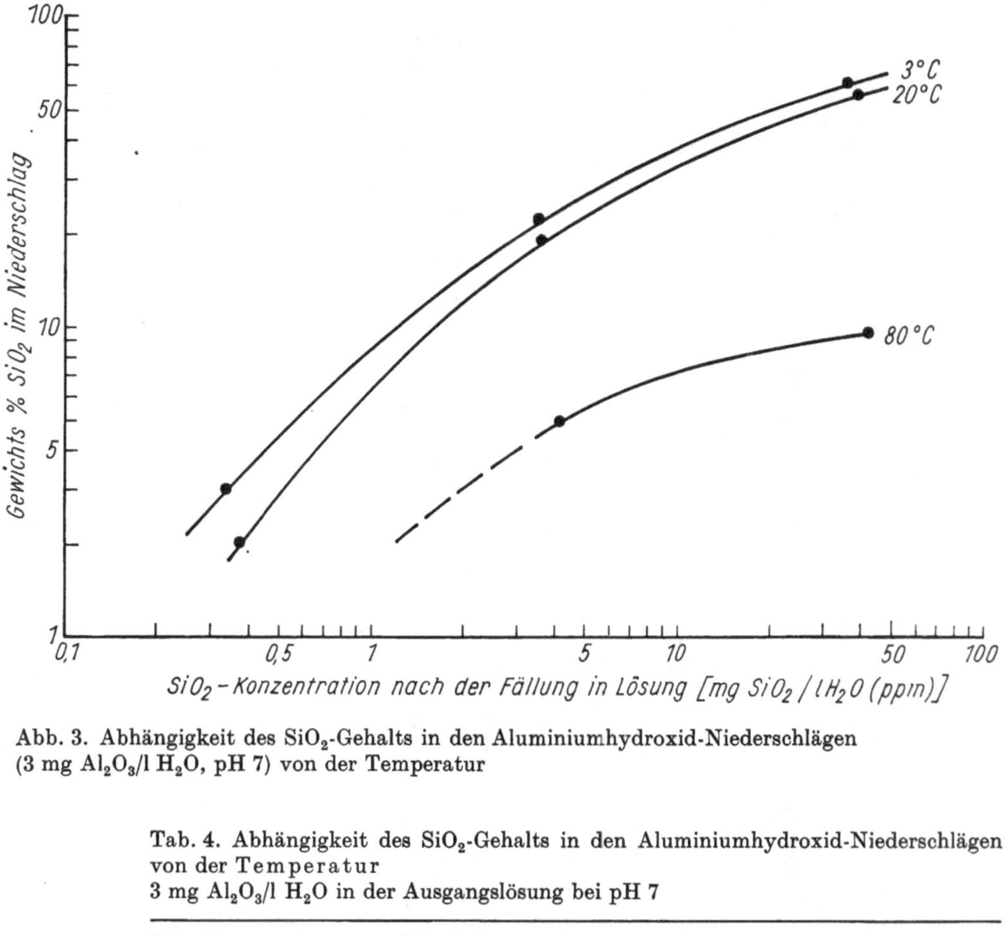

Abb. 3. Abhängigkeit des SiO_2-Gehalts in den Aluminiumhydroxid-Niederschlägen (3 mg Al_2O_3/l H_2O, pH 7) von der Temperatur

Tab. 4. Abhängigkeit des SiO_2-Gehalts in den Aluminiumhydroxid-Niederschlägen von der Temperatur
3 mg Al_2O_3/l H_2O in der Ausgangslösung bei pH 7

SiO_2-Konzentration vor der Fällung mg SiO_2/l H_2O (ppm)	Temperatur	SiO_2-Gehalt nach der Aluminiumhydroxid-Fällung			
		mit polymerer Kieselsäure		mit monomerer Kieselsäure	
		in Lösung mg/l	im Niederschlag Gew.-%	in Lösung mg/l	im Niederschlag Gew.-%
42	80 °C	29,2	81	41,6	9
4,2		2,5	36	4,03	5
0,42		0,4	1	0,42	—
42	20 °C	24,6	85	38,0	57
4,2		2,4	37	3,52	19
0,42		0,3	4	0,36	2
42	3 °C	16,3	90	37,6	60
4,2		2,2	40	3,4	21
0,42		0,2	7	0,34	3

Hydroxide adsorbieren im Vergleich zu gut kristallisierten Substanzen viel Kieselsäure. Die Adsorption der Kieselsäure an kristallisierte Substanzen wie Hydrargillit [$Al(OH_3)$], Bayerit, an die Tonminerale usw. ist größenordnungsmäßig geringer als die Kopräcipitation von Kieselsäure mit Hydroxiden. — Altert man jedoch die röntgenamorphen Hydroxide bevor man sie mit den Kieselsäurelösungen zusammengibt, so nehmen die gealterten Hydroxide weniger Kieselsäure auf. Bei niedrigeren Temperaturen (Tab. 6) wird die Alterung wesentlich verlangsamt. Interessant

Tab. 5. Abhängigkeit des Kieselsäuregehalts in Aluminiumhydroxiden von der Wasserstoffionenkonzentration bei 20 °C mit 32 mg Al_2O_3/l und 30 mg SiO_2/l H_2O in der Ausgangslösung

pH	SiO_2-Gehalt nach der Aluminiumhydroxid-Fällung Polymere Kieselsäure in Lösung mg/l	im Niederschlag Gew.-%	pH	Monomere Kieselsäure in Lösung mg/l	im Niederschlag Gew.-%
4	30,5	—	4	30,5	—
5	25,3	31	5	24,2	16
6	8,6	44	6,0	19,3	26
			6,3	17,6	29
7	4,9	43	6,7	14,4	33
8	7,6	42	7,8	14,8	33
9	9,5	48	8,5	17,6	33
9,5	30,5	—	9,5	30,5	—

Tab. 6. Abhängigkeit des SiO_2-Gehalts von der Alterungszeit der Aluminiumhydroxid-Niederschläge
Ausgangslösung: 30,6 mg Al_2O_3/l, pH 7 nach der angegebenen Alterungszeit unter Zugabe von 28 mg SiO_2 (monomer)/l

Alterungs-zeit Tage	3 °C in Lösung mg/l	im Niederschlag Gew.-%	20 °C in Lösung mg/l	im Niederschlag Gew.-%	80 °C in Lösung mg/l	im Niederschlag Gew.-%
0	16,8	30	17,1	30	19,4	26
1	21	19	20	20	26	6,0
4	22	16	21	19	26	5,6
10	22	15	22	16	27	4,4
30	23	15	23	15	27	3,8
120	23	14	29	1,3	30	—

ist ein Vergleich des Alterungsverhaltens der Aluminium-, Eisen- und Manganhydroxide. Das Alterungsverhalten des Eisens und Mangans sind den Arbeiten von Flehmig (1967) und Menschel (1967) zu entnehmen. Es zeigte sich, daß Mangan und Eisen schneller altern als Aluminium. Mangan und Eisen haben bereits nach Monaten die Adsorptionsfähigkeit verloren, während man beim Aluminium damit rechnen muß, daß bei niedrigen Temperaturen die Adsorptionsfähigkeit noch lange vorhanden ist. Allerdings wird beim Aluminium bei niedrigen Temperaturen nach Jahren die Adsorptionsfähigkeit gleichfalls verlorengehen. Die Kieselsäure wird dann nur in sehr geringer Menge adsorbiert werden können. Der Kieselsäuregehalt in derartigen Versuchen müßte dann wieder ansteigen.

Zu 6. Die aus synthetischem bzw. natürlichem Meerwasser ausgefällten Aluminium-Kieselsäure-Niederschläge unterscheiden sich im Kieselsäuregehalt nicht wesentlich von denen aus elektrolytarmen Lösungen erhaltenen Niederschlägen. Es war zu erwarten, daß einige Bestandteile des Meerwassers von den Hydroxid-Kieselsäure-Niederschlägen adsorbiert bzw. mitgerissen werden. Vor allem mußte die Magnesium- und Alkaliaufnahme an die Hydroxide untersucht werden. Informierende Experimente hatten zum Ergebnis, daß sowohl Magnesium als auch Kalium und Natrium in den Niederschlägen angereichert werden. Das Magnesium ist in den Aluminiumniederschlägen, die aus Meerwasser ausgefällt wurden, angereichert und in den Aluminium-Kieselsäure-Niederschlägen etwa 40mal häufiger als in der Lösung. Basische Fällungsbedingungen führten zu einer höheren Magnesiumkonzentration als saure. Auch der Anteil an Alkalien ist in den röntgenamorphen Aluminium-Kieselsäure-Niederschlägen stark erhöht. Interessanterweise zeigte sich dabei, daß das Kalium etwas stärker angereichert ist als das Natrium. Die Konzentrationen des Kaliums sind in den Niederschlägen etwa 25- bis 50mal höher als im Meerwasser. Der Natriumanteil ist in den nicht ausgewaschenen Niederschlägen meist deutlich niedriger. Wäscht man die Hydroxidniederschläge mit destilliertem Wasser aus, so wird vor allem Natrium — und weniger Kalium — entfernt. Es zeigte sich recht deutlich, daß eine festere Adsorption des Kaliums als des Natriums an die Hydroxide besteht. — Bei 3 °C ist etwas mehr Kalium in den Niederschlägen nachzuweisen als bei 20 °C.

Die Hydroxide vieler anderer Metalle adsorbieren die Kieselsäure ebenfalls in wechselnden Mengen (Tab. 7). Bei informierenden Experimenten konnte eine ähnliche Kieselsäureverteilung an die frischgefällten Hydroxide wie beim Aluminium festgestellt werden. Das Verhalten bei der Alterung der verschiedenen Hydroxide ist zumeist jedoch unterschiedlich.

Wichtig ist ferner, zusammenfassend festzustellen, daß bei dem Mitfällen der Kieselsäure durch die Hydroxide keine stöchiometrischen Aluminium-Kieselsäure-Verhält-

Tab. 7. Kieselsäureadsorption an verschiedene Hydroxide bei 22 °C

Substanz	Konzentration in Lösung vor der Fällung			SiO_2-Gehalt nach der Fällung	
	pH	mg Metalloxid/l H_2O (ppm)	mg SiO_2/l (ppm)	in Lösung mg SiO_2/l H_2O (ppm)	im Niederschlag Gew.-%
Co	7	30	29,2	21,6	20
	7	3	3,6	1,7	39
Ni	8,2	30	29,2	19,1	25
	8,2	3	3,6	2,3	30
Be	7	30	29,2	10,8	38
	7	3	3,6	1,6	40
La	7	30	29,2	14,7	33
	7	3	3,6	2,2	32
Cu	7	30	29,2	12,8	35
	7	3	3,6	1,6	40
Zn	7	30	29,2	16,3	30
	7	3	3,6	1,8	38
Y	7	30	29,2	11,9	37
	7	3	3,6	1,6	40
Cr	7	30	29,2	19,8	24
	7	3	3,6	2,0	35
V	9	30	29,2	28	4
	9	3	3,6	2,6	25
Pb	9	30	29,2	1,3	48,5
	9	3	3,6	2,0	35
Th	7	30	29,2	12,5	36
	7	3	3,6	2,1	33
Sn	6	30	29,2	17,3	29
	6	3	3,6	2,0	35
Zr	6	30	29,2	13,6	34
	6	3	3,6	1,6	40
Fe	7	30,6	30,5	13	37
		3	3,6	1,6	35
Mn	8	30,6	30,5	14	37
		3	3,6	1,6	35
Mg	10	30,6	30,5	6	46

nisse erhalten werden können, sondern daß röntgenamorphe Niederschläge recht wechselnder chemischer Zusammensetzung resultieren. Es handelt sich nicht um eine reine Oberflächenadsorption von Kieselsäure an eine feste Phase, sondern um ein als Chemosorption zu bezeichnendes Mitfällen von Kieselsäure durch Hydroxide, wobei die sich bildenden Hydroxid-Kieselsäure-Niederschläge zumeist eine geringere Löslichkeit haben als die reinen Hydroxide.

2. Zum Verständnis der Zusammensetzung der Verwitterungslösungen in Beziehung zur Tonmineralbildung

Das Verhalten des Aluminiums und der Kieselsäure bei der Verwitterung und Wiederausscheidung dieser Elemente bzw. bei der Mineralneubildung ist noch nicht völlig geklärt. — Zunächst wurde die Ansicht vertreten, daß sich bei dem hydrolytischen Zerfall des Feldspats kolloidale Sole der Kieselsäure und des Aluminiums bildeten und daß aus den gemischten Gelen (Harrassowitz 1930) die Tonminerale neu entstanden. — Verwitterungsexperimente an Silikaten bei niedriger Temperatur, wie sie seit 1938 von C. W. Correns (1961) und seinen Mitarbeitern sowie vielen anderen ausgeführt worden sind, hatten jedoch zum übereinstimmenden Ergebnis, daß die Elemente aller silikatischen Minerale zunächst in echte Lösung überführt werden. Auch die Kieselsäure wird gelöst und ist im Filtrat der Verwitterungslösung nachzuweisen. Eine Bildung von Kolloiden ist so nicht möglich, sondern es muß ein Weg der Kieselsäureanreicherung aus verdünnten Lösungen diskutiert werden. Bei den Verwitterungsexperimenten der Silikate zeigte sich weiterhin, daß bei einigen Mineralen die Elemente etwa im stöchiometrischen Verhältnis in Lösung gehen, während bei anderen die Elemente in unterschiedlichen Konzentrationen in der Lösung aufgefunden werden. Ein stöchiometrischer Abbau liegt bei Tremolit und Olivin vor und es zeigte sich, daß bei allen pH-Werten etwa gleiche SiO_2-Mengen in Lösung gehen. Bei den Feldspäten und den Feldspatvertretern erwies es sich hingegen, daß im neutralen Bereich weniger Kieselsäure nachzuweisen ist, während bei sauren und basischen pH-Bedingungen sehr viel Kieselsäureinfiltrat aufgefunden wurde. Wie ist nun dieser Sachverhalt zu verstehen? Der Kieselsäuregehalt in den Verwitterungslösungen wird im wesentlichen von zwei Faktoren abhängen: 1. von der Verwitterungsgeschwindigkeit der Silikate und 2., was bisher nicht beachtet wurde, von der Chemosorption bzw. dem Ausfällen der Kieselsäure durch die bei der Verwitterung sich bildenden Hydroxide. Der Kieselsäuregehalt in den Verwitterungslösungen mit geringem SiO_2-Gehalt läßt sich als eine Adsorption an die Hydroxide erklären. Kann es nicht zur Fällung von Hydroxiden kommen, so wird der Kieselsäuregehalt in den Verwitterungslösungen hoch sein und der Abbaugeschwindigkeit des Minerals entsprechen. Beim Tremolit z. B. können weder Magnesium noch Calcium in dem Konzentrationsbereich und unter den pH-Bedingungen gefällt werden, ähnliches gilt für den Olivin. Die Verwitterungslösungen dieser Minerale weisen, wie die Tabelle von Correns zeigt, in allen pH-Bereichen hohe Kieselsäurewerte auf. Bei den aluminiumhaltigen Mineralen ist im neutralen Bereich ein Fällen des Aluminiums möglich. Diese röntgenamorphen Aluminiumhydroxide können die Kieselsäure adsorbieren und zu der geringen Kieselsäuremenge im Filtrat der Verwitterungslösung führen. Im schwach sauren und im basischen Bereich, in denen das Aluminium löslich ist, finden wir bei allen aluminiumhaltigen Mineralen stets hohe Kieselsäuregehalte. Ähnliche Verhältnisse liegen bei der Verwitterung der Tonminerale vor. Im sauren und alkalischen Bereich konnte Heydemann (1966) bei den Kaolinmineralen einen nahezu stöchiometrischen Abbau experimentell nachweisen, während im neutralen pH-Bereich weit weniger Kieselsäure in Lösung geht. Auch hier bestimmt die Sorption der Kieselsäure an das Aluminiumhydroxid den Verwitterungsverlauf im neutralen pH-Bereich. — Eine Temperaturerhöhung wird die Abbaugeschwindigkeit vergrößern sowie — wie aus Adsorptionsversuchen bekannt — die Menge der adsorbierten Kieselsäure an den Aluminiumhydroxiden verringern und damit den SiO_2-Gehalt in der Lösung steigern. Beide Faktoren führen zu einer Erhöhung der Kieselsäure bei wachsenden Temperaturen in den Verwitterungslösungen.

Die Chemosorption der Kieselsäure an die Hydroxide kontrolliert so zu einem wesentlichen Teil den Kieselsäuregehalt in den Verwitterungslösungen. Der Kieselsäuregehalt in den natürlichen Gewässern wird zumindest zu einem Teil ebenfalls durch die Anreicherung der Kieselsäure an die Hydroxide mitbestimmt. Auf derartige Fragen kann in diesem Zusammenhang nicht eingegangen werden. Wichtig für die Tonmineralbildung ist lediglich die Tatsache, daß so aus kieselsäurearmen Lösungen kieselsäurereiche Niederschläge erhalten werden, die für den Aufbau der Tonminerale geeignet sind.

3. Synthese von Tonmineralen bei niedrigen Temperaturen

Die experimentelle Bildung von Tonmineralen bei höheren Temperaturen ist seit den Arbeiten von Noll (1936) und für die magnesiumhaltigen Tonminerale seit Strese & Hofmann (1941), Siffert (1962) sowie Wollast, Mackenzie & Bricker (1968) und in späteren Arbeiten relativ gut untersucht worden. Bei Oberflächentemperaturen sind die Bildungsbedingungen insbesondere der aluminiumreichen Tonminerale vom experimentellen Standpunkt aus jedoch weitgehend unaufgeklärt.

Die Chemosorption der Kieselsäure an die ausgefällten röntgenamorphen Hydroxide ist eine der Voraussetzungen für die Tonmineralsynthese. Diese Kieselsäureanreicherung findet bereits bei niedrigen Temperaturen in verdünnten Lösungen, wie sie in der Natur vorkommen, statt. — Die Adsorptionsversuche der Kieselsäure wurden durchgeführt unter der Annahme, daß es während der Diagenese zur Kristallisation der zunächst röntgenamorphen Hydroxid-Kieselsäure-Niederschläge kommt. Schon bald zeigten die Experimente, daß selbst bei niedrigen Oberflächentemperaturen die Mineralbildung nicht geologische Zeiten dauert, sondern sich in Wochen bzw. Monaten vollzieht. Aber nicht Tonminerale, sondern Quarze und Feldspäte waren die bei 20 °C und 3 °C zunächst synthetisierten Minerale (Harder & Flehmig 1970). Es erwies sich anfangs als unmöglich, bei niedrigen Temperaturen die in der Natur so häufigen aluminiumhaltigen Tonminerale zu synthetisieren. Bei entsprechenden Versuchen zeigte es sich, daß kieselsäurereiche Niederschläge selbst bei Alterungszeiten von mehreren Jahren amorph blieben. Bei SiO_2-armen Hydroxidniederschlägen kam es zur Bildung von Bayerit und Quarz. Das Gittermuster des Bayerit unterscheidet sich von dem des Hydrargillit und Brucit. Hydrargillit- bzw. Brucitschichten liefern für den Aufbau der SiO_4-Tetraederschichten die notwendige Matrize. Es wird als wahrscheinlich angesehen, daß die Bildung von Bayerit den Aufbau der reinen aluminiumhaltigen Tonminerale verhindert. Begünstigt wird jedoch die Tonmineralbildung durch das Magnesiumhydroxid, das in Brucitform kristallisiert. Bei niedrigen Temperaturen (bis zu 3 °C) konnten mit Magnesium in den Oktaederpositionen Tonminerale in kurzer Zeit synthetisiert werden (Harder 1969). Die Synthesen von reinen zink-, nickel-, kobalt- und eisenhaltigen Tonmineralen waren ebenfalls leicht möglich. Die Synthese von aluminiumhaltigen Tonmineralen gelang in den letzten Jahren allerdings nicht in chemisch reiner Form, sondern als Mischkristall mit Magnesium (Harder 1972) oder mit weiteren den Tonmineralaufbau begünstigenden Elementen. Über diese beiden verschiedenen Wege zur Tonmineralsynthese soll in dieser Arbeit berichtet werden. Einmal über die Tonmineralbildung aus reinen Lösungen und die Synthese der in der Natur so wichtigen aluminiumreichen Tonminerale zum anderen über die Mischkristallbildung.

Bei allen Tonmineralsynthesen verschiedener Zusammensetzung zeigte sich, daß einige Bedingungen den Aufbau eines geordneten Gitters begünstigen und zum Teil sogar erst ermöglichen. Sie sind in Tab. 8 zusammengestellt. Die wichtigsten, vielleicht entscheidenden Voraussetzungen für eine Tonmineralsynthese sind, daß 1. die Größe der Metallionen für den Einbau in die Oktaederposition geeignet ist (Tab. 9).

Sowohl die Zwei- als auch die Dreischichttonminerale des Magnesiums, Nickels, Kobalts, Zinks, des zweiwertigen Eisens sind bereits bei niedrigen Temperaturen leicht zu synthetisieren (Tab. 10). Zumeist sind schon nach wenigen Tagen Alterungszeit der überwiegend röntgenamorphen Hydroxid-Kieselsäure-Niederschläge die Tonminerale an den wichtigsten Röntgenreflexen gut zu erkennen. Nach ein- bis dreimonatiger Alterungszeit sind die Röntgenreflexe relativ gut auszumessen. Längere Alterungszeiten verbessern die Kristallinität der Syntheseprodukte bei niedrigen Temperaturen nicht. Reine Aluminiumhydroxid-Kieselsäure-Zusammensetzungen er-

Tab. 8. Bedingungen, die eine Tonmineralbildung unter Oberflächentemperaturen begünstigen

1. Ionenradius der Kationen sollte günstig für den Aufbau der Oktaeder-Schichten sein (s. Tab. 9)
2. Langsames Fällen
   a) durch pH-Änderung
   b) durch Abbau von Komplex-Ionen
   c) durch Oxydationsprozesse
3. Zusammensetzung der Niederschläge: sollte der Tonmineralzusammensetzung ähnlich sein
4. Niedriger Si-Gehalt in der Lösung
   Monomere Kieselsäurelösung
   niedriger als 100 ppm
   höher als 5 ppm
   Polymerisation verhindert die Tonmineralbildung

Tab. 9. Einfluß der Ionenradien der Metalle auf die Tonmineralbildung bei niedrigen Temperaturen aus reinen Lösungen

Effektive Ionenradien in der 6er Koordination nach ZEEMANN (1966)	Å	Tonmineralsynthese
Mg^{2+}	0,78	ist möglich
Ni^{2+}	0,78	ist möglich
Co^{2+}	0,82	ist möglich
Zn^{2+}	0,83	ist möglich
Fe^{2+}	0,82	ist möglich
Fe^{3+}	0,67	nicht möglich unter oxydierenden Bedingungen
Cu^{2+}	0,70	schwierig in reinen Lösungen
V^{3+}	0,65	schwierig in reinen Lösungen
Cr^{3+}	0,64	schwierig in reinen Lösungen
Mn^{2+}	0,91	schwierig in reinen Lösungen
Mn^{3+}	0,70	schwierig in reinen Lösungen
Al^{3+}	0,57	nicht möglich aus reiner Lösung bei niedrigen Temperaturen

Tab. 10. Synthesebedingungen zur Tonmineralbildung bei niedrigen Temperaturen (20 °C, zumeist pH 8)

Element	Smektit		Serpentin		Bemerkungen
	SiO_2 ppm	Metall ppm	SiO_2 ppm	Metall ppm	
Co	60	1	15	2,5	
Ni	60	1	15	2,5	
Zn	30	2,5	5	20	
Fe	20	7,5	20	20	0,1% Dithion
Mg	20 pH 10	20			

Die angegebenen Werte können in weiten Grenzen schwanken. Jedoch das SiO_2/Metallverhältnis sollte ähnlich bleiben!

wiesen sich noch nach mehrjähriger Alterungszeit als röntgenamorph. Die Tab. 9 zur Tonmineralsynthese mit verschiedenen Metallionen macht wahrscheinlich, daß die Ionengröße der Metalle von entscheidendem Einfluß für die Begünstigung des Aufbaus der Oktaederschichten der Tonminerale ist. Haben die Metallionen eine Größe von 0,75—0,85 Å, wie z. B. Magnesium, Nickel, Kobalt und Zink, so ist die Bildung der Tonminerale bereits bei niedrigen Temperaturen leicht möglich. Ist nun die Größe der Metallionen etwas kleiner, wie etwa bei Kupfer und Vanadium, so ist der Tonmineralaufbau erschwert. Es ist dies der Grund, der den Aufbau von reinen Aluminiumtonmineralen bei niedrigen Temperaturen verhindert. Das Aluminiumion scheint nicht sonderlich gut in die aufgeweiteten Oktaederpositionen der Tonminerale zu passen. Mit 0,57 Å ist das Aluminiumion viel zu klein für einen energetisch begünstigten Einbau in die großen Oktaederpositionen. Auch reine Eisen-III-Tonminerale konnten nicht synthetisiert werden (Fe^{3+} 0,67 Å), während Eisen-II-reiche Tonminerale (Fe^{2+} 0,82 Å) leicht zu synthetisieren waren. — Der Syntheseverlauf wird weiterhin von der Art und Weise der Herstellung der Hydroxid-Kieselsäure-Niederschläge beeinflußt.

2. Langsames Fällen der Hydroxidniederschläge ist von großer Wichtigkeit.

Die Tonmineralsynthesen erfolgten durch Fällen von Hydroxiden aus Lösungen, die gleichzeitig Kieselsäure enthielten und durch Alterung der zunächst röntgenamorphen Hydroxid-Kieselsäure-Niederschläge. Begünstigt wurde ein geordneter Tonmineralaufbau durch ein langsameres Übersättigen der Lösungen. Ein schnelles Fällen der Hydroxid-Kieselsäure-Niederschläge aus konzentrierten Lösungen verschlechtert die Kristallinität oder verhindert die Kristallisation gänzlich selbst nach längeren Alterungszeiten. Das Fällen der Niederschläge erfolgte zumeist durch pH-Veränderungen. Geschieht dies aus verdünnten Lösungen, so dauert es oft recht lange, bis die geringen Übersättigungen zur Bildung von Niederschlägen führen. Dabei zeigte sich, daß die Hydroxid-Kieselsäure-Niederschläge fast immer eine geringere Löslichkeit aufweisen als reine kieselsäurefreie Hydroxide. — Das Ausfällen der Hydroxid-Kieselsäure-Niederschläge zeigt sich an einer Verringerung des pH-Werts. Der pH-Wert muß so während der Experimente mehrfach nachgestellt werden. Um ein Ausflocken der Hydroxid-Kieselsäure-Niederschläge zu beschleunigen oder überhaupt erst zu ermöglichen, wurden teilweise NaCl-Zusätze als Flockungsmittel verwendet. Bei einem Teil der Versuche beeinflußte der Elektrolytgehalt die Kristallisation nicht. Es ist jedoch damit zu rechnen, daß bei höheren Elektrolytzusätzen die Tonmineralbildung wesentlich beeinflußt werden kann.

Der Abbau von Metallkomplexen kann für die Erreichung eines langsamen Fällens und damit eines geordneten Aufbaus der Tonminerale mitverwendet werden.

Eine Oxidation von Metallen, die in mehreren Wertigkeitsstufen vorkommen, kann ebenfalls zu einer Fällung von Hydroxiden führen. Beispielsweise können durch Oxidation von Fe^{2+} enthaltenden Lösungen Fe^{3+}-Hydroxide gefällt werden. Wenn dies in SiO_2-haltigen Lösungen stattfindet, können Niederschläge von Nontronitzusammensetzung gebildet werden.

3. Die Hydroxid-Kieselsäure-Niederschläge kontrollieren wesentlich den Aufbau der verschiedenen Minerale. Die Zusammensetzung der Niederschläge sollte ähnlich sein wie das zu synthetisierende Tonmineral. Ist der Kieselsäuregehalt der Niederschläge viel zu hoch, so bleiben sie sogar nach längeren Alterungszeiten amorph. Teilweise bildet sich Quarz. Ist der Kieselsäuregehalt für ein Tonmineral zu niedrig, so entwickeln sich kristalline Hydroxide und Quarze. Nur bei mittleren SiO_2-Gehalten in den Lösungen und in den Niederschlägen bilden sich die Dreischichttonminerale bzw. bei deutlich niedrigen SiO_2-Gehalten in den Lösungen die Zweischichttonminerale. Die Bedingungen für die Synthese einiger chemisch reiner Tonminerale sind in Tab. 10 zusammengefaßt. Die angegebenen Gehalte können in relativ weiten Bereichen variieren. Wichtig ist, daß das Metall/Kieselsäureverhältnis in der Lösung und vor allem im Niederschlag ähnlich bleibt. — Eine weitere entscheidende Voraussetzung für die Bildung von Silikaten bei niedrigen Temperaturen sind 4. geringe Kieselsäuregehalte in den Lösungen.

Die Bildung von Tonmineralen bei niedrigen Temperaturen ist allein aus monomerer Kieselsäurelösung möglich. Die Polymerisation der Kieselsäure in den Lösungen verhindert den Aufbau eines geordneten Tonmineralgitters. Eine Tonmineralbildung aus Lösungen mit pH-Werten um den Neutralpunkt ist nur möglich, wenn sie bei 20 °C weniger als ca. 100 mg SiO_2/l enthalten. Bei höheren basischen pH-Werten können — da die Löslichkeit der Kieselsäure hier stark ansteigt — aus Lösungen mit deutlich höheren Kieselsäurewerten Tonminerale synthetisiert werden. Aber auch hier handelt es sich um monomere Kieselsäure. Als untere Grenze für den Kieselsäuregehalt bei der Synthese zeigt sich, daß in den Lösungen mindestens 5 ppm Kieselsäure vorhanden sein muß. Ein zu hoher Kieselsäuregehalt in den Lösungen oder zumeist die Zugabe von Kieselsäure als Gel war der wichtigste Grund, daß die Versuche vieler Wissenschaftler zur Tonmineralsynthese bei niedrigen Temperaturen in den letzten Jahrzehnten erfolglos blieben.

Zusammenfassend ist zu sagen, daß es so möglich war, eine große Anzahl von selteneren chemisch reinen Tonmineralen zu synthetisieren. So konnten auf Grund der passenden Ionengröße von Mg^{2+}, Zn^{2+}, Ni^{2+} und Co^{2+} sowie des Fe^{2+} die Synthesen von Dreischicht- und Zweischichttonmineralen mit diesen Ionen in den Oktaederpositionen durchgeführt werden. Es handelt sich um folgende Tonminerale: trioktaedrische Fe- oder Mg-Smektite, -Saponite und Montmorillonite, Talk, Mg-Chlorit, -Ni-Serpentin, Ni-Smektit, Ni-Talk, Co-Serpentin, Co-Smektit, Zn-Smektit (Harder 1975). Wie schon wiederholt hervorgehoben wurde, konnten jedoch die reinen Aluminiumtonminerale der Smektit- und Kaolinitgruppe nicht synthetisiert werden. Die Synthese dieser aluminiumreichen Tonminerale ist unter katalytischen Bedingungen in den letzten Jahren gelungen. Organische oder anorganische Bestandteile in den Lösungen spielen für die Synthese die entscheidende Rolle. Die anorganischen Bestandteile bilden mit den aluminiumreichen Tonmineralen Mischkristalle.

4. Mischkristalle begünstigen die Synthese von aluminiumreichen Smektitmineralen

Bei den eigenen Synthesen waren es anorganische Anteile in den Lösungen sowie in den Niederschlägen, die die Synthese der aluminiumreichen Tonminerale bei niedrigen Temperaturen ermöglichten. Vor allen Dingen das Magnesium und das Eisen unter

Tab. 11. Synthese Al- oder Fe-reicher Smektitminerale bei niedrigen Temperaturen durch Mg- oder Fe^{2+}-Gehalte (20 °C, Alterungszeit 1/4—4 Monate)

pH	Reduktionsmittel Na-Dithionit %	Gehalte in den Ausgangslösungen					Zusammensetzung der Niederschläge nach der Alterung					Röntgenreflexe
		SiO_2 ppm	Al ppm	Fe ppm	Mg ppm	KCl %	SiO_2 %	Al_2O_3 %	Fe_2O_3 %	MgO %	K_2O %	d (006)
8,5	—	20	1,5	—	600	—	60	31	—	9	—	1,5
8	—	10	1,5	—	1,290	—	49	43	—	8	—	1,5
8,5	—	30	3	—	1,290	0,075	61	29	—	7	2,5	1,529
8,5	—	12	1	—	3,900	0,5	50	34	—	10	6	1,52
8	—	10	1	—	1,290	0,1	50	44	—	5	2	1,5
8,5	0,3	20	—	4	—	—						1,53
8,5	0,1	20	—	4	—	—	60	—	40			1,52
8	0,1	16	0,3	1	—	—	51	17	32	—	—	1,508
8	0,1	16	0,3	0,3	1,290	—	60	22	5	13	—	1,52

reduzierenden Bedingungen sowie seltenere Metallionen waren die Bestandteile, die über eine Mischkristallbildung den Aufbau der Tonminerale ermöglichten.

Da natürliche Aluminium-Montmorinminerale häufig höhere Gehalte an Magnesium aufwiesen, war es naheliegend, die Synthese der aluminiumhaltigen Smektite durch Fällen von Aluminiumhydroxiden aus Lösungen, die gleichzeitig Magnesium enthielten, zu versuchen. Bereits einige der ersten derartigen Experimente ergaben, daß die Vermutung zu Recht besteht, und in der Tat Magnesium die Bildung der Tonminerale der Montmoringruppe begünstigt. So konnten tri- sowie dioktaedrische Montmorine und

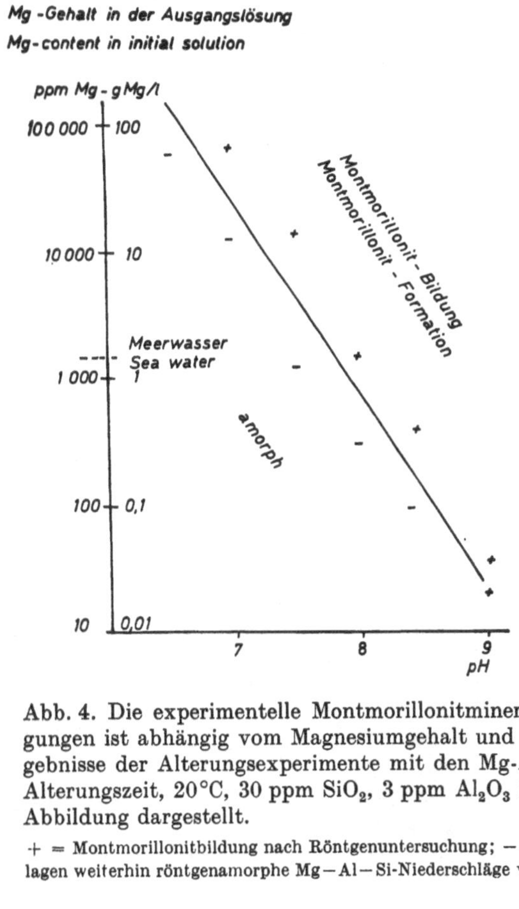

Abb. 4. Die experimentelle Montmorillonitmineralbildung unter Oberflächenbedingungen ist abhängig vom Magnesiumgehalt und dem pH in den Lösungen. Die Ergebnisse der Alterungsexperimente mit den Mg-Al-Si-Niederschlägen (dreimonatige Alterungszeit, 20 °C, 30 ppm SiO_2, 3 ppm Al_2O_3 in der Ausgangslösung) sind in der Abbildung dargestellt.

+ = Montmorillonitbildung nach Röntgenuntersuchung; – = nach der angegebenen Alterungszeit lagen weiterhin röntgenamorphe Mg–Al–Si-Niederschläge vor.

Illite bei niedrigen Temperaturen von 20 °C synthetisiert werden. Einige Angaben zu den Synthesebedingungen der verschiedenen Smektitanalysen sind Tab. 11 sowie Abb. 4 und 5 zu entnehmen.

Für die Bildung der Montmorin- und Illitminerale bei niedrigen Temperaturen ergaben sich folgende Bedingungen (Harder 1972, 1974):

1. Der Magnesiumgehalt der Hydroxid-Kieselsäure-Niederschläge muß zumindest 6–10% MgO betragen; ist er niedriger, so kommt es selbst bei längeren Alterungszeiten nicht zur Kristallisation. Der Mg-Gehalt in den Niederschlägen ist sehr stark vom pH abhängig. Um wenigstens 6% MgO in den Niederschlägen zu erhalten, sind bei den verschiedenen pH-Werten sehr unterschiedliche Magnesiumgehalte in den Lösungen notwendig. Bei pH 10 sind bereits 0,01 g Mg/l ausreichend, während bei pH 8–8,5 1,28 g Mg/l (Seewasserkonzentration) erforderlich sind.

Im neutralen pH-Bereich muß noch weit mehr Magnesium in der Lösung vorhanden sein, damit es hier zur Kristallisation der Aluminium-Kieselsäure-Niederschläge durch den Mg-Gehalt kommt. Die Abhängigkeit der Dreischichttonmineralbildung vom Mg-Gehalt und dem pH in der Lösung ist aus Abb. 4 ersichtlich. Wie stark nur eine geringe pH-Änderung die Zusammensetzung der Syntheseprodukte beeinflußt konnte gezeigt werden an Versuchen, die bei an sich gleichen Ausgangsbedingungen von 30 ppm SiO_2, 3 ppm Al_2O_3, 30 ppm MgO, 1% KCl, Ausgangs-pH 9, Alterungszeit ein Monat bei 60 °C bei einem End-pH von 8,9 zu einem trioktaedrischen d 060 = 1,536 und bei einem End-pH von 8,5 zu einem dioktaedrischen d 060 = 1,506 Illit-Wechsellagerungsmineral führten (HARDER 1974).

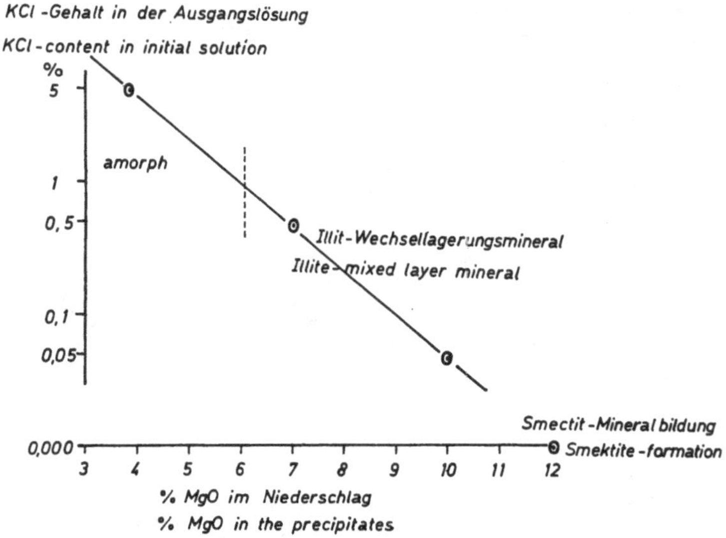

Abb. 5. Die Montmorillonit-Illit-Wechsellagerungsmineralbildung ist abhängig von der K- und Mg-Konzentration in der Lösung und in den Niederschlägen. Unter den gleichen experimentellen Bedingungen (12 ppm SiO_2, 1 ppm Al_2O_3) wird der Mg-Gehalt in den Niederschlägen sehr stark von der KCl-Konzentration in der Lösung beeinflußt. Bei sehr hohen KCl-Konzentrationen in der Lösung wird der Mg-Gehalt in den Niederschlägen so erniedrigt, daß die Bildung eines Dreischichttonminerals unmöglich wird.

2. Die Zusammensetzungen der Hydroxid-Kieselsäure-Niederschläge kontrollieren wesentlich den Aufbau der Minerale. Ist z. B. der Magnesiumgehalt höher und gleichzeitig der Kieselsäuregehalt niedriger, dann bilden sich nicht Smektit-Minerale, sondern die kieselsäureärmeren Serpentine sowie Chlorite, bei denen die 14—7 Å-Komplexe als Banden zum Teil ineinander übergehen.

3. Um Illit zu synthetisieren muß ein hoher Kaliumgehalt in der Lösung vorhanden sein. Die Anreicherung des Kaliums in den Niederschlägen ist nicht so hoch wie z. B. die Anreicherung des Si im Vergleich zu den Gehalten in der Ausgangslösung. Bei der Illitsynthese treten Kalium und Magnesium bei der Adsorption in gegenseitige Konkurrenz. Hohe Kaliumgehalte können den Magnesiumgehalt in den Hydroxid-Kieselsäure-Niederschlägen so herabsetzen, daß der Aufbau der Dreischichttonminerale blockiert wird, was aus Abb. 5 zu entnehmen ist.

Da bei den beschriebenen Experimenten meist nicht die exakten chemischen Zusammensetzungen erhalten wurden, handelt es sich bei den synthetischen Mineralen, wie Röntgenuntersuchungen zeigen, um Wechsellagerungen von Illit und Montmorillonit. Die unterschiedlichen Intensitäten der Röntgenreflexe und die breiten Reflexe finden so eine Erklärung.

Nicht nur das Magnesium, auch das Eisen ist unter reduzierenden Bedingungen in der Lage, den Tonmineralaufbau zu begünstigen. Eisenhaltige di- und trioktaedrische Tonminerale der Montmorillonit-Nontronitgruppe konnten aus kieselsäurereichen und die der Chamositgruppe (7 Å-Minerale mit Kaolinitstruktur) aus kieselsäureärmeren, aber eisen- sowie magnesiumreicheren Lösungen erhalten werden. Reduzierende Bedingungen (Wechsel vom zwei- zum dreiwertigen Oxidationszustand des Eisens) begünstigen bei den eisenhaltigen Mineralen den Tonmineralaufbau. — Die unter reduzierenden Bedingungen leicht mögliche Neubildung des Nontronits kann für die Synthese

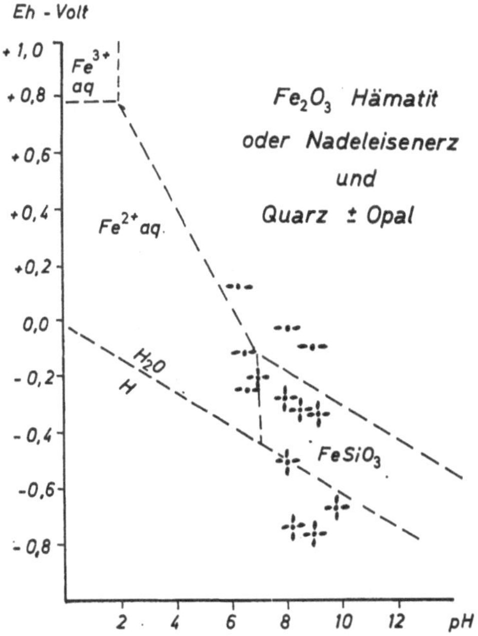

Abb. 6. Nontronitsynthese in Abhängigkeit von Eh und pH

—⋮— = erfolgreiche Nontronitsynthese

—·— = keine erfolgreiche Synthese

Geringe negative Eh-Werte sind günstiger für eine Nontronitbildung. Die natürliche Nontronitbildung mag in einem etwas größeren Stabilitätsfeld erfolgen als bei der schnellen Bildung im Experiment.
Die — — — Linie zeigt das kalkulierte Stabilitätsfeld von GARRELS & CHRIST (1965) an mit einer totalen Eisenkonzentration von 10^{-6} Mol/l.

einer aluminiumreichen Schicht eines Smektitminerals ausgenutzt werden (Abb. 6). So konnte aus Lösungen, die neben 0,3 ppm Al, 1 ppm Fe und 16 ppm SiO_2 sowie 0,1% Dithionit enthielten, ein dioktaedrischer Smektit mit einem hohen Al-Gehalt synthetisiert werden. Durch Mischkristallbildung mit Magnesium oder Eisen unter reduzierenden Bedingungen ist der Aufbau der aluminiumreichen Minerale der Smektitgruppe bei niedrigen Temperaturen unter Bedingungen, wie sie an der Erdoberfläche vorliegen, möglich.

5. Synthese von Cu-, Cr- oder Mn-haltigen Zwei- und Dreischichttonmineralen über Mischkristallbildung

Viele seltenere Tonminerale, die sich in chemisch reiner Form bei niedrigen Temperaturen nicht oder nur in sehr ungeordneter Form bilden, konnten als Mischkristalle synthetisiert werden. Hier wurde die Möglichkeit, daß aus Mg-, Ni-, Co- oder Fe^{2+}-

haltigen Lösungen ebenfalls leicht Tonminerale entstehen für den Aufbau der sich schwerer bildenden Tonminerale mit Cr und Mn usw. ausgenutzt, z. B. für die Bildung des Stenvensits, eines Dreischichttonminerals mit Magnesium und Mangan in den Oktaederpositionen sowie des Grovesits, eines manganhaltigen 7 Å-Zweischichttonminerals, also eines manganhaltigen Chamosits. Reine Mangan-Smektite und Mangan-Chamosite konnten bei niedrigen Temperaturen nicht synthetisiert werden. Die Synthese des Cu—Mg—Al-Smektits ist durch den Aufbau einer Brucit-Keimzelle gegeben. — Magnesium und zweiwertiges Eisen ermöglichen den Einbau von Chrom in den Wolchonskoit, einen chromhaltigen Smektit, sowie des Chrom-Amesits, eines chromhaltigen Magnesium-Eisen-Serpentins. Einige dieser Beispiele für die Niedrigtemperatursynthese von Smektit- und Serpentin-Mineralen sind in den Tabellen 12 und 13 wiedergegeben. Die Angaben basieren zum Teil auf mehreren hundert Syntheseversuchen, wie z. B. bei den Magnesium-Aluminium-Smektit-Mineralen, zum Teil sind aber nur einige wenige informierende Experimente durchgeführt worden. — Gemeinsam ist allen diesen Versuchen, daß man die Synthesen von schlecht kristallisierenden Hydroxid-

Tab. 12. Smektitmineralsynthesen durch Mischkristallbildung bei niedrigen Temperaturen (20 °C)

a) dioktaedrisch		
Montmorillonit	Al—Mg	siehe Tab. 11
Nontronit (hisingerite)	Fe^{3+}—Al—Fe^{2+}	siehe Tab. 11
Wolchonskoit	Cr—Al—Fe^{3+}—Mg	
b) trioktaedrisch		
Saponit	Mg—Fe^{2+}	
Stevensit	Mg—Mn	
Hectorit	Mg—Li	
Sauconit	Zn—Mg	
Sauconit	Zn—Al	
Nickel—Smektit (Pimelit)	Ni—Mg	
Cobalt—Smektit	Co—Mg	
Ferri—Smektit	Mg—Fe^{3+}	
Medmontit	Cu—Mg—Al	

Tab. 13. Serpentinmineralsynthesen durch Mischkristallbildung bei niedrigen Temperaturen (20 °C)

a) dioktaedrisch	
Ferri-Chamosit	$Fe^{3+}Fe^{2+}Mg$ $AlFe^{3+}$ (Fe^{2+} in Lösung)
Kaolinit	nicht möglich in reiner anorganischer Lösung?!
b) trioktaedrisch	
Serpentin	$MgFe^{2+}$
Greenalith	$Fe^{2+}Fe^{3+}$
Grovesit	$Fe^{2+}MnAl$
Chamosit	$Fe^{3+}Fe^{2+}Mg^{2+}Al$
Mangan—Serpentin	MnMg
Nickel—Serpentin (Garnierit)	NiMg
Maufit	$MgFe^{2+}NiAl$
Cobalt—Serpentin	CoMg
Chrom—Amesit	CrMg

Kieselsäure-Niederschlägen (z. B. Al- oder Fe^{3+}-Hydroxid) durch einen Gehalt an leichter als Tonminerale kristallisierenden Hydroxid-Kieselsäure-Niederschlägen begünstigt (z. B. Mg oder Fe^{2+} usw.). Ob auf einem anorganischen Weg die Synthese von Kaolinit möglich ist, etwa durch die Bildung eines sehr aluminiumreichen Chamosits, muß gegenwärtig noch als fraglich angesehen werden.

6. Kaolinitsynthese durch organische Komponenten

Die katalytische Synthese von Kaolinit mit organischen Komponenten in den Lösungen ist WEY & SIFFERT (1962) sowie LINARES & HUERTAS (1971) gelungen. WEY & SIFFERT benutzten den langsamen Abbau von Aluminium-Oxalat-Komplexen für den Aufbau von Kaolinit und Hydrargillit, der als Matrix für die Kaolinitsynthese anzusehen ist. LINARES & HUERTAS gelang bei niedrigen Temperaturen die Synthese mit Aluminium-Humus-Komplexen. Durch pH-Änderung wurde der Aluminium-Humus-Komplex zerstört, das Aluminium ausgefällt und der Kaolinit wahrscheinlich über eine „Prehydrargillit"-Struktur aufgebaut. Von LINARES & HUERTAS wird die Hydrargillitphase für den Aufbau des Kaolinits ebenfalls für wichtig gehalten, ähnlich wie in den anorganischen Syntheseversuchen, wo durch einen Mg- oder Fe^{2+}-Gehalt die Brucit-Hydrargillit-Struktur stabilisiert wird. — Möglicherweise wird die Synthese von Smektitmineralen durch organische Komponenten begünstigt (persönliche Mitteilung von A. WEISS).

7. Röntgenuntersuchungen

Die Syntheseprodukte wurden mit Debye-Scherrer-Kameras mit einem großen Radius (114,6 mm) untersucht. Zumeist wurde CuK_α-Strahlung für die Aufnahmen angewandt. Die eisenreichen Proben zeigten, auch wenn sie mit CoK_α oder FeK_α geröntgt wurden, stärkere Untergrundschwärzung. Wie aus der Abb. 7 ersichtlich ist, sind die Linien breit und verwaschen und könnten als Banden bezeichnet werden. Nur die Hauptreflexe der Tonminerale waren zu erkennen. Jedoch konnten durch längere Belichtungs-

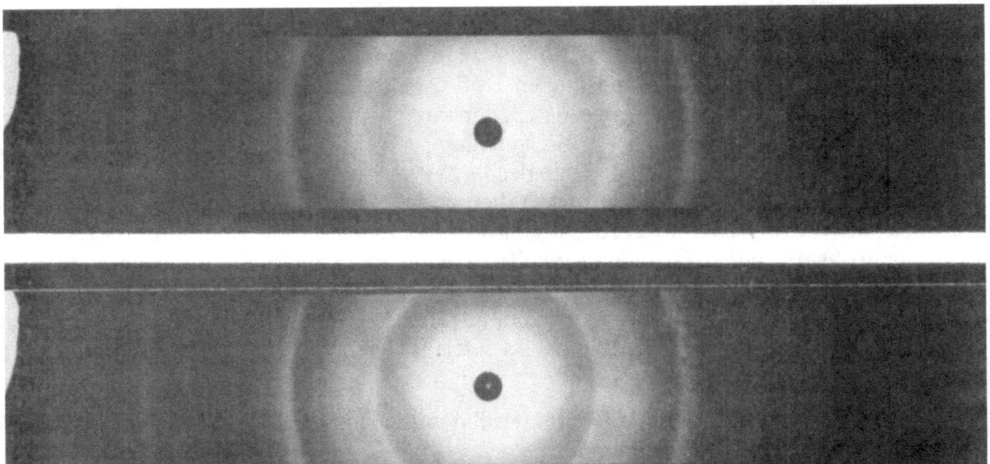

Abb. 7. Debey-Scherrer-Aufnahmen von bei niedrigen Temperaturen synthetisierten di- und trioktaedrischen Smektitmineralen

zeiten zusätzlich einige schwächere Reflexe sichtbar gemacht werden. In vielen Syntheseproben, als die amorph bezeichnet wurden, sind diese Linien oder Banden nicht einmal als schwache Schatten zu erkennen. Für die tonmineralogische Diagnostik waren der Basis- sowie der (060)-Reflex von größtem Interesse. — Die Schwärzung der Basisreflexe ging vom Primärfleck aus und erstreckte sich bis d = 14 bzw. etwa bis d = 10, bei anderer Zusammensetzung zum Teil bis d etwa 7. Bei den Smektitmineralen endeten die Basisbanden meist bei d = 12; nach einer Äthylenbehandlung konnte ein Teil der Syntheseprodukte aufgeweitet werden bis d = 17. Bei den Illit-Wechsellagerungsmineralen endeten die Basisreflexe zum Teil etwa bei d = 10 und konnten durch eine Äthylenbehandlung nicht in ihrer Lage verändert werden. Bei den Röntgenaufnahmen der magnesiumreichen Proben und der Chamosite endeten die Banden etwa bei d = 7. — Ein weiterer sehr starker Reflex lag als Bande zwischen d = 4,5 bis d = 3,19, wobei diese mit stärkeren Intensitäten begann und sich abschwächte. Eine starke Bande erscheint zwischen d = 2,65 bis d = 2,12 mit gewissen Unterschieden bei den verschiedenen Mineralen. — Der starke (060)-Reflex lag je nach Zusammensetzung der Probe zwischen 1,49—1,55. Dieser Reflex war für die Unterscheidung, ob ein di- oder trioktaedrisches Mineral vorlag, von größter Wichtigkeit. Dioktaedrische Synthesen ergaben Werte zwischen d = 1,45—1,53 und die trioktaedrischen hatten Werte von 1,525—1,55. Wie aus den Angaben ersichtlich, gibt es alle Übergänge zwischen den reinen di- und trioktaedrischen Mineralen. — Ein weiterer schwacher Reflex konnte bei 1,30—1,33 beobachtet werden. Ein Vergleich dieser Daten mit den Röntgendiagrammen von natürlichen Tonmineralen zeigt, daß alle stärkeren Reflexe in den Syntheseprodukten wiederzufinden sind. Das Intensitätsverhältnis der Röntgenlinien ist bei den natürlichen und synthetischen Produkten ähnlich. Vergleicht man die Schärfe der Linien, so stellt man bei den Tonmineralen im Vergleich zu gut kristallisierenden Mineralen unscharfe Reflexe fest. Dies trifft vor allem zu für Tonminerale, die neugebildet oder umgelagert wurden. Die Röntgenreflexe der Syntheseprodukte sind deutlich unschärfer als die der natürlichen Tonminerale. Der Grund für den schlechten Ordnungszustand der Tonminerale ist in ihrer Struktur zu sehen. Zumeist sind die einzelnen Schichten sowohl der Zwei- als auch der Dreischichttonminerale ladungsmäßig abgesättigt und nur durch Restvalenzen mit den aufeinander folgenden Schichten verbunden. Eine Ausnahme bildet lediglich der Illit. Die einzelnen Schichten können außerdem chemisch unterschiedlich zusammengesetzt sein. Es entstehen Wechsellagerungen, die in regelmäßigen bzw. unregelmäßigen Folgen aufeinander gestapelt sind. Bei den Synthesen werden wohl zumeist die unregelmäßigen Wechsellagerungen vorherrschen. Die unscharfen Reflexe der Tonminerale allgemein sowie der Synthesen im speziellen spiegeln so den Unordnungsgrad in kristallographischer wie in chemischer Beziehung wider. Daß die Syntheseprodukte schlechter kristallin sind, ist nicht verwunderlich, da ja über geologische Zeiten andauernde Prozesse zur Bildung der natürlichen Tonminerale geführt haben und so genügend Zeit für den Aufbau eines geordneten Gitters zur Verfügung stand. Bei den Synthesen muß der Prozeß der Bildung aus begreiflichen Gründen schneller vonstattengehen. Selbst wenn man die Güte der Kristallisation der Syntheseprodukte nur als Vorstufe für eine kristalline Tonmineralphase betrachten sollte, so wird man doch leicht argumentieren können, daß diagenetische Prozesse die Kristallgüte im Verlauf der Zeit verbessern können.

8. Interpretation der Tonmineralbildung an der Erdoberfläche auf Grund der Synthesebedingungen

Schon sehr lange ist bekannt, daß die Gesteine im Bereich der Erdoberfläche verwittern und sich bei diesen Prozessen unter anderem die Tonminerale bilden. Über die Bildungsbedingungen waren jedoch sehr unterschiedliche Meinungen zu hören. Zumeist wurden für die Bildung der Tonminerale geologische Zeiten angenommen. — Da die Synthesen nicht nur in kurzer Zeit zum Teil bei Bedingungen durchgeführt worden sind wie sie unter natürlichen Verhältnissen vorliegen können, ist eine Interpretation der Bildungsbedingungen der Tonminerale auf dem Festland auf Grund der Synthesebedingungen durchaus berechtigt.

Tab. 14. Interpretation der natürlichen Tonmineralbildung auf Grund der Synthesebedingungen
Bildung von Tonmineralen an der Erdoberfläche

I. Anorganische Bildung
1. Al-Smektitbildung mit Mg
hohe pH-Werte, die in tieferen Profilteilen frisch verwitternder Gesteine vorliegen
2. Al-Smektitbildung mit Fe^{2+} oder Fe^{3+} nur unter reduzierenden Bedingungen
3. Fe-3 oder Fe-2 Schichtsilikate nur unter reduzierenden Bedingungen
4. Spezielle Tonminerale mit passenden Ionen wie Mg, Co, Ni, Zn usw. unter besonderen Bedingungen

II. Tonmineralbildung unter Beteiligung von organischen Bestandteilen
Kaolinit (und Montmorillonite?) mit organischen Bestandteilen, z. B. Humussäurekomplexe oder Oxalat unter schwach sauren Bedingungen

8.1. Aluminiumreiche Smektitminerale

Beginnen wir die Interpretation mit der Bildung dieser aluminiumreichen Smektitminerale, wie sie unter festländischen Bedingungen möglich sein kann. Bei den Synthesen konnte die Bildung der aluminiumreichen Smektitminerale durch einen Magnesiumgehalt oder unter reduzierenden Bedingungen durch einen Eisengehalt begünstigt werden. Die Kristallisation der magnesiumhaltigen Tonminerale wird durch die Höhe des Magnesiumgehalts in den Lösungen und vor allem durch die Wasserstoffionenkonzentration beeinflußt. Hohe pH-Werte sind günstig für die Wirksamkeit des Magnesiums. Im Verwitterungsbereich können höhere pH-Werte durch die Reaktion der Feldspäte in Wasser und die damit verbundene Abgabe von Natrium, Kalium oder Calcium in den tieferen Verwitterungsprofilteilen vorliegen. Nur hier unmittelbar über frischen zu verwitternden Gesteinen können die pH-Werte hoch genug sein, um bei relativ geringem Mg-Gehalt zur Mischkristallbildung magnesiumhaltiger, aluminiumreicher Smektitminerale zu führen. In diesen Verwitterungsteilen sind die Kieselsäuregehalte noch hoch genug, um die Bildung eines Dreischichttonminerals zu ermöglichen. — In den tieferen Profilteilen können weiterhin noch reduzierende Bedingungen vorhanden sein, die beim Vorliegen eines geringen Eisengehaltes zur Bildung eines eisenhaltigen, aluminiumreichen Smektitminerals beitragen können. — Magnesium und vor allen Dingen das Eisen können für die Neubildung von Smektitmineralen in den Verwitterungsprofilen wirksam werden. Ein schönes Beispiel, wo dieser Bildungsmechanismus vorgelegen hat, wurde während der Exkursion des Kaolin-Symposiums in Dresden von Störr & Buchwald (in Störr 1975) bei Caminau/Sachsen vorgeführt. Dieses Verwitterungsprofil liegt auf einem eisenhaltigen Granodiorit, der im unverwitterten Zustand 3,5—4,5% FeO, 0,8—1,8% Fe_2O_3 sowie 1,3—2,3% MgO enthält. Durch Verwitterung von Plagioklas haben sich im unteren Teil des Profils quellbare Dreischichttonminerale gebildet. Die reduzierenden Bedingungen, die bei der Bildung der Smektitminerale vorgelegen haben, sind durch einen Sideritgehalt zu beweisen. — Ein Bentonitvorkommen bei Mittelheringsdorf/Sachsen ist wahrscheinlich durch Reaktion von vulkanischer Asche mit den Wässern eines limnischen Sees entstanden

(Störr & Lasch in Störr 1975). Der Bentonit war mit 11,31% Fe_2O_3 und 0,26% FeO sowie 2,16% MgO sehr eisenreich. Wahrscheinlich hatte hier der Eisengehalt zusammen mit einem höheren pH-Wert im Sediment unter reduzierenden Bedingungen zur Smektitmineralbildung geführt. — Interessant ist die Feststellung, daß der gleiche Tuffhorizont an der Erdoberfläche zu Kaolin verwittert ist. Nur in den Sedimenten eines limnischen Sees konnten reduzierende Bedingungen vorliegen und nicht bei Verwitterung des Tuffs auf dem Festland. — Neutrale oder gar schwachsaure pH-Werte, wie sie in den Regenwässern und in dem oberen Bereich der Verwitterungsprofile häufig sind, können nicht zur Montmorillonitbildung führen, da in den oberen Verwitterungsprofilen weder magnesiumreiche Lösungen noch vor allem reduzierende Bedingungen, die für eine Smektitmineralbildung günstig sind, im allgemeinen vorgelegen haben können.

8.2. Diagenetische Neubildung von Fe-haltigen Smektiten in Sedimenten

Einige Eisen-Aluminiumhydroxid-Kieselsäure-Bildungen in den Verwitterungsprofilen sind röntgenamorph. Sie werden teilweise als Allophane bezeichnet. Kommen derartige röntgenamorphe Hydroxid-Kieselsäure-Anreicherungen nach einer Umlagerung unter reduzierende Bedingungen, so ist durch den Eisengehalt eine Tonmineralbildung möglich. Diese reduzierenden Bedingungen können sowohl in tieferen sauerstofffreien Teilen von tonigen Fluß- bzw. limnischen See-Ablagerungen vorliegen als natürlich auch in den marinen Sedimenten. Die reduzierenden Bedingungen werden durch die verwesenden organischen Substanzen geschaffen, die den Sauerstoff verbrauchen und so die Reduktion von Eisen ermöglichen. Dieser Vorgang läßt sich nicht nur im Wattenmeer, sondern ebenso in den Flußsedimenten oder gar in kleinen Tümpeln beobachten, wo häufig unter einer schwachrötlichbraunen Oberflächenschicht eine graugrünliche Schlickschicht zu finden ist. Der Farbwechsel zeigt an, daß in derartigen reduzierten Sedimenten die Neubildung von nontronithaltigen Smektitmineralen möglich ist. Der Montmorillonitgehalt der Nil-Sedimente könnte so zu einem Teil aus den amorphen Fe-Al-Hydroxid-Kieselsäure-Anteilen in den Flußsedimenten neugebildet sein. Derartige röntgenamorphe kolloidale Phasen der Tontrübe wie sie dem Nil bei Hochwasser die schwachbräunliche Farbe geben, können nach der Ablagerung unter reduzierende Bedingungen gelangen und die amorphen eisenhaltigen Aluminium-Kieselsäure-Bestandteile in Smektittonminerale umwandeln. — Frühdiagenetische Prozesse spielen aber nicht nur in limnischen, sondern vor allem in marinen Sedimenten eine bedeutende Rolle für die Neubildung der Tonminerale sowohl aus amorphen Phasen als auch durch Rekristallisation des bereits vorhandenen Altbestands. Chemisch betrachtet handelt es sich bei den Hydroxid-Kieselsäure-Niederschlägen um eine nicht stöchiometrische Mischung von zumindest drei chemisch unterschiedlichen Tonmineralsubstanzen mit einem Smektit-, einem Illit- und einem Chloritanteil. Der Aufbau dieser drei Mineralgruppen ist strukturell wie chemisch unterschiedlich, doch so ähnlich, daß eine Verwachsung bzw. eine Mischkristallbildung möglich ist. Energetisch günstiger wäre jedoch die Umkristallisation der drei Komponenten in drei oder mehrere einheitlich aufgebaute Tonminerale. Dieser Vorgang kann schon während der Diagenese unmittelbar nach der Ablagerung beginnen und wird in den Porenlösungen durch eine Veränderung des pH und vor allem des Eh herbeigeführt. — Ein besonders instruktives Beispiel für die diagenetische Umkristallisation kann aus verschiedenen sedimentären Eisenerzen vom Minettetyp abgeleitet werden, wo sich diagenetisch neben den eisensilikatischen Tonmineralen von Chamosit, Nontronit auch Siderit, Magnetit und Hämatit aus den unterschiedlich zusammengesetzten diagnetisch mehr oder weniger stark reduzierten Eisen-Aluminiumhydroxid-Kieselsäure-Niederschlägen bilden können. Daß derartige Umkristallisationen auch in tonigen Sedimenten vor sich gehen, ist beispielsweise aus der Veränderung der Zusammensetzung der Porenlösungen ersichtlich. Diese Rekristallisationen verbessern die Kristallinität der Tonminerale im Verlauf der Diagenese und schwachen Metamorphose wesentlich und führen zur Bildung reinerer Tonmineralphasen.

Der Vergleich der Synthesebedingungen mit den in der Natur vorliegenden Gegebenheiten zeigt weiter, daß eine Illitneubildung bei den Verwitterungsbedingungen des Festlands sowie in den Flüssen und limnischen Seen nur begrenzt möglich ist, vor allen Dingen, weil die Kaligehalte in den Verwitterungslösungen niedrig sind und so der K-Illitanteil der möglichen Illit-Wechsellagerungsmineralbildung sehr gering ist.

Seltenere Tonminerale, die Ni, Co, Zn, Cu und andere in den Gittern eingebaut haben, können bei der festländischen Verwitterung von Lagerstätten bzw. beim Zersatz von spurenelementreichen Gesteinen entstehen. Die bekanntesten und wirtschaftlich interessantesten Beispiele sind die Verwitterungslagerstätten des Nickels, die durch Verwitterung von nickelhaltigem Olivin bzw. Serpentit ultrabasischer Gesteine entstanden sind. Garnierit ist der Hauptnickelträger in den meisten Lagerstätten auf Neukaledonien und anderen tropischen Verwitterungslagerstätten. Nickel-Vermiculit bzw. Nickel-Chlorit sind die wichtigsten nickelhaltigen Tonminerale in den nach 1945 neuaufgefundenen Lagerstätten von Kuhschnappel und Callenberg im Sächsischen Granulitgebirge (Werner 1965; Schneider, Henning & Benamane in Störr 1975). Daneben werden Pimelit (Ni-Saponit), Ni-Talk und Maufit (Ni—Fe-Serpentin) in unterschiedlicher Menge auf derartigen Lagerstätten vorkommen. Sogar cobalthaltige Tonminerale sind örtlich auf einigen dieser Lagerstätten vorhanden. — Saukonit (Zn-Smektit) kommt als erdige Masse in den Oxidationszonen des Eisernen Huts von Zinklagerstätten vor, z. B. Altenberg bei Aachen. Der Medmontit (Cu-Saponit) wird auf Kupferlagerstätten des Urals und zusammen mit Garnierit auf Nickellagerstätten angetroffen. — Wolchonskoit (Cr-haltiger Smektit) ist auf einigen Chromlagerstätten gefunden worden. — Die natürliche Bildung aller dieser Tonminerale ist auf Grund der verschiedenen Synthesen durchaus zu verstehen.

Im Verwitterungsbereich von Lagerstätten sind diese Spurenelementgehalte in den Tonmineralen besonders auffällig. Aber auch hier liegen nur sehr selten die Endglieder von chemisch reinen Tonmineralen vor, zumeist handelt es sich um Mischkristalle mit stark wechselnden Gehalten. Ob sich bei der Tonmineralneubildung ein Dreischicht- oder ein kieselsäureärmeres Zweischichttonmineral bildet, hängt mit von dem in der Verwitterungszone zur Verfügung stehenden Kieselsäuregehalt ab. Ob sich zum Beispiel aus reduzierenden Eisenlösungen ein Dreischichttonmineral der Nontronitgruppe oder ein Zweischichttonmineral der Chamositgruppe bildet, wird mit vom Kieselsäuregehalt des Verwitterungsprofils bestimmt. Chamosit bildet sich aus relativ SiO_2-armen, aber Fe-II- und Mg-reichen Hydroxid-Kieselsäure-Niederschlägen. Chamosit findet sich so nur sehr örtlich beim Vorliegen dieser speziellen Verwitterungsbedingungen auf dem Festland, wie er z. B. von Nikitina & Zvyagin (1972) aus sowjetischen Lateriten beschrieben wurde. Der Chamosit ist nur örtlich ein Bestandteil von Verwitterungsprofilen und wesentlich häufiger in den küstennahen marinen sedimentären Eisenerzen zu finden.

In anderen Verwitterungsprofilen herrschen die kieselsäurereichen Dreischichttonminerale ebenfalls in den tieferen Verwitterungsteilen vor, da hier noch keine intensive Kieselsäurewegfuhr stattgefunden hat. In den stärker entkieselten oberflächennäheren Schichten finden sich die Zweischichttonminerale oder bei noch intensiverer Entkieselung die Hydroxide, wie sie für die Bauxitlagerstätten typisch sind. Die Niederschlagsmenge und die damit verbundene Wegfuhr der Kieselsäure kontrolliert, wie es eindrucksvoll an den Verwitterungsprofilen auf den Basalten von Hawaii durch Sherman (1952) gezeigt wurde, den Aufbau der Tonminerale. Geringe Niederschläge führen zur Montmorillonit-, mittlere zur Kaolinit- und größere zur Bauxitbildung. Die

Tonmineralverteilung in den Klimazonen der Erde kann so durch die Klimafaktoren Niederschlagsmenge und Temperatur erklärt werden wie es beispielsweise von Strachow (1962) gezeigt wurde.

9. Kaolinitbildung durch organische Komponenten

In den obersten Teilen der Verwitterungsprofile sind die Bodenlösungen schwachsauer durch die Kohlensäure des Regenwassers und beim Vorliegen von Pflanzenwuchs durch organische Säuren. Das Vorkommen von Kohle zumeist über den Kaolinitlagerstätten ist schon lange aufgefallen. Die verschiedenen historisch geäußerten Zusammenhänge sind von Störr (1975) zusammengestellt worden. — Beim Ansatz der Kaolinitsynthesen mit Aluminium-Humus-Komplexen wurde diese geologische Beobachtung mit Erfolg ausgenutzt. Es ist so wahrscheinlich, daß die Bildung des bei der Verwitterung entstandenen Kaolinits durch organische Bestandteile ermöglicht wird. — Ein Beispiel für eine Kaolinitbildung, die durch einen Oxalatgehalt gesteuert worden ist, kann aus den Ton-Eisenstein-Geoden des Barrême von Hoheneggelsen bei Hildesheim (BRD) abgeleitet werden. Neben dem schön kristallisierten Quarz, Calcit, Siderit, Baryt und Zinkblendekristallen fand Lippmann (1955) in einigen dieser Geodenspalten Whewellit (natürliches Calicum-Oxalat). Da aus den Syntheseversuchen von Wey & Siffert (1962) bekannt ist, daß aus einer Oxalatlösung die Kaolinitsynthese möglich ist, erscheint es zumindest sehr wahrscheinlich, daß hier auf den Spalten der Tongeode die Kaolinitbildung durch einen Oxalatgehalt in den Geoden gesteuert worden ist. Besonders hoch war der Kaolinitgehalt in Tongeoden, in denen die Zinkblendekristalle angewittert waren. Die sich bei diesem Prozeß bildende Schwefelsäure konnte Aluminium anlösen, das nach einer Neutralisation durch den Kalkgehalt mit dem Oxalat zur Kaolinitbildung geführt hat.

Wenn auch alle Einzelheiten der Bildung der Tonminerale noch nicht zu übersehen sind, so kann es jedoch bereits jetzt als sicher gelten, daß erst katalytische Reaktionen die Bildung aluminiumreicher Tonminerale im Erdoberflächenbereich ermöglichen.

Die Untersuchungen haben gezeigt, daß die Bildungsbedingungen der verschiedenen Tonminerale sehr stark faziesabhängig sind. Die Schwierigkeiten der Interpretation der natürlichen Bildungsbedingungen der Tonminerale entstehen bei den klastischen Sedimenten dadurch, daß bei umgelagerten Sedimenten größtenteils der Ablagerungsort nicht mit dem Entstehungsort zusammenfällt. Bei den Meeres- und auch bei den limnischen Sedimenten ist nur ein geringer Tonanteil neugebildet worden, der weitaus größere Teil ist als Umlagerungsprodukt anzusehen.

Zusammenfassend kann gesagt werden, daß die Smektitminerale sich auf dem Festland aus basischen Lösungen bildeten, wobei das Magnesium sowie unter reduzierenden Bedingungen vor allem das Eisen den Aufbau der aluminiumreichen Smektite begünstigten. Der Kaolinit scheint sich im Gegensatz zu den Smektiten aus schwachsauren Lösungen aufgebaut zu haben, wobei organische Komponenten katalytisch wirksam wurden.

Für die Hilfe bei den umfangreichen Laboruntersuchungen sage ich meinen technischen Assistentinnen, Frau Paul und Frau Cierny, meinen aufrichtigen Dank. — Die Arbeit wurde aus Mitteln des „Schwerpunktprogramms Tonmineralogie" dankenswerterweise von der Deutschen Forschungsgemeinschaft, Bad Godesberg, gefördert.

Zusammenfassung

Die Tonmineralbildung während der Verwitterung ist ein wichtiger, noch nicht völlig geklärter geologischer Prozeß. Die Bildung von Silikatmineralen unter Oberflächenbedingungen ist zum Teil eine Frage nach der Kieselsäureausscheidung aus den natürlichen Gewässern. Amorphe Hydroxide des Al, Fe, Mg usw. können Kieselsäure auch aus sehr verdünnten Lösungen durch Mitfällen anreichern. Da es möglich war, durch Alterung dieser röntgenamorphen Hydroxid-Kieselsäure-Niederschläge Quarz und Tonminerale zu synthetisieren, war es notwendig, die Gesetze der Kieselsäureverteilung, die sich zwischen den Hydroxidniederschlägen und den Gleichgewichtslösungen einstellen, zu ermitteln. Die Kieselsäureverteilung hängt von vielen Faktoren ab. Es ergaben sich verschiedene Schwierigkeiten bei der Synthese von Tonmineralen unter Oberflächenbedingungen. Die zu geringe Größe des Aluminiumions für einen Einbau in die Oktaederpositionen ist es vor allem, die eine Synthese von reinen Aluminium-Tonmineralen schwierig macht. Günstig für einen Einbau in die Oktaederpositionen sind die Ionengrößen von Mg, Zn, Ni, Co und Fe^{2+} (zwischen 0,78 bis 0,82 Å). Die Bildung der diese Ionen enthaltenden Silikate sowohl als Zwei- wie auch als Dreischichttonmineral ist so bei niedrigen Temperaturen in kurzer Zeit gelungen. Die Synthese von aluminiumreichen Tonmineralen ist als Mischkristall mit den Metallen dieser leicht zu synthetisierenden Tonminerale möglich. Zum Beispiel ist die Synthese von aluminiumreichen Dreischichttonmineralen durch einen Gehalt von Magnesium oder von Eisen unter reduzierenden Bedingungen gelungen. Ein Hektorit- (Mg-Smektit-) oder ein Nontronit- (Fe-Smektit-) Gehalt im Gitter des aluminiumreichen Smektits ermöglicht die Synthese bei niedrigen Temperaturen in relativ kurzen Zeiten. Andere ebenfalls schwer als chemisch reine Tonminerale zu bildende Silikate können in der gleichen Weise als Mischkristalle gebildet werden. Bei der natürlichen Bildung der Dreischichttonminerale werden basische pH-Werte günstiger sein, während bei der Bildung der Kaolinite saure pH-Werte vorherrschen werden. Diagenetisch können im Sediment unter reduzierenden Bedingungen aus den schlecht kristallisierenden bzw. röntgenamorphen Si-haltigen Fe-Al-Hydroxiden Smektit-Minerale entstehen.

Резюме

Образование глинистых минералов при выветривании является важным, нщн нн окончательно решенным геологическом процессом. Образование силикатных минералов на земной поверхности отчасти вопрос о выделении кремнекислоты из естественных вод. Аморфные гидроокиси Al, Fe, Mg и т. д. способны к обогащению кремнекислоты даже из очень слабых растворов. Путем старения этих рентгеноаморфных выделений гидроокисей и кремнекислоты удался синтез кварца и глинистых минералов. Это вызвало необходимость установления законов распределения кремнекислоты между осадками гидроокисей и растворами равновесия. Распределение кремнекислоты зависит от многих факторов. Выяснились различные трудности при синтезе глинистых минералов в условиях поверхности. Синтез чистых алюминиевых глинистых минералов особенно трудный тем, что алюминиевый ион слышком малого размера для нехождения в октаэдрической позиции. Подходящими для октоэдрической позиции являются размеры Mg, Zn, Ni и Fe^{2+} (от 0,78 до 0,82 Å). Образование силикатов с такими понями как у двухслойных, так и трехслойных глинистых минералов возможно при низких температурах в сравнительно короткое время. Синтез богатых алюминием глинистых минералов возможен в виде смешанных кристаллов этих легко синтезируущихся глинистых минералов с металлами. Например удался синтез богатых алюминием трехслойных глинистых минералов со содержанием магния или железа при восстановительных условиях. Содержание гекторита (Mg-смектита) или нонтронита (Fe-смектита) в решетке богатого алюминием смектита способствует синтезу при низких температурах в сравнительно короткое время. Таким же образом в виде смешанных кристаллов можно получить другие силикаты трудно получаемых химически чистых глинистых минералов. При обычном образовании трехслойных глинистых минералов основные значения pH более благоприятны, а при образовании каолинитов — кислые значения pH. При восстановительных условиях смектитовые минералы могут образоваться диагенетическим путем в осадке из плохо кристаллизующихся или рентгеноаморфных содержащих Si Fe—Al-гидроокисей.

Summary

Clay mineral formation during weathering is a very important geological process. The formation of silica minerals under surface conditions is partly a question of silica precipitation from very dilute weathering solutions. Amorphous hydroxides of Al, Fe, Mg etc. are capable of coprecipitating

SiO_2 even from very dilute solutions. Since it was possible to synthesize quartz and clay minerals from the X-ray amorphous hydroxide-silica precipitates, it was decided to investigate the laws governing the silica content in these hydroxide precipitates. The SiO_2-distribution depends on many factors. — There was some difficulty with the clay mineral synthesis under surface conditions. Probably the small size of the Al-ion (0.57 Å) makes installation of Al in the octahedral positions difficult. More suitably sized for instalation in the octahedral positions are the ions of Mg, Zn, Ni, Co and Fe^{2+} (between 0.78 and 82 Å), and synthesis of chemically pure three- and two-layer clay minerals with these ions is easy. Moreover it is possible to produce crystallization of the difficult to form Al clay minerals in a solid solution with these more easily synthesized minerals. For instance the synthesis of Al-rich three-layer silicate minerals is possible with the help of magnesium or iron unter reducing conditions. The presence of hectorite (Mg-smectite) or a nontronite in the Al-rich three-layer minerals makes low temperature synthesis possible in a short time. Other not easily formed clay minerals with Mn, Cu, Cr, and Fe^{3+} can be formed in the same way. The catalytic formation of Al-rich clay minerals can be carried out with the help of inorganic or organic compounds as has been done in the case of kaolinite syntheses. — It seems that three-layer clay mineral formation in nature occurs in inorganic basic solutions, and kaolinite formation in weakly acidic solutions aided by the presence of organic compounds. It is possible that smectite minerals may be formed diagenetically in sediments under reducing conditions from the poorly crystallized or X-ray amorphous Si-containing Fe-Al hydroxides.

Literatur

Alexander, G. B.: The reaction of moleculare weigth silicic acids with molbdic acid. — Amer. chem. soc., **75** (1953), 5655, (engl.).

Bien, G. S.; David, E.; Thomas, W. H.: The Removal of Soluable Silica from Fresh Water Entering the Sea. In: H.A. Ireland (Ed.): Silica in Sediments. — Soc. econ. paleont. mineral., spec. publ., Tulsa 7 (1959), (engl.).

Correns, C. W.: The experimental chemical weathering of silicates. — Bull. clay mineral., London **4** (1961), S. 26, (engl.).

Correns, C. W.; Engelhardt, W. v.: Neue Untersuchungen über die Verwitterung des Kalifeldspates. — Chemie Erde, Jena **12** (1938).

Flehmig,.W.: Zur Erklärung des Kieselsäuregehaltes in Nadeleisenerzooiden. — Münster, Westf. Wilhelms-Univ., Diss., 1967.

Garrels, R. M.; Christ, C. L.: Solutions, minerals, equilibria. — New York—Evanston—London: Harper & Row 1965, (engl.).

Harder, H.: Können Eisensäuerlinge die Genese der Lahn-Dill-Erze erklären? — Beitr. Mineral. Petrogr., Berlin u. a. **9** (1964), S. 379.

— Experimente zur „Ausfällung" der Kieselsäure. — Geochim. Cosmochim. Acta, London **29** (1965), S. 429.

— The role of magnesium in the formation of smectite minerals. — Chem. geol., **10** (1972), S. 31, (engl.).

— Synthese von eisenhaltigen Tonmineralen bei niedrigen Temperaturen. — Naturwissenschaften, Berlin u. a. **60** (1973), S. 517.

— Illite mineral synthesis at surface temperatures. — Chem. geol., **14** (1973), S. 241, (engl.).

— Synthese von Zink-Montmorin (Smektit) unter Oberflächenbedingungen. — Naturwissenschaften, Berlin u. a. **62** (1975) 5, S. 235.

— Nontronite synthesis at low temperatures. — Chem. Geol., **18** (1976), S. 169,(engl.).

Harder, H.; Flehmig, W.: Bildung von Quarz aus verdünnten Lösungen bei niedrigen Temperaturen. — Naturwissenschaften, Berlin u. a. **54** (1967) 6, S. 140. Genauere Veröff. in Geochim. Cosmochim. Acta, London (1969), (engl.).

Harder, H.; Menschel, G.: Quarzbildung am Meeresboden. — Naturwissenschaften, Berlin u. a. **54** (1967) 21, S. 561.

Harrassowitz, H.: Silicium, Aluminium, Eisen im Wechsel der Verwitterungsvorgänge. — Z. angew. Chem., **43** (1930), S. 185.

Hénin, S.: Synthesis of Clay Minerals at Low Temperatures. Clays and Clay Minerals, National Academy of Sciences. — Nat. res. counc. publ., Washington 456 (1956), (engl.).

HEYDEMANN, A.: Über die chemische Verwitterung von Tonmineralen (Experimentelle Untersuchungen). — Geochim. Cosmochim. Acta, London 30 (1966), S. 995, (engl.).

ILER, R. K.: The Colloid Chemistry of Silica and Silicates. — Ithaca, New York: Cornell Univ. Press 1955, (engl.).

JASMUND, K.: Die silicatischen Tonminerale. — Weinheim/Bergstraße: Verl. Chemie GmbH 1955.

JUBELT, R.: Zur Geologie silikatischer Nickellagerstätten am Südrand des Sächsischen Granulitgebirges. — Z. angew. Geol., Berlin 2 (1956), S. 371.

KELLER, W. D.; BALGORD, W. D.; REESMAN, A. L.: Dissolved products of artificially pulverized silicate minerals and rocks: Part I. — J. sediment. petrol., Menasha 33 (1963), S. 191, (engl.).

KRAUSKOPF, K. B.: The Geochemistry of Silica im Sedimentary Environments. In: H. A. IRELAND (Ed.): Silica in Sediments. — Soc. econ. paleont. mineral., spec. publ., Tulsa 7 (1959), S. 4–19, (engl.).

LINARES, J.; HUERTAS, F.: Kaolinite: Synthesis at Room Temperature. — Science, 171 (1971), S. 896, (engl.).

LIPPMANN, F.: Ton, Geoden und Minerale des Barrême von Hoheneggelsen. — Geol. Rdsch., Stuttgart 43 (1955), S. 475.

MACKENZIE, F. T.; GARRELS, R. M.: Silicates: Reactivity with Sea Water. — Science, 150 (1965), S. 57, (engl.).

MENSCHEL, G.: Zur Erklärung des Kieselsäuregehaltes der Manganknollen. — Münster, Westf. Wilhelms-Univ., Dipl.-Arb., 1967.

MOBERLY, R.; KUMURA, H. S.; MCCOY, F. W.: Authigenic marine phyllosilicates near Hawai. — Bull. geol. soc. Amer., Boulder 79 (1968), S. 1449, (engl.).

NIKITINA, A. P.; ZVYAGIN, B. B.: Origin and crystal structure features of clay minerals from the lateritic bauxites in the European part of the U.S.S.R. — Proc. Intern. Clay Conf., 1972, Madrid 1973, (engl.).

NOLL, W.: Über die Bildungsbedingungen von Kaolin, Montmorillonit, Sericit, Pyrophyllit und Analcim. — Mineral.-petr. Mitt., Leipzig 48 (1936), S. 210.

NORIN, E.: Occurrence of authigenous illitic mica in the sediments of the central Tyrrhenian sea. — Bull. geol. Inst. Univ. Uppsala, Uppsala 34 (1953), S. 279, (engl.).

PEDRO, G.: Genèse des minéraux argilleux par lessivage des roches cristallines au laboratoire. Genèse et Synthèse des Argiles. — Centre nat. rech. sci., Paris für 1961 (1962) 105, S. 99–106, (franz.).

SCHNEIDER, H.: The nickel hydrosilicate deposit Callenberg on the south-west border of the granulite massif — formations of weathering on serpentinite, gabbro and acid magmatic rocks. In: M. STÖRR (Ed.): Kaolin deposits of the GDR in the northern region of the Bohemian massif. — Greifswald, E.-M.-Arndt-Univ. 1975. S. 189, (engl.).

SHERMAN, G. D.: In: M. L. JACKSON; G. D. SHERMAN: Chemical weathering of minerals in oils. — Advan. Agron, 5 (1952), S. 219, (engl.).

SIFFERT, B.: Quelques réactions de la silice en solution: La formation des argiles. — Mém. Serv. Carte géol. d'Alsace Lorraine, Strasbourg 21 (1962) 1, (franz.).

SILEN, L. G.: Gibbs Phase Rule and Marine Sediments. Equlibrium Concepts in Natural Water Systems. — Advan. Chemistry, Washington 67 (1967), (engl.).

STRACHOW, N. M.: zitiert in SCHWARZBACH, M.: Verwitterung und Bodenbildung. In: R. BRINKMANN (Hrsg.): Lehrbuch der allgemeinen Geologie. Bd. 1, 4. Kapitel. — Stuttgart: F. Enke Verl. 1964.

STÖRR, M. (Ed.): Kaolin deposits of the GDR in the northern region of the Bohemian massif. — Greifswald: E.-M.-Arndt-Univ. 1975, (engl.).

STÖRR, M.; BUCHWALD, J.: The kaolin deposits "Caminau" and "Wiesa" of the Lusatian granodiorite massif. In: M. STÖRR (Ed.): Kaolin deposits of the GDR in the northern region of the Bohemian massif. — Greifswald: E.-M.-Arndt-Univ. 1975, (engl.).

STRESE, H.; HOFMANN, U.: Synthese von Magnesiumsilikat-Gelen mit zweidimensional regelmäßiger Struktur. — Z. anorg. allg. Chemie, 247 (1941), S. 65.

WERNER, C.-D.: Aufbau und Genese der Nickelhydrosilikatlagerstätten im Granulitgebirge. — Ber. geol. Ges. DDR, Berlin 10 (1965) 5, S. 567–590.

WEY, R.; SIFFERT, B.: Coll. intern. cent. nat. rech. sci., 105, (1962), S. 11–24; SIFFERT, B.: Thesis: Univ. Strasbourg, Strasbourg (1962), (franz.).

WHITEHOUSE, U. G.; MCCARTER, R. S.: Diagenetic modification of clay-mineral types in artificial sea water. — Clays and Clay Mineral., proc. nat. conf. clay miner., **5** (1958) 81, (engl.).
WOLLAST, R.; MACKENZIE, F. T.; BRICKER, P. O.: Experimental Precipitation and Genesis of Sepiolite at Earth-Surface Conditions. — Amer. Mineral., Washington **53** (1968), (engl.).
ZEEMANN, J.: Kristallchemie. Slg. Göschen, Bd. 1220. — Berlin: Verl. W. de Gruyter 1966.

Manuskripteingang: 12. Mai 1976

Anschrift des Autors:

H. HARDER, Sedimentpetrographisches Institut der Georg-August-Universität Göttingen
D - 3400 Göttingen, V.-M.-Goldschmidt-Straße 1

Schriftenr. geol. Wiss. · Berlin 11 (1978) · S. 79—87

Elektronenmikroskopische Teilchengrößenanalyse von Kaoliniten aus kaolinisierten Feldspäten verschiedener Primärgesteine

Von KARL-HEINZ HENNING, Greifswald

Mit 8 Abbildungen

1. Einleitung

In der vorliegenden Arbeit werden die Ergebnisse weiterer systematischer Untersuchungen zur Erfassung morphologischer Parameter von Kaolinitteilchen mit dem Elektronenmikroskop (HENNING 1976) mitgeteilt. Die genaueren Informationen über die Kornverteilung $< 2\,\mu m$ können sowohl für die Erfassung der Ursachen bestimmter technologischer Eigenschaften von Primär- und Sekundärkaolinen als auch für die Diskussion genetischer Aspekte der Kaolinisierung genutzt werden. Zur Untersuchung gelangten Kaolinite, die durch Kaolinisierung von Orthoklasen oder Plagioklasen entstanden. Die Feldspäte lagen einerseits als Einsprenglinge, andererseits in der Grundmasse magmatischer Primärgesteine am Nordrand der Böhmischen Masse vor. Die während der oberkretazisch-tertiären Verwitterung in situ entstandenen Kaoline lassen im allgemeinen die primäre Gesteinsstruktur der Ausgangsgesteine gut erkennen.

2. Methodik

Die Messungen erfolgten im Elektronenmikroskop EF des VEB Carl Zeiß Jena an einstufigen C-Replicas, die mit Pt unter einem Winkel von ca. 30° in einer Hochvakuumbedampfungsanlage beschattet wurden. An den pseudohexagonalen Kaolinittäfelchen werden die Länge (größter Abstand zweier paralleler Kanten), die Breite (kleinster Abstand zweier paralleler Kanten) und die Schattenlänge (zur Ermittlung der Blättchendicke) gemessen.

Die Auswertung der Meßwerte von ca. 1000 Teilchen je Probe erfolgt in Form von Säulendiagrammen, Summenlinien, Längen/Breiten- und Längen/Höhen-Quotienten mit Hilfe eines EDV-Rechenprogramms. Weitere Einzelheiten zur Präparations- und Meßtechnik siehe HENNING (1976).

3. Proben

Zur Untersuchung gelangten Kaoline, die aus Kemmlitzer Quarzporphyr (Lava-Typ), Halleschem Quarzporphyr, Rochlitzer Quarzporphyr (Ignimbrit-Typ) und Lausitzer Granodiorit während der oberkretazisch-tertiären Verwitterung entstanden. Zur Vorbereitung einer gezielten Probenahme und Probenpräparation wurden Anschliffe der lufttrockenen und mit Kunstharz getränkten Kaolin-Proben hergestellt, die in sehr guter Erhaltung die Struktur der Primärgesteine zeigen.

Der Kaolin aus Kemmlitzer Quarzporphyr (Tagebau Gröppendorf) ist reich an Kaolinit (28—45 Gew.-%) und enthält nur geringe mixed-layer-Anteile (< 5 Gew.-%) neben Quarz (55—70 Gew.-%) und organischer Substanz (< 0,5 Gew.-%) nach STÖRR (1975). Im Anschliffbild des Kaolins (s. Abb. 1) ist die primäre Gesteinsstruktur gut zu erkennen.

In einer ehemaligen mikro- bis kryptokristallinen Grundmasse befinden sich Einsprenglinge von Feldspäten und idiomorphen Quarzen. Das Verhältnis von Einsprenglingen zur Grundmasse beträgt ungefähr 1:1 bis 3:1, innerhalb der Feldspäte verhält

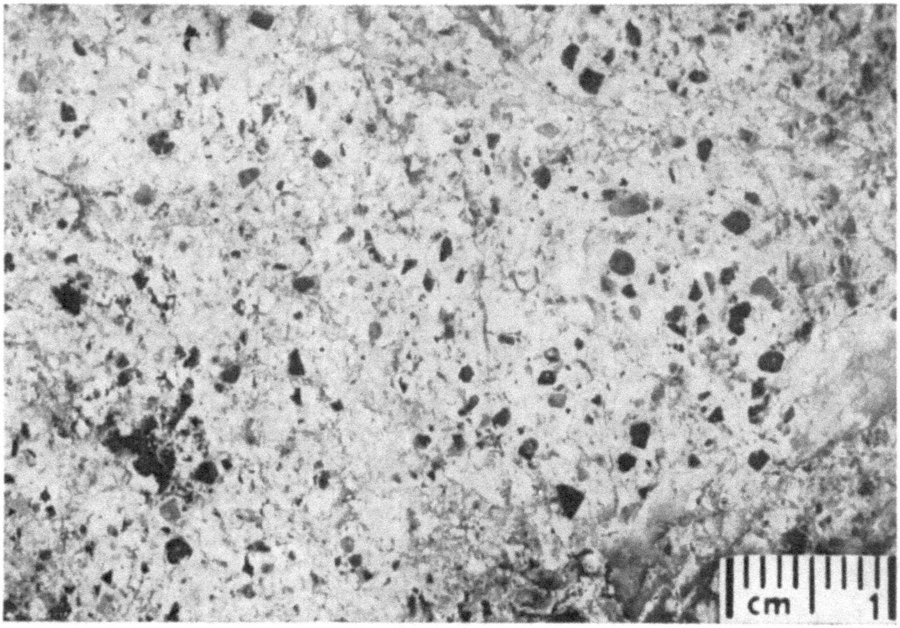

Abb. 1. Anschliff des Kaolins (Tagebau Gröppendorf) aus Kemmlitzer Quarzporphyr als Primärgestein

sich der Anteil Orthoklas zum Plagioklas wie ca. 5:1. Die Feldspateinsprenglinge und der Feldspatanteil der Grundmasse sind kaolinisiert.

Auf Grund der gut erhaltenen Struktur des Primärgesteins war es möglich, für die elektronenmikroskopische Teilchengrößenanalyse die kaolinisierten Feldspäte der Einsprenglinge gesondert herauszupräparieren und zu untersuchen. Die erhaltenen Meßwerte beziehen sich infolge des genannten Verhältnisses von Orthoklas zu Plagioklas im wesentlichen auf Kaolinit, der aus Orthoklas entstanden ist. Der Grundmassekaolin wurde ebenfalls vermessen, so daß hier Werte entstanden, die sich überwiegend auf Kaolinit aus Orthoklasen der Grundmasse beziehen.

Der Kaolin aus dem Quarzporphyr (Tagebau Fuchsberg) des unterrotliegenden Halle-Bitterfelder Vulkanitkomplexes besteht ebenfalls hauptsächlich aus Kaolinit und Quarz mit sehr geringen Anteilen einer mixed-layer-Komponente. Im Anschliffbild (Abb. 2) ist die typische porphyrische Struktur mit sehr großen ehemaligen Feldspateinsprenglingen zu erkennen. Wie Untersuchungen am unverwitterten Quarzporphyr ergaben, sind die größeren Feldspateinsprenglinge meist aus Orthoklas zusammengesetzt, während die Plagioklase fast immer etwas kleinere Körner bilden. Das Mengenverhältnis von Orthoklas zu Plagioklas beträgt etwa 4 : 1. Da bei der Präparation für die vorliegende elektronenmikroskopische Teilchengrößenanalyse bewußt nur die größten Einsprenglinge gewonnen wurden, beziehen sich die ermittelten Parameter im wesentlichen auf Kaolinit aus Orthoklaseinsprenglingen.

Weiterhin wurde der Kaolinit aus den Grundmassefeldspäten untersucht. Die ehemals mikrokristalline Grundmasse bestand aus Quarz (22,8 Vol.-%), Orthoklas (58,5 Vol.-%), Plagioklas (12,2 Vol.-%), Biotit (2,2 Vol.-%), Erz (4,3 Vol.-%) und weiteren Akzessorien (Schirmer & Schwab 1973).

Der Kaolin aus dem Rochlitzer Quarzporphyr (Tagebau Hohnbach) zeigt im Anschliffbild (Abb. 3) ebenfalls noch die typische Gesteinsstruktur. Neben kaolinisierten zerspratzten Feldspäten und kaolinisierten Bimsfetzen ist die kryptokristallin aus-

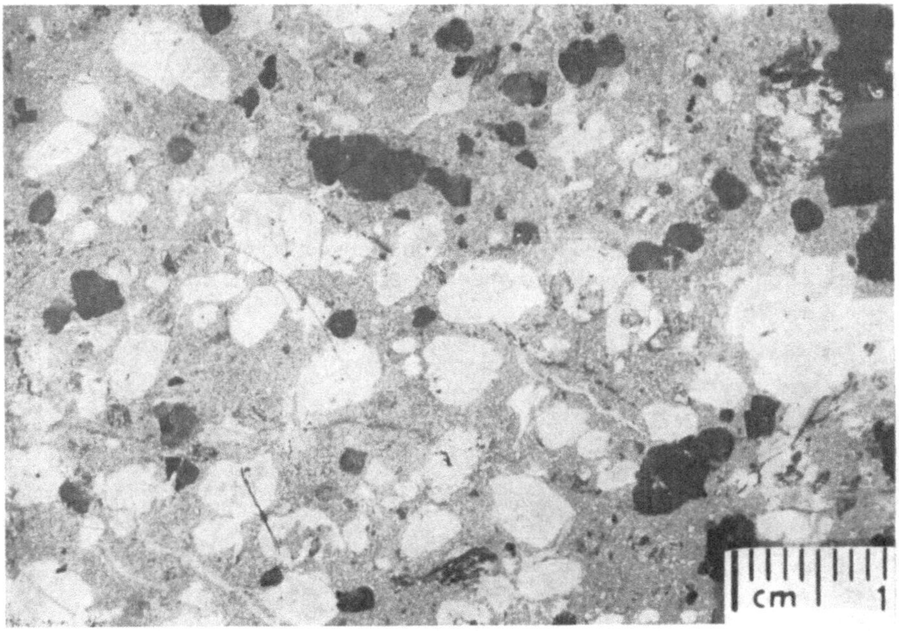

Abb. 2. Anschliff des Kaolins (Tagebau Fuchsberg) aus Halleschem Quarzporphyr als Primärgestein

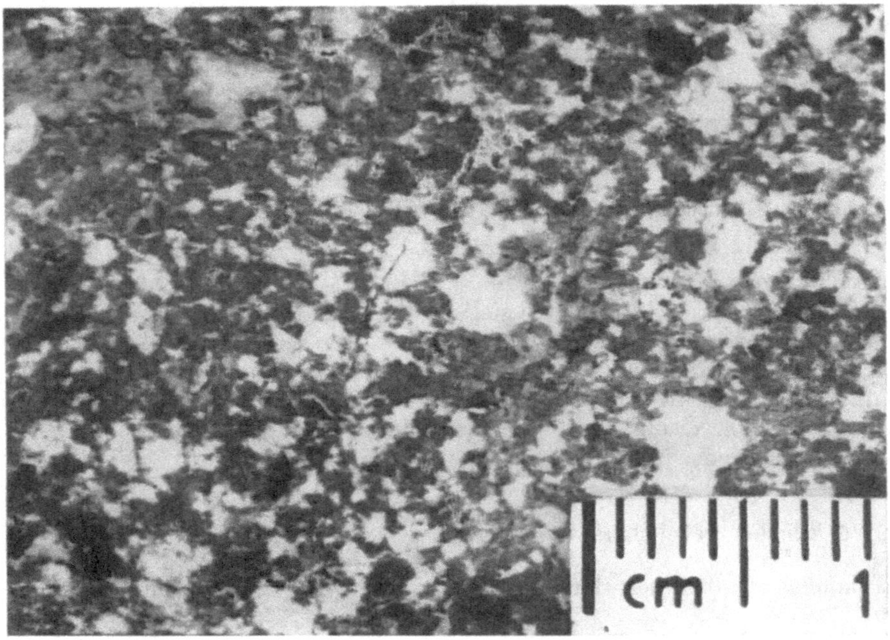

Abb. 3. Anschliff des Kaolins (Tagebau Hohnbach) aus Rochlitzer Quarzporphyr (Ignimbrit) als Primärgestein

gebildete Glasstaubmatrix zu erkennen, so daß die für Ignimbrite typische eutaxitische Textur reliktartig erhalten ist (RÖLLIG u. a. 1970). Für die elektronenmikroskopische Teilchengrößenanalyse wurden die kaolinisierten groberen Einsprenglinge (bruchstückartige Plagioklase und Orthoklase sowie ehemalige Bimsfetzen) und die feinere ebenfalls kaolinisierte Grundmasse gewonnen.

Der Kaolin aus dem Lausitzer Granodiorit (Tagebau Caminau) setzt sich in der Kaolinit-Zone (nach STÖRR & SCHWERDTNER 1974) aus Kaolinit (~ 50 Gew.-%), Quarz (40 Gew.-%), Glimmer (~ 3 Gew.-%), Siderit (< 5 Gew.-%), Halloysit (< 2 Gew.-%), organischer Substanz (~ 0,1 Gew.-%) und primären Schwermineralen zusammen. Der im Lagerstättenbereich ehemals vorhandene relativ homogene Granodiorit ist im

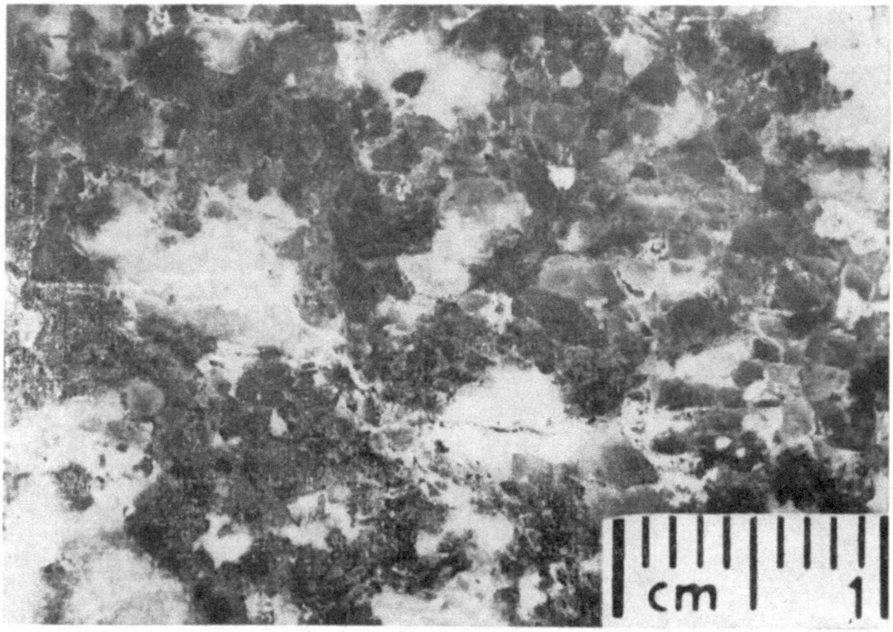

Abb. 4. Anschliff des Kaolins (Tagebau Caminau) aus Lausitzer Granodiorit als Primärgestein

Kaolin-Anschliff an seinem typischen Gefügebild (Abb. 4) noch zu erkennen. Der Granodiorit setzte sich primär aus Plagioklas (40 Vol.-%), Orthoklas (15 Vol.-%), Quarz (21 Vol.-%) und Biotit (24 Vol.-%) sowie aus den primären Schwermineralen zusammen. Für die elektronenmikroskopische Teilchengrößenanalyse wurde versucht, die kaolinisierten Feldspäte zu präparieren. Die sich ergebenden Kornparameter beziehen sich daher auf Kaolinit, der überwiegend aus Plagioklas entstanden ist und auf die Kornparameter des industriell geschlämmten Kaolins.

4. Teilchengrößencharakteristik der untersuchten Proben

Einen anschaulichen Überblick über die Kornzahlverteilung vermitteln die Säulendiagramme.

In der Abb. 5 ist die Kornzahlverteilung der Kaolinitteilchen der Grundmasse und der Einsprenglinge des Kaolins, der aus dem Kemmlitzer Quarzporphyr entstand, dargestellt. Auffällig ist die gute Übereinstimmung beider Histogramme, die durch

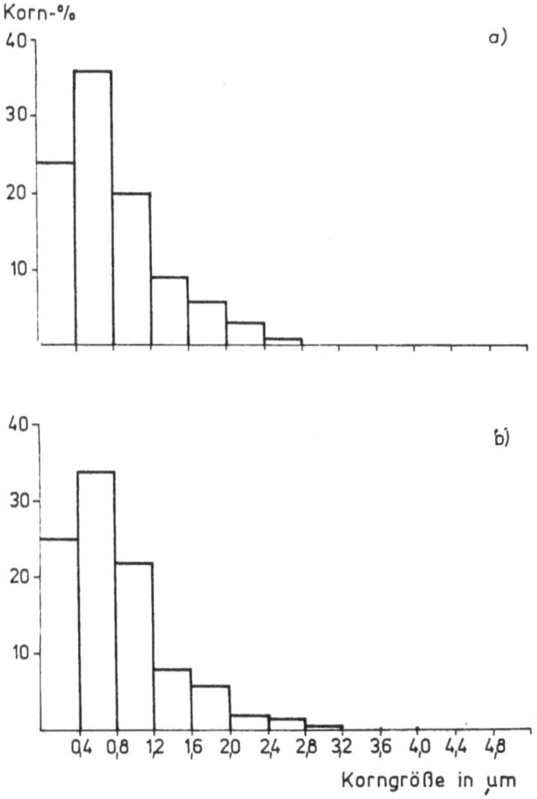

Abb. 5. Überblick über die Kornzahlverteilung der Kaolinite aus der Grundmasse (a) und den Einsprenglingen (b) des Kaolins aus dem Kemmlitzer Quarzporphyr (Lava-Typ) an Hand von Säulendiagrammen (Kaolin-Tagebau Gröppendorf)

ein Maximum (ca. 35 Korn-%) im Korngrößenintervall 0,4—0,8 µm eine gute Besetzung in der Korngröße < 0,4 µm und einen schnellen Abfall in der Besetzungsdichte zu den groberen Korngrößenintervallen charakterisiert sind. Der Hauptteil der vermessenen Kaolinite wird nach der petrographischen Charakterisierung aus Orthoklasen entstanden sein.

Eine ganz ähnliche Kornzahlverteilung weist der Kaolinit aus der Grundmasse und aus Einsprenglingen des kaolinisierten Quarzporphyrs von Halle auf (Abb. 6). Das Maximum liegt mit ca. 40 Korn-% ebenfalls im Korngrößenintervall 0,4—0,8 µm. Die Besetzungsdichte innerhalb der Korngröße < 0,4 µm ist bei den Einsprenglingen relativ klein. Diese Kaolinitteilchen entstanden fast vollständig durch Kaolinisierung von Orthoklaseinsprenglingen.

Deutlich hiervon unterschieden sind die Kornverteilungskurven der Kaolinitteilchen aus Grundmasse und Einsprenglingen des Ignimbritkaolins (Abb. 7). Der Hauptteil der Kaolinitteilchen befindet sich in den Intervallen 0—0,4 µm und 0,4—0,8 µm mit jeweils 35—40 Korn-%. Die groberen Intervalle sind zahlenmäßig nur noch gering besetzt, wobei ebenfalls keine wesentlichen Unterschiede zwischen den Verteilungskurven aus Kaoliniten der Grundmasse und der Einsprenglinge gefunden wurden. Die Herkunft der Kaolinite ist nicht so sicher wie in den beiden erstgenannten Probentypen festzustellen. Der Kaolinisierung unterlagen höhere Plagioklasanteile, aber auch glasige Bestandteile des Ignimbrits.

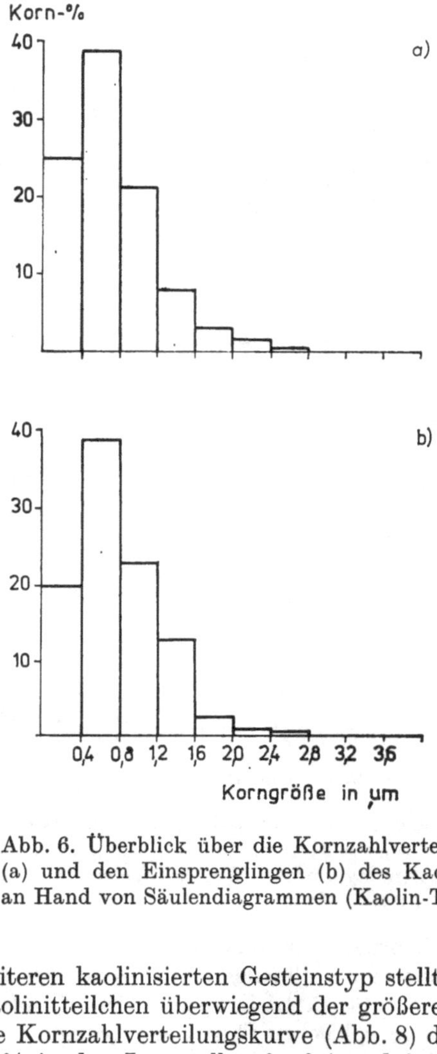

Abb. 6. Überblick über die Kornzahlverteilung der Kaolinite aus der Grundmasse (a) und den Einsprenglingen (b) des Kaolins aus dem Halleschen Quarzporphyr an Hand von Säulendiagrammen (Kaolin-Tagebau Fuchsberg)

Einen weiteren kaolinisierten Gesteinstyp stellt der Lausitzer Granodiorit dar, von dem die Kaolinitteilchen überwiegend der größeren Plagioklaseinsprenglinge gemessen wurden. Die Kornzahlverteilungskurve (Abb. 8) der Einsprenglingskaolinite ist mit je ~ 30 Korn-% in den Intervallen 0—0,4 und 0,4—0,8 µm, mit einem stetigen Abfall der Kornzahlen zu den groberen Fraktionen hin, charakterisiert. Dagegen zeigt die Verteilungskurve des geschlämmten Kaolins ein deutliches Maximum im Korngrößenintervall 0,4—0,8 µm, wobei die weiteren Korngrößenintervalle bis zu relativ groben Korngrößen besetzt sind. Die Kaolinite der geschlämmten Probe sind entsprechend der petrographischen Zusammensetzung des Ausgangsgesteins aus Plagioklas, Biotit und Orthoklas entstanden.

Der Streckenquotient Länge zur Breite aller gemessenen Kaolinitteilchen je Probe liegt im Mittel bei 1,6, d. h. der Verzerrungsgrad ist für alle hier untersuchten Proben gleich und unabhängig von der Art des Ausgangsmaterials.

Der Streckenquotient Länge zur Höhe der Kaolinitteilchen liegt ebenfalls im Bereich der für Verwitterungskaoline am Nordrand der Böhmischen Masse angegebenen Werte (s. Henning 1976), d. h. die Dicke der Kaolinitteilchen ist acht- bis zehnmal kleiner als die Länge und variiert wenig bei den gemessenen Proben.

Die Ergebnisse der Auswertung der Summenlinien entsprechen den Ergebnissen aus den Kornzahlverteilungskurven, so daß sich keine weiteren neuen Aspekte ergeben.

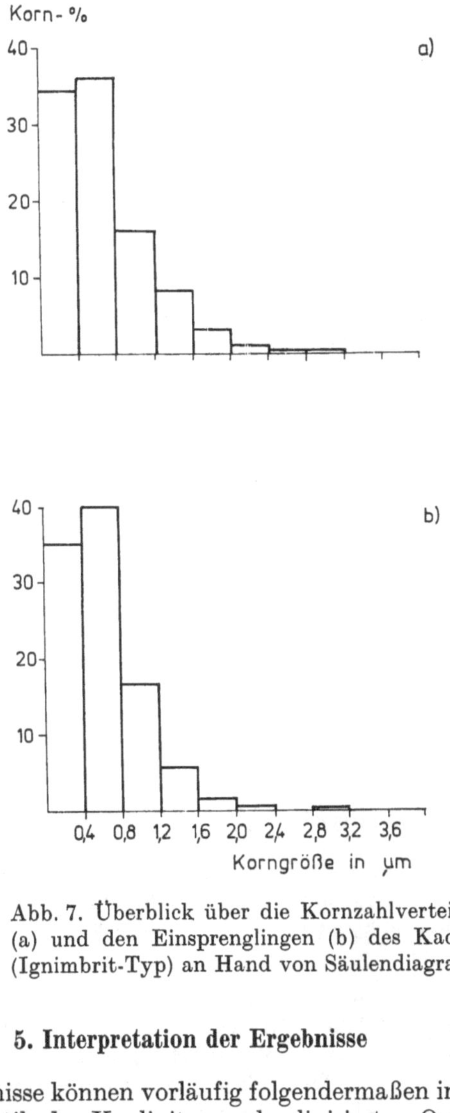

Abb. 7. Überblick über die Kornzahlverteilung der Kaolinite aus der Grundmasse (a) und den Einsprenglingen (b) des Kaolins aus dem Rochlitzer Quarzporphyr (Ignimbrit-Typ) an Hand von Säulendiagrammen (Kaolin-Tagebau Hohnbach)

5. Interpretation der Ergebnisse

Die Ergebnisse können vorläufig folgendermaßen interpretiert werden. Die Korngrößencharakteristik der Kaolinite aus kaolinisierten Orthoklaseinsprenglingen unterscheidet sich nicht von der Korngrößencharakteristik der Kaolinite aus den Orthoklasen der Grundmasse der Magmatite, d. h. die Primärkorngröße der Feldspäte als Ausgangsmaterial der Kaolinisierung ist ohne wesentlichen Einfluß auf die Morphologie des entstehenden Kaolinits. Diese Feststellung trifft ebenfalls für die Korngrößencharakteristik der Kaolinite aus verwitterten Plagioklasen zu.

Die Teilchengröße der Kaolinite aus Plagioklasen ist kleiner, gekennzeichnet durch deutlich höheren Kornanteil $< 0,4$ µm, als die Größe der aus Orthoklasen entstandenen Kaolinite, d. h. der Chemismus des Ausgangsmaterials ist von meßbarem Einfluß auf die Kornparameter der entstehenden Kaolinite.

Die L/B- und L/H-Quotienten sind für die Kaolinite aus den verschiedenen Feldspäten der untersuchten Primärgesteinstypen relativ gleich, d. h. das Gefüge und der Chemismus des Ausgangsmaterials ist für den Verzerrungsgrad der pseudohexagonalen Kaolinitkristalle ohne meßbaren Einfluß.

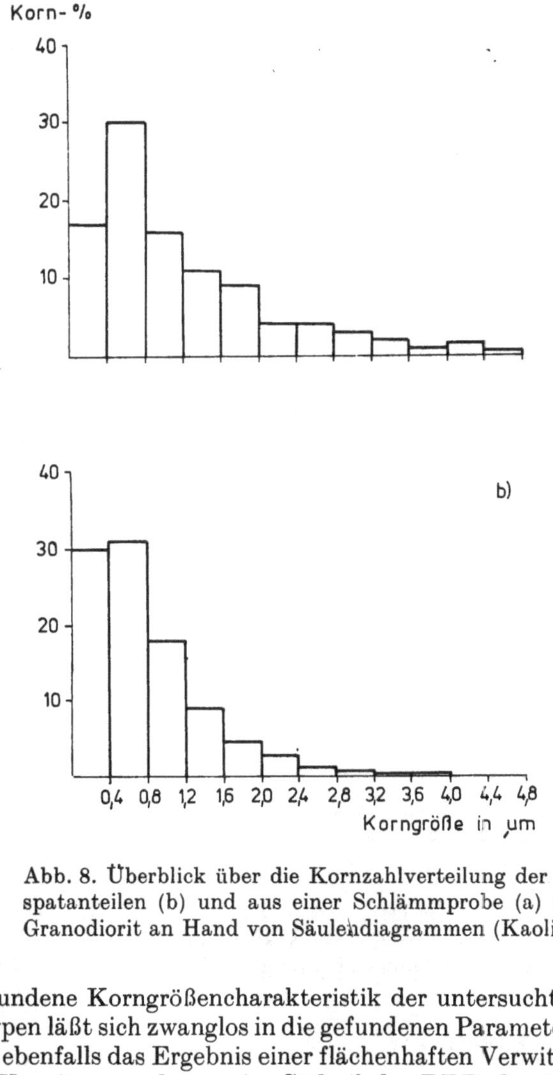

Abb. 8. Überblick über die Kornzahlverteilung der Kaolinite aus den groben Feldspatanteilen (b) und aus einer Schlämmprobe (a) des Kaolins aus dem Lausitzer Granodiorit an Hand von Säulendiagrammen (Kaolin-Tagebau Caminau)

Die gefundene Korngrößencharakteristik der untersuchten Kaoline aus vier Primärgesteinstypen läßt sich zwanglos in die gefundenen Parameter anderer Kaoline (Henning 1976), die ebenfalls das Ergebnis einer flächenhaften Verwitterung in der oberkretazisch-tertiären Verwitterungskruste im Südteil der DDR darstellen, eingliedern. Sie unterscheidet sich deutlich von der Korngrößencharakteristik der Umlagerungskaoline und der diagenetisch gebildeten Kaolinite.

Zusammenfassung

In der vorliegenden Arbeit werden die Ergebnisse einer elektronenmikroskopischen Teilchengrößenanalyse an Kaoliniten aus kaolinisierten Orthoklasen und Plagioklasen aus ehemaligen Einsprenglingen und aus der Grundmasse verschiedener magmatischer Gesteine mitgeteilt. Es kann festgestellt werden, daß die Primärkorngröße der Feldspäte als Ausgangsmaterial der Kaolinisierung ohne wesentlichen Einfluß auf die Morphologie des entstehenden Kaolinits ist, daß aus Plagioklasen kleinere Kaolinitteilchen entstehen und daß das Gefüge und der Chemismus des Ausgangsmaterials für den Verzerrungsgrad und die Dicke der pseudohexagonalen Kaolinitteilchen ohne meßbaren Einfluß sind. Die Korngrößencharakteristik der untersuchten Kaoline läßt sich zwanglos in die bisher gefundenen Parameter anderer Kaoline aus sauren Magmatiten innerhalb der oberkretazisch-tertiären Verwitterungskruste eingliedern.

Резюме

В настоящей работе приводятся данные электронномикроскопического анализа частиц каолинитов по каолинизированным ортоклазам и плагиоклазам из бывших вскрапленников и из основной массы различных магматических пород. Можно установить, что

- первичная крупность зерна полевых шпатов в качестве исходного материала каолинизации не показывает существенного влияния на морфологию возникающего каолинита,
- из плагиоклазов образуются меньшие частицы каолинита,
- структура и химизм исходного материала не показывают измеримого влияния на степень искажения и толщину псевдогексагональных каолинитовых частиц. Найденная характеристика зерна изученных каолинитов совпадает с найденными до сих пор параметрами других каолинов по кислым магматитам в пределах верхнемеловой-третичной коры выветривания.

Summary

Results of a particle-size analysis in the electron microscope are given of kaolinites from kaolinized orthoclases and plagioclases of former phenocrysts and the ground mass of various magmatic rocks. It is stated that the primary grain size of feldspars as an initial material of kaolinization does not essentially influence the morphology of the originating kaolinite, that minor kaolinite particles originate from plagioclases, and that the structure and chemism of the initial material are without measurable influence on the degree of distortion and thickness of the pseudohexagonal kaolinite particles. The grain-size characteristic found of the kaolins can freely be incorporated in parameters so far found for other kaolins of acid magmatic rocks within the Upper Cretaceous—Tertiary weathering crust.

Literatur

HENNING, K.-H.: Elektronenmikroskopische Teilchengrößenanalyse von Kaoliniten. — Schriftenr. geol. Wiss., Berlin 5 (1976), S. 75—82.

RÖLLIG, G.; EIGENFELD, F.; FISCHER, J.; KUHN, B.: Die Ignimbrite des Nordsächsischen Vulkanitkomplexes. — Wiss. Z. Univ. Halle, Halle XIX 70 M (1970) 4, S. 67—78.

SCHIRMER, B.; SCHWAB, M.: Die Rhyolithoide des Halleschen Vulkanitgebietes. — Unveröff. Manuskript, Berlin/Halle 1973.

STÖRR, M. (Ed.): Kaolin Deposites of the GDR in the Northern Region of the Bohemian Massif. — Greifswald: Ernst-Moritz-Arndt-Univ. 1975. 243 S.

STÖRR, M.; SCHWERDTNER, G.: Kaolinlagerstätten der DDR und ihre Nutzung. Exkursionsf. Tagung Geol. Ges. DDR vom 27. bis 29. Juni 1974 in Oschatz. — Berlin: Ges. Geol. Wiss. DDR 1974. 44 S.

Manuskripteingang: 18. August 1976

Anschrift des Autors:

Dr. K.-H. HENNING, Ernst-Moritz-Arndt-Universität, Sektion Geologische Wissenschaften
DDR - 22 Greifswald, Friedrich-Ludwig-Jahn-Straße 17a

Schriftenr. geol. Wiss. · Berlin 11 (1978) · S. 89–108

Scan Electron Micrographs of the Kaolinization Process Including Examples from the Bohemian Massif

By WALTER D. KELLER, Columbia

With 23 Figures and 2 Tables

1. Introduction

The objective of this paper has been modified somewhat from that indicated by the abstract and the micrographs presented at the Symposium in Dresden. At the Symposium, scan electron micrographs (SEM) illustrating diverse modes of origin of kaolins were taken mainly from American or other localities far removed geographically from the Bohemian massif. Each mode was illustrated by several examples. In this paper, the number of distant-derived examples will be reduced typically to one. Supplementing the "distant" examples, however, will be SEMs of part of the kaolins collected on the field trip portion of the Symposium. Not all of the specimens collected had arrived in Missouri in time to be micrographed. Enough were available from the Bohemian massif, however, to contribute partially to the SEM aspect of the kaolins discussed. Thus, the main theme of the original presentation will be preserved, but examples of locally relevant kaolins will also be illustrated.

2. Diverse Modes of Kaolin Genesis

Kaolins originate in, and by, diverse genetic environments and mechanisms. The several illustrated below hardly exhaust all possibilities; indeed, each project thas has been studied has usually revealed an additional, undocumented mechanism of origin. The more apparent ones include the following.

1. Direct precipitation from solution. Kaolin originating in this mode is characterized by euhedral, loosely packed, wellformed and well-ordered crystals. It includes kaolinite, dickite, nacrite, and endellite. Environments include interiors of geodes and chert nodules (KELLER, PICKETT & REESMAN 1966), cavities in limestone and dolostone (TARR & KELLER 1936), pores in sandstone, and vugs in igneous rocks (KELLER 1963) and veins.

A SEM of kaolinite from a Keokuk geode is shown in fig. 1.

2. Alteration oft water-laid parent material. Kaolin originating in this mode is characterized by relatively large books and vermiforms of large kaolinite crystals, loosely packed crystals and books, low bulk density (BAUMANN & KELLER 1975), and high porosity. An example of this mode of genesis shown in fig. 2 (194), form the kaolin deposit at Jacal (Villa Victoria), Mexico (KELLER & HANSON 1975).

Kaolin from graywacke at the Espenhain open-cast mine near Leipzig (BELLMAN 1975) is shown in fig. 3 and 4 (2396, 2397), featuring books on edge and on cleavages, respectively. This reference and others cited in the Symposium Guidebook (edited by M. STÖRR) may be recovered by listing under the author's name, and the address of "Guidebook, 1975" in References Cited. Original magnification in both photos is 3,000× ; micrometers are graphically shown.

Kaolin from the arkose at Hirschau is shown in fig. 5 (2108). Two orientations, flat-lying kaolinite flakes, and others curved on edge rounding a coating on a sand grain, are shown (sample, courtesy of H. M. KÖSTER).

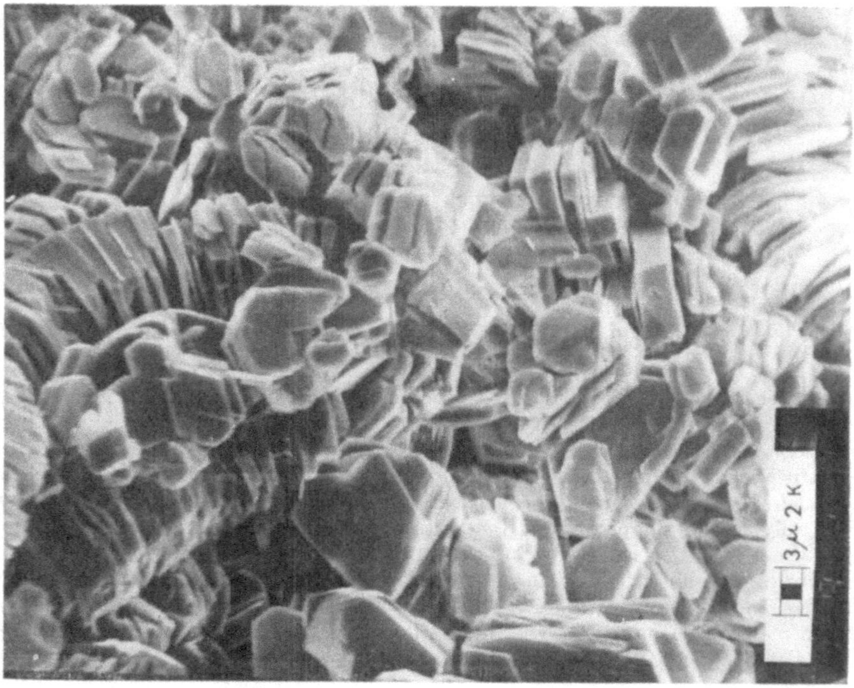

Fig. 1. Kaolin from Keokuk geode, Keokuk, Iowa, USA. 2000×

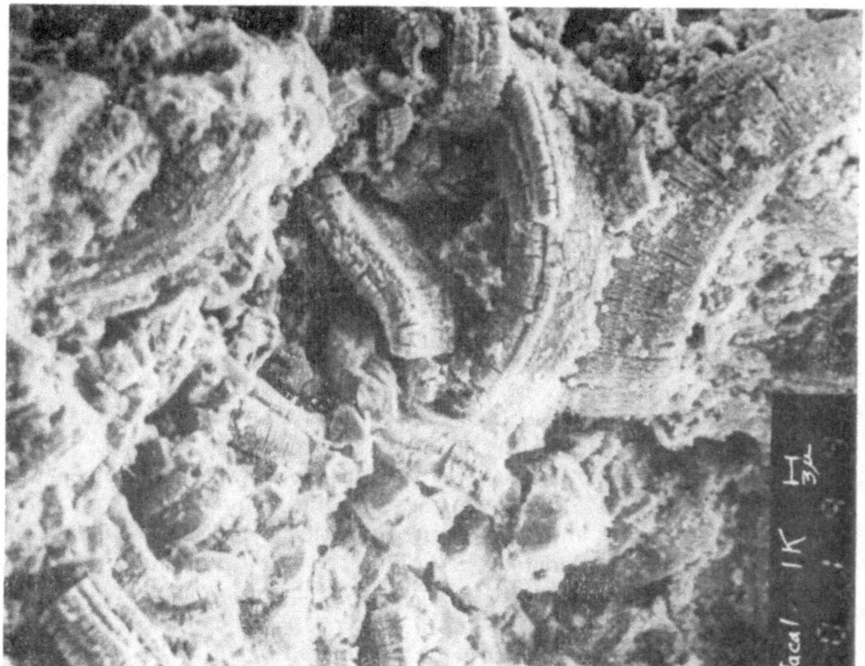

Fig. 2. Refractory kaolin, stock pile, Jacal (Villa Victoria), Mexico. 1000×

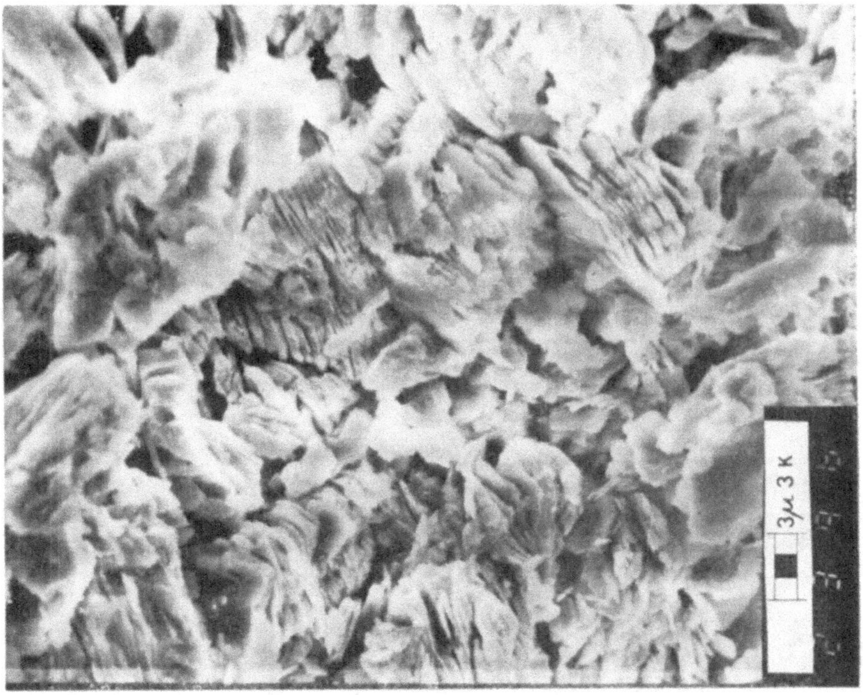

Fig. 3, 4. Graywacke kaolin, Espenhain pit, near Leipzig. 3000×

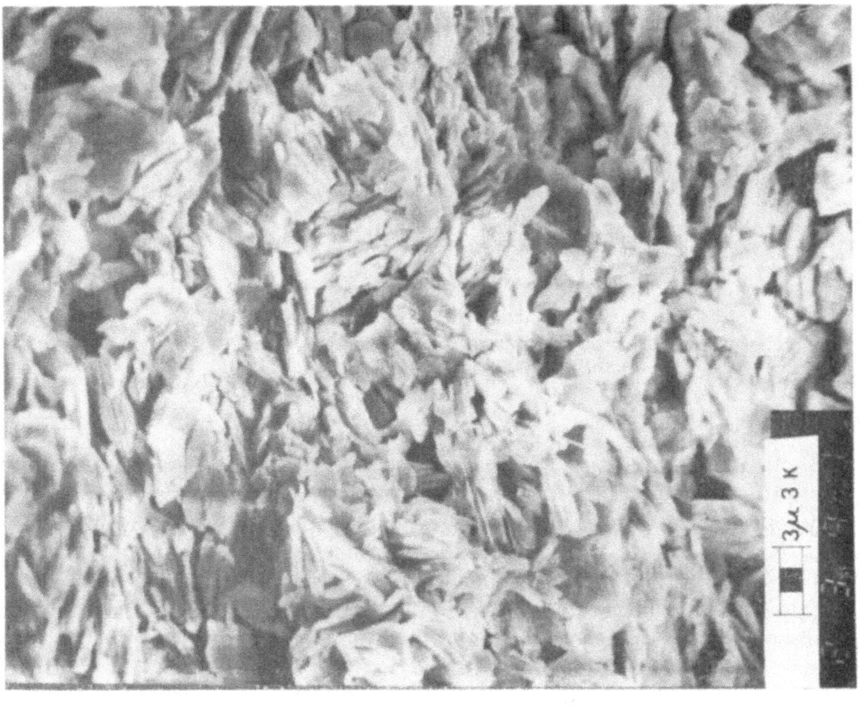

Fig. 4

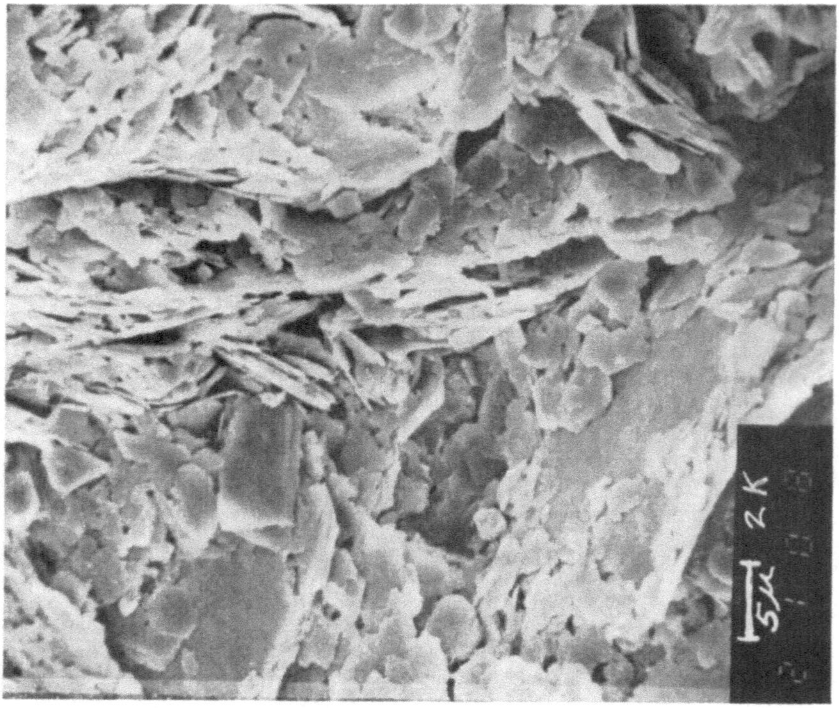

Fig. 5. Kaolin from Hirschau. Courtesy of H. M. KÖSTER. 2000×

An interpretation of the significant features of the kaolinization process in water-laid parent rock has been summarized in Tabel 1, the "Jacal environment", named after Jacal, Mexico (KELLER & HANSON 1975).

Table 1. Jacal Environment of Argillation, Water-laid Parent Material

1. Low pressure (weight) of overburden,
2. Porous and permeable parent rock:
   a. .open space,
   b. euhedral crystals,
   c. expanded books, vermiforms,
3. Alteration inward form surface of parent,
4. Alteration downward form earth's surface:
   a. expand upward easily,
5. Bacteria and/or humic acid solutions.

3. "In-situ" alteration kaolins. Texturally, this type of kaolin resembles more closely than any other type the kind formed by alteration of water-laid parent material. The physical environment, i.e., upward development during weathering, presumably leads to a loosely packed, open-textured kaolin mass.

Kaolin from the Caminau deposit (STÖRR & BUCHWALD 1975 pp. 104—126), is shown in fig. 6 (2409). The crystal flakes are relatively small. In contrast, larger kaolinite plates and books were weathered from the granodiorite in the large, brown-coal opencast mine at Berzdorf (MUCKE, ZWAHR & SCHWALBE 1975, pp. 133—149), fig. 7 (2389). The tuff occurring also at this locality yields very fine-grained clay (montmorillonite-kaolin?) hardly resolvable at 10,000 magnification. In the original negative, two partic-

Fig. 6. Caminau kaolin. 5000×

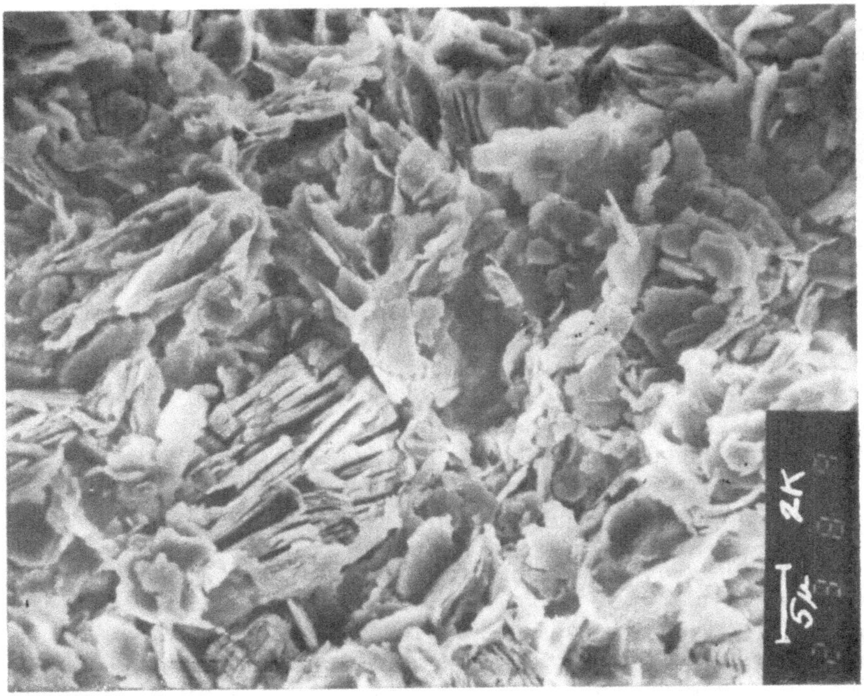

Fig. 7. Kaolin from granodiorite, brown-coal mine, Berzdorf. 2000×

Fig. 8. Altered tuff, brown-coal mine, Berzdorf. 10,000 ×

les appear to be hollow elongates suggestive of halloysite. SEM is not definitive of this tuff-derived clay, fig. 8 (2407).

A sample of Seilitz kaolin was furnished the visiting group at the Seilitz stop (Störr & Schwerdtner 1975, pp. 150—171), fig. 9 (2404). At Kemmlitz one sample was collected from quartz porphyry, fig. 10 (2385), and another from the Gröppendorf quartz porphyrite, fig. 11 (2392). Both of these kaolins are relatively fine-textured. Although not invariably so, numerous examples may be found where aphanitic rocks yield finer texture in daughter kaolin than do phanerites. Such observations suggest that homogeneous microenvironments of weathering are smaller in size within fine-textured igneous rocks than where the parent silicate mineral grains are larger.

4. The Aue, early-Meissen kaolin. The sample of kaolin from Aue, Erzgebirge, stored for 150 years at the Albrechtsburg Castle, the early site of the Meissen works, was given special attention at the Symposium. Appropriately, it is treated specially with three micrographs, fig. 12 (2306), 13 (2309), and 14 (2310). The clay is relatively coarse, loosely packed in expanded books and vermiforms, and quite porous. A grain presumably of quartz is embedded in kaolinite in fig. 14. The texture of the clay resembles insitu alteration of a coarse-textured parent rock.

The problem of interpreting the origin of kaolin was discussed by Wagenbreth (1975, p. 30). Mine workings have been inaccessible since closing down in 1850. From remaining records of management, Wagenbreth finds similarities which support the conclusions of Stutzer (1905). His view was that the kaolin of Aue resulted from magmatic-hydrothermal kaolinization of a pegmatite in a small, morphologically independent granite cupola.

It may be foolhardy, scientifically hazardous, and without sound basis to speculate further on the origin of the Aue kaolin. Nonetheless, since direct observation is not now

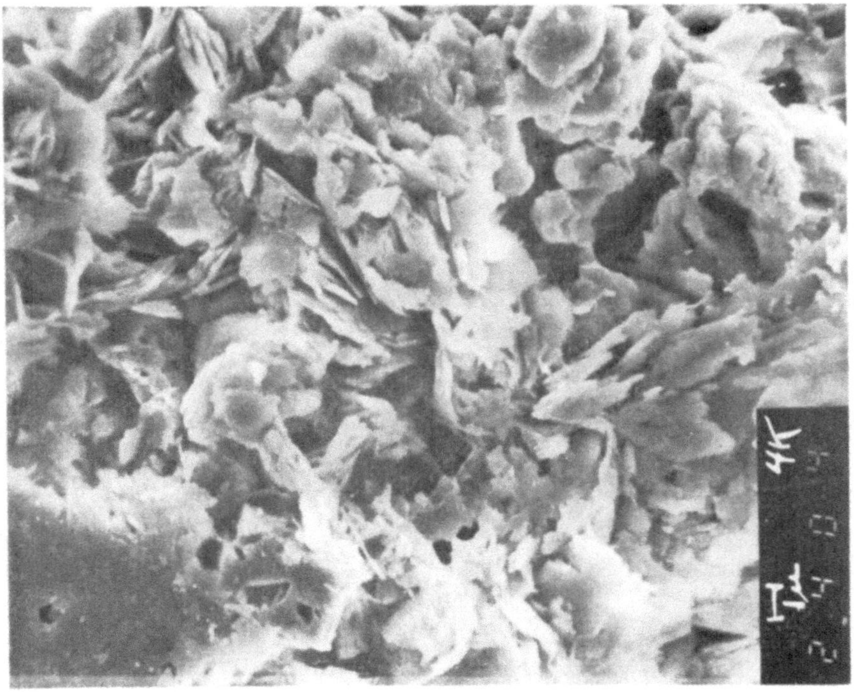

Fig. 9. Seilitz kaolin. 4000×

Fig. 10. Kemmlitz kaolin from quartz porphyry. 5000×

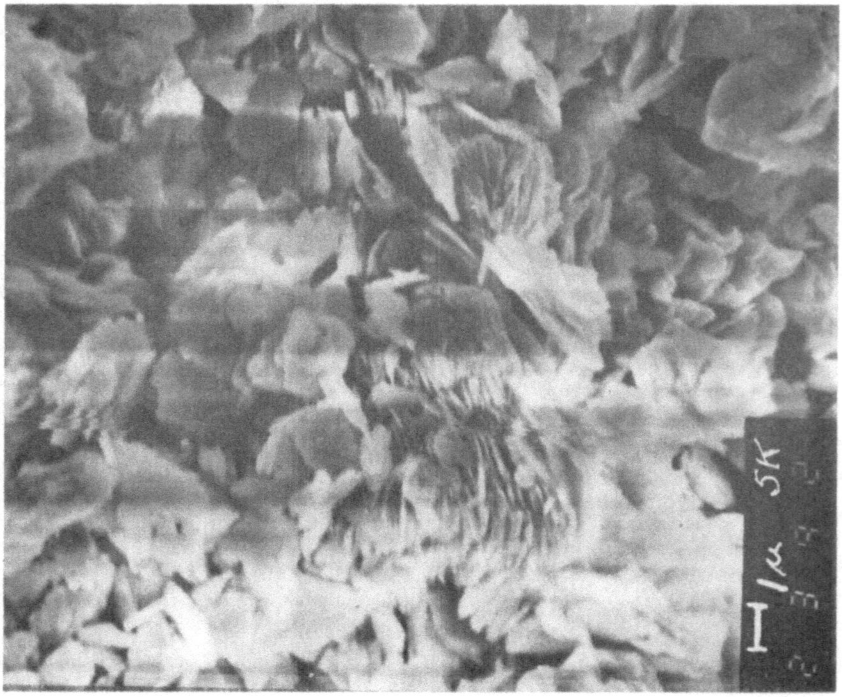

Fig. 11. Kemmlitz kaolin from the Gröppendorf quartz porphyrite. 5000×

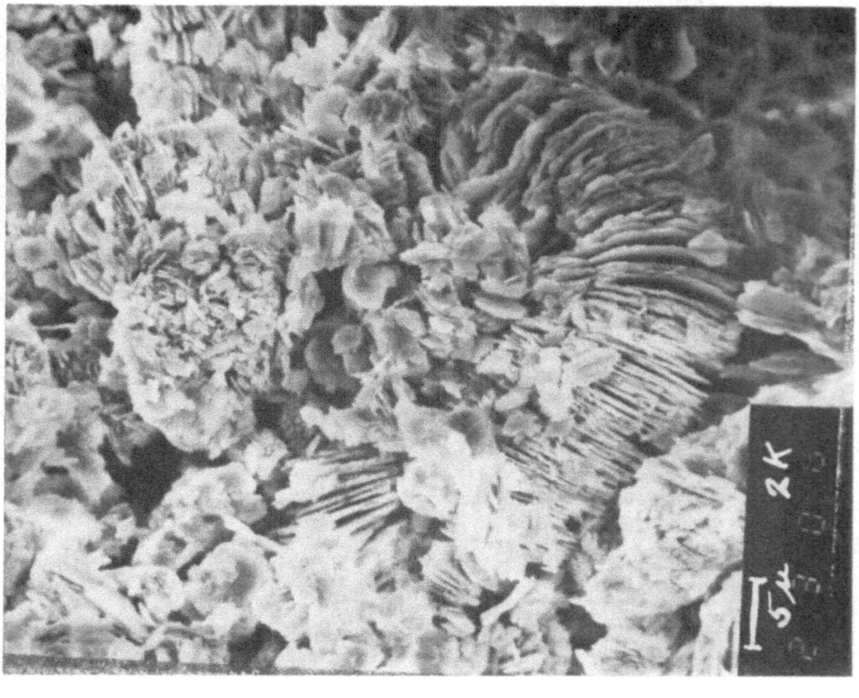

Fig. 12, 13, 14. Aue kaolin, stored 150 years at Albrechtsburg. 2000×, 2000×, 3000×

Fig. 13

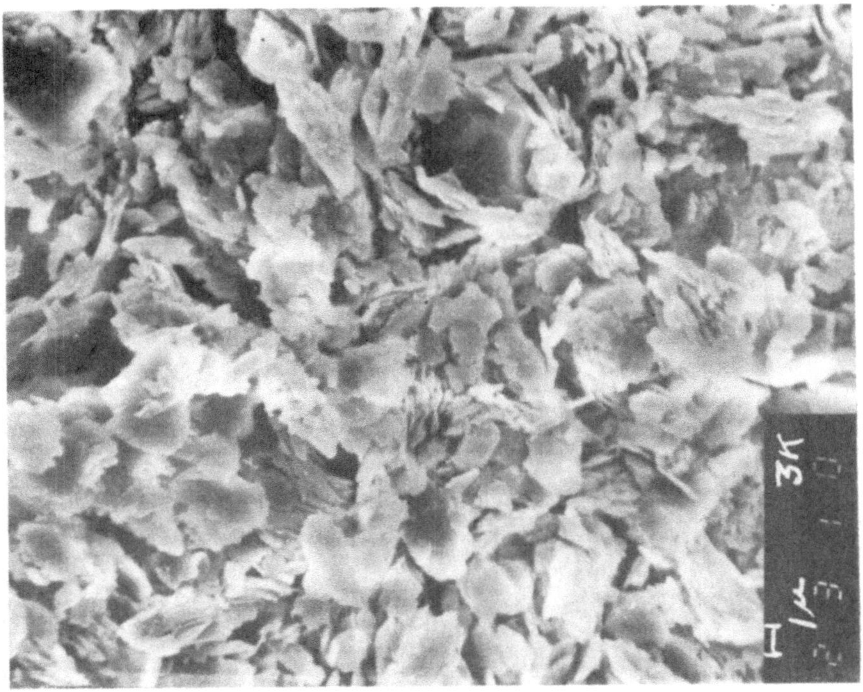

Fig. 14

possible, this writter would like to look at the problem form the viewpoint which prevailed at this 1975 Symposium. Preponderant evidence of weathering as the dominant genetic agent of kaolinization was presented for the region of the Bohemian massif. No evidence was documented for associated hydrothermal minerals, such as alunite or cristobalite, in the Aue kaolin. The micro-texture of Aue kaolin is similar to that which is formed by weathering and abundant free space above. It is dissimilar to that of clearly hydrothermal kaolins in Mexico (to be described below). For these reasons, this writer is unconvinced that the Aue kaolin is magmatic-hydrothermal; that it is likely to be a product of weathering should be held open in consideration.

5. Ball clay. The "Wetro" deposit north of Bautzen is an excellent example of so-called "ball clay" in the USA and UK. Indeed, the geological occurrence, physical and ceramic properties, and texture of the Wetro clay (STÖRR & LASCH, Guidebook, 128—139) are so similar to those of the Kentucky-Tennessee and north Devon ball clays that no prototype of the over-seas clay is needed. The platy, "swirl"-pattern, fine texture, fig. 15 (2302) is highly characteristic of ball clay. Ball clay is a secondarily deposited, commonly lignite-containing (also wood or coal), sedimentary clay. Curiously, no ball clays have been described from pre-Tertiary age rocks. This writer considers that deposits of plastic and semi-plastic industrial refractory clays ("fire-clays") of Paleozoic age—such as the large deposits of Carboniferous age—are diagenetic products of precursor ball clays. The textures of the two types observed by SEM exhibit many similarities.

6. Kaolin beneath an unconformity, overlain by lithified sandstone. At Götzenbüschel Hill near Rabenau is exposed an unconformity between upper-Cenomanian conglomerate and sandstone above, and a young-Proterozoic paragneiss below. The upper zone of the gneiss is kaolinized for a meter or more below the unconformity (STÖRR & RUCHHOLZ 1975, pp. 172—188).

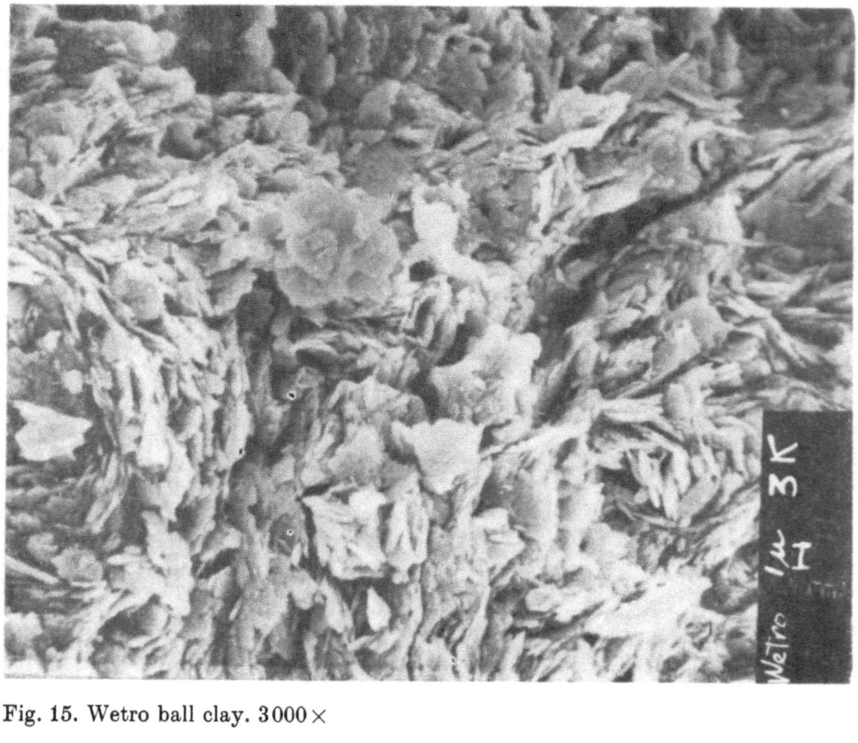

Fig. 15. Wetro ball clay. 3000×

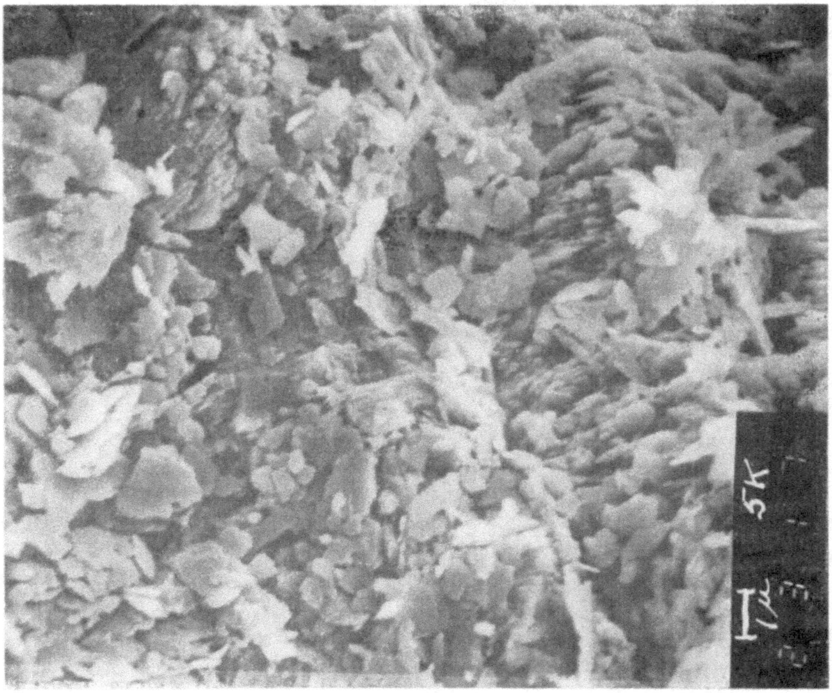

Fig. 16. Clay at Götzenbüschel Hill, near Rabenau. 5000×

A SEM of this kaolin is shown in fig. 16 (2317). The flakes are small and tightly packed, typical of kaolinization under a tight or heavy confined environment.

While visiting the outcrop, the question was raised by this writer whether the time of kaolinization was indeed-Pre-Cenomanian, or sometime later. The rocks above the unconformity obviously were deposited in a high-energy environment. Granite and gneiss on modern beaches where sand and gravel are being washed about are commonly scoured clean to a hard, fresh rock (granite-gneiss) surface below. It seems clear that no kaolinized zone (soft) as now exists on the gneiss could have survived in an active beach environment. Kaolinization of feldspathic rock is common below unconformable sandstones in many geological situations. A logical explanation for such occurrence is that the process of kaolinization operated by either (or combined) of two mechanisms acting later than deposition of the basal conglomerate-sandstone. Ground water, circulating downward through the sandstone that acted possibly as an artesian aquifer, could well have hydrolyzed the feldspar to kaolin. The time of such alteration would, of course, have been Post-Cenomanian in the Götzenbüschel locality. A second time of kaolinization might have been during the last erosion cycle which exhumed the unconformity, simultaneously eroding the surrounding rock, and leaving standing the remnant exposure on Götzenbüschel Hill. This time interval likewise would have been Post-Cenomanian. Either or both of the latter processes seem more likely than a crust of Pre-Cenomanian weathering. Hydrolysis via artesian water appears to account for most kaolinized granites below basal unconformities that this water has seen.

8. Hydrothermally altered kaolin. "Hydrothermal" means, in this application, literally, "warm water" heated by geothermal sources, without specifying the relative proportions of meteoric water (although probably dominant) or magmatic water. Kaolin deposits are being visibly formed today by rising hot water and steam in Mexico. Addi-

Fig. 17. Hydrothermal kaolin, Sombrerete, Zacatecas, Mexico. 15 000×

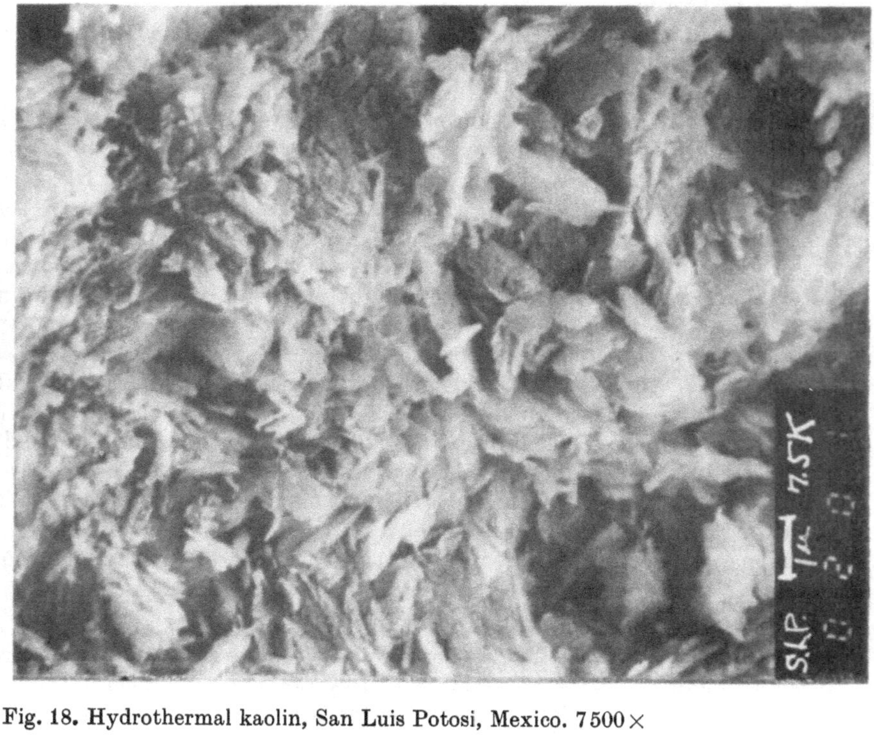

Fig. 18. Hydrothermal kaolin, San Luis Potosi, Mexico. 7 500×

tional other hydrothermal counterparts, the clay of which is dissimilar in texture, of course, to the Jacal clay (Keller & Hanson 1975), are being mined, near Sombrerete, Zacatecas, fig. 17 (212), and near San Luis Potosi, S.L.P., fig. 18 (201). Although the Sombrerete clay shown is platy, another part of the deposit contains elongates (halloysite morphology). The San Luis Potosi micrograph exhibits both plates and elongates.

Hydrothermally altered kaolins of the Mexico type are characterized by fine crystal size, individual crystals, or packets of plates very tightly interlocked, high bulk density (typically higher than 2.0, Baumann & Keller 1975) and low porosity. It has been interpreted that the physical and mineralogical characteristics enumerated above are products of the environment in which the kaolins were formed, Table 2.

Table 2. Hydrothermal (Hot Water) Environment of Argillation

1. Alteration at:
   - A. depth in rock body,
   - B. heavy overburden,
   - C. interior of grains, simultaneously with external surface, because of penetration and soaking by rising water:
     - a. higher vapor pressure,
     - b. lower viscosity,
   - D. numerous internal nuclei:
     - a. competition for crystal space,
     - b. subhedral to anhedral crystals.

9. Flint clay. No flint clay deposits were visited during the Dresden Symposium field trips. Figure 19 (304) shows an SEM of a typical flint clay from Missouri (Keller

Fig. 19. Flint clay, Maher pit, Missouri. 5000×

1968). Flint clays characteristically are very fine-grained; the clay plates, sheaves, and packets are closely interlocked and tightly packed. Their porosities are low and bulk density high, typically more than 2.0.

3. Environmental Processes of Kaolinization

A review of many SEMs of kaolinizing and weathering rocks leads toward the following tentative conclusions (as a progress report) on the formation of kaolin. A more comprehensive and more thoroughly documented survey on the general, i.e., non-regional, case is in preparation.

Large deposits of relatively pure, kaolin, i.e., dominantly mono-clay-mineral, are thought to represent a long term, relatively uniform chemical environment in which equilibrium (or steady state) conditions with respect to kaolin mineral consistently prevailed. This concept accords also with the development of a long-prevailing, thick weathering crust.

Feldspar, or other aluminium silicate, can then go to relatively coarse kaolinite. This is exemplified by the SEM of feldspar in Missouri granite altering, under an unconformity as at Götzenbüschel, to kaolinite, fig. 20 (1441). Kaolinization appears to have gone through an intermediary solution phase. There is no evidence that a certain crystallographic orientation of any unique crystal direction or face of kaolinite must necessarily be formed on any particular or unique crystallographic direction of feldspar.

In a long-time environment of equilibrium or steady state with respect to kaolin mineral, it appears that kaolinite may dissolve, recrystallize, and "grow" large crystals from smaller one (higher surface energy). An illustration is fig. 21 (187) of a large kaoli-

Fig. 20. K-feldspar in Missouri granite altering to kaolinite. Near Farmington, Mo., USA. 2000×

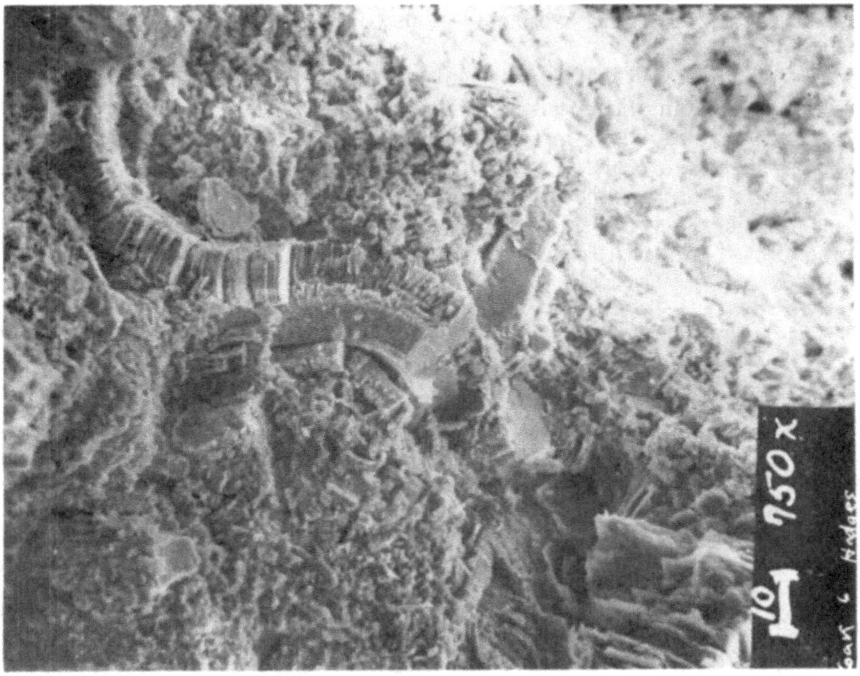

Fig. 21. Georgia kaolin, Hodges mine. 750×

Fig. 22. Preliminary stage in weathering of feldspar to kaolin. Spruce Pine, North Carolina, USA. 1000×

nite book within a matrix of smaller ones (Georgia kaolin). This is, in effect, diagenesis of kaolin.

The conversion of ball clay to semi-plastic or plastic refractory clay is another offered example of kaolin diagenesis.

In contrast to a long-term uniform environment of kaolinization (weathering) is the weathering of a granite (feldspar) outcrop at the earth's surface. In this environment rain falls one day and hydrolysis is active. The next day the surface dries. Dilute hydrolysis solutions become saturated and supersaturated by evaporation. Soluble salts are precipitated as evaporites, or cements, or as coatings. Feldspar is first dissolved or corro-

Fig. 23. Weathering feldspar in surface outcrop. Guarapari, Brazil. 2000×

ded to micro-pores, fig. 22 (528) (a granite pegmatite from North Carolina), and further possibly shattered by crystallization of salts, or by differential mechanical strain. The pH may vary widely from weakly acidic rain to high alkalinity upon drying.

The products of wathering in this non-equilibrium, changing environment are micro-crusts, gels, salts, "amorphous" reaction products, evaporites, quasi-mineral compounds, and rock and mineral wreckage, fig. 23 (2053) (a feldspar cleavage form granite-gneiss collected at Guarapari, Brazil).

The kaolinization process is not simple, whether occurring during the long-term formation of weathering crusts, as around the Bohemian massif, or on boulders exposed to the atmosphere today. Furthermore, additional problems of order and disorder in kaolinite, halloysite, endellite, and dickite have not even been mentioned.

Acknowledgment. Research for this paper was supported in part by the Earth Sciences Section; National Science Foundation; NSF Grant DES 73-06648A01.

Summary

Scan electron micrographs of freshly fractured surfaces of kaolin rocks are presented to show: (1) the characteristic textures of several genetic types of kaolin, and (2) changes at the contacts between parent rock and daughter kaolin (or its altered counterpart) derived from the rock.

Kaolin that formed by weathering producing a relatively pure, monomineralic deposit commonly occurs in expansive books, some of them being long and sinuous, or S-shaped vermiforms. Crystal flakes in these tend to be large. Such fabrics characterize near-surface, supergene weathering of lightly buried rocks or water-laid coarse clastics. Porosity and permeability tend to be high. Occurrences in Mexico are typical.

Hydrothermal kaolinization in deep-seated occurrences of parent rocks tends to produce individual crystals, or packets and sheaves of kaolinite crystals, rather than large books. Crystals typically are small here. Porosity is low. Hydrothermal occurrences in Mexico are typical.

Apparently the physical conditions, such as space available for clay-crystal growth and environment of nutrient solution and solids, are more important than supergene vs. hypogene processes, per se, in generating the particular kaolin fabric produced. Furthermore, apparently neither the kind of parent rock nor the gross process, supergene or hypogene, determines solely whether plates or elongates (halloysite morphology) of kaolin are produced.

Flint clays typically show closely interlocked, low-porosity, highly compacted, usually-small packets of kaolinite flakes.

Ball clays typically show a swirl texture of flake edges. Significant similarities in texture are found between post-Paleozoic ball clays and pre-Mesozoic refractory "fire clays".

Kaolin formed by weathering of feldspar under conditions of long-time, and apparently uniform environment of alteration may show at the contact with the feldspar well-formed books of kaolinite, not preferentially oriented with respect to the feldspar structure. Elongates (halloysite morphology) under a similar environment "grow" out from feldspar or nepheline surfaces. It appears that the geochemical system of kaolinization was in equilibrium, or nearly so, with respect to the mineral present in such a deposit.

Weathering of rocks, boulders, etc., actively exposed to the atmosphere produces, on the other hand, a significantly different texture in the weathering rind. Micro-shattering of the parent rock material is typical. Secondary alteration products may occasionally show clay-mineral morphology in small particles. More commonly, however, these products appear to be crusts, evaporites, possibly precursors of clay minerals, quasi-mineral compounds, or "cement" that binds rock and mineral wreckage. It is interpreted from texture that such exposed weathering systems range geochemically from very dilute solutions of rain or ambient water to over-saturated solution during drying conditions. The micro-texture (by SEM) of the weathering rind suggests that even near-equilibrium is scarcely, if ever, achieved between parent rock, solution, and alteredsecondary material in such exposed weathering systems.

Texture of materials involved in the kaolinization of rocks constitutes one of the several modes of attack in elucidating the kaolinization (argillation) process.

Following the symposium a number of the clays collected on the field were scan micrographed. Selected micrographs from these were substituted for some illustrations from overseas earlier shown at the Symposium. Kaolinized water-laid sediments are represented by the Espenhain graywacke kaolin, and one from Hirschau furnished by Köster. In situ weathered kaolins include Caminau, Berzdorf, Seilitz. The Aue kaolin, stored for 150 years at Albrechtsburg, has a texture similar to that of kaolins which originated by weathering. The Wetro clay is similar to that called ball clay in the USA and UK. Kaolin occurring below a basal unconformity is represented by that at Götzenbüschel—question is raised as to the time of its kaolinization.

Zusammenfassung

An Hand von Rasterelektronenmikroskop-Aufnahmen frischer Bruchflächen von Kaolingestein werden gezeigt: 1. die charakteristischen Strukturen der verschiedenen genetischen Arten von Kaolin und 2. die Veränderungen an den Kontaktflächen zwischen Muttergestein und daraus entstandenem Kaolin (bzw. den Produkten seiner weiteren Veränderung).

Kaolin, der durch Verwitterung entstand und ein relativ reines monomineralisches Vorkommen bildet, tritt in ausgedehnten bücherförmigen Paketen auf. Einige von ihnen sind langgestreckt und gekrümmt oder bilden gekrümmte, S-ähnliche „Würmer". Die Kristallite in ihnen sind in der Regel ziemlich groß. Solche Strukturen kennzeichnen eine oberflächennahe deszendente Verwitterung von leicht bedecktem Gestein oder von im Wasser liegendem grobem Trümmergestein. Porosität und Permeabilität sind fast immer hoch. Typische Vorkommen sind in Mexiko zu finden.

Hydrothermale Kaolinisierung von tiefliegendem Muttergestein führt gewöhnlich eher zur Entstehung einzelner Kristalle oder von Paketen und Garben als zu großen „Büchern". Die typischen Kristalle unter diesen Bedingungen sind klein, die Porosität ist gering. Die hydrothermalen Vorkommen in Mexiko sind hierfür typisch.

Bei der Ausbildung einer speziellen Kaolinstruktur spielen die physikalischen Bedingungen, wie z. B. der für das Tonkristallwachstum verfügbare Raum und die umgebenden Lösungen und Feststoffe eine größere Rolle als die deszendenten bzw. aszendenten Prozesse. Weiterhin sind offensichtlich weder die Art des Muttergesteins noch die Art des Prozesses — deszendent bzw. aszendent — einzig bestimmend dafür, ob Kaolinplatten oder längliche Formen (Halloysit-Morphologie) entstehen.

Flint clays weisen zumeist eng verzahnte, wenig poröse, recht feste und meist kleine Pakete von Kaolinitplättchen auf.

Ball clays zeigen an den Kanten der Blättchen eine typische wirrfaserige Struktur. Ausgeprägte Strukturähnlichkeiten bestehen zwischen postpaläozoischen Ball clays und prämesozoischen Fire clays.

Kaolin, der durch Verwitterung von Feldspat in einer offensichtlich langzeitig konstanten Umgebung gebildet wurde, kann an den Kontaktflächen zum Feldspat gut ausgebildete Kaolinitwürmer aufweisen, die sich in der Struktur durchaus nicht an den Feldspat anzulehnen brauchen. In einer gleichartigen Umgebung wachsen die länglichen Gebilde (Halloysitstruktur) aus den Feldspat- oder den Nephelinoberflächen heraus. Offensichtlich befand sich das geochemische System der Kaolinisierung hinsichtlich der in einer Lagerstätte vorkommenden Minerale in einem Gleichgewicht bzw. Beinahe-Gleichgewicht.

Die Verwitterung von Gesteinen, Geröllen usw., die direkt der Atmosphäre ausgesetzt sind, führt andererseits zu einer wesentlich verschiedenen Struktur der Verwitterungsrinde. Ein typisches Kennzeichen ist die Mikrozersplitterung des Ausgangsgesteins. Sekundäre Umwandlungsprodukte können gelegentlich Tonmineralstruktur in kleinen Partikeln aufweisen. Häufiger jedoch treten diese Produkte als Krusten, Evaporite, wahrscheinlich Vorstufen von Tonmineralen, quasimineralische Verbindungen oder „zement", der das Gestein und die Mineraltrümmer bindet, auf. Aus der Struktur ist zu schließen, daß solche exponierten Verwitterungssysteme geochemisch im Bereich von stark verdünnten Lösungen von Regen- oder Verdunstungswasser bis zu übersättigten Lösungen während Trockenperioden lagen. Die Mikrostruktur (auf Rasterelektronenmikroskop-Aufnahmen) der Verwitterungskruste läßt vermuten, daß in solchen exponierten Verwitterungssystemen sogar ein Beinahe-Gleichgewicht zwischen Ausgangsgestein, Lösung und umgewandeltem Sekundärmaterial selten, wenn überhaupt, erreicht wird.

Die Erschließung der Struktur der an der Kaolinisierung beteiligten Materialien ist eine von verschiedenen Methoden, den Kaolinisierungsprozeß (Vertonung) zu klären.

Nach dem Symposium wurden Tonproben, die vor Ort entnommen wurden, mit dem Rasterelektronenmikroskop untersucht. Einige ausgewählte Aufnahmen wurden an die Stelle von Abbildungen von Tonen aus Übersee gesetzt, die zuvor auf dem Symposium gezeigt wurden. Kaolinisierte Sedimentgesteine werden durch den Espenhainer Grauwacke-Kaolin sowie durch einen Hirschauer Kaolin, den H. M. Köster zur Verfügung stellte, exemplifiziert. Zu den in situ verwitterten Kaolinen gehören die Kaoline aus Caminau, Berzdorf und Seilitz. Der Aue-Kaolin, der 150 Jahre lang auf der Albrechtsburg aufbewahrt wurde, hat eine Struktur, wie sie bei Kaolinen vorkommt, die durch Verwitterung entstanden. Der Wetro-Ton entspricht etwa dem, der in den USA und in Großbritannien Ball clay genannt wird. Der Kaolintyp, der unter einer basalen Diskordanz vorkommt, wird durch den Götzenbüschel-Ton belegt, wobei sich die Frage nach dem Zeitpunkt der Kaolinisierung ergibt.

Резюме

На рисунке видны свежие плоскости разрыва каолиновой породы, и при помощи сканирующего электронного микроскопа показано следующее: 1. характерные структуры разных генетических видов каолина и 2. исменения на контактовых плоскостях между материнской породой и возникшем из нее каолином (соответственно с продуктами его дальнейшего изменения).

Возникший выветриванием и образующий относительно чистое мономинеральное местонахождение каолин встречается в виде распространенных книжкообразных пачек. Некоторые из них вытянуты или имеют форму изогнутых червей. Кристаллики в них, как правило, довольно большие. Такого рода образования присущи близкому к поверхности нисходящему выветриванию слабо перекрытой породы или лежащей в воде грубойобломоч-породы. Пористость и проницаемость, как правило, высокие. Типичные местонахождения встречаются в Мексике.

Гидротермальная каолинизация глубоколежащей материнской породы обычно скорее приводит к возникновению отдельных кристалликов или пачек и пучков, чем к возникновению больших „книг". Типичные в этих условиях кристаллики малы, пористость слаба. Типичны для этого гидротермальные местонахождения в Мексике.

При образовании специальной каолиновой структуры по сравнению с нисходящи мии восходящими процессами большую роль играет физическая обстановка, как напр. имеющееся для роста глинистых кристалликов пространство и окружающие их растворы и твердые вещества. Кроме того, по-видимому, ни вид материнской породы, ни вид процесса — нисходящий или восходящий — не играют определяющей роли для того, образуются ли каолиновые листы или долговатые формы (галлуазитовой морфологии).

Флинт клэи обычно обнаруживают теснозазубренные, малопористые довольно плотные и чаще всего маленькие пачки каолинитовых листочков.

Балл клэи показывают по краям листочков типичную спонтанноволокнистую структуру. Выраженные структурные сходства имеются между постпалеозойскими балл клэями и домезозойскими файер клэями.

Каолин, образованный выветриванием по полевому шпату в очевидно длительное время постоянной среде, на контактовых плокостях с полевым шпатом может обнаружить хорошо сформированных каолинитовых червей, которые в своей структуре отнюдь не должны быть сходными с полевым шпатом. В одноименной среде долговатые образования (галлуазитовая структура) вырастают из полевого шпата или из поверхностей нефелина. Повидимому, геохимическая система каолинизации в отношении имеющихся в месторождении минералов находилась в равновесии или почти в равновесии.

Выветривание же пород, гравиа и. т. д., которые находятся в непосредственном контакте с атмосферой, ведет к значимо различимой структуре коры выветривания. Типичным признаком является микрораздробленность исходной породы. Продукты вторичного превращения изредка могут обнаружить в маленьких частицах структуру глинистых минералов. Чаще эти продукты преставлены корами, эвапоритами, вероятными предшественниками глинистых минералов, квазиминеральными соединениями или „цементом", связывающим породу и минеральные обломки. Из структуры выводится, что такие системы выветривания в сухие периоды залегали в геохимическом отношении в пределах от сильно разведенных растворов дождевых и окружающих вод до перенасыщенных растворов. Микроструктура (по сканирующей электронномикроскопии) коры выветривания позволяет полагать, что в таких системах выветривания такое почтиравновесие между исходной породой, раствором и вторичным превращенным материалом достигается, если вообще, редко.

Выяснение структуры участвующих в каолинизации материалов является одним из методов изучения процессов каолинизации. После симпозиума был изучем ряд собранных на поле глин сканирующей электронномикроскопией. В настоящей работе включены снимки некоторых из них вместо показанных на симпозиуме снимок американских глин. Каолинизированные подводные осадочные породы представлены как граувакковым каолином Эспенхайна, так и каолином Гиршау, предоставленным мне Кёстером, Г. М. К выветренным на месте каолинам относятся каолины Каминау, Берцдорфа и Зейлитца. Сохранившийся в течение 150 лет на Альбрехтсбурге каолин г. Ауэ имеет структуру, сходную структуре каолина, возникшего выветриванием. Глина из Ветро примерно соответствует той, исвестной в США и Англии под названием балл клэи. Тип каолина, встречен под базальным несогласием, представлен глиной Гётценбюшеля, причем вопрос о времени каолинизации остается невыясненным.

References

BAUMANN, D.; KELLER, W. D.: Bulk densities of selected dried natural and fired kaolin clays. — Clays and Clay Minerals, **23** (1975), (engl.).
KELLER, W. D.: Hydrothermal kaolinization (endellitization) of volcanic glassy rock. — Clays and Clay Minerals, 10th Conf., (1963), S. 333—343, (engl.).
— Flint clay and a flint-clay facies. — Clays and Clay Minerals, **16** (1968), S. 113—128, (engl.).
KELLER, W. D.; HANSON, R. F.: Dissimilar fabrics by scan electron microscopy of sedimentary versus hydrothermal kaolins in Mexico. — Clays and Clay Minerals, **23** (1975), S. 201—204, (engl.).
KELLER, W. D.; PICKETT, E. E.; REESMAN, A. L.: Elevated dehydroxylation temperature of the Keokuk geode kaolinite—a possible reference clay mineral. — Proc. Intern. Clay Conf., Jerusalem **1** (1966), S. 75—85, (engl.).
TARR, W. A.; KELLER, W. D.: Dickite in Missouri. — Amer. Mineral., Menasha **21** (1936), S. 109 to 114, (engl.).
WAGENBRETH, O.: Zur Geologie des Kaolins von Aue/Erzgebirge. In: Abstracts Intern. Kaolin. Symp., Dresden. — Greifswald: Ernst-Moritz-Arndt-Univ. 1975. S. 30.
STÖRR, M. (Ed.): Symposium guide book to the "Kaolin Deposits of the GDR in the Northern Region of the Bohemian Massif". — Greifswald: Ernst-Moritz-Arndt-Univ. 1975. 243 S.
Darin:
BELLMANN, H. J.: Graywacke kaolin in the Leipzig area (Espenhain open cast mine). S. 207—215, (engl.).
MUCKE, C.; ZWAHR, H.; SCHWALBE, W.: The kaolinite weathering crust in the region of the Berzdorf basin and the brown-coal opencast mine at Berzdorf. S. 133—149, (engl.).
STÖRR, M.; BUCHWALD, J.: The kaolin deposits "Caminau" and "Wiesa" of the Lusatian granodiorite massif. S. 104—126, (engl.).
STÖRR, M.; LASCH, G.: The kaolinite deposit "Wetro" north of Bautzen. S. 127—132, (engl.).
STÖRR, M.; RUCHHOLZ, M.: The Pre-Cenomanian weathering crust in the GDR-exposures at Dohna and the Götzenbüschel Hill. S. 172—188, (engl.).
STÖRR, M.; SCHWERDTNER, G.: The kaolin deposits "Seilitz", "Ockrilla" and "Radeburg" in the Meissen area. S. 150—171, (engl.).

Manuskripteingang: 18. August 1976

Anschrift des Autors:

Dr. W. D. KELLER, University of Missouri, Department of Geology
USA - 6521 Columbia, Missouri, 101 Geology Building

Schriftenr. geol. Wiss. · Berlin 11 (1978) · S. 109—114

Entstehung und Alter der ostbayerischen Kaolinlagerstätten

Von Heinrich M. Köster, München

In der Bundesrepublik Deutschland befinden sich wirtschaftlich wichtige Kaolinlagerstätten in der nördlichen und mittleren Oberpfalz. Südlich Tirschenreuth wird kaolinisierter Granit und zwischen Hirschau und Schnaittenbach werden kaolinisierte Triasarkosen abgebaut.

Der Zweiglimmergranit von Tirschenreuth ist das Ausgangsgestein des Granitzersatzes, der etwa 3 km südlich Tirschenreuth in den Kaolingruben „Rappauf" und „Schmelitz" gefördert wird. Im Grubenbereich sind im zersetzten Granit der Plagioklas vollständig und der Biotit fast vollständig kaolinisiert. Dagegen sind der Kalifeldspat und der Muskovit von der Kaolinisierung praktisch quantitativ verschont geblieben. In kleineren Grubenbereichen, die vom Abbau ausgehalten werden, ist der Biotit frisch und beinahe unversehrt. In den gleichen Grubenbereichen sind die Albitspindeln im Kalifeldspat schwach oder nicht kaolinisiert, während sie in den Abbaubereichen unterschiedlich stark kaolinisiert sind. Die Menge des gebildeten Kaolinits ist äquivalent zur Menge des zersetzten Plagioklases und Biotits. Die Spurenelemente Pb, Cu, Cr, Ni, P und Ti der kaolinisierten Granitminerale wurden quantitativ vom Kaolin festgehalten. Alle weiteren Elemente wurden bei der Kaolinisierung des Granits mehr oder weniger weggeführt. Aus anderen Quellen als dem granitischen Ausgangsgestein sind keine Elemente in den Kaolin gelangt.

Über die Entstehung der Tirschenreuther Kaolinlagerstätte gibt es widersprüchliche Meinungen. Lippert u. a. (1969) berichten, daß der nördliche Teil des Falkenberger Granitmassivs bei Wiesau, Schönhaid und Tirschenreuth tiefgründig durch Verwitterung kaolinisiert ist. Die Kaolinisierung soll an tertiäre Verebnungsflächen gebunden sein. Dagegen fand Strobel (1969) die tiefgründigen Kaolinisierungen als örtlich begrenzt. Die kaolinisierten Gesteinskörper zeigen nach Strobel gang- bis linsenförmige Gestalt und streichen parallel zum Kluftsystem des Granitmassivs. Strobel (1969) glaubt, daß die Kaolinisierung durch pneumatolytisch-hydrothermale Vorgänge am Ende der variszischen Intrusivphase des Falkenberger Granits verursacht wurde. Köster (1974) konnte bei der geochemischen Untersuchung der Tirschenreuther Kaolinlagerstätte keine Anzeichen pneumatolytischer oder hydrothermaler Vorgänge finden. Dagegen sprechen die Spurenelementassoziation des Kaolins und die chemische Bilanz der Lagerstätte für eine Kaolinisierung durch Verwitterung. Die selektive Zersetzung der Granitminerale und die Reihenfolge ihrer Widerstandsfähigkeit gleichen der bei der Verwitterung granitischer Gesteine in den Tropen.

Die Kaolinisierung des Tirschenreuther Granits ist wahrscheinlich tertiären Alters. Bei Wiesau nordwestlich Tirschenreuth wird kaolinisierter Granit von Tonen des Torton überlagert.

Die Kaoline von Hirschau—Schnaittenbach sind charakterisiert durch extrem hohe Konzentrationen der Spurenelemente Ba, Sr, Pb, Cu und P. Diese Spurenelemente sind Bestandteile des Kalifeldspats und wurden mit diesem zuerst bei der Sedimentation der Triasarkosen angereichert und später bei der Kaolinisierung des Feldspats im gebildeten Kaolin weiter konzentriert. Die Spurenelemente Pb, Cu, Cr und P wurden vom Kaolin quantitativ absorbiert. Alle anderen Elemente sind während der Kaolinisierung durch Wegfuhr vermindert worden, einschließlich Ba und Sr trotz ihrer hohen absoluten Konzentrationen im Kaolin.

Die Menge zersetzten Feldspats kann aus den Konzentrationen der Spurenelemente Pb, Cu, Cr und P im Kaolin und im unzersetzten Restfeldspat berechnet werden. Die ursprüngliche Zusammensetzung der Arkose vor der Kaolinisierung umfaßte 56% Quarz und 44% Kalifeldspat. Eine geringe Menge Biotit in der ursprünglichen Arkose wird durch Nickelspuren im Kaolin angezeigt, doch ist der Nickelgehalt zu gering, um daraus den Biotitgehalt der Arkose zuverlässig berechnen zu können. Die im Kaolin analysierten Mengen Pb, Cu, Cr und P entsprechen etwa dem Doppelten der zersetzten Menge Kalifeldspat. Deshalb hat sich nur die Hälfte der theoretisch möglichen Kaolinitmenge aus Kalifeldspat gebildet (Köster 1974).

Der mittlere Quarzgehalt der Ausgangsgesteine der Arkosen wurde aus ihrer heutigen Oberflächenverbreitung und ihren Quarzgehalten mit 21—26% errechnet. Jede Tonne Arkose (75—85% Quarz) ist deshalb aus 3 bis 4 Tonnen verwittertem Granit und Gneis entstanden (Köster & Köster 1964).

1000 kg Arkose = 750— 850 kg Quarz
= 2400—2900 kg Granit (29—31% Quarz)
= 2900—4100 kg Grundgebirgsgesteine (21—26% Quarz)

Der niedrigste Quarzgehalt wurde in Gneisen mit 17% und der höchste in Graniten mit 31% analysiert. 2900—4100 kg Grundgebirge als Ausgangsmaterial (mit 21—26% Quarz) müssen mindestens 1100—1370 kg Granit enthalten haben, wenn man den Quarzgehalt der heutigen Arkose erklären will. An verschiedenen Stellen haben unterschiedliche Mengenanteile der Ausgangsgesteine zur Arkose beigetragen. Doch müssen an allen Stellen 1100—2900 kg Granit für je 1000 kg Arkose verwittert sein:

1000 kg Arkose = 1100—2900 kg Granit (in 2,9—4,1 t Grundgebirge)

Nur der Kalifeldspat der granitischen Ausgangsgesteine hat dem Kaolin Spurenelemente zugeführt. Die Durchschnittsgehalte von Blei und Kupfer in den Graniten liegen bei 48 ppm Pb und 20 ppm Cu. Demnach muß die Arkose 53—139 ppm Pb und 22—58 ppm Cu enthalten. Pb und Cu wurden nach der Kaolinisierung des Kalifeldspats vom Kaolinit festgehalten.

1000 kg Arkose = 100—250 kg Kaolin

Die folgende Aufstellung vergleicht die errechneten mit den analysierten Blei- und Kupfergehalten des Kaolins.

	berechnet ppm	analysiert ppm	Mittel der analysierten Werte ppm
Pb	210—1390	250—1060	461
Cu	88— 580	90— 230	160

Der Kalifeldspat der Arkosen wurde bald nach der Ablagerung durch das in den porösen Gesteinen zirkulierende Grundwasser kaolinisiert. Die Kaolinisierung ist in der Trias erfolgt, denn Kaoline des Typs von Hirschau—Schnaittenbach wurden bereits im Cenoman abgetragen und als kaolinitische Tone bei Ehenfeld 5 km nördlich von Hirschau wieder abgelagert (Köster 1969).

В промышленном отношении важные каолиновые месторождения в ФРГ расположены на северном и среднем Верхнем Фальце. Южнее г. Тиршенройта а разрабатываются каолинизированный гранит и между н. п. Гиршау и Шнайттенбахом каолинизированные аркозы триасового возраста.

Двуслюдяной гранит Тиршенройта является исходной породой разложения гранита, который добывается на расстоянии примерно 3 км южнее тиршенройта в каолиновых шахтах ,,Раппауф'' и ,,Шмелитц''. В пределах шахты в разложенном граните плагиоклаз полностью и биотит почти полностью каолинизированы. Калиевый полевой шпат и мусковит, наоборот, в количественном отношении практически не подвергались каолинизации. В меньших неэксплуатируемых участках шахты биотит является свежим и почти неизмененным. В тех же самых участках шахты альбитовые веретена в калиевом полевом шпате слабо или совсем не каолинизированы, в то время как они в участках добычи в различной степени сильно каолинизированы. Количество образованного каолинита эквивалентно количеству разложенного плагиоклаза и биотита. Редкие элементы Pb, Cu, Cr, Ni, P и Ti каолинизированных гранитовых минералов в количественном отношении сдержаны каолином. Все остальные элементы более или менее вынеслись при каолинизации гранита. Никакие другие элементы из других источников кроме исходной гранитовой породы в каолин не попадали.

О происхождении Тиршенройтского каолинового месторождения существуют противоречивые мнения. Липперт и соавт. (1969) сообщают, что северная часть Фалькенбергского гранитового массива под Визау, Шёнхайдом и Тиршенройтом коренно каолинизирована выветриванием. Каолинизация, якобы, приурочена третичному пенеплену. Штробель (1969), наоборот, нашел, что коренная каолинизация является местно ограниченной. Каолинизированные породы по Штробелю являются жилообразными до линзообразными и простирают параллельно трещинной системе гранитового массива. Штробель (1969) полагает, что каолинизация вызвана пневматологически-гидротёрмальными процессами к концу герцинской интрузивной фазы Фалькенбергского гранита. Кёстер (1974) при геохимическом изучении Тиршенройтского каолинового месторождения не мог обнаружить никаких признаков пневматологических или гидротермальных процессов. Однако ассоциация редких элементов каолина и химический баланс месторождения говорят в пользу каолинизации через выветривание. Избирательное разложение гранитовых минералов и последовательность их устойчивости аналогичны тем при выветривании гранитовых пород в отропиках.

Каолинизация Тиршенройтского гранита, вероятно, третичного возраста. Под Визау северозападно от Тиршенройта каолинизированный гранит перекрыт глинами тортонского яруса.

Каолины Гиршау-Шнайттенбаха характеризуются крайне высокими концентрациями редких элементов Ba Sr, Pb, Cu и P. Эти редкие элементы являются составными частями калиевого полевого шпата и обогащались им сначала при седиментации аркозов триасового возраста и впоследствии накопились при каолинизации полевого шпата в уже образованном каолине. Редкие элементы Pb, Cu, Cr и P количественно поглощены каолином. Все остальные лементы уменьшались в процессе каолинизации выносом включительно Ba и несмотря на высокие абсолютные концентрации их в каолине.

Количество разложенного полевого шпата можно вычислить по концентрациям редких элементов Pb, Cu, Cr и P в каолине и в неразложенном остальном полевом шпате. Первобытный состав аркоза до каолинизации составил 56% кварца и 44% полевого шпата. Малое количество биотита в исходном аркозе сказывается следами никеля в каолине. Однако содержание никеля мало для того, чтобы достоверно вычислить содержание биотита в аркозе. Проанализированные в каолине количества Pb, Cu, Cr и P почти в два раза превышают соответствующее количество разложенного калиевого полевого шпата. Значит, только половина теоретически возможного количества каолинита образовалась из калиевого полевого шпата (Кёстер 1974).

Среднее содержание кварца исходных пород аркозов вычислилось из нынешнего поверхностного распространения и их содержаний кварца на 21—26%. Каждая тонна аркозов (75—85% кварц) поэтому образовалась из 3—4 т выветренных гранита и гнейса (Кёстер & Кёстер, 1964).

1000 кг аркоз = 750— 850 кг кварц
= 2400—2900 кг гранит (29—31% кварц)
= 2900—4100 кг горная порода фундамента (21—26% кварц)

Самое низкое содержание кварца проанализировано в гнейсах на 17% и самое высокое содержание кварца в гранитах на 31%. 2900—4100 кг фундамента как исходный материал

(21—26% кварц) должны были содержать по крайней мере 1100—1370 кг гранита, чтобы объяснить содержание кварца современного аркоза. На различных местах содействовали разные количества исходных пород в образовании аркозов. Однако необходимо, что выветривались на всех местах 1100—2900 кт гранита для возникновения 1000 кг аркоза:

1000 кг аркоз = 1100—2900 кг гранита (в 2,9—4,1 т фундамента)

Лишь калиевый полевой шпат исходных гранитовых пород принес редкие элементы в каолин. Средние содержания свинца и меди в гранитах составляют около 48 ppm Pb и 20 ppm Cu. Значит, аркоз должен содержать 53—139 ppm Pb и 22—58 ppm Cu. Pb и Cu после каолинизации калиевого полевого шпата сдержаны каолинитом

1000 кг аркоз = 100—250 кг каолин

В ниже приведенной таб. мы сопоставляем вычисленные содержания свинца и меди в каолине с проанализированными:

	вычисл. ppm	проанал. ppm	среднее ис анал. значений ppm
Pb	210—1390	250—1060	461
Cu	88— 580	90— 230	160

Калиевый полевой шпат аркозов вскоре после отложения был каолинизирован циркулирующей в пористых породах грунтовой водой. Каолинизация протекала в триасе, ибо каолины типа Гиршау-Шнайттенбаха уже снеслись в сеномане и переотложились в виде каолинитовых глин под Эхенфельдом в расстоянии 5 км севернее Гиршау (Кёстер 1969).

In the Federal Republic of Germany kaolin deposits of considerable economic significance are located in the middle and northern areas of the Upper Palatinate (Bavaria). Kaolinized granite is mined south of Tirschenreuth and kaolinized Triassic arcoses are found and mined-out at Hirschau—Schnaittenbach.

The biotite-muscovite granite of Tirschenreuth is the parent rock of the decomposed rock material which is mined in the kaolin pits "Rappauf" and "Schmelitz" about 3 km south of Tirschenreuth. In the pit area the plagioclase of the granite is kaolinized quantitatively and the biotite almost quantitatively, on the contrary potassium-feldspar and muscovite of the parent rock are unaffected by kaolinization. The albite lamellas of the potassiumfeldspar are kaolinised only to some degree. Almost fresh biotite is found in small pit areas which are not mined. The albite lamellas of the potassium-feldspar remained unaltered in these pit areas of fresh biotite. The quantity of produced kaolinite is equivalent to the quantity of decomposed plagioclase and biotite. The rare elements Pb, Cu, Cr, Ni, P, and Ti from the kaolinized minerals of the granite are adsorbed quantitatively by the kaolin. All other elements are diminished by the kaolinization of the rock. No elements have been added to the kaolin from other sources than from parent rock material (Köster 1974).

The genesis of the kaolin deposit of Tirschenreuth is in question. Lippert et al. (1969) reported the northern area of the Falkenberg granite massif near Wiesau, Schönhaid, and Tirschenreuth to be kaolinized deeply by weathering. The kaolinization should be bound on Tertiary peneplains. Strobel (1969) found the deep kaolinization in this area of local bound and not to be a wide spreaded surface formation. The zones of kaolinization have a dike- or lenselike shape and are striking alon the fault system of the granitic massif. Strobel (1969) believes that the kaolinization is caused by pneumatolytic or hydrothermal processes at the end of the Variscan intrusive phase. His arguments are supported by field geological work. Köster (1974) got no evidence of pneumatolytic or hydrothermal kaolinization of the Tirschenreuth granite by means of geochemical research work at the kaolin deposit. But the association of rare elements in the kaolin and the chemical balance of the deposit are in accordance with kaolinization caused by a weathering process. The selective decomposition of the granitic mineral association and the sequence of resistance against decomposition are of the same kind as in weathered granitic rocks of the tropics.

The age of kaolinization is supposed as Tertiary. Near Wiesau northwest of Tirschenreuth kaolinized granite is overlayered by fireclays of Tortonian age.

Kaolins from Hirschau-Schnaittenbach are characterised by extremely high concentrations of Ba, Sr, Pb, Cu, and P. At first these rare elements were concentrated as constituents of the potassium-feldspar during the sedimentation of the Triassic arkoses. For a second time they are concentrated in the kaolin by the alteration of the feldspars. The rare elements Pb, Cu, Cr, and P from the decomposed feldspars are adsorbed quantitatively by the kaolin. The other elements are diminished during kaolinisation of the rock, Ba and Sr inclusive and in spite of their high absolute concentrations.

The quantity of decomposed feldspar is calculated by means of the quantity of rare elements Pb, Cu, Cr, and P in the kaolin and in the unaltered feldspar. The original composition of the arkoses prior to kaolinization is found to 56% of quartz and 44% of potassium-feldspar. A small quantity of biotite in the original arkoses is indicated by a trace of Ni in the kaolin. But the small quantity of biotite in the original arkoses cannot be calculated with adequate certainty. The measured concentrations of the elements Pb, Cu, Cr, and P in the kaolin are twice of the concentrations expected from the amount of kaolinized feldspar. Therefore one half only of the expected quantity of kaolin originated really from the potassium feldspar (KÖSTER 1974).

The average quantity of quartz in the parent rocks of the arkoses is calculated of 21–26% by means of the present-day areas of the parent rocks and the amounts of quartz in the rocks. In consequence each weight-ton of the arkose (75–85% of quartz) originated from 3–4 tons of weathered granite and gneiss (KÖSTER & KÖSTER 1964).

1000 kg of arkose = 750– 850 kg of quartz
= 2400–2900 kg of granite (with 29–31% of quartz)
= 2900–4100 kg of basement rocks (with 21–26% of quartz or 1100–1370 kg of granite)

The lowest amount of quartz gneissic rocks is found 17%, the largest amount of quartz in granite is found 31%. 2,9–4,1 tons of basement rocks must contain 1100–1370 kg of granite if they are mixtures of gneiss and granite with amounts of 17% and 31% of quartz. The parent rocks contributed different amounts of material and material of different mineral composition to the arkose in different pit areas. But it is:

1000 kg of arkose = 1100–2900 kg of granite (in 2,9–4,1 tons of basement rocks)

The potassium-feldspar of the granitic parent rocks only contributed rare elements to the kaolin. The measured amounts of Pb and Cu in the granites are 48 ppm Pb and 20 ppm Cu. Therefore the arkose must contain 53–139 ppm Pb and 22–58 ppm Cu. Pb and Cu are trapped by the kaolin after alteration of the potassium-feldspar.

1000 kg of arkose = 100–250 kg of kaolin

The following table shows the amounts of Pb and Cu expected for the kaolin from 1100–2900 kg of granite and the measured amounts.

	calculated amount ppm	measured amount ppm	average of measured amount ppm
Pb	210–1390	250–1060	461
Cu	88– 580	90– 230	160

The potassium-feldspar of the arkose was kaolinized soon after deposition of the arkose by subsoil waters circulating in the porous sediment. The kaolinization is of Triassic age because kaolins of the type of Hirschau-Schnaittenbach are redeposited as kaolinitic clays near Ehenfeld during the Cenomanian (KÖSTER 1969).

Literatur

Köster, H. M.: Ein Beitrag zur Geochemie und Entstehung der Oberpfälzischen Kaolin-Feldspat-Lagerstätten. — Geol. Rdsch., Stuttgart **63** (1974), S. 655—689.

— Beitrag zur Geochemie der Kaoline. — Proc. Intern. Clay Conf., Tokyo **1** (1969), S. 273—280.

Köster, H. M.; Köster, S.: Über den Bleigehalt des Kaolins von Hirschau—Schnaittenbach und die Bleierzlagerstätte von Freihung in der Oberpfalz. — Beitr. Mineral. Petrogr., Berlin u. a. **10** (1964), S. 27—31.

Lippert, H. J.; Lob, F.; Meisel, St.; Ree, Ch,; Salger, M.; Stadler, G.; Teuscher, E. O.: Die Kaolinlagerstätten der Bundesrepublik Deutschland. — XXIIIrd Intern. Geol. Congr., Prague **15** (1968), S. 85—105.

Strobel, O.: Die Kaolinlagerstätte von Tirschenreuth und ihr geologischer Rahmen im Vergleich zu den Lagerstätten von Weiherhammer. — München, Techn. Univ., Diss., 1969 (Fotodruck).

Manuskripteingang: 18. August 1976

Anschrift des Autors:

Professor Dr. H. M. Köster, Institut für Geologie und Mineralogie der Technischen Universität München
D - 8046, Garching. Lichtenbergstraße 4

Schriftenr. geol. Wiss. · Berlin 11 (1978) · S. 115–123

Zur Variation des chemischen und strukturellen Aufbaus des Wechsellagerungsminerals im Seilitzer Kaolin

Von GÜNTER KRANZ, Berlin; DANIEL MACHAJDIK, Bratislava; JOACHIM WIEGMANN, Berlin

Mit einer Abbildung und 5 Tabellen

1. Einleitung

Die Eigenschaften eines tonigen Rohstoffs sind allgemein durch Art und Menge seiner kleinsten einheitlichen Partikeln, den Mineralbestandteilen, sowie durch deren Korngröße und Morphologie bestimmt. In natürlichen Rohstoffen sind neben Mineralbestandteilen mit wohl definierter Zusammensetzung häufig solche enthalten, deren Zusammensetzung und Eigenschaften in erheblichen Bereichen variieren können. Die Wechsellagerungsminerale als Bestandteile vieler Tone und Kaoline sind typische Beispiele dafür.

Für die technische Nutzung von Rohstoffen ist eine hinreichende Konstanz von Eigenschaftswerten ein wichtiges Qualitätsmerkmal. Bei der Verwendung von tonigen Rohstoffen ergeben sich häufig Schwierigkeiten durch Schwankungen ihrer Verarbeitungseigenschaften, die durch Variationen der mineralischen Zusammensetzung in Art, Menge, strukturellem Aufbau, Korngröße oder Morphologie der zugehörigen Lagerstätte bedingt sind. Derartige Schwierigkeiten lassen sich einengen, wenn die Schwankungen der mineralischen Zusammensetzung von Lagerstätten bekannt sind. Für tonige Rohstoffe, die Wechsellagerungsminerale als Bestandteile enthalten, waren Mengen- oder Zusammensetzungsänderungen bezüglich dieser Komponente bislang kaum zu erfassen.

Grund dafür ist, daß die Kenntnisse über Aufbau und Eigenschaften von Wechsellagerungsmineralen bisher vornehmlich aus der Untersuchung von Proben resultieren, die das Wechsellagerungsmineral als Hauptkomponente enthielten bzw. aus denen sich das Mineral relativ leicht auf den Gehalt einer Hauptkomponente anreichern ließ.

Einige technisch verwertete Kaoline der DDR enthalten Illit-Smektit Wechsellagerungsminerale (STÖRR & SCHWERDTNER 1973). Obgleich die Wechsellagerungsminerale dabei nur Nebenbestandteile darstellen, sind sie von bedeutendem Einfluß auf das Verarbeitungsverhalten dieser Rohstoffe, sowohl im Bereich der Aufbereitung als auch in der Weiterverarbeitung (STÖRR & SCHWERDTNER 1966). Diese Situation war Anlaß für die folgenden Untersuchungen, die die Bestimmung des Mengenanteils und des Aufbaus der vorkommenden Wechsellagerungsminerale als Voraussetzung zur Erfassung des Einflusses dieser Komponenten auf die Verarbeitungseigenschaften zum Ziel haben. Die Untersuchungen bezogen sich dabei zunächst auf das Beispiel des Seilitzer Kaolins.

Das Seilitzer Kaolin ist ein Mineralgemisch aus Kaolinit, Wechsellagerungsmineral und Quarz, wobei die Mengenanteile Kaolinit und Quarz im allgemeinen 60% und mehr betragen (STÖRR u. a. 1967).

Der Anteil an quellfähigen Schichten in der mixed-Layer-Komponente ist relativ niedrig, so daß mit der häufig angewendeten Methode des Vergleichs der Interferenzanlagen der Serie von Basisreflexen mit denen entsprechend berechneter Modelle für statistisch verteilte Wechsellagerungsschichten (BROWN 1961) keine ausreichende Differenzierung hinsichtlich einer Variation der Wechsellagerungskomponenten möglich ist.

Dies ist im wesentlichen dadurch bedingt, daß die Lagen der Interferenzmaxima der in Frage stehenden Illit-Smektit-mixed-Layer-Minerale im Bereich geringer Anteile quellfähiger Schichten sich nur wenig mit dem Anteil der quellfähigen Komponenten verschieben. In einem solchen Falle ist auch nicht zu entscheiden, ob eine statistische oder eine mehr geordnete Verteilung der Schichtarten vorliegt.

Grundsätzlich ist bei Seilitzer Kaolin eine Variation der chemischen Besetzung der Zellen der Schichtarten des Wechsellagerungsminerals in Betracht zu ziehen.

Aufgabe der Untersuchungen war daher, durch den Einsatz kombinierter Methoden, insbesondere der Fouriertransformationsmethode (MACEWAN 1956—1960) folgende Probleme zu klären:

a) In welchem Umfang ist es möglich, bei der Untersuchung von Mineralgemischen ein Wechsellagerungsmineral bezüglich der Mengenanteile der Komponenten zu charakterisieren?

b) Welche Zusammensetzungsschwankungen treten hinsichtlich des Anteils von quellfähigen (smektitischen) zu nicht quellfähigen (illitischen) Schichten sowie hinsichtlich der chemischen Zusammensetzung im Seilitzer Kaolin auf?

c) Ist eine Aussage über die Schichtverteilung, d. h. statistische oder geordnete Verteilung, möglich?

2. Probematerial

Als Probematerial standen vier Punktproben von Seilitzer Kaolin zur Verfügung, die unter dem Gesichtspunkt möglichst Ausgangsgesteine unterschiedlichen Charakters zu erfassen (STÖRR & SCHWERDTNER 1975) an verschiedenen Stellen der Lagerstätte entnommen wurden und im folgenden mit Sl 1—Sl 4 bezeichnet sind. Die Probenahme erfolgte durch Kollegen des seinerzeitigen VEB Kemmlitzer Kaolinwerke (jetzt VEB Silikatrohstoffkombinat), wofür an dieser Stelle nochmals gedankt sei.

In Tab. 1 ist die mineralische Zusammensetzung der Ausgangsproben angegeben, die durch Kombination von röntgenographischen, thermischen und chemischen Untersuchungsmethoden ermittelt wurde. Der Anteil an Wechsellagerungsmineral wurde dabei nicht direkt bestimmt, sondern jeweils als Differenz zu 100% Gesamtbestand an kristallinen Phasen angegeben.

Tab. 1. Mineralogische Zusammensetzung des Probematerials

Probe →	Sl 1		Sl 2		Sl 3		Sl 4	
Mineralkomponente ↓	A	< 0,63 µm	A	< 0,63 µm	A	< 0,63 µm	A	< 0,63 µm
Kaolinit	25	18	40	38	40	42	49	34
Quarz	15	—	23	—	20	—	21	—
Feldspat	1	—	—	—	—	—	—	—
Wechsellagerungsmineral (Rest)	60	82	37	62	40	58	30	66

A = Ausgangsprobe; < 0,63 µm = Kornfraktion < 0,63 µm

Wie man erkennt, handelt es sich in allen Fällen um Mineralgemische von drei wesentlichen Komponenten, wobei der Anteil an Wechsellagerungsmineral zwischen 30 und 60% variiert. In der Probe Sl 1 wurde als Nebenbestandteil außerdem 1% Feldspat ermittelt.

Zur Erleichterung der weiteren Bearbeitung wurde eine Korngrößentrennung nach ATTERBERG vorgenommen mit dem Ziel, die Quarzkomponente als Störfaktor für die nachfolgenden Untersuchungen zu entfernen.

Die abgetrennte Kornfraktion $< 0,63\ \mu m$ wurde unter Anwendung der gleichen Methoden hinsichtlich ihrer mineralischen Zusammensetzung untersucht. Die Ergebnisse sind ebenfalls in Tab. 1 aufgeführt. In allen Proben konnte durch die Fraktionierung eine Abtrennung des Quarzanteils erreicht werden. Alle weiteren Untersuchungen erfolgten daher an den abgetrennten Kornanteilen $< 0,63\ \mu m$.

3. Experimentelle Untersuchungen

Die nachstehenden Untersuchungsmethoden wurden zur Charakterisierung der Proben angewandt:

1. Chemische Vollanalyse.

2. Bestimmung der Kationenaustauschkapazität (KAK) nach der Ammoniumacetat-Methode (TGL 1969).

3. Thermische Untersuchung der Proben mit dem Derivatographen. Die Probenmaterialien lagen dazu, bedingt durch die Sedimentationstrennung (Peptisierungsmittel Natriumpolyphosphat), weitgehend im Natrium belegten Zustand vor und wurden vor der Untersuchung mit 55% relativer Feuchte ins Gleichgewicht gebracht.

4. Qualitative und quantitative Röntgenphasenanalyse mittels Zählrohrdiffraktometer.

5. Berechnung der chemischen Zusammensetzung des Wechsellagerungsminerals durch Kombination der Ergebnisse von 1. mit 3. und 4. sowie seiner Kationenaustauschkapazität durch Kombination der Ergebnisse von 2. mit 3. und 4.

6. Röntgenographische Untersuchung von Texturpräparaten der Proben zur Ermittlung der Lage und Intensität der Serie der Basisinterferenzen des Wechsellagerungsminerals im lufttrockenen Zustand und nach Quellung mit Äthylenglykol. Die Aufnahmen wurden mit einem Diffraktometer der Firma Philips unter Verwendung von gefilterter CuKα-Strahlung hergestellt. Die Messung der genauen Winkelpositionen der 00l-Interferenzen erfolgte aus Registrierdiagrammen, die mit einer Diffraktometerumlaufgeschwindigkeit von $^1/_2{}^\circ\ 2\vartheta$/min aufgenommen worden sind. Die Bestimmung der Intensität der Interferenzen erfolgte als Flächenmessung nach der Methode der integrierenden Impulszählung ebenfalls bei einer Diffraktometerumlaufgeschwindigkeit von $^1/_2{}^\circ\ 2\vartheta$/min. Hinsichtlich der Schichtdicke und der ausgeleuchteten Fläche der Texturpräparate wurden Bedingungen gewählt, die für jede Winkellage ein konstantes ausgeleuchtetes Probevolumen sicherten. Die Flächenmeßwerte der Interferenz des Wechsellagerungsminerals bei d ca. 3,3 Å, die durch eine Teilkoinzidenz mit der Interferenz $d_{002} = 3,56$ Å des Kaolinits beeinflußt werden, wurden nach einem Entzerrungsverfahren rechnerisch korrigiert.

Die gemessenen Intensitäten wurden bezüglich des Untergrunds auf Nettointensitäten korrigiert. Aus diesen erfolgte die Berechnung der prozentualen Intensitätsverteilung der Serie der 00l-Interferenzen des Wechsellagerungsminerals. Die Serie der Basisinterferenzen konnte in dieser Weise in allen Proben bis zur 7. Ordnung der Illit-Interferenz bei d ca. 1,45 Å vermessen werden. Eine Erfassung weiterer Basisinterferenzen des Wechsellagerungsminerals mit einer für die nachfolgenden Berechnungen hinreichenden Genauigkeit war nicht möglich.

7. Unter Verwendung der entsprechend dem angegebenen Verfahren ermittelten Röntgendaten und der aus der Kombination von chemischer Analyse und Mineralanalyse bestimmten Formelzusammensetzung des Wechsellagerungsminerals wurde die Fouriertransformation berechnet, aus der Wahrscheinlichkeiten für die Schichtpaketfolge abzuleiten sind.

Die Berechnungen erfolgten unter Verwendung des Fourier-Transform-Programms 1 von D. Machajdik mit einem CDC 3000 Computer am UNESCO-Rechenzentrum in Bratislava (ČSSR).

Bei den Äthylenglykol-behandelten Proben zeigten die Diagramme der Texturpräparate eine unterschiedlich starke Aufspaltung der Interferenz bei d ca. 10 Å in zwei sich stark überlagernde Interferenzbanden mit d-Werten bei ca. 9,6 Å und ca. 11,2 Å (Schulterbildung). Eine hinreichend genaue Einzelerfassung sowohl der Lage wie insbesondere der Intensität der koinzidierenden Interferenzen war nicht möglich.

Da bei den vorliegenden Verhältnissen die Meßgrößen der 1. Basisinterferenz von wesentlichem Einfluß auf die Berechnungen der Fouriertransformation sind, brachten die versuchsweise angestellten Berechnungen keine interpretierbaren Ergebnisse, so daß Verfeinerungsrechnungen nicht durchgeführt wurden.

4. Ergebnisse und Diskussion

Die chemischen Zusammensetzungen und Kationenaustauschkapazitäten der Wechsellagerungsminerale der Proben Sl 1—Sl 4, die nach der oben beschriebenen Methode berechnet wurden, sind in Tab. 2 aufgeführt.

Tabelle 3 gibt die Besetzung der Elementarzelle wieder, die in Anlehnung an ROSS & HENDRICKS (1945) und KELLEY (1955) berechnet wurde. Die aufgeführten Werte zeigen, daß eine Variation der Zusammensetzung des Wechsellagerungsminerals hinsichtlich verschiedener Parameter wie z. B. Kationenaustauschkapazität, K_2O-Gehalt, Glühverlust, Fe_2O_3-Gehalt, MgO-Gehalt in den unterschiedlichen Proben auftritt.

Tab. 2. Chemische Zusammensetzung und Kationenaustauschkapazität des reinen Wechsellagerungsminerals, berechnet unter Verwendung der chemischen Gesamtanalyse und der Mineralzusammensetzung

	Sl 1	Sl 2	Sl 3	Sl 4
GV	5,82	5,76	6,02	6,56
SiO_2	54,50	53,25	54,85	51,65
Al_2O_3	26,38	23,97	22,60	25,35
Fe_2O_3	2,50	3 06	2,66	3,56
CaO	0,84	1,02	1,22	1,32
MgO	2,95	3,42	4,14	3,04
K_2O	7,80	8,05	7,09	7,03
Na_2O	0,83	1,00	1,21	1,30
KAK (mVal/100 g)	26,9	29,1	35,9	39,5

Tab. 3. Besetzung der Elementarzelle des Wechsellagerungsminerals in den Proben Sl 1—Sl 4

Probe	Zwischenschicht-Kationen			Tetraederschicht		Oktaederschicht		
	Ca	K	Na	Si	Al	Al	Fe	Mg
Sl 1	0,11	1,26	0,20	7,06	0,94	3,14	0,24	0,56
Sl 2	0,15	1,37	0,26	7,12	0,88	2,90	0,30	0,68
Sl 3	0,17	1,20	0,31	7,28	0,72	2,82	0,26	0,82
Sl 4	0,18	1,15	0,32	6,92	1,08	3,02	0,34	0,58

Aus dem Verlauf der Fouriertransformation konnten die Wahrscheinlichkeiten für das Auftreten der Schichten I (Illitschicht) und S (Smektitschicht) berechnet werden. Da die Kurvenzüge eine gleichmäßige Abnahme der Peakfolge der I-Schichten erkennen lassen, konnte auf das Vorliegen einer ungeordneten Wechsellagerung geschlossen werden. Dies entspricht den Erwartungen, da in diesem speziellen Fall von Proben mit geringen Anteilen Smektitschichten im Wechsellagerungsmineral Abweichungen nur beim Vorliegen recht gut geordneter Bereiche zu erwarten waren. Unter der Annahme einer statistischen Verteilung der Schichten erfolgte daher eine Untersuchung der Abnahme der Folge der I-Schichten und die Präzisierung der Wahrscheinlichkeiten P_I und P_S, die primär aus dem Höhenverhältnis der einer reinen I- bzw. S-Folge entsprechenden ersten Peaks der Fouriertransformierten zu entnehmen sind, nach einem iterativen Verfahren. Die so ermittelten Werte für P_I und P_S sind in Tab. 4 wiedergegeben. Der in Tab. 4 für die beste Näherung gleichfalls angegebene Faktor R, der aus den Abweichungen der beobachteten von den berechneten Werten der Abnahme der Intensitäten der I-Folge ermittelt wurde, ist als Maß für die erreichte Genauigkeit anzusehen. Für den angegebenen Bereich der p-Werte tritt keine signifkante Änderung des R-Faktors ein. Somit ergibt sich nach der Fouriertransformationsmethode hinsichtlich des Gehalts an quellfähigen Smektitschichten in dem Wechsellagerungsmineral der Proben die in Tab. 5 aufgeführte Abfolge.

Tab. 4. Wahrscheinlichkeitswerte für das Auftreten der Schicht I bzw. S sowie Genauigkeitsfaktor R

	Sl 1	Sl 2	Sl 3	Sl 4
P_I	0,90–0,91	0,93–0,94	0,88	0,86–0,87
P_S	0,09–0,10	0,06–0,07	0,12	0,13–0,14
R (%)	2,2	2,0	2,8	4,1

Tab. 5. Gegenüberstellung der Anteile an Smektitschichten zu weiteren analytischen Daten

	Sl 1	Sl 2	Sl 3	Sl 4
Anteil an Smektitschichten aus FT-Methode in %	9–10	6–7	12	13–14
K_2O*)	7,80	8,05	7,09	7,03
GV*)	5,82	5,76	6,02	6,56
KAK*)	26,9	29,1	35,9	39,5
Gewichtsverlust 20–300°C*)	4,6	5,5	6,6	6,1

*) Die Werte beziehen sich jeweils auf die reine Wechsellagerungskomponente

Aus den hier genannten Einzelergebnissen läßt sich folgendes ableiten.

Eine Differenzierung der Wechsellagerungskomponente in den vier Seilitzer Kaolinproben ist möglich gewesen.

Die Wechsellagerungskomponente zeigt hinsichtlich des Anteils an quellfähigen Schichten bedeutende Unterschiede. Im Extremfall konnte dabei das Verhältnis 1:2 beobachtet werden.

Wie ein Vergleich der nach der Fouriermethode ermittelten Schichtanteile in den Wechsellagerungsproben mit der chemischen Zusammensetzung dieser Proben zeigt (Tab. 5 bzw. 2), korrespondieren diese Ergebnisse mit den ausgewiesenen Werten für den K_2O-Gehalt, den Glühverlust und die Kationenaustauschkapazität. Die Proben mit hohen Anteilen an Smektitschichten, d. h. die Proben Sl 3 und Sl 4, weisen den niedrigsten K_2O-Gehalt, jedoch hohe Werte für die Kationenaustauschkapazität und erhöhte Werte für den Glühverlust auf.

Aus thermogravimetrischen Untersuchungen läßt sich eine ähnliche Abfolge der Proben ableiten. Eine Betrachtung des Entwässerungsverhaltens der Proben zwischen 20 und 300 °C (Tab. 5) zeigt, daß die Proben Sl 3 und Sl 4, bezogen auf den reinen Wechsellagerungsmineralanteil, einen höheren Gewichtsverlust als die Proben Sl 1 und Sl 2 aufweisen, d. h. die Proben Sl 3 und Sl 4 enthalten danach einen höheren Anteil von Smektitschichten. Die Korrelation zwischen dem Anteil an Smektitschichten und dem Gewichtsverlust zwischen 20 °C und 300 °C ist allerdings beeinträchtigt. Die Gründe dafür sind sowohl in der Überlagerung der Entwässerung mit der des Kaolinitanteils zu sehen als auch in der infolge der Präparation (Sedimentationstrennung) nicht vollkommen definierten Kationenbelegung. Eine Überprüfung der bei ca. 550 °C und 650 °C auftretenden endothermen Effekte zeigte, daß sie nach den vorliegenden Untersuchungen nicht geeignet sind, Angaben über ein unterschiedliches Verhältnis von quellfähigen zu nicht quellfähigen Schichten zu machen.

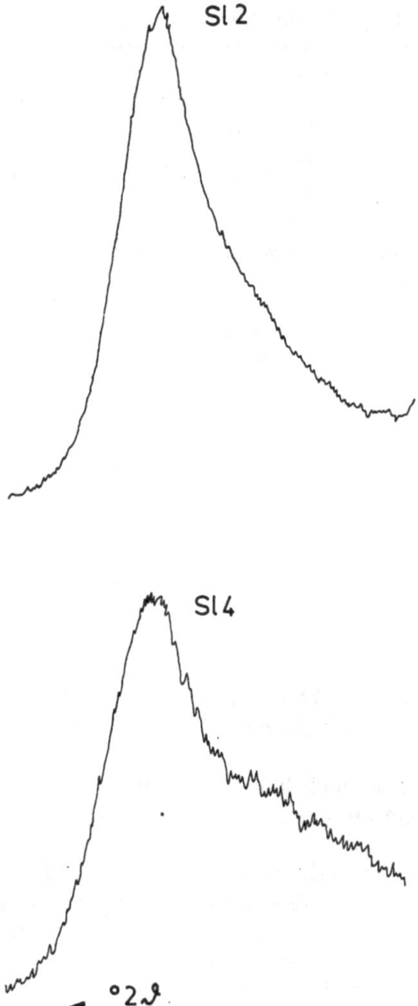

Abb. 10 Å-Bereich der in Äthylenglykol gequollenen Proben Sl 2 und Sl 4

Darüber hinaus ergibt sich aus den röntgenographischen Untersuchungen des Quellverhaltens der Proben eine mit den bisher erwähnten Ergebnissen korrespondierende Abfolge der Proben. Wie die Gegenüberstellung der Zählrohrdiffraktometeraufnahmen des Bereichs der 10 Å-Interferenz der Proben Sl 2 und Sl 4 zeigt (Abb.) ist trotz annähernd gleicher Mengenanteile des Wechsellagerungsminerals in den beiden Proben in Probe Sl 4 eine deutlich verbesserte Auftrennung des Bereichs um 10 Å in eine Doppelinterferenz zu erkennen (Schulterbildung).

Die Ergebnisse lassen sich dahingehend zusammenfassen, daß alle genannten Kriterien bei Zunahme des Anteils an quellfähigen (smektitischen) Schichten in der Wechsellagerungsmineralkomponente des Seilitzer Kaolins ein Verhalten zeigen, wie es dem aus dem resultierenden Schichtaufbau zu erwartenden entspricht.

Die chemische Zusammensetzung der reinen Wechsellagerungskomponenten (Tab. 2 und 3) zeigt, daß außer den bisher genannten Variationen noch weitere Unterschiede zwischen den Proben auftreten, insbesondere hinsichtlich des Fe_2O_3- und MgO-Gehalts. Diese Unterschiede haben jedoch keinen erkennbaren Zusammenhang mit den Mengenanteilen der Schichtarten in der Wechsellagerung.

Mit den vorliegenden Ergebnissen ist somit sichergestellt, daß die Wechsellagerungs-Mineralkomponente in Seilitzer Kaolin bedeutende Variationen hinsichtlich ihres strukturellen Aufbaus aufweist. Im Hinblick auf das eingangs erwähnte Problem der Charakterisierung von verarbeitungstechnischen Eigenschaften eines entsprechenden Rohstoffs durch Mineralzusammensetzung und Körnungseigenschaften ist vor allem die erhebliche Änderung im Anteil der quellfähigen Schichten zu betrachten. Sie läßt bei sonst konstanter Mineralzusammensetzung des Kaolins merkliche Variationen in Eigenschaften wie der Trockenschwindung und der Trockenbiegefestigkeit erwarten. Bei der Bewertung eines solchen Kaolins im Sinne einer Rohstoffkontrolle muß deshalb außer der Mengenabschätzung der Mineralanteile einschließlich der Wechsellagerungsmineralkomponente zumindest der Schichtaufbau der mixed-Layer-Komponente in Betracht gezogen werden. Soweit man hierzu wegen des erheblichen Aufwands nicht die Fourieranalyse heranziehen kann, sollte zumindest das Quellungsverhalten des Wechsellagerungsminerals sorgfältig untersucht werden. Für den Fall des Seilitzer Kaolins läßt sich aus Gegenüberstellungen von komplett untersuchten Materialien und deren Quellungsverhalten eine Anzahl von Charakteristika, wie sie in der Abb. angedeutet werden, ableiten, die zumindest eine genauere relative Einordnung ermöglichen.

Zusammenfassung

Ausgehend von der Bedeutung des Wechsellagerungsminerals im Seilitzer Kaolin hinsichtlich mehrerer technischer Verarbeitungseigenschaften gelangten vier Proben dieses Kaolins, die an unterschiedlichen Orten der Lagerstätte entnommen worden sind, zur Untersuchung. Im Anschluß an die Charakterisierung der Rohproben erfolgte in den abgetrennten Kornfraktionen $< 0{,}63\ \mu m$ eine qualitative und quantitative Bestimmung der kristallinen Komponenten mit thermischen und röntgenographischen Methoden. In allen Proben liegen Mischungen des Wechsellagerungsminerals mit Kaolinit in unterschiedlichen Mengenanteilen vor.

Aus der chemischen Zusammensetzung und den ermittelten Mineralanteilen wurden die Besetzungszahlen für die Kationen der Elementarzelle der jeweiligen Wechsellagerungskomponente berechnet. Unter Verwendung dieser Daten sowie aus genauen Intensitäts- und Lagemessungen der Röntgeninterferenzen der 00l-Serie der Wechsellagerungsminerale erfolgte eine Berechnung der Fouriertransformation in Anlehnung an die Methode von MacEwan.

Als Ergebnis dieser Rechnungen werden die Wahrscheinlichkeiten für das Verhältnis von illitischen zu quellfähigen (smektitischen) Schichten in den jeweiligen Proben abgeleitet. Der Anteil an quellfähigen Schichten variiert im Rahmen der untersuchten Proben zwischen ca. 7% und ca. 14%.

Die gefundenen Variationen sind in guter Übereinstimmung mit den aus der Kationenaustauschkapazität, der chemischen Besetzung der Elementarzelle sowie den aus den thermischen Untersuchungen und den röntgenographischen Beobachtungen zum Quellverhalten einzuschätzenden Werten.

Die Fouriertransformationsmethode ist somit geeignet, in Mineralgemischen, wie sie industriell verwendete kaolinitische Rohstoffe im allgemeinen darstellen, eine genauere Charakterisierung der Wechsellagerungsmineralkomponente vorzunehmen.

Резюме

Исходя из теоретического и практического значения полиминерала в каолине месторождение ,,Зайлитц'', обладающего рядом технических свойств при переработке, исследованы 4 пробы каолина, которые брались в разных местах указанного месторождения. Из выбранных проб выделялись фракции < 0,63 мк, которые подвергались качественному и количественному определению кристаллического состава с помощью термографических и рентгенографических методов. Во всех исследованных пробах найдены смеси полиминерала типа ,,миксклей'' с каолинитом в разных количественных соотношениях.

На основании определенного химического и минерального состава изученных проб, получены состав элементарной ячейки соответствуюшего полиминерала типа ,,миксклей''.

По результатам прецизионных измерении интенсивности и положения рентгеновских дифракционных пиков серии 001 полиминералов сделаны преобразования Фурье с помощью метода ,,Мак-Эвен''.

В результате этих вычислении определены вероятности отношений иллитовых к набухающим слоям в соответствующих пробах.

Доля набухающих слоев в исследованных пробах составляет 7—14%.

Наиденные вариации находятся в хорошем соответствии с величинами ёмкости обмена катионов, химического состава элементарной ячейки и с результатами термографических и рентгенографических исследований.

Таким образом, методы преобразований Фурье примеными для точной характеризации полиминералов типа ,,миксклей'' а также для минеральных смесей, использующихся в промышленности в качестве каолинит-содержащего сыря.

Summary

Seilitz Kaolin is widely used for ceramic production. For the technological properties of this kaolin its mixed-layer minerals (illite-smectit-mixed layer) are very important but only little was known about variation of their type and amount in this deposit.

To get a view about possible variations, samples have been collected from four points of the deposit in which the mother rock obviously was rather different.

From this samples the crystalline components have been determined and quantitatively estimated by X-ray and thermal methods. All samples were mixtures of quartz, kaolinite and the mixed-layer and in one case their was also a few amount of feldspar. For further investigations of the mixed-layers size fractions minus 0,63 micron have been seperated, which were free of quartz.

For the mixed-layers in the seperated fractions composition of the unit cell was calculated by combination of chemical and mineralogical analysis. These data in connection with measurements of position and intensity of 00l-reflections of the mixed-layers were used to calculate the Fourier-transform according to the method of MacEwan.

It resulted the ratio of swelling to nonswelling layers and that layers are ordered at random.

The amount of smectit layers varied in the samples from 7 to 14 percent.

Variations in content of smectit layers agree with cation exchange capacity, chemical composition of unit cell (especially potassium content) thermal results and with the swelling behaviour studied by X-rays.

So it could be shown that the Fourier-transform method may be well applied for investigations of mineral mixtures and that it is very usefull for a precise characterization of mixed-layer.

Literatur

Brown, G.: The X-Ray Identification and Crystal Structures of Clay Minerals, Chapter XI: Interstratified Clay Minerals by MacEwan, Ruiz Amil, Brown. – London: Mineral. Soc. 1961, (engl.).

Kelley, W. P.: Interpretation of Chemical Analysis of Clays. Clay and Clay Technology. – Calif. Div. Mineral., Bull., (1955), S. 92–94, (engl.).

MacEwan, D. M. C.: Fourier Transform Methods for studying Scattering from Lamellar Systems
I A direct Method for Analysing Interstratified Mixtures. – Kolloid Z., **149** (1956), S. 96 to 108, (engl.).
II The Calculation of X-Ray Diffraction Effects for Various Types of Interstratification. – Kolloid Z., **156** (1958), S. 61–67, (engl.).
III MacEwan, D. M. C.; Ruiz, Amil, A.: Some Calculated Diffraction Effects of Practical Importance in Clay Mineral Studies. – Kolloid Z., **169** (1960), S. 93–100, (engl.).

Ross, C. S.; Hendricks, S. B.: Minerals of Montmorillonite group. – U.S. geol. surv., Bull. prof. pap. 205 B, Washington (1945), S. 23–79, (engl.).

Störr, M.; Schwerdtner, G.: Mineralogische und technologische Untersuchungen an Kaolin aus Kemmlitz in Sachsen. – Ber. deutsch. keram. Ges., **43** (1966), S. 539–546.

Störr, M.; Schwerdtner, G.: Zu Fragen der Erkundung und Produktion von Kaolinen in der Deutschen Demokratischen Republik. – Z. geol. Wiss., Berlin **1** (1973), S. 293–300.

Störr, M.; Schwerdtner, G.: The Kaolin Deposits "Seilitz", "Ockrilla" und "Radeburg" in the Meißen Area. In: M. Störr (Ed.): Kaolin Deposits of the GDR in the Northern Region of the Bohemian Massiv. – Greifswald: Ernst-Moritz-Arndt-Univ., Sekt. Geol. Wiss. 1975. S. 155–167, (engl.).

Störr, M.; Schwerdtner, G.; Helmchen, H.; Baburek, J.: Mineralogische und technologische Untersuchungen des Kaolins von Seilitz bei Meißen. – Silikattechnik, Berlin (1967), S. 150 bis 156.

TGL 24747 Gruppe 258/510. Fachbereichsstandard Ausgabe November 1969.

Manuskripteingang: 12. Mai 1976

Anschriften der Autoren:

G. Kranz, Dr. J. Wiegmann, Akademie der Wissenschaften der DDR. Zentralinstitut für Anorganische Chemie
DDR - 1199 Berlin-Adlershof, Rudower Chaussee 5

Dipl.-Ing. D. Machajdik, Institut für anorganische Chemie der Slowakischen Akademie der Wissenschaften
CS - 80934 Bratislava, Dubravská česta

Schriftenr. geol. Wiss. · Berlin 11 (1978) · S. 125–136

Mineralogy and age of Slovakian Kaolins

By IVAN KRAUS; IVAN HORVÁTH, Bratislava

With 9 Figures and 2 Tables

1. Introduction

In the region of the Bohemian massif important kaolin deposits are found, which have always been an object of intense exploitation and investigation. According to the latest information by KUŽVART (1969), the process of kaolinitic weathering proved itself in decomposition of feldspar-rich rocks in the Carboniferous and the passage between the Mesosoic and Tertiary in this region. In the West Carpathians, on the contrary, the kaolinization products have so far been known only sporadically and no appropriate attention has been paid to them. It was generally asserted that all the geotectonical development of the West Carpathians had not been favourable for formation of more extensive deposits of kaolin type when compared with the Bohemian massif. Recently the situation has changed. New deposits of kaolin, halloysite and kaolinitic clays has been discovered. Their extent and economic importance, also their conditions of development, mineralogical composition and technological properties can not be compared with deposits of these raw materials in the Bohemian massif. There, compared with the West Carpathians, the process of kaolinization took a different course in several ways, under more favourable conditions in general. In the paper presented we intend to give a brief characterization of the most important properties of individual genetic types as well as to establish the fundamental phases of kaolinization, which occured in Slovakia. We suppose that this information will at least partly contribute to forming a general idea of kaolinization processes in central Europe.

2. Genetic Classification of Kaolinite Group Mineral Deposits in Slovakia

On the basis of present knowledge we submit the first genetic classification scheme of deposits of clay minerals from the kaolinite group in Slovakia (table 1). Intentionally we speak about deposits of clay minerals of the kaolinite group, as in Slovakia, besides kaolinite, relatively often halloysite and fire-clay mineral take part in the composition of kaolinization process products, as an essential or subsidiary component. The term "fire-clay" is used for a mineral of the kaolinite group with disorder structure, not intercalating with K-acetate and hydrazine, and characterized by isomorphous substitution on octahedral and/or tetrahedral coordination. The deposits ranged to fundamental genetic types are also characterized by a whole series of specific technological properties.

Table 1. Genetic classification of deposits of clay minerals from the kaolinite group in Slovakia

I. Primary deposits	A. Residual deposits 1. Kaolinization products of acid metamorphites and intrusive rocks of pre-Middle Triassic age 2. Kaolinization products of neovolcanic complexes
	B. Hydrothermal deposits 1. Products of hydrothermal alternations of neovolcanic complexes
II. Secondary deposits	C. Sedimentary deposits 1. Kaolinitic sands and clays of Pliocene age

2.1. Residual Deposits

In Slovakia residual deposits belong to the economically most important and most perspective deposits. We divide them into two subtypes.

Kaolinization products of metamorphites and acid intrusive rocks, pre-Triassic in age, are formed by kaolinite with well-ordered structure and variable admixture of clay micas. In these kaolines derived from porphyroids kaolinite and brammallite were

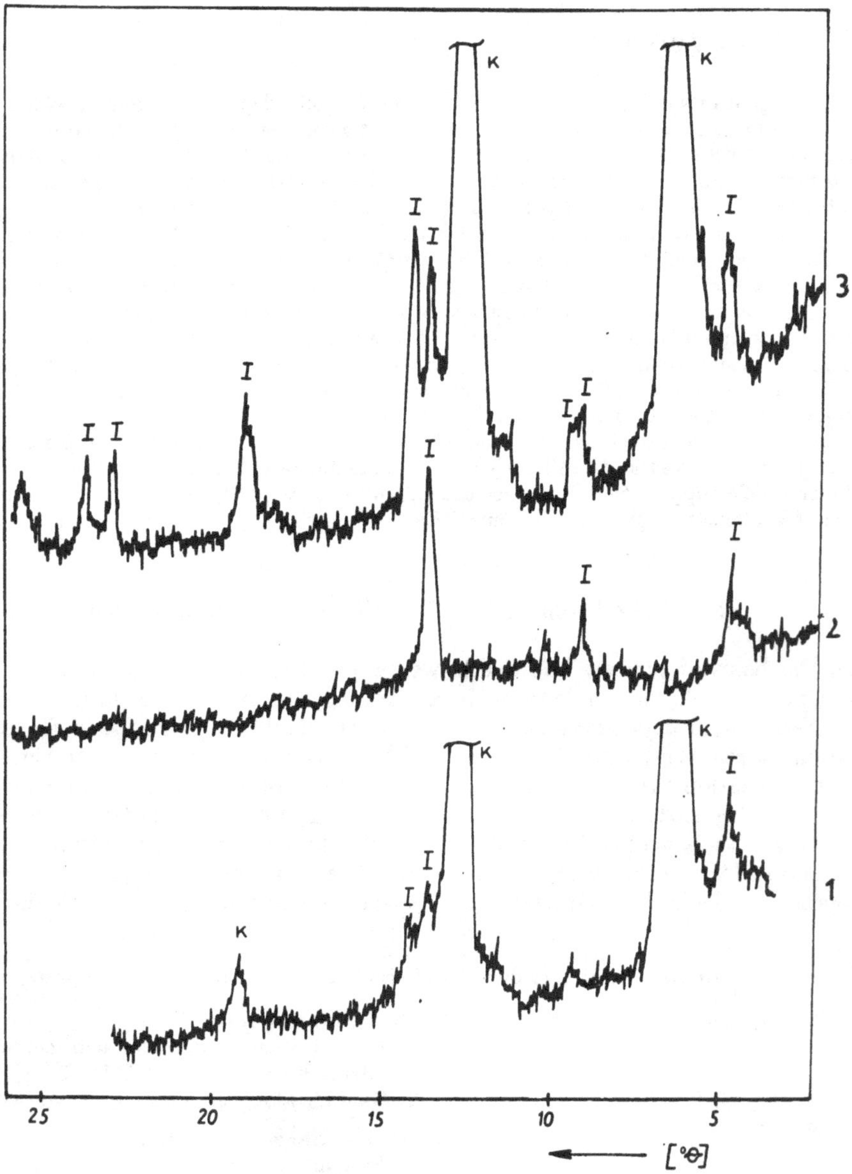

Fig. 1. X-ray diffraction patterns of the clay fraction separated from the primary kaolins

1 – kaolin derived from porphyroids; 2 – heating at 550 °C; 3 – kaolin derived from phyllites

identified in the less than 2 μm fraction. The 001 spacing of brammallite was found to be about 9,6–9,7 Å (fig. 1). Heating at 550 °C results in diminishing of kaolinite reflexions. When seen under electron microscope the clay crystals of kaolines derived from porphyroids consist mainly of tube like particles (fig. 2). It was possible to exclude the presence of halloysite by the intercalation study (KRAUS et al. 1972). In the same kaolines derived from phyllites reveal X-ray diffraction patterns admixture of illite by its 10 Å spacings (fig. 1). Electron micrographs of clayey fraction separated from kaolin derived from phyllites show well-shaped pseudomorph kaolinites crystals (fig. 3).

It is important to note that Hercynian and Alpine granitoid rocks in the Central West Carpathians are kaolinized only to a insignificant degree. This factor then mainly

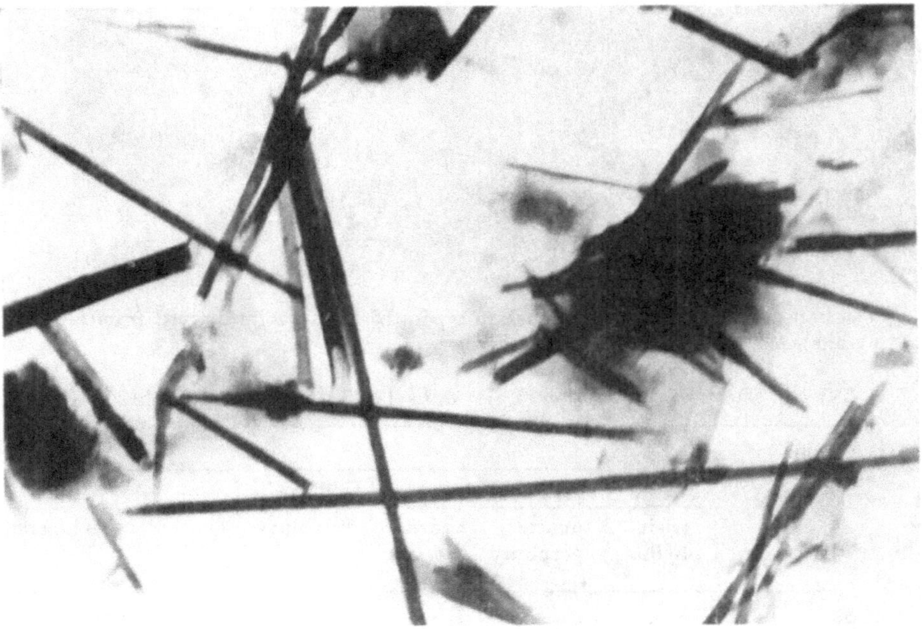

Fig. 2. An electron micrograph showing the particle shape of the below m size fraction of a kaolin derived from porphyroids (Horná Prievraná). Magnification 18000 ×

conditions the essential difference between the course and products of kaolinization in the Bohemian massif and West Carpathians.

All mentioned characteristics of primary kaolines derived from acid metamorphite rocks are closely related to their technological properties. The controlling factors affecting their rheology are particle size and shape distribution. There are some troubles with workability of primary kaolines derived from porphyroids in the green state due to tubular habit of their particles. The concentrated suspensions become dilatant. Of considerable significance is the occurence of clay micas in these types of kaolines. From the chemical point of view the contents and the ratio of the oxides are closely suggestive the composition of ceramic mass for china production (table 2).

The second subtype of residual deposits are products of kaolinisation of neovolcanic complexes. Andesites, rhyolites of the Badenian/Sarmatian age and their pyroclastic rocks belong to mother rocks. These parent rocks are relict of weathered crusts of neovolcanics in central and eastern Slovakia. The best quality types originated by the

Fig. 3. An electron micrograph of clayey fraction separated from kaolin derived from phyllites (Horná Prievraná). Magnification 16200×

Table 2. Chemical composition of Slovak kaolines (wt. % on ignited bases)

Origin	in situ			redeposited		
	sericit phyllite	quartz porphyry	hydro-thermal	fire clays M.S.	fire clays E.S.	kaol. sands
SiO_2	52.35	54.31	51.76	51,82	51.99	52.65
Al_2O_3	42.67	42.54	40.12	38.45	39.05	40.30
Fe_2O_3	3.10	0.91	2.57	3.75	4.89	1.71
TiO_2	0.35	0.08	0.14	1.18	1.27	1.08
CaO	0.57	0.51	0.56	1.17	0.61	0.89
MgO	0.60	1.24	0.59	0.34	1.16	0.73
Na_2O	0.26	0.14	0.05	0.10	0.15	0.34
K_2O	1.80	3.40	Tr.	0.39	0.23	2.04
$\frac{SiO_2}{Al_2O_3}$	2.17	2.17	2.07	2.29 2.15	2.26 2.09	2.22

weathering of rhyolite tuffs. To one of the largest deposits of halloysite in Europe belongs Biela Hora near Michalovce, in the neovolcanic region of eastern Slovakia. Beside partly dehydrated halloysite, fire-clay mineral and cristobalite are present.

2.2. Hydrothermal Deposits

The question of formation kaolin depositis of hydrothermal origin has not sufficiently been cleared up in Slovakia. So far we have not encountered economically important concentrations of clay minerals of hydrothermal origin. Only in recent years during exploratory works at kaolin occurrence in the neovolcanic region of central Slovakia the possibility of applying these processes has been discussed.

In the area under study the kaolinization process is characterized by a high variability and irregularity in the extension of products, vertically as well as laterally. The individual occurrences are usually isolated from each other, often being of "pocket" shape, with thickness up to 25—30 m, wedging out to a distance of several metres. The intensity of alteration of parent rocks suddenly changes. Sometimes the degree of kaolinization decreases with depth, in other cases increases. In the lowermost part, where the alteration process is usually bound to rhyolites, we encounter intense silicification and sometimes zeolithization.

Preliminarily we suppose that said process was evoked by the action of low-thermal solutions with a slightly acid reaction, which were released during rhyolite volcanism. In relation to this volcanism, the whole process is of autometamorphic character. Kaolinization took place by the action of these solutions in the aureole of rhyolite bodies. However it seems probable that also with the action of hydrothermal solutions in some places the whole kaolinization process was secondarily influenced by the action of vadose, descending waters. It is mainly where with the increasing depth the intensity of kaolinization decreases at the same time montmorillonite appears.

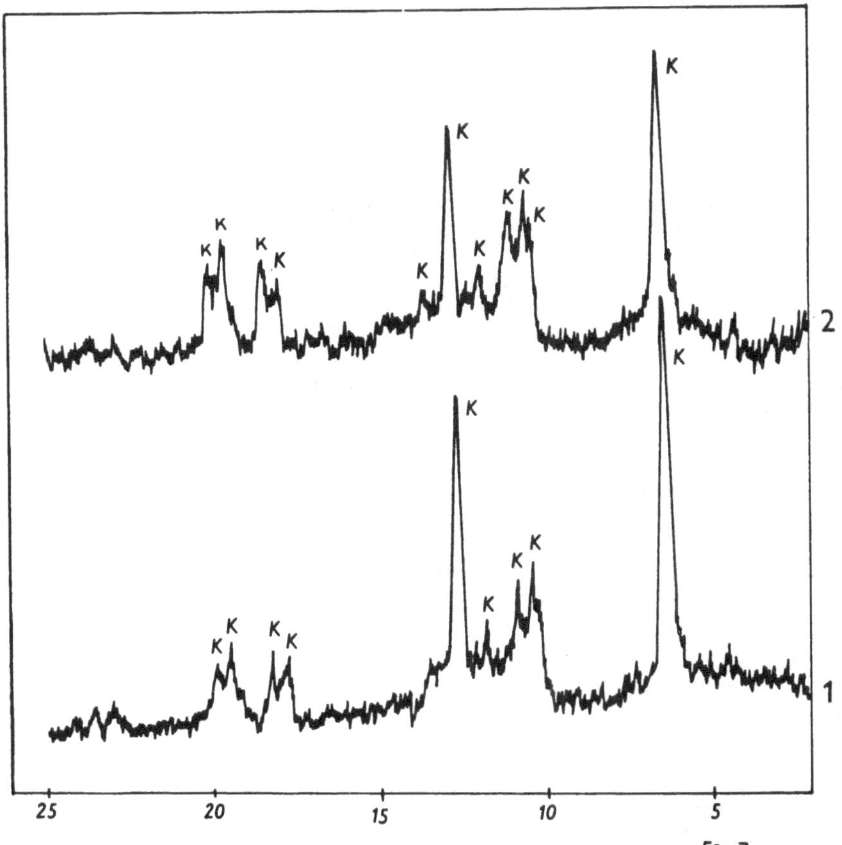

Fig. 4. X-ray diffraction patterns various fractions separated from hydrothermal kaolin (Podháj)

1 — fraction 1—2 µm; 2 — < 1 µm fraction

Kaolin that is believed to have hydrothermal origin does not contain hydromica admixtures (fig. 4). Electron micrograph shows finely dispersed crystals of irregular shape (fig. 5).

The kaolinite of hydrothermal origin has the lowest silica to alumina ratio (table 2) — very close to the ideal value. As impurity high iron content is surprising. According to the high whiteness values is the mode of the occurrence of iron in this material open. Evidence from the results of X-ray diffraction, intercalation study and of the acid dissolution reveal its well-ordered structure.

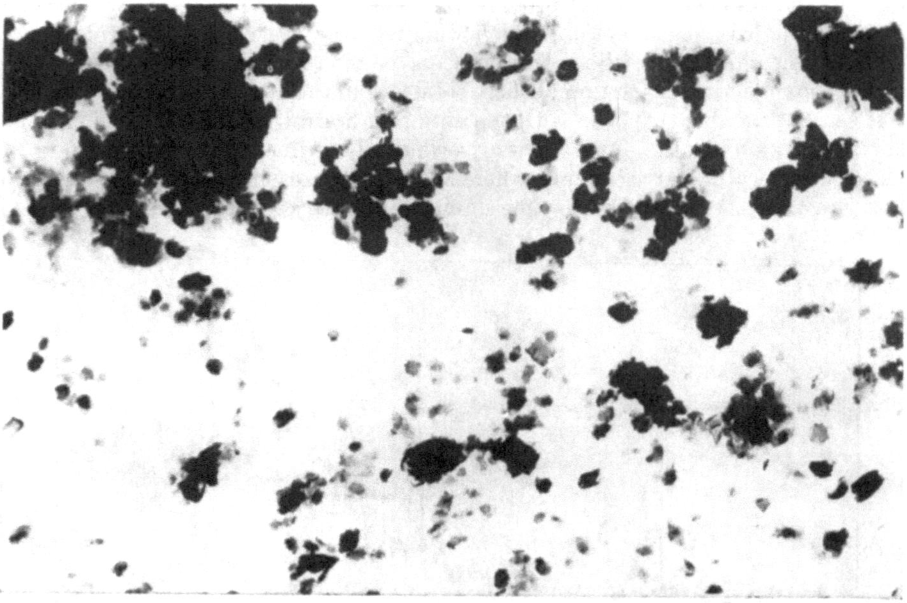

Fig. 5. An electron micrograph of the less than 2 μm fraction of hydrothermal kaolin (Podháj). Magnification 7000×

2.3. Sedimentary Deposits

Among deposits of sedimentary origin we distinguished two fundamental lithological-genetic types. Kaolinitic sands represent products of upper weathering crust parts, which are usually redeposited at a very short distance. They are found near residual kaolin deposits. There are coarse grained, imperfectly worked quartz sands with a content of clay cement not exceeding 15—20%. In addition to kaolinite the minor amount illite is present. There are small differences between the chemical composition of kaolins separated from kaolinitic sands and the primary ones derived from phyllites (table 2). Higher content of titania is only critical value.

Kaolinitic clays in the West Carpathians have originated in shallow lakes of the Pliocene age. They are redeposited at a greater distance from crystalline and Paleozoic source areas of the Central West Carpathians. Their primary weathering crusts usually have not preserved to a greater extent. They are found in the complex of the so-called Poltár formation in the Lučenecká kotlina basin at an area nearly 100 km². They belong to the most important ceramic and fire-proof raw materials in the Neogene basins of the West Carpathians. They consist of fire-clay mineral which is remarkably homogeneous

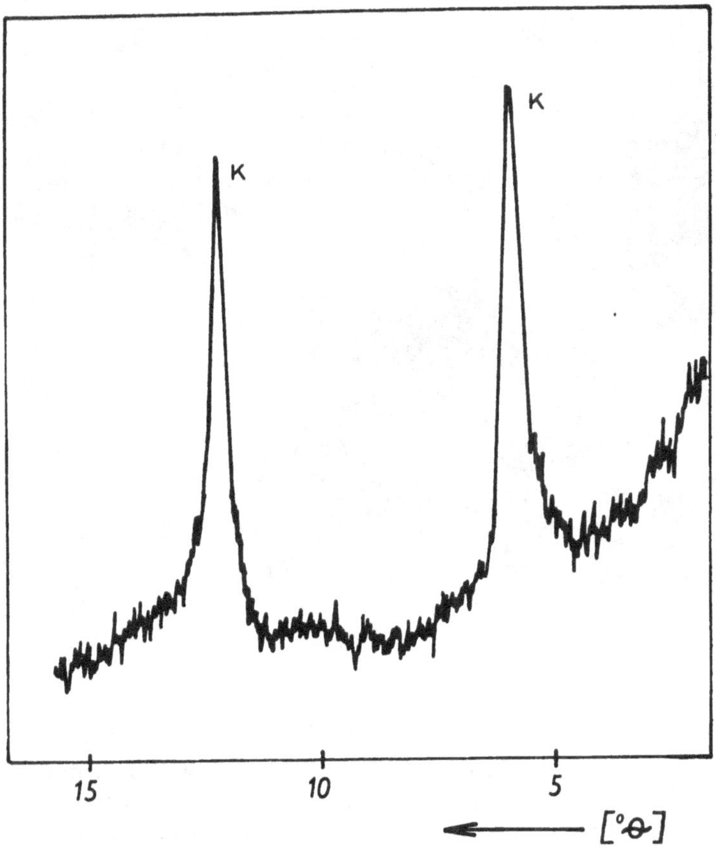

Fig. 6. X-ray diffraction patterns of the less than 0.5 μm fraction of fire-clay mineral (Lučenecká kotlina basin)

in its thin section from the mineralogical point of view. The X-ray patterns show the kaolinite reflexion only (fig. 6). The observation under electron microscope reveals that these fire-clays are composed mainly of very fine crystals of irregular shape (fig. 7). Increased contents of iron and titania are characteristic for fire-clays (table 2). The kinetics of acid dissolution of iron from fire-clay sample showed that both iron and alumina are situated in the octahedral layer of mineral (HORVÁTH 1973; KRAUS et al. 1972) have confirmed that in contrast to kaolinite fire-clay mineral is neither intercalating with K-acetate nor with hydrazine in any grain size fraction. On the basis of these circumstances we assume that fire-clay mineral widely found in Neogene basins of West Carpathians is a particular mineral of the kaolinite group.

3. Age of Kaolinization in Slovakia

In establishing the individual phases suitable for formation of kaolinitic weathering crusts, we set out from sedimentological and climatological criteria. Due to the analysis of these criteria we have come to the opinion, that three fundamental kaolinization phases were evident in the West Carpathian region.

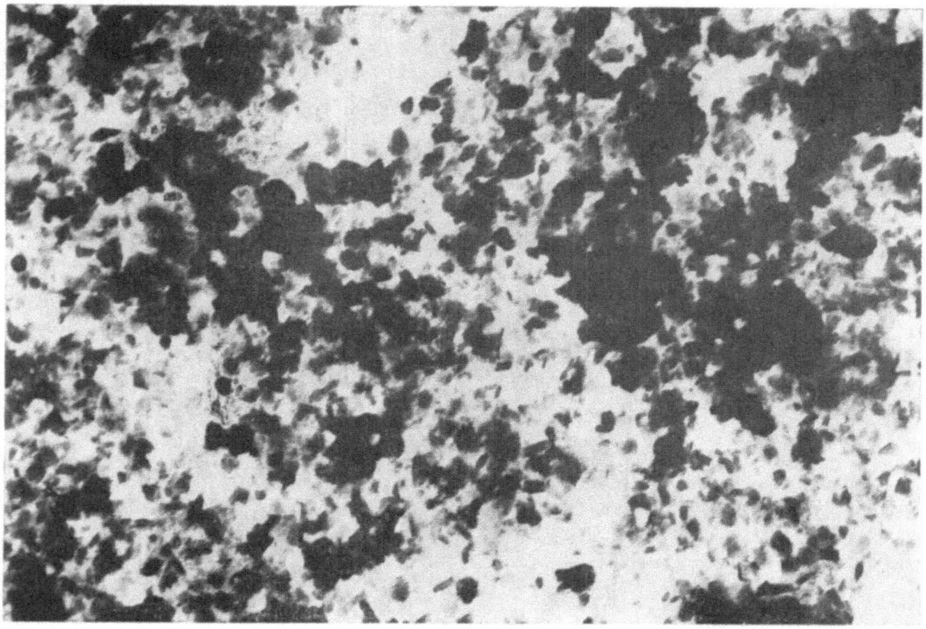

Fig. 7. An electron micrograph showing the particle shape of the below 0.5 μm fraction of fire-clay mineral. Magnification 11000 ×

3.1. Pre-Neogene Phase of Kaolinization

We place it to the Oligocene and pre-Oligocene period. It is evident in the southern and southwestern part of the West Carpathians. There are slightly kaolinized phyllites found in the underlier of sediments of Egerian age, and redeposited kaolinitic clays at the base of the Oligocene. Most probably they represent dying away laterite weathering. Redeposited products of laterite weathering (so-called Ca-bauxites) are known in the Upper Cretaceous, and at the base of the Paleogene in the Central West Carpathians, but mainly in northern Hungary.

The process of kaolinitic weathering in the Paleogene was mainly conditioned by favourable climatic development. The occurrences of land plants in Upper Eocene sediments testify to a tropical, humid climate, analogous to that of the recent Indo-malayan region. To the end of the Oligocene and in the Egerian a partial cooling in the West Carpathians is stated by the majority of authors. PLANDEROVÁ (1962) on the basis of comparison of Egerian forms with recent genera, mentioned an average annual temperature around 20 °C and average precipitation around 1600 mm.

We suppose that this phase did not share more essentially in the origin of the most important kaolin and halloysite deposits in West Carpathians. This is attested by fact that at the southern periphery of these deposits we do not know of any occurrences of redeposited kaolinitic clays in the underlier of the Egerian. Also kaolinitic sands, representing products of residual kaolin deposits, are always found in the direct overlier of Egerian sediments and in the underlier of freshwater kaolinitic clays of the Pliocene age (fig. 8).

3.2. Upper Miocene Phase of Kaolinization

The phase, which proceeded at the boundary between the Sarmatian and Pannonian, had the greatest influence on the formation of kaolinitic weathering crusts in Slovakia. We can place the limits of this process relatively reliable on the basis of sedimentological

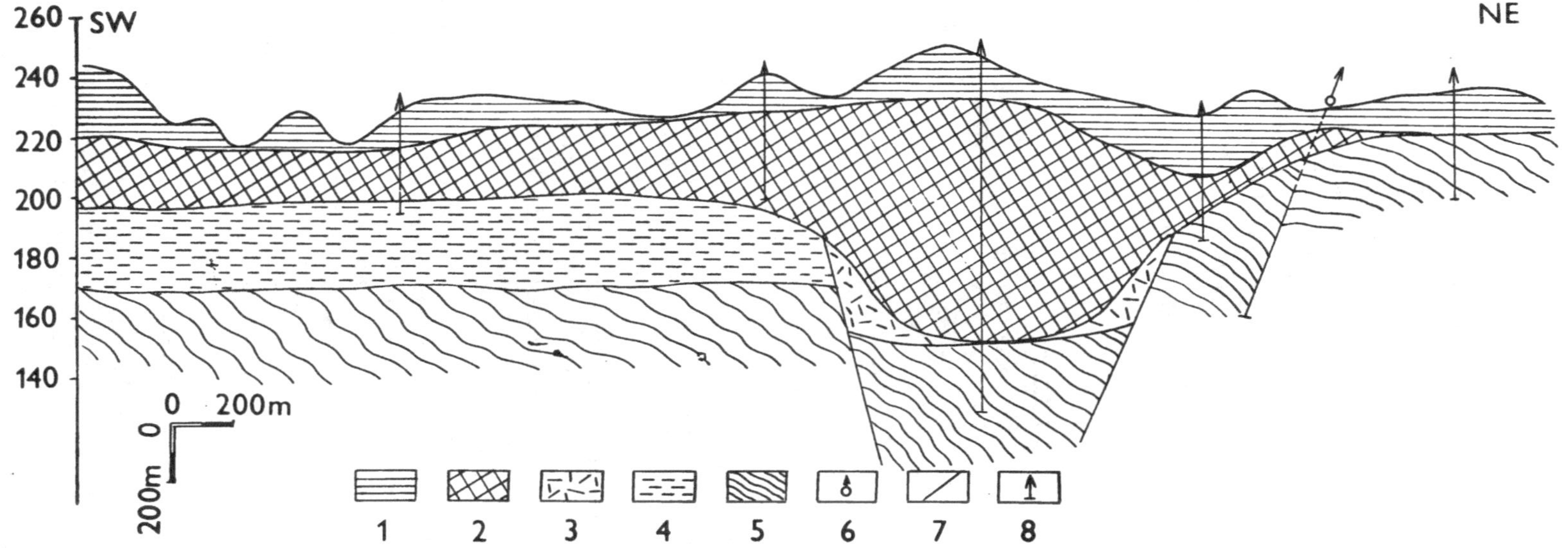

Fig. 8. Geological profile of Lučenecká kotlina basin

1 — the sediments of the Poltár formation (Pliocene); 2 — kaolinitic sands (Sarmatian); 3 — kaolinized phyllites and porphyroids (Gemeride Paleozoic); 4 — clay marls (Egerian); 5 — phyllites and porphyroids (Germeride Paleozoic); 6 — mineral springs; 7 — faults; 8 — boreholes

criteria. The lower limit is indicated by kaolinitic weathering crusts, which originated at the base of andesites and rhyolites of the Upper Badenian to Middle Sarmatian. The upper limit is clearly represented by freshwater clays of the Pliocene age including also the quoted clays of the so-called Poltár formation in the Lučenecká kotlina basin. They are found in this area always in the overlier of residual kaolin deposits, and are an indubitable evidence of intense weathering processes in the pre-Pliocene period. This fact confirms the geological profile through the kaolin deposit at Horná Prievraná (fig. 9). It is the first kaolin deposit in Slovakia. Here are found mother rocks of kaolins—porphyroids and phyllites of the Paleozoic age. Then follows a layer kaolin 25 m thick. In the overlier kaolinitic sands of the Sarmatian age and then kaolinitic clays of the Pliocene age are present. Residual kaolin deposit Horná Prievraná represents typical products of the Upper Miocene phase of kaolinization.

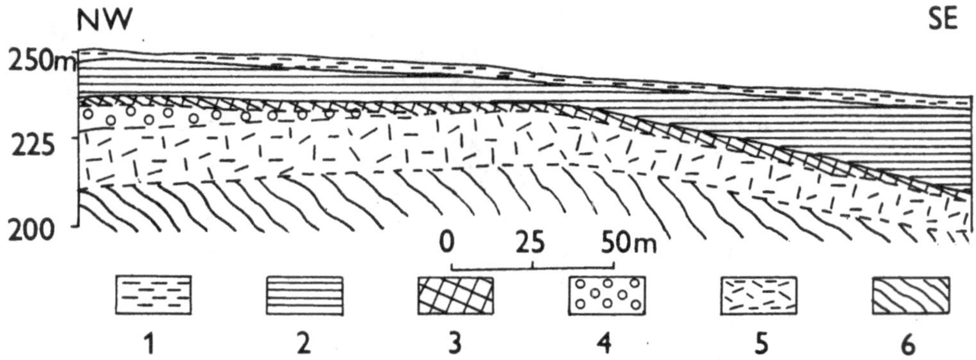

Fig. 9. Geological profile of the kaolin deposits Horná Prievraná (Lučenecká kotlina basin)
1 — Quaternary; 2 — the sediments of the Poltár formation (Pliocene); 3 — kaolinitic sands (Sarmatian); 4 — fossil scree (Upper Sarmatian); 5 — kaolin; 6 — phyllites and porphyroids (Gemeride Paleozoic)

The development of the climate in the Upper Miocene of neovolcanics in central Slovakia on the basis of flora was observed in detail by Sitár (1970). He has found that in the Upper Sarmatian and Pannonian, in contrast to the Lower and Middle Sarmatian, humidity of climate distinctly increased. In the Upper Sarmatian and Pannonian we suppose in this region a subtropical climate with average annual temperatures within the range of 13 to 18 °C and an amount of precipitation from 1000 to 1500 mm. A considerable intensity of weathering processes in that period is also indicated by the occurrence of hydrargillite in clays of the Poltár formation, found by Kraus (1968). Another factor with a favourable effect on the course of kaolinization in that period was the increased amount of CO_2, which came into the atmosphere after termination of principal phases of volcanic activity. This factor, together with a favourable climatic regime, undoubtedly made possible the creating of relatively optimum conditions of kaolinitic weathering in the Upper Sarmatian and Pannonian in West Carpathians.

3.3. Pliocene Phase of Kaolinization

The youngest kaolinization phase in Slovakia is restricted to the region of neovolcanics in eastern Slovakia, where andesite agglomerates and pyroxene andesites of the Pliocene age decomposed. The total thickness of Pliocene weathering crusts does not exceed 5 m. We also know their redeposited products, characterized by a low degree of chemical maturity. This is connected with little favourable climatic conditions, as well as with a relatively short interval of time, during which they were formed. In this way, conditions suitable for the formation of kaolinitic mineral, with a highly disordered structure, an extremely disperse development and the presence of iron in the octahedral layer were created regularly (fig. 7). In spite of the fact that the products of Pliocene kaolinization in eastern Slovakia are little perspective from the technological point of view, because of their uncommonly high contents of iron oxides and titanium, they deserve more attention. They prove, that even with the decrease of temperature, favourable conditions have been created in this area for kaolinitic weathering.

Together with the Upper Miocene kaolinization phase, which took place mainly at the southeastern periphery of neovolcanics in central Slovakia, we have stressed its connection with climax volcanic activity, during which a considerable amount of CO_2 is released into the atmosphere. It is remarkable that so far the Pliocene kaolinization phase has been established exclusively in the neovolcanic region of eastern Slovakia, again linked with the climax volcanic activity (Pontian-Romanian). We therefore suppose that besides a favourable climatic development it was just this factor that played an important part in kaolinitic weathering in Slovakia.

Summary

A scheme is presented for classifying genetically the kaolin deposits of Slovakia, and is based on the mineralogical and chemical composition of minerals of the group of kaolinites from kaolins of the weathering crust of the hydrothermal and sedimentary area. On the basis of sedimentological and climatological criteria three stages of kaolinization are derived for this region.

Zhrnutie

Predkladá sa schéma genetickej klasifikácie ložísk slovenských kaolínov. Genetická klasifikácia je doplnená mineralogickou charakteristikou a chemickým zložením kaolinitických minerálov vyseparovaných z kaolínov reziduálneho, hydrotermálneho a sedimentárneho pôvodu. Na základe sedimentologických a klimatologických kritérií sa stanovili tri fázy kaolinizácie v tejto oblasti.

Zusammenfassung

Es wird ein Schema zur genetischen Klassifikation der Kaolinlagerstätten der Slowakei vorgelegt. Diese genetische Klassifikation beruht auf der mineralogischen und chemischen Zusammensetzung der Minerale der Kaolinitgruppe aus den Kaolinen der Verwitterungsrinde des hydrothermalen und des sedimentären Bereichs. Auf der Basis sedimentologischer und klimatologischer Kriterien werden für diese Region drei Etappen der Kaolinisierung abgeleitet.

Резюме

Предлагается схема генетической класификации месторождений каолинов Словакии. Генетическая класификация дополнена минеральным и химическим составом минералов группы каолинита из каолинов коры выветривания, гидротермальных и осадочных. На основании седиментологических и климатологических критерии были в этом регионе определены три этапы каолинизации.

References

Horváth, I.: Acid dissolution of the fire-clay mineral. — Clay conf., Greifswald (1973), (engl.).

Kraus, I.: Mineralogical-genetical study of clay sediments of the Poltár formation (southern Slovakia). — Geol. sborn. Slov. Akad. Věd, Bratislava **19** (1968) 2, p. 389—406, (engl.).

Kraus, I.; Horváth, I.; Samojova; Gerthofferová, H.: Study of intercalation abilities of kaolinite group minerals. — Geol. sborn. Slov. Akad. Věd. Bratislava **32** (1972) 2, p. 281—295, (engl.).

Kužvart, M.: Kaolin deposits of Czechoslovakia. — Intern. Geol. Congr., Rep 23rd sess., Proc. Symp. 1 — Kaolin deposits of the world, A-Europe, Prague 1969, p. 47—73, (engl.).

Planderová, E.: Poznámky k vývoju flory a ku klimatickým zmenán v neogéne na Slovensku. — Geol. práce, Zošit, Bratislava 63 (1962), p. 147—156, (tschech.).

Sitár, V.: Fosilná flóra sarmatských sedimentov v okolí Močiara na strednom Slovensku. — Bratislava, Comenius Univ., Habil.-work, 1970, 165 p., (tschech.).

Manuskripteingang: 12 Mai 1976

Anschriften der Autoren:

Dr. I. Kraus, Comenius Universität, Fakultät der Naturwissenschaften
ČS - 80100 Bratislava, Žižkova ul. 3

Dr. I. Horváth, Institut für anorganische Chemie der Slowakischen Akademie der Wissenschaften
80934 Bratislava, Dubravskà česta

Schriftenr. geol. Wiss. Berlin 11 (1978) · S. 137—139

Umwandlungsmechanismen bei der Verwitterung von Silikaten und Alumosilikaten zu Kaolinit

E. G. KUKOVSKIJ, Kiew

Die Verwitterung ist die Folge des Übergangs eines homogenen Systems (Gesteine der Lithosphäre) in ein heterogenes (Kontakt der Gesteine der Lithosphäre mit Hydrosphäre und Atmosphäre), wenn eine deutliche Trennungsfläche folgender Phasen entsteht: der flüssigen Phase = Grund- und atmosphärische Wässer und der festen Phase = gesteinsbildende Minerale, die hauptsächlich durch Alumosilikate und Silikate der Hochtemperaturgenerationen vertreten sind. Infolge der hohen Mobilität der flüssigen Phase im Vergleich zur immobilen festen entsteht bei den strukturbildenden Kationen ein hoher Konzentrationsrückgang, was ihre diffuse Abwanderung aus der Oberflächenschicht der festen Phase in die flüssige hinein bewirkt. Die Dauer des nichtstationären Zustands des Systems „Mineral—Wasser" wird durch die Intensität der Gesteinsentwässerung bestimmt.

Die Erhaltung von Texturmerkmalen der Ausgangsgesteine in der Verwitterungskruste belegt, daß im Verwitterungsprozeß der festen Phase eine inkongruente Lösung der Oberflächenschicht erfolgt, bei der die großen Kationen (Alkali- und Erdalkalielemente) teilweise in Form (positiver und negativer) Komplexanionen in die Lösung hineindiffundieren, während Aluminium unbeweglich bleibt. Hierbei werden die verschiedenen gesteinsbildenden Minerale in die Schichtstruktur nur eines Aluminiumsilikats, in den Kaolinit, umgewandelt, indem die Reaktionsfähigkeit allein der Oberflächenschicht der festen Phase mit einer Dicke bis zu drei flachen Anionennetzen (Sauerstoffnetzen) realisiert wird; ferner liegt im zweidimensionalen periodischen Netz (kristallchemisches Prinzip des Silikataufbaus nach BELOV) die Kante des Aluminium-Oktaeders streng proportional zur Spitze des Silizium-Sauerstoff-Tetraeders. Das Aluminium ist in einer solchen Struktur das einzige strukturbildende Kation (KUKOVSKIJ 1973).

Die primäre Struktur des Minerals wird infolge Umwandlung der jeweils folgenden Schicht des festen Ausgangsminerals durch ein schichtiges Verwitterungsprodukt ersetzt. Infolge der fehlenden strukturellen Proportionalität zwischen Ausgangsmodifikation und Neubildung, was ihre epitaxische Verwachsung ausschließt, ist die flüssige Phase ständig mit der Oberfläche der festen Ausgangsphase im Kontakt. Hier zeigt sich am deutlichsten ein Grundprinzip des Verwitterungsmechanismus — die Umwandlung eines ständig wachsenden Teils der festen Phase in eine Oberflächenschicht, für die der Diffusionskoeffizient der strukturbildenden Kationen nur einen Bruchteil des Werts im Vergleich zum Volumen beträgt (MEJER 1972).

Basis dieser Vorgänge ist die mechanische Deformationsarbeit an der Trennfläche, die ihrerseits das Ergebnis anisotroper physikalischer Eigenschaften eines festen Körpers bei täglichen und jahreszeitlichen Temperaturschwankungen ist. Die mechanische Arbeit wird durch die Herabsetzung der Oberflächenfestigkeit der festen Phase bei Adsorption der Wassermoleküle, besonders aber durch die Einwirkung organischer Moleküle der flüssigen Phase an Oberflächendefekten intensiviert. Eine aktive auseinandertreibende Wirkung haben ferner die Partikel des Eisenhydroxidsols, die bei Austritt des Fe-Kations aus der Oberflächenschicht der festen Ausgangsphase entstehen. Experimentell wurde nachgewiesen, daß die Oberflächenaktivität dieser Partikel wesentlich größer ist als die Adsorptionsfähigkeit der Ausgangsminerale und der sie verdrängenden Neubildungen. Kaolinit ist das Endprodukt der „normalen" Verwitterung und Hauptkomponente des Kaolins, der eine streng definierte chemische Zusammensetzung mit einem stabilen Si:Al-Verhältnis in der Struktur hat. Er stellt keine Phase variabler Zusammensetzung dar und jedwede Form der Isomorphie ist ausgeschlossen. Das Silizium tritt ausschließlich in Tetraeder-, das Aluminium in Oktaederstellung auf, Wasser wird nur durch Hydroxyle vertreten.

Dennoch zeigen die Kaolinite verschiedener Lagerstätten bei streng definierter chemischer Zusammensetzung und Dispersitätsgrad in ihren physiko-chemischen Eigenschaften nicht selten wesentliche Unterschiede. Die Röntgen- und Elektronendiffraktionsaufnahmen zeigen in solchen Fällen bereits Bereiche einer geordneten Struktur; sie ist die Widerspiegelung der Auflösung verschiedener Gruppen von Diffraktionsreflexen, was eine gewisse Ordnung in der Überlagerung der ebenen Netze der einen Schicht relativ zu benachbarten Schichten beweist. Die Intensitätsverhältnisse der aufgelösten Reflexe geben die Möglichkeit, den Vollkommenheitsgrad von 1,5—0,3 relativer Einheiten für Strukturen annähernd quantitativ zu bewerten (Kukovskij 1974).

Auf Röntgendiffraktionsbildern mittels Infrarot- und Protonenmagnetoresonanz der Kaolinitspektren unterschiedlicher Strukturen wurde bei kontinuierlichem Erhitzen bis auf 400 °C in speziellen Zusatzgeräten unter ständiger Registrierung der Veränderung der Diffraktions- und Spektralbilder mit steigender Erwärmung eine Abhängigkeit des Strukturbaus von der Anzahl der Wassermoleküle festgestellt, die in den Ringen der Tetraederbasen auf der Schichtoberfläche angeordnet sind. An bestimmten Lagepunkten solcher Moleküle sind die Wechselbeziehungen benachbarter Schichten unterbrochen, wodurch die strenge Periodizität der Kristalle senkrecht zur Fläche der vollkommenen Spaltbarkeit gestört wird. Solche Stellen kann man als Grenzen von kohärenten Dispersionsblöcken betrachten. Letztere umfassen eine bestimmte Anzahl geordneter Schichten und zwar um so mehr, je vollkommener die Kristallstruktur insgesamt ist.

Die Struktur des Kaolinits hängt nicht von der Einwirkungszeit des Wassers auf diesen ab; sie ist ein von der Struktur des Minerals, das dem Kaolinit bei der Verwitterung vorausging, ererbtes Merkmal. Es ist selbst zwangsweise nicht möglich, durch Verfahren unterschiedlichster Art in das System Kaolinit—Wasser Wassermoleküle einzubauen. Man kann jedoch durch Behandlung reiner Kaolinite mit gewissen organischen Substanzen zur Gewinnung organo-kaolinitischer Komplexe die strukturelle Geordnetheit des Minerals durch Vorgänge der Adsorption—Desorption mittels dieser organischen Moleküle herabsetzen (Kukovskij 1975). Letztere werden leicht desorbiert, während die sie begleitenden Wassermoleküle in den Zwischenschichtpositionen verbleiben, wodurch der Vollkommenheitsgrad merklich sinkt; die kohärenten Dispersionsblöcke werden kleiner, die Oberfläche vergrößert sich.

Die Herabsetzung der strukturellen Geordnetheit des Kaolinits bei der Reaktion mit organischen Molekülen gibt die Möglichkeit, weitere Ursachen der Lateritverwitterung aufzudecken. Diese wird so zu einem Prozeß, der unter den besonderen Bedingungen der inkongruenten Lösung der Ausgangsminerale oder des Endprodukts der „normalen" Verwitterung des Kaolinits verläuft.

Bei der intensiven mechanischen Deformationsarbeit sind organische Moleküle und Partikel des Eisenhydroxidsols beteiligt. Es kommt zu einem gleichzeitigen aktiven Übergang zahlreicher Fragmente der festen Phase in den Zustand einer Oberflächenschicht. Dabei wird eine völlige Abtrennung der Kieselsäure vom Aluminiumhydroxid erreicht; letzteres verdichtet sich zum Bauxitlager.

Zusammenfassung

Der Verwitterungsvorgang, der unter anderem zur Bildung des hier betrachteten Kaolinits führt, wird als Folge des Übergangs eines homogenen Systems (feste Gesteine) in ein heterogenes (Kontakt der Lithosphäre mit Hydro- und Atmosphäre) gedeutet. Die Oberfläche der festen Phase hat dabei ständigen Kontakt mit der flüssigen Phase. So wird ein stetig wachsender Teil der gesteinsbildenden Minerale in Kaolinit mit Schichtstruktur umgewandelt. Trotz streng definierter chemischer Zusammensetzung und einem festen Si:Al-Verhältnis kommt es zu unterschiedlichen Eigenschaften des Kaolinits verschiedenster Lagerstätten. Röntgen- und Elektronendiffraktionsuntersuchungen erbrachten nun den Nachweis, daß auf den Schichtoberflächen eine unterschiedliche Anzahl von Wassermolekülen liegen. Diese vom Ausgangsmineral ererbte Eigenart führt zu den wechselnden physikochemischen Eigenschaften der Kaolinite. Zwangsweiser Einbau der Wassermoleküle ist nicht möglich. Eine Erhöhung ihres Anteils ist durch gewisse organische Substanzen gegeben. Hier liegt vielleicht eine Erklärung für die Ursachen der Lateritverwitterung.

Резюме

Процесс выветривания, в результате которого образуется исследуемый каолинит, является последствием перехода гомогенной системы (твердые породы) в гетерогенную систему (контакт литосферы с гидросферой и атмосферой). Поверхность твердой фазы находится при этом в постоянном контакте с жидкой фазой. Таким образом, все нарастающая доля породообразующих минералов подвергается преобразованию в каолинит с слоистой структурой. Несмотря на то, что каолинит характеризуется определенным химическим составом и определенным соотношением Si : Al, каолинит различных месторождений обнаруживает разные свойства. В результате рёнтгеновских исследовании и исследовании электронной диффакции установлено, что на поверхностях слоистости расположено различное количество молекул воды. Данное, связанное с исходным материалом обстоятельство обуславливает разные физикохимические свойства каолинитов. Направленному включению в решетку молекулы воды не поддаются. Увеличение количества молекул воды наблюдается в связи с наличием органических веществ. Возможно, в этом мы находим основу причин латеритного выветривания.

Summary

The weathering process that, inter alia, leads to the formation of the kaolinite described in the present article, is interpreted as a result of a homogeneous systems (solid rocks) passing into a heterogeneous one (contact of the lithosphere with the hydrosphere and atmosphere). The surface of the solid phase is in continuous contact with the liquid phase. Thus a continuously growing part of the rock-forming minerals is altered into kaolinite with bedding structure. In spite of a strictly defined chemical composition and a fixed Si to Al ratio the kaolinite of some deposits shows different properties. It was shown by X-ray and electron diffraction studies that a different number of water molecules lies on the surfaces of the beds. This peculiarity was inherited from the initial mineral and produces varying physico-chemical kaolinite properties. The water molecules cannot forcibly be incorporated, an increase of their portion being given by certain organic substances. This perhaps explains the causes of laterite weathering.

Literatur

KUKOVSKIJ, E. G.: Prevaščenija sloistych silikatov. — Kiev: izd. Naukova dumka 1973, (russ.).
— In: Kaoliny. — Moskva: izd. Nauka 1974, (russ.).
— In: Litologija i poleznye iskopaemye. — Moskva (1975) 2, (russ.).
MEJER, K.: In: Fiziko-chimičeskaja kristallografija. — Moskva: izd. Metallurgija 1972, (russ.).

Manuskripteingang: 12. Mai 1976

Übersetzung aus dem Russischen: Dipl.-Min. W. OESTREICH, Zentrales Geologisches Institut Berlin

Anschrift des Autors:
Dr. E. G. KUKOVSKIJ, Akademie der Wissenschaften der Ukrainischen SSR
Institut für Geochemie und Physik der Minerale, SU — Kiew

Schriftenr. geol. Wiss. · Berlin 11 (1978) · S. 141–147

Bestimmung des Montmorillonitschichtanteils im Wechsellagerungsmineral des Kaolins von Kemmlitz

Von KARL-FRIEDRICH LANDGRAF, Greifswald

Mit 4 Tabellen

1. Einleitung

Die im Gebiet von Kemmlitz vorkommenden Kaoline enthalten neben Kaolinit und Quarz unterschiedliche Mengen eines unregelmäßigen Illit-Montmorillonit-Wechsellagerungsminerals mit überwiegendem Illitschichtanteil. Wichtige verarbeitungstechnologische Eigenschaften der Kaoline, wie Trockenbiegefestigkeit, Filterleistung, Preßzeit und Sedimentationsverhalten, werden unter anderem wesentlich von diesem Mineral beeinflußt (STÖRR 1966; STÖRR & SCHWERDTNER 1966). Aus Tab. 1 sind die wichtigsten röntgenographischen Merkmale des am häufigsten vorkommenden Typs ersichtlich. Ein derartiges Mineral wurde bereits im Jahre 1959 von RADCZEWSKI & BALDEN in der Schlettaer Erde festgestellt und beschrieben, einem Material, das in genetischer Beziehung zum Kaolin von Seilitz steht, der sich durch einen besonders hohen Gehalt an Wechsellagerungsmineral auszeichnet (STÖRR 1967).

Tab. 1. Röntgenographische Merkmale des Wechsellagerungsminerals im Kaolin von Kemmlitz

Vorbehandlung	$d_{(001)/(001)}$ (Å)
unbehandelt	ca. 11,5
350 °C	ca. 10,2
Glyzerin	ca. 13,0
Glykol	ca. 12,5
K^+-belegt	ca. 10,5
$d_{(060)}$	ca. 1,5

Im folgenden wird die Schichtzusammensetzung des Wechsellagerungsminerals im Kemmlitzer Kaolin mit einem auf dem Lichtbrechungseffekt organischer Zwischenschichten beruhenden Bestimmungsverfahren (LANDGRAF 1976) untersucht. Herkunft und Mineralzusammensetzung des Untersuchungsmaterials sind aus Tab. 2 ersichtlich. Die ersten sechs Proben stammen aus besonders wechsellagerungsreichen Partien im Kaolin bzw. in den angewitterten Nebengesteinen. Die letzten drei Proben sind kleintechnisch aufbereitete Bemusterungsproben aus dem Kaolin.

2. Untersuchungsmethodik

Für die mittlere Lichtbrechung von Montmorilloniten mit organischen Zwischenschichten gilt näherungsweise

$$n_M = \delta_S n_S + \delta_Z n_Z \quad \text{wobei} \quad \delta_S + \delta_Z = 1 \qquad (1)$$

Es bedeuten n_M die mittlere Lichtbrechung des Organo-Montmorillonit-Komplexes, δ_S und δ_Z die Volumenanteile sowie n_S und n_Z die Lichtbrechungen der Silikat- bzw.

Tab. 2. Herkunft und Mineralzusammensetzung der untersuchten Proben (nach Mühlenberg 1975)

Proben-bezeichnung	Herkunft der Probe	Mineralzusammensetzung in Gew.-%		
		Kaolinit	Quarz	Wechsellagerungs-mineral
A	Tagebau Glückauf, Südostfeld	14	1	85
F	Tagebau Glückauf, Südostfeld	23	1	76
G	Tagebau Glückauf Nordostfeld, Grüner Gang	5	23	72
K	Tiefbau Glückauf, Siloschacht, Nähe Grüner Gang	5	3	92
S	Stieglitzberg bei Kemmlitz, angewittertes porphyrisches Gestein	1	1	98
T	Tagebau Fortschritt, Nordstoß, verwitterter Tuff	1	40	59
V	Tagebau Glückauf, Südostfeld	57	1	41
287	Tagebau Glückauf, Nordostfeld	55	1	44
290	Tagebau Glückauf, Nordostfeld	70	1	29

der organischen Zwischenschichten. Die Volumenanteile δ_S und δ_Z können aus den nach vollständiger Kontraktion bzw. Quellung röntgenographisch gemessenen Basisabständen d_S und d_M berechnet werden. Die Lichtbrechungen n_S und n_M sind nach Kontraktion bzw. Quellung direkt zu messen. Damit ist n_Z, die Lichtbrechung der organischen Zwischenschichten, bestimmt.

Formel (1) gilt in entsprechender Weise für Organo-Komplexe von Wechsellagerungsmineralen der Reihe Muskovit—Montmorillonit. Die Lichtbrechungen n_S und n_M sind auch hier direkt meßbar. Nimmt man an, daß die organischen Zwischenschichten in der Montmorillonit-Komponente der Wechsellagerung die gleiche Lichtbrechung n_Z aufweisen wie im entsprechenden Organo-Montmorillonit, so können δ_S sowie δ_Z und hieraus die Mengenanteile der beiden Schichtkomponenten der Wechsellagerung bestimmt werden.

Für Bestimmungen des Montmorillonitschichtanteils von Wechsellagerungsmineralen nach diesem Prinzip erwies sich die Verbindung Tetraphenylphosphoniumbromid als besonders geeignet.

Das Kation dieser Verbindung wird selektiv gegen anorganische Kationen eingetauscht, wobei die Tonmineraloberfläche hydrophobiert wird. Mit diesem Kation belegte Montmorillonite erhalten einen der Größe des Kations entsprechenden Basisabstand von 18,6 Å (Mittelwert aus Messungen an zehn verschiedenen Montmorilloniten). Gleichzeitig wird die Lichtbrechung im Mittel um 0,07 erhöht, bezogen auf die Lichtbrechung des kontrahierten Montmorillonits.

Aus dem theoretischen Basisabstand kontrahierter Montmorillonite $d_S = 9{,}5$ Å und den an zehn verschiedenen Montmorilloniten gemessenen Werten von d_M, n_S und n_M wurde für die Lichtbrechung der Tetraphenylphosphonium-Zwischenschichten ein mittlerer Wert von $n_Z = 1{,}706$ berechnet. Für den Volumenanteil der Tetraphenylphosphoniumschichten in den Wechsellagerungsmineralen ergibt sich dann nach (1)

$$\delta_Z = \frac{n_M - n_S}{1{,}706 - n_S} \qquad (2)$$

wobei n_S und n_M hier die an den Wechsellagerungsmineralen nach vollständiger Kontraktion bzw. Quellung gemessenen Lichtbrechungen der Silikatschichten bzw. der Organo-Komplexe bedeuten.

Bei Ansetzung der theoretischen Basisabstände für die kontrahierten Montmorillonit- bzw. Glimmerschichten $d_S = 9{,}5$ Å und $d_S = 10{,}0$ Å, dem mittlereren gemessenen Basisabstand des Tetraphenylphosphonium-Montmorillonits $d_M = 18{,}6$ Å und der Dicke der Tetraphenylphosphonium-Zwischenschicht $d_Z = d_M - d_S = 9{,}1$ Å ergibt sich für den Prozentanteil der Montmorillonitschichten in der Wechsellagerung

$$p_M = \frac{100\delta_Z}{0{,}91 - 0{,}86\delta_Z} \tag{3}$$

Zur Messung der Lichtbrechung n_S (Lichtbrechung der Silikatschichten plus Zwischenschichtkationen ohne Zwischenschichtwasser) wurden die zu untersuchenden Wechsellagerungsminerale 1 h bei 300 °C getempert und dann sofort in Mischungen aus α-Monobromnaphthalin und Brombenzol dispergiert. Bei diesen beiden Flüssigkeiten ist eine Beeinflussung des Brechungsindex infolge Zwischenschichtabsorption nicht zu befürchten (Hoppe & Landgraf 1966).

Zur Messung der Lichtbrechung n_M (Lichtbrechung der Silikatschichten plus Tetraphenylphosphonium-Zwischenschichten) wurden die Proben mit einer gesättigten wäßrigen Lösung von Tetraphenylphosphoniumbromid behandelt, ausgewaschen, getrocknet und dann ebenfalls in Mischungen der genannten Flüssigkeiten dispergiert.

Die Lichtbrechungen n_S und n_M wurden mit einer von Landgraf (1964) vorgeschlagenen Apparatur nach folgendem Meßprinzip bestimmt. Die Lichtdurchlässigkeit einer Suspension weist bei Gleichheit der Brechungszahlen von Flüssigkeit und Feststoff infolge Fortfall des Tyndall-Effekts ein Maximum auf. Die Temperaturabhängigkeit der Brechungszahl ist bei Flüssigkeiten um ein bis zwei Zehnerpotenzen größer als bei Feststoffen. Wählt man eine Flüssigkeit, deren Brechungszahl über der des Feststoffs liegt, wird bei Erwärmen der Suspension bei einer bestimmten Temperatur infolge Gleichheit der Brechungszahlen ein Maximum der Lichtdurchlässigkeit zu beobachten sein. Die Lichtbrechung des Feststoffs ist gleich der Lichtbrechung der Flüssigkeit bei der Temperatur des Lichtdurchlässigkeitsmaximums. Nach diesem Prinzip kann die mittlere Lichtbrechung kleiner bis submikroskopischer Teilchen bestimmt werden. Bei der benutzten Apparatur beträgt die Genauigkeit der Brechungszahlbestimmung $\pm 0{,}001$ (Standardabweichung). Die α-Monobromnaphthalin—Brombenzol—Tonmineral—Suspensionen werden unter ständigem Rühren kontinuierlich von ca. 15 auf ca. 95 °C erwärmt und dabei gleichzeitig die Temperatur der Suspensionen und die Intensität des durchfallenden Lichts einer Natriumdampflampe mit einer DTA-Registriereinheit aufgezeichnet. Die Brechungszahlen der Meßflüssigkeiten und deren Temperaturkoeffizienten werden vorher refraktometrisch bestimmt.

3. Resultate und Diskussion

Die aus dem Lichtbrechungseffekt von Tetraphenylphosphoniumzwischenschichten berechneten Montmorillonitschichtanteile im Wechsellagerungsmineral der untersuchten Proben sind aus Tab. 3 ersichtlich. Die Montmorillonitschichtanteile wurden entsprechend der in Tab. 2 angegebenen Mineralzusammensetzung der Proben jeweils auf 100% Wechsellagerungsmineral umgerechnet. Danach variiert der Montmorillonitschichtanteil im Wechsellagerungsmineral des Kemmlitzer Kaolins zwischen 16 und 31% bei einem Mittelwert von 22%.

In Spalte 3 der Tab. 3 sind die an den gleichen Proben röntgenographisch bestimmten Montmorillonitschichtanteile (Mühlenberg 1975) angegeben. Es sind jeweils die Mittelwerte der aus den gemessenen d-Werten von acht verschiedenen Reflexen nach den Auswertekurven in Brown (1961) bestimmten Montmorillonitschichtanteile. Die zur Auswertung herangezogenen Reflexe sind aus Tab. 4 ersichtlich. Danach variiert der

Tab. 3. Lichtbrechungseffekt von Tetraphenylphosphonium-Zwischenschichten und röntgenographisch bestimmte Montmorillonitschichtanteile im Wechsellagerungsmineral des Kemmlitzer Kaolins

Probe	Montmorillonitschichtanteil (%)		Δ (%)
	aus dem Lichtbrechungseffekt	röntgenographisch	
A	24	33	9
F	16	22	6
G	22	22	0
K	24	24	0
S	19	28	9
T	17	16	1
V	24	23	1
287	20	19	1
290	31	26	5
Mittel	22	24	4

Δ = Differenz zwischen den aus dem Lichtbrechungseffekt und den röntgenographisch bestimmten Werten

Tab. 4. Zur röntgenographischen Bestimmung des Montmorillonitschichtanteils herangezogene Reflexe

Reflex	Kation	Glyzerin
001/001	Na^+	–
001/001	Mg^{++}	–
003/004	Na^+	–
003/003	Mg^{++}	–
001/001	Na^+	+
001/002	Na^+	+
002/004	Na^+	+
003/006	Na^+	+

Montmorillonitschichtanteil im Wechsellagerungsmineral des Kemmlitzer Kaolins zwischen 16 und 33% bei einem Mittelwert von 24%.

Die Differenzen zwischen den aus dem Lichtbrechungseffekt und den röntgenographisch bestimmten Montmorillonitschichtanteilen betragen im Mittel 4%, maximal 9% absolut (18 bzw. 47% relativ).

Die mittlere Differenz (bezogen auf die verschiedenen Reflexe) zwischen dem aus dem d-Wert eines einzelnen Reflexes bestimmten Montmorillonitschichtanteil und dem aus den d-Werten aller acht Reflexe errechneten Mittelwert beträgt durchschnittlich (bezogen auf die verschiedenen Proben) 4%, maximal 10% absolut (17 bzw. 30% relativ). Das heißt, die Differenz zwischen dem aus dem Lichtbrechungseffekt (eine Messung) und dem röntgenographisch bestimmten (acht Messungen) Montmorillonitschichtanteil liegt innerhalb der bei Heranziehung unterschiedlicher Reflexe erhaltenen Abweichungen.

Die nach den beiden Methoden erhaltenen Mittelwerte (22% bzw. 24%) für den Montmorillonitschichtanteil im Wechsellagerungsmineral des Kemmlitzer Kaolins zeigen eine sehr gute Übereinstimmung.

Bei der Diskussion der aus der Messung des Lichtbrechungseffekts erhaltenen Ergebnisse ist folgendes zu beachten:

1. Es wird der Summeneffekt der gesamten in der Probe vorhandenen quellfähigen Tonmineralanteile gemessen. Das heißt, es kann nicht zwischen in der Wechsellagerung enthaltenen Montmorillonitschichtanteilen und Montmorillonit als separater Mineralphase unterschieden werden. Bei den untersuchten Proben kann jedoch nach detaillierten röntgenographischen Untersuchungen das Vorhandensein von Montmorillonit ausgeschlossen werden.

2. Der Einfluß der nicht quellfähigen Minerale (Quarz, Kaolinit) auf das Meßergebnis ist abschätzbar, da diese Minerale den Lichtbrechungseffekt nicht zeigen.

3. Der Berechnung des Montmorillonitschichtanteils liegt eine künstliche Aufteilung der mixed-layer-Struktur in nicht quellfähige Schichten (Muskovitschichten) und vollständig quellfähige Schichten (Montmorillonitschichten) zu Grunde. Dabei wird angenommen, daß die organischen Zwischenschichten in den Organo-Komplexen der Wechsellagerungsminerale dieselben Eigenschaften (Lichtbrechung n_Z, Dicke d_Z) wie in Montmorilloniten aufweisen.

Bei der Diskussion der aus röntgenographischen Messungen erhaltenen Ergebnisse ist folgendes zu beachten:

1. Es wird nur der Montmorillonitschichtanteil des Wechsellagerungsminerals bestimmt.

2. Die vorhandenen nicht quellfähigen Minerale (Quarz, Kaolinit) stören nicht.

3. Bei der röntgenographischen Bestimmung wird gleichfalls davon ausgegangen, daß die Wechsellagerungsstruktur aus nicht quellfähigen und vollständig quellfähigen Schichten mit Montmorilloniteigenschaften besteht.

Zusammenfassung

Der Kaolin von Kemmlitz enthält wechselnde Mengen eines Illit-Montmorillonit-Wechsellagerungsminerals, dessen Mengenanteil mit wichtigen verarbeitungstechnologischen Kennwerten korreliert. Es wird der Montmorillonitschichtanteil in der Wechsellagerungsstruktur mit einem auf dem Lichtbrechungseffekt organischer Zwischenschichten (Tetraphenylphosphonium-Zwischenschichten) beruhenden Verfahren bestimmt. Hierbei kommt ein auf dem Tyndall-Effekt beruhendes Meßverfahren zur Bestimmung der mittleren Lichtbrechung kleiner bis submikroskopischer Teilchen zur Anwendung. Die Wechsellagerungsstruktur enthält zwischen 16 und 31% Montmorillonitschichten bei einem Mittelwert (neun Proben) von 22%. Ein Vergleich mit röntgenographisch bestimmten Werten (Mittelwert 24%) zeigt gute Übereinstimmung.

Резюме

Расположенные под Кеммлитцом (обл. Лейпциг) каолины содержат наряду с каолинитом с кварцем чередующиеся количества иллитового-монтмориллонитового смешслойного минерала. Важные технологические качества каолина, как определение прочности на изгиб после сушки, мощность фильтрования, фильтрирующаяся способность, седиментационное поведение и т. д. существенно обусловливаются этим минералом. Определяется доля монтмориллонитового слоя в смешслойной структуре при помощи приема, обоснованного на переломлении света органических промежуточных слоев.

Для переломления света глинистых минералов с органическими промежуточными слоями действует с приближенным значением

$$n_M = \delta_S n_S + \delta_Z n_Z$$

причем $\delta_S + \delta_Z = 1$, n_M — среднее переломление света органно-глинного комплекса, δ_S и δ_Z объемные содержания и n_S и n_Z переломления света силикатовых соответственно органических промежуточных слоев. У иллитовых-монтмориллонитовых смешслойных минералов объемное содержание органических промежуточных слоев δ_Z пропорционально долям монтмориллонитового слоя. Для определения δ_Z непосредственно измеряются переломления света n_M и n_S. На место переломления света органических промежуточных слоев n_Z ставят полученное на чистом монтмориллоните значения.

Для определения по этому принципу доли монтмориллонитового слоя особенно годится соединение тетрафенилфосфонийбромида ввиду большого эффекта переломления света (среднее переломление света тетрафенилфосфонийбромидовых промежуточных слоев $n_Z = 1{,}706$) и гидрофобного действия.
Значения переломления света определяют измерительным приемом, обоснованным на эффекта Тиндаля.

Исследуются восемь проб из каолина и мало выветренной вмещающей породы, которые содержат очень много смешслойных минералов. Смешслойная структура содержит от 16 до 31% слоев монтмориллонита. Среднее значение — 22%. Сопоставление значений, полученных при помощи рентгенографии (среднее значение — 24%) свидетельствует о хорошем соответствии.

Summary

The kaolins of the Kemmlitz region consist of kaolinite, quartz and varying amounts of illite-montmorillonite mixed-layer mineral. Important engineering properties of the kaolins, such as dry bending strength, filtration rate, pressing time, and sedimentation behaviour are more or less related to this mineral. The volume proportion of the montmorillonite layers in the mixed-layer structure is determined by a special procedure based on the refraction effect of organic layers, introduced into the interlayer space of the montmorillonite layers. The refraction of light by clay minerals containing organic interlayers can be calculated using the formula

$$n_M = \delta_S n_S + \delta_Z n_Z \quad \text{where} \quad \delta_S + \delta_Z = 1$$

n_M designating the mean refraction index of the organo-clay complex, δ_S und δ_Z designating the volume proportion of the silicate layers and organic interlayers respectively, and n_S and n_Z designating the refraction indices of these layers. In illite-montmorillonite mixed-layer minerals the volume proportion of the organic interlayers δ_Z is proportional to the percentage of montmorillonite layers. δ_Z is determined by direct measurements of the refraction indices n_M and n_S. For the refraction index of the organic interlayers n_Z the value found for pure montmorillonites is substituted.

For the determination of the volume proportion of the montmorillonite layers by means of this method tetraphenyl phosphonium bromide is especially suitable because it has a rather high refractivity (mean refraction index of the tetraphenyl phosphonium interlayers $n_Z = 1.706$) and a pronounced hydrophobic effect on the clay surface.

The refraction indices are determined by means of a measuring method based on the Tyndall effect.

Nine samples taken from mixed-layer rich areas of the kaolin and from the partly weathered neighbouring rock were examined. The mixed-layer mineral was found to be composed of 16—31 per cent montmorillonite layers, the mean value being 22 per cent. This is in good correspondence with the values obtained by x-ray procedures (mean value 24 per cent).

Literatur

Brown, G.: The x-ray identification and crystal structures of clay minerals. — London: Miner. soc. 1961, (engl.).

Hoppe, G.; Landgraf, K.-F.: Zur Lichtbrechung von Montmorillonit mit organischen Zwischenschichten. — Naturwissenschaften, Berlin u. a. **53** (1966) 4, S. 104—105.

Landgraf, K.-F.: Ein Apparat zur Bestimmung der Lichtbrechung submikroskopischer Teilchen. — Silikattechnik, Berlin **15** (1964) 9, S. 297—299.

— Bestimmung des Montmorillonitschichtanteils in Wechsellagerungsmineralen auf der Basis von Lichtbrechungsmessungen an Organo-Tonkomplexen. — Schriftenr. geol. Wiss., Berlin 5 (1976), S. 99—108.

MÜHLENBERG, B.: Röntgenographische und thermische Untersuchungen an Wechsellagerungsmineralen aus Kaolinlagerstätten im Gebiet von Kemmlitz, Krs. Oschatz. — Greifswald, E.-M.-Arndt-Univ., Dipl.-Arb., 1975.

RADCZEWSKI, O. E.; BALDEN, H. J.: Röntgenographische und elektronenoptische Untersuchungen an der Schlettaer Erde. Interferenzbilder hoher Auflösung von einzelnen Kristallen. — Fortschr. Mineral., Stuttgart **37** (1959), S. 74—78.

STÖRR, M.: Zur Mineralogie der geschlämmten Industrie-Kaoline der DDR. — Sprechsaal für Keramik, Glas, Email, Silikate, **99** (1966) 23, S. 1035—1043.

— Mineralogische und technologische Untersuchungen des Kaolins von Seilitz bei Meißen. — Silikattechnik, Berlin **18** (1967) 5, S. 150—156.

STÖRR, M.; SCHWERDTNER, G.: Mineralogische und technologische Untersuchungen an Kaolinen aus dem Raum Kemmlitz/Sachsen. — Ber. deutsch. keram. Ges., **43** (1966), S. 539—546.

Manuskripteingang: 18. August 1976

Anschrift des Autors:

Dr. K.-F. LANDGRAF, Ernst-Moritz-Arndt-Universität, Sektion Geologische Wissenschaften
DDR - 22 Greifswald, Friedrich-Ludwig-Jahn-Straße 17a

Schriftenr. geol. Wiss. · Berlin 11 (1978) · S. 149—164

Rasterelektronenmikroskopische Untersuchungen an verwitterten Gesteinen und Kaolinen

Von PETER LANGE, Weimar

Mit 19 Abbildungen

1. Einleitung

Die rasterelektronenmikroskopische Untersuchung von Gesteinen ist in der DDR bislang nur in sehr geringem Umfang zur Klärung geologischer Sachverhalte angewandt worden. Einleitend sollen deshalb einige Ausführungen über die Untersuchungsmethode gemacht werden.

Die Rasterelektronenmikroskopie (REM) ist in der Zielstellung der optischen Auflichtmikroskopie vergleichbar. Zur Bilderzeugung werden Sekundärelektronen benutzt, die bei der Wechselwirkung des Elektronenstrahls mit den Atomen des Probematerials entstehen. Die Sekundärelektronenausbeute und damit die Helligkeit eines Bildpunkts ist von der Lage der Probenoberfläche zum Elektronenstrahl abhängig. Indem der Strahl, dessen Durchmesser bei 50 Å liegt, rasterförmig über ein bestimmtes Flächenelement hinweggeführt wird und die Sekundärelektronenausbeute auf einer Braunschen Röhre für jeden Bildpunkt dargestellt wird, entsteht auf dem Leuchtschirm der Braunschen Röhre ein getreues Abbild der Probenoberfläche. Dieses Abbild der Probenoberfläche ist durch hohe Tiefenschärfe und guten Kontrast gekennzeichnet. Das Auflösungsvermögen der Rasterelektronenmikroskope liegt bei 100 Å. Somit sind Vergrößerungen zwischen 100:1 und 100000:1 möglich. Damit sind die Vorteile der REM gegenüber der optischen Mikroskopie umrissen. Der Vorteil der REM gegenüber der Transmissionselektronenmikroskopie besteht in der höchst einfachen Präparation. Nichtleitende Proben müssen lediglich mit einer dünnen leitfähigen Schicht (Kohlenstoff, Gold, Silber oder ähnlichem) überzogen werden. Sie wird im Vakuum aufgedampft.

Auf Grund der leichten Präparation und der aufgezeigten Vorteile der Methode eignet sich die REM sehr gut zum Studium geologischer bzw. mineralogischer Objekte, zumal die REM gleichzeitig mit einer Elektronenstrahlmikrosonde gekoppelt werden kann. Insbesondere lassen sich Verwitterungsvorgänge durch rasterelektronenmikroskopische Untersuchung sehr eindrucksvoll illustrieren. Die Tonmineral-Neubildungen und das Gefüge dieser Neubildungen sind am besten an der Gesteinsbruchfläche zu studieren. Die Mineraldiagnose und die Gefügeuntersuchung der unverwitterten oder teilweise verwitterten Gesteine lassen sich leicht am geätzten Anschliff vornehmen. Die Mikroporosität der Gesteine kann am besten an gut gereinigten oder schwach geätzten Anschliffen beobachtet werden.

2. Das Porengefüge verwitterter Gesteine

Durch die petrophysikalischen Untersuchungen von Verwitterungsprofilen (z. B. KONDRAČUK 1958; LISICINA 1966; LANGE & PUTSCHER 1969) war seit langem bekannt, daß die Porosität der Gesteine mit steigendem Verwitterungsgrad stark zunimmt. Diese Zunahme läßt sich leicht durch die Wasseraufnahmeprüfung nachweisen (HAMROL 1961; LANGE 1974). Jüngste Messungen mit dem Quecksilberporosimeter bestätigten die starke Porositätszunahme im Gefolge der Verwitterung (Abb. 1—3). Sie brachten hinsichtlich der Porenverteilung ein überraschendes Ergebnis. Es konnte bei allen untersuchten Gesteinen im verwitterten Zustand eine starke Zunahme der Poren in der Größenordnung von 0,1—1,0 μm festgestellt werden. Stattdessen hätte man erwartet, daß die Lösungsprozesse in den verwitterten Gesteinen eine Vergrößerung der ursprünglich vorhandenen Mikroporen bedingen und die Porenverteilung gegenüber den frischen Gesteinen einen höheren Anteil größerer Poren aufweist als im frischen Gestein.

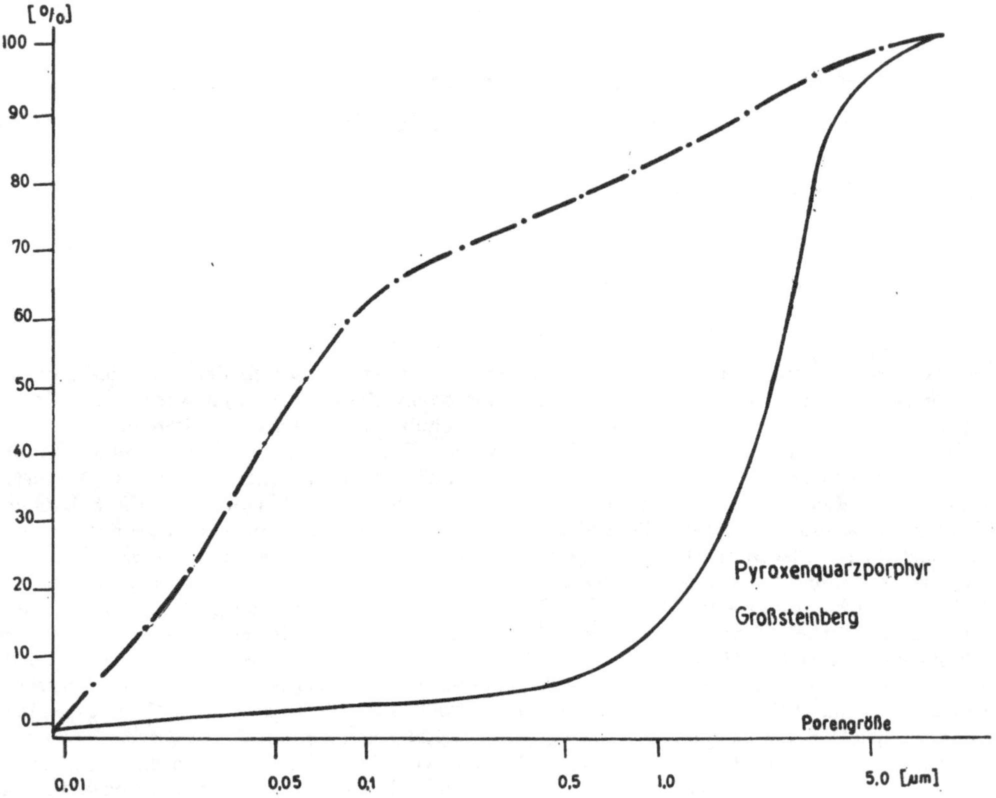

Abb. 1. Porenverteilung im Pyroxenquarzporphyr von Großsteinberg nordwestlich Grimma
ausgezogene Linie: frisches Gestein; strichpunktierte Linie: verwittertes, aber noch nicht kaolinisiertes Gestein

Die Porengrößenverteilung verwitterter Gesteine scheint abhängig zu sein von der Porenverteilung im Ausgangsgestein. Während Grauwacke und Pyroxenquarzporphyr bei etwa gleicher ursprünglicher Porenverteilung eine fast identische Porenverteilung im verwitterten Zustand aufweisen, weicht der Granodiorit von dieser Porenverteilung sowohl im Ausgangszustand wie im verwitterten Zustand ab. Dagegen scheint sie unabhängig vom Alter der Verwitterungskruste zu sein. Während der verwitterte Pyroxenquarzporphyr der kretazisch-tertiären Verwitterungskruste angehört, liegt bei der Grauwacke eine oberkarbonisch-unterpermische Verwitterung vor. Die Anzahl der Porosimetermessungen ist allerdings noch zu gering, um über diese nur tendenziellen Angaben hinaus weitere Ableitungen zu treffen.

Die Ergebnisse der Porositätsmessungen waren Anlaß, der Porenbildung beim Verwitterungsprozeß mit Hilfe des Rasterelektronenmikroskops nachzugehen. Im folgenden sollen die dabei ermittelten Ergebnisse dargestellt werden, jedoch muß — um den Umfang der Arbeit nicht zu einem Bildkatalog auszudehnen — die Darstellung exemplarisch erfolgen. Es wurden hierzu Pyroxenquarzporphyr der Lagerstätten Großsteinberg und Holzberg sowie Granodiorit bzw. Granit der Lagerstätten Kindisch und Berbersdorf ausgewählt.

Die natürliche Mikroporosität ist, wie Abb. 4 zeigt, vornehmlich an Mikrorisse in Quarzeinsprenglingen und an Mikroporen in der Grundmasse gebunden. Die Mikroporen liegen sehr häufig an den Rändern von Quarzkörnern (Abb. 4). Dagegen können in

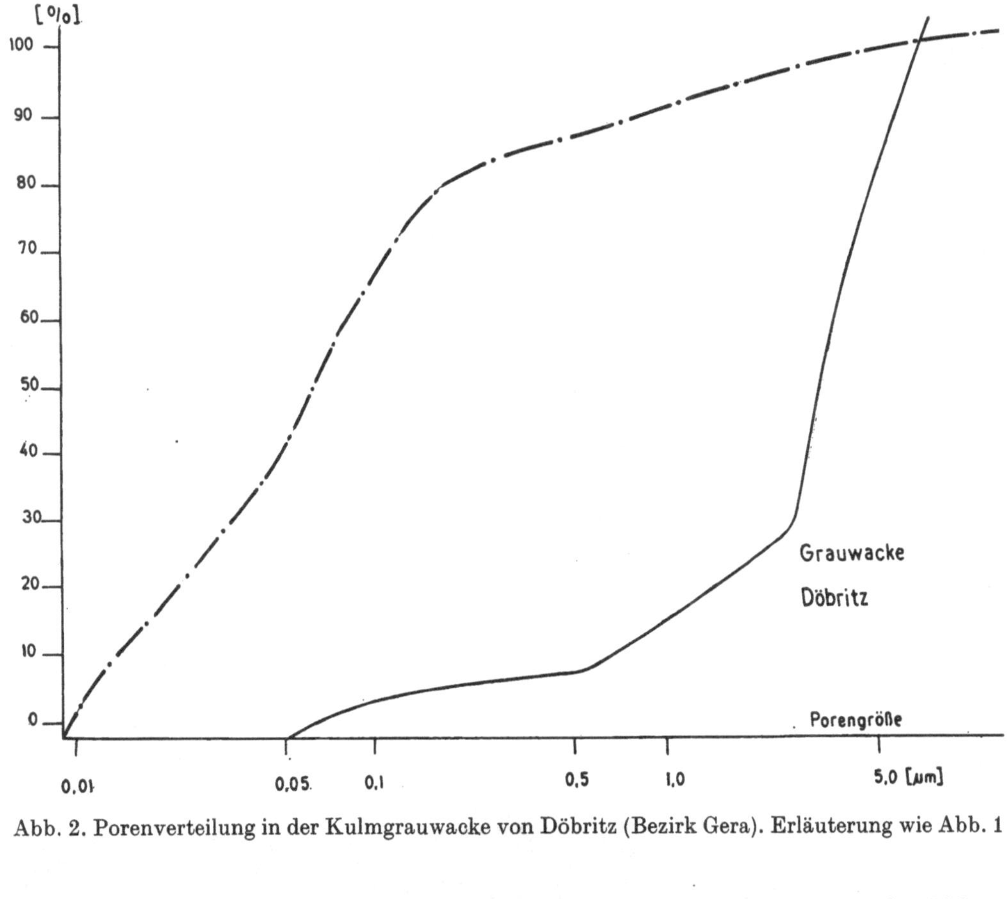

Abb. 2. Porenverteilung in der Kulmgrauwacke von Döbritz (Bezirk Gera). Erläuterung wie Abb. 1

Feldspateinsprenglingen (Abb. 5) im frischen Zustand kaum Mikrorisse oder Mikroporen beobachtet werden. Auffällig ist, daß sich die Korngrenzen im frischen Zustand, selbst bei der Beobachtung am geätzten Anschliff (Abb. 6), kaum als geöffnete Fugen zeigen, so daß in der Grundmasse porphyrischer Gesteine die Feldspatkörner nur undeutlich erkannt werden können.

Durch den Verwitterungsprozeß, der im ersten Stadium eine reine Lösungsverwitterung darstellt (Lasch 1970; Lange 1974), werden, wie sich durch chemische und röntgenographische Untersuchung eindeutig nachweisen läßt, Alkalien und Erdalkalien rascher gelöst und weggeführt. Die Lösung greift demnach Feldspäte, Glimmer, Augite und Hornblenden bevorzugt an. Durch die Lösungsprozesse werden die ursprünglich vorhandenen Mikroporen gerundet. Die gerundeten Poren am geätzten Anschliff (Abb. 7) sind kein präparativ bedingter Effekt, denn sie treten bei Beobachtung an der unveränderten Bruchfläche ebenso auf (Abb. 8). Gleichzeitig wird durch die Lösungsverwitterung der Kornverband außerordentlich gelockert. Auf diese Lockerung geht der relativ große Festigkeitsabfall in frühen Verwitterungsstadien zurück (Lange 1974). Von den Korngrenzen aus dringen (Abb. 9) die Lösungsprozesse entlang den Hauptspaltrichtungen der Minerale in die löslichen Minerale vor. Bei Mineralen wie Plagioklasen, die leichter lösliche anorthitreiche Lamellen neben schwerer löslichen albitreicheren Lamellen aufweisen, werden zuerst die anorthitreichen Lamellen entfernt. Von dort aus dringen die Lösungsprozesse ebenfalls entlang den Spaltebenen in die albitreicheren Lamellen vor (Abb. 10). Das Endprodukt dieser Lösungsverwitterung

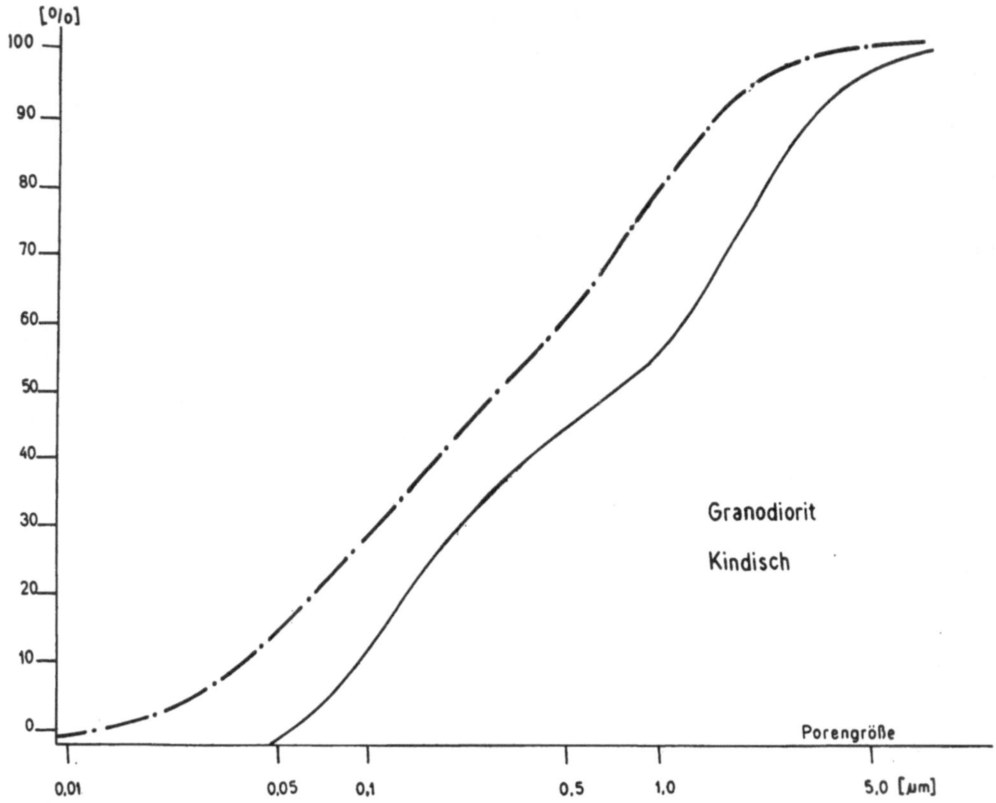

Abb. 3. Porenverteilung im Granodiorit von Kindisch/Lausitz. Erläuterung wie Abb. 1

Abb. 4. Geätzter Anschliff des frischen Pyroxenquarzporphyrs von Großsteinberg. Die Porosität ist vorrangig an Mikrorisse in den Quarzeinsprenglingen gebunden.

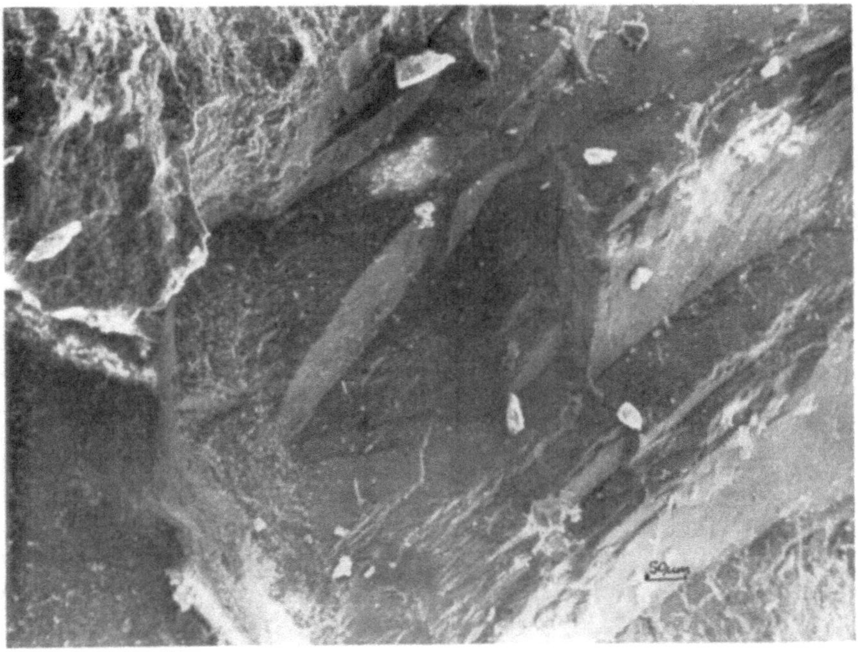

Abb. 5. Frischer Kalifeldspateinsprengling im Pyroxenquarzporphyr von Großsteinberg

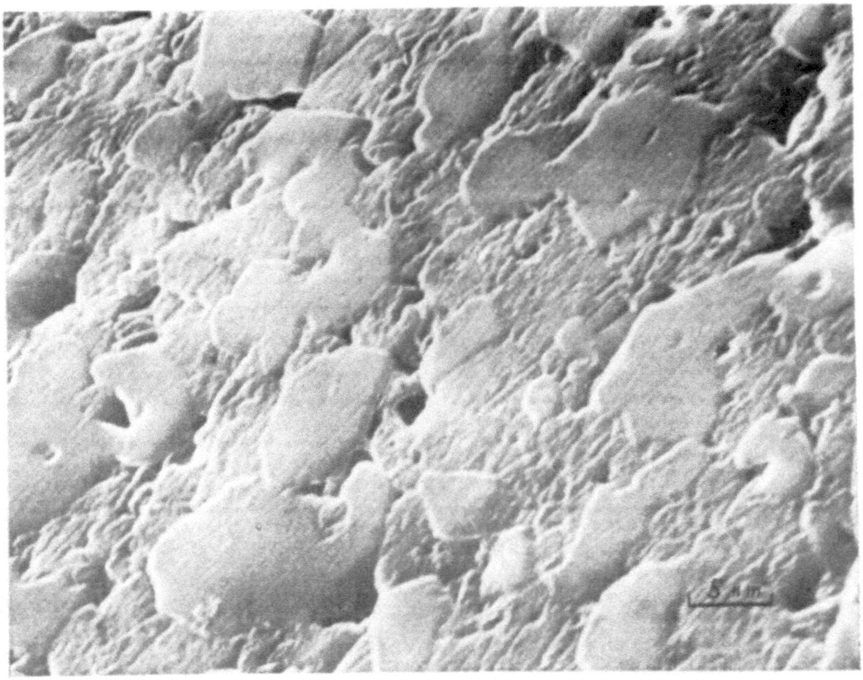

Abb. 6. Geätzter Anschliff der Grundmasse des frischen Pyroxenquarzporphyrs von Großsteinberg

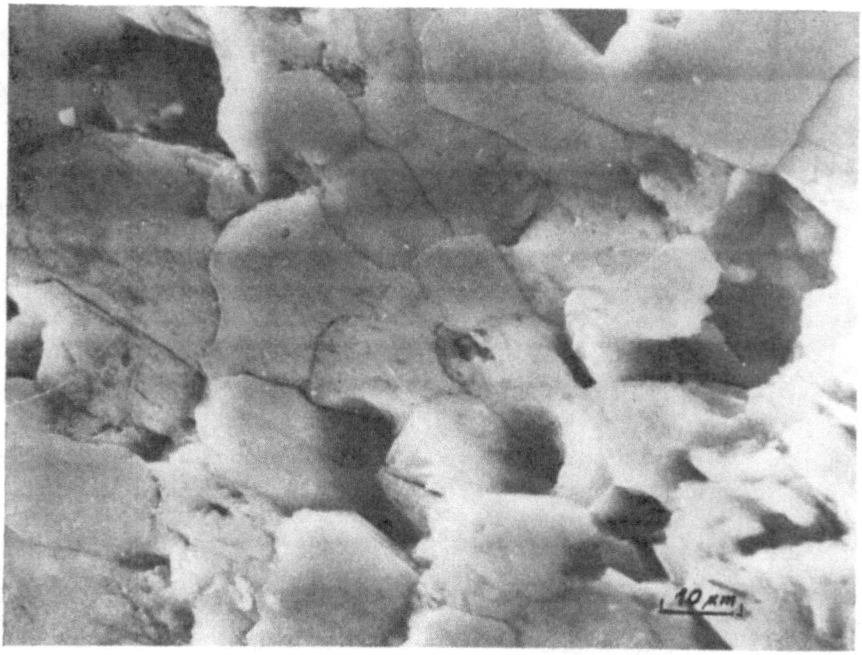

Abb. 7. Geätzter Anschliff der Grundmasse eines verwitterten Pyroxenquarzporphyrs vom Holzberg bei Röcknitz (östlich Eilenburg)

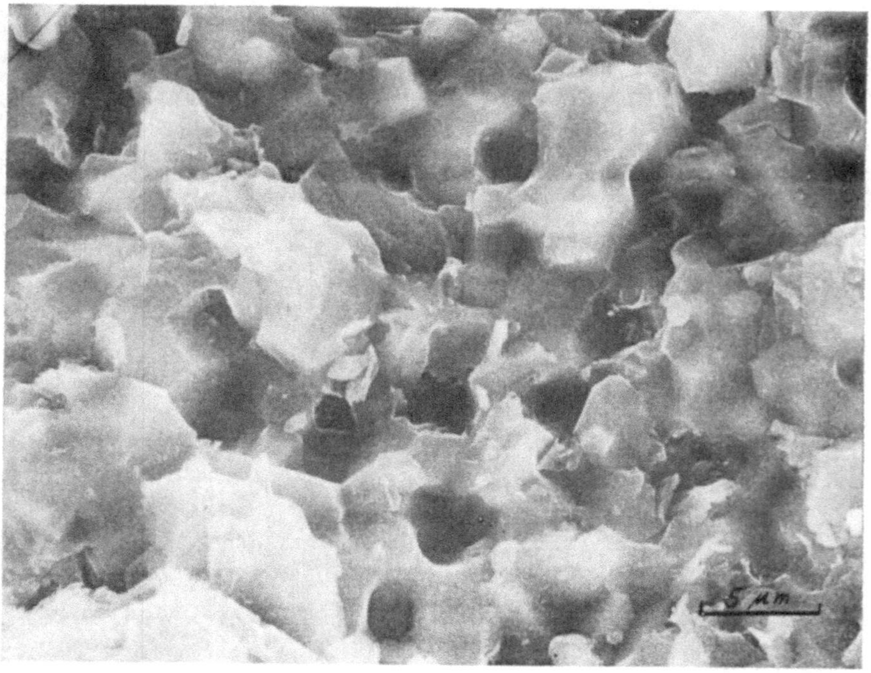

Abb. 8. Bruchfläche der Grundmasse des verwitterten Pyroxenquarzporphyrs von Großsteinberg

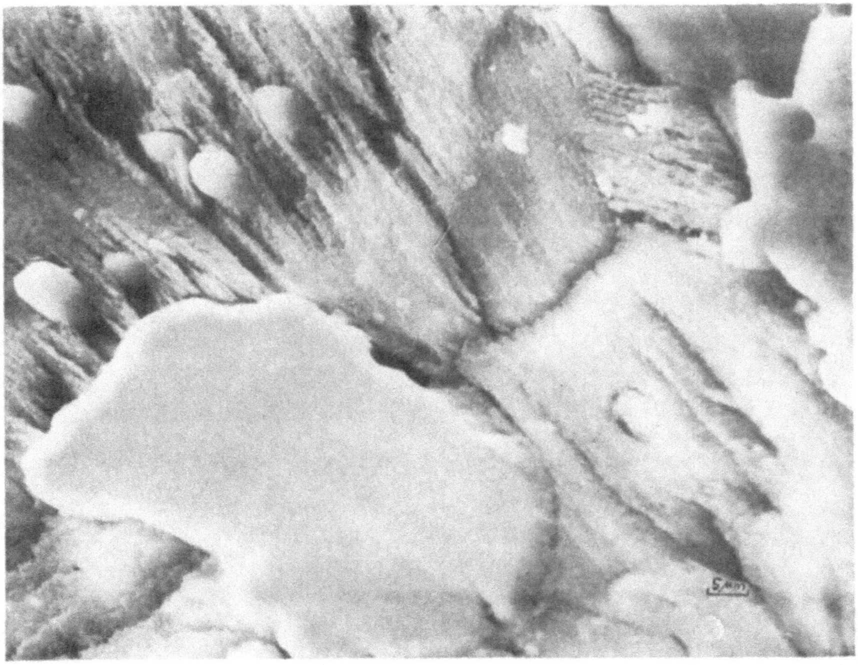

Abb. 9. Geätzter Anschliff eines verwitterten Pyroxenquarzporphyrs vom Holzberg bei Röcknitz

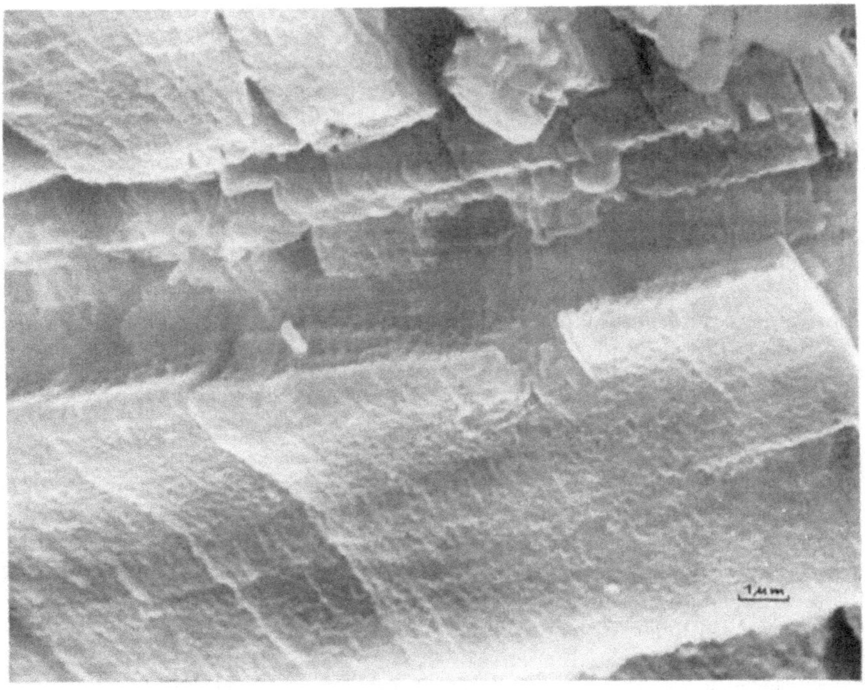

Abb. 10. Oberfläche eines angelösten Plagioklases aus dem Pyroxenquarzporphyr von Großsteinberg

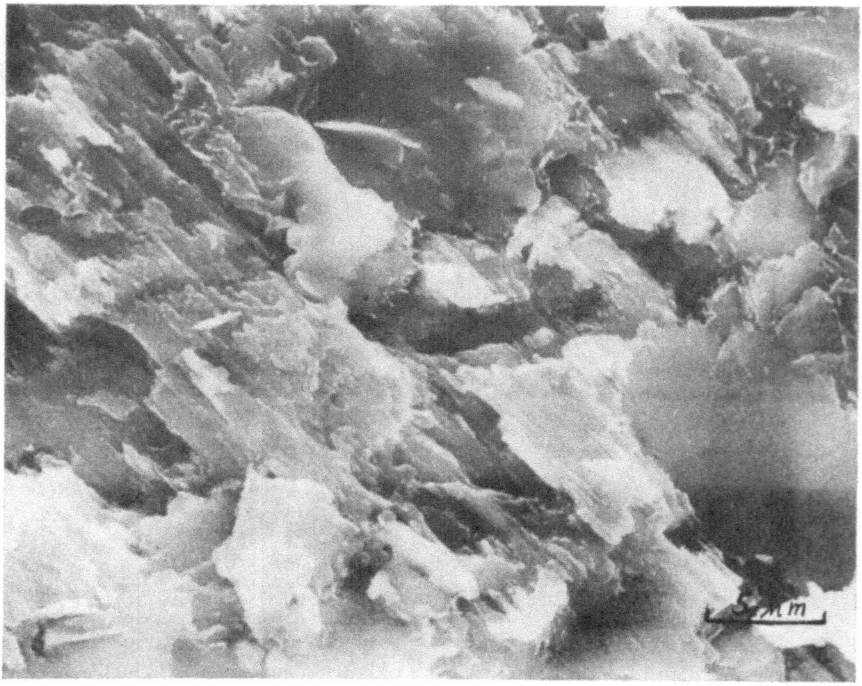

Abb. 11. Feldspatkorn, durch Lösungsprozesse stark spaltebenenparallel aufgespalten (Pyroxenquarzporphyr Großsteinberg, stark verwitterte Varietät)

ist eine spaltebenenparallele Aufspaltung der Feldspatkörner in Partikel $< 3\,\mu m$ (Abb. 11). Diese Auflösung der Feldspatkörner ist verantwortlich für die Erhöhung des Mikroporenanteils $< 0{,}5\,\mu m$, die durch Quecksilberporosimetermessungen bekannt war. Durch diese Aufblätterung der Feldspatkörner wird ein enormer Anstieg der inneren Oberfläche herbeigeführt, der eine Vorbedingung für die Umwandlung der Feldspäte in Tonmineralen zu sein scheint. Mit dem Rasterelektronenmikroskop konnten keine Tonmineralneubildungen (Ausnahme: autohydrothermale Sericitbildungen) festgestellt werden, ehe nicht eine Aufblätterung der Feldspatkörner durch Lösungsprozesse erfolgt war. Das steht im Einklang mit Ergebnissen von Fölster & Kalk (1967), die ebenfalls als Vorstadium der Feldspatumwandlung dessen intensive mechanische Zerteilung feststellten.

3. Neugebildete Mineralphasen

Als erste Neubildungen können in allen eisenhaltigen Gesteinen zumeist röntgenamorphe Eisenhydroxidausscheidungen beobachtet werden. Sie bilden die wohlbekannten braunen Verwitterungskrusten auf den Kluftflächen der Gesteine. Nach Dodatko (1966) ist bei beginnender Verwitterung eine nur geringe Mobilität von Eisen und Mangan typisch, so daß es in der liegenden Zone der Verwitterung häufig zu Ausscheidungen von Braunit, Hausmannit, Goethit oder Hydrochlorid kommt. Während die Ausscheidungen auf Klüften allgemein augenfällig sind, ist die Ausscheidung dieser Eisen-Mangan-Minerale in den Porenräumen der Gesteine erst bei rasterelektronenmikroskopischer Beobachtung sichtbar. Hier entstehen häutchenförmige Bildungen, die ein maschenförmiges Gerüst besitzen (Abb. 12). Damit werden

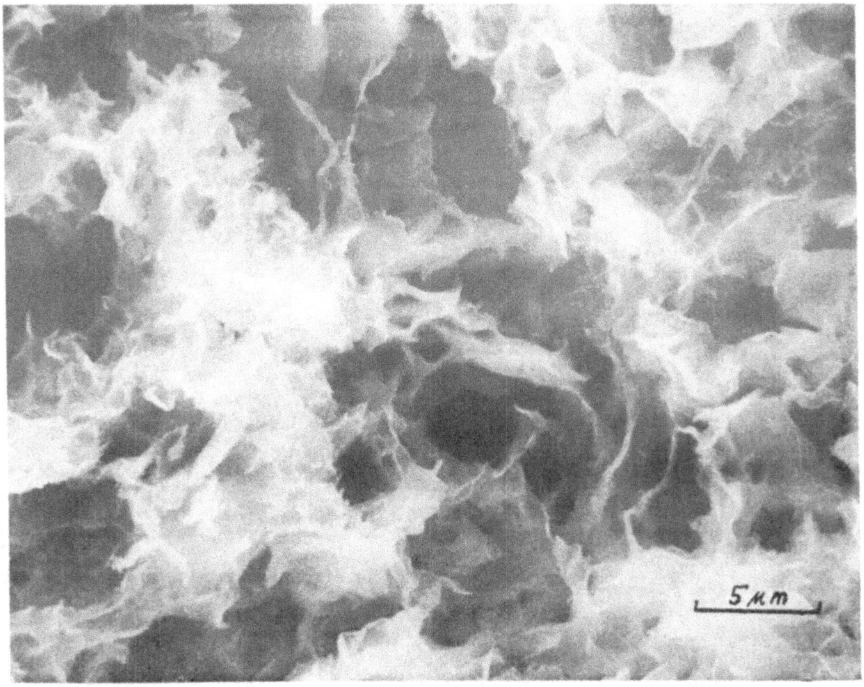

Abb. 12. Eisenhydroxidausscheidungen im verwitterten Granit von Berbersdorf (nordöstlich Hainichen)

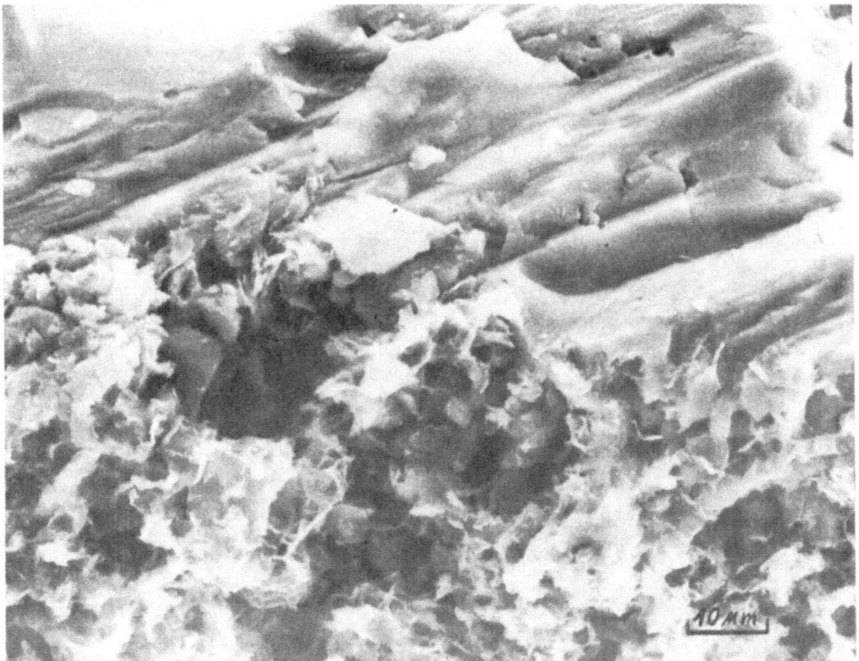

Abb. 13. Eisenhydroxidausscheidungen neben unzersetztem Feldspat im verwitterten Granit von Berbersdorf

Abb. 14. Kaolin Caminau, liegende grüne Zone. Randliche Tonmineralbildungen an einem Feldspatkorn

Abb. 15. Kaolin Caminau; liegende grüne Zone; links unten noch nicht kaolinisierter Feldspat

die Porenräume ausgekleidet. Obwohl Smektitbildungen ein gleiches Aussehen haben können, kann die Identität dieses Maschenwerks als Eisen-Mangan-Hydroxide relativ leicht durch Infrarotuntersuchungen nachgewiesen werden. Typisch für diese Eisen-Mangan-Hydroxide ist fernerhin, daß sie auftreten, wenn Feldspat im frischen Zustand noch relativ häufig vorkommt (Abb. 13).

Die Tonmineralneubildung wird am Beispiel der Kaolinlagerstätte Caminau dargestellt. Das dort auftretende Primärgefüge der Tonminerale ist typisch für Kaolinbildung im Gefolge langzeitiger terrestrischer Verwitterungsvorgänge im Sinne von KELLER (1975). Aus dem Feldspat bilden sich Tonmineralstapel, die pseudomorph zum Feldspat orientiert sind. Die Diagnose der neuentstehenden Tonminerale nach dem Habitus ist allerdings nicht exakt möglich, so daß die folgenden Ausführungen in substantieller Hinsicht anfechtbar bleiben.

Die Abb. 14 zeigt ein Feldspatkorn, das sich randlich zu Tonmineralstapel umbildet. Diese Stapel — im englischen Sprachgebrauch als „books" bezeichnet — spalten sich stärker auf („expanded books") und bilden später gebogene oder verdrillte Stapel. In Abb. 15 sind drei verschiedene Entwicklungsstadien: flächenhaft zerteilter Feldspat, zerspaltener Stapel von Illit und gebogener Stapel aus Illit zu sehen. Ein typisches Bild der Gefügeausbildung für die liegende grüne Zone des Kaolinprofils Caminau, die durch Dreischichtgitterminerale und Kaolinit gekennzeichnet ist, gibt Abb. 16.

Die weitere Entwicklung der Verwitterungskruste ist markiert durch den weiteren Zerfall der ursprünglich gebildeten Tonmineralstapel zu Schuppen von ca. 0,5—1,0 µm Größe (Abb. 17). Diese Schuppen stellen mit Sicherheit Kaolinit dar. Zugleich mit dieser weiteren Zerteilung kann eine Gefügeumbildung beobachtet werden. Die entstehenden kleinen Kaolinschüppchen bilden ein ungeregeltes Gefüge. Die pseudomorph zum Feldspat entstandenen Tonmineralstapel der ersten Umbildungsphase können in diesem Stadium der Verwitterung lediglich reliktisch beobachtet werden (Abb. 18). Das in

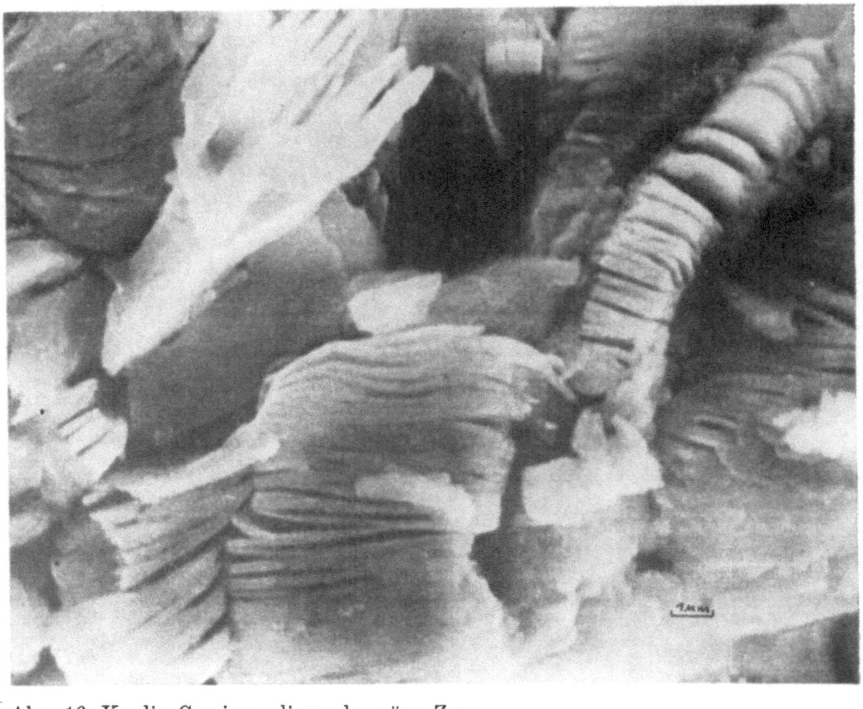

Abc. 16. Kaolin Caminau, liegende grüne Zone

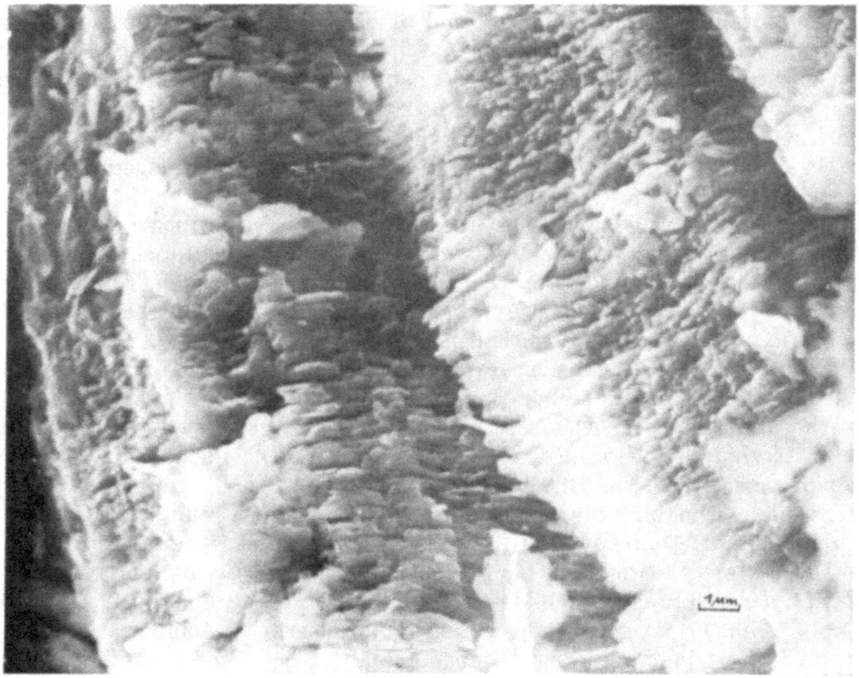

Abb. 17. Kaolin Caminau, liegende grüne Zone. Zerfall der ursprünglich gebildeten Tonminerale in kleinere Aggregate

Abb. 18. Kaolin Caminau, hangende kaolinitische Zone Endstadium der Gefügeentwicklung

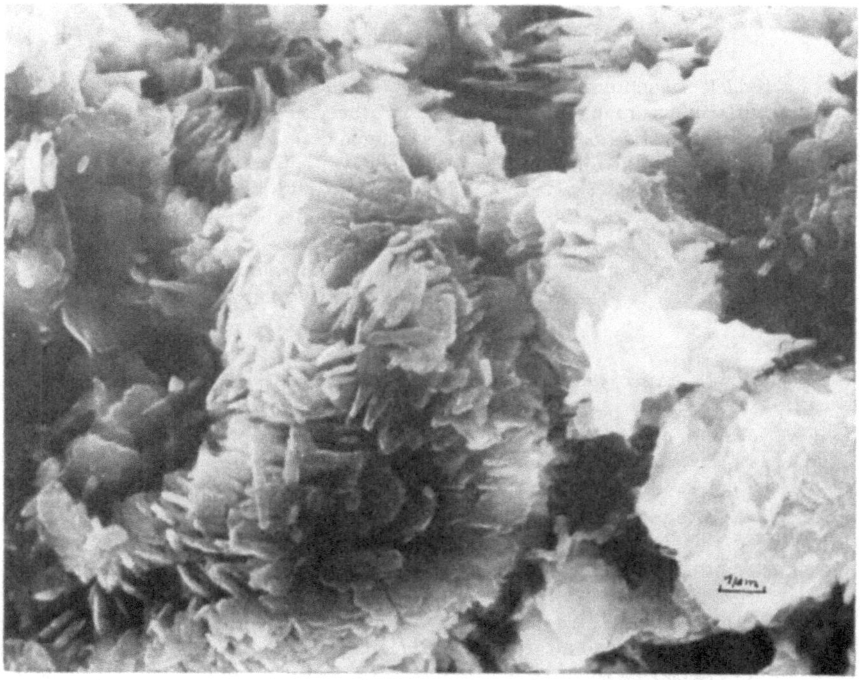

Abb. 19. Kaolin Caminau, hangende kaolitinische Zone. Endstadium der Gefügeentwicklung

Abb. 19 abgebildete Gefüge ist typisch für die rein kaolinitische Zone des Caminauer Profils und entspricht einer Gefügeausbildung, wie sie generell bei Granodioritkaolinen beobachtet werden kann. MURRAY (1975) konnte an Granodioritkaolinen von Belitung (Indonesien) eine gleichartige Entwicklung des Tonmineralgefüges nachweisen.

4. Schlußfolgerungen

Die rasterelektronenmikroskopischen Untersuchungen von verwitterten Gesteinen bestätigen die Porositätsuntersuchungen. Die von der Lösungsverwitterung geschaffene hohe innere Oberfläche innerhalb der Feldspatkörner muß als notwendige Vorbedingung für den Umwandlungsprozeß in Tonminerale angesehen werden. Die pseudomorph zum Feldspat entstehenden ersten Tonminerale sprechen für eine hohe Beteiligung von Grenzflächenreaktionen bzw. für direkte Umwandlung des Feldspatgitters in das Tonmineralgitter im Sinne von DEGENS (1968) und KUKOWSKIJ (1973). Auch PETROV (1975) konnte die epitaktische Aufwachsung der zuerst gebildeten Tonminerale nachweisen. Dagegen kann die Ausfällung der Tonminerale aus ionaren Lösungen, wie sie von physikochemischer und energetischer Seite gefordert wird (CORRENS & ENGELHARDT 1939; LERZ & BORCHERT 1962; BOROVEC & NEUŽIL 1966; HARDER 1968), durch die Gefügeausbildung nur schlecht gestützt werden. Mit Hilfe weiterer Untersuchungen der petrophysikalischen Parameter bei der Tonmineralbildung, begleitet von rasterelektronenmikroskopischen Gefügeuntersuchungen, sollte es möglich werden, den Verwitterungsprozeß noch besser aufzuklären.

Zusammenfassung

Die Rasterelektronenmikroskopie erweist sich als sehr vorteilhafte Methode für die Untersuchung von Verwitterungsvorgängen, weil die entsprechenden Verwitterungsprodukte direkt und ohne aufwendige Präparation beobachtet werden können.

Mit dem Rasetrelektronenmikroskop können vor allem die Entwicklung der Mikroporosität, die der Kaolinisierung vorausgeht sowie die Ausbildung des Tonmineralgefüges untersucht werden. Dagegen bereitet die Mineralbestimmung vielfach Schwierigkeiten.

An Hand zahlreicher Mikroaufnahmen wird die Verwitterung vom frischen Gestein bis zum Kaolin beschrieben. Ein wichtiges Ergebnis dieser Untersuchungen ist der Nachweis einer hohen Mikroporosität in den Feldspäten, bevor die Kaolinisierung einsetzt.

Резюме

Скранирующая электронная микроскопия является очень полезным методом изучения процессов выветривания, потому что можно наблюдать материал проб непосредственно бев трудоемных препарирований. Новообразованные минералы и их структуру можно исследовать лучшим способом на площади разрыва выветриванных пород. Определение минералов внешним образом является нелегким и иногда неопределенным. Структуру и состав невыветриванных и слабо выветриванных пород можно наблюдать при помощи полированных и разъеданных поверхностей.

Процесс растворения, с которого начинается выветривание, очень изменяет пористость пород. В первом периоде выветривания возникают многие поры с диаметром ниже 0,5 μм. Объем пористости растет от 0,5% в невыветриванных породах до 3,0% до того как начинается каолинизация. Процесс растворения увеличивает имеющиеся поры, продолжается вдоль границы зерен и сватывает зерна полевых шпатов. Растворение полевых шпатов происходит вдоль плоскостей спакости. Таким образом образуется большая внутренняя поверхность. Образование этой большой внутренней поверхности кажется необходимым для каолинизации полевых шпатов, потому что скранирующие электронные снимки показывают, чтоь полевой шпат всегда существует о осколках ниже 5 μм до того как начинается каолинизация. Каолинизация типа выветривания характеризуется стопом глинистых минералов в нижных частях выветриванного среза. В верхних частях выветриванного среза стопы глинистых минералов распадаются в отдельные листочки каолинита, которые образуют беспорядочную структуру. Скранирующее электронное исследование продуктов выветривания показывает, что при их образовании продолжаются и в краевых площадях. Поэтому для объяснения каолинизации в будущем надо знать дальнейшие петрофизические признаки.

Summary

As we are able to investigate specimens directly and with a little effort of preparation, scanning electron microscopy is a very suitable method to investigate weathering processes.

One can investigate newly formed minerals and their fabric in the best way at the fracture surface of weathered rocks. The identification of minerals by its outer shapes, however, is not easy and sometimes doubtful. If you watch a polished and etched surface, you can very suitably see the fabric of fresh or little weathered stones. In this case the identification of minerals is easier, too. Microporosity is to be seen very well, if you use polished surfaces, which are well cleaned or slightly etched.

The solving process, which the weathering process starts with, varies the porosity of rocks. The petrophysical investigation of weathering products shows a very high increase of porosity at the first stage of weathering independent of the type of rocks. Porosity of granites, porphyries, graywackes and of other rocks, which are raw materials of kaolin deposits, normally is smaller than 0.5 vol.%, but it increases with increasing weathering grade up to 3 vol.% before kaolinization starts. The increase of porosity is distinguished by a very high increase in number of very small pores (< 0.5 µm). In that case the medium value of pore size distribution is 100 times smaller than in fresh rocks. As a matter of fact one should have expected that an enlargement of the original pores takes place, because we can assume, that solving processes first of all enlarge the originally existing pores. Scanning micrographs show, however, that solving process starting from the original pores continues along the grain boundaries and quickly enters feldspar grains. Here solving processes occur along the main fracture planes and cause a planelike desintegration of feldspar grains. Thus the great number in small pores measured by mercury porosimeter method and a great inner surface were formed. The great inner surface seems to be a necessary precondition of kaolinization.

Clay mineral formation usually starts, when the disintegration of feldspars is high enough. That means we must have splits of a grain size smaller than 5 µm. The kaolinization of a long time weathering type forms large clay mineral books pseudomorphisms to the disintegrated feldspar splits. The "books" are mostly expanded. In the higher parts of the weathering crust the "books" often get curved and twisted. Further on a desintegration of these "books" is visible. This disintegration leads to the formation of an irregular entangled clay mineral fabric in the upper parts of weathering crust. There "books" of clay minerals are visible as remnants only. This development of clay mineral structure is typical for the long time weathering of coarse and medium grained plutonic rocks. This structure is developed independent of the age of kaolinization crust.

Besides kaolinization one can state X-ray amorphous precepitations of limonite. They occur in all ferruginous rocks before the formation of clay minerals begins and are marked by a thin meshlike framework.

Scanning microscopical investigation of weathering process shows that we have to account with boundary reactions, too, if we want to explain clay mineral formation. Therefore in future a lot more of petrophysical data are necessary.

Literatur

Borovec, Z.; Neužil, J.: Experimental weathering of feldspars by hot water. — Acta Univ. Carolinae, ser. geol., Praha **3** (1966), S. 207—222, (engl.).

Correns, C. W.; Engelhardt, W. v.: Neue Untersuchungen über die Verwitterung des Kalifeldspates. — Chemie Erde, Jena **12** (1939), S. 1—22.

Degens, E.: Geochemie der Sedimente. — Stuttgart: F. Enke Verl. 1958.

Dodatko, A. D.: Zur Geochemie des Mangans bei der Verwitterung der Ultrabasite. In: Polesnie iskopaemye Ukrainy. — Kiev: izd. Naukova dumka 1966. S. 137—140, (russ.).

Fölster, H.; Kalk, E.: Mineralogische Untersuchungen an tiefgründigen Verwitterungsdecken mit Hinweisen auf das unterschiedliche Verhalten von Feldspäten und Phyllosilikaten bei tiefgründiger und oberflächennaher Verwitterung. — Chemie Erde, Jena **26** (1967), S. 188—218.

Hamrol, M.: Quantitative Classification of the Weathering and Weatherability of Rocks. — Intern. Conf. on soil mechanics and found. engineer., Paris (1961), (engl.).

Harder, H.: Experimente zur Entstehung der Tonminerale und des Quarzes bei niedrigen Temperaturen. — Ber. deutsch. Ges. geol. Wiss., B, Berlin **13** (1968) 5, S. 616—617.

Keller, W. D.: Scanning electron microscopical investigation of Kaolins of Diverse Origins. — Vortr. Intern. Kaolinsymp. Sept. 1975 Dresden, (engl.).

Kondračuk, V. I.: Über gesetzmäßige Änderungen des spezifischen Gewichts von Gesteinen bei der Verwitterung. — Dopov. Akad. nauk Ukrain. SSR, Kiev (1958), S. 430—433, (russ.).

Kukovskij, E. G.: Prevraščenija sloistych silikatov. — Kiew: izd. Naukova dumka 1973. 102 S., (russ.).

Lange, M.; Putscher, S.: Über Beziehungen zwischen petrographischen Parametern und gesteinstechnischen Kennwerten von Festgesteinen. — Z. angew. Geol., Berlin **15** (1969) 11, S. 596—600.

Lange, P.: Die Bestimmung des Verwitterungsgrades von Hartgesteinen und der Einfluß verwitterter Gesteinsanteile auf die gesteinstechnischen Eigenschaften von Brecherprodukten. — Weimar, Hochsch. Archit. Bauw., Diss., 1974, 133 S.

Lasch, G.: Mineralogisch-geochemische Untersuchungen an Lausitzer Kaolinen und Gesteinszersätzen. — Freiberger Forsch.-H., C, Leipzig 258 (1970), 87 S.

LERZ, H.; BORCHERT, W.: Verwitterung von Mikroklin unter atmosphärischen Druck-Temperaturbedingungen: ein experimenteller Beitrag zum Problem der Kaolinisierung. — Chemie Erde, Jena 22 (1962), S. 386—424.

LISICINA: K metodiki geochemičeskogo izučenija Kor vyvetrivanija. — Litol. i polezn. iskop., Moskva (1966), S. 3—18, (russ.).

MURRAY, H. H.: Alteration of a Granite to Kaolin, Mineralogy and Geochemistry. — Vortr. Intern. Kaolinsymp. Sept. 1975 Dresden, (engl.).

PETROV, V. P., u. a.: Nature of the Vertical Zonality of the Weathering Crust on Acid Rocks. — Vortr. Intern. Kaolinsymp. Sept. 1975 Dresden, (engl.).

Manuskripteingang: 12. Mai 1976

Anschrift des Autors:

Dr. P. LANGE, Hochschule für Architektur und Bauwesen, Sektion Baustoffverfahrenstechnik,
Wissenschaftsbereich Silikattechnik
DDR - 53 Weimar, Coudraystraße 13

Schriftenr. geol. Wiss. · Berlin 11 (1978) · S. 165—178

Zu einigen Aspekten der Genese Lausitzer Kaoline

Von Günter Lasch, Dresden

Mit 2 Abbildungen und 6 Tabellen

1. Einleitung

Eine intensive Such- und Erkundungstätigkeit auf Steine- und Erden-Rohstoffe in der Lausitz erbrachte im Verlaufe der zurückliegenden 20 Jahre eine Fülle neuen Materials über die geologischen Verhältnisse und den stofflichen Aufbau von Kaolinen und ihren tertiären Umlagerungsprodukten. Mit den Arbeiten von Adam (1968), Buchwald (1968, 1970), Lasch (1970, 1973) und anderen liegt nunmehr eine wissenschaftliche Grundlage für gezielte Arbeiten auf speziellen Gebieten dieser Rohstoffgruppe vor.

Die Arbeit basiert auf den oben genannten Ergebnissen und führt sie zum Teil weiter. Ihre Aufgabe soll es sein, über die Beschreibung wesentlichen geologischen sowie geochemisch-mineralogischen Faktenmaterials zu einigen Gesichtspunkten der Genese Lausitzer Kaoline Stellung zu nehmen.

2. Geologische Verhältnisse im Arbeitsgebiet

Das Untersuchungsgebiet befindet sich im Südosten der DDR, im unmittelbaren Ausstrichsbereich tertiärer Sedimente auf dem Lausitzer Block. Letzterer setzt sich aus Grauwacken und schiefrigen Gesteinen des Lausitzer Schiefergebirges sowie den Varietäten des Lausitzer Granodioritmassivs zusammen. Am Übergang vom Lausitzer Granodioritmassiv bzw. dem „alten" Schiefergebirge in das Niederlausitzer Braunkohlenbecken entsteht ein ~ 5—15 km breiter und etwa 100 km WNW—ESE streichender Landschaftsstreifen, in dem unter geringer Bedeckung Kaoline als Erosionsrelikte einer ehemals großflächig verbreiteten Verwitterungskruste erhalten sind. Das nördliche Abtauchen des Grundgebirges hat überwiegend tektonische Ursachen. Durch mehrere NW—SE-streichende, mächtige Störungszonen und ihre annähernd rechtwinklig aufsitzenden Querstörungen wird der kristalline Sockel in zahlreiche Teilschollen zerlegt. Bei der saxonischen Mobilisierung dieser bereits variszisch angelegten Bruchsysteme kam es zu einer staffelförmigen Heraushebung südlicher Teile des Lausitzer Massivs bzw. zum Absenken nördlicher Bereiche.

Innerhalb des so begrenzten Gebiets kommen an der Oberfläche der Gesteine des Lausitzer Blocks residuale Verwitterungsprodukte verschiedener Größenordnung und wechselnder wirtschaftlicher Bedeutung vor.

3. Zum Aufbau des Verwitterungspofils

Die Verwitterungsprozesse sollen am Beispiel der Granodioritumsetzung erläutert werden. Es erwies sich als vorteilhaft, das Verwitterungsprofil in drei Zonen zu unterteilen. Vom Liegenden zum Hangenden ist folgende Gliederung möglich.

Zone 1 frisches, unverwittertes Muttergestein

Zone 2 Die Zersatzzone ist mechanisch stark aufgelockert, der primäre Gesteinsverband ist gestört. Diese Zone ist dunkelgrün bis dunkelgrau gefärbt. Wie Tab. 2 zeigt, ist in diesem Bereich der Plagioklas bereits restlos umgesetzt. Die grüne Farbe rührt vom „vergrünten" Biotit her, der röntgenographisch als trioktaedrischer Glimmer

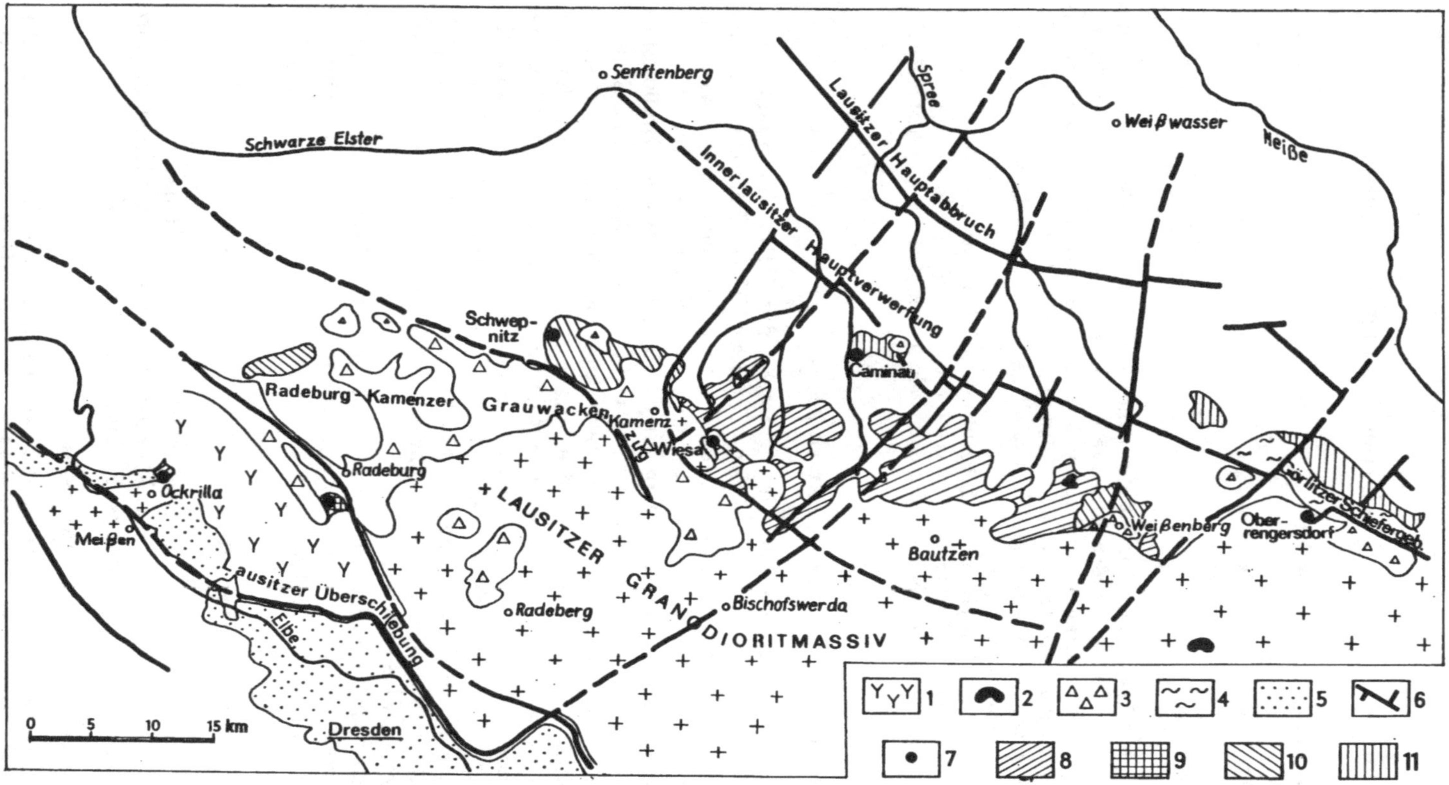

Abb. 1. Kaoline der Lausitz (nach Adam 1968)

1 – Syenit; 2 – Basalt; 3 – Grauwacke; 4 – Paläozoikum; 5 – Mesozoikum; 6 – tektonisches Lineament; 7 – Kaolin- bzw. Zersatzvorkommen; 8–11: tiefgründig zersetzt, oberflächennah anstehend: 8 – Granodiorit; 9 – Syenit; 10 – Grauwacke; 11 – Paläozoikum

in Erscheinung tritt. Der K(Na)-Feldspat ist zu großen Anteilen noch existent. Als typische Mineralneubildungen dieser Zone tritt als Übergangsmineral Nontronit auf. Die Kaolinitneubildung setzt bereits ein.

Zone 3 Am Übergang zur eigentlichen Kaolinzone kommt es zur restlosen Umsetzung der K(Na)-Feldspäte, des Nontronits und des vergrünten Biotits überwiegend in Kaolinit, untergeordnet in einen dioktaedrischen Hellglimmer (Hydroglimmer, Illit). Als relativ stabile Mineralkomponente bleibt vom Muttergestein lediglich Quarz erhalten. Die Kaolinzone ist unterschiedlich gefärbt. Von wirtschaftlichem Interesse sind helle, gebleichte Kaoline. In ihnen ist der Eisenanteil des Muttergesteins entweder karbonatisch als Siderit gebunden oder ausgetragen. Verbreiteter sind infolge Hämatitführung rot gefärbte Kaoline.

Beim Kaolinisierungsprozeß werden etwa 10—15% der Elementgehalte des Granodiorits (Alkalien, Erdalkalien, geringer Anteil SiO_2) weggeführt. Zu den Tendenzen der Elementmigration und Mineralumwandlungen können aus den vorhandenen Analysenwerten folgende Aussagen gemacht werden:

In enger Korrelation mit den genannten Mineralumwandlungsprozessen erfolgt eine stufenweise Abfuhr der Alkalien und Erdalkalien. Dieser Prozeß ist auf die Umsetzung der Feldspäte und des Biotits überwiegend zu Kaolinit zurückzuführen. Deutliche „Sprünge“ treten an den Übergängen von Zone 1 zu Zone 2 (Plagioklasumsetzung) und von Zone 2 zu Zone 3 [K(Na)-Feldspat-, Biotitzersetzung] auf. Nur etwa 10% des K_2O-Gehalts des Muttergesteins bleiben an relativ verwitterungsresistente Hydroglimmer/Illite gebunden. Das Element Eisen ist im Ausgangsgestein überwiegend als Fe^{2+} im Biotit fixiert. Bei der Biotitumsetzung zu Kaolinit kann es im Initialstadium im Bereich unterhalb des Grundwasserspiegels, d. h. im leicht reduzierenden Milieu bei genügendem CO_2-Partialdruck als Siderit gebunden werden. Dieser Prozeß der Konzentration des Eisens in eine aufbereitungsfreundliche Form schafft die Voraussetzung für eine industrielle Nutzung stark eisenhaltiger Kaoline als keramischen Rohstoff. Gelangt das bei der Biotitumsetzung freiwerdende zonardisperse Eisen hingegen in ein oxidierendes Milieu, bleibt es, wie im Schliff eindeutig nachzuweisen ist, in oxidhydratischer Form

Tab. 1. Die wichtigsten Vorkommen von Kaolinen und Gesteinszersätzen der Lausitz

Nr.	Ausgangsgestein	Verwitterungsprodukte, Vorkommen
1.	Lausitzer Granodiorit	Kaolin Caminau Kaolin Wiesa Kaolin Piskowitz
2.	Königshainer Stockgranit	Kaolin Oberrengersdorf
3.	Biotitgranodiorit des Meißner Massivs	Granodioritkaolin Ockrilla
4.	Syenodiorit des Meißner Massivs	Syenitzersatz Radeburg
5.	Grauwacke des Radeburg-Kamenzer Zuges	Grauwackenkaolin Schwepnitz
	Grauwacke des Görlitzer Schiefergebirges	Grauwackenkaolin Großsaubernitz
6.	Basalt	Schafsberg bei Baruth Pließnitztrasse im Zittauer Becken
7.	Lamprophyre	Lamprophyrzersätze in Kaolinlagerstätten
8.	paläozoische Schiefer des Görlitzer Schiefergebirges	verschiedene Schieferzersatzvorkommen im Görlitzer Schiefergebirge

Tab. 2. Durchschnittliche Element- und Mineralgehalte des Granodioritverwitterungsprofiles*)
[Angaben in Masse-%]

	(West) Lausitzer Granodiorit (Zone 1)	Zersatzzone, grün (Zone 2)	Kaolinzone (Zone 3)
Quarz	27	30–40	30–40
K(Na)-Feldspat	13	10–15	–
Plagioklas	43	–	–
Biotit	17	×××	–
Kaolinit/Halloysit	–	20–30	50–60
Nontronit	–	×××	–
diokt. Glimmer	Sp.	5–10	5–10
Siderit	–	1– 3	1– 3
SiO_2	67,0	67,0	65,0
Al_2O_3	16,0	18,0	20,0
TiO_2	0,8	0,8	0,8
Fe_2O_3	1,0	{ 4,6	{ 4,6
FeO	3,7		
CaO	3,0	1,5	0,9
MgO	1,5	0,3	0,3
K_2O	3,5	3,0	0,6
Na_2O	3,5	0,2	0,1
GV	–	4,6	7,7

*) Zusammengestellt unter Verwendung von Unterlagen aus Lasch (1969, 1970, 1973), Buchwald (1971), Adam (1969), Störr u. a. (1969)
××× = qual. nachgewiesen, jedoch nicht quantifizierbar

im Kaolin gebunden, färbt diesen rot und ist aufbereitungstechnisch kaum zu entfernen.

Aluminium stellt unter den gegebenen Bedingungen ein fest im Profil fixiertes Element dar. Beim Verwitterungsprozeß aus dem Feldspat- bzw. Biotitanteil des Granits freigesetzt, wird es bei ausreichendem Kieselsäureangebot sofort wieder im Kaolinit bzw. Hellglimmer, d. h. als Aluminiumsilikat, gebunden. Infolge dieser Eigenschaften eignet es sich als Bezugselement bei der Berechnung von Gesamtstoffbilanzen.

Wie aus Tab. 2 ersichtlich, kommt es im Profil des gewählten Beispiels durch Massenverlust zu einer relativen Aluminiumanreicherung von ca. 25%, bezogen auf den Ausgangswert. Die SiO_2-Werte bleiben im Profil etwa in der gleichen Größenordnung bestehen. Das deutet auf eine geringfügige Kieselsäureabfuhr beim Verwitterungsprozeß. Die bei der Verkieselung tertiärer Sande, einer im Zusammenhang mit der Kaolinisierung häufig zu beobachtenden Erscheinung, erforderlichen Kieselsäuremengen lassen sich aus der teilweisen SiO_2-Abfuhr durch Verwitterungslösungen ableiten.

Die untersuchten Spurenelemente können in zwei Gruppen gegliedert werden. Sorptiv an den Tonmineralanteil gebunden bleiben die unmittelbar aus dem Granodiorit übernommenen Elemente V, Ni und Cr. Sie erfahren durch den Massenverlust bei der Kaolinisierung eine relative Anreicherung. Zu deutlichen Gehaltsverringerungen infolge Elementmigration beim Verwitterungsprozeß kommt es bei Mn und Ba; Ti bleibt ebenfalls in Form selbständiger Mineralphasen im Kaolinprofil fixiert.

4. Zu einigen Faktoren der Genese Lausitzer Kaoline

Günstige Voraussetzungen für den Prozeß einer tiefgründigen kaolinitischen Verwitterung entstehen bei gleichzeitiger Wirkung folgender wesentlicher Faktoren

- vollhumides Klima, fehlende Trockenzeiten,
- eine Landoberfläche, die sich langzeitig im Zustand relativ tektonischer Ruhe befindet;
- ein saures bis intermediäres Ausgangsgestein guter Durchlässigkeit für Verwitterungslösungen und ein hoher Anteil in bezug auf den Verwitterungsprozeß instabiler Minerale (Feldspäte, Biotit und andere).

Nachfolgend wird die Wirkung solcher Bedingungen für die Lausitz untersucht. Dem muß jedoch vorausgeschickt werden, daß die Vorstellungen zur Genese Lausitzer Kaoline zum Teil noch hypothetischen Charakter tragen, da der gegenwärtige Untersuchungsstand in vielen Teilfragen bislang keine endgültigen Aussagen gestattet.

4.1. Der Charakter des Verwitterungsprozesses

Eine grundsätzliche Fragestellung ist die nach der exogenen bzw. endogenen Natur des Verwitterungsprozesses. Die im internationalen Rahmen zu diesem Problem geführten Diskussionen erfordern eine Stellungnahme zu den Lausitzer Kaolinen, auch wenn von uns diese Frage als geklärt angesehen werden darf. Für die exogene Natur der Kaolinisierung bzw. gegen eine hydrothermale Genese können folgende Fakten angeführt werden.

Die Kaoline sind flächenhaft verbreitet. Die kaolinitische Verwitterung ist an einer Vielzahl unterschiedlichster Gesteine nachgewiesen. Die eingangs beschriebene Zonalität des Verwitterungsprofils ist durch einen vom Liegenden zum Hangenden gerichteten Gradienten zunehmender Verwitterungsintensität charakterisiert. Das Liegende der Kaoline (Ausgangsgestein) zeigt keinerlei Merkmal einer hydrothermalen Veränderung. Außerdem fehlt die in nachgewiesen endogenen Kaolinlagerstätten (z. B. den mexikanischen) typische Zonalität der Tonmineralabfolge vom heißen zum kühleren Teil der Lagerstätte sowie eine Spurenmetallzufuhr.

4.2. Zum Alter des Kaolinisierungsprozesses

Betrachtet man die Lausitzer Kaoline als Bestandteil eines eurasischen Gürtels alter Verwitterungskrusten, so soll zunächst überprüft werden, ob der von Petrov (1967) postulierte einheitliche Bildungszeitraum an der Grenze Trias/Jura für die Lausitz zutrifft.

Einige allgemein bekannte geologische Fakten gestatten zunächst die grobe Abgrenzung eines möglichen Bildungszeitraums obere Trias—Tertiär.

- Die relativ jüngsten präkaolinisch abgelagerten und in großem Umfange verwitterten Gesteine stellen die Buntsandsteinarkosen der Triasplatte von Eisenberg—Merseburg (Spergau) bzw. im Meißner Raum (Ockrilla) dar.
- Die absolut jüngste Zeitmarke beschreibt Adam (1968) mit Kaolinisierungserscheinungen an miozänen Basalttuffen des Zittau—Berzdorfer Beckens.

Weitaus problematischer ist die Datierung der eigentlichen Hauptetappe(n) für die Bildung der Verwitterungskruste innerhalb des möglichen Bildungszeitraums. Bei diesen Überlegungen wird davon ausgegangen, daß für die Entstehung einer angenommenen 100 m mächtigen Verwitterungskruste unter günstigen Bedingungen 1—2 Mill. Jahre erforderlich sind (nach Petrov 1967, 1—2 cm/100 a).

Wichtige Hinweise über die Existenz einer kaolinitischen Verwitterung können die Tonmineralgehalte stratigraphisch genau fixierter Sedimente geben.

— Starke (1970) wies bei systematischen Untersuchungen über die Verteilung der Tonminerale in den geologischen Systemen am Nordrand der Böhmischen Masse nach, daß Kaolinit in mesozoischen und känozoischen Sedimenten erstmals im Lias deutlich in Erscheinung tritt und in der Oberkreide bzw. im Tertiär ein Maximum erreicht. Hohe relative Kaolinitgehalte in den Sedimenten setzten jedoch eine kaolinitische Verwitterung im Abtragungsgebiet voraus.
— Mesozoische Tone mit Kaolinitvormacht im südöstlichen Vorland der Böhmischen Masse, die als Rohstoff der keramischen Industrie von Bedeutung sind, treten erstmals in der Oberkreide auf (Tone von Boleslawiecz, VR Polen). Analoge Verhältnisse beschreibt Köster (1974) für Kaoline und Tone der Oberpfalz. Hier liegen mit den kaolinitischen Tonen von Ehenfeld kretazische Umlagerungsprodukte der Kaoline von Hirschau-Schnaittenbach vor.
— Bei der saxonischen Mobilisierung des Lausitzer Blocks und anderer Teile der Böhmischen Masse wurde die ehemals durchgängig existierende Verwitterungskruste bis auf geringe Reste abgetragen. Das Krustenmaterial ergoß sich als Älterer bzw. Jüngerer Lausitzer Schuttfächer in die Erosionsbasis des Niederlausitzer bzw. Südostbrandenburger Senkungsfelds. Die dabei abgelagerten limnisch-fluviatilen, brackischen bzw. marinen tonigen Sedimente lassen sich nach verschiedenen Kriterien von den Kaolinen und anderen residualen Verwitterungsprodukten des Lausitzer Blocks ableiten (Lasch 1973). Stratigraphisch sind sie in das Obere Oligozän/Miozän bzw. in das Pliozän einzuordnen. Analoge Verhältnisse treten beispielsweise im Weißelsterbecken auf.

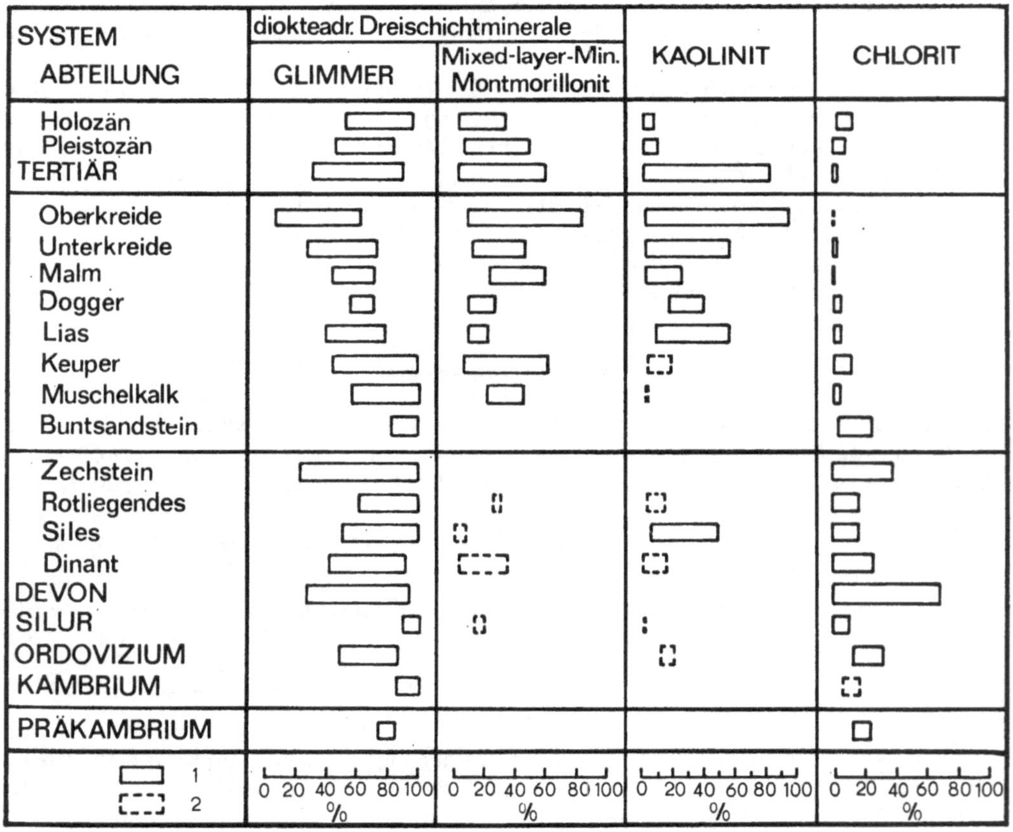

Abb. 2. Schwankungsbreiten von Mittelwerten der relativen Tonmineralgehalte in den geologischen Systemen bzw. Abteilungen am Nordrand der böhmischen Masse (Starke 1970)

- Eine wichtige Zeitmarke für den Kaolinisierungsprozeß ist aus der Kaolinlagerstätte Ockrilla allgemein bekannt. Hier wurde während der Wernigeröder Phase im Bereich der Lausitzer Überschiebung Biotitgranit auf Buntsandsteinarkosen aufgeschoben. Die anschließende Oberflächenverwitterung (postoberkretazisch) erfaßte den Überschiebungsbereich und führte zur Ausbildung einer mächtigen Kaolinisierungszone.

- Seit langem bekannt ist eine an die Verbreitung der Sächsischen Elbtalkreide gebundene sogenannte präcenomane kaolinitische Rotlehmverwitterung. DECKER (1969) beschreibt durchschnittliche Mächtigkeiten der Verwitterungskruste von 5–20 m bei Maximalwerten bis zu 50 m. Am Markersbacher Granit wurden dabei relative Al_2O_3-Anreicherungen von 14 auf 23 Gew.-% beobachtet. Die obersten Dezimeter bis Meter dieser im Normalfall intensiv rot gefärbten Zone sind infolge mariner Beeinflussung gebleicht (enteisent). Ihre Erhaltung verdankt diese Verwitterungskruste einer Bedeckung durch kretazische Sedimente vor ihrer Hebung und Abtragung. Mit diesen Ergebnissen wird ein wichtiger Hinweis auf die Existenz einer intensiven präcenomanen siallitischen Verwitterung gegeben.

Eine kritische Sichtung auswertbarer geologischer Informationen gestattet folgende zusammenfassende Bewertung.

Obwohl vom Lias bis in das Miozän eine große Anzahl Indizien für die Existenz mehrerer diskreter (bzw. einer einzigen zusammenhängenden) Epoche(n) mit kaolinitischer Verwitterung vorliegen, gestattet der geologische Kenntnisstand derzeit keine sichere Datierung der Hauptetappe(n) des Kaolinisierungsprozesses innerhalb des möglichen Bildungszeitraums. Im besonderen fehlen Hinweise auf das Ausmaß des Kaolinisierungsprozesses in der oberen Trias und im Jura. Geologische Einzelbeobachtungen sprechen in der Lausitz und in angrenzenden Gebieten für eine kretazisch-oligozäne bis miozäne Hauptetappe(n) der Kaolinisierung. Die Aufgabe insbesondere physikalischer Altersbestimmungen wird es sein, die Lösung dieses Problems zu fördern. Auf die ursprüngliche Problemstellung zurückkommend, kann die Hypothese PETROVS (1967) aus der Sicht Lausitzer Kaoline vorerst nicht gestützt werden. Ein völlig synchroner Ablauf der Bildung der eurasischen kaolinitischen Verwitterungskrusten scheint nicht gegeben. Das Zusammentreffen günstiger klimatischer, tektonischer und anderer Verwitterungsfaktoren in einem derart großen Bildungsraum kann innerhalb der meso- bis känozoischen Systeme durchaus zu verschiedenen Zeiten eingetreten sein.

4.3. Klimatische Verhältnisse

Als besonders günstig für die Ausbildung mächtiger siallitischer Verwitterungskrusten wurden für rezente Beispiele eine hohe mittlere Jahrestemperatur $> 20\,°C$ sowie ein möglichst großes Niederschlagsnetto > 2000 mm/a genannt. Unter diesen Bedingungen erreichen die chemische Verwitterung und die Migration der Elemente eine günstige Größenordnung.

Außerdem beschleunigen die durch eine üppige Vegetation reichlich entstehenden Humusstoffe bei einer guten Drainage des Profils den Ablauf der Kaolinisierung zusätzlich.

Analysiert man den nach geologischen Kriterien zeitlich eingegrenzten möglichen Bildungsraum auf die Existenz derartig vollhumider Zeiträume, so muß festgestellt werden, daß in der unteren Trias wohl relativ hohe mittlere Jahrestemperaturen herrschten, die periodischen Trockenzeiten jedoch schlechte Voraussetzungen für eine intensive chemische Verwitterung bildeten. Im Rät dagegen setzt bei subtropischen Klimaverhältnissen eine kaolinitische Verwitterung ein (RUSITZKA 1968). Im Jura variierten die klimatischen Verhältnisse Mitteleuropas nach lithologischen und paläoökologischen Kriterien mehrfach zwischen warm-humiden und warm-ariden Verhältnissen. Für die Kreidezeit darf ebenfalls ein episodisch subtropisches bis warm-gemäßigtes Klima angenommen werden. Im Tertiär herrschten besonders günstige klimatische Verhältnisse für eine intensive chemische Verwitterung. LOTSCH (1968) charakterisiert das Klima Mitteleuropas als einen zyklischen Wechsel zwischen subtropischem Regenwald-Klima zum warm bzw. feucht gemäßigten Sommerlaubwaldklima.

Zusammenfassend kann festgestellt werden, daß im Zeitraum zwischen der oberen Trias bis in das Jungtertiär im Arbeitsgebiet episodisch günstige klimatische Verhältnisse für die Kaolinisierung herrschten.

Diese Aussage korreliert mit den eingangs erwähnten Untersuchungsergebnissen STARKES (1970). Es ist allerdings nicht möglich, nach dem Kriterium des Klimas innerhalb dieses großen Zeitraums eine bestimmte definierte Bildungsetappe der Verwitterungskruste in der Lausitz abzugrenzen.

4.4. Tektonische Verhältnisse

Für die Ausbildung mächtiger Verwitterungskrusten sind Perioden relativer tektonischer Ruhe erforderlich, in denen eine Peneplainisierung der Landoberfläche erfolgen kann. Unter den Bedingungen orogener bzw. epirogener Bewegungen kommt es bei Hebung zur Abtragung der Verwitterungsprodukte bzw. zu einer schnellen Bedeckung der Kruste und damit zum Abschluß des Verwitterungsprozesses.

In der Trias herrschten in Mitteleuropa etwa Tafelverhältnisse, die in der oberen Trias lediglich von diktyogenetischen Bewegungen belebt wurden. Epirogenese und Diktyogenese führten im Jura zur Ausbildung kleinmaßstäblicher Hebungs- und Senkungsgebiete. Im Arbeitsgebiet als Bestandteil des Böhmisch-Vindilizisch-Herzynischen Massivs dürften jedoch grundsätzlich günstige tektonische Verhältnisse für eine Peneplainisierung geherrscht haben. In der Kreidezeit kam es im Zusammenhang mit der im Tethysraum einsetzenden alpidischen Orogenese zu einer allgemeinen epirogenen Belebung. Bekannt ist z. B. die Absenkung des Lausitzer Blocks, verbunden mit seiner teilweisen marinen Überflutung im Cenoman sowie seine erneute Heraushebung einschließlich der Bildung von Randtrögen während der Subherzynen Phase. Das Arbeitsgebiet zeichnet sich als Bestandteil der Westsudetischen Insel in der gesamten Oberkreide durch eine Hebungstendenz aus und unterlag damit der teilweisen bzw. völligen Abtragung seiner präcenomanen Verwitterungskruste. Im Tertiär kam es zu einer ausgeprägten saxonischen Bruchtektonik, zu Schollenbildungen und -verkippungen sowie zu kräftigen Hebungs- und Senkungsbewegungen (s. Abschn. 2). So führte eine mehrphasige Hebung des Lausitzer Granodioritmassivs und des Lausitzer Schiefergebirges zur schnellen Abrasion ihrer Verwitterungskrusten sowie zur Verfrachtung des Materials in das nördlich vorgelagerte Senkungsfeld (s. Abschn. 4.2.).

Zusammenfassend kann festgestellt werden, daß im möglichen Bildungszeitraum der Verwitterungskruste etwa ab Oberkreide und besonders im Tertiär eine Tendenz zu epirogenen Bewegungen und damit zur Abtragung bzw. Bedeckung im Bereich des Lausitzer Blocks bestand, nachdem in der oberen Trias und im Jura langzeitig tektonische Ruhe herrschte. Unter günstigen klimatischen Bedingungen ist jedoch selbst zwischen den durch saxonische Bruchtektonik gekennzeichneten Zeiträumen die Existenz hinreichend langer Phasen relativer tektonischer Ruhe im Tertiär wahrscheinlich.

Der Erhaltungszustand der Kaoline wird ebenfalls vorwiegend durch die tektonischen Verhältnisse kontrolliert. Dabei sind folgende Fälle zu unterscheiden:

- Im Bereich des gegenwärtigen Grundgebirgsanschnitts treten im allgemeinen keine Relikte der Verwitterungskruste mehr auf, es sei denn, sie wurden durch kleintektonische Absenkung (Grabenbildung) vor der tertiären Abrasion geschützt. Beispiel: Kaolinlagerstätte Oberrengersdorf im Bereich des Königshainer Stockgranits.
- Die Kaolinrinde des Grundgebirges nördlich der Innerlausitzer Hauptverwerfung bzw. des Lausitzer Hauptabbruchs ist eventuell noch erhalten, infolge mächtiger Tertiär- und Pleistozänbedeckung einer industriellen Nutzung jedoch nicht mehr zugänglich.

Tab. 3. Element- und Mineralgehaltsänderungen in einem Lausitzer Granodioritverwitterungsprofil

			Mineralgehalt (Masse-%)				Makrochemismus (Masse-%)				Spurenelemente (ppm) bezogen auf geglühte Substanz							
Probe-Nr.	Zonengliederung	Kaol.*)	Glimmer (di.+trioktaedr.)	Nont.	K.-F.	Quarz**)	SiO_2	Al_2O_3	K_2O	Fe_2O_3	Mn	Ti	Ba	V	B	Cu	Ni	Cr
500	Zone 3	74	(17)	—	—	20	70,0	23,4	0,5	3,6	100	7600	100	49	22	29	10	105
501	Zone 3	81	(19)	—	—	46	70,8	23,1	0,5	3,5	125	6700	100	44	22	15	10	65
502	Zone 3	86	(14)	—	—	26	75,7	19,7	1,0	2,8	250	8700	575	56	25	29	10	180
503	Zone 2	55	(10)	—	32	51	71,3	19,2	2,8	2,5	280	5200	950	48	31	19	10	105
504	Zone 2	34	(30)	××	36	36	70,7	18,4	3,6	3,6	295	5400	1300	53	28	19	10	145
505	Zone 2	41	(34)	××	25	36	71,5	19,1	4,8	4,0	305	6200	1200	53	36	17	10	135
Lausitzer Granodiorit	Zone 1	—	17	—	13 34 Plag.	27	67,0	16,0	3,5	4,7								

Kaol. = Kaolinit; Nont. = Nontronit; K.-F. = Kalifeldspat
*) bezogen auf Substanz ohne Quarzanteil; **) bezogen auf Gesamtsubstanz

— Zwischen der Innerlausitzer Hauptverwerfung im Norden und dem tertiärfreien Grundgebirgsanschnitt im Süden befindet sich ein Streifen reliktisch erhaltener oberflächennaher Kaoline, dem die eingangs genannten Kaolinvorkommen fast ausnahmslos zugeordnet werden müssen.
— Der Erhaltungszustand des Kaolinprofils innerhalb des regionalgeologisch bevorzugten Bereichs wird vor allem vom Niveau der Grundgebirgsoberkante im Verhältnis zum Erosionsniveau bestimmt. In diesem Zusammenhang spielen kleintektonische Formen, wie Becken oder Grundgebirgsaufragungen eine bedeutende Rolle. Der Erhaltungszustand des Kaolinprofils kann durch folgende Typen gekennzeichnet werden:

- Relativ gut erhaltenes Verwitterungsprofil
  Beispiel: Kaolinlagerstätte Caminau
- Teilweise bis auf das Niveau der grün gefärbten Zersatzzone gekapptes Verwitterungsprofil
  Beispiel: Teile der Lagerstätte Wiesa-Piskowitz
- Bis auf die Wurzeln abgetragenes Verwitterungsprofil
  Beispiel: Syenitzersatzlagerstätte Radeburg

Tab. 4. Geochemische Charakteristik verschiedener Verwitterungsprodukte

1. Granodioritkaoline, hell, aus Zone 2, (ppm) n = 12

Element		Mn	Ti	Ba	V	Cu	B	Ni	Cr
arithm. Mittel	$\bar{x}$	140	7200	195	54	20	20	27	50
Streuung	s	40	1300	84	24	17	11	18	29

2. Granodioritkaolin, grün, aus Zone 2, (ppm) n = 15

Element		Mn	Ti	Ba	V	Cu	B	Ni	Cr
arithm. Mittel	$\bar{x}$	240	7100	700	55	54	22	18	90
Streuung	s	124	2000	116	27	32	10	18	58

3. Granodiorit, frisch, Zone 1, Wiesa, (ppm) n = 2

Element	Mn	Ti	Ba	V	Cu	B	Ni	Cr
Gehalt	490	7500	700	36	675	23	10	10

4. Grauwackenkaoline, (ppm) = 7

Element		Mn	Ti	Ba	V	Cu	B	Ni	Cr
arithm. Mittel	$\bar{x}$	475	8200	610	72	145	58	28	63
Streuung	s	275	2700	310	21	78	34	28	19

5. Schieferzersatz (ppm) n = 8

Element		Mn	Ti	Ba	V	Cu	B	Ni	Cr
arithm. Mittel	$\bar{x}$	1180	10200	910	230	70	190	85	115
Streuung	s	740	3900	490	135	70	96	59	53

6. Basaltzersätze/Lamprophyrzersätze (ppm) n = 8

Element		Mn	Ti	Ba	V	Cu	B	Ni	Cr
arithm. Mittel	$\bar{x}$	560	17500	330	230	40	20	110	300
Streuung	s	720	4600	205	140	31	6	51	136

4.5. Ausgangsgesteine

Von Bedeutung für die Ausbildung der Verwitterungskruste erwies sich das Ausgangsgestein. Die in Tab. 1 angeführten Gesteine des Lausitzer Granodioritmassivs und des Lausitzer Schiefergebirges unterlagen einer intensiven chemischen Verwitterung unter annähernd gleichartigen Bedingungen. Bei einer komplexen geochemisch-mineralogischen Untersuchung von Profilen und Einzelproben zeigte es sich, daß in allen untersuchten Gesteinen eine vertikale Zonalität der Verwitterungsprofile auftritt. Dabei wird der Mineralbestand der Übergangszone vom frischen Muttergestein zur Kaolinzone vor allem von den Eigenschaften (Mineralbestand, Durchlässigkeit für Verwitterungslösungen und andere) des Ausgangsgesteins bestimmt. Hier treten typische Mineralassoziationen auf (s. Tab. 5). In der eigentlichen Kaolinzone oben genannter Gesteine unterscheiden sich die Mineralgehalte quantitativ, obwohl ein klimatisch bedingter allgemeiner Trend zur Kaolinitvormacht, unabhängig vom Ausgangsgestein, nicht zu verkennen ist (s. Tab. 4). Die noch existierenden qualitativen und quantitativen Unterschiede in den oberen Profilteilen äußern sich in einer für die Lausitz typischen lateralen Differenzierung der Tonmineralverhältnisse verwitterter Gesteine und ihrer tertiären Umlagerungsprodukte (LASCH 1973).

Tab. 5. Typische Mineralneubildungen der Übergangszone

Granodiorit, Syenodiorit:	Nontronit Dioktaedrischer Glimmer (2 M) (Kaolinit)
Granit:	Illit-Montmorillonit-Wechsellagerungsmineral Dioktaedrischer Glimmer (2 M) (Kaolinit)
Grauwacke:	Dioktaedrischer Glimmer (2 M) (Montmorillonit) (Kaolinit)
Basalt:	Montmorillonit
Paläozoische Schiefer:	Dioktaedrischer Glimmer (2 M) (Kaolinit)

Im oberflächennahen Bereich dominiert nicht mehr der Einfluß des Ausgangsgesteins, sondern vor allem Menge und Zusammensetzung der Oberflächenwässer. Unter den gegebenen Bedingungen eines tropisch- bzw. subtropisch-humiden Klimas, eines reichlichen Angebots an Humusstoffen und einer ausgeprägten Drainage des Verwitterungsprofils durch saure Oberflächenwässer bestimmt eine Tendenz zur Kaolinitbildung die Stoffumwandlungsprozesse. Alle in der Zersatzzone neugebildeten Übergangsminerale (z. B. Nontronit, dioktaedrischer Glimmer), aber auch reliktische Ka(Na)-Feldspäte bzw. Biotitumwandlungsprodukte, setzen sich hier zu Kaolinit um. Von allen reaktionsfähigen Mineralen zeigen dabei dioktaedrische Glimmer die geringste Reaktionsgeschwindigkeit. Freie Aluminiumoxidhydrate (z. B. Hydrargillit) konnten nicht nachgewiesen werden.

4.6. Beziehungen zwischen der Braunkohlenbildung und der Kaolingenese in der Lausitz

Umstritten ist der Einfluß humusstoffhaltiger Braunkohlenwässer auf die Genese der Lausitzer Kaoline und im Zusammenhang damit die Entstehung der „Weiß“- bzw. „Buntkaoline“. Zunächst muß konstatiert werden, daß in der Lausitz enge regionale

Tab. 6. Durchschnittsmineralbestand der wichtigsten Verwitterungsprodukte der Lausitz

Verwitterungsprodukt	qualitativer Mineralbestand	quantitativer Mineralbestand [Masse-%]
Granodioritkaolin	Kaolinit/Halloysit	60
	Glimmer (dioktaedrisch)	(10)
	Quarz	30
	Siderit	(~ 1)
Granitkaolin	Kaolinit/Halloysit	60
	Glimmer (dioktaedrisch)	(20)
	Quarz	15
Grauwackenkaolin	Kaolinit/Halloysit	30
	Glimmer (dioktaedrisch)	(25)
	Quarz	45
Schieferzersätze	Kaolinit/Halloysit	20
	Glimmer (dioktaedrisch)	45
	Quarz	35
Basaltzersätze	Montmorillonit	+++
	Kaolinit	+
	Glimmer (dioktaedrisch)	(+)
	Siderit	+
Lamprophyrzersätze	Kaolinit	40
	Quarz	25
	Siderit	3

Beziehungen zwischen mächtigen Kaolinprofilen und Braunkohlenablagerungen bestehen. In kleintektonisch angelegten Becken am südlichen Ausstrich des Tertiärs werden Kaoline häufig von Braunkohlenflözen überlagert (s. BUCHWALD 1971). Wie bereits mitgeteilt wurde (vgl. LASCH 1973), bedingen sich die Entstehung von Braunkohle und Kaolin nicht gegenseitig. Es trafen in diesem Raum lediglich zufällig klimatische, tektonische und andere Verhältnisse aufeinander, die das Vordringen der tertiären Sedimentation einschließlich Braunkohlenbildung in das unmittelbare Vorland des Verwitterungsgebietes verursachten.

Bei der Beschreibung des generalisierten Granodioritverwitterungsprofils (s. Abschn. 3) wurde dargelegt, daß die primären Eisengehalte des Granodiorits im allgemeinen im Verwitterungsprofil fixiert bleiben. Nach dem Redoxzustand des Eisens im Finalstadium des Verwitterungsprozesses läßt sich eine vertikale Gliederung des Profils in eine (ehemals) unter dem Grundwasserspiegel gelegene grün gefärbte Reduktionszone (Fe^{2+} im vergrünten Biotit) und eine oberhalb gelegene Oxydationszone vornehmen. Liegt das Eisen feindispers im Kaolin verteilt vor, dann ist die Oxydationszone entsprechend den absoluten Fe_2O_3-Gehalten (~ 5%) infolge Hämatitführung mehr oder weniger rot gefärbt. Abweichungen von diesem Normalfall, die für die industrielle Nutzung der Kaoline von besonderem Interesse sind, stehen mit zwei geochemischen Prozessen in Zusammenhang. Im Caminauer Kaolinprofil z. B. folgt auf die grün gefärbte Zone trotz durchschnittlicher und im Gesamtprofil mehr oder weniger konstanter Eisengehalte eine Zone hellen, „gebleichten" Kaolins. Dieser Effekt ist nach einer mikroskopischen Bemusterung des vergrünten Materials erklärbar. Infolge eines offenbar relativ hohen CO_2-Partialdrucks in den Verwitterungslösungen wurde das bei der Biotitumsetzung freiwerdende Fe^{2+} sofort in millimetergroßen Sideritkonkretionen fixiert, die beim Eintritt in die Oxydationszone nur oberflächlich aufoxidiert wurden. Durch die syngenetische Konzentration der Eisengehalte des Verwitterungsprofils im metastabilen Siderit kommt es zu keiner Rotfärbung Caminauer Kaoline in der Oxydationszone. Am Beispiel der Kaolinlagerstätte Wiesa kann beobachtet werden, wie intensiv rot gefärbte Teile des Kaolinprofils zum Hangenden hin mit unscharfen Grenzen in helle Kaoline übergehen. Die Untersuchung dieser Kaoline demonstriert dabei eine Verringerung der absoluten Eisengehalte. Dieser offenbar postgenetische Prozeß ist durch eine Eisenabfuhr infolge Schutzkolloidwirkung humussaurer Braunkohlenwässer zu erklären. Unter anderen Bedingungen ist eine Migration von Fe^{3+} unter oxidierenden Bedingungen nicht denkbar.

Diese Erscheinungen werden wie folgt interpretiert:

Für den eigentlichen Kaolinisierungsprozeß ist die Existenz stark huminsaurer Braunkohlenwässer aus nahegelegenen Braunkohlenmooren nicht Bedingung. In dieser Beziehung stellen die Kaoline der Lausitz einen Sonderfall, Kaolinlagerstätten ohne erkennbare regionale und genetische Beziehungen zur Braunkohlenbildung die Regel dar. Aus der Existenz von Humusstoffen im Verwitterungsprofil sollte nicht direkt auf Braunkohlenbeeinflussung geschlossen werden. Letztere entstehen in reichlichem Maße unter den eingangs beschriebenen klimatischen Bedingungen und sind ebenso in Kaolinlagerstätten fernab von Braunkohlenlagerstätten nachweisbar (z. B. in Kemmlitz). Die Enteisenung von Verwitterungsprofilen unter oxidierenden Bedingungen hat sich jedoch wahrscheinlich infolge Abfuhr des Eisens durch stark huminsaure Braunkohlenwässer vollzogen.

Zusammenfassung

Im Süden der DDR, im Gebiet der sächsischen Lausitz, treten als Bestandteil einer großflächig verbreiteten Verwitterungskruste Kaoline mit industrieller Bedeutung auf, auf deren Ausbildung und Erhaltungszustand prä-, syn- und postgenetische Faktoren Einfluß nehmen. Eine komplexe mineralogisch-geochemische Untersuchung der Verwitterungsprodukte gestattet in Verbindung mit den aus der Literatur bekannten Tatsachen und Umständen die Rekonstruktion einiger wesentlicher Faktoren der Kaolingenese.

Danach entstanden die Lausitzer Kaoline durch Oberflächenverwitterung in situ aus überwiegend granodioritischem Ausgangsgestein. Die Dynamik des Verwitterungsprozesses führte zur Ausbildung zonar aufgebauter Profile mit typischen geochemischen und mineralogischen Effekten. An mehreren speziellen Beispielen wird das Wirken der Verwitterungsfaktoren Klima, Ausgangsgestein, tektonische Situation, Braunkohlenbildung und andere demonstriert.

Die Kenntnis des horizontalen und lateralen Aufbaus der Verwitterungskruste in der sächsischen Lausitz, der Verteilung von Mineralen und Elementen im Profil ermöglicht es, genetische Beziehungen zwischen residualen Lockergesteinen und ihren tertiären Umlagerungs- und Klassierungsprodukten herzustellen.

Резюме

На юге ГДР, в пределах саксонской Лужицы, имеются в виде широко распространенной коры выветривания каолины промышленного значения. На их образование и сохраненност влияют до-, син- и постгенетические факторы. Комплексное минералого-геохимическое исследование продуктов выветривания в связи с известными из литературы фактами и обстоятельствами позволяет восстановление некоторых существенных факторов генезис каолина.

Судя по этим фактам лужицские каолины образовались поверхностным выветриванием на месте, преимущественно по гранодиоритным исходным породам. Процесс выветривания привел к образованию зонально построенных разрезов с типичными геохимическими и минералогическими признаками. На ряде специальных примеров показывается воздействие климата, исходной породы, тектонического положения, образования бурого угля и т. п. в качестве факторов выветривания.

Знание горизонтального и латерального строения коры выветривания в саксонской Лужице и распределение минералов и элементов по разрозу позволяют установить генетические связи между выше указанными остаточными рыхлыми породами и их третичными продуктами переотложения и сортировки.

Summary

In the south of the GDR, in the region of Saxon Lusatia, commercially important kaolins occur in a weathering crust of considerable areal extension. Formation and preservation of this crust are influenced by pre-, syn- and postgenetic factors. A complex mineralogic-geochemical study of the weathering product together with facts and conditions revealed in earlier papers permits to give a survey on some of the essential factors of kaolin genesis: The Lusatian kaolins were formed in situ by surface weathering from predominantly granodioritic parent rock.

The dynamics of this weathering process produced zonal profiles with characteristic geochemical and mineralogical features. The effects of certain weathering factors, such as climate, parent rock, tectonics, lignite formation are demonstrated.

Due to our knowledge of the horizontal and lateral structure of the weathering crust and of the distribution of minerals and elements in the profile we are able to establish the genetic relations between the above mentioned residual loose rock and its Tertiary redeposited and sorted products.

Literatur

Adam, C.: Beiträge zur Kenntnis der Kaoline und Tertiärtone in NO-Sachsen. — Freiberg, Bergakad., Diss. 1968.

Buchwald, J.: Geologische Bildungsbedingungen der Kaoline und Tone im Raum Kamenz-Großdubrau und ihre Bedeutung als Kriterien der Gesetzmäßigkeiten ihrer Verbreitung. — Greifswald, Ernst-Moritz-Arndt-Univ., Dipl.-Arb. 1968.

— Zur Genese der Oberlausitzer Kaoline und Tone. — Geologie, Berlin **20** (1971), S. 38—61.

Decker, F.: Die Geologie der sächsischen Elbtalkreide nach neuen Tiefbohrungen. — Freiberg, Bergakad., Diss. 1969.

Diener, I.: Fazies und Paläogeographie der Kreide. In: Grundriß der Geologie der DDR, Bd. 1. — Berlin: Akad.-Verl. 1968.

Köster, H.-M.: Ein Beitrag zur Geochemie und Entstehung der Oberpfälzischen Kaolin-Feldspat-Lagerstätten. — Geol. Rdsch., Stuttgart **63** (1974), S. 655—689.

Lasch, G.: Mineraolgisch-geochemische Untersuchungen an Lausitzer Kaolinen und Gesteinszersätzen. — Freiberger Forsch.-H., C, Leipzig 258 (1970).

— Geochemisch-mineralogische Untersuchungen an tertiären Tonen der Lausitz. — Freiberger Forsch.-H., C, Leipzig 290 (1973).

Lotsch, D.: Tertiär. In: Grundriß der Geologie der DDR, Bd. 1. — Berlin: Akad.-Verl. 1968.

Petrov, U. P.: Osnovnye učenija o drevnych korach vyvetrevanija. — Moskva: izd. Nedra 1967, (russ.).

Rusitzka, D.: Trias. In: Grundriß der Geologie der DDR, Bd. 1. — Berlin: Akad.-Verl. 1968.

Starke, R.: Verteilung und Faziesabhängigkeit der Tonminerale in den geologischen Systemen. — Freiberger Forsch.-H., C, Leipzig 254 (1970).

Störr, M.; Schwerdtner, G.; Buchwald, J.: Kaolinlagerstätten der DDR. — Intern. Geol. Congr., Rep. 23rd sess., Proc. Symp. 1—Kaolin deposits of the world, A-Europe, Prague 1969.

Manuskripteingang: 18. August 1976

Mitteilung aus dem VEB Geologische Forschung und Erkundung Halle, Betriebsteil Dresden

Anschrift des Autors:

Dr. G. Lasch, VEB Geologische Forschung und Erkundung Halle, Betriebsteil Dresden
DDR - 8036 Dresden, Oskar-Röder-Straße 10

Schriftenr. geol. Wiss. · Berlin 11 (1978) · S. 179–196

The Primary Kaolin Deposits of Yugoslavia

By ZORAN MAKSIMOVIĆ; DRAGOSLAV NIKOLIĆ, Belgrade

With 6 Figures and 11 Tables

1. Introduction

The oldest known weathering crust in Yugoslavia has been formed on ultramafic rocks and redeposited in Paleozoic sediments of "Studenička serija", near Studenica monastery (SIMIĆ 1954). There is no evidence of any kaolin deposit existing from that weathering period.

The most extensive weathering crust on the rocks of Balkan Peninsula has been formed in the Lower Cretaceous. The well known relics of this weathering interval are those on ultramafic rocks, with valuable silicate nickel deposits (MAKSIMOVIĆ 1975). Recently, the weathering crust of this age was discovered on Paleozoic phyllites and chlorite schists (MAKSIMOVIĆ unpublished data). The process, however, gave rise ot the formation of red kaolinic earth, rich in ferric iron. The kaolin deposits of this time are not known.

Geological evidence indicates the existence of a Paleogene weathering crust developed on ultramafic rocks in the area of Suvobor Mt. and Maljen Mt. (MAKSIMOVIĆ unpublished data). Within this time-span the climatic conditions were favourable for kaolinization and it occurred on the exposed granitic massifs not overlain by Mesozoic and Paleozoic sediments. In this way, the deposits of kaolinized granite at Bukulja Mt. (Bare), at Motajica Mt. and in the Bujanovac area (D. Karačevo) have been formed. In the Middle Miocene or in Early Pliocene, this weathering crust was subjected to erosion and transgression and was partly redeposited in the adjacent basins forming the secondary kaolin deposits.

Hydrothermal alteration of various rocks by epithermal solutions connected with Tertiary magmatism has been very widespread in Yugoslavia. Hydrothermally altered rocks extend many kilometers, along the faulted and mineralized zones. Alteration of this type has provoked a zoning in ultramafic rocks and development of argillic zone with Cr-kaolinite and Cr-halloysite (MAKSIMOVIĆ CRNKOVIĆ 1968). In acid and intermediate igneous rocks, particularly in neovulcanites, hydrothermal alteration gave rise to the formation of kaolin deposits. The largest kaolin deposit of this type is Bratunac, in kaolinized dacite of Pb-Zn-ore bearing area of Srebrenica (DANGIĆ 1971). Hydrothermal alteration of Paleozoic schists in the Pb-Zn mine Novo Brdo resulted in the formation of a large deposit of halloysite (DONATH 1962; STANGAČILOVIĆ 1968).

So far, a review about kaolins in Yugoslavia has been published only as a short information (PEŠUT 1968). For most of the primary deposits the detailed study is lacking and the available data are poor or incomplete. In this paper, an attempt is made to give the present-day knowledge of the principal residual kaolin deposits of this country.

The location of the principal deposits of exogenous and hydrothermal origin is shown in fig. 1. In table 1, the summarized data for each deposit are given.

2. Deposits in the Paleogene Crust of Weathering

The deposits of kaolinized granite occur as erosional remnants of an extensive Paleogene weathering crust. These deposits have a large extent and variable depth conformable with the primary topography. The major deposits of this type are those of Motajica Mt., Bukulja Mt. (Bare) and in the Bujanovac area (D. Karačevo).

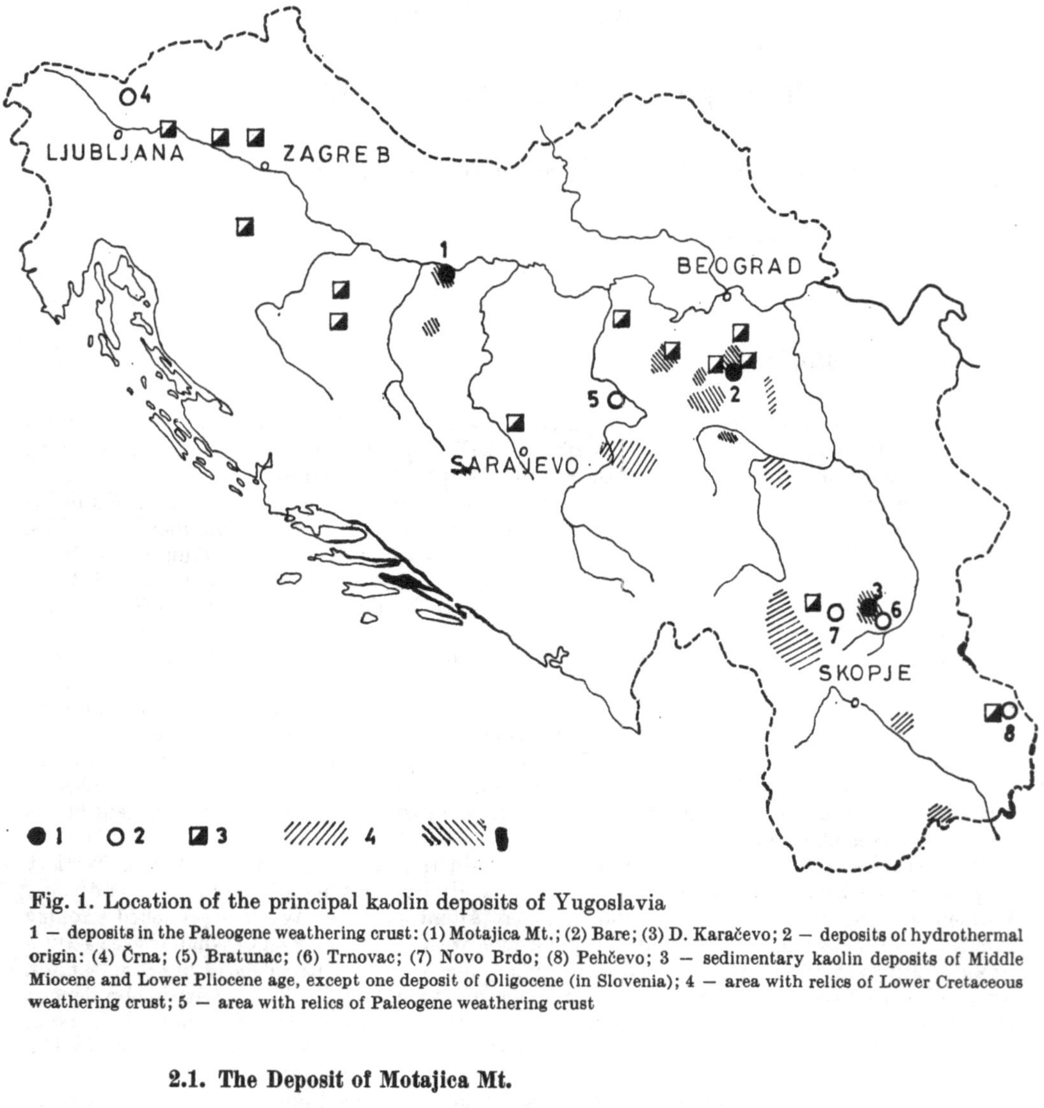

Fig. 1. Location of the principal kaolin deposits of Yugoslavia

1 — deposits in the Paleogene weathering crust: (1) Motajica Mt.; (2) Bare; (3) D. Karačevo; 2 — deposits of hydrothermal origin: (4) Črna; (5) Bratunac; (6) Trnovac; (7) Novo Brdo; (8) Pehčevo; 3 — sedimentary kaolin deposits of Middle Miocene and Lower Pliocene age, except one deposit of Oligocene (in Slovenia); 4 — area with relics of Lower Cretaceous weathering crust; 5 — area with relics of Paleogene weathering crust

2.1. The Deposit of Motajica Mt.

It is situated near the village Bosanski Kobaš, on the northern slopes of Motajica Mt., in Bosnia. The available data on this deposit are lacking. The granite is of Late Hercynian age, with the following modal composition: quartz 32.5%, K-feldspar 35%, plagioclase 25.5%, muscovite 5% and biotite 1.5% (Varićak, 1966). Preliminary study of washed kaolin (Stangačilović 1956; V. Nikolić 1971) has shown: kaolinite, illite, quartz, feldspar. In the fraction < 0.005 mm, only kaolinite was detected by x-ray diffraction. The chemical analyses of parent rock and washed kaolin are given in table 2.

2.2. The Deposit Bare

The parent rock is a monzonite granitic of Lower Jurassic age, with modal composition: quartz 35%, K-feldspar 20%, plagioclase 32%, muscovite 3% and biotite 10% (Divljan, 1961). The deposit is situated 7 km on the west from the town Arandjelovac, on the

Table. 1. The principal primary kaolin deposits of Yugoslavia

Deposit	Geotectonical unit	Genesis	Parent rock	Age of the deposit	Mode of occurence and thickness	Mineralogical composition of washed kaolin
Motajica Mt.	Inner Dinaric Belt	Weathering	Granite (Late Hercynian)	Paleogene To Middle Miocene	Lenticular bodies up to 40 m	K, Il, Q, F
Bare Bukulja Mt. Serbia	Inner Dinaric Belt	Weathering	Granite (Lower Jurassic)	Paleogene To Middle Miocene	Tabular and lenticular body 40—50 m and more	K, H, Il, Q; F, V
D.Karačevo Kosovo, Serbia	Serbo-Macedonian Mass	Weathering	Granodiorite (Late Hercynian)	Paleogene To Middle Miocene	Lenticular body 0.5—30 m	K, H, Il, F; Q, Mo
Črna Slovenia	Border zone between Alpides and Dinarides	Epithermal alteration	Augite-porphyrite, diabase, keratophyr and their tuffs, and shales	Oligocene--Miocene(?)	Veins and lenses 0.5—25 m	Il, Ch, Q; F, P, K
Bratunac Bosnia	Inner Dinaric Belt	Epithermal alteration	Sanidine-dacite	Neogene	Lenticular and tabular blocks 30—120 m	K, Q, F
Trnovac near Bujanovac Serbia	Serbo-Macedonian Mass	Epithermal alteration	Granite, pegmatite, orthogneiss	Neogene	Veins and lenses 0.5—25 m	Mo, Il, K
Novo Brdo Kosovo, Serbia	Inner Dinaric Belt	Epithermal alteration	Phyllites, mica-schists, amphibole schists	Neogene	Veins and lenticular bodies 5—60 m	H
Pehčevo Macedonia	Serbo-Macedonian Mass	Epithermal alteration	Granite, dacite, orthogneiss	Neogene	Irregular bodies up to 100 m	K, H, Py, Il, Ch

K = kaolinite; Il = illite; Q = quartz; F = feldspar; Mo = montmorillonite; H = halloysite; Ch = chlorite; Py = pyrite; V = vermiculite; P = pyrophylite

Table. 2. Chemical analysis of parent rock and washed kaolin from Motajica Mt.

	granite*)	Washed kaolin**) < 0.06 mm
SiO_2	72.20	49.89
TiO_2	0.11	0.46
Al_2O_3	15.18	34.28
Fe_2O_3	1.40	1.90
FeO	0.45	–
MnO	0.01	0.12
MgO	0.60	0.48
CaO	1.66	0.14
Na_2O	2.80	0.26
K_2O	4.91	2.25
P_2O_5	0.21	–
H_2O^+	0.56	10.41
H_2O^-	0.21	0.43
	100.30	100.62

*) Varićak (1966); **) V. Nikolić (1971)

western slopes of Bukulja Mt. It has an elongated lenticular shape and extends in the direction NW–SE, with maximum lenght 3.5 km and maximum width 1.8 km. Thickness of kaolinized granite is 40–50 m, but along the faulted zones exceeds 80 m (fig. 2). The deposit was discovered recently (Mihajlović & Prokić 1972) and its extent is only partly investigated by drilling. So far, more than 100 million tons of kaolinized granite was estimated, with the content of size fraction < 0.06 mm ranging from 20–26%.

X-ray, DTA, TGA and IR analyses of fractions < 0.002 mm, 0.002–0.005 mm and 0.005–0.045 mm have shown a concentration of kaolinite, with minor amount of halloysite in the clay fraction, but also the enrichment of amorphous iron hydroxide (table 4). The other minerals determined in these fractions are illite, quartz, feldspar and minor amount of vermiculite.

Kaolins from Bare deposit and from other deposits in the Paleogene weathering crust are practically always the "b-disordered" kaolinite (pM-type) (fig. 4).

Trace element analyses have shown the enrichment of Ba (500 ppm) and Zr (800 ppm) in the fraction 0.005–0.045 mm due to the accumulation of feldspar and zircon. Cr is a

Table 3. Granulometric analyses of kaolinized granite from Bare and D. Karačevo deposits (%)

Grain size mm	Bare	D. Karačevo
> 1	17.5	31.5
1–0.50	18.0	14.8
0.50–0.10	31.1	21.6
0.10–0.05	8.3	6.0
0.05–0.01	8.1	10.9
0.01–0.005	5.7	3.5
0.005–0.002	6.8	4.2
< 0.002	4.5	7.5

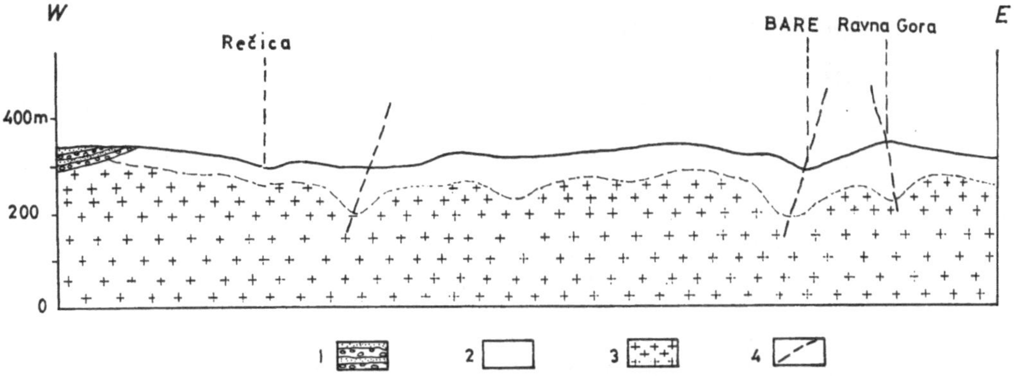

Fig. 2. Cross-section through the Bare deposit (MIHAJLOVIĆ 1974)

1 — Conglomerates and sandstones of the Middle Miocene; 2 — Kaolinized granite; 3 — Granite; 4 — Fault

Table 4. Chemical composition of parent rock and kaolin from Bare deposit

	Granite	Kaolinized granite	Washed kaolin, mm		
			0.005–0.045	0.005–0.002	< 0.002
SiO_2	71.41	62.94	50.44	46.59	43.30
TiO_2	0.17	0.29	0.31	0.29	0.30
Al_2O_3	14.83	16.64	30.73	31.58	30.08
Fe_2O_3	0.86	2.71	3.22	4.29	4.91
FeO	2.20	—	—	—	—
MnO	0.03	0.03	tr	0.03	0.03
MgO	0.63	1.24	1.61	1.82	2.01
CaO	1.81	1.05	0.92	1.17	1.29
Na_2O	3.37	0.88	0.62	0.26	0.20
K_2O	4.37	3.18	1.90	1.51	0.96
SO_3	n.d.	0.74	0.63	0.60	0.65
H_2O^+	0.51	3.04	8.90	10.50	14.61
H_2O^-	0.12	0.48	0.83	1.29	1.74
Total	100.31	100.48	100.33	100.18	100.08
Modal composition (%)					
Quartz		45	10	12	2
Feldspar		18	5	tr	tr
Mica		15	tr	—	—
Illite		4	21	18	4
Kaolinite		11	33	41	78
Halloysite		6	30	26	10
Amorphous iron hydroxide		1	1	3	6

n.d. = not determined

little concentrated in the clay fraction (60 ppm), but other trace elements (Be, Pb, Ga, Ni, Sn, V, Cu, Y, Sr and Sc) show close amounts in all three fractions.

Kaolinized granite clearly shows the original structure of the parent rock.

The deposit is in the course of exploration.

2.3. The Deposit D. Karačevo

The parent rock is a granodiorite of Late Hercynian age, with the following modal composition: quartz 37.5%, K-feldspar 10.5%, plagioclase 46.0%, muscovite 2.5% and biotite 3.5% (DIMITRIJEVIĆ 1958).

The deposit is situated in the village D. Karačevo, 34 km NW from the town Bujanovac, in the western part of the great granite massif of Bujanovac. It has an elongated lenticular shape with variable thickness, from 0.5 m in the marginal part ot 31 m in the central one. The kaolinized granodiorite passes gradually to the parent rock. The overburden consists of a granodioritic gruss (ŠKERLJ et al. 1961).

The kaolinized granodiorite contains on the average less size fraction < 0.06 mm than the kaolinized granite from Bare deposit (table 3). Mineralogical composition of an average sample of kaolinized granodiorite, obtained by various analytical techniques, is presented in table 5.

3. Deposits of Hydrothermal Origin

The kaolin deposits and occurrences of this type are numerous in Yugoslavia, but only the principal ones will be presented here. They are controlled by tectonics, following the faulted and mineralized zones over long distances and to considerable depth. The mode of occurrences are usually veins and lenticular bodies, with thickness ranging from 0.5 to 25 m.

3.1. The Deposit Bratunac

Several deposits and occurrences of primary kaolin occur in hydrothermally altered sanidine dacites of the Pb-Zn-ore bearing area Srebrenica, in East Bosnia. The Bratunac deposit, situated on the left side of Drina river, is the largest deposit of this type (fig. 1, No. 5). In the investigated part of the deposit ore reserves were estimated at 4.2 million tons of raw kaolin, or 1.3 million tons of commercial kaolin (fraction < 0.06 mm) (DANGIĆ 1971).

The deposit consists of the three bodies of hydrothermally kaolinized dacite, conformably lying in Paleozoic schists in an about 2 km long and 150 m wide zone of a NW—SE strike. The length of the ore bodies ranges from 150 m ("Zagoni"), through 600 m ("Smoljave") to 1,350 m ("Borići"), with thickness from 30 to 120 m. Due to subsequent tectonic deformations, the bodies were broken into lenticular and tabular blocks (fig. 3).

Dacite is built up of sanidine, quartz and biotite, with accessories: zircon, apatite, anatase, garnet and tourmaline. Hydrothermal alteration turned it into an aggregate of kaolinite, kaolinized sanidine, chloritized biotite, marcasite and pyrite, with accessory minerals from dacite. Sphalerite and galena were found in one sulphide vein in amount less than 1%.

In the raw kaolin, kaolinite content usually ranges between 27 and 46%, but in some cases attains 57%. Sanidine content is between 18 and 30% and quartz content from 22 to 36%. Iron sulphides and iron hydroxide ranges usually from 1% to 3%, but rarely attains 10%. Biotite is present in amount of 1—2%, and all accessories make only fraction of one percent. In some samples of raw kaolin TRUBELJA (1972) identified dickite and sepiolite.

The chemical analyses of parent rock and raw kaolin are given in table 7.

Ferric hydroxide is present in part of the deposit that belongs to the oxidation zone, while in the deeper part pyrite and marcasite are preserved in kaolinized rock. The

Table 5. Chemical composition of parent rock and kaolin from D. Karačevo deposit

	Granodiorite*)	Kaolinized granodiorite	Washed kaolin < 0.002 mm
SiO_2	69.37	73.29	51.93
TiO_2	0.21	0.25	0.25
Al_2O_3	16.81	17.46	30.48
Fe_2O_3	1.26	0.58	1.95
FeO	0.69	tr	tr
MnO	tr	0.03	tr
MgO	0.90	0.20	0.82
CaO	3.92	0.73	0.26
Na_2O	4.44	2.19	0.63
K_2O	1.75	1.13	3.15
P_2O_5	0.15	0.01	—
S	—	0.07	—
H_2O^+	0.60	4.09	8.25
H_2O^-	0.22	0.55	2.81
Total	100.32	100.58	100.53

Modal composition (%)

Quartz		36	6
Feldspar		39	16
Muscovite		9	—
Kaolinite		13	61
Halloysite		1	10
Montmorillonite		tr	3
Illite		1	2
Amorphous iron hydroxide		1	2

*) Dimitrijević 1958

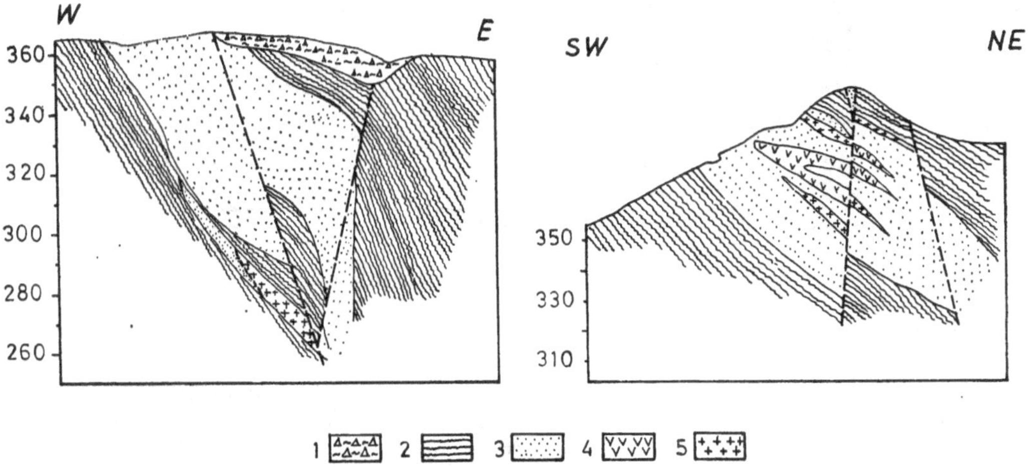

Fig. 3. Sections through the ore body "Smoljave" of the Bratunac deposit (Dangić 1971)

1 — Colluvium; 2 — Paleozoic schists, mostly sericite slates and phyllites; 3 — strongly kaolinized dacite (fraction 0,06 mm = 28–31%; Fe_2O_3 = 1.7–2.5%); 4 — medium kaolinized dacite; 5 — poorly kaolinized dacite

Table 6. Grain size and mineral composition of kaolin from Bratunac deposit (%)

	Kaolinized dacite	Washed kaolin < 0.06 mm
Grain size, mm		
0.06	27.0	1.3
0.06–0.02	22.0	1.2
0.02–0.002	38.0	39.3
0.002	13.0	58.2
Mineral composition*)		
Kaolinite	27–46	71.5
Quartz	22–36	13.5
Sanidine	18–30	12.8
Rest:	Mica, accessories, iron sulfides, iron hydroxide	

*) calculated from the chemical analysis

Table 7. Chemical analysis of parent rock and kaolin from Bratunac

	Parent rock*)	Raw kaolin ("Smoljave")	Washed kaolin ("Smoljave") < 0.06 mm
SiO_2	65,11	61.95	50.85
TiO_2	0.62	0.88	0.84
Al_2O_3	17,63	21.69	31.96
Fe_2O_3	1.20	0.72	0.70
FeO	2.65	0.20	–
MnO	0.08	–	tr
MgO	0.47	0.63	0.43
CaO	2.55	0.78	0.94
Na_2O	3.30	0.37	0.02
K_2O	3.88	5.33	2.20
P_2O_5	0.29	0.13	–
SO_3	n.d.	0.21	n.d.
CO_2	1.88	n.d.	n.d.
H_2O^+	0.80	5.70	9.98
H_2O^-	0.65	0.65	1.70
Total	100.21	99.22	99.62

*) Biotite dacite from Sase (TAJDER 1953; in TRUBELJA 1972)

oxidation zone, which may be as much as 150 m deep, comprises most of the kaolinized masses and is inverse to the relief.

The Smoljave ore body is intensively and homogeneously kaolinized, the intensity of kaolinization tending to increase along the strike—from the northern towards the southern end of the body. The Borići body is unevenly kaolinized. A certain zonal character of the alteration can be observed, though non-typical and irregular. In the kaolinized rock the content of fraction < 0.06 mm varies from a few percent to as much as 80%, depending on the degree of kaolinization and partly, also, on the hypergenic changes. In this fraction kaolinite content is between 43% and 45%.

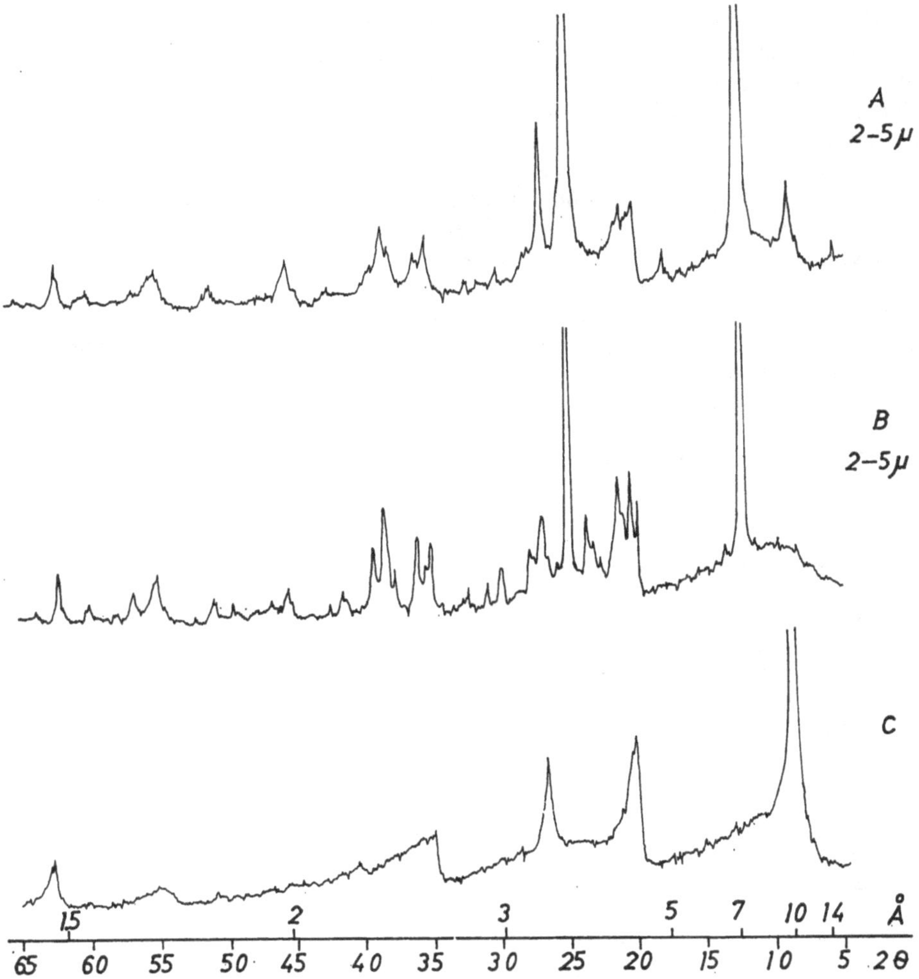

Fig. 4. X-ray diffraction patterns

A — Kaolin from the weathering crust, Bare deposit (size fraction 0.002–0.005 mm); B — Kaolin of hydrothermal origin from Bratunac (0.002–0.005 mm); C — Halloysite (No. 1) from Novo Brdo deposit

Kaolin from Bratunac, as well as from other deposits of hydrothermal origin, consist mostly of well crystallized kaolinite approaching the T-type (fig. 4).

Sanidine dacite represents the final stage of Tertiary volcanism in the Srebrenica area. According to DANGIĆ (1971), the kaolinization of this rock, with pyritization, was provoked by acid to neutral solutions under 300 °C, which were associated with the latest phases of the hydrothermal activity in this area. The deposit, already deformed tectonically, reached in the Quaternary hypergenic levels, where its partial erosion led to the formation of deep oxidation zone.

3.2. The Deposit Trnovac

The parent rock of Trnovac kaolin is granite of Bujanovac massif. The deposit is situated in a deserted stibnite mine near the town Bujanovac. Granite is kaolinized around the quartz-stibnite veins and the process has been connected with the Tertiary epitherma mineralization, following a dislocation 22 km long. The thickness of kaolinized zones varies from 0.5 to 25 m, with the length of over 1,500 m and their vertical stretch of over 200 m (Milovanović 1950; Stangačilović 1968).

Two large samples of kaolinized granite, 50 kg each, from the horizon 560 m and horizon 575 m of Trnovac mine, were studied by various analytical techniques (Pavlović & Nikolić 1972). Granulometric distribution, presented in table 8, indicate a decrease of clay substance in deeper horizon 560 m. Chemical analysis of the clay fraction and the results of mineralogical studies are given in table 9. It is shown that montmorillonite is the most abundant clay mineral and that kaolinite is rather subordinate.

The alteration of granite around the quartz-stibnite veins is considered unanimously to be of hydrothermal origin. It seems, however, that after reaching the hypergenic levels, the exogenous factors played an important role in the present-day distribution of clay minerals in the deposit.

Near the town Bujanovac, in villages Levosoje and Borovac, in granite occur large

Table 8. Granulometric distribution of kaolinized granite from two horizons in Trnovac mine

mm	650 m	575 m
> 1	24.4	22.0
1–0.50	9.7	9.9
0.50–0.10	26.5	21.4
0.10–0.05	11.4	10.7
0.05–0.01	10.6	14.3
0.01–0.005	4.0	4.5
0.005–0.002	5.6	5.2
< 0.002	7.8	12.0

Table 9. Chemical and mineralogical composition of kaolinized granite (fraction < 0.002 mm) from two horizons in Trnovac mine

	650 m	575 m
SiO_2	46.19	45.70
TiO_2	0.05	0.06
Al_2O_3	29.30	32.40
Fe_2O_3	1.05	0.95
FeO	0.21	0.14
MnO	0.01	0.01
MgO	2.00	1.25
CaO	3.54	1.74
Na_2O	0.27	0,21
K_2O	4.50	4.31
CO_2	2.14	0.45
H_2O^+	6.84	7.61
H_2O^-	4.67	5.75
Total	100.77	100.58
Modal composition (%)		
Montmorillonite	40	50
Illite	42	36
Kaolinite	13	14
Calcite	5	1

pegmatite bodies, up to 30 m thick. Pegmatites show a zonal composition, with the core of pure quartz, the inner zone of pure microcline and outer zone of albite, muscovite, quartz and apatite. In locality Borovac the inner, microcline zone is kaolinized, with average kaolinite content of about 30% (NIKOLIĆ 1962). Microcline and kaolinized microcline were mined and used as materials of high quality (table 10).

It is considered that the kaolinization of the inner pegmatite zone has been related to the action of CO_2-rich waters, which still have numerous springs in this area.

Table 10. Chemical analysis and modal composition of microcline and kaolinized microcline from Borovac

	Fresh microcline	Kaolinized microcline
SiO_2	64.70	60.50
Al_2O_3	20.00	22.85
Fe_2O_3	tr	tr
MnO	tr	tr
MgO	tr	tr
CaO	0.20	0.22
Na_2O	2.37	1.00
K_2O	12.17	12.37
H_2O^+	0.38	3.32
Total	99.82	99.91
Modal composition (%)		
Microcline	98	62
Quartz	2	2
Kaolinite	—	36

3.3. The Deposit Črna

It is situated 5 km NE from Kamnik and it is the only one kaolin deposit mined now in Slovenia. The parent rock of Črna "kaolin" is the Middle Triassic volcanic-sedimentary series, composed of augite porphyrite, diabase, quartz keratophyre and their tuffs, and shales (ŠTERN 1970). The veins and lenses of "kaolin", 2—20 m thick and dipping to N or S (60—70°), occur in the core of a tectonically deformed and eroded anticline, following a fault of a E—W strike. The length of "kaolin" bodies is up to 1,500 m and the vertical stretch up to 100—150 m.

"Kaolin" contains 25—45% of particles < 0.08 mm, with mineralogical composition: illite, chlorite, quartz as major constituents, Na-feldspar, calcite, pyrophyllite and kaolinite as minor ones. (ŠTERN, personal communication.)

The deposit is considered to be of hydrothermal origin, but the problem of genesis is seeking for further informations. It is interesting to note that "kaolin" bodies get thinner with depth, and also in this direction decreases the content of clay substance. More detailed informations about this deposit are given by ŠTERN (1975).

3.4. The Halloysite Deposit Novo Brdo

It is situated in the locality "Farbani Potok", in one of the largest deposits of lead and zinc in this country. In the Middle Ages, the mining activity in this region was extremely intense and it made Novo Brdo the biggest town in Balkan Peninsula, with about 40,000 inhabitants.

The lead-zinc deposit occurs along a dislocation of the first order, which follows the contact zone of Paleozoic schists and marbles, with a NW—SE strike and the dip of the contact of about 50° to the NE. Tertiary andesites intruded the Paleozoic metamorphites along this dislocation and now occur in this contact zone in several places. Ore bodies are located at the contact schists/marble, schists/andesites, marble/andesites, but above all in the marbles, as the result of metasomatic replacement. In the course of exploitation of the ore deposit at "Farbani Potok" in the period from 1955 to 1968, a large body of pure halloysite was discovered, along a vertical stretch of 280 m, from

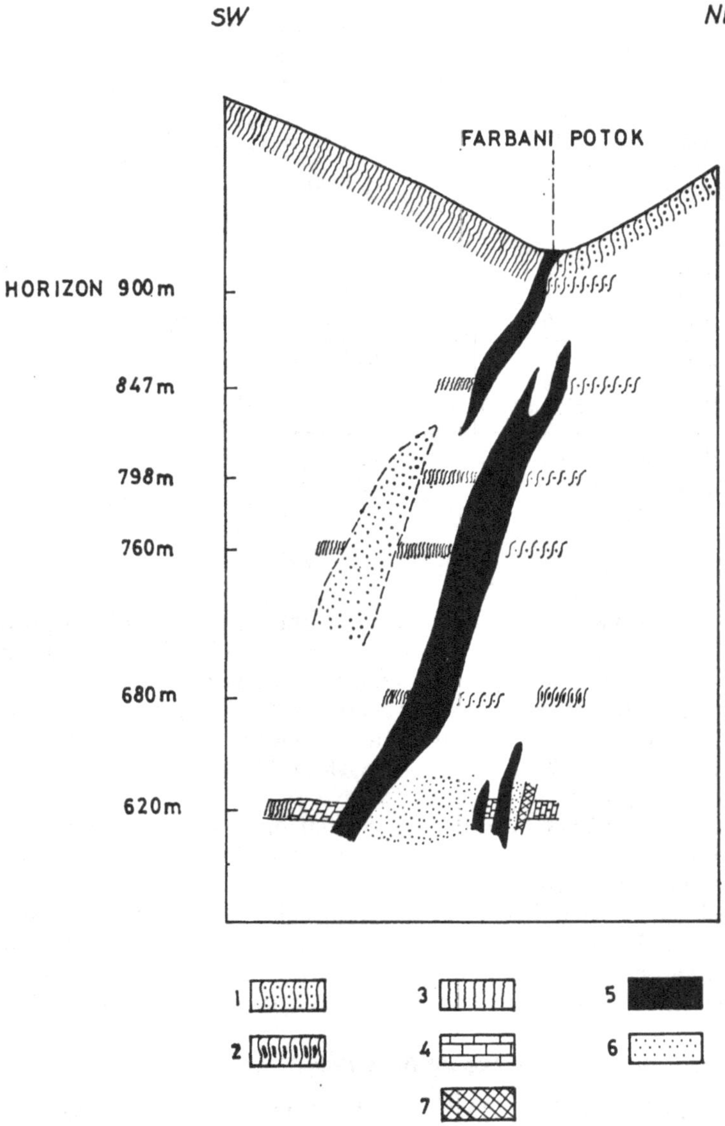

Fig. 5. A cross-section through halloysite deposit Nove Brdo

1 — Mica schist; 2 — Amphibole schist; 3 — Phyllite; 4 — Marble; 5 — Lead-zinc ore body; 6 — Halloysite; 7 — Siderite (Grujić et al. 1974)

elevation 900 m to the elevation 620 m (DONATH 1962; STANGAČILOVIĆ 1968). It is very likely that halloysite appears in deeper horizons (fig. 5).

The halloysite forms veins and bodies are conformably lying in the enclosing rocks, with thickness ranging from 5.60—60 m. It is formed through the alteration mostly of phyllites, mica schists and amphibole schists.

Paleozoic metamorphites, schists and marbles, were strongly folded and faulted, and have layers of various thickness repeated in the series. The thickness of the marbles at "Farbani Potok" is from 5 to 50 m. Mineralization is in the form of sulphide bodies localized mostly in metasomatized marbles. The schists at the contact with mineralization were transformed into halloysite. This mineral occurs around the sulphide ore bodies, between the ore and various schists, between marble and schists and in schists. In some cases the texture of the schists is still preserved, although the rock is completely converted into halloysite.

Halloysite is a white to pale-gray substance, rather soft, but near the contact with enclosing rock it is usually very compact. It is partly yellowish to reddish due to the presence of iron hydroxide formed by the oxidation of pyrite.

Table 11. Chemical analyses of raw halloysite

	1	2
SiO_2	42.91	37.54
TiO_2	tr	tr
Al_2O_3	40.22	41.08
Fe_2O_3	0.16	0.11
MnO	tr	tr
MgO	0.18	1.16
CaO	0.29	2.33
Na_2O	tr	tr
K_2O	tr	tr
SO_3	1.66	1.90
300—1000°C H_2O	13.99	14.01
110—300°C H_2O	1.57	2.00
	99.88	100.13

Number of ions on the basis of 18 (O, OH)

Si	3.76	3.43
Al	4.24	4.42
OH	8.36	8.53

A large halloysite body, about 60 m thick, is observed in the 7th horizon of "Farbani Potok" locality, 420 m below the surface. There is no doubt that it extends even deeper (fig. 5). X-ray diffractogram of raw halloysite from 7th horizon is given in Fig. 4, and DTA and TGA curves in fig. 6. Two chemical analyses of raw halloysite, with calculated atomic ratios, are presented in table 11. Due to the presence of a mineral of alunite group, an excess of Al in octahedral sites is obtained.

According to DONATH (1962), the genesis of deep halloysite veins cannot be explained by the process of weathering. Large masses of this mineral and its purity indicate the transformation of the parent rock in an acid environment, with the pH ranging from 4 to 6. DONATH considers the action of the solutions rich in CO_2, representing the latest phases of Tertiary volcanism in this area, as a major factor for the formation of halloysite deposit, with temperatures being less than 50 °C. In this sense, he indicates the intense activity of CO_2-rich hydrothermal solutions in the mines Janjevo—Kišnica—Novo Brdo, and also in a wider area, including the magnesite deposit of Goleš.

According to Stangačilović (1968), the genesis of halloysite deposit was connected with the circulation of Tertiary epithermal solutions. Due to the fact that in halloysite were found veins and nests of fresh galena, pyrite and sphalerite, his opinion is that halloysite evidently preceded the formation of these sulphides of the younger generation.

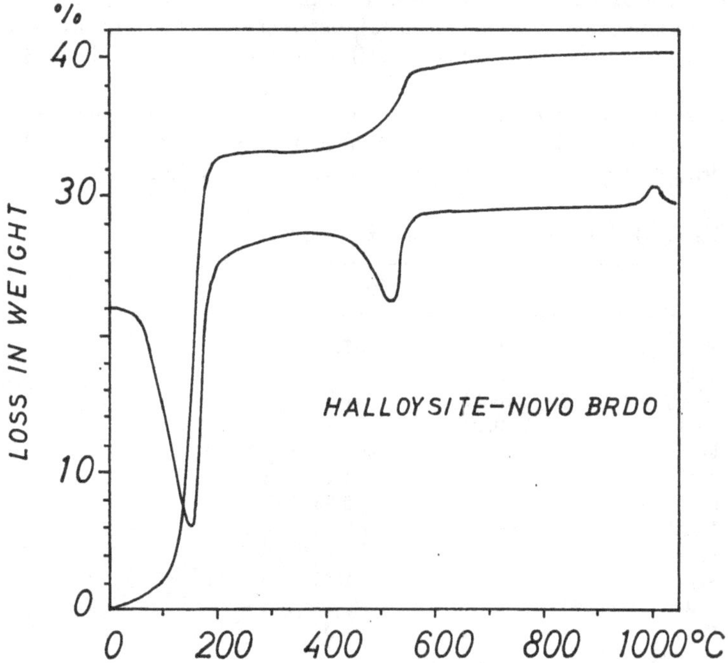

Fig. 6. DTA and TGA curves of halloysite (No. 1)

Due to the convenient structural factors, the oxidation zone in Novo Brdo deposit is very deep, reaching in some places more than 450 m below the surface (Mulina 1974). Under these circumstances, the action of sulphuric acid, liberated after the oxidation of sulphides, especially abundant pyrite, should not be neglected. During a brief visit to the deposit in 1975, F. V. Čuchrov expressed his view that halloysite deposit was formed through the action of descending acid solutions along the faults and crushed zones. The transformation of schists into halloysite was a rather fast process and therefore a metastable form-halloysite has been formed.

Taking into account all available evidence, it seems probable that both endogenous and exogenous factors took part in the formation of halloysite deposit at Novo Brdo.

In the investigated part of the lead-zinc deposit, the reserves are estimated at over 1.5 mill. tons of halloysite.

3.5. The Deposit Pehčevo

It is situated near the place Pehčevo in eastern Macedonia. The published data about it are completely lacking. The recent preliminary study of the deposit (Nikolić, unpublished data) has shown that large bodies of kaolinized rocks occur below limonitic iron ores, which in some parts look like gossan. The parent rocks are granite, dacite and orthogneisses. These kaolinized rocks form irregular bodies up to 100 m thick, which generally contain more or less abundant pyrite. The size of the pyrite grains varies from 1 mm to about 0.010 mm.

Degree of kaolinization, obtained from the content of size fraction < 0.045 mm, varies from 25% to 65%. Mineralogical composition, kaolinite, halloysite, illite and chlorite, is partly dependent upon the kind of the parent rock.

Genesis of the deposit is related to the Neogene volcanic activity. Hydrothermal kaolin deposits in this area were the source of material for the formation of secondary kaolin deposit in the Pliocene basin of Pehčevo.

Summary

The most important primary kaolin deposits in Yugoslavia belong to two main types:

1. The deposits of kaolinized granite, which occur as erosional remnants of an extensive Paleogene weathering crust. In this way the deposits at Bukulja Mt. ("Bare"), at Motajica Mt. and in the Bujanovac arera ("D. Karačevo") have been formed. These deposits have a large extent and variable depth, which is conformable with the primary topography. Along the faulted zones the thickness may exceed 80 m. The kaolin content is decreasing with depth and an overall content of fraction —0.06 mm ranges between 20 and 35%. In the Middle Miocene or in Early Pliocene this weathering crust was subjected to erosion and transgression and was partly redeposited in the adjacent basins in the form of secondary kaolin layers.

The deposit Bare, near Arandjelovac, discovered in 1972, is the largest relic of this type, with estimated reserves of kaolinized granite at over 100 million tons.

2. The kaolin deposits formed by hydrothermal alteration of various igneous rocks, but mostly of Tertiary volcanites. They are controlled by tectonics, following the faulted and mineralized zones over long distances and to considerable depth. The modes of occurrence are usually veins and lenticular bodies with thickness ranging from 0.5 to 25 m.

The largest kaolin deposit of this type is Bratunac in the Pb-Zn bearing area of Srebrenica in Bosnia.

The paper presents the available data on the most important residual kaolin deposits of both types, including a large deposit of halloysite in the Pb-Zn mine Novo Brdo.

Kratak sadržaj

Najvažnija ležišta primarnog kaolina u Jugoslaviji pripadaju dvama glavnim tipovima:

1. Ležišta kaolinisanih granita, koja se javljaju kao erozioni ostaci prostrane Paleogene kore raspadanja. Na taj način stvorena su ležišta na planini Bukulji („Bare"),na planini Motajici, kao i u oblasti Bujanovca ("D. Karačevo"). Ova ležišta imaju veliko prostranstvo i promenljivu debljinu, koja je saglasna sa primarnom topografijom. Duž rasednih zona njihova debljina premaša 80 m. Sadržaj kaolina opada sa dubinom i celokupni sadržaj frakcije —0.06 mm kreće se u opsegu od 20—35%. U srednejm Miocenu, ili u donjem Pliocenu, ova kora raspadanja je bila izložena eroziji i transgresiji i delimično je pretaložena u obližnjim basenima u obliku sekundarnih ležišta kaolina.

Ležište Bare, u blizini Arandjelovca, koje je otkriveno 1972 godine, najveći je relikt ovog tipa, sa procenjenim rezervama kaolinisanog granita od preko 100 miliona tona.

2. Kaolinska ležišta stvorena hidrotermalnom alteracijom različitih eruptivnih stena, a najčešće Tercijarnih vulkanita. Njihov postanak je predisponiran tektonikom i zbog toga, prate rasedne i mineralisane zone na velikom prostoru i do znatne dubine. Ova ležišta se javljaju obično u obliku žica i sočivastih tela debljine od 0.5—25 m.

Najveće kaolinsko ležište ovog tipa je Bratunac, u Pb-Zn oblasti Srebrenice u Bosni.

U ovom radu prikazana su najvažnija rezidualna kaolinska ležišta oba tipa, uključujući i veliko ležište halojzita u rudniku olova i cinka Novo Brdo.

Zusammenfassung

Die wichtigsten Primärkaolinlagerstätten Jugoslawiens repräsentieren zwei Haupttypen:

1. Lagerstätten von kaolinisiertem Granit, die als Erosionsreste einer ausgedehnten paläogenen Verwitterungskruste auftreten. In diesem Erdzeitalter waren die klimatischen Bedingungen für eine Kaolinisierung günstig. Es betraf die exponierten Granitmassive, die nicht von mesozoischen und paläozoischen Sedimenten bedeckt waren. Auf diese Weise sind die Lagerstätten am Bulkaja-Berg („Bare“), am Motajica-Berg und im Gebiet Bujanovac („Karačevo“) entstanden. Im mittleren Miozän war diese Verwitterungskruste der Erosion und Transgression ausgesetzt und wurde zum Teil in Form von sekundären Kaolinschichten in angrenzende Becken umgelagert. Die genannten Lagerstätten besitzen eine große räumliche Ausdehnung und eine beträchtliche Mächtigkeit (30—50 m) entsprechend der ursprünglichen Topographie. In den Verwerfungszonen kann die Mächtigkeit 80 m übersteigen. Der Kaolingehalt nimmt mit zunehmender Tiefe ab. Der durchschnittliche Gehalt in der Fraktion $< 60\,\mu m$ liegt zwischen 20—35%.

Die 1972 entdeckte Lagerstätte „Bare“ nahe der Stadt Arandjelovac ist das größte Relikt dieser Art mit rund 100 Mill. Tonnen kaolinisierten Granits.

2. Lagerstätten, die durch hydrothermale Umwandlung verschiedener Eruptivgesteine, meistens tertiären Ursprungs, entstanden. Sie sind durch tektonische Bewegungen beeinflußt worden und folgen den Verwerfungszonen und mineralisierten Zonen über weite Entfernungen und bis in beträchtliche Tiefen. Sie treten gewöhnlich als Ganglagerstätten oder in linsenähnlicher Form auf. Die Mächtigkeiten schwanken zwischen 0,5 und 25 m. Die größte Kaolinlagerstätte dieser Art ist Bratunac. Sie befindet sich in der bleizinkerzführenden Zone von Srebrenica (Bosnien). Die Vorräte dieser Lagerstätte werden auf 4,2 Mill. Tonnen Rohkaolin, entsprechend 1,3 Mill. Tonnen Industriekaolin, geschätzt.

Die Lagerstätte Trnovac in der Nähe von Bujanovac liegt in hydrothermal verwittertem Granit. Die Kaolinisierung war verbunden mit tertiärer epithermaler Mineralisierung von Stibnit mit Quarzgängen und folgt einer Verwerfung von 22 km Länge. Die Länge der Verwitterungszone beträgt über 1500 m, und ihre vertikale Ausdehnung überschreitet 200 m.

Die Kaolinlagerstätten bei Črna und Sela sind in gewisser Weise Ausnahmen: Kaolingänge und -linsen, 0,5—25 m mächtig, treten in der eruptiv-sedimentären Serie der Mittleren Trias auf, die Porphyrit, Diabas, Quarzkeratophyr nebst ihren Tuffen und Schiefern enthält. Man nimmt an, daß die Lagerstätten durch hydrothermale Verwitterung dieser Gesteine entstanden sind, jedoch bedarf das Problem der Genese zu seiner Lösung noch weiterer Untersuchungen.

Neben diesen Kaolinlagerstätten gibt es die bedeutende Halloysitlagerstätte Novo Brdo, die in einem der größten Blei-Zink-Vorkommen des Landes gelegen ist. Man nimmt an, daß der Halloysit auf hydrothermalem Wege durch Verwitterung verschiedener paläozoischer kristalliner Schiefer entstanden ist. Da eine sehr tiefgehende Oxidationszone in dieser Lagerstätte vorliegt, sollte jedoch nicht der Einfluß deszendierender saurer Lösungen außer acht gelassen werden. In einem Teil der Pb-Zn-Lagerstätte werden die Vorräte auf über 1,5 Mill. Tonnen Halloysit geschätzt.

In einigen Kaolinlagerstätten hydrothermalen Ursprungs wird eine Abnahme des tonigen Materials mit zunehmender Teufe festgestellt. Es scheinen somit auch exogene Faktoren einen bedeutenden Einfluß auf die heutige mineralische Zusammensetzung dieser Lagerstätten gehabt zu haben.

Резюме

Самые главные месторождения приморного каолина в Югославии относятся на двум типом.

1. Месторождения каолинизираных гранитов которые претставяют собой ерозионные остамки пространой Палеогеной коры выветривания. Таким образом образовались месторождения на горе Букуле (,,Баре''), на горе Мотаице, а также и в окрестности Буяновца (,,Д. Карачево'').

Это месторождения имеют большое пространство и изменчивую мощность, которая согласно с приморной топографией. Вдоль зоны расседания их мощност более 80 м. Содержание каолина уменьшается с глубиной, а сумма фракции $< 0{,}06$ мм является в диапазоне от 20—35%. В среднем Миоцене или нижнем Плиоцене, это кора выветривания была под влиянием эрозионных процессов и трансгресии, а частю переотложенях в соседных бассенах в виде седундарних залеганий каолина.

Месторождения ,,Баре" в близи Аранделовца, которое открыто 1972 года, представляет самый большой реликт этого типа, а его резервы каолинизированного гранита проценивають на более 100 миллионов тон.

2. Месторождения каолина образованая гидротермальной алтероцией разных еруптивных горных пород, а чаще всего вулканитов терциера. Образование этих месторождения предиспонироннo тектоникой и поэтому они являются на большом пространстве и глубине в этах расседания и минерализации. Эта месторождения являются в виде жильных и линзных форм мощности от 0,5—25 м.

Самое большое месторождение этого типа представляет Братунац в Pb—Zn области Сребреницы в Босне.

В этой работе показаны самые важные месторождения резидуального каолина, включая и большое месторождение Галлуазита в руднике Pb—Zn Ново Брдо.

References

DANGIĆ, A.: Ležište primarnog kaolina Bratunac. — Geol. anali balk. poluostrva, Beograd **36** (1971), S. 223—237, (serbo-croat.).

DIMITRIJEVIĆ, M.: The geology of the granite massif of Bujanovac. — Raspr. Zavoda geol. geof. istraž., Beograd (1958), S. 1—148, (serbo-croat. with english summary).

DIVLJAN, S.: The results of the petrological study of gneisses from the Bukulja Mt. (N. Serbia). — Glasn. prir. muz., srp. zemlj., A, Beograd **14—15** (1961), S. 147—169, (serbo-croat. with english summary).

DONATH, M.: Eine Halloysitlagerstätte im Blei-Zink-Erzrevier von Novo Brdo, Kosmet, Jugoslawien. — Bergb.-Wiss., 9 (1962) 2, S. 30—33.

GRUJIĆ, R.; DŽUDOVIĆ, Z.; NIKOLIĆ, V.: Izveštaj o rudnim rezervama Novo Brda. — Fond str. dokum. rudnika Pb-Zn Kišnica—Novo Brdo, (1974), (serbo-croat.).

MAKSIMOVIĆ, Z.: Nickel clay minerals in some laterites, bauxites and oolitic iron ores. — VIth confer. clay miner. petrol., Prague 1973 (1975), S. 119—134, (engl.).

MAKSIMOVIĆ, Z.; CRNKOVIĆ, B.: Halloysite and kaolinite formed through the alteration of ultramafic rocks. — XXIIIrd Intern. Geol. Congr., Prague (1968) 14, S. 95—105, (engl.).

MIHAJLOVIĆ, K.: Izveštaj o osnovnim geološkim istraživanjima ležišta kaolinisanog granita Bare u Sumadiji za 1974. — Fond struč. dokum. Geozavoda, Beograd (1975), (serbo-croat.).

MIHAJLOVIĆ, K.; PROKIĆ, T.: Ležište kaolinisanog granita Bare u Sumadiji. — Zap. srp. geol. društ., Beograd 1972 (1973), S. 107—117, (serbo-croat.).

MILOVANOVIĆ, B.: Bujanovačko antimonsko rudište. — Metalurgija, Beograd (1950) 1, (serbo-croat.).

MULINA, Č.: Ležište mangana Novo Brdo sa ocenom rudonosnosti neistraženog dela rudne zone. — Tehnika, Beograd (1974) 12, S. 2073—2079, (serbo-croat.).

NIKOLIĆ, D.: Proučavanje mikroklina iz pegmatita Levosoja kod Bujanovca. — Zap. srp. geol. drust., Beograd 1958 i 1959 (1962), S. 201—208, (serbo-croat.).

NIKOLIĆ, V.: Mineraloško-hemijsko proučavanje sirovina za industriju elektroporculana u Arandjelovcu. — Beograd, Univ. Rudarsko-geol. fakult., Dipl.-rad, 1971, (serbo-croat.).

PAVLOVIĆ, S.; NIKOLIĆ, D.: Proučavanje gline antimonskog ležišta Trnovac kod Bujanovca. — VII Kongr. geol. SFRJ, Zagreb (1972) 3, S. 157—166, (serbo-croat.).

PEŠUT, D.: Information sur les kaolins de Yougoslavie. — XXIIIrd Intern. Geol. Congr., Prague (1968) 15, S. 321—322, (franz.).

SIMIĆ, V.: Metamorfne lateritske rude gvoždja na Radočelu. — Vesn. geol. Inst., Beograd IX (1954), (serbo-croat.).

STANGAČILOVIĆ, D.: Motajički primarni kaolin. — Glasn. prir. muz., srp. zemlj., A, Beograd **7** (1956), S. 1—11, (serbo-croat.), (1956a).

— Primarni kaolin bujanovačkog antimonskog rudišta i pokušaj njegovog oplemenjivanja. — Tehnika, Beograd (1956) 5, S. 713—716, (serbo-croat.), (1956b).

— Ležište halojzita u Novom Brdu. — Simp. strukt., genezi gline i drugih silikatn. sirov., Zagreb (1968), S. 30—32, (serbo-croat.).

STANGAČILOVIĆ, D.: Genetska i stratigrafska kalifikacija jugoslovenskih ležišta ilitske gline sa osvrtom na mineraloški sastav. – Trav. l'ICSOBA, Zagreb (1969) 6, S. 161–174, (serbo-croat.).

ŠKERLJ, J.; JOVANOVIĆ, M.; PIRNAT, Z.: Ležište kaolinisanog granita u Karačevu. – Glasn. prir. muz., srp. zemlj, A, Beograd **14–15** (1961), S. 263–279, (serbo-croat.).

ŠTERN, J.: „Kaolin" Črna (pri Kamniku). Poročilo o montangeoloških raziskovalnih delih v letih 1968–1969. – Fond struc. dokum. Geozavod. Ljubljana (1970), (serbo-croat.).

– On primary kaolin occurences and the Middle Triassic deposit Crna near Kamnik (Slovenia, Yugoslavia). – Intern. Kaolin Symp., Univ. Greifswald, 14.–20. September 1975 in Dresden, (engl.).

TRUBELJA, F.: Kaolinizirani sanidinski dacit u blizini Bratunca (okolica Srebrenice). – VII Kongr. geol. SFRJ, Zagreb (1972) 2, S. 371–381, (serbo-croat.).

VARIĆAK, D.: Petrological study of the Motajica granite massif. – Geol. glasn., Sarajevo (1966) 9, S. 1–170, (serbo-croat. with english summary).

Manuskripteingang: 12. Mai 1976

Anschrift der Autoren:

Prof. Dr. Z. MAKSIMOVIĆ, D. NIKOLIĆ, Rudarsko-geoloski Fakultet, Univerziteta u Beogradu
YU - 11000 Beograd, Dušina br. 7

Schriftenr. geol. Wiss. · Berlin 11 (1978) · S. 197–208

Alteration of a Granite to Kaolin – Mineralogy and Geochemistry

By HAYDN H. MURRAY, Bloomington, Indiana; PADRAIC PARTRIDGE, Chatsworth, California; JAMES L. POST, Sacramento, California

With 11 Figures and 2 Tables

1. Introduction

Belitung Island is located three degrees south of the equator in the Java Sea between Sumatra, Kalimantan, and Java (fig. 1). It is 320 km. north of Jakarta and 160 km east of the Island of Bangka. The total area on the island is approximately 4000 km². Rainfall averages 300 to 360 cm per year and the average temperature is 29° centigrade. The major industry is tin mining and concentration. The largest town is Tanjung Pandan, which is the headquarters of the tin mining operation and is the major port supplying the island. The island is surrounded by shallow reefs and the shelf around the island is very flat and shallow so that large seagoing vessels must anchor some 5 km. out from Tanjung Pandan. Only small boats and barges can navigate the shallow channels into the harbor. In 1974 there were five small kaolin mines operating on the island produc-

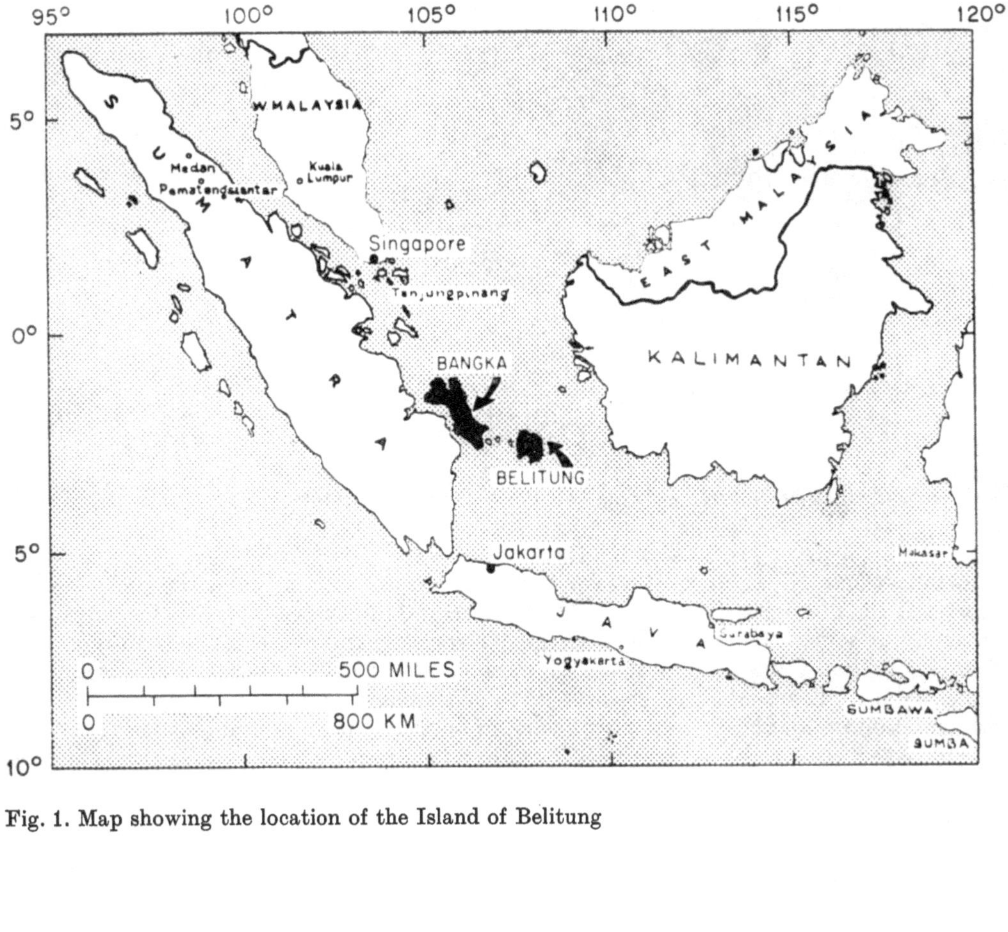

Fig. 1. Map showing the location of the Island of Belitung

ing some 1,200 metric tons of washed kaolin per month. A large ceramic plant is located near Tanjung Pandan which produces sanitaryware and whiteware mainly for the Jakarta market. An airport with service to Jakarta is located near Tanjung Pandan.

2. Geology

Belitung is a low, flat island rising about 20 m. above sea level with a few hills and mountains that have resisted erosion. The island is a topographic high on the peneplain which is the broad Sunda shelf, a large area between Java and Thailand. The oldest exposed rocks on Belitung are argillites and sandstones of Permian age (HUTCHINSON 1968). Most of the bedrock is of sedimentary origin and consists of sandstones, siltstones,

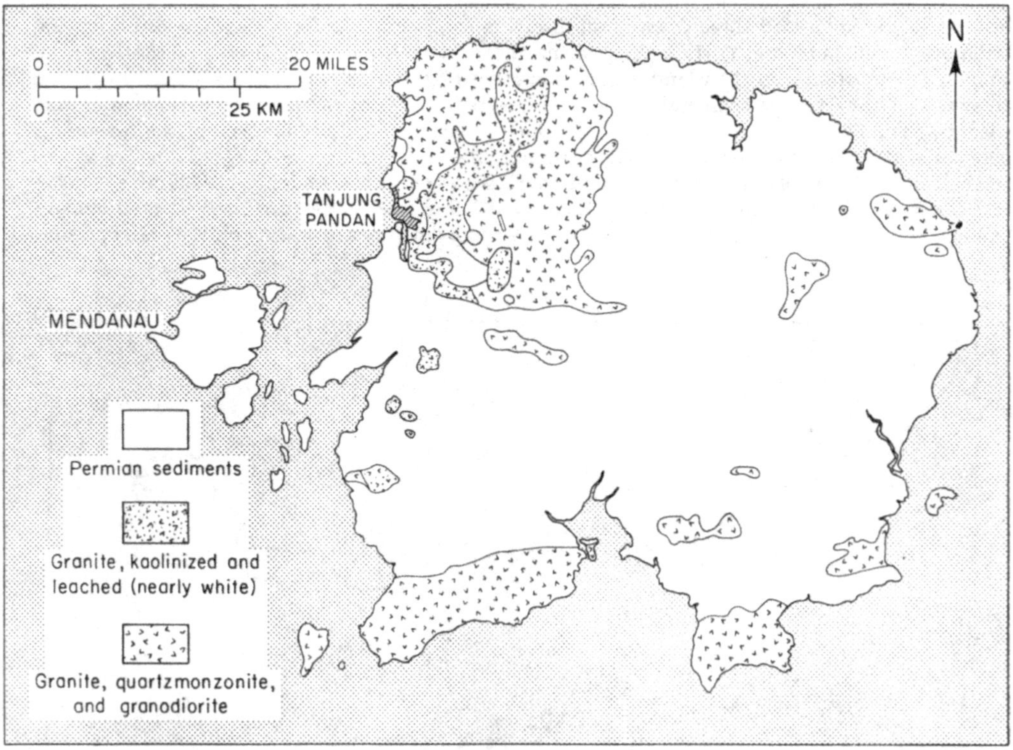

Fig. 2. Geologic map of Belitung showing location of kaolinized granite

and mudstones. These rocks are folded and faulted and the strike of the rocks is east-west and the dip varies from 50° to 70°. Granite of Triassic age underlies the northwest quarter of the island (fig. 2). The Geological Survey of Indonesia has dated the granite 180 ± 5 million years using radiometric methods (HUTCHINSON 1968). Since Cretaceous time the area has been very stable with much erosion and deep tropical weathering which accounts for the present flat, low relief on this and surrounding islands.

The rivers and streams are mature with broad valleys and meandering channels especially near the coast. At the headwaters of the streams there is some incision exposing the bedrock.

Two terrace levels are evident one at 5 m. and the other 18 m. above sea level (fig. 3). The kaolinized granite has been eroded above the 18 m. level. Some of the granite below the 18 m. level on the northwest quarter of the Island is altered to kaolin. The depth of alteration is variable depending upon the height of the water table, rate of erosion, and elevation. The residual kaolin is found between the present sea level and the 18 m. terrace level. Some of the kaolin is white and some is pink or tan in color depending upon the impurities present (fig. 4).

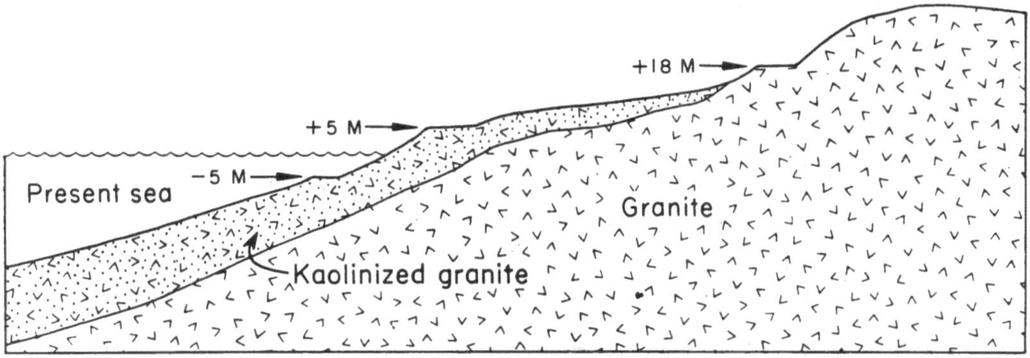

Fig. 3. (Upper) Diagrammatic representation of terrace levels and altered granite

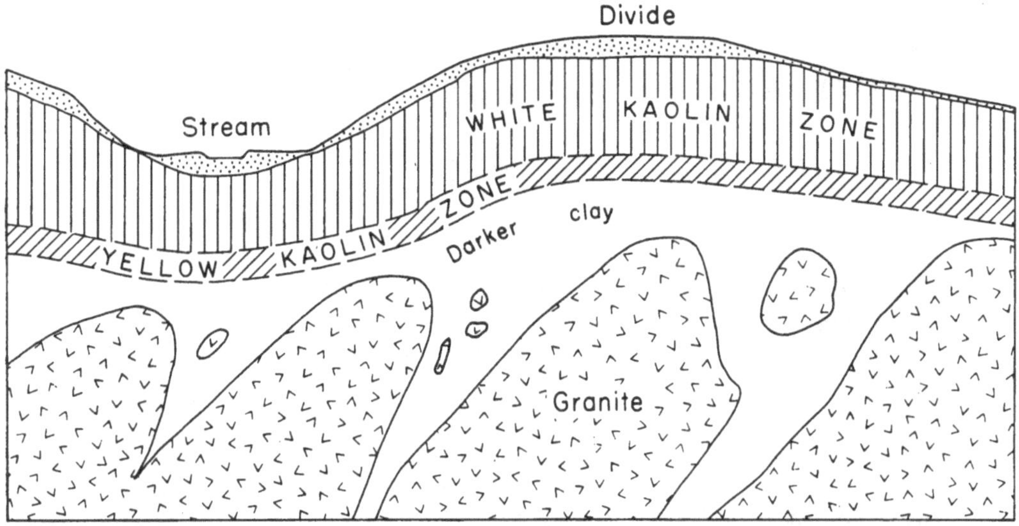

Fig. 4. (Lower) Diagrammatic representation of relationship of granite, yellow kaolin, and white kaolin in the alteration sequence

3. Granite

The granite of northwest Belitung is a porphyritic biotite granite. The texture is usually coarse but there are areas of medium and fine grained granite. The mineral composition is relatively uniform despite the large variation in texture.

The minerals making up the granite are:

Plagioclase Feldspar: Variety albite with some oligoclase.
Potash Feldspar: Generally microcline with some orthoclase.

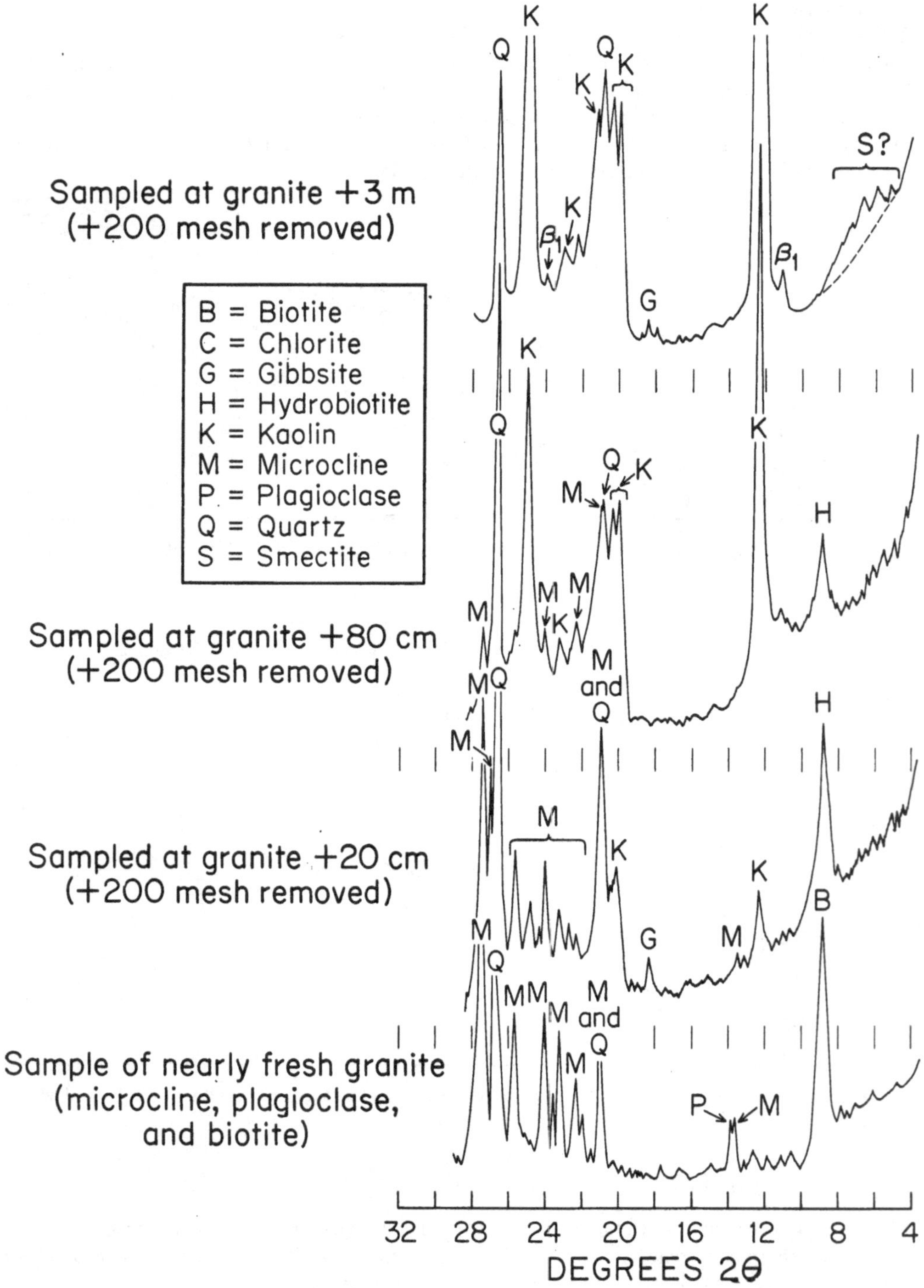

Fig. 5. X-ray diffraction patterns of granite and alteration products

Perthite: Interlayered plagioclase and potash feldspar.
Quartz: Clear to smokey. Contains numerous fractures.
Biotite: Brown to black. Occurs in clusters.
Accessory Minerals: Muscovite, monzonite, tourmaline, zircon, apatite and cassiterite.

The average modal analysis of several granite samples is as follows:

Quartz	36%
Potash Feldspar	35%
Plagioclase Feldspar	23%
Biotite	4%
Accessory Minerals	less than 1%

The average chemical content of the granite is shown in Tab. 1.

Table 1. Average chemical analysis of eight granite samples

SiO_2	74.16	MgO	0.38
Al_2O_3	12.22	CaO	1.65
Fe_2O_3	0.56	Na_2O	3.36
FeO	2.13	K_2O	4.48
MnO	0.02	TiO_2	0.21
		Total	99.17

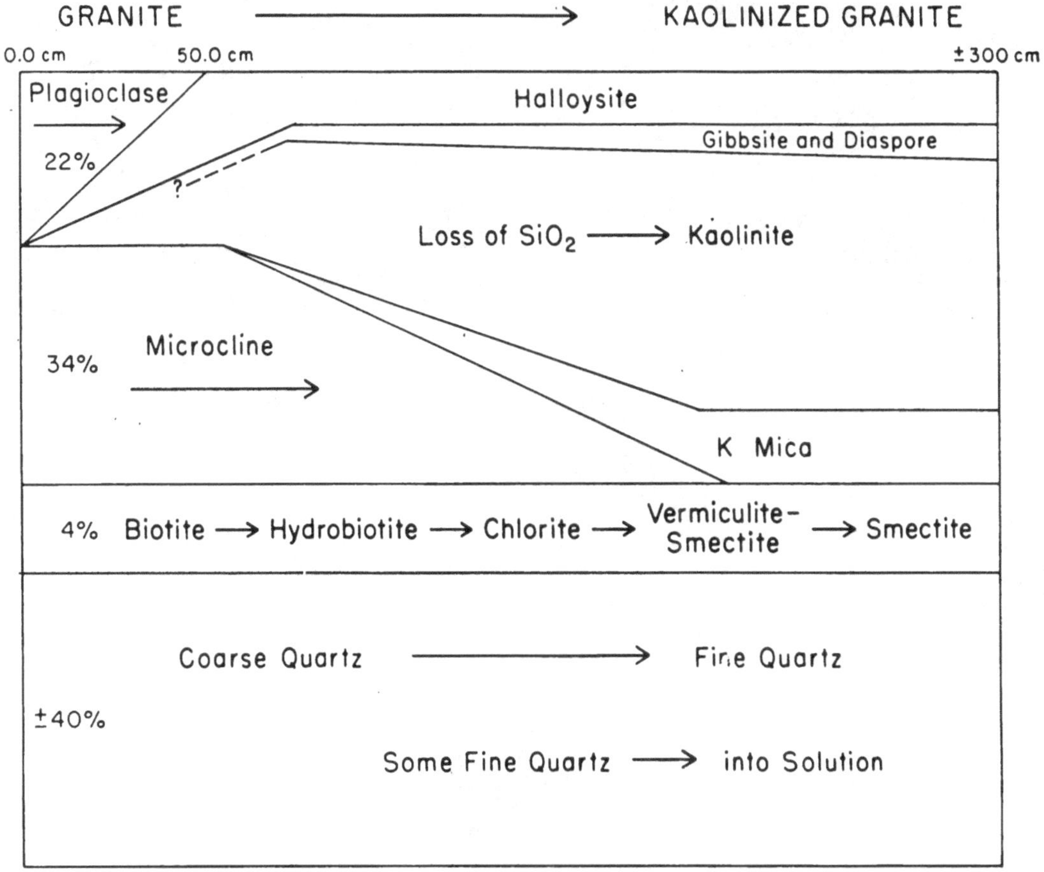

Fig. 6. Schematic diagram showing changes in mineralogy of granite as it alters to kaolin

4. Alteration of Granite to Kaolin

Samples were taken from the five operating kaolin mines. The bottom of the mine was usually a relatively hard slightly altered granite grading upward into fully kaolinized material. In two of the mines fresh granite was encountered by digging a pit in the bottom of the mine. The samples were collected starting with the fresh granite at the bottom and sampling at intervals of 5 to 25 cm up through the altered granite into the completely kaolinized material. As shown on fig. 5 X-ray diffraction patterns indicate that the major minerals in the nearly fresh granite are quartz, microcline, plagioclase, and biotite. At 20 cm. above the fresh granite, the microcline has altered significantly, kaolinite and halloysite are present, and the biotite is changed to hydrobiotite. At 80 cm. kaolinite is the dominant mineral along with quartz and some hydrobiotite; only a trace amount of microcline remains. At 3 m. kaolinite is the major mineral present along with quartz;

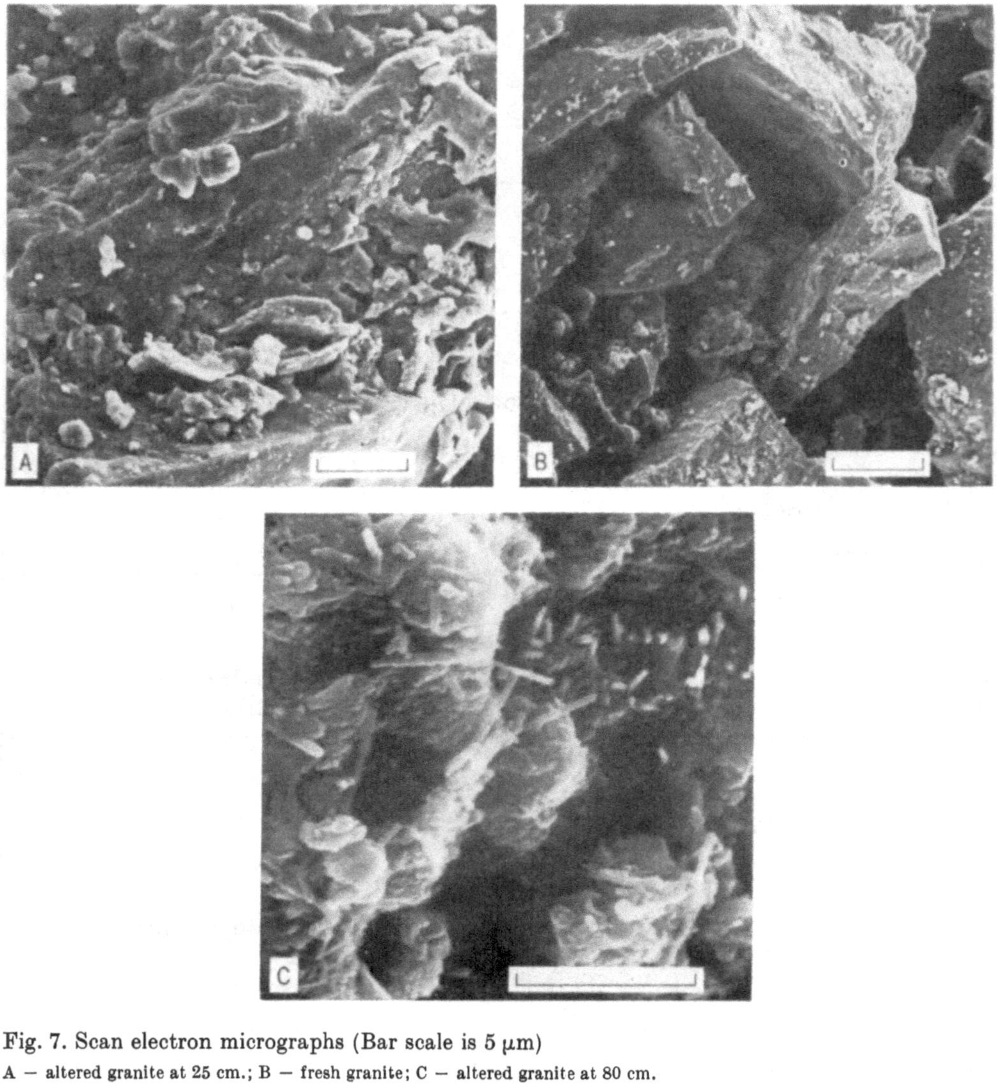

Fig. 7. Scan electron micrographs (Bar scale is 5 μm)

A – altered granite at 25 cm.; B – fresh granite; C – altered granite at 80 cm.

the hydrobiotite has disappeared and smectite is present. A small amount of gibbsite is present in some of the samples.

Figure 6 is a schematic diagram showing the changes in mineralogy of the granite as it alters. Quartz is unchanged except that it becomes finer in grain size and some silica goes into solution. The biotite alters to hydrobiotite to chlorite to vermiculite-smectite to smectite. Microcline and plagioclase alter to halloysite and kaolinite which in turn may alter to gibbsite and diaspore. Some fine muscovite or illite is also present altered from feldspar. Scan electron micrographs are shown on fig. 7 and 8. In fig. 7, B is the fresh granite surface. A is the granite at 25 cm. and although the granite still appears relatively fresh some of the surface has solution channels or slightly altered appearance. C is at 80 cm. and halloysite tubes and kaolinite stacks are evident. In fig. 8 B is at 200 cm. and shows kaolinite and halloysite and A is a very large kaolinite stack which has altered from feldspar. Note the halloysite tubes on the large kaolinite

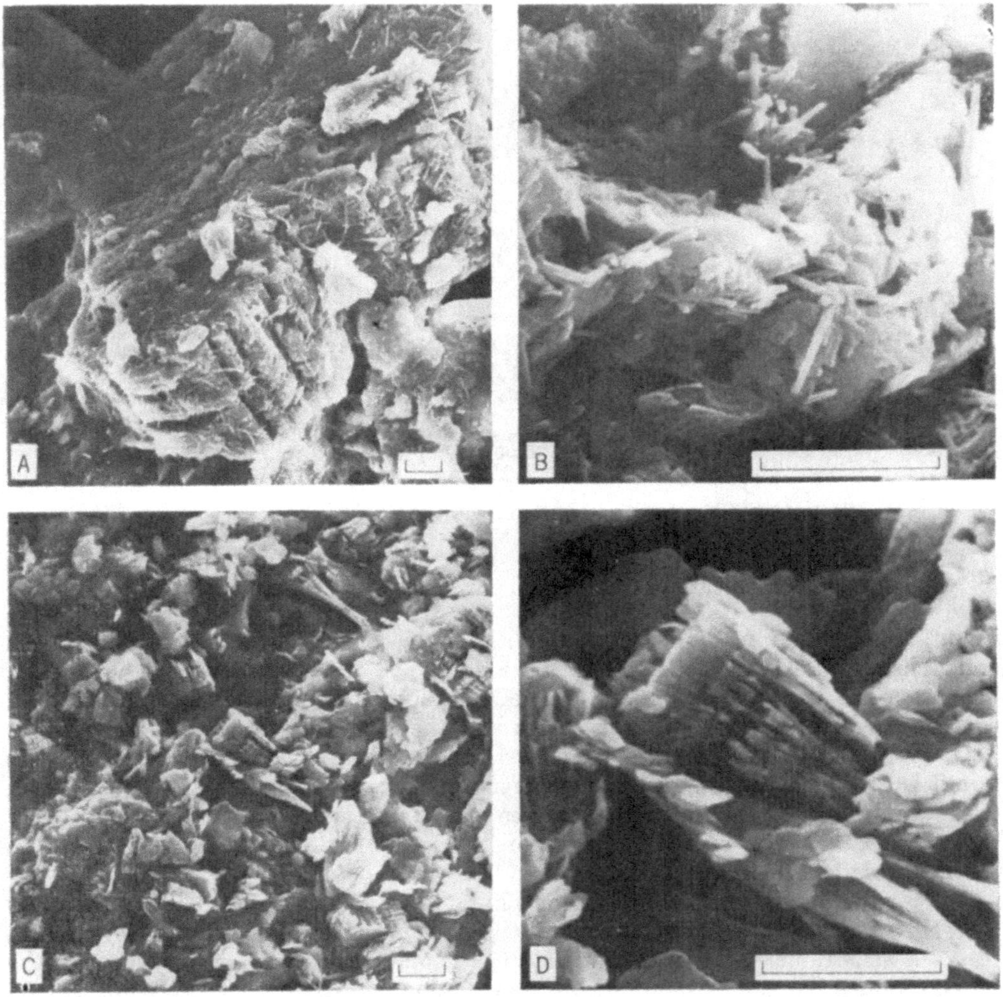

Fig. 8. Scan electron micrographs (Bar scale is 5 μm)

A – large kaolinite stack with halloysite at 200 cm.; B – kaolinite and halloysite at 200 cm.; C – kaolinite stacks with relatively few halloysite tubes at 420 cm; D – kaolinite stack in center of C at higher magnitication stack. C is a micrograph of a sample taken 420 cm. above the fresh granite showing a dominance of kaolinite with relatively few halloysite tubes and D is a micrograph of the kaolinite stack shown in the center of C taken at a much higher magnification.

Figure 9 shows a generalized section from the fresh granite to the soil zone, a distance of some 8 to 9 m. Typically there is a white kaolin zone which changes with depth into a stained or reddish brown kaolin zone.

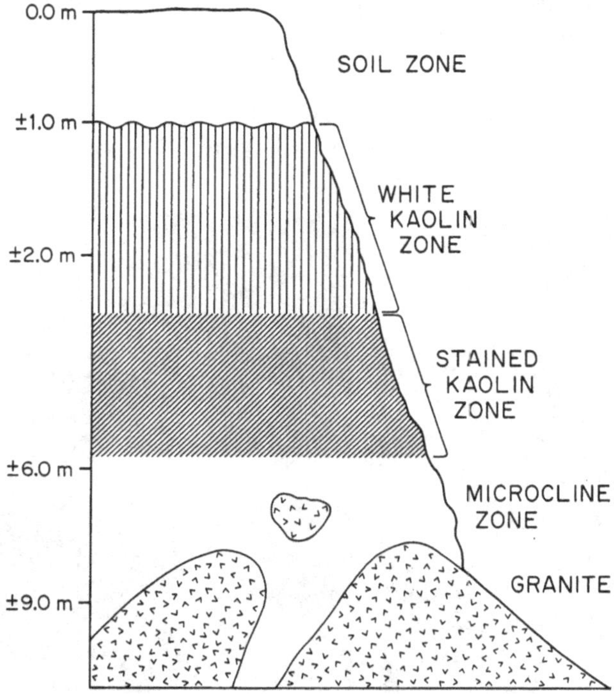

Fig. 9. Generalized section of altered granite

5. Geochemical Changes

Figure 10 is a diagram showing the chemical analysis of the fresh granite on the left and a chemical analysis of the kaolin on the right. The silica decreases and the alumina increases. The Fe_2O_3 increases and the FeO decreases but significantly the total iron content decreases. The titanum increases and the alkaline earth and alkali content CaO, MgO, Na_2O, and K_2O all decrease as would be expected. The MnO also decreases significantly. Table 2 shows the chemical analyses of a sequence of samples ranging from fresh granite to kaolin. Chemical analyses were made at 25 cm. intervals but only those at 25, 100, 200, and 300 are shown in table 2. The other analysis fit into the trends shown on fig. 10 and table 2.

The weathering or alteration of the porphyritic biotite granite takes place largely as a result of movement of rain water through the rock. The rain water picks up CO_2 from the air forming carbonic acid and also picks up organic acids on the surface of the ground formed by plant and bacterial action making the pH of the water acidic around 5.0 (GARRELS & MACKENZIE 1971, p 142). Under these slightly acidic conditions calcium, magnesium, sodium, and potassium will go into solution and be carried away with the percolating ground water. As these basic ions are picked up the water becomes basic

(Wolf 1967) and more silica will go into solution. Quartz has a solubility at earth-surface temperatures of about 6.5 ppm of dissolved silica (Garrels & MacKenzie 1971, p 148). The rate of solubility of silica is dependent on temperature and pH (Garrels & MacKenzie 1971, p 149). Figure 11 shows the solubility of silica and alumina as a function of pH (Correns 1949, p 210). The pH of the percolating water starts out at the surface about 5.0 and probably does not exceed 8.5 or 9.0 at depth so that within

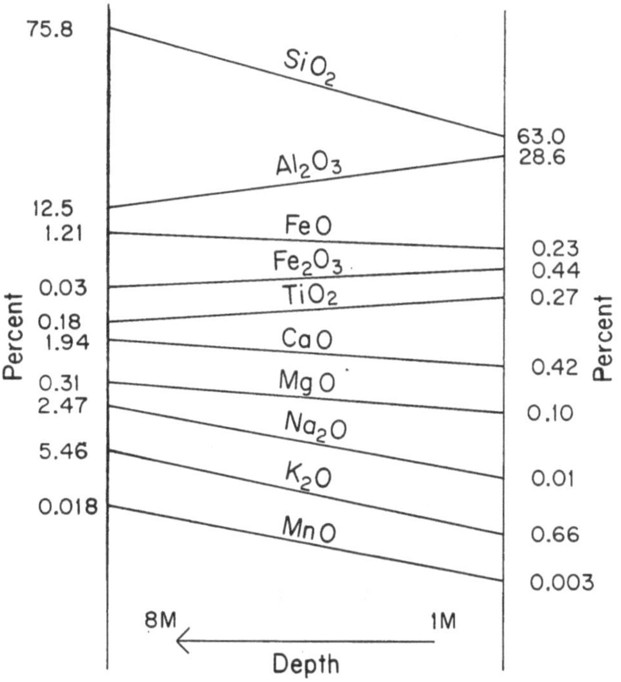

Fig. 10. Diagram showing chemical analysis of fresh granite (left) and kaolinized granite (right)

Table 2. Chemical analyses of granite and weathered samples taken at selected intervals from the alteration profile

	SiO_2	Al_2O_3	Fe_2O_3	FeO	TiO	CaO	MgO	Na_2O	K_2O	MnO
Granite	75.8	12.5	0.03	1.21	0.18	1.94	0.31	2.47	5.46	0.018
25 cm.	75.4	15.7	0.14	0.25	0.17	1.16	0.11	0.21	3.30	0.006
100 cm.	70.8	18.3	0.39	0.25	0.19	1.37	0.11	0.14	3.10	0.004
200 cm.	64.7	23.5	0.45	0.15	0.21	1.34	0.12	0.11	3.60	0.004
300 cm.	63.0	28.6	0.44	0.23	0.27	0.42	0.10	0.01	0.66	0.003

these limits the alumina is almost completely insoluble whereas the silica is increasingly soluble as the pH increases. This explains why the total silica content is reduced and the alumina content increased with respect to each other as the granite becomes more weathered.

During the process of weathering, ferrous iron is released from minerals and is oxidized to ferric iron which hydrolyzes to form ferric oxides and hydroxides. These ferric oxides and hydroxides are yellow, orange-brown, and red in color and only a small percentage will discolor the kaolin. Ferrous iron is more soluble under acidic conditions and therefore there is less iron in the altered kaolinized granite near the top of the profile (fig. 9) where the kaolin is whiter. TiO_2 is insoluble and is concentrated relative to others oxides similar to alumina. Manganese goes into solution because of its relatively low ionic potential and remains in solution during the weathering and transportation (MASON 1952, p 139) and thus the altered kaolinized granite is depleted in manganese (fig. 10).

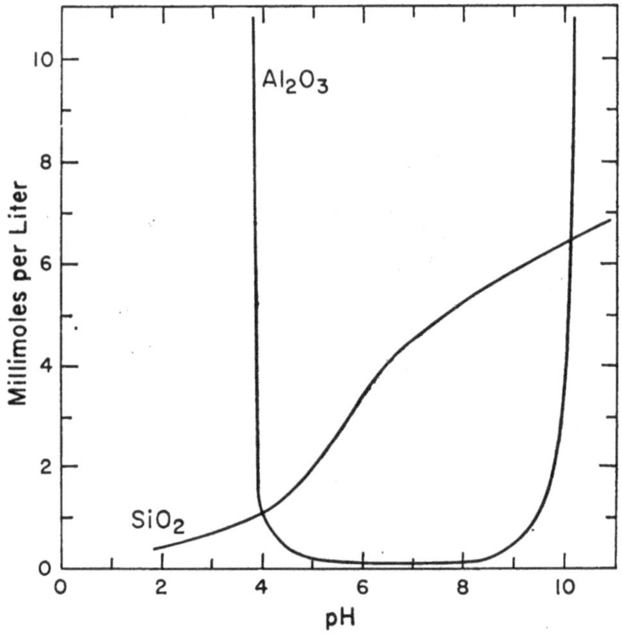

Fig. 11. Solubility of silica and alumina as a function of pH

Summary

On the island of Belitung is a coarse porphyritic biotite granite which has been altered by chemical weathering to kaolin. The mineralogical and chemical changes indicate that the feldspars alter to kaolinite and halloysite, biotite alters to hydrobiotite to vermiculite to smectite, and quartz is unaltered except for slight solubility removing some of the silica. The alkalis and alkaline earth ions are removed. Ferrous iron is oxidized and this iron moves downward in the alteration profile in solutions and as colloids leaving the upper part white. Alumina and titania are insoluble and are concentrated relative to the other elements. This is a classic chemical weathering area where the high rainfall, the low relief, the water table level, the presence of granite, and the movement of ground waters through the granite have altered the rock sequentially to kaolin. This is a residual kaolin formed by weathering at normal surface temperatures and pressures.

Zusammenfassung

Die Insel Belitung (Indonesien) liegt etwa 320 km nördlich von Djakarta und 3° südlich vom Äquator. Die Durchschnittstemperatur beträgt 29 °C, die durchschnittliche Niederschlagsmenge 3000 bis 3600 mm pro Jahr. Der Nordwestteil der 4000 km² großen Insel ist unterlagert von einem Porphyrit-Biotit-Granit der Trias. Die an diesem Granit vorgenommenen Analysen erbrachten durchschnittlich 36% Quarz, 35% Kalifeldspat, 25% Plagioklas, 4% Biotit und 1% Begleitminerale.

An vielen Stellen ist der Granit vollständig zu Kaolin verwittert, und fünf kleine Kaolintagebaue fördern etwa 1200 t im Monat. Die Proben wurden dem unverwitterten Granit und alle 5–25 cm dem verwitterten Material dieser Tagebaue entnommen. Etwa 20 cm oberhalb des unverwitterten Granits ist der Mikroklin in beträchtlichem Umfang zu Kaolinit und Halloysit verwittert, was durch Röntgenbeugungsuntersuchungen und Rasterelektronenmikroskopaufnahmen belegt wird. Der Biotit ist teilweise zu Hydrobiotit umgewandelt. Mit zunehmender Entfernung vom unverwitterten Granit verschwinden die Feldspäte und Kaolinit wird zum Hauptmineral. Der Halloysitanteil nimmt mit steigender Verwitterungsintensität ab. Biotit wird umgewandelt zu Hydrobiotit, Vermiculit und Smectit. Der Quarz bleibt weitgehend unverändert, jedoch nimmt seine Korngröße ab. Die Verwitterungszone erreicht eine Mächtigkeit von 60–10 m.

Die chemischen Veränderungen im Verwitterungsprofil sind beträchtlich und belegen die unter den Bedingungen der tropischen Verwitterung relativ große Mobilität der im Belitung-Granit vorkommenden chemischen Elemente. Wie zu erwarten, nimmt mit zunehmender Verwitterung der Gehalt an Natrium, Kalium, Calcium und Magnesium um ganze Größenordnungen ab. Auch der relative SiO_2-Gehalt wird geringer, da SiO_2 in dem pH-Bereich, in dem die Verwitterungsprozesse ablaufen, eine gewisse Löslichkeit zeigt. Der Mangangehalt vermindert sich ganz wesentlich vom Granit zum kaolinisierten Gestein. Der relative Tonerdegehalt steigt vom Granit zum vollständig verwitterten Material auf mehr als das Doppelte. Der Titaniumgehalt nimmt gleichfalls stark zu.

Das heiße Klima, die großen Niederschlagsmengen, die Höhe des Grundwasserspiegels, die Grundwasserströmungen, das Auftreten von organischen Säuren im Ergebnis der schnellen Verrottung der Vegetation und das ständige Einsickern von Wasser durch den oberen Teil des Granits sowie die laterale Beweglichkeit dieses Wassers bilden das Milieu für die Verwitterung des Granits zu Kaolin. Hier liegt ein klassisches Beispiel für einen Residualkaolin vor, der sich unter tropischer Verwitterung aus Granit bildete.

Резюме

Остров Белинтон (Индонезия) расположен около 320 км севернее Джакарты 3° южнее экватора. Средняя годовая температура –29 °Ц и среднее годовое количество атмосферных осадков 300–360 см. северо-западная часть острова размером 4000 км² подстиляется порфиритовым биотит-гранитом триасового возраста. Проведенные на этом граните анализы показывают в среднем 36% кварц, 35% калиевый полевой шпат, 23% плагиоклаз, 4% биотит и 1% сопутствующие минералы.

Во многих местах гранит полностью выветрен в каолин. Из 5 каолиновых шахт добывают около 1200 т. в месяц. Образцы взяты из свежего гранита на забое шахт и вверх из измененного материала каждые 5 по 25 см. Около 20 см выше свежего гранита микроклин заметно выветрен в каолинит и галлуазит, что было обнаружено рентгенодиффракционным и сканирующим электронномикроскопическим методами. Биотит частично превращен в гидробиотит. С возрастающим расстоянием вверх свежего гранита полевой шпат уменьшается и каолинит становится главным минералом. По мере возрастания выветривания уменьшается количество галлуазита. Биотит превращается в гидробиотит, вермикулит и смектит. Кварц остается относительно неизмененным, однако крупность зерна уменьшается. Зона выветривания достигает мощности 60–10 м.

Химические изменения в разрезе выветривания заметны и они указывают на относительнию подвижность имеющихся химических элементов в граните о. Беллинтона в крайных условиях тропического выветривания. Как ожиданно, содержания Na, K, Ca с Mg возрастающим выветриванием уменьшаются на целые порядки. Относительное содержание кремнезема уменьшается, потому что кремнезем легко растворим в пределах pH, в которых эти протекают процессы. Содержание марганца очень заметно уменьшается от свежего гранита до каолинизированной породы. Относительное содержание глинозема повышается на более чем два раза от свежего гранита до полностью выветренного материала. Содержание титана также сильно увеличивается.

Жаркий климат, большое количество атмосферных осадков, уровень грунтовых и поверхностных вод, наличие органических кислот в результате быстрого разложения растительности и постоянное просачивание и латеральная подвижность воды через верхнюю часть гранита создают среду для выветривания гранита в каолин. Здесь мы имеем дело с классическим примером остаточного каолина, обравоеанного по граниту процессами тропического выветривания.

References

Aleva, G. J. J.: Chemical and Mechanical Analysis of a Tropically Weathered Granite Rock. — Geol. Mijnbouw, Rotterdam **39** (1960), p 427—436, (engl.).

Correns, C. W.: Einführung in die Mineralogie. — Berlin, Heidelberg, New York: Springer-Verl. 1949. 414 S.

Garrels, R. M.; Mackenzie, F. T.: Evolution of Sedimentary Rocks. — New York: W. W. Norton and Co Inc. 1971. 397 pp, (engl.).

Hutchinson, C. S.: Invalidity of the Belitung Granite, Indonesia, for Defining The Jurassic. Upper Triassic Boundary in the Thai Malayan Orogen. — Geol. Mijnbouw, Rotterdam **47** (1968), p 56—60, (engl.).

Mason, B.: Principles of Geochemistry. — New York: J. Wiley & Sons Inc. 1952. 276 pp, (engl.).

Wolff, R. G.: Weathering of Woodstock Granite Near Baltimore, Maryland. — Amer. j. sci., New Haven 265 (1967), p 106—117, (engl.).

Manuskripteingang: 12. Mai 1976

Anschriften der Autoren:

Dr. H. H. Murray, Indiana University, Department of Geology
1005 East Tenth Street, Bloomington, Indiana 47401, USA
P. Partidge, Chatsworth, California, USA
J. L. Post, California State University, Department of Civil Engineering, Sacramento, California, USA

Schriftenr. geol. Wiss. · Berlin 11 (1978) · S. 209—218

Einige typomorphe Besonderheiten des Kaolinits in bauxitführenden Restformationen des europäischen Teils der UdSSR

Von Alla Petrovna Nikitina; Serafima Il'iničná Berchin; Boris Borisovič Zvjagin, Moskau

Mit 4 Abbildungen

In zahlreichen Arbeiten ist die wichtige Rolle des Ordnungsgrades des Kaolinits bei seiner Erforschung hervorgehoben worden. Der Ordnungsgrad kann als typomorphes Merkmal verwendet werden, da er bestimmte Bildungsbedingungen dieses Minerals widerspiegelt (Vikulova & Zvjagin 1965; Kukovskij 1967; Nikitina & Zvjagin 1972; Rus'ko 1974).

Wie die Ergebnisse dieser Arbeiten zeigen, gibt die Erforschung der Struktur des Kaolinits in Restverwitterungskrusten und deren Umwandlungsprodukten die Möglichkeit, die allgemeine physiko-chemische Tendenz der Verwitterungsprozesse, vor allem der Kaolinisierung und der Lateritisierung, besser zu verstehen und vorauszubestimmen. Dieses Wissen erleichtert die Prognose der Kaolin- und Bauxitrohstoffe.

Ziel unserer Untersuchungen war die Erforschung des Ordnungsgrades des Kaolinits unterschiedlicher genetischer Typen zur Klärung seiner Strukturmodifikationen sowie deren räumlich-genetische Zuordnung einschließlich der Hauptfaktoren, die ihre Bildung kontrollieren.

Untersucht wurde Kaolinit aus zwei bauxitführenden Restformationen des Ukrainischen Schilds. Einmal die Lagerstätte von Wysokopole, zum anderen die Woronesher Anteklise, die eine Gruppe ähnlicher Lagerstätten umfaßt. Entsprechend der Klassifikation der Bauxitlagerstätten der UdSSR von Sapožnikov u. a. (Genetische Klassifikation und Typen der Bauxitlagerstätten der UdSSR, 1974) werden beide Vorkommen zu den Lagerstätten der Restbauxite der Stadienformierung gestellt.

Die Lagerstätte von Wysokopole liegt im Bezirk Dnepropetrowsk am Südhang des Ukrainischen Schilds, der an die Schwarzmeersenke angrenzt. In ihrem Aufbau lassen sich die präkambrische Basis mit einer entwickelten Verwitterungskruste und das sedimentäre Deckgebirge mit einer Mächtigkeit von 100 m unterscheiden. Die Lagerstätte gehört zum Massiv der archäischen basischen Gesteine der Konsko-Werchowzewer Serie; es sind dies Gabbro-Amphibolite und Quarz-Chlorit-Amphibol-Orthoschiefer, die in einem großen Areal jüngerer archäischer Plagioklasgranitoide lagern. Sie bildeten sich während der Unteren Kreide in der lateritischen Verwitterungskruste der Gabbro-Amphibolite (Bass u. a. 1971; Nikitina 1974). Die Verwitterungskruste und die Bauxite werden unmittelbar von Tonen, Mergeln und Sanden des Paläogens und Neogens überdeckt.

Die Lagerstätten der lateritischen Bauxite liegen im Bezirk Belgorod auf dem Südwesthang der Woronesher Anteklise. Sie sind an die Schiefer der Kursker Serie aus dem Unteren Proterozoikum gebunden. Sie und die mit ihnen wechsellagernden Fe-Quarzite wurden gemeinsam gefaltet und anschließend erodiert. Die Bauxite bildeten sich in der lateritischen Verwitterungskruste der Phyllitschiefer während des Unterkarbons (Nikitina 1968). Die Verwitterungskrusten und die Bauxite lagern unter einem mächtigen Deckgebirge aus unterkarbonischen, jurassischen und anderen Sedimenten mit Mächtigkeiten von 500—600 m. Unmittelbar auf den Bauxiten lagern Gesteine des mittleren Visé, die in die Horizonte von Tula, Alexinsk, Michailowsk und Wenewsk gegliedert werden. Es handelt sich um Kalksteine mit relativ mächtigen Zwischenlagen von Kohlen und kohlehaltigen Tonen, die eine regionale Versumpfung während des Paläozoikums belegen. Im bauxitführenden Profil der Verwitterungskruste aus Gabbro-Amphiboliten der Lagerstätte von Wysokopole lassen sich folgende Horizonte ausscheiden: Desintegrations-, Montmorillonit-, Kaolinit-Goethit- und Goethit-Gibbsit-Zone. In der Verwitterungskruste der Phyllit- und Chlorit-Biotit-Schiefer der Woronesher Anteklise sind ebenfalls mehrere Zonen nachweisbar (vom Liegenden zum Hangenden): Zone der Desintegration, der Wechsellagerungsminerale und des Kaolinits und Gibbsits. Sowohl in der ersten als auch in der zweiten Lagerstätte werden die Bauxite dem oberen Teil des Profils zugeordnet, wobei sie der Lagerung der Muttergesteine gut folgen, von denen sie durch eine Lithomargezone getrennt sind. Jedoch kann man im Aufbau und im Mineralbestand des erzführenden Horizonts wesentliche Unterschiede beobachten, die, wie bereits früher gezeigt (Nikitina 1974), nicht allein durch die wechselnde Zusammensetzung der Muttergesteine bedingt sind, sondern hauptsächlich durch die unterschiedlichen geologischen Bedingungen, die während der letzten Bildungsphase der Bauxite und ihrer Lager herrschten. Das Gebiet, in dem die Lagerstätte von Wysokopole liegt, zeigte während der Kreidezeit bis zum Paläogen Hebungstendenz, was in Verbindung mit dem hohen Eisengehalt in den Ausgangsgabbro-Amphiboliten zur Bildung von hoch eisenhaltigen Bauxiten und einer mächtigen Verwitterungskruste in der Umgebung von Wasserscheiden führte. So liegt auf dem Bauxithorizont ein rotbrauner kavernöser „Panzer“ von einigen Dezimetern bis zu 3—4 m Mächtigkeit, der aus steinigen Bauxiten gebildet ist, die nach unten zu in lockere tonige Bauxite übergehen, die ihrerseits von ockerfarbenen Kaolintonen mit und ohne Gibbsit abgelöst werden.

Im Unterschied zu der von Wysokopole unterlagen die Bauxite der Anteklise von Woronesh im mittleren Visé unmittelbar nach der maximalen Entwicklung der lateritischen Krustenbildung einer regionalen Absenkung sowie einer periodischen Versumpfung. Dies verursachte einen Wechsel von oxidierenden und reduzierenden Bedingungen, die eine Reduktion des Eisens hervorriefen und die Bildung der roten Eisenkruste verhinderten. Diese Prozesse führten in den Bauxiten und in der Verwitterungskruste zur verbreiteten Ausbildung von Chamosit, der metasomatisch die primären Minerale der Verwitterungskruste verdrängte, darunter auch den Kaolinit.

Nach Bedeckung der Lagerstätten durch jüngere Sedimente unterlagen die Bauxite beider Regionen unter dem Einfluß der Zufuhr von Si-haltigen Lösungen aus den überlagernden Sand-Kaolin- und Kohle-Tongesteinen einer Degradation und einer gewissen Verdrängung. Das führte im oberen Teil der Bauxithorizonte in einer Tiefe von 2—3 m zur Bildung von Kaolinit und Halloysit, die sich als Schmitze und dünne Filme nachweisen lassen.

Somit kann man bei den Gesteinen der beschriebenen bauxitführenden Formationen zwei genetisch unterschiedliche Kaolinite ausscheiden: Restkaolinit, der bei der Bildung der Verwitterungskruste entstand, d. h. unter subaerischen Bedingungen, und epigenetischen Kaolinit, der in den Bauxiten unter reduzierenden Bedingungen gebildet wurde.

Beprobt wurde der Restkaolinit über das gesamte vertikale Profil der kaolinisierten Schiefer und Amphibolite, von den schwach bis zu den völlig kaolinisierten. Dabei wurde der Restkaolinit der bauxitführenden Profilteile aus den Lagerstätten der Anteklise von Woronesh untersucht, die aus typischen Quarz-Sericit-Phylliten und Chlorit-Biotit-Schiefern gebildet wurden. Restkaolinit wurde entnommen:

a) aus der Zone der kaolinisierten Schiefer, die durch Chamosit verdrängt oder nicht verdrängt sind, und aus der Zone goethithaltiger kaolinisierter Amphibolite unterschiedlicher Teufen;

b) aus der Zone der kaolinisierten Schiefer, in der eine Allitisierung und die Bildung von Aluminiumhydroxiden begonnen hat;

c) aus braunen lateritischen Bauxiten.

Der epigenetische Kaolinit wurde aus Schmitzen und Kavernen der oberen Horizonte der Restbauxite gewonnen. Neben dem Kaolinit wurde Halloysit untersucht, der in den Kavernen und Schmitzen der steinigen Bauxite auf Ukrainischen Lagerstätten reichlich angetroffen wurde (Abb. 1, 2).

Alle untersuchten Proben sind kompakte, seltener plastische, lockere Aggregate von weißer Farbe, stellenweise sind sie schwach gelblich oder rosa gefärbt. Die Feinstruktur der Proben ist durch einen hohen Dispersitätsgrad charakterisiert. Unter dem Mikroskop stellen sie feinstschuppige Gebilde dar. Vermiculit-ähnliche Verwachsungen der Kristalle sind nur für Restkaolinit charakteristisch, im epigenetischen werden sie nicht gefunden.

Abb. 1. Epigenetischer Kaolinit, der sich aus Bauxit entwickelte. Anteklise von Woronesh; nat. Größe

Der mittlere Brechungsindex der Kaolinitproben schwankt von 1,562—1,567. Im Elektronenmikroskop beobachtet man pseudohexagonale Kaolinitkristalle von 0,1—3 μm Größe.

Zur Erforschung der Strukturcharakteristik von Kaolinit wurden elektronographische und Röntgenstrukturmethoden unter Einbeziehung der IR-Spektroskopie, der Elektronenmikrodiffraktion, chemischer und thermogravimetrischer Methoden sowie der Elektronenmikroskopie angewandt. Die Minerale wurden an Hand der Elektronogramme von Schrägtexturen im Hochspannungselektronographen bei einer Spannung von 350 kV untersucht. Bei dieser Methode besteht der Vorteil darin, daß sich die Mineralreflexe auf den Ellipsen in Abhängigkeit von den Indices hkl gruppieren, auf zwei Messungen verteilt sind und daher in ihnen weniger koinzidierende Reflexe auftreten als in Pulverröntgenogrammen. Aus dem gleichen Grunde wurden ähnliche und unterschiedliche Linien der Schichtsilikate getrennt und die typischen Unterschiede in der Polytypie, im Grad und Charakter des Ordnungsgrads sichtbar. Das gibt die Möglichkeit, sie zuverlässiger zu identifizieren und feine Unterschiede in ihrer Struktur nachzuweisen. Durch die Verwendung des Hochspannungselektrographen wird die Effektivität der Methode gesteigert, insbesondere verbessern sich Kontrast und Aussagewert der Diffraktionsbilder. Debyeogramme und Diffraktogramme zur Untersuchung des Ordnungsgrades der Kaolinite wurden über die Pulvermethode in einer RKG-Kammer mit einem Durchmesser von 86 mm und auf der Anlage DRON-1 erhalten.

Abb. 2. Epigenetischer Halloysit, der sich in Kavernen des steinigen Bauxits der Ukraine entwickelt hat; nat. Größe

Der Ordnungsgrad der Kaolinitstruktur wurde nach dem Charakter des Auftretens von Reflexen mit $k \neq 3\,n$ bestimmt. Diese Reflexe sind empfindlich gegen Schichtverschiebung in Richtung der B-Achse über Abstände $< b/3$; insbesondere nach Charakter, Intensität und Grad der Auflösung der Reflexe 020, $1\bar{1}0$, $11\bar{1}$; auf den Elektronogrammen sind sie empfindlich nach Texturen der Reflexe $02l$, $0\bar{2}l$, $\overset{\pm}{1}\overset{\pm}{\bar{1}}l$ der ersten Ellipse. Die Triklinität (Winkel $\alpha \neq \pi/2$) der Elementarzelle wurde nach der Auflösung der Reflexe $0\bar{2}1$, 021 bewertet. In den Elektronogrammen von geneigten Texturen wurden zur Bewertung des Vollkommenheitsgrades die Reflexe $13l$ und $20l$ der zweiten Ellipse benutzt, des weiteren die Gleichmäßigkeit ihrer Anordnung in den von ihnen gebildeten Vierern, die Größe des Intervallhintergrunds zwischen ihnen, aber auch die Serienhäufigkeit der Reflexe $06l$ und $33l$, welche den Grad der Fernordnung in der Struktur charakterisieren (ZVJAGIN 1964).

Die Untersuchung unserer Kaolinitproben ergab Schwankungen im relativen Vollkommenheitsgrad ihrer Struktur sowohl hinsichtlich der genetischen als auch der räumlichen Zuordnung innerhalb ein und desselben genetischen Typs. Der Ordnungsgrad ändert sich von ungeordnet bis völlig geordnet. Auf Grund dessen wurden alle untersuchten Kaolinite nach ihrem Ordnungsgrad in gute, mittlere und schlechte eingeteilt (Abb. 3). Alle Kaolinite besitzen eine trikline Zelle!

Die vollkommenste Struktur zeigt der epigenetische Schmitzenkaolinit aus der Lagerstätte der Anteklise von Woronesh, der auf den Röntgenogrammen deutliche, gut aufgespaltene Paare der genannten Reflexe in den Bereichen 020, $1\overset{\pm}{1}0$, $1\overset{\pm}{1}\overset{\pm}{1}$ (4,46—4,43; 4,37; 4,17—4,12) erbrachte. Auf den Textur-Elektronogrammen sind deutlich gut aufgelöste Reflexe mit $k \neq 3n$ auf der ersten Ellipse und Innenreflexe des Vierers der zweiten Ellipse zu sehen, die bei struktureller Unordnung auf der C-Achse verwaschen sind. Nach der Klassifikation von Vikulova & Zvjagin (1965) muß dieser epigenetische Schmitzenkaolinit auf Grund seiner Strukturordnung zum Kaolinit der I. Gruppe gezählt

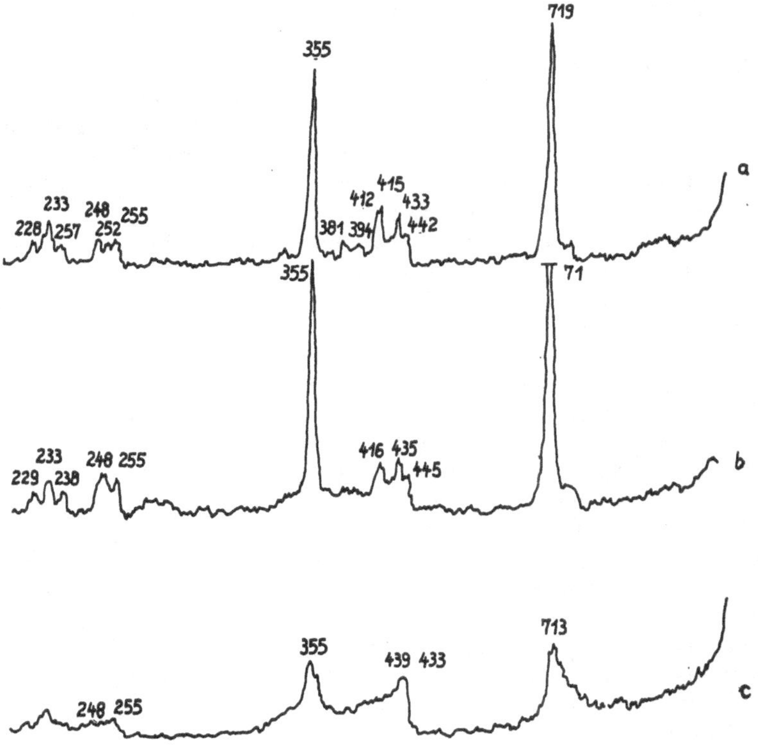

Abb. 3. Diffraktogramme mit unterschiedlicher Strukturordnungszahl: gut geordnet (a), mittelmäßig geordnet (b), schlecht geordnet (c). (Hinter der ersten Ziffer ist jeweils ein Komma zu lesen.)

werden. Bestandsaufnahmen des chemischen Aufbaus dieses Kaolinits zeigten, daß er außerordentlich homogen ist. Für seine Zusammensetzung ist das völlige Fehlen von Titandioxid charakteristisch, was das Ergebnis der chemischen Ablagerung des Kaolinits aus Lösungen in Hohlräumen und Schmitzen ist. Im Unterschied dazu bildet sich der Restkaolinit aus Bauxiten mit einem hohen Gehalt an Titandioxid (bis zu 1,5%), was seine genetische Verbindung mit der Verwitterungskruste der Schiefer bestätigt.

Einen mittleren Ordnungsgrad hat der Kaolinit aus der Zone der kaolinisierten Schiefer und Amphibolite. In der räumlichen Verteilung läßt sich in den Profilen beider Regionen eine gewisse Zunahme des Ordnungsgrades vom Liegenden zum Hangenden, wo die Gesteine völlig kaolinisiert sind, verfolgen. Diese Besonderheit wurde bereits früher bei der Untersuchung kaolinisierter Schiefer der Anteklise von Woronesh (Nikitina & Zvjagin 1972) und von Rus'ko (1974) am Beispiel des Kaolinits aus den Verwitterungskrusten verschiedener Gesteine des Ukrainischen Schilds festgestellt. Die

Ursache dafür sehen wir mit RUS'KO in der Übertragung des unterschiedlichen Ordnungsgrades der ursprünglichen Schichtminerale auf den kristallisierten Kaolinit, der aus ersteren entstanden ist. Wenn man Kaolinit aus verschiedenen Profilen von Phyllit- und Phyllit-Biotitschiefern vergleicht, so ist für den Kaolinit, der sich aus ersterem gebildet hat, eine konstante Beimengung von $2M_1$-Glimmer, aus dem er sich unmittelbar entwickelt hat, noch in den einzelnen feinsten Schuppen kennzeichnend. Dieser $2M_1$-Glimmer ist, wenn auch unter allmählicher Abnahme, bis in die oberen Teile des Profils nachweisbar und bildet eine Besonderheit des Kaolinisierungsprozesses der Phyllite im Unterschied zu dem der Chlorit-Biotit-Schiefer. In den letzteren verläuft die Kaolinitbildung über eine Chlorit-Vermiculit- oder Vermiculit-Montmorillonit-Wechsellagerungsphase.

In die Gruppe der ungeordneten Kaolinite wird der Restkaolinit aus den Übergangsbereichen von kaolinisierten Schiefern zu Bauxiten gestellt, auf deren Elektronogrammen sich eine Amorphisierung des Stoffs und ein kompakter Hintergrund feststellen lassen. Hierher gehört ebenfalls der Kaolinit, der feinste Gemische (feste Lösungen) mit Chamosit bildet, eine Form, die, wie bereits gesagt, an die Versumpfung der Bauxite und der Verwitterungskruste gebunden ist.

Der epigenetische Halloysit aus Schmitzen und Bauxitschmitzen und -kavernen der Ukraine wird im Unterschied zum analogen epigenetischen Kaolinit aus den Bauxiten der Anteklise von Woronesh durch eine beachtliche Variationsbreite im Ordnungsgrad seines Gitters charakterisiert. Unter ihnen wurden von uns sowohl gut geordnete mit sehr vollkommener Struktur, welche überhaupt selten anzutreffen sind, als auch mittel- und schlechtgeordnete nachgewiesen. Auf den Textur-Elektronogrammen des gut geordneten Halloysits zeigten sich deutlich die Reflexe 021 auf der ersten Ellipse, die die monokline Zweischichtstruktur des Halloysits charakterisieren. Sie sind auf den Mikrodiffraktionsbildern von einzelnen Halloysitkristallen gewöhnlich gut zu sehen. Dank der vollkommeneren Struktur unseres Halloysits traten sie deutlich in den Textur-Elektronogrammen auf, in denen sie früher nicht festgestellt wurden. Im Halloysit mittleren Ordnungsgrades sind die Reflexe 021 zwar vorhanden, äußern sich aber relativ schlecht und wenig deutlich. Auf den Elektronogrammen und Debeyogrammen der Halloysite mit schlechtem Ordnungsgrad beobachtet man einen groben Hintergrund, eine amorphe Phase und verwaschene breite Reflexe. Die elektronenmikroskopischen Aufnahmen von gut geordnetem Halloysit zeigen gut ausgebildete deutliche Kristalle, regelmäßige Röhrchen, von ungeordnetem jedoch wirre, fasrige Kristalle (Abb. 4).

Der wechselnde Ordnungsgrad von Halloysit aus der Oxidationszone wurde erstmalig von ČUCHROV u. a. (1966) nachgewiesen (vgl. auch ZVJAGIN, BERCHIN & GORŠKOV 1966). In ihren Arbeiten, die speziell der Untersuchung des Halloysits gewidmet sind, kamen diese Autoren zu dem Schluß, daß seine Ordnungszahl mit dem niedrigtemperierten Wasser zusammenhängt, dessen Verlust in einem Intervall von 50 °C bis 300 °C den Ordnungsgrad des Halloysits erhöht. Von denselben Autoren wurde darüber hinaus gezeigt, daß man den Halloysit nicht als Varietät des extrem ungeordneten Kaolinits ansehen darf, sondern daß er ein selbständiges Mineral ist, das eine eigene $2M_1$-Polytypie aufweist.

Die Untersuchungsergebnisse zu den Struktureigenschaften des Kaolinits am Beispiel seiner verschiedenen genetischen Typen und seiner räumlichen Verteilung in der Restverwitterungskruste sowie ihren Umbildungsprodukten ergeben, daß die Ordnungszahl des Kaolinits von der Zusammensetzung der Muttergesteine und einem ganzen Komplex von Bedingungen des äußeren Milieus, unter denen seine Bildung abläuft, bestimmt wird. Einfluß haben hierbei offensichtlich die physiko-chemischen Bedingungen des Milieus, Porosität und Feuchtigkeit der Gesteine, Strukturvererbung, die ihrerseits von der Struktur des Ausgangsminerals, aus dem sich der Kaolinit bildet, abhängt, ferner von der Stabilität des Milieus und der Wachstumsgeschwindigkeit der Kristalle. Für die Ordnungszahl des Halloysits spielt außer den genannten Faktoren das Vorhandensein von niedrigtemperiertem Wasser im Mineral eine wesentliche Rolle. Die Untersuchungen über die Struktureigenschaften des Kaolinits erlauben die Aussage, daß sie typomorph sind, da sie seine Bildungsbedingungen widerspiegeln.

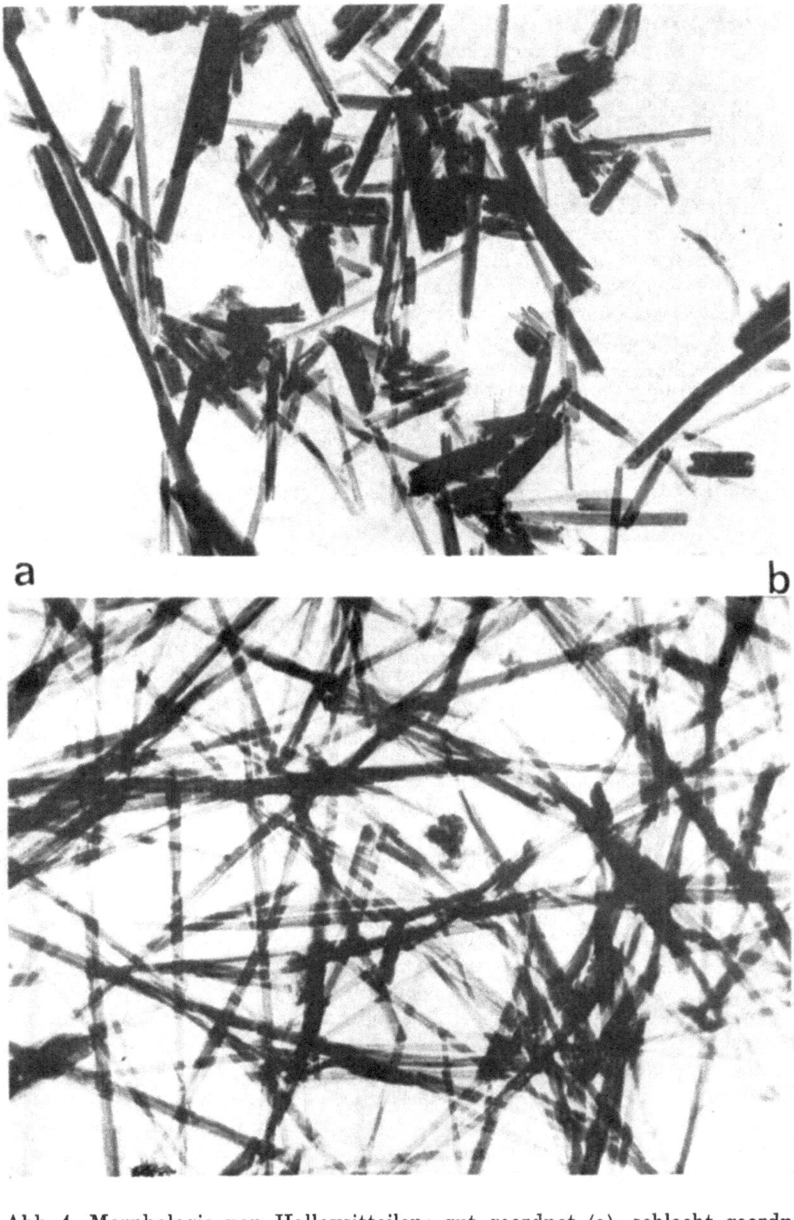

Abb. 4. Morphologie von Halloysitteilen: gut geordnet (a), schlecht geordnet (b). Elektronenmikroskopische Aufnahme, Vergr. 11000×

Zusammenfassung

Die Struktureigenarten des Kaolinits bauxitführender Restformationen der Anteklise von Woronesh und des Ukrainischen Schilds wurden untersucht. Die erstgenannte bildete sich aus Bauxiten, die an die lateritische Verwitterungskruste von Phyllitschiefern des Visé gebunden sind, die zweite aus Bauxiten der lateritischen Verwitterungskruste der Unteren Kreide über Gabbro-Amphiboliten. Kaolinit von zwei genetischen Komplexen wurde nachgewiesen und untersucht: der Restkaolinit, der im Prozeß der Herausbildung der Verwitterungskruste entstanden ist und der epigenetische Kaolinit, der in den Bauxiten und in der Verwitterungskruste unter verändertem Milieu gebildet wurde.

Die strukturelle Charakteristik des Kaolinits wurde auf einem Hochspannungselektronographen $V = 350$ kV und einem Diffraktometer unter Berücksichtigung von Angaben aus anderen Methoden bestimmt. Alle untersuchten Kaolinite sind triklin. Auf Grund ihres Ordnungsgrads nach der b-Achse werden sie in drei Gruppen eingeteilt: gute, mittlere und schlechte. In die Gruppe von Kaoliniten, die einen guten Ordnungsgrad aufweisen, gehören der epigenetische geaderte Kaolinit sowie der Restkaolinit aus braunen Bauxiten beider Formationen und aus der Zone kaolinisierter Gabbro-Amphibolite in einer Mischung mit Goethit. Einen mittleren Ordnungsgrad besitzt der Kaolinit aus der Zone kaolinisierter Schiefer, die keiner Amorphisierung ausgesetzt waren. Für diesen Kaolinit fixiert der Elektronograph eine beständige Beimengung mit $2M_1$, der sich bei der Verwitterung sogar auf einzelnen feinsten Schüppchen findet. In die Gruppe der ungeordneten Kaolinite gehört der Restkaolinit aus der Übergangszone von kaolinisierten Schiefern zu Bauxiten, auf deren Elektronogrammen Amorphisierung des Stoffs festgestellt wird, ferner der Kaolinit, der äußerst feine Gemische mit Chamosit bildet.

Die strukturellen Eigenschaften der Kaolinite werden durch den Bestand der Muttergesteine und durch einen Komplex von Verhältnissen der äußeren Umgebung bestimmt, in der ihre Bildung vor sich geht. Sie sind typomorph, da sie die Kaolinitgenese widerspiegeln.

Резюме

Изучены структурные особенности каолинита остаточных бокситоносных формаций Украинского щита и Воронежской антеклизы. Месторождения Воронежской антеклизы сложены бокситами, связанными с латеритной визейской корой выветривания филлитовых сланцев, Украинского шита — бокситами латеритной нижнемеловой коры выветривания по габбро-амфиболитам.

Установлен и изучен каолинит двух генетических комплексов: остаточный, образовавшийся в процессе формирования коры выветривания, и эпигенетический, возникший в бокситах и коре выветривания в сменившихся условиях после перекрытия их осадочными породами.

Образцы остаточного каолинита были отобраны по всему вертикальному разрезу каолинизированных сланцев и амфиболитов — от слабо до полностью подвергшихся каолинизации. Остаточный каолинит взят а) из каолинитовой зоны по сланцам, замещенных и не замещенных шамозитом, и гетит-каолинитовой по амфиболитам; б) из каолинизированных сланцев, где имеет место начальная аллитизация и образование минералов свободного глинозема; в) из бурых латеритных бокситов. Каолинит эпигенетический отобран из прожилков и каверн (пустот) из верхних горизонтов остаточных бокситов. Кроме каолинита изучен также галлуазит, который был встречен в кавернах и прожилках каменистых бокситов Украинских месторождений.

В основу изучения структурной характеристики каолинита положены электронографический и рентгеноструктурный методы с привлечением ИК-спектроскопии, микродифракции электронов, химического, термогравиметрического методов и электронной микроскопии. Минералы в основном изучались по электронограммам от косых текстур на высоковольтном электронографе $V = 350$ кV. Преимущество в исследованиях при помощи этого метода состиот в том, что рефлексы минералов, группирующиеся по эллипсам в зависимости от индексов *hkl*, распределены в двух измерениях и поэтому в них меньше наложенных рефлексов, чем в порошковых рентгенограммах. Это дает возможность выявить тонкие отличия в структуре минерала.

Степень упорядоченности расположения слоев в каолините определялась по характеру проявления рефлексов с $k \neq 3$ n, так как эти рефлексы чувствительны к смещениям слоев в направлении оси „b“ на расстояния не кратные $b/3$.

Изучение всех рассмотренных образцов каолинита показало вариацию относительной степени совершенства их структуры как в отношении генетической, так и пространственной приуроченности в пределах одного и того же генетического типа. Степень их упорядоченности изменяется от неупорядоченного до вполне упорядоченного. Таким образом все рассмотренные каолиниты по степени структурной упорядоченности разделены нами на хорошие, средние и плохие. Все каолиниты обладают триклинной ячейкой.

Наиболее совершенной структурой обладает эпигенетический прожилковый каолинит из месторождений Воронежской антеклизы. Среднюю степень совершенства имеет каолинит из зоны каолинизированных сланцев и амфиболитов. В пространственном распределении в геологических разрезах обоих районов прослеживается некоторое увеличение структурной упорядоченности этого каолинита снизу вверх, где породы полностью каолинизированы. Здесь на характер образования и кристаллизацию каолинита, по нашему мнению, сказалось влияние разупорядоченности структуры хлорит-вермикулитовой смешаннослойной фазы, которая служит субстратом для его образования.

В группу разпорядоченных каолинитов попадает остаточный каолинит из переходных интервалов от каолинизированных сланцев к бокситам, на электронограммах которых фиксируется аморфизация вещества, а также каолинит, образующий тончайшие смеси (твердые растворы) с шамозитом, что имеет место при заболачивании бокситов и коры выветривания.

Изученный эпигенетический галлуазит в отличие от аналогичного эпигенетического каолинита из прожилков и каверн бокситов характеризуется широкой вариацией упорядоченности своей решетки. Среди них нами установлен как хорошо упорядоченный с очень совершенной структурой, что вообще встречается редко, так и средне и плохо упорядоченные. На электронограммах от текстур хорошо упорядоченного галлуазита четко проявились рефлексы 021 на первом эллипсе, характерные для моноклинной двуслойной структуры галлуазита. В галлуазите средней упорядоченности структуры, рефлексы 021 есть, но проявлены хуже и менее четкие. На электронограммах и дебаеграммах галлуазитов плохой структурной упорядоченности наблюдается большой фон, аморфная фаза и размытые широкие рефлексы. Электроноскопические снимки хорошо упорядоченного галлуазита представляют собой хорошо образованные четкие кристаллы, правильные трубки, а у неупорядоченного — спутанно-волокнистые кристаллы.

Анализ изучения структурных свойств каолинита на примерах его различных генетических типов и пространственном распределении в остаточной коре выветривания и продуктах ее преобразования дает возможность прийти к выводу, что структурная упорядоченность каолинита определяется составом материнских пород и комплексом условий внешней среды, в которой происходит его формирование. Структурные свойства каолинита являются типоморфными, поскольку отражают его генезис.

Summary

Subject of this paper are the characteristic features of the kaolinite in the bauxite-bearing residual formations of the Ukrainian Shield and the Voronesh Anteclise. The bauxite deposits of the Voronesh Anteclise are related to the Visé-laterite weathering crust of the phyllite slate, those of the Ukrainian Shield to the lateritic weathering crust of the Lower Cretaceous (gabbro amphibolites).

Two genetic types of kaolinite have been found and investigated: residual kaolinite, which originated during the formation of the weathering crust and epigenetic kaolinite formed in the bauxites and in the weathering crust after it was covered by sedimentary rocks.

Samples of residual kaolinite were taken from the whole vertical profile of the weathered slate and from amphibolites of various degrees of kaolinization: a) from kaolinized slates, which are, in part or totally, substituted by chamosite and from the goethite-kaolinite zone of the amphibolites; b) from kaolinized slates in which initial allitization and the formation of free alumina minerals took place; c) from brown lateritic bauxites.

Epigenetic kaolinite was taken from streaks and caverns of the upper horizons of the residual bauxites. Besides kaolinite the halloysite from the caverns and streaks of the stony bauxites in Ukrainian deposits was investigated. The structural characterization of the kaolinite was carried out by means of electronographic and x-ray methods, especially electron micro-diffraction, furthermore by IR-spectroscopy, chemical and thermogravimetric methods as well as by electron microscopy. In general the minerals were studied using electronograms of oblique textures obtained by a high-voltage electronographic equipment ($v = 350$ kv). The advantage of this method is that the reflections, grouped in two ellipses according to indices (hkl), are distributed over two measurements and thus there are less superimposed reflections in the micrographs than with x-ray powder technique. This provides the opportunity to detect minimal differences in the mineral structure.

The degree of order and the position of the elementary layers of the kaolinite were determined by means of reflections with $k \neq 3n$, because these reflections are susceptible to layer shifting along the b-axis, if the shifting is not $> b/3$. The investigation of the kaolinite specimens showed that the structure of the kaolinite varied considerably, even in one and the same genetic type. The degree of order was between disordered and well ordered. Thus the kaolinites investigated were divided according to their degree of order into well ordered, medium ordered and disordered. All kaolinites are triclinic. A nearly perfect structure is typical of the epigenetic kaolinite from the streaks of the deposits of the Voronesh Anteclise. The kaolinite from the zone of kaolinized slates and amphibolites has an intermediate degree of order. In the geological profiles of both regions an increase in the degree of order from bottom to top (completely kaolinized rocks) can be observed. This reflects, in our view, the influence of the varying structure of the chlorite vermiculite mixed-layer minerals, the substrate of kaolinite formation, on the crystallization process.

Examples of kaolinites with varying degrees of order are the residual kaolinite from the transition zones between kaolinized slates and bauxites whose electronographs show a considerable degree of amorphization and the kaolinite which forms very intimate mixtures with chamosite, a process which takes place when the bauxites and the weathering crust are subjected to paludification.

In contrast to the epigenetic kaolinite from the streaks and caverns of the bauxites epigenetic halloysite is characterized by considerable variations in its structural order ranging from well ordered (in rare cases) to disordered. The electronograms of well ordered halloysite showed pronounced reflections (021) on the first ellipse, which are characteristic of the monocline two-layer structure of the halloysite.

The halloysite of intermediate degree of order shows such reflections, too, but they are far less pronounced. In the electronograms and Debyeograms of halloysites with a low degree of order a pronounced background is recognizable together with an amorphous phase and broad, blurred reflections. The electron micrographs of well ordered halloysite show well formed tubes, but those of disordered halloysite crystals with swirl edges.

The overall analysis of the structural properties of the various genetic types of kaolinite and its spatial distribution in the residual weathering crust and in its alteration products permits the conclusion that the lattice structure of the kaolinite is determined (1) by the composition of the parent rock and (2) by a variety of environmental conditions under which its formation took place. The structural properties of the kaolinite are typomorphic because they reflect its genesis.

Manuskripteingang: 18. August 1976

Anschrift der Autoren:

Dr. A. P. Nikitina, S. I. Berchin, B. B. Zvzagin,
Akademie der Wissenschaften der UdSSR,
Institut für Geologie der Erzlagerstätten,
Petrographie, Mineralogie und Geochemie,
SU-109017 Moskau, Staromonetny 35

Schriftenr. geol. Wiss. · Berlin 11 (1978) · S. 219–231

Zur vertikalen Zonalität der Verwitterungskruste auf sauren Gesteinen

Von Valerij Petrovič Petrov; Nikolaj Dimitrievič Samotoin; Vladimir Ivanovič Fin'ko; Sergej Sergeevič Čekin, Moskau

Mit 8 Abbildungen

1. Einleitung

Die wichtigste Besonderheit der Gesteine der Verwitterungskruste ist die Abhängigkeit ihres Mineralbestands vom Charakter der Muttergesteine und von ihrer Lage im Verwitterungsprofil. Diese Gesetzmäßigkeiten sind neben ihrer allgemeinwissenschaftlichen von großer praktischer Bedeutung, da sie die Verbreitung und Art nicht weniger Bodenschätze der Verwitterungskruste darunter der Kaoline, bedingen. So ist die Bindung industriell nutzbarer Kaoline an die Verwitterungskruste saurer Gesteine ein Ausdruck dieser Gesetzmäßigkeit.

Das eingehende Studium der Gesteine der Verwitterungskruste zeigte, daß die neugebildeten Minerale abhängen a) vom Charakter des primären Minerals, das verwittert, b) von der Lage des Gesteins im Profil der Verwitterungskruste und c) von dem Milieu, in dem die Veränderung jedes einzelnen Minerals vor sich geht.

Im folgenden werden alle diese Abhängigkeiten eingehender untersucht. Dabei werden hauptsächlich die Anfangsprodukte der Verwitterung betrachtet.

2. Der Mineralbestand der Muttergesteine und die Mineralneubildung

Der enge Zusammenhang zwischen den in der Verwitterungskruste neugebildeten Mineralen und der Mineralzusammensetzung des Muttergesteins wurde in jüngster Zeit mittels elektronenmikroskopischer Untersuchungen früher Verwitterungsstadien saurer Gesteine in verschiedenen Gebieten der Sowjetunion nachgewiesen (Fin'ko u. a. 1972; Čekin u. a. 1972, 1974).

Zur Bestimmung wurden Proben aus den unteren Horizonten mächtiger mesozoischer Kaolinverwitterungskrusten entnommen, an denen die beginnende Verwitterung bereits erkennbar war (erhöhte Klüftung, Bleichung usw.), die jedoch die charakteristischen Merkmale des Muttergesteins noch voll bewahrten und der optischen Identifizierung zugänglich waren.

Zur Untersuchung der frühen Veränderungsstadien der Muttermineralе erwies sich die elektronenmikroskopische Methode der Vakuumdekorierung mit Gold in Kombination mit der Mikrodiffraktion als besonders effektiv. Hier bilden sich aus dem kondensierten Dampf an den Bruchstellen der Strukturbindungen und den Heterogenitäten des Kristalls kleinste Goldkristalle (30–70 Å). Nach der Art ihrer Verteilung auf der Präparatoberfläche kann man die Mineralstruktur jedes einzelnen untersuchten Kristalls, seine Orientierung und Form sowie Aufwachsfolge eines Minerals auf das andere bestimmen.

Die Überprüfung der Anfangsverwitterung verschiedener Minerale aus den unteren Horizonten der mesozoischen Verwitterungskruste zeigte, daß sich aus Kalifeldspat Kaolinit bildet. Aus saurem Plagioklas entsteht überall Halloysit. Bei basischen Plagioklasen tritt neben dem Halloysit in unbedeutenden Mengen Montmorillonit auf. Die Verwitterung der Glimmer führt in sauren Gesteinen ebenfalls zur Bildung von Kaolinit.

Neben der Identifizierung der neugebildeten Verwitterungsminerale brachten die elektronenmikroskopischen Untersuchungen einige wichtige Besonderheiten der Mineralbildung, die bei der Erörterung der Verwitterungsprozesse berücksichtigt werden müssen.

Als Beispiel für die Kaolinitbildung bei der Verwitterung von Kalifeldspat sei auf Abb. 1 verwiesen, auf der die mit Gold dekorierte Oberfläche eines Mikroklinsplitters dargestellt ist. Die ebenen Flächen sind Spaltoberflächen längs (001); die hohen Stufen entsprechen der Absonderungsebene (100); deutlich sichtbar ist die Spaltfläche nach dem Prisma (110), die zickzackförmige Stufen bildet. Auf der Spaltoberfläche nach (001) ist

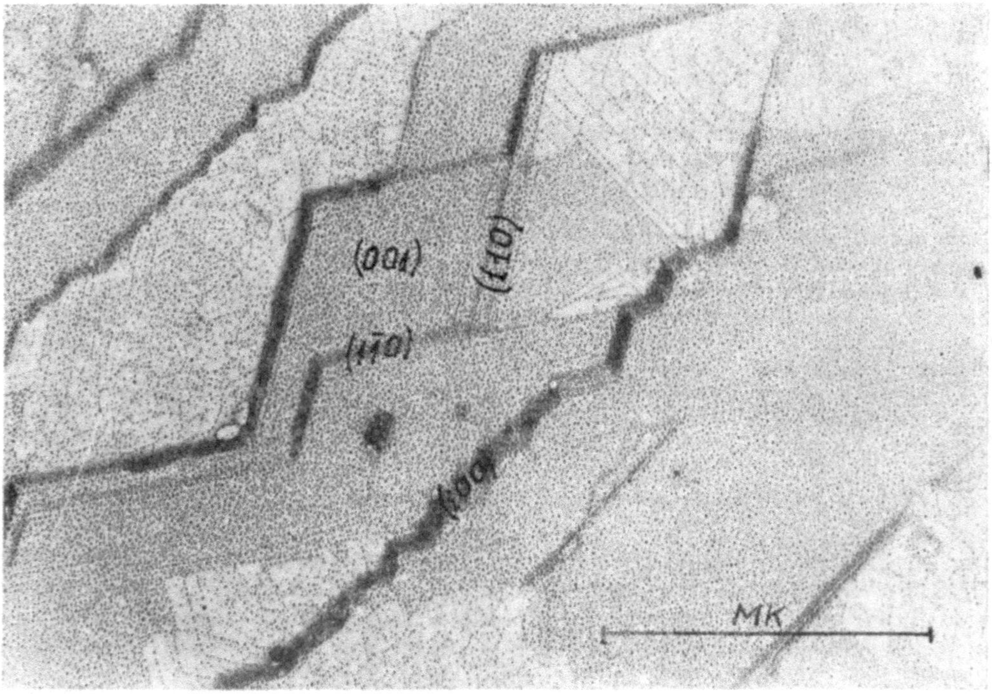

Abb. 1. Mit Gold dekorierte Oberfläche eines verwitterten Mikroklinbruchstücks.

Die großen Flächen sind die Ebene (001). Die hohen Stufen vertreten (100). Die zickzackförmigen Stufen nehmen die Ebenen (110) und (110) ein. Die hellen Bereiche sind die embryonalen Kristalle des Kaolinits auf der (001)-Ebene des Mikroklins

ein neugebildeter Kaolinitkristall zu sehen, der durch Rhombenform und eine in bezug auf den Feldspatkristall gesetzmäßige Orientierung charakterisiert ist. Die Kaolinitkristalle wachsen schichtweise nach dem Spiralmechanismus. Ihre Dicke beträgt in diesem Wachstumstadium etwa 50 Å. Wachstumsdetails eines derartigen Kristalls sind auf Abb. 2 gezeigt. Goldpartikel markieren die Wachstumsstufen des Kaolinits um je eine Elementarschicht — 7 Å. Mit D ist der Austritt der Schraubendislokation bezeichnet.

Daß die auf dem Mikroklin aufgewachsenen rhombenförmigen Kristalle Kaolinit sind, wurde mittels Vergleichs zwischen Vakuumdekorierung und Mikrodiffraktion bewiesen. Auf Abb. 3 sind die Durchlichtaufnahme eines Kaolinitblättchens und das zugehörige Mikrodiffraktionsbild wiedergegeben. Auf diesem Mikrodiffraktionsbild gibt es außer den Reflexen (hk0) eine zentrosymmetrische Reihe von Basisreflexen (00 l),

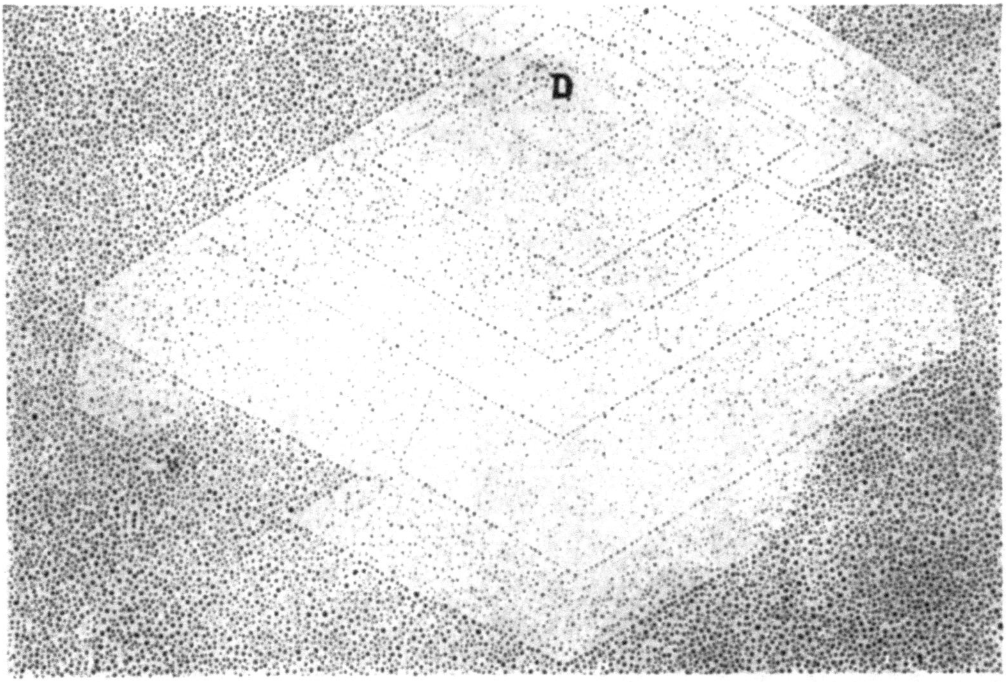

Abb. 2. Rhombenförmiger Kaolinitkristall auf der (001)-Ebene von Mikroklin (Golddekoration)

Die Goldpartikel markieren die Wachstumsstufen des Kaolinits in Höhe einer Elementarschicht von 7 Å. D bezeichnet den Austritt der Schraubendislokation

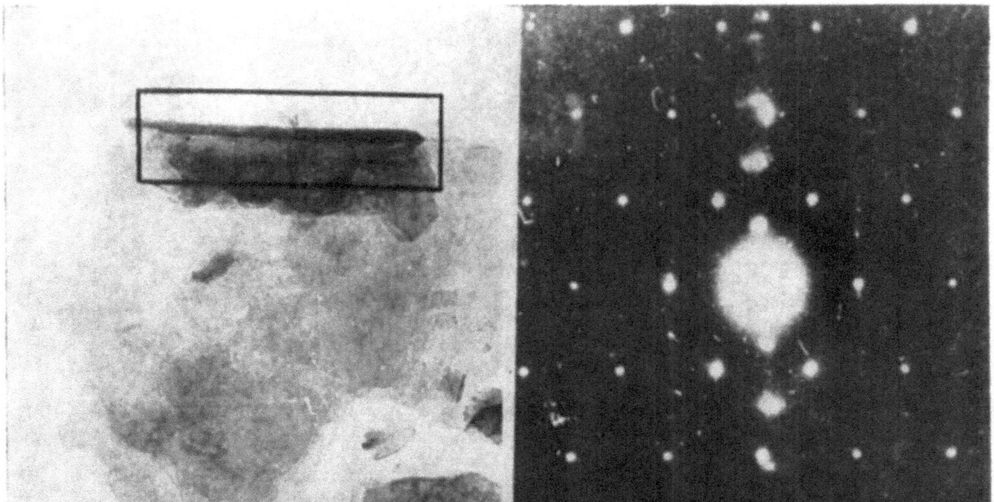

Abb. 3. Elektronenmikroskopische Durchlichtaufnahme eines Kaolinitblättchens und Mikrodiffraktogramm eines Beugungsbereichs, das auf einen Basisabstand von 7 Å beim dioktaedrischen Schichtsilikat hinweist

die in ihrer Gesamtheit belegen, daß dieses Mineral eine Schichtstruktur besitzt, aus 7 Å Schichten aufgebaut ist, zum dioktaedrischen Typ gehört und durch eine gleiche Azimutorientierung der Schichten charakterisiert wird (s. Dekorierungsbild), eine Erscheinung, die dem Kaolinit eigentümlich ist.

Der Wachstumsmechanismus auf der Spaltoberfläche (001) des Mikroklins hat klar ausgeprägten epitaktischen Charakter, was sich mit Sicherheit feststellen läßt an Hand der relativen Anordnung der kristallographischen Hauptachsen in der Verwachsungsebene des ursprünglichen und des neugebildeten Minerals. Die Abb. 4 zeigt eine Aufnahme von zwei Kristallen des neugebildeten Kaolinits, deren gleichnamige Achsen zueinander und zu den Achsen der Unterlage Winkel von maximal 30° bilden. Es wurden

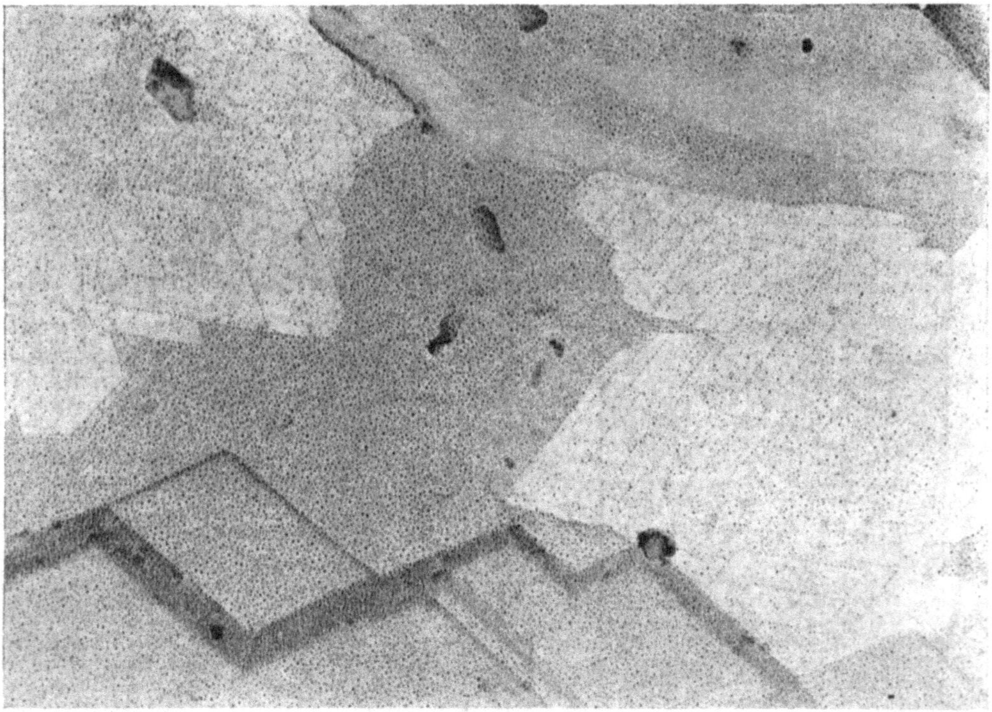

Abb. 4. a- und b-Achsen von Kaolinitkristallen, unter Winkeln von 30 und 60° zu den a- und b-Achsen des Mikroklins orientiert (Golddekoration)

daneben andere Fälle gefunden, wo gleichnamige Achsen der Kristalle des neugebildeten und des Ausgangsminerals in ihrer Richtung zusammenfallen oder um 180° divergieren. Ein strukturgeometrischer Vergleich der Verwachsungsebenen dieser Minerale und Berechnungen des Übereinstimmungsgrades ihrer metrischen Parameter an Hand der kristallographischen Hauptrichtungen zeigten, daß sie auf zwölf verschiedene Arten zueinander orientiert sein können (Abb. 5). Alle Hauptorientierungen wurden an realen Kristallen nachgewiesen.

Die Mikrokristalle des Kaolinits im Mikroklin sind unterschiedlich ausgebildet. In manchen Bereichen wachsen isolierte Kristalle, in anderen bilden sich gesetzmäßige Verwachsungen und in dritten können sie sich entsprechend ihres Wachstums zu polykristallinen Aggregaten vereinen.

Bei relativ kleinen isoliert gewachsenen Kaolinitkristallen wurde zwischen ihnen und

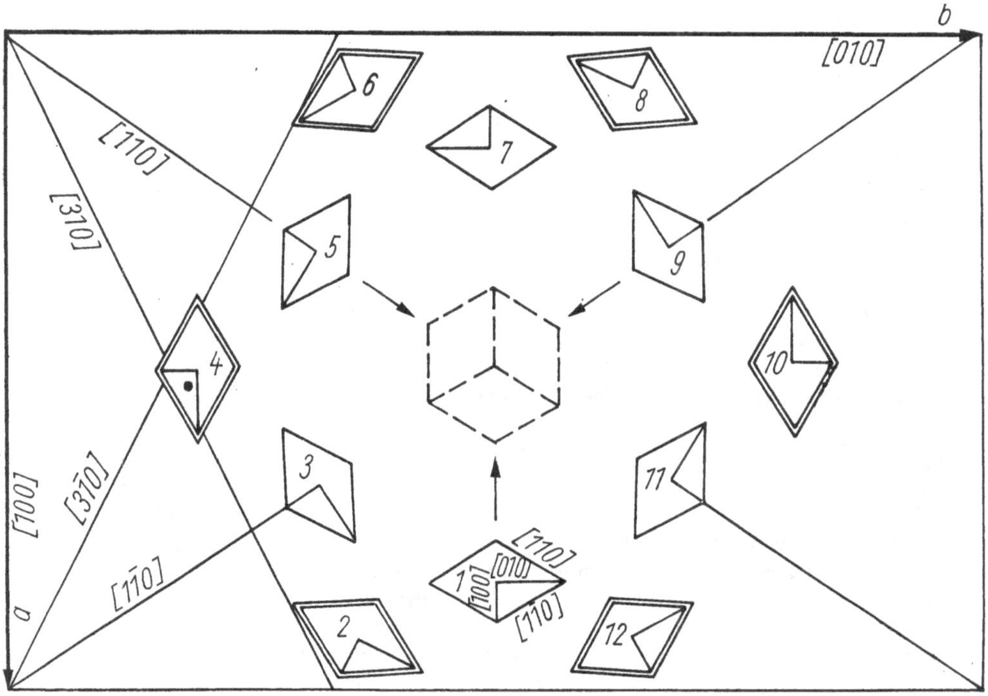

Abb. 5. Schema zur epitaktischen Wechselbeziehung von Kaolinit- und Mikroklinkristallen (große Achsen) auf der Verwachsungsebene (001)

1 – 12 ist der Orientierungsraum der Kaolinitkristalle. Im Zentrum ist eine mögliche Drillingsbildung des Kaolinits aus Kristallen mit Orientierungen 1; 5; 9 gezeigt

Abb. 6. Zwischen Kaolinit (helle Zone mit Dekorationslinien) und Mikroklin (statistisch dekorierte Fläche) beobachtet man eine Zwischenzone, die die Grenzen der Kaolinitschicht wiederholt

dem Mikroklin eine „Zwischen"- oder „Übergangszone" festgestellt, die am Charakter der Dekorierung erkennbar ist (Abb. 6). Die Natur dieser Zone ist in ihren Einzelheiten bislang nicht geklärt. Die Rhombenform gilt für Kaolinitkristalle als nicht sehr charakteristisch, jedoch haben die auf Feldspat wachsenden Kaolinitkristalle in frühem Wachstumsstadium immer Rhombenform und erst in den späteren Stadien, wenn diese Kristalle relativ große Ausmaße erreichen, erlangen sie die normale pseudohexagonale Gestalt.

Auf Granitgesteinen, aus denen Kaolinitkristalle beschrieben wurden (Lagerstätte Alekseev und weitere Kaolinlagerstätten), bildet sich auf Plagioklas nicht unmittelbar Kaolinit, sondern Halloysit. Im frühen Wachstumsstadium haben die Kristalle des Halloysit eine für ihn ungewöhnliche Gestalt. Zu Beginn wird Halloysit als einzelne lamellare Röllchen ausgebildet oder als deren gesetzmäßige sternförmige Verwachsungen. Die Ränder der Röllchen haben an ihren Verlängerungen, die mit der a-Achse des Halloysits oder mit den Richtungen (110) und (310) zusammenfallen, Sägeform, was bedingt ist durch die dachziegelförmige Überlagerung aufeinanderfolgender Wachstumsschichten. Ebenso wie beim Kaolinit sind die Lamellenkristalle des Halloysits auf der Oberfläche (001) des Oligoklas' gesetzmäßig orientiert (Abb. 7). In den späteren Stadien wachsen aus den Lamellenstrahlen gewöhnliche Röhrchenkristalle in der Längsrichtung der Strahlen. Die Zugehörigkeit der Lamellenstrahlen zum Halloysit wurde mit Hilfe der Mikrodiffraktion bewiesen. Auf Abb. 8 sind das Durchstrahlungsbild eines Lamellenkristalls des Halloysits und das zugehörige Mikrodiffraktionsbild dargestellt. Auf vielen Mikrodiffraktionsaufnahmen beobachtet man neben dem hexagonalen Netz von Reflexen (hk0), die den dioktaedrischen Typ des Minerals charakterisieren, eine zentrosymmetrische Reihe von Basisreflexen (00l), die eine 7 Å Höhe der Schichten belegen. Außerdem gibt es eine Serie von Schichtlinien mit (0kl)-Reflexen, welche die Zweischichtperiodizität

Abb. 7. Sternchenförmige Aufwachsung von Halloysit, die aus lamillaren und röhrenförmigen Kristallen besteht. Oberfläche der (001)-Ebene eines Oligoklasperthit-Bruchstücks

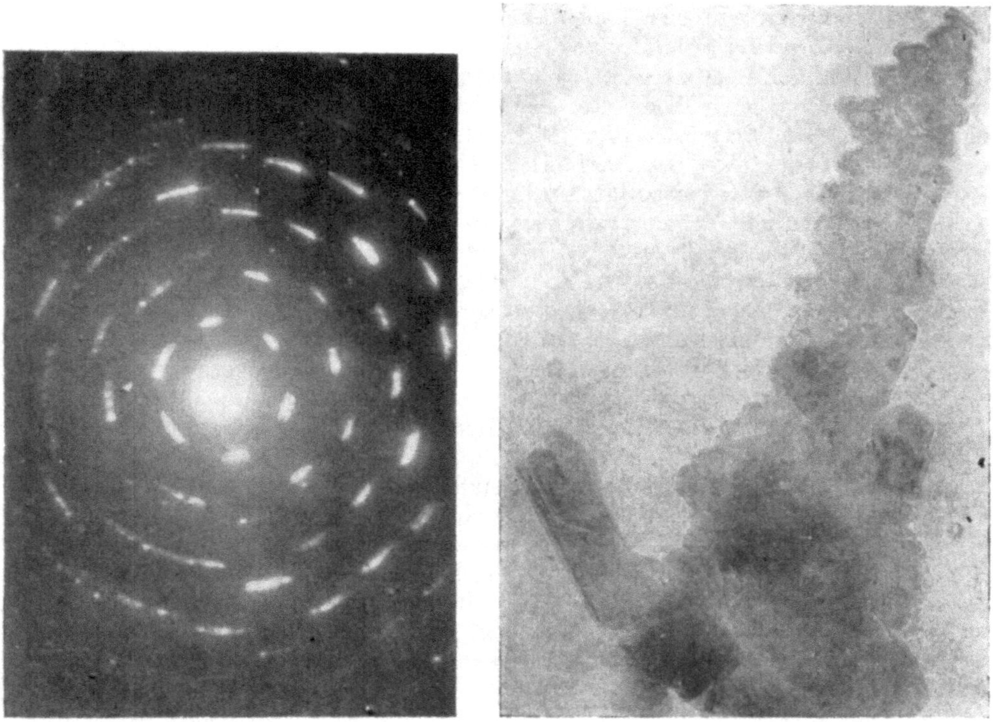

Abb. 8. Elektronenmikroskopische Durchlichtaufnahme einer Halloysitleiste und Mikrodiffraktionsbild, das auf die strenge Orientierung der rhombenförmigen Schichtbereiche in der Leiste hinweist

der Halloysitstruktur beweisen. Sehr wichtig ist, daß die Perthiteinwüchse von Albit-Plagioklas im Mikroklin in Halloysit übergehen. Wenn das verwitternde Gestein nicht Oligoklas, sondern basischere Plagioklase, z. B. Andesit oder Labrador enthält, dann bildet sich auf der Spaltoberfläche (001) neben Halloysit manchmal auch Montmorillonit.

Muskovit, der in Granitgesteinen auftritt, wird ebenso wie Feldspat der Kaolinisierung unterzogen. Kaolinit wächst manchmal auf den Muskovitblättchen, bisweilen bildet er eine eigenartige Wechsellagerungsschicht.

3. Die allgemeine Abhängigkeit der Verwitterungsprodukte vom Muttergestein und dessen Stellung in der Verwitterungsschicht

3.1. Auf sauren Gesteinen

Die Unterschiede in der Mineralbildung aus verschiedenen Muttermineralen, die in den ersten Etappen der Verwitterung zu beobachten sind, führen zur Polymineralität der Verwitterungsprodukte in den unteren Horizonten der Verwitterungskruste und damit zu Unterschieden in den quantitativen Anteilen der Minerale im Ton der Verwitterungsprodukte.

Die Polymineralität der Gesteine in den unteren Horizonten der Verwitterungskruste wurde erst in allerjüngster Zeit geklärt, weshalb bisher eine detaillierte Untersuchung über das Verhalten einzelner Tonminerale im Profil der Verwitterungskruste fehlt. Jedoch zeigen ältere Literaturangaben, daß in den oberen Horizonten der Verwitterungskruste nur Kaolinit anzutreffen ist. So kann man annehmen, daß Halloysit und Montmorillonit in den oberen Horizonten der Verwitterungskruste in Kaolinit übergehen. Möglicherweise sind die von Rus'ko (1965) unter den ukrainischen Kaolinen gefundenen ungeordneten Varietäten des Kaolinits Kaolinisierungsprodukte von Halloysit und Montmorillonit. In dieser Richtung sind weitere Untersuchungen dringend notwendig, weil das Problem des wechselnden Mineralbestands nicht nur theoretisch sehr wichtig ist, sondern gerade in der Praxis, da diese Unterschiede sich deutlich in den technologischen Besonderheiten des Kaolins widerspiegeln. Außer den Veränderungen in der Zusammensetzung des Tonanteils in den Gesteinen der Verwitterungskruste ist die unterschiedliche Verwitterungsintensität der Minerale des Muttergesteins sehr wesentlich für die Beurteilung des Erosionsniveaus. Am intensivsten verwittert Plagioklas. Verwitterungsprodukte erscheinen zuerst in den Plagioklaskristallen. In einem gewissen Abstand vom Muttergestein findet man Bereiche, wo Plagioklas völlig in Kaolin-(Halloysit-, Pseudohalloysit-?)masse übergeht, der Kalifeldspat jedoch erhalten blieb. Sehr wichtig ist hierbei, daß von den Kristallen des Kalifeldspats sogar die Perthite völlig verwittern. Bereiche der Kaolinhorizonte mit Reliktfeldspäten erhielten die Bezeichnung „Sodakaoline". Sie werden in der UdSSR als perspektivisch für keramischen Feldspat angesehen, da die Relikte des Kalifeldspats manchmal außerordentlich reich an Kalium sind; dessen Gehalt übertrifft mitunter den des Natriums um das 15- bis 20fache. Dort, wo sich die „Sodakaoline" auf Kosten leukokratischer Granite gebildet haben, wurden sie vollständig abgebaut. In den günstigsten Fällen bilden sie bis zu 80% der Porzellanschicht.

Große Glimmerblättchen können bis in die obersten Teile der Kaolinschicht erhalten bleiben. Es herrscht eine gewisse Unklarheit über das Auftreten von Sericit neben Plagioklas in den untersten Horizonten des Verwitterungspakets. Auf Grund von Feldbeobachtungen im Ural schloß Petrov (1948), daß die Sericitbildung die erste Verwitterungsetappe des Plagioklas darstellt. Jedoch gelang es nicht, durch spätere genaue Untersuchungen diese These zu erhärten, obwohl ihre Falschheit ebenfalls noch nicht bewiesen werden konnte.

Das Vorkommen von Biotit im Muttergestein beeinflußt die industriellen Qualitäten des Kaolins negativ. Bei der Kaolinisierung von Biotit bleiben ein Teil vom Eisen und Titan als selbständige Minerale erhalten, die auf den Biotitpseudomorphoseblättchen das sehr charakteristische „Sagenit"netz bilden. Je zahlreicher solche Pseudomorphoseblättchen im Kaolin sind, desto mehr Eisen ist gewöhnlich in ihm enthalten. Manchmal gelingt es, einen Teil dieser Blättchen als grobe Fraktion (Kaolingruppen) zu entfernen, den Kaolin jedoch völlig von ihnen zu befreien, ist nicht möglich.

Die Quarzkörner zeigen im Verwitterungsprofil als Veränderungen fast ausschließlich geringe Auflösungserscheinungen längs Kanten und Rissen. So beeinflussen die Beschaffenheit der Quarzkörner und ihre Größe in den Muttergesteinen sehr stark die Qualität des Kaolins. Aus Kaolinen, die sich aus Gesteinen bildeten, die große Quarze enthielten, sind letztere bei Anreicherung leicht zu entfernen.

3.2. Auf Gesteinen anderer Zusammensetzung

Alle industriell verwertbaren Kaoline bilden sich durch Verwitterung saurer magmatischer Gesteine oder alumosilikatischer Sedimente, die mit Quarz angereichert sind. Deshalb können die nun folgenden Angaben nur als Vergleichsmaterial betrachtet werden.

Die Veränderung der Gesteine der Verwitterungskruste, die auf Gabbro ausgebildet s t, wurde von Bučinskaja (1972) am Beispiel der Wolhynischen Gabbros diskutiert.

Die Zusammensetzung der Muttergesteine ist hier außerordentlich einfach; es handelt sich praktisch um monominerale Labradorgesteine mit akzessorischen Beimengungen von Titan-Magnetit. Letzterer wird in der Verwitterungskruste fast nicht verändert. Auf Kosten des Labradors wird in den unteren Horizonten Montmorillonit gebildet, der in den oberen Horizonten der Verwitterungsschicht in Kaolinit übergeht. In der Zwischenzone läßt sich manchmal Gibbsit feststellen. Auf einigen uralischen Gabbros wurde in der ersten Etappe die Bildung von Halloysit anstelle des Montmorillonit beobachtet.

Einen deutlich anderen Charakter der Veränderungen zeigen in der Verwitterungskruste die Ultrabasite. In der ersten Etappe ihrer Umsetzung entwickelt sich in den untersten Horizonten der Verwitterungskruste ein eigenartiges, bisher ungenügend untersuchtes Serpentinmineral: der Kerolith. Gleichzeitig werden in den Klüften der kerolithisierten Serpentinitschicht Magnesit und die ihm in der Zusammensetzung verwandten Magnesiumhydrokarbonate Hydromagnesit, Artinit und andere ausgeschieden. Magnesit bildet in den Gängen charakteristische Sinteraggregate, die ihrer Form nach an einen Blumenkohlstrunk erinnern.

Die ausgelaugten und kerolithisierten Ultrabasite werden nach oben von nontronitisierten Gesteinen abgelöst, deren Mächtigkeit in ziemlich weiten Grenzen schwankt. Manchmal sind es mehrere Dutzende von Metern, manchmal messen sie nur nach Zentimetern.

Nach oben werden die Nontronite braun und gehen allmählich in verschiedene Ockerminerale über, die anfangs die Struktur des Muttergesteins bewahren, sie in den oberen Teilen jedoch gänzlich verlieren. In den oberen Horizonten des Nontronitbereichs und in den unteren Horizonten der Ockerzone werden längs der Klüfte die verschiedensten SiO_2-Minerale ausgeschieden. Am häufigsten ist Opal, seltener sind Chalcedon und feinkörniger Strahlenquarz. Hier trifft man stellenweise die Halbedelsteinvarietäten der Opal-Chalcedon-Bildungen, wie Kascholong, einen Magnetisit, der durch Nickelminerale in ein hübsches Apfelgrün verfärbt wird. Ocker und Nontronite werden nicht selten als Eisen- oder Nickelerze angesehen.

Weiter oben wurden typische Beispiele von mächtigen Verwitterungskrusten gegeben, die auf verschiedenen Muttergesteinen ausgebildet sind. In der Natur sind die Beispiele weit mannigfaltiger, und je nach Art des der Verwitterung unterworfenen Gesteins findet man diese oder jene Besonderheit der Verwitterungsschicht. Viele Eigenheiten werden in der Verwitterungskruste auf unterschiedlichen Sedimentgesteinen beobachtet; hier entstehen sowohl kaolinhaltige Bildungen als auch das sehr spezifische hochgradig disperse Kieselgestein: der „Marshalit". Überall kann man jedoch Veränderungen in Mineralbestand oder Struktur in vertikaler Richtung beobachten, wobei sich die am wenigsten veränderten Gesteine immer unten befinden, die am stärksten verwitterten oben.

4. Der Einfluß des umgebenden Milieus

Wir haben versucht zu zeigen, daß auf die Natur der ersten Verwitterungsprodukte das Muttergestein den wesentlichen Einfluß ausübt. Später jedoch, wenn sich das Mineral in einer Schicht der Verwitterungskruste befindet, die eine sehr hohe Durchlässigkeit für Lösungen besitzt, gehen die Unterschiede in den physiko-chemischen Bedingungen, die durch die Reaktion der Lösungen mit jedem Einzelmineral entstanden, verloren und die Mineralunterschiede werden allmählich nivelliert.

Als Beispiel kann man auf die Verwitterung von Eisen-Magnesium-Glimmer unter verschiedenen Bedingungen verweisen. Es wurde bereits die Verwitterung von Eisen-Magnesium-Glimmer in Graniten diskutiert. Bei der Verwitterung in Kaolinen gehen diese Glimmer in Kaolinitschuppen über, welche Pseudomorphosen auf Glimmer bilden.

Als Zwischenprodukt sind in den unteren Horizonten der Verwitterungskruste möglicherweise hydrobiotit- und vermiculitähnliche Varietäten auf Biotiten vorhanden, jedoch gibt es bisher keine Beschreibungen derartiger Bildungen über Graniten.

Ganz anders läuft der Vorgang ab, wenn Biotit oder Phlogopit in einer Verwitterungskruste vorkommen, die auf Ultrabasiten ausgebildet ist. Das ist dort möglich, wo die Ultrabasite von Aplit- oder Pegmatitgängen durchzogen werden, um die eine Kontaktzone aus Glimmer auftritt.

Eisen-Magnesium-Glimmer macht in den Ultrabasiten, wie PETROV & TOKMAKOV (1965) zeigten, in den ersten Etappen der Verwitterung eine Hydratisierung durch, wobei er in Hydrobiotit (oder Hydrophlogopit) übergeht und in den bereits stärker veränderten Teilen in Vermiculit. Diese beiden Arten von hydratisiertem Glimmer sind in Lagerstätten dieses Typs (in der UdSSR bei Buldym) weit verbreitet; sie werden als wertvolles wärmeisolierendes Material abgebaut.

Die weitere Veränderung der Eisen-Magnesium-Glimmer in den Ultrabasiten geht prinzipiell anders als ihre Umsetzung in Kaolinschichten vor sich. Unter den Kaolinen, die ja arm an Magnesium und reich an Tonerde sind, wird aus den Vermiculitglimmern Magnesium und Silizium unter Bildung von Kaolin herausgelöst. In der Verwitterungskruste der Ultrabasite, in einem Milieu, das reich an Magnesium und arm an Tonerde ist, wird Tonerde herausgelöst, und aus Glimmer bilden sich Serpentinit- (Lizardit-) Pseudomorphosen (die bereits zu Beginn unseres Jahrhunderts den Namen „Sungulit" erhielten), welche im weiteren wie jeder andere Serpentin in Ocker übergehen.

Zusammenfassung

Alte Verwitterungskrusten bilden viele Meter mächtige Schichten eigenartiger Tongesteine, die nicht selten sehr große praktische Bedeutung besitzen. So gehören zur Verwitterungskruste saurer Gesteine die Lagerstätten des Kaolins, eines sehr wichtigen Industrierohstoffs.

Erkundungsmerkmale für Kaolin allgemein und für seine verschiedenen qualitativen Varianten sind in seinen Lagerstätten einerseits die allgemeinen Entwicklungsgesetze von Verwitterungskrusten und andererseits die Gesetzmäßigkeiten in der Veränderung des Mineralbestands von Gesteinen, die den einen oder anderen Teil der Verwitterungskruste bilden. Dabei zeigt es sich, daß die Mineralzusammensetzung der Muttergesteine den Gesteinsbestand der Verwitterungskruste in den unteren Horizonten der verwitterten Schicht besonders stark beeinflußt.

Eine richtige Bewertung der Kaolinqualitäten und ihrer Verteilung in der Lagerstätte ist nur bei voller Berücksichtigung aller jener Gesetzmäßigkeiten möglich, die die Verteilung der Minerale in der Verwitterungskruste kontrollieren. Einige Angaben in dieser Richtung haben die Autoren im vorliegenden Artikel zusammengetragen.

Резюме

Природа новообразованных минералов в разрезе коры выветривания отчетливо зависит

а) от характера материнского минерала, претерпевающего выветривание, и от скорости его выветривания;

б) от положения этого минерала в разрезе коры выветривания;

в) от среды, в которой происходит выветривание.

Работами авторов выявилось, что на первых этапах выветривания минералообразование очень четко зависит от характера материнского минерала. На калиевом полевом шпате образуется каолинит, а на кислом плагиоклазе галлуазит. На основном плагиоклазе отмечено нообразование монтмориллонита, причем эта зависимость имеет место даже в том случае, если оба материнских минерала образуют теснейшее срастание. Например, по пертитовым вросткам плагиоклаза наблюдалось образование галлуазита, тогда как по включаюшему их калиевому полевому шпату возникает каолинит.

Для изучения первых этапов минералообразвования при выветривании оказался очень перспективен метод вакуумного декорирования золотом, при котором мельчайшие кристаллики золота садятся на места разрыва структурных связей, что дает возможность кроме диагностики минерала выявить ориентировку, форму и особенности роста каждого кристалла.

На фиг. 1 и 2 показан характер нарастания каолинита на спайную плоскость (001) калиевого полевого шпата, причем на фиг. 2 видно, что рост каолинитового кристалла идет послойно по спиральному механизму. Буквой D отмечен выход винтовой дислокации. То, что наблюдаемые ромбовидные кристаллы относятся к каолиниту, доказывается микродифракционной картиной от участка перегиба такого кристалла (см. фиг. 3).

Механизм нарастания каолинита на поверхность спайности микроклина имеет явно выраженный эпитаксический характер, что следует из закономерного расположения кристаллов каолинита на полевом шпате. Как оказалось, таких положений может быть двенадцать (см. фиг. 5), что и было установлено на многих фотографиях. Две из таких ориентировок показаны на фиг. 4.

Ромбовидная форма кристалла не характерна для каолинита и появляется только на первых стадиях, при дальнейшем росте она сменяется на обычную псевдогексагональную форму.

Кристаллизация галлуазита на спайных поверхностях плагиоклаза также начинается с образования ромбовидных кристаллов. Однако, в отличие от каолинита они вырастают как цепочки кристаллов в форме лучей, исходящих из единого центра. При последующем росте лучи переходят в типичные для галлуазита закрученные трубки (см. фиг. 7). Галлуазитовая природа этих кристаллов так же была доказана с помощью микродифракции (см. фиг. 8). Нарастание галлуазита на плагиоклаз имеет так же эпитаксический характер, и здесь могут быть установлены подобные как в случае калиевого полевого шпата двенадцать типов закономерных нарастаний.

Мусковит в низах толщи выветривания подвергается каолинизации, причем каолинит, как оказалось, нарастает на листочки мусковита или чередуется с ним, образуя своеобразный ,,слоеный пирог''.

Полиминеральность пород коры выветривания в нижних горизонтах коры выветривания (наличие каолинита, галлуазита и иногда монтмориллонита) весьма характерна для этих горизонтов, выше все глинистые минералы обнаруживаются; в породах коры выветривания на кислых породах фиксируется только каолинит разной степени упорядочения.

Вторым признаком, позволяющим различать разные горизонты выветривания в кислых породах, является различная скорость выветривания разных минералов материнской породы. Наиболее интенсивно выветривается плагиоклаз. Калиевый полевой шпат сохраняется целиком часто тогда, когда плагиоклаз полностью выветрел, даже в пертитовых вростках в калиевом полевом шпате.

Нижние чуастки каолиновых кор выветривания, содержащие калиевые полевые шпаты, имеют и практическое значение, во-первых как источник высококалиевого полевошпатового сырья, а во-вторых, порода таких горизонтов, в случае лейкократовости материнских пород, может составить основу фарфоровой шихты.

Крупные слюдяные листочки могут сохраняться в ряде случаев до самых верхних горизонтов.

Существует некоторая неясность о природе серицита, образованного по плагиоклазу. Существуют представления об образовании его в результате выветривания, но справедливость этого сейчас не может быть доказана.

Выветривание биотита в кислых породах идет по схеме: биотит-гидробиотит-вермикулит-каолинит; причем новообразованная каолинитовая чешуйка сохраняет размеры первоначального биотита, и часто включает мельчайшие кристаллики железоокисных и титановых минералов, в виде характерной ,,сагенитовой'' сетки. Значительная часть окислов железа и титана в промышленных каолинах связана с такой чешуйкой.

На примере выветривания биотита можно хорошо проследить и влияние окружающей среды. Биотит, включенный в ультрабазиты, выветривается иначе, чем в кислых породах, переходя в следующие минералы: биотит-гидробиотит-вермикулит-сунгулит. Здесь под термином сунгулит рассамтривается псевдоморфоза по биотиту серпентина, имеющего лизардитовый характер.

Кристаллы кварца вверх по разрезу претерпевают только некоторое растворение по краям и вдоль трещин.

Распознование глубинности различных горизонтов коры выветривания по их минеральному составу имеет большое значение для картирования кор выветривания и для практической оценки слагающих их пород.,

Summary

The nature of the minerals formed in the weathering crust is related to:

a) the character of the parent mineral which was subjected to weathering and the speed of the weathering process;

b) the position of this mineral in the profile of the weathering crust;

c) the environment in which the weathering process took place.

The studies of the authors have shown that in the first stages of weathering mineral formation is obviously related to the nature of the parent mineral, i.e. on potash feldspar kaolinite is formed, but on acid plagioclase—halloysite. On basic plagioclase the formation of montmorillonite is observable.

This holds true even if two parent minerals show close intergrowths. So, we observed in perthitic inclusions the formation of halloysite whereas the potash feldspar surrounding them was altered to kaolinite.

A very promising method of studying the first stages of weathering is vacuum decoration with gold, in which process gold crystallites are formed especially at those places where the structural bonds are disturbed. Using this method it is possible to determine the mineral as such and in addition the orientation, shape and the growth characteristics of each crystal.

In Figs. 1 and 2 the growth characteristics of kaolinite on the cleavage surface (001) of potash feldspar are recognizable. Moreover, Fig. 2 shows that the growth of the kaolinite crystal proceeds layer by layer in a spiral pattern. The letter D marks the end of the spiral dislocation. Micro diffraction photographs give evidence that the rhomboid crystals observed really belong to the kaolinite (Fig. 3).

The arrangement of the kaolinite crystals on the feldspar suggests that the growth mechanism of the kaolinite on the cleavage surface of the microcline is of pronounced epitaxic character.

It has been found that there are 12 such arrangements (Fig. 5), which is also evidenced by many other micrographs. Two of these arrangements are shown in Fig. 4. The rhombic shape of the crystal is not typical of kaolinite and occurs only in the first stages of growth, in the further stages it is replaced by the usual pseudohexagonal from. Halloysite crystallization on the cleavage surfaces also begins with the formation of rhomboidal crystals. However, in contrast to kaolinite, their growth occurs in crystals chains radiating form a common centre. In their further growth the chains are converted to curved tubes, typical of halloysite (Fig. 7). Micro-diffraction too identified them as halloysite crystals (Fig. 8). The growth of halloysite on plagioclase is also of epitaxic character and, as with potash feldspar, 12 different types of growths were found on the plagioclase surface.

In the deeper parts of the weathering horizon muscovite is subjected to kaolinization, with kaolinite growing on the muscovite flakes or alternating with them, producing a typical interlamination. The polymineralty of the rocks in the deeper horizons of the weathering crust (kaolinite, halloysite and, in places, montmorillonite) is a characteristic feature of these horizons. In the upper portions no formation of clay minerals is observable. In the rocks of the weathering crust formed on acid rocks kaolinite with a varying degree of order is found.

The second characteristic which permits to distinguish different weathering horizons on acid rocks is the different speed of weathering of the different minerals of the parent rock. The weathering of plagioclase is most intensive. Frequently potash feldspar is well preserved whereas plagioclase is totally decomposed, even in the perthitic inclusions in potash feldspar. The deeper portions of kaolinitic weathering crusts containing potash feldspars are of considerable commercial importance. Firstly they represent a source of feldspar with high potassium content and, secondly, the rock of such horizons, provided the parent rock is leucocratic, constitutes the raw-material for the production of china ware.

At several places mica flakes have been found to be well preserved, even in the upper horizons. There is no sufficient clarity on the nature of sericite, which formed from plagioclase. There are several concepts on its formation in the course of the weathering process but the validity of these concepts has not yet been proved.

The weathering of biotite in acid rocks proceeds in the following way: biotite → hydrobiotite → vermiculite → kaolinite. The newly formed kaolinite flake retains the shape of the original biotite and frequently incorporates microcrystals of iron oxide and titanium minerals in a characteristic sagenite network.

A considerable portion of the iron and titanium oxides in the worked kaolins is attached to such pseudomorphoses.

The impact of the environment on the weathering of biotite is clearly recognizable. The weatherring of biotite contained in ultrabasites takes another course than in acid rocks. It weathers to biotite → hydrobiotite → vermiculite → sungulite. In this case the term sungulite is taken to mean the pseudomorphosis from serpentinite to biotite, which is of lizardite character.

The quartz crystals in the upper portions of the profile are subjected to an increasing dissolution at the edges and along the cracks.

The knowledge of the depths of the different horizons of the weathering crust as evident by their mineral content has great importance for the mapping of weathering crusts and for the evaluation of the raw materials contained in them.

Literatur

Bučinskaja, N. I.: Drevnaja kora vyvetrivanija severozapadnoj časti Ukrainskogo šita. — Kiev: izd. Naukova dumka 1972, (russ.).

Čekin, S. S.; Fin'ko, V. I.; Samotoin, N. D.: Nekotory osobennosti preobrazovanija polevych špatov i muskovita v kaolinovych korach vyvetrivanija. In: Kaoliny. — Moskva: izd. Nauka 1974, (russ.).

Čekin, S. S.; Samotoin, N. D.; Fin'ko, V. I.: Obrazovanie galluazita pri vyvetrivanii oligoklaza. — Izv. Akad. nauk SSSR, ser. geol., Moskva (1972) 11, (russ.).

Fin'ko, V. I.; Samotoin, N. D.; Čekin, S. S.: Preobrazovanie mikroklina v kaolinit pri vyvetrivanii. — Izv. Akad. nauk SSSR, ser. geol., Moskva (1972) 7, (russ.).

Petrov, V. P.: Geologo-mineralogičeskie issledovanija ural'skich belych glin i nekotorye vyvody po mineralogii i genezisii glin voobšče. — Akad. nauk SSSR, Trud. inst. geol., Moskva **95** (1948), (russ.).

Petrov, V. P.; Tokmakov, P. P.: Posledovatel'nost' vyvetrivanija magnezial'no-železistych sljud i vlijanie geochimičeskich uslovij na vyvetrivanie. In: Kaolinovye mestoroždenija i ich genezis. — Moskva: izd. Nauka 1965, (russ.).

Rus'ko, Ju. A.: Kristalličnost' kaolinite ukrainskich mestoroždenij. In: Morfologija, svojstva i genezis mineralov. — Kiev.: izd. Naukova dumka 1965, (russ.).

Manuskripteingang: 18. August 1976

Anschrift der Autoren:

V. P. Petrov, N. D. Samotoin, V. I. Fin'ko, S. S. Čekin, Akademie der Wissenschaften der UdSSR, Institut für Geologie der Erzlagerstätten, Petrographie, Mineralogie und Geochemie
SU - 109017 Moskau, Staromonetny 35

Schriftenr. geol. Wiss. · Berlin 11 (1978) · S. 233–242

Zur Kaolinisierung der feldspatfreien Gesteine der Inneren Phyllite der Böhmischen Masse (Südmähren)

Von MILOSLAV REICHELT; JOSEF NEUŽIL, Praha

Mit 7 Abbildungen und 2 Tabellen

1. Das Ausgangsmaterial

Der südöstliche Teil der Böhmischen Masse ist durch das Vorkommen von Kaolinlagerstätten bekannt, die wahrscheinlich im Paläogen entstanden und als Relikte der ursprünglich mächtigeren Verwitterungskruste erhalten geblieben sind (REICHELT & NEUŽIL 1973). Die Mehrzahl dieser Lagerstätten ist durch Kaolinisierung der feldspatreicheren Granitoide des Thaya-Massivs und des Orthogneises von Biteš entstanden. Diese beiden geologischen Einheiten werden durch die Zone der Inneren Phyllite getrennt. Phyllite treten auch im Hangenden des Orthogneises von Biteš auf, dessen Intrusion die beiden Phyllitzonen trennt. Die Serie der Äußeren Phyllite bildet das Hangende, die der Inneren Phyllite das Liegende des Orthogneises von Biteš (Abb. 1).

Außer der Kaolinisierung auf beiden Massiven — dem Thaya-Massiv und dem Massiv der Orthogneise von Biteš—, wurden auf den Phylliten kaolinitisch verwitterte Lagen festgestellt. Die Inneren Phyllite wurden in Bohrungen noch in Tiefen von mehr als 50 m stark kaolinisiert angetroffen. Dieser Kaolin, der primär aus feldspatfreien Gesteinen entstanden ist, gehört zu den selteneren Kaolintypen; er wurde in kleineren Mengen noch in anderen Teilen der Böhmischen Masse gefunden. Der Kaolin dieses Typs unterscheidet sich von den „normalen“ Lagerstätten dadurch, daß anstelle der Feldspäte der Granitoide, Syenite, Gneise, Arkose oder Alkaligläser (Rhyolithe, Pechsteine) sowie Feldspatvertreter und Gläser alkalischer Vulkanite Glimmerminerale (Biotit, Muskovit, Sericit, Illit) das Ausgangsmaterial des Kaolinits bilden. Die Kaolinisierungstiefe wird neben der Mineralzusammensetzung des Muttergesteins von der tektonischen Zerlegung und der Faltungsintensität des Gesteins bestimmt. Die Qualität des Kaolins hängt ab von der Intensität der Verwitterungsvorgänge, vom Anteil der Farbstoffe im Muttergestein, vom Typ der Oxid- und Hydroxidverbindungen des Eisens und vom Chloritgehalt.

Die mineralogische Zusammensetzung der Phyllitgesteine wechselt sehr. Nach dem Anteil der Hauptminerale können die Phyllitgesteine folgendermaßen unterteilt werden: Sericit-, Biotitsericit-, Chloritsericit-, Graphitsericit- und Quarz-Sericitphyllite. Örtlich treten Partien auf, die mit Chlorit, Graphit oder rekristallisiertem Quarz stark angereichert sind. Diese können dann als Biotitsericit-, Sericitchlorit-, Sericitgraphit- oder Sericitquarzit-Phyllite bezeichnet werden. Natürlich treten wechselseitige Kombinationen auf.

Die Hauptgemengteile kaolinisierter Phyllite sind Kaolinit, Glimmer und Quarz, in kleineren Mengen sind Chlorit, Pyrit, Turmalin und Eisenmikrokonkretionen vertreten, die lokale Anreicherungen bilden. Als Akzessorien wurden Titanit, Ilmenit, Leukoxen, eine graphitische Substanz, Apatit und selten kleine Granatkörner und Staurolith mikroskopisch nachgewiesen.

Die Kaolinisierung des Chlorits ist langzeitig. Im Bereich intensiver Verwitterung unter ständiger Zirkulation saurer Lösungen werden Kristalle und Pyritaggregate angegriffen und die Zersetzungsprodukte wandern in Lösung in ihre Umgebung. In der

Oxydationszone wird das Eisen ausgefällt und unter gewissen Bedingungen (CO_2-Sättigung) kommt es zur Bildung winziger Sideritkonkretionen. Die Textur des Phyllits, die im mittleren Teil des kaolinisierten Profils noch erhalten ist, verschwindet in Richtung zur Oberfläche allmählich. Der Chlorit im oberen Teil des Profils bleicht aus, während die weniger verwitterte, tiefere, kaolinisierte Partie einen Chlorit enthält, der insbesondere bei größeren Schuppen eine ausgeprägt grüne Farbe hat.

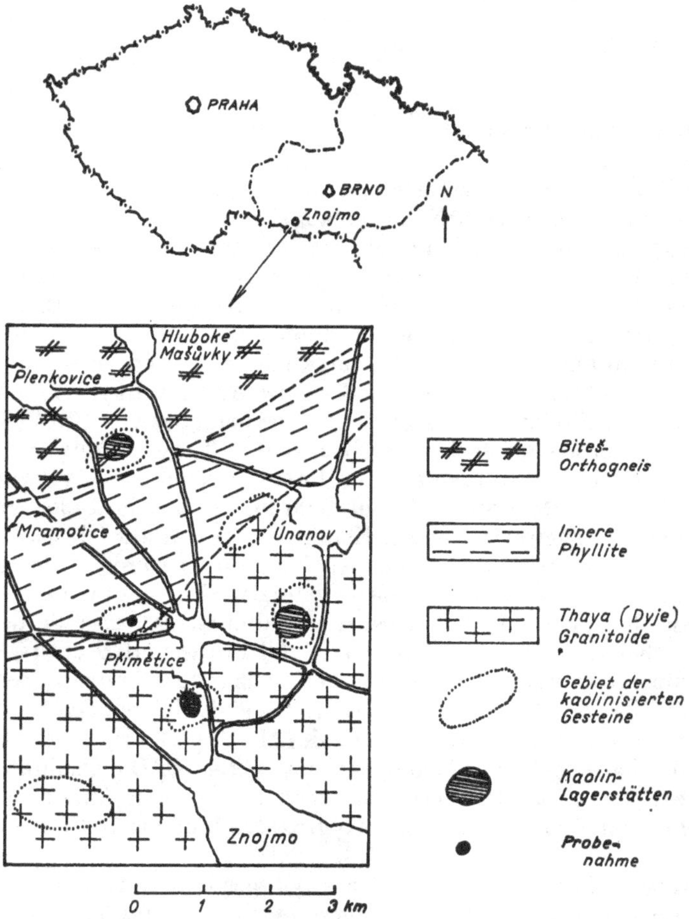

Abb. 1. Geographische und geologische Situation der Kaolinlokalitäten nördlich von Znojmo

Turmalin ist gegen Verwitterung sehr widerstandsfähig, so daß selbst winzige Kriställchen und Bruchstücke ihre Kristallform behalten. Die graphitischen Beimengungen sind meist dispers verteilt und können unter dem Mikroskop neben Pyrit beobachtet werden. Weitere Minerale kommen nur als Akzessorien vor.

2. Korngrößenanalyse

Aus den Ergebnissen der Korngrößenanalyse kann man ablesen, daß die aus den Glimmermineralen der Phyllitgesteine entstandenen Kaoline eine charakteristisch feinkörnige Struktur haben und eine relativ hohe Menge geschlämmten Kaolins ergeben.

Dies wird durch das Diagramm technologischer Fraktionen (Abb. 2) bewiesen. Den höchsten Anteil geschlämmten Kaolins erbrachte der Kaolin von Kibi, Ghana, der als ein ebenfalls aus Phyllit entstandener Kaolin zu Vergleichszwecken herangezogen wurde. Auf dieser Lagerstätte kam es unter sehr langandauernden günstigen Verwitterungsbedingungen zur völligen Kaolinisierung der Phyllite. Die Kaolinisierung der südmährischen Inneren Phyllite verlief nicht bis zum Ende, da neben dem Kaolin noch feinkörniger Sericit vorkommt, der beim Schlämmen im wesentlichen in die Psammit-

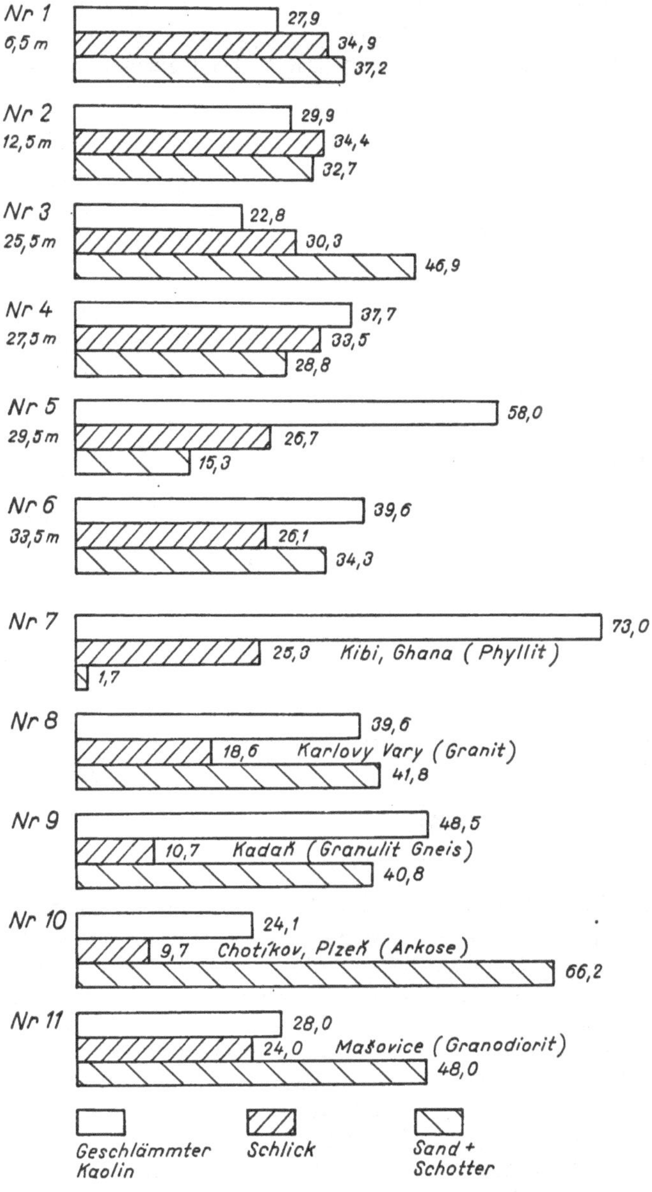

Abb. 2. Diagramm der Ausbeute technologischer Fraktionen: geschlämmter Kaolin ($< 0{,}001$ mm) — Schlick (0,016—0,063 mm) — Sand und Schotter ($> 0{,}063$ mm) aus verschiedenen Muttergesteinen

Fraktion gelangt. Der geschlämmte Kaolin, Fraktion bis 0,016 mm, der sich der Grenze des industriell geschlämmten Kaolins nähert (< 0,02 mm), erreicht Werte von durchschnittlich etwa 30—35%. Der grobe Anteil — Sand und Schotter — schwankt bei den Kaolinen aus Phylliten in Abhängigkeit von Menge und Korngröße des Sekretionsquarzes zwischen 15—47%.

Beim Vergleich der Korngrößenanalysen der aus Phylliten entstandenen Kaoline mit den Kaolinen, deren Muttergestein Granite, Granodiorite, Granitgneise und Arkosen waren, sehen wir, daß in den Feldspatkaolinen der Anteil des geschlämmten Kaolins zwischen 24 und 48 Gew.-% schwankt. Der Psammitanteil ist niedriger als bei den aus Phylliten entstandenen Kaolinen, doch der Anteil der groben Fraktion > 0,063 mm ist im allgemeinen höher. Im Dreieckdiagramm technologischer Fraktionen (Abb. 3)

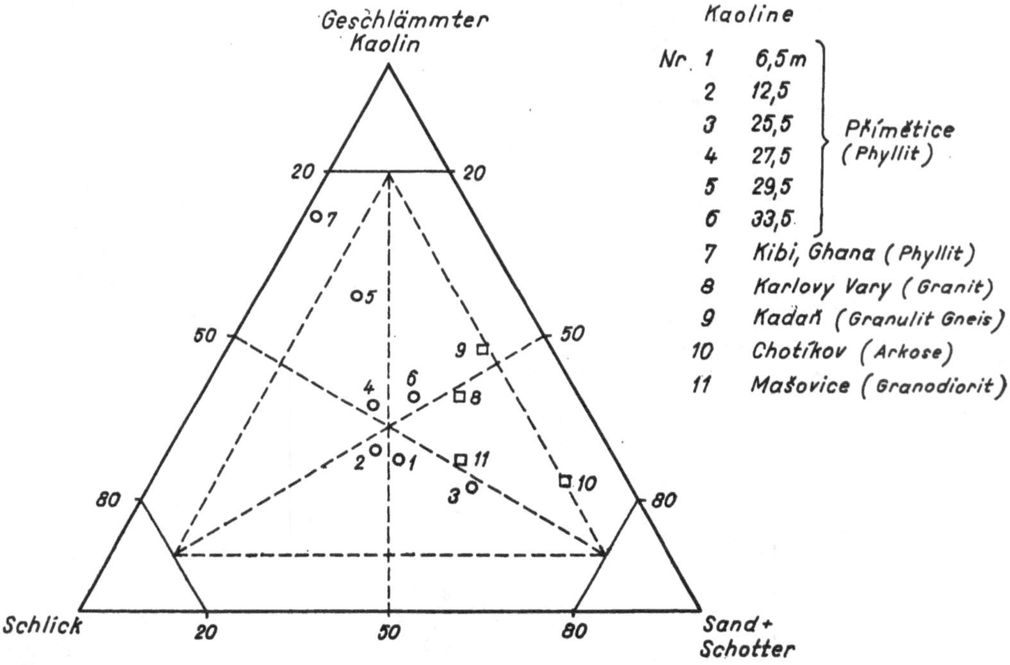

Abb. 3. Technologische Fraktionen der Rohkaoline im Dreieckdiagramm

— geschlämmter Kaolin — Psammit — grobe Fraktionen (Sand und Schotter) — kann man die ungleichmäßigen Veränderungen der Kaoline bei Verwitterung ablesen, obwohl ein wesentlicher Teil im gleichen Feld liegt (Proben Nr. 1, 2, 3; auch Probe Nr. 4 unterscheidet sich grundsätzlich nicht). Eine größere Streuung weist Probe Nr. 5 auf, die zugleich einen hohen Gehalt an der Tonfraktion aufweist (48%) während die folgende Probe Nr. 6 wieder in die Mitte des Klassifikationsdreiecks fällt. Im Diagramm sind zum Vergleich die Werte der technologischen Fraktionen weiterer aus Feldspäten entstandener Kaoline angeführt: Kaolin auf Graniten im Gebiet Karlovy Vary (KONTA 1968), vom Gebiet Plzeň auf Arkosen (KUŽVART u. a. 1975), aus dem Gebiet bei Kadan auf Granulitgneisen (NEUŽIL 1970) und aus dem Gebiet um Znojmo auf Granodioriten (NEUŽIL u. a. 1973). Rohkaoline aus Feldspatgesteinen enthalten größere Anteile der groben Fraktion. Einen extrem hohen Gehalt an geschlämmtem Kaolin weist der Kaolin aus Kibi, Ghana, auf (NEUŽIL & KUŽVART 1968), der aus feinstkörnigen Phyllitgesteinen entstanden ist. Die Probe Nr. 5 nähert sich diesem Kaolin. Ein höherer Gehalt an Sekretionsquarz beeinflußt die Kornzusammensetzung der aus Phylliten entstandenen Kaoline negativ.

3. Mineralzusammensetzung

Auf den DTA-Kurven kaolinisierter Gesteine verursacht der molekulare Wasserverlust bei Temperaturen um 100 °C einen merklichen Effekt. Endotherme Effekte im Bereich von 560 °C und exotherme bei 950—970 °C belegen Kaolinit. Der exotherme Effekt zwischen 450 und 480 °C beruht auf dem Pyritzerfall, der vorhandene Chlorit zeigt sich durch

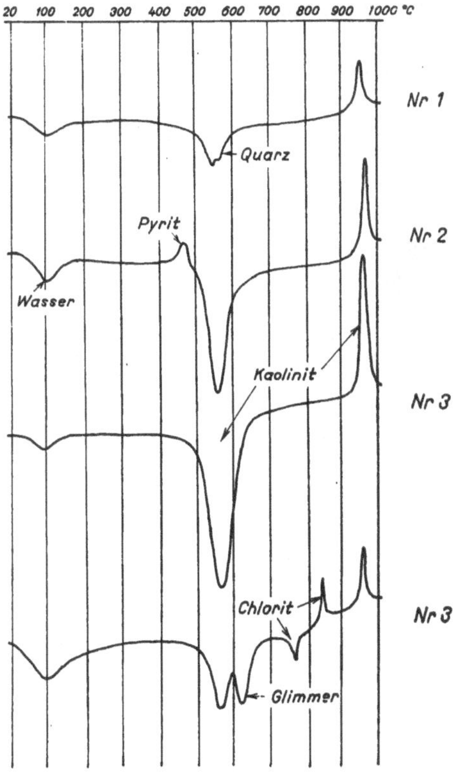

Abb. 4. DTA-Kurven der Rohkaoline (Probe Nr. 1), (Probe Nr. 2 mit Pyrit-Zusatz) und der Fraktionen: 0,001 mm (Probe Nr. 3 — reiner Kaolinit), Fraktion 0,004 bis 0,008 mm (Probe Nr. 3 mit Zusatz von Chlorit und Sericit)

einen endothermen Effekt bei 780 °C und durch einen exothermen im Temperaturbereich um 820 °C. Der sericitische Glimmer macht sich durch den endothermen Effekt bei 630 °C bemerkbar (Abb. 4). Hoch ist der prozentuale Kaolinitanteil in den Fraktionen $< 0{,}001$, 0,001—0,002 und 0,002—0,004 mm. Der geringe Anteil des röntgenographisch bestimmten Quarzes wird durch den endothermen Effekt des Kaolinits überdeckt. In der Fraktion 0,004—0,008 mm zeigt sich neben dem überwiegenden Kaolinit durch einen weiteren endothermen Effekt im Bereich von 780 °C bereits ein gewisser Anteil von Chlorit. In der Fraktion 0,032—0,063 mm nimmt der Chloritgehalt ab. Die Dehydroxylation des Chlorits macht sich durch einen mäßigen Effekt bei gleicher Temperatur bemerkbar. Der sericitische Glimmeranteil erscheint in der Fraktion > 0,004 mm bei Werten um 620—640 °C.

Röntgenographisch analysierte natürliche Proben haben deutliche Diffraktionslinien von Kaolinit, Quarz und Glimmer geliefert, in den Proben Nr. 3 und 4 auch die Reflexe des 14 Å Chlorits (Abb. 5). Die analysierten Fraktionen haben die Mineralverteilung nach der Größe und dem spezifischen Gewicht entsprechend den einzelnen Größenfraktionen und ihre gegenseitige relative Vertretung gezeigt. In allen feinen Fraktionen bis 16 μm war Kaolinit das überwiegende Mineral. Mit steigender Korngröße nehmen der Gehalt von Quarz und des 10 Å Glimmertonminerals zu; dies stimmt mit den Ergebnissen der DT-Analysen überein.

Der aus Phyllitgesteinen durch Verwitterung entstandene Kaolinit besitzt eine gut geordnete Struktur, die sich dem T-Kaolinit nähert (Abb. 6). Die Zahlenwerte sind in Tab. 1 erfaßt (Hinckley 1963).

Die Ergebnisse der chemischen Analyse sind in Tab. 2 wiedergegeben. Sie wurden

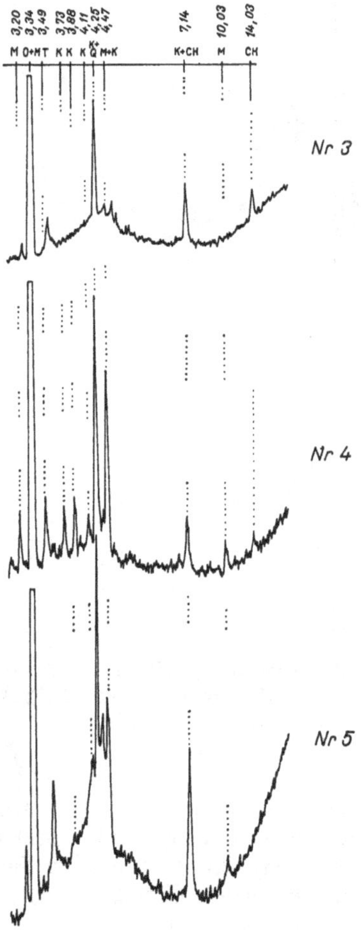

Abb. 5. RTG-Kurven der Rohkaoline aus dem Phyllit-Muttergestein mit Chlorit-Anreicherung (Probe Nr. 3 und Nr. 4) und mit höherem Anteil von Sericit (Probe Nr. 4 und Nr. 5)

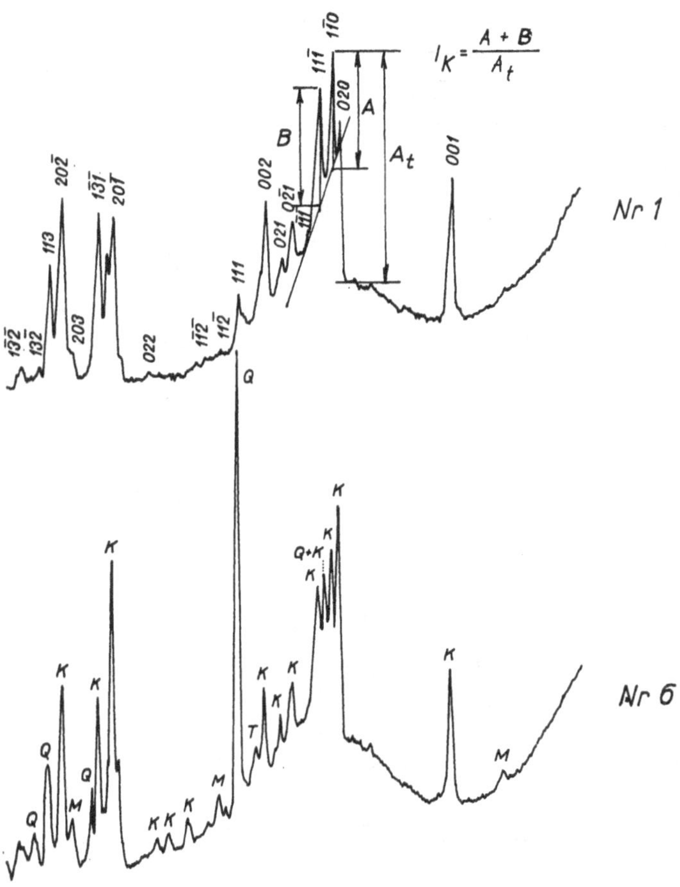

Abb. 6. RTG-Kurven der Feinfraktionen (< 0,001 mm) der Proben Nr. 1 und Nr. 6 und der Fehlordnungsgrad des Kaolinits

Tab. 1. Kaolinit Kristall-Fehlordnungsgrad (Fraktionen < 0,001 mm)

Probe	Tiefe	Indexzahl (I_k)
Nr. 1	6,5 m	1,241
Nr. 2	12,5 m	1,064
Nr. 3	25,5 m	1,100
Nr. 4	27,5 m	1,045
Nr. 5	29,5 m	1,000
Nr. 6	33,5 m	1,029

in einem Diagramm nach P. & E. NIGGLI (1952) zusammengefaßt, das instruktive Informationen über die Migration der Hauptelemente im Verlauf der Verwitterung liefert (Abb. 7). Die Mittelachse teilt unter einem Winkel von 45° das Diagramm in zwei Hälften, wovon die linke obere das Feld relativer Verarmung, die rechte untere das Feld relativer Anreicherung ist. Verändert sich beim verwitternden Gestein der Gehalt an Oxiden nicht, deckt sich die Lage seiner Kurve mit der Mittelachse. Die Abweichung der Kurve von der Mittelachse gibt den relativen Verarmungs- bzw. Anreicherungsgrad.

Tab. 2. Chemische Analysen der Rohkaoline und des Muttergesteins Phyllit

Probe Nr. Tiefe	1 6,5 m	2 12,5 m	3 25,5 m	6 33,5 m	Phyllit (Muttergestein)
SiO_2	70,07	66,11	56,13	65,41	65,66
TiO_2	0,82	1,76	2,73	0,98	0.91
Al_2O_3	16,85	21,96	20,35	19,32	16,57
Fe_2O_3	2,82	0,96	1,68	1,29	4,18
FeO	0,23	0,22	7,18	0,29	1,79
MnO	Sp.	Sp.	0,06	0,03	0,04
MgO	0,28	0,04	3,85	0,24	1,51
CaO	0,62	0,31	0,25	0,28	1,04
Na_2O	0,24	0,18	0,02	0,18	2,08
K_2O	3,51	0,51	0,03	4,67	2,58
P_2O_5	Sp.	0,01	Sp.	0,01	0,02
H_2O^+	4,07	7,40	7,03	6,70	2,63
H_2O^-	0,20	0,35	0,48	0,20	0,31
Summe	99,71	99,81	99,79	99,60	99,32

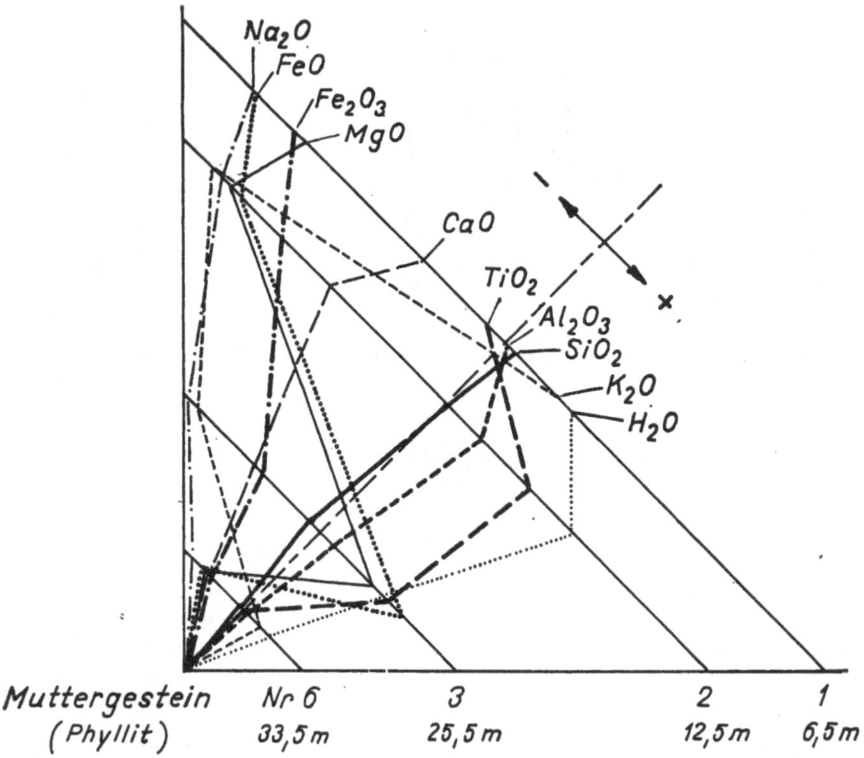

Abb. 7. Migrationsdiagramm der Hauptelemente aus verschiedenen Tiefen des Kaolinprofils

Die Kurven der einzelnen Oxide in den verschiedenen Stadien der Verwitterung veranschaulichen instruktiv Ablauf und Intensität der Elementmigration im Gestein.

Wenn wir auf dem Diagramm den Kurvenverlauf der einzelnen Oxide verfolgen, sehen wir sehr anschaulich die Veränderungen, die während der Verwitterung stattfinden. Der Fe_2O_3-Anteil vermindert sich stetig in Richtung zur Oberfläche, während der Gehalt an zweiwertigem Eisen und Magnesium in Probe Nr. 3 infolge hohen Chloritgehalts sich extrem vergrößert. Die Alkalien, insbesondere Na_2O, werden nach der Oberfläche gelenkt, während K_2O in Probe Nr. 1 (Tiefe 6,5 m) mäßig erhöht ist. Al_2O_3 schwankt leicht um die Mittelachse, SiO_2 sinkt mäßig, seinen höchsten Wert erreicht es in Probe Nr. 1. Der TiO_2-Gehalt steigt in Richtung Oberfläche, sinkt in Probe Nr. 1 jedoch auf einen niedrigeren Wert als im Muttergestein. CaO weist einen entgegengesetzten Charakter auf; in Richtung zur Oberfläche verringert sich sein Anteil, steigt aber in Probe Nr. 2 und Nr. 1 (Tiefe 12,5 m und 6,5 m) ein wenig an. Mit dem in Richtung Oberfläche zunehmenden Kaolinitgehalt wird der H_2O^+ (Wassergehalt) im Profil erhöht, nur in Probe Nr. 1 ist er niedriger. Aus den angegebenen Daten folgt, daß die auffallende Unregelmäßigkeit im Oxidgehalt in Probe Nr. 1 darauf zurückzuführen ist, daß dieser Teil des Profils aus dem umgelagerten Kaolin besteht, der größere Mengen von Quarz und Sericit enthält (erhöhter SiO_2-, K_2O- und MgO-Gehalt und niedrigerer Al_2O_3- und H_2O-Gehalt).

Zusammenfassung

Eine vollständige Kaolinisierung feldspatfreier Phyllitgesteine liegt im Gebiet von Znojmo vor. Kaolinit entsteht aus Glimmermineralen (Sericit und Glimmer) sowie teilweise aus Chlorit. Die Struktur der Glimmerminerale hat die Entstehung des gut geordneten Kaolinits beeinflußt. Die höhere Stabilität des Chlorits und sein beträchtlicher Anteil in einigen Typen des Muttergesteins bedingt, daß bei Schlämmung des Kaolins der Chlorit zusammen mit Kaolinit in die feinen Fraktionen gelangt, so daß er die technologischen Parameter des aus Phyllit entstandenen Kaolins negativ beeinflußt; dieser Kaolin ist weniger plastisch und im lufttrockenen Zustand weist er eine niedrigere Festigkeit auf. Chlorit ist der Träger der farbigen Elemente, insbesondere des Eisens, die die Qualität des Kaolins ebenfalls vermindern.

Unter Einsatz spezieller magnetischer Aufbereitung kann man den Gehalt färbender Oxide auf ein vertretbares Maß reduzieren. Die Kaolinisierung der Phyllite verlief nach der Tiefe zu unregelmäßig, in Abhängigkeit von der Schieferung und ihrer Raumorientation. Sie wurde ferner von der Zirkulation des Wassers beeinflußt, das längs Störungen einsickern konnte. Dort, wo die Gesteine mylonitisiert waren, ist die Kaolinisation heute am intensivsten und hat mehr als 50 m Tiefe erreicht.

Shnrutí

V oblasti jižní Moravy se zachovala kaolinová ložiska, která vznikla v příznivých klimatických podmínkách, pravděpodobně v terciéru. Intenzivní kaolinizaci byly kromě granitoidů dyjského masivu a bítešské ortoruly postiženy také bezživcové horniny serie vnitřních fylitů na Znojemsku. V těchto horninách hlavní složkou která kaolinizovala, byl sericit.

Rozdílné petrografické složení těchto bezživcových hornin (sericitických až sericiticko-chloritických fylitů, chloritických břidlic, případně i svorů), tektonická predispozice a porozita matečné horniny (břidličnatost, mylonitizace a sklon vrstev [0—20°]) měly značný vliv na intenzitu a hloubku kaolinizace (15—80 m).

Kvalita plaveného kaolinu je ovlivněna účinností separačních zařízení, protože laboratorní výzkum prokázal, že při běžném způsobu plavení se chlorit obsažený v surovině dostává i do frakcí menších než 4 μm a obsahem chromogenních prvků snižuje kvalitu kaolinu. Bez zvláštních úprav je užiti takového kaolinu velmi omezené. Po úpravě lze tento typ suroviny s úspěchem použít jako jedné ze složek masy pro výrobu sanitární keramiky a jako plnidla v gumárenství.

Резюме

Месторождения каолина сохранившиеся в области южной Моравии образовались в благоприятных климатических условиях по всей вероятности третичного периода. Помимо гранитоидов дыйского массива и битешского ортогнейса интенсивной каолинизацией постигнуты также горные породы лишенные полевого шпата и относящиеся к серии внутренних филлитов в зноемской области. Серицит — главная составляющая которая подверглась каолинизации.

Различный петрографический состав этих пород лишенных полевого шпата (серицитовых до серицито-хлоритовых филлитов, хлоритовых гнейссов или также слюдяных сланцев), тектоническая подготовленность и пористость материнской породы (сланцеватость, милонитизация и уклон слоев 0—20°) повлияли в значительной мере на интенсивность и глубину каолинизации (15—80 м).

Эффективность сепарирующего устройства оказывает влияние на качество отмученного каолина так как лабораторное исследование показало что при обыкновенном отмучиваннии хлорит присутствующий в сырье переходит также в фракции меньше чем 4 μм и содержание его хромогенных элементов ухудшает качество каолина. За исключением случая специального обогащения, применение такого рода каолина ограничено. После обогащения сырье можно использовать с успехом в качестве компонента массы для производства санитарно-технических керамических изделий и в качестве заполнителя в резиновой индустрии.

Summary

The kaolin deposits preserved in the region of southern Moravia originated under favorable climatic conditions, probably during the Tertiary. Besides the granitoids of the Dyje massif and the Bíteš orthogneiss also the feldspar-free rocks of the series of Inner phyllites suffered intensive kaolinization. The sericite of these rocks was the main component which succumbed to kaolinization.

Different petrographic composition of these feldspar-free rocks (sericite to sericite-chlorite phyllites, chlorite schists or mica schists), tectonic predisposition and porosity of the parent rock (schistosity, mylonitization and dip of beds 0—20°) exerted a strong influence on the intensity and depth of kaolinization (15—80 m).

The quality of the washed kaolin is influenced by the efficiency of separation equipment. Laboratory study has revealed that during common washing the chlorite present in the rock passes even into fractions inferior to 4 μm thus deteriorating the quality of kaolin by its content of chromogene elements. Unless special dressing of such kaolin is made, its use is very limited. When dressed, this type of raw material can be utilized as a component of the mass for the production of sanitary ceramics and as a filler in rubber industry.

Literatur

Hinckley, D. N.: Variability in "Crystallinity" values among the kaolin deposits of the coastal plain of Georgia and south Carolina. — Proc. 11. Nation. Conf., (1963), S. 229—235, (engl.).

Konta, J.: Petrologische und geochemische Untersuchung des Rohkaolins von Podlesí in Westböhmen. — Acta Univ. Carolinae, ser. geol., Praha (1968) 1, 2, S. 29—54.

Kužvart, M.; Neužil, J.; Pešek, J.; Šindelář, J.: Origin and age of kaolin deposits in the Plzeň basin. — Sborn. geol. věd, Praha (1975), S. 125—194, (engl.).

Neužil, N.: Petrology of kaolin profiles on crystalline schists in the environs of Kadan (Western Bohemia). — 5th Conf. Clay Mineral. Petrol., Praha (1970), S. 73—100, (engl.).

Neužil, J.; Kužvart, M.: Petrography of kaolins from Ghana. — Intern. Geol. Congr., Rep. 23rd sess., Bd. 14 Praha **41** (1968), S. 31—43, (engl.).

Neužil, J.; Mátl, V.; Kužvart, M.: The kaolins of the margin of the Bohemian massif (The Mašovice deposit). — 6th Conf. Clay Mineral. Petrol., Praha (1973), S. 165—186, (engl.).

Niggli, P.; Niggli, E.: Gesteine und Minerallagerstätten. Bd. II. — Basel: Verl. Birkhäuser 1952. S. 11—96.

Reichelt, M.; Neužil, J.: Petrological and geochemical study of kaolinized rocks of the Inner phyllites unit near Znojmo (Southern Moravia). — 6th Conf. Clay Mineral. Petrol., Praha (1973), S. 187—214.

Manuskripteingang: 12. Mai 1976

Anschrift der Autoren:

M. Reichelt, J. Neužil, Katedra petrografie na přírodovědecké fakultě University Karlovy
ČS - 12843 Praha 2, Albertov 6

Schriftenr. geol. Wiss. · Berlin 11 (1978) · S. 243—253

Über Alter und Genese der Kaoline der Ukrainischen SSR

Von JURIJ ALEXEEVIČ RUS'KO, Kiev

Mit 6 Abbildungen und 2 Tabellen

Unser heutiger Kenntnisstand über die alten Verwitterungskrusten des Ukrainischen Schilds im allgemeinen und über die Kaolinlagerstätten im besonderen gestattet es, Zusammensetzung, Genese, Verbreitung und andere Eigentümlichkeiten der primären und der sekundären Kaoline des Schilds und seiner Abdachungen mit den Gesetzmäßigkeiten der Bildung und Erosion der Verwitterungskrusten zu verbinden. Auf dieser Basis lassen sich die Kaolinlagerstätten des genannten Territoriums zu einer zeitlich-räumlich und genetisch klar umgrenzten Ukrainischen Kaolinprovinz vereinen. In ihren Grenzen sind mehr als 1000 Lagerstätten und Vorkommen von Kaolin unterschiedlicher Größe nachgewiesen, mit mehr als 100 großen industriell nutzbaren Lagerstätten primärer Kaoline und 35 Lagerstätten sekundärer Kaoline. Nur einige Kaolinlagerstätten der Ukrainischen SSR (Transkarpatengebiet), die sich in Aufbau und Zusammensetzung deutlich von den übrigen unterscheiden, verdanken ihre Entstehung hydrothermalen Prozessen.

Im weitesten geologischen Sinn kann der Terminus „primäre Kaoline" als Synonym für das obere Drittel der kaolinitischen Verwitterungskruste kristalliner Gesteine dienen. Spricht man folglich von den Bildungsbedingungen und vom Alter der primären Kaoline, muß man vor allem Bildungszeit und -alter dieser Verwitterungskruste studieren, die unter dem Aspekt „Kaolin als Rohstoff" für uns von Interesse ist.

Das Alter der Verwitterungskruste des Ukrainischen Schilds und die Zeiten der mächtigen Krustenbildung sind bis zu einem gewissen Grade heute noch umstritten. da die Fragen wegen fehlender direkter Methoden nur auf mittelbarem Wege entsprechend unseren geologischen Kenntnissen gelöst werden können. Eine Analyse der Verteilung und Lagerungsbedingungen der Verwitterungskrusten des Ukrainischen Schilds führt zu der Annahme, daß es während der geologischen Entwicklung dieser Region mehrere Epochen einer intensiven Kontinentalverwitterung gab. Relikte alter (prämesozoischer) Verwitterungskrusten blieben auf den Abdachungen des Schilds erhalten. Nach Meinung der meisten Wissenschaftler stammt die am weitesten verbreitete, mächtige, auf dem Ukrainischen Schild erhalten gebliebene Verwitterungskruste sehr wahrscheinlich aus dem mittleren Mesozoikum (J_2—Kr_1). Sie bildete sich auf der Fastebene der kristallinen Gesteine des präkambrischen Fundaments unter den Bedingungen eines warmen, feuchten Klimas unter verhältnismäßig ruhigen tektonischen Verhältnissen. So wurde diese Region von einem mächtigen Deckgebirge überzogen (DODATKO u. a. 1971; KONDRAČUK 1971; EL'JANOV & DODATKO 1971). Die Bildungsbedingungen der mesozoischen Verwitterungskruste führten durch das Vorherrschen der verwitternden, sauren und intermediären, seltener basischen, magmatischen und metamorphen Gesteine zum Kaolintyp des Ukrainischen Schilds, der durch eine nahezu monomineralische Zusammensetzung der Tonkomponente im oberen Teil des Verwitterungsprofils ausgezeichnet ist. Ausnahmen sind vereinzelte Lateritprofile auf basischen Gesteinen.

In den Verwitterungsprofilen, die auf sauren, alkalischen und basischen Gesteinen ausgebildet sind, beobachtet man eine prinzipiell ähnliche Evolution der Stoffzusammensetzung. Sie wird durch eine intensive bis vollständige Wegführung der Alkalien und Erdalkalien charakterisiert, durch eine bedeutende Abfuhr der Kieselsäureerde bei relativer Unbeweglichkeit von Tonerde und Titan sowie einer obligaten Zufuhr von Wasserstoffionen (Tab. 1).

Tab. 1. Zufuhr—Abfuhr petrogener Elemente bei der Kaolinisierung einiger kristalliner Gesteine

Charakter der Umwandlung	Zufuhr—Abfuhr (absolute Differenz in der Menge der Atome auf 10000 Å³) Summe				
	Si^{4+}	Al^{3+}	Na^{+}, K^{+}, Ca^{2+}, Mg^{2+}	H^{+}	O^{2-}
1. Biotitgranit, feinkörnig (Shitomir) in Kaolin	−74,9	+ 5,3	−36,8	+ 80,1	−106,3
2. Granit (Tschudnow-Berditschew) in Kaolin	−87,5	− 8,2	−43,1	+ 88,4	−193,0
3. Biotit-Plagioklasgneis in Kaolin	−58,5	− 2,1	−34,6	+ 57,0	−115,8
4. Anorthosit in Kaolin	−69,2	− 6,9	−46,8	+ 74,1	−147,5
5. Amphibolit in Kaolin	−74,2	+13,3	−66,3	+112,1	−163,3

Anmerkung: Die Umrechnung wurde nach dem Atom-Volumensystem unter Berücksichtigung des Volumengewichts der Gesteine durchgeführt

Die relativ einheitliche geochemische Zonalität der kaolinischen Verwitterungskruste des Ukrainischen Schilds gibt sowohl wegen der vorherrschenden Prozesse als auch nach der überwiegenden Mineralbildung die Möglichkeit, ihren Bau in einem verallgemeinerten schematischen Verwitterungsprofil wiederzugeben (vom Liegenden zum Hangenden):

1. Zone der primären Zersetzung und Desintegration;
2. Zone der partiellen oder Übergangsargillitisation, in der sich außer Kaolinit weitere Tonminerale bilden können;
3. Zone der völligen Kaolinisierung.

Je nach Zusammensetzung und Anteil der hypergenen Minerale in den oberen Zonen kann man die Verwitterungsprofile der Kaolinkruste in vier mineralogische Typen unterteilen: den eigentlichen Kaolinit- und Hydroglimmer-Kaolinittyp auf den Gesteinen der sauren Reihe; den Montmorillonit-Kaolinittyp auf Gesteinen mittlerer Basizität und teilweise auf basischen; den Goethit-(Hydrochlorit)-Montmorillonit-Kaolinittyp auf Gesteinen basischer Zusammensetzung.

Der Mineralbestand der einzelnen Zonen der Verwitterungskruste und folglich der der primären Kaoline wird hauptsächlich durch die Zusammensetzung der Muttergesteine bestimmt, dessen Mächtigkeit, ferner durch die tektonischen und paläogeographischen Bedingungen der einzelnen Gebiete.

Die Kaolinverwitterungskruste des Ukrainischen Schilds liegt auf den unterschiedlichsten eruptiven und metamorphen Komplexen des präkambrischen Fundaments. Industrielle Bedeutung haben in der Gegenwart jene Kaoline, die sich auf Gesteinen von saurer, granitoider Zusammensetzung gebildet haben (Granite, Aplite, Pegmatite, Migmatite, Biotit-Plagioklas-Gneise).

Die gesteinsbildenden Minerale der weit verbreiteten (alkalifreien) Kaoline sind Kaolinit und Quarz, ihre Menge kann in bedeutenden Grenzen schwanken, beträgt aber für gewöhnlich 55—60 Gew.-% Kaolinit und 40—45 Gew.-% Quarz. In Kaolinen, die auf quarzfreien basischen bzw. alkalischen Gesteinen gebildet wurden, fehlt der Quarz praktisch, wodurch sie zu „natürlich angereicherten" Gesteinen mit einem Kaolinitgehalt bis 90 Gew.-% und mehr werden.

In der Zusammensetzung der sogenannten alkalischen Kaoline kommt dem Mikroklin oder Orthoklas eine wesentliche Rolle zu (von ersterem bis 50—60 Gew.-%, im

Durchschnitt 20—35 Gew.-%), ebenso den Glimmern (Hydrobiotit, Hydromuskovit), deren Gehalt von 1—3 bis 15—20 Gew.-% schwanken kann.

Die mittelmesozoische Verwitterungskruste unterlag im Känozoikum einer intensiven Erosion und blieb nur bei günstigen geologischen und geomorphologischen Bedingungen erhalten. Erhaltung, Mächtigkeit und Vollständigkeit des Profils der alten Verwitterungskruste variieren in den einzelnen Strukturbereichen des Ukrainischen Schilds: Das Gebiet von Wolhynien—Podolsk, die Zentralzone, die Regionen an Dnepr und Asowschem Meer unterscheiden sich in ihrer hypsometrischen Lage, in Form und Gliederung des Reliefs usw. wesentlich voneinander.

Die Mächtigkeiten der primären Kaoline schwanken auf erkundeten abbauwürdigen Lagerstätten in sehr weiten Grenzen. Sie betragen: für normale Kaoline einige Meter bis etwa 50 m, für alkalische Kaoline 20—30 m. Alkalische Kaoline sind einmal als kompakte Lager verbreitet, zum anderen sind sie als gangähnliche Körper nachgewiesen. Die Bildung großer Lagerstätten primärer Kaoline ist fast immer an eine Bruchtektonik gebunden.

Die hauptsächlichen geologischen Kriterien für die Prognose und Suche von Lagerstätten primärer Kaoline sind: Verbreitung kristalliner, Fe-armer Gesteine der sauren Reihe; für alkalische Kaoline kaliumreiche Granitoide; tektonische Schwächezonen des kristallinen Fundaments; gehobene Abschnitte des überdeckten Reliefs und deren Hänge, die durch ein hydrographisches Netz schwach zergliedert sind; Erhaltung einer mächtigen (mehr als 20 m) Verwitterungskruste mit einer gut entwickelten dritten Zone (Sonkin u. a. 1972).

Charakter, Tendenz und Mechanismen der Mineralbildungen in der kaolinitischen Verwitterungskruste und die Gestzmäßigkeiten des Kaolinisierungsprozesses wurden durch elektronenmikroskopische und diffraktometrische Untersuchungen der Feldspat- (K-Feldspäte, Albit, Albit-Oligoklas, Labrador) und Glimmer- (Muscovit, Biotit, Zinnwaldit) Kristalle bestimmt, die sich in den verschiedensten Stadien der natürlichen Veränderung befinden (Abb. 1—6). Bei einigen Proben wurde die Methode der Golddekorierung angewandt. Die Mineralneubildungen wurden mittels röntgenographischer Analyse und Mikrodiffraktion in Verbindung mit elektronenmikroskopischen Beobachtungen identifiziert.

Trotz der Unterschiede in der chemischen Zusammensetzung der paragenetischen Umgebung, in der Stabilität gegenüber der Verwitterung, in Korn- und Kristallgröße usw. verwandeln sich die untersuchten Feldspäte durch die Verwitterung in Schichtsilikate, die unter hypergenen Bedingungen am stabilsten sind, in Kaolinit, bedeutend seltener hingegen in Halloysit. Je nach der Zusammensetzung des Ausgangsminerals beobachtet man strukturelle und morphologische Kaolinitvarietäten. Aluminiumschichtsilikate vom Strukturtyp 2:1, die in genetischer Verbindung mit dem Kaolinit als Übergangsmineral bei der Verwitterung alkalischer Feldspäte und saurer Plagioklase entstehen, wurden nicht festgestellt. Deshalb kann die Ansicht, daß sich Kaolinit aus Plagioklasen erst nach deren Serpentinitisierung, oder bei intermediärer und basischer Zusammensetzung, nach deren Montmorillonitisierung bildet, nicht bestätigt werden. Wenn diese Theorie überhaupt berechtigt ist, dann nur in Einzelfällen oder unter besonderen Argillitisierungsbedingungen. Montmorillonit, der in der Verwitterungskruste der Gabbro-Anorthosite in bedeutenden Mengen vorkommt, bildet selten vollständige Pseudomorphosen auf Feldspäten.

Die Oberflächen der kaolinisierten Feldspäte zeigen mit Ausnahme weniger Einzelfälle keine charakteristischen Figuren oder andere Merkmale einer deutlichen Auflösung mit wiederholter Ablagerung, was bei diesem Verwitterungstyp auf das Fehlen einer umfassenden Zersetzung der Feldspäte ohne Kaolinisierung hinweist.

Die Kaolinisierung der gesteinsbildenden trioktaedrischen Glimmer (Biotit-Phlogopit) verläuft über das Stadium des Montmorillonits oder unmittelbar. Die Untersuchung

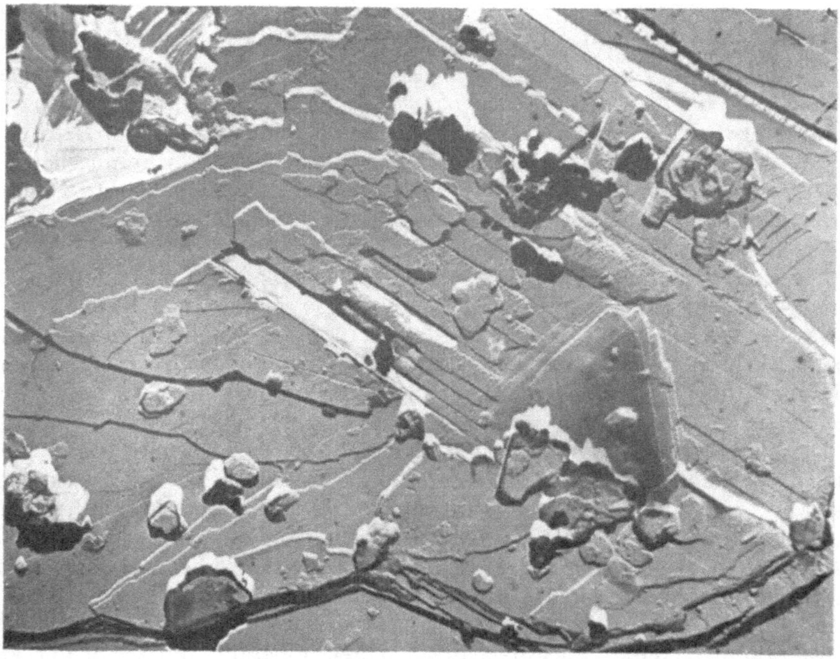

Abb. 1. Oberfläche eines relativ „frischen" Mikroklins mit ersten Kaolinitkristallen, unter denen blättchenförmige Teilchen glimmerartigen Typs sind. Elektronenmikroskopische Aufnahme, C-Replica; Vergr. 14200×

Abb. 2. Fortgeschrittene Kaolinisierung eines Orthoklases. Elektronenmikroskopische Aufnahme, C-Replica; Vergr. 14500×

Abb. 3. Teilweise kaolinisierter Mikroklin mit abgesondertem tafelförmigem Glimmer. Elektronenmikroskopische Aufnahme, C-Replica; Vergr. 14500 ×

Abb. 4. Bruchstück einer vollständigen Kaolinitpseudomorphose nach Albit-Oligoklas. Elektronenmikroskopische Aufnahme, C-Replica; Vergr. 14500 ×

Abb. 5. Erste blättchenförmige Kriställchen des Kaolinits auf der Spaltoberfläche von Muskovit. Au-Dekoration; Vergr. 30000×

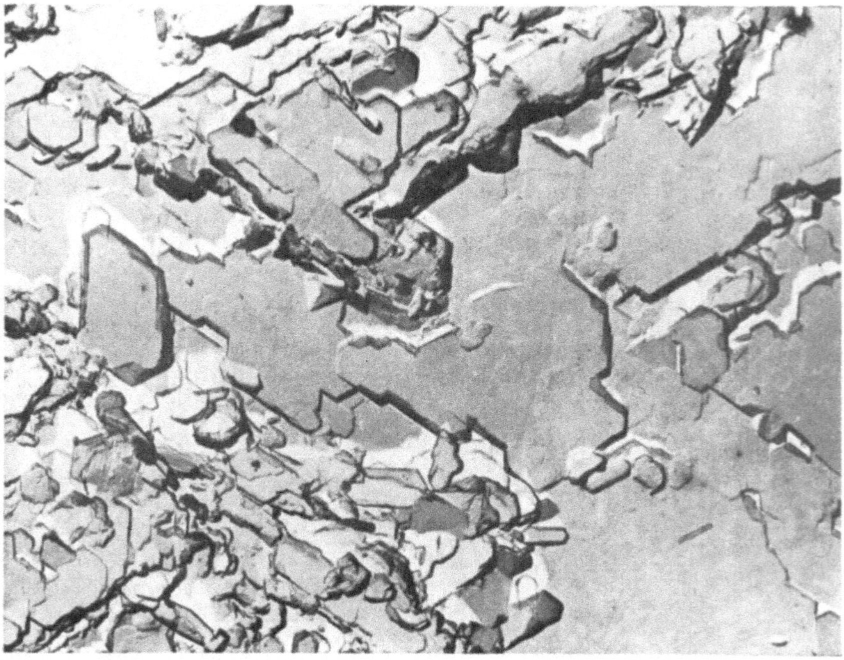

Abb. 6. Kaolinisierung der Spaltoberfläche von Muskovit; Vergr. 14500×

der primären Verwitterungsprodukte von Muscovit und Zinnwaldit mittels elektronenmikroskopischer Methoden (Golddekorierung) und Mikrodiffraktion zeigte die unmittelbare Bildung von Mikrokristallen des Kaolinits aus Glimmern mit deutlicher epitaktischer Wechselbeziehung.

Die sehr enge räumliche und genetische Zuordnung des Kaolinits zu Feldspäten und Glimmern, die Wechselbeziehungen der Phasen und die fortschreitende Verdrängung der primären Minerale durch den Kaolinit, von der Entstehung der ersten Kristalle bis hin zu vollständigen pseudomorphen Umwandlungen, verweisen auf eine metasomatische Bildung dieses Minerals auf Kosten der gesteinsbildenden Aluminiumsilikate und folglich auch auf den metasomatischen Charakter der Kaolinisierung. Dieser Prozeß entspricht den allgemeinen Vorstellungen von der Metasomatose und den metasomatischen Prozessen. Die bestimmende Rolle der Wasserstoffionen, der einzigen zugeführten Komponente (Tab. 1), ist so offensichtlich, daß der Kaolinisierungsprozeß als Wasserstoffmetasomatose zu klassifizieren ist, die eine Einheit zweier entgegengesetzter Erscheinungen darstellt, der Destruktion der Primärminerale und der Synthese des Kaolinits.

Die metasomatische Mineralbildung ist die Ursache für die Dominanz synchroner Umwandlungs-Pseudomorphosen in der Kaolinverwitterungskruste, wie es auch die mineralogischen Untersuchungen des Verwitterungs- und Kaolinisierungsprozesses an den wichtigsten gesteinsbildenden Mineralen bestätigen. Infolgedessen besitzen die Gesteine der Verwitterungskruste ein sehr typisches Merkmal: die Vererbung der Strukturbesonderheiten der Primärgesteine. Theoretische Berechnungen zeigen, daß dabei ein negativer Volumeneffekt auftreten muß, in dessen Ergebnis die Porosität der Gesteine bedeutend zunimmt und das Volumengewicht unter Beibehaltung des geometrischen Gesamtvolumens des Ausgangsminerals abnimmt. Die gute Übereinstimmung der theoretischen Volumeneffekte, die bei der völligen Kaolinisierung von Gesteinen der sauren Reihe beobachtet wird, ist real (Tab. 2). Sie belegt die Pseudomorphosierung ihrer gesteinsbildenden Aluminiumsilikate bei der Umwandlung mit Fixierung des gesamten Aluminiums sowie das Fehlen merklicher epigenetischer Veränderungen der Gesteine in den untersuchten Verwitterungsprofilen in bezug auf Mineralbestand und physikalische Eigenschaften. Analoge Vergleiche der Volumeneffekte bei der Kaolinisierung von Anorthositen weisen auf eine mögliche Abfuhr der Tonerde hin, die bis auf 10% ihres ursprünglichen Gehalts absinkt.

Sekundäre oder umgelagerte Kaoline, die während des Transports im Wasser von einem Teil, seltener in ihrer Gesamtheit von allen gegenüber der Verwitterung stabilen Nichttonmineralen befreit wurden, sind eine sehr wichtige Komponente der kontinentalen Sedimentpakete. Sie bilden räumlich ausgedehnte, linsenförmige Schichtlager, die auf den Abdachungen des Ukrainischen Schilds liegen, ferner in den tektonischen Depressionen oder Senken des alten postfrühmesozoischen, überdeckten Reliefs, in denen sie an Braunkohlenablagerungen gebunden sind oder selbständige Akkumulationen bilden. Ihre Mächtigkeit schwankt von unter einem Meter bis zu 15—18 m, ihre Länge erreicht einige dutzende Kilometer. Auf dem Ukrainischen Schild und seinen Abdachungen sind die Lagerstätten der sekundären Kaoline an Ablagerungen der Kreide, des Paläogens und Quartärs gebunden, wobei die Hauptepochen der erneuten Umlagerung des Kaolinmaterials das Miozän und das Eozän sind.

Sekundäre Kaoline sind fast ausschließlich aus Kaolinit gebildet und nur selten geht in ihre Zusammensetzung eine geringe Beimenung von Halloysit ein. Manchmal beobachtet man einen bedeutenden Tonerde-Überschuß durch Hydrargillitbeimengung.

Ein Produkt hydrothermaler Tätigkeit ist z. B. die Kaolinlagerstätte von Beregow, die räumlich und genetisch mit dem oberen Horizont der neogenen Liparittuffe zusammenhängt, die ihrerseits zum vulkanogen-sedimentären Komplex des Hügellands von Beregow (Transkarpatengebiet) gehören. Im Gebiet der Lagerstätte unterlagen die

Tab. 2. Reale und theoretische Volumeneffekte bei der Kaolinisierung von Muttergesteinen

Gesteine	Mineralzusammensetzung in Vol.-%	dV g/cm³ (mittleres Volumengewicht)	Mittlere Porosität in %	Zunahme der Porosität	Theoretischer Volumeneffekt in %
Aplitisch-pegmatoider Granit	Q −15; Pl −30; Or −50; Bi −5	2,64	2,2		
Kaolin		1,52	42,8	40,6	−41,2
Granit (Korostensk)	Q −25; Bi −1; Pl −38; Mu −1; Or −34	2,66	1,7		
Kaolin		1,61	38,5	36,8	−36,6
Granit (Shitomir)	Q −35; Pl −30; Or −30; Bi −5	2,52	4,6		
Kaolin		1,57	40,5	35,9	−36,3
Granit (Tschudnow-Berditschew)	Q −15; Or −20; Pl −50; Bi −15	2,76	1,9		
Kaolin		1,50	43,7	41,8	−39,6
Biotit-Plagioklasgneis	Q −10; Bi −30; Pl −60				
Kaolin		1,55	42,5	39,9	−38,2
Labradorit	Pl −95; Or −5	2,62	6,7		
Kaolin		1,50	44,2	37,5	−27,2
Gabbro-Anorthosit	Pl −90; Amf −5; Bi −5	2,74	4,7		
Kaolin		1,52	44,3	39,6	−30,1

Liparittuffe tiefgehenden hydrothermalen Infiltrationsveränderungen mit charakteristischen Zonen der Schwefelsäuremetasomatose nahe der Oberfläche und der alkalischen Metasomatose in der Tiefe (d. h. von Zonen der Verkieselung, Alunitisierung, Kaolinisierung, Argillitisierung und anderen). Eine Zone der völligen Kaolinisierung von Plagioliparíten findet sich ebenfalls in der Kaolinlagerstätte von Beregow. Durch komplexe mineralogische Untersuchungen wurde festgestellt, daß die Kaoline von Beregow in ihrer Hauptmasse aus Dickit mit einer größeren oder kleineren Beimengung von Kaolinit oder ohne diesen bestehen. Bedeutend seltener vertritt der Kaolinit die gesamte Tonkomponente des Gesteins. Der Halloysit bildet mit einer Beimengung von wenig Kaolinit die Halloysittone, die in dieser Lagerstätte eine untergeordnete Rolle spielen (Rus'ko 1974).

Zusammenfassung

Zusammensetzung, Genese, Verbreitung und andere Besonderheiten primärer und sekundärer Kaoline der Ukrainischen SSR hängen mit den Gesetzmäßigkeiten von Herausbildung und Erosion der Verwitterungskruste der alumosilikatischen Gesteine des Ukrainischen Schilds im Mesokänozoikum zusammen. Nur einige Kaolinlagerstätten (Transkarpatengebiet), die sich in Zusammensetzung und Struktur deutlich von den übrigen unterscheiden, verdanken ihre Entstehung hydrothermalen Prozessen. Genaue Untersuchungen der Mineraltransformationen in der kaolinitischen Verwitterungskruste gestatten, von einem metasomatischen Charakter des Kaolinisierungsprozesses zu sprechen.

Резюме

Накопленные к настоящему времени знания в области древних кор выветривания Украинского щита в целом и самих каолиновых месторождений, позволяют уверенно связывать состав, генезис, распространение и другие особенности как первичных, так и вторичных каолинов щита и его склонов с закономерностями формирования и размыва коры выветривания и на этой основе объединить каолиновые месторождения указанной территории во вполне очерченную в пространственно-временном и генетическом отношениях Украинскую каолиновую провинцию. В ее пределах зарегистрировано более 1000 месторождений и проявлений каолина различного масштаба, в том числе свыше 100 крупных промышленных месторождений первичных каолинов и 35-вторичных. Лишь несколько месторождений каолинов УССР (Закарпатская область), четко отличающихся от остальных составом и строением, обязаны своим происхождением гидротермальным процессам.

Анализ распространения и условий залегания кор выветривания Украинского щита дает основание утверждать, что в истории геологического развития этого региона было несколько эпох интенсивного континентального выветривания. Реликты древнейших (домезозойских) кор сохранились на склонах щита. Однако по мнению большинства исследователей, наиболее распространенной, мощной и сохранившейся на Украинском щите является кора выветривания предположительно среднемезозойского возраста (J_2-Cr_I), формировавшаяся на пенепленизированной поверхности кристаллических пород докембрийского фундамента в условиях теплого и влажного климата и сравнительно спокойном тектоническом режиме, сплошным чехлом покрывавшая этот регион.

В профилях выветривания, развитых на кислых, щелочных и основных породах, наблюдается принципиально сходная эволюция вещественного состава, характеризующаяся первоочередным и в конечном счете полным выносом щелочных и щелочноземельных элементов, значительным выносом кремнезема при относительной неподвижности, в большинстве случаев, глинозема и титана и обязательным привносом ионов водорода.

Однотипность геохимической зональности каолиновой коры выветривания Украинского щита как по преобладающим процессам, тяк и по преимущественному минералообразованию дает возможность характеризовать ее строение обобщенным профилем выветривания, состоящим из зон (снизу вверх): 1) начального равложения и дезинтеграции; 2) частичной или переходной аргиллизации, где помимо каолинита могут образоваться другие глинистые минералы; 3) полной каолинизации.

Основными геологическими критериями прогноза и поисков месторождений первичных каолинов являются: распространение кристаллических маложелезистых пород кислого ряда; а для щелочных каолинов — богатых калием гранитоидов; тектонически ослабленные зоны кристаллического фундамента; возвышенные участки погребенного рельефа и их склоны, слабо расчлененные гидросетъю; сохранение мошной (более 20 м) коры выветривания с хорошо развитой третьей зоной.

Теснейшая пространственная и генетическая приуроченность каолинита к полевым шпатам и слюдам, характер взаимоотношения фаз и прогрессирующего замещения протоминералов каолинитом, начиная с возникновения первых кристаллов до полных синхронных псевдоморфоз превращения, позволяют сделать вывод о метасоматическом образовании этого минерала за счет породообразующих алюмосиликатов и, следовательно, метасоматическом характере каолинизации. Сущность этого процесса соответствует общему современному понятию метасоматоза и основным постулатам теории метасоматических процессов. Определяющая на всех этапах поль ионов водорода, единственного компонента, привносимого при этом, настолько очевидна, что есть все основания квалифицировать процесс каолинизации как водородный метасоматоз, предотавляющин единство двух противополйжных явлений — деструкции протоминералов и синтеза каолинита.

Summary

The knowledge received up to now on the ancient weathering crust of the Ukrainian Shield in general and on kaolin deposits in particular permits to link definitely their composition, genesis, distribution, preservation etc. with the formation and erosion of the Mesozoic weathering crust of cristalline rocks.

In the area of Ukrainian kaolin province there are more than 1000 kaolin deposits and occurrences of different size, including more than 100 large commercially important deposits of primary (residual) kaolins and 35 deposits of secondary (redeposited) ones. Only few deposits of kaolins are due to hydrothermal activity (Transcarpathian region).

Conditions for the formation of thick weathering crusts on the Ukrainian shield existed in several periods of its geological history. Relics of the most ancient crusts are encountered on the slopes of the shield. But according to the majority of investigators the most extensive, thick and preserved weathering crust is of Middle-Mesozoic age ($J_2 - Cr_1$). It was formed on a peneplain-like surface of crystalline rocks in warm-humid climate and in a period of relative tectonic inactivity. The predominance of acid rocks in the Ukrainian Shield and the conditions of the formation of this weathering crust produced a characteristic kaolin type.

The migration of chemical elements during the weathering process shows similar tendencies in all weathering profiles no matter whether, developed on acid, alkaline or to a lesser extent on basic rocks. Common to all weathering profiles are initial and or complete removal of alkali and alkaline-earth metals, considerable removal of silica and relative immobility of aluminium and titanium. The following zones are distinguished in the weathering profiles (from bottom to top): 1) zone of initial decomposition and disintegration; 2) zone of partial or transitional argillization; 3) zone of complete kaolinization. The mineral composition of individual zones and consequently of primary kaolins is determined by the composition of parent rocks and their thickness is determined by the tectonical and paleogeographical conditions.

Kaolin weathering crusts developed on various igneous and metamorphic formations of the Pre-Cambrian basement. However at present only those kaolins which were formed on the rocks of acid, granitoid compositions have industrial (commercial) importance. The main criteria for the prospecting of residual kaolin deposits are: 1) presence of acid rocks with low ferrum-content; 2) tectonically breached zones of the crystalline basement; 3) elevated parts of buried relief and its slopes, only slightly dissected by rivers; 4) well-preserved thick weathering crust (more than 20 m) with a well-developed third zone.

Mineralogical investigation of rock-forming minerals (feldspars and micas) in different stages of weathering has shown direct crystallization of kaolinite on these minerals. The character of spatial and genetic relations of kaolinite crystals with the parent minerals permits to conclude that the kaolinization is a metasomatic process by nature which leads to the formation of kaolinite pseudomorphs of transformation type. It is due to this process that the rocks of the weathering crust possess as a most characteristic feature the inherited fabric from the parent rock.

Secondary kaolins are among the most significant elements of continental sedimentary complexes. They form stretched, lenticular, and layer-like bodies which have thickness ranging from some decimetres to 15—18 metres with lengths varying between some tens of metres to some tens of kilometres. The deposits of secondary kaolins occur mostly on the slopes of the Ukrainian Shield and in tectonical depressions or in the parts of the Post-Lower Mesozoic buried relief where they are often associated with brown coal deposits. The deposits are connected with sediments of Cretaceous, Tertiary and Quaternary age however the main periods of redeposition of kaolin matter were in the Miocene and to a lesser extent the Eocene age.

An example of hydrothermal kaolin is the deposit at Beregovian in the Transcarpathian region. It is the product of hydrothermal alteration of neogene liparite tuff of the volcano-sedimentary formation of the Beregovian hill system. Within the deposit typical zones of sulphurid acid metasomatism are developed near the surface and of an alkaline zone in its deeper portions. Abundant formation of dickite as a dominating rock-forming mineral in the main body of kaolin is a typical feature of this deposit.

Literatur

Dodatko, A. D.; Choroševa, D. P.; El'janov, M. D.; Pogrebnoj, V. G.: Uslovija obrazovanija mesozojskoj kory vyvetrivanija Ukrainskogo šita. In: Voprosy geologii i mineralogii rudnych mestoroždenij. Bd. 4. — Moskva: izd. Nedra 1971, (russ.).

Dubjanga, K. G.; Kondračuk, V. B.; Mel'ničuk, E. V.; Remizov, I. N.; Rus'ko, Ju. A.; Sivokon', V. I.; Sonkin, L. S.: Ukrainskaja kaolinovaja provincija. In: Kaoliny. — Moskva: izd. Nauka 1974, (russ.).

El'janov, M. D.; Dodatko, A. P.: Olzor izučennosti kory vyvetrivanija kristalličeskich porod Ukrainskogo šita. In: Kory vyvetrivanija na territorii Ukr. SSR. Teil I. — Kiev: izd. Naukova dumka 1971, (russ.).

Kondračuk, V. Ju.: Nekotorye voprosy izučenija drevnich kor vyvetrivanija Ukrainy. In: Kory vyvetrivanija na territorii Ukr. SSR. Teil I. — Kiev: izd. Naukova dumka 1971, (russ.).

Rus'ko, Ju. A.: Osobennosti mineral'nogo sostava i uslovij obrazovanija kaolina Beregovskogo mestoroždenija. In: Geochimija i rudoobrazovanie. Bd. 3. — Kiev: izd. Naukova dumka 1974, (russ.).

Sonkin, L. S.; Kondračuk, V. Ju.; Rus'ko, Ju. A.: Voprosy prognozirovanija mestoroždenij pervičnych kaolinov. — Geol. ž., Kiev **32** (1972) 3, (russ.).

Manuskripteingang: 20. Oktober 1976

Anschrift des Autors:

Dr. J. A. Rus'ko, Akademie der Wissenschaften der Ukrainischen SSR, Institut für Geochemie und Physik der Minerale SU - Kiev 68, Novobelitshanskaja 34

Schriftenr. geol. Wiss. · Berlin 11 (1978) · S. 255–263

Genetische Kaolintypen in der Aserbaidshanischen SSR

Von Adil Gidajat Seidov; Imran Džafar-Ali-Ogly Aliev; Baku

Mit 4 Abbildungen

1. Einleitung

Auf dem Territorium der Aserbaidshanischen SSR liegen etliche Lagerstätten und Vorkommen von Kaolin und feuerfesten Tonen (z. B. Tschardachly, Zaglik, Kara-Murat, Gotul und andere). Es handelt sich um jurassische Bildungen auf dem Nordostabhang des Kleinen Kaukasus (Abb. 1).

2. Geologie der Kaolin- und Tonlagerstätten der Aserbaidshanischen SSR

Die Kaolin- und Feuerfestton-Lagerstätte Tschardachly liegt auf den Ost- und Südostabhängen des Berges Karadag und gehört tektonisch zur Südwestflanke der Tschardachlinsker Synklinale, die ihrerseits ein tektonisches Element des Schamchorsker Antiklinoriums ist. Im Bereich der Lagerstätte stehen hauptsächlich Gesteine des Mittleren Jura an. Die ältesten Schichten sind Porphyrite, porphyritische Tuffe und Tuffe des unteren Bajocien. Diese Horizonte werden von Quarz-Plagioklasporphyr und dessen Tuffen des oberen Bajocien überdeckt. In der Lagerstätte sind die Quarz-Plagioklasporphyre unter der Einwirkung von Hydrothermen stark verquarzt. Dies reichte bis

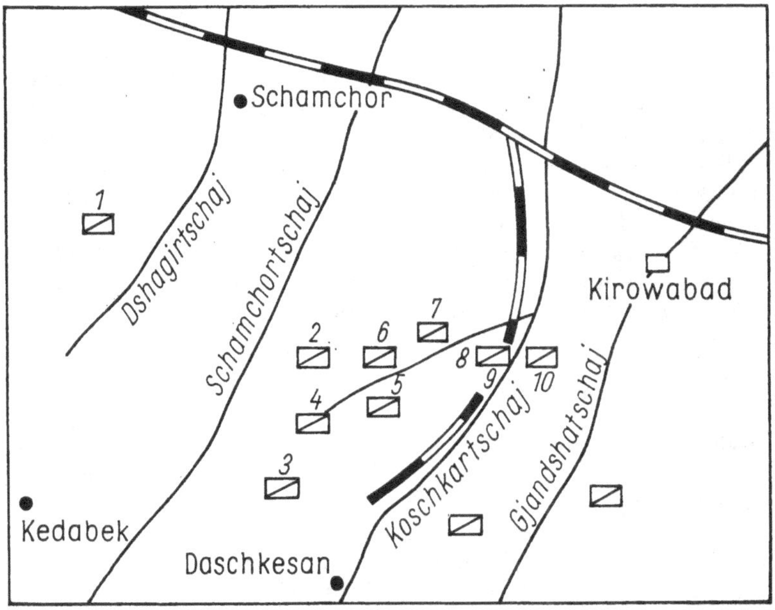

Abb. 1. Schematische Karte der Kaolin- und Feuerfestton-Lagerstätten

1 – Tschardachly; 2 – Gotul; 3 – Zaglik; 4 – Angschapur; 5 – Kara-Murat; 6 – Klataschen; 7 – Agegusch; 8 – Danajar; 9 – Mirsik; 10 – Kara-Bulak

zur Bildung sekundärer Quarzite, die das Nebengestein der Kaolinzonen darstellen. Letztere sind mit tektonischen Bruchstörungen verbunden. Die Lagerstätte selbst besteht aus einer Serie steil einfallender (70—80°) NE-streichender tektonischer Zonen.

Die Kaolinlagerstätte Zaglik ist 50 km südwestlich von Kirowabad aufgeschlossen. Sie liegt an der Nordflanke der flach einfallenden Synklinalfalte von Daschkesan, die durch Verwerfungs- und Verschiebungssprünge einen komplizierten Aufbau besitzt und tektonisch ein Element des gleichnamigen Synklinoriums ist. Am geologischen Aufbau des Lagerstättengebiets sind vulkanogene Sedimentgesteine des Mittleren und Oberen Juras beteiligt. Das Profil beginnt mit vulkanogenen Gesteinen von Agglomeratstruktur des Bathonien, die von tuffogenen und karbonatischen Gesteinen des Oxford bedeckt werden. Die letzteren werden abgelöst von Kalksteinen der lusitanischen Fazies. Darauf lagert eine metasomatisch veränderte (alunisierte und kaolinisierte) Schicht, die zum unteren Kimmeridge gehört und aus Tuffen, Tuffiten, Tuff-Sandsteinen, Tuffbrekzien und Tuffkonglomeraten besteht. Auffallend an der Lagerstätte sind Linsen, Adern und Nester von Kaolin (Aglamatolith-Typ), daneben finden sich Schmitzen und Nester von monomineralischem Dickit, Dickit mit Kaolinit sowie Halloysit. Letzterer ließ sich darüber hinaus als Anflüge und Krusten in den Spalten der alunisierten Gesteine nachweisen.

Die Kaolinlagerstätte von Kara-Murat, 32 km südwestlich von Kirowabad, gehört tektonisch zum Grenzbereich der Tschowdarsker Synklinale, die zu den querstreichenden Synklinalsenken des Schamchorsker Antiklinoriums zu stellen ist. Am geologischen Aufbau sind Porphyrite, Tuffe und Tuffbrekzien des unteren Bajocien beteiligt, über denen Quarz-Plagioklasporphyre und Tuffe des oberen Bajocien liegen, auf die wiederum Porphyrite und Tuffe des Bathonien folgen. Die Kaoline der Lagerstätte Kara-Murat treten als flach geneigte Linsen und Schmitzen auf. Sie werden außerdem in Form stark veränderter bandförmiger Zonen angetroffen. Nebengesteine der kaolinisierten Teile sind sekundäre Quarzite, die räumlich und genetisch mit den Quarz-Plagioklasporphyren verbunden sind.

Die Kaolin- und Feuerfestton-Lagerstätte Gotul in der Nähe des gleichnamigen Dorfs gehört tektonisch zum Ostabhang des Schamchorsker Antiklinoriums. Am geologischen Aufbau der Lagerstätte sind Porphyrite, ihre Tuffe sowie Tuffite der vulkanischen Serie des unteren Bajocien beteiligt, über denen Quarz-Plagioklasporphyre und Tuffe des oberen Bajocien folgen. Der Kaolin und der Feuerfestrohstoff bilden hier bänderartige Zonen, die den tektonischen Bruchzonen zuzuordnen sind. Die Grenze zwischen Kaolinitkörpern und Nebengestein (Quarz-Plagioklasporphyr) ist im Liegenden wie im Hangenden tektonisch scharf ausgeprägt.

Außer den beschriebenen Hauptlagerstätten sind in der Aserbaidshanischen SSR kleinere Lagerstätten und Vorkommen von Kaolin und feuerfesten Tonen, wie Kysyldshin, Mirisk, Kara-Bulak, Angschapur und andere nachgewiesen.

3. Genetische Typen

Zur Erforschung der mineralischen Zusammensetzung und der Bildungsbedingungen der kaolinitischen Tone in der Aserbaidshanischen SSR wurden Feld- und Laboruntersuchungen mit röntgenographischen, thermischen, elektronenmikroskopischen, chemischen, spektrophotometrischen sowie anderen Methoden durchgeführt. Die erzielten Resultate (Kaškaj 1958, 1960; Seidov, Aliev & Cheirov 1966, 1967; Aliev 1969, 1970, 1971; Aliev & Cheirov 1970; Seidov & Aliev 1970) führten zur Untergliederung in vier Kaolintypen.

1. Hydrothermal-Ausscheidungen, die durch unmittelbaren Absatz aus hydrothermalen Lösungen gebildet wurden. Diesen Kaolintyp beobachtet man in den

Lagerstätten von Kara-Murat und Zaglik. Man trifft diese Kaoline in Linsen und Adern, die gewöhnlich eine monomineralische Zusammensetzung von vorwiegend Kaolinit und Dickit besitzen. Manchmal kommen Beimischungen von Halloysit, Metahalloysit, Alunit und andere vor.

Diese Kaoline sind gesteinsartig (Agalmatolith-Typ), kryptokristallin, hauptsächlich weiß (seltener rosa, violett und andere farbliche Abarten); sie besitzen eine hohe Feuerfestigkeit (1600—1800 °C).

2. Kolloidale Ausscheidungen der Kaoline wurden in der Lagerstätte Zaglik gefunden. Ihre Zusammensetzung ist nahezu homogen. Es handelt sich hauptsächlich um Halloysit und Metahalloysit mit Kaolinit als Beimengung. Diese Kaoline sind als dünne Anflüge und Krusten mit Schichtdicken bis zu 2 mm anzutreffen; seltener sind dickere Anreicherungen in den Spalten alunisierter Gesteine. Bildungen dieses Kaolintyps sind mit der Verwitterung von metasomatisch veränderten Gesteinen verbunden und wurden aus absteigenden kolloiden Lösungen ausgeschieden. Sie sind nur mineralogisch interessant.

3. Hydrothermal-metasomatische Kaoline, die unter dem Einfluß hydrothermaler Lösungen auf Quarz-Plagioklasporphyren des Oberbajocien (Kara-Murat, Tschardachly und Gotul) sowie Tuffen des Kimmeridge (Zaglik) gebildet wurden. Die Kaoline wurden als bandartige Zonen in nicht durchgängig verquarzten Gesteinen sowie in Nestern und Einsprenglingen im Innern metasomatisch veränderter Schichten angetroffen. Für diese Kaoline sind Reliktstrukturen der Ausgangsgesteine und eine polymineralische Zusammensetzung charakteristisch. Hier sind außer den Mineralen der Kaolinitgruppe andere Tonminerale (Hydroglimmer, Montmorillonit) und Nichttonmineralbeimengungen (Quarz, Feldspäte, Calcit und andere) nachweisbar.

4. Hydrothermal-metasomatische Kaoline mit Resten der Verwitterungskruste. Kaoline dieses Typs sind in der Lagerstätte Tschardachly vorherrschend. Sie bildeten sich im Gefolge zweier Prozesse: hydrothermal-metasomatische Veränderung der Quarz-Plagioklasporphyre sowie der nachfolgenden anschließenden Verwitterung. Bei der Entstehung dieser Kaoline spielten tektonische Bruchstörungen eine große Rolle, die Zonen stark zerrütteter Gesteine mit zahlreichen Klüften hinterließen, die als Wanderwege der Lösungen dienten. Die mineralogische Zusammensetzung dieser Kaoline ist fast analog der der hydrothermal-metasomatischen Typen. Charakteristisch ist, daß Gesetzmäßigkeiten in der Verteilung der Tonminerale im vertikalen Verwitterungsprofil beobachtet werden, wodurch folgenden Zonen unterschieden werden können:

- Obere Zone: kaolinitische Zone;
- Mittlere Zone: montmorillonitisch-kaolinitische Zone;
- Untere Zone: hydromuskovitisch-montmorillonitische Zone mit Beimengungen von Kaolinit.

Durch die Untersuchungen an den Kaolinen aus der Aserbaidshanischen SSR wurden folgende Minerale nachgewiesen: Kaolinit, Dickit, Metahalloysit, Halloysit, Montmorillonit, Hydroglimmer, Alunit, Quarz, Eisen-Oxide und -Hydroxide, Feldspäte, Calcit und andere.

4. Mineralogische Charakteristik der Tonminerale

Der Kaolinit ist charakterisiert durch die röntgenographisch ermittelten Zwischenschichtabstände d = 7,14—7,18; 4,44—4,47; 3,57—359; 2,56—2,57; 2,49—2,50; 2,380—2,386; 2,340—2,366 Å und weitere, von denen sich die Reflexe (001) durch eine erhöhte Intensität auszeichnen, die mit einer bevorzugten Orientierung der blättchenförmigen Kristalle verbunden ist. Ein weiteres diagnostisches Merkmal des Kaolinits ist das Verschwinden röntgenographischer Reflexe nach Erhitzen der Proben auf 550 bis 600 °C (Abb. 2).

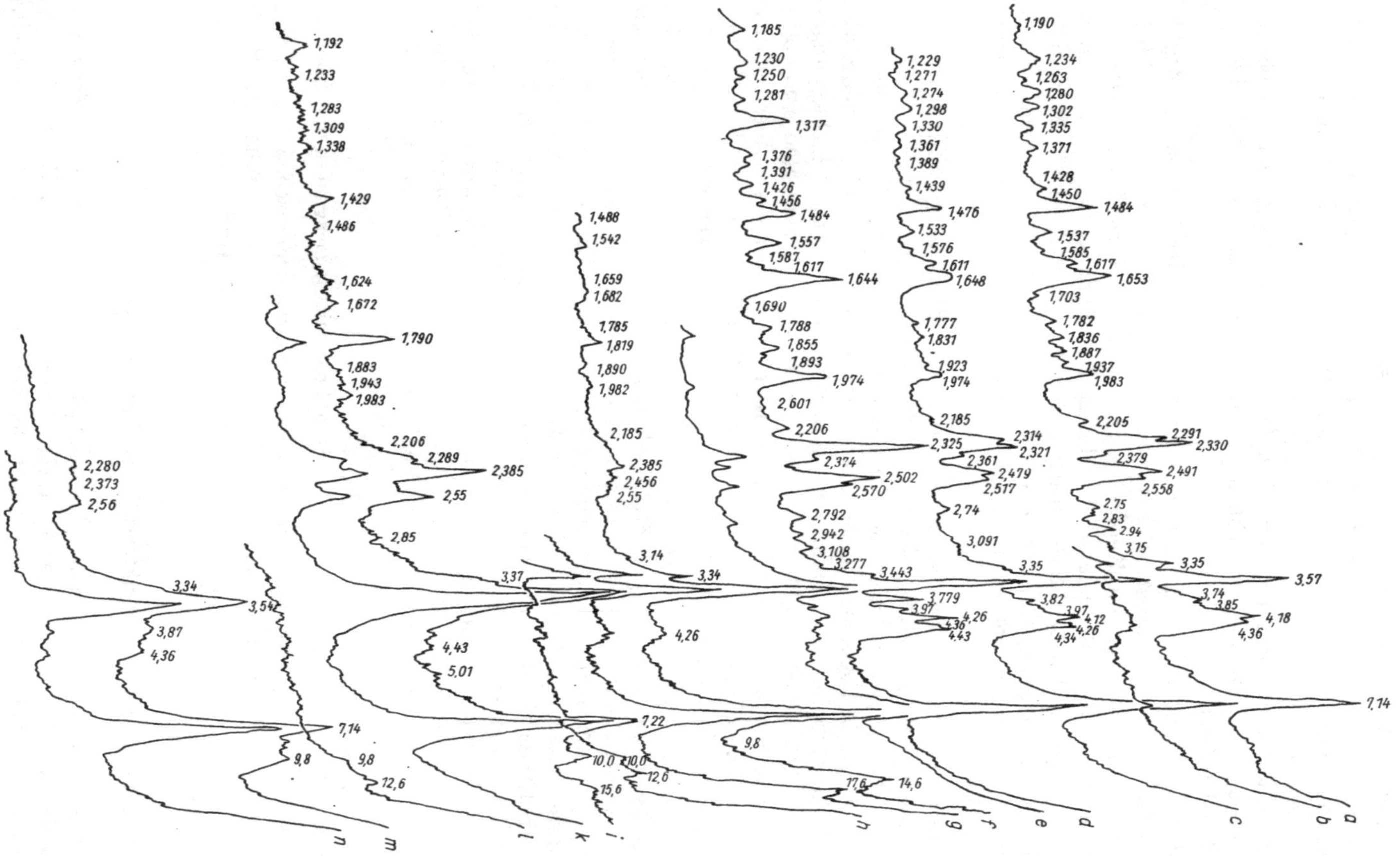

Abb. 2. Diffraktometrische Kurven

a — Kaolinit, Probe 7, Kara-Murat; b — desgleichen, erhitzt auf 600 °C; c — Kaolinit mit Dickit, Probe 274, Zaglik; d — Dickit, Probe 271, Zaglik; e — desgleichen, erhitzt auf 600 °C; f — kaolinithaltiges Gestein, Probe 170, Tschardachly; g — desgleichen, glyzeringesättigt; h — desgleichen, erhitzt auf 600 °C; i — Halloysit-Metahalloysit-haltiges Gestein, Probe 46, Tschardachly; k — desgleichen, erhitzt auf 150 °C; l — desgleichen, erhitzt auf 600 °C; m — Halloysit-Metahalloysit-haltiges Gestein, Probe 277, Zaglik; n — desgleichen, erhitzt auf 150 °C

Der Kaolinit wurde mit unterschiedlichem Kaolinitätsgrad angetroffen. Kaolinite mit dem höchsten Kristallinitätsgrad sind im wesentlichen in den Lagerstätten Zaglik und Kara-Murat sehr verbreitet. Ihre Röntgenogramme sind durch schlanke Reflexe, besonders bei Vorhandensein des inneren Intervalls der Zwischenschichtabstände 4,5—3,5 Å und der Auflösung der Dublette mit Werten von 4,18 und 4,12 Å gekennzeichnet.

Für Kaolinite mit geringerem Ordnungsgrad, die weit verbreitet in den Lagerstätten Tschardachly und Gotul auftreten, sind die Verringerung der Reflexschärfe und das Verschmelzen des Reflexes bei 4,14 Å charakteristisch.

Für äußerst stark b-achsenfehlgeordnete Kaolinite ist das Fehlen der Reflexe im Intervall von 3,57—2,56 Å bezeichnend, wohingegen bei Kaoliniten mit hohem Kristallinitätsgrad im betreffenden Intervall deutlich einige Reflexe vorhanden sind. Röntgenogramme sehr schlecht kristallisierter Kaolinite zeigen verbreiterte Basisreflexe und eine stärkere Untergrundstreuung.

In Abhängigkeit vom Kristallinitätsgrad der Kaolinite macht sich eine Veränderung der Kristallmorphologie bemerkbar, die unter dem Elektronenmikroskop gut zu beobachten ist. So zeichnen sich Kaolinite mit hohem Kristallinitätsgrad durch deutlich hexagonale Umrisse aus und besitzen eine massige Gestalt. Weniger gut kristallisierte Kaolinite sind durch undeutliche Umrisse und Feinschuppigkeit charakterisiert. In den Thermogrammen (Abb. 3) zeigt der Kaolinit mit hohem Kristallinitätsgrad steile endo- und exotherme Effekte mit Maxima in den Temperaturintervallen 550—600 °C und 900—1000 °C. Mit der Verringerung des Kristallinitätsgrads kommt es zur Verkleinerung der Intensität der Peaks und zur Verschiebung zu niedrigeren Temperaturen, was sich aus der raschen Kristallwasserabgabe erklärt.

Dickit ist an den deutlichen röntgenographischen Reflexen mit den Werten d = 7,14; 4,43; 4,36; 4,26; 3,97; 3,78; 3,58; 3,44; 3,27; 2,94; 2,79 Å (Abb. 2) zu bestimmen. Interessant ist das Vorkommen monomineralischer Dickitschmitzen in der Kaolinlagerstätte Zaglik. Auf Grund ihrer strukturellen Ähnlichkeit haben Dickit und Kaolinit für gewöhnlich relativ analoge Röntgenogramme mit nur geringen Unterschieden. So sind im Röntgenogramm des Dickits, abgesehen von der Genauigkeit der Hauptreflexe, Peaks bei d = 4,26; 3,96; 3,78; 3,44; 3,27; 2,94; 2,79 Å und andere vorhanden, die beim Kaolinit nicht auftreten. Die elektronenmikroskopischen Aufnahmen (Abb. 4b) zeigen den Dickit in Form scheibenartiger hexagonaler durchstrahlbarer Kristalle mit scharfen Umrissen und größerer Teilchengröße als der Kaolinit. Manchmal werden verlängerte sechskantige Kristalle beobachtet.

Die Thermogramme des Dickits (Abb. 3) sind durch intensive Endo- und Exoeffekte bei ca. 700 °C und 1020 °C charakterisiert. Die thermische Besonderheit des Dickits gegenüber dem Kaolinit besteht darin, daß die endothermische Reaktion, die verbunden ist mit der Abgabe des Konstitutionswassers und der Zerstörung der Kristallstruktur, bei höherem Temperaturmaximum (ca. 700 °C) langsamer vor sich geht, was durch die relativ feste Bindung des Wassers im Kristallgitter bedingt ist.

In den untersuchten Lagerstätten sind neben Kaolinit und teilweise Dickit auch Halloysit und Metahalloysit nachweisbar, die sich durch die Menge des Zwischenschichtwassers voneinander unterscheiden. Die Halloysite (vollständig hydratisiert, wobei doppelt so viel Wasser wie beim Kaolinit gebunden ist) sind durch die Basisreflexe der ersten und dritten Ordnung in Übereinstimmung mit den Zwischenschichtabständen d = 10,0—10,2 und 3,35—3,40 Å und Abwesenheit des Basisreflexes zweiter Ordnung (Abb. 2) charakterisiert. Entsprechend weniger hydratisierte Halloysite (Metahalloysit), die 2,2—2,3 Moleküle Wasser im Zwischenschichtraum enthalten, sind durch breite Basisreflexe, die die Reflexe des Kaolinits überdecken, charakterisiert. Für Metahalloysit ist eine starke Streuungszone von d = 4,74 Å zu größeren Winkeln charakteristisch. Die elektronenmikroskopischen Aufnahmen zeigen Halloysit- und Metahalloysitteilchen

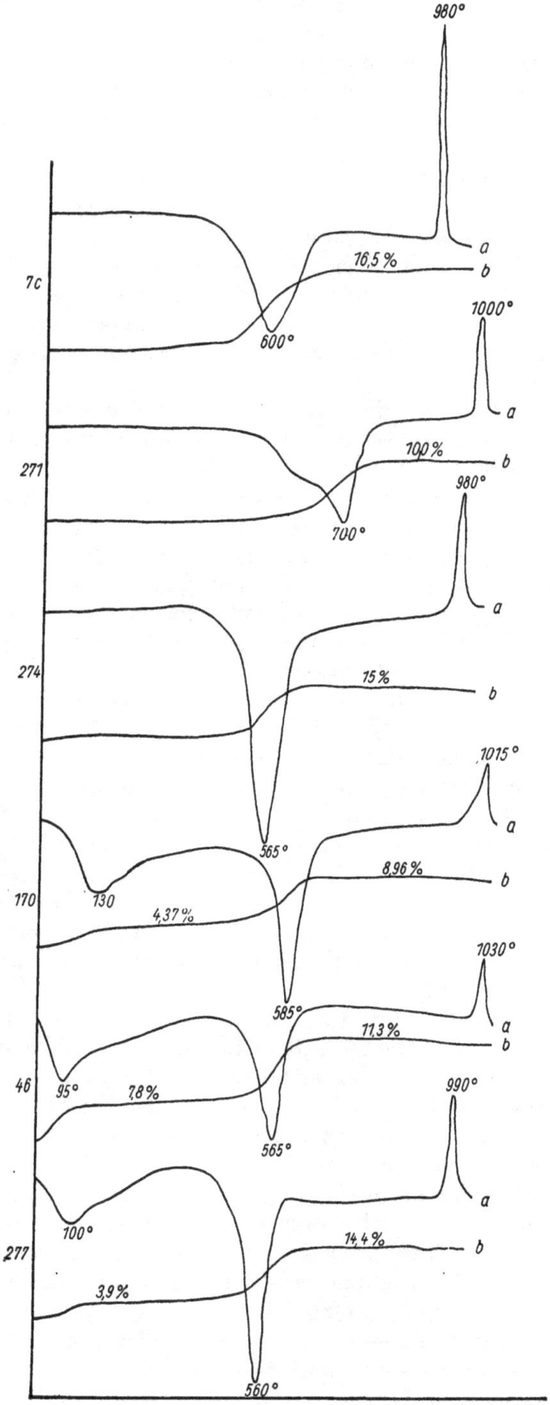

Abb. 3. Thermodifferentialkurven (a) und Kurven des Gewichtsverlusts (b)

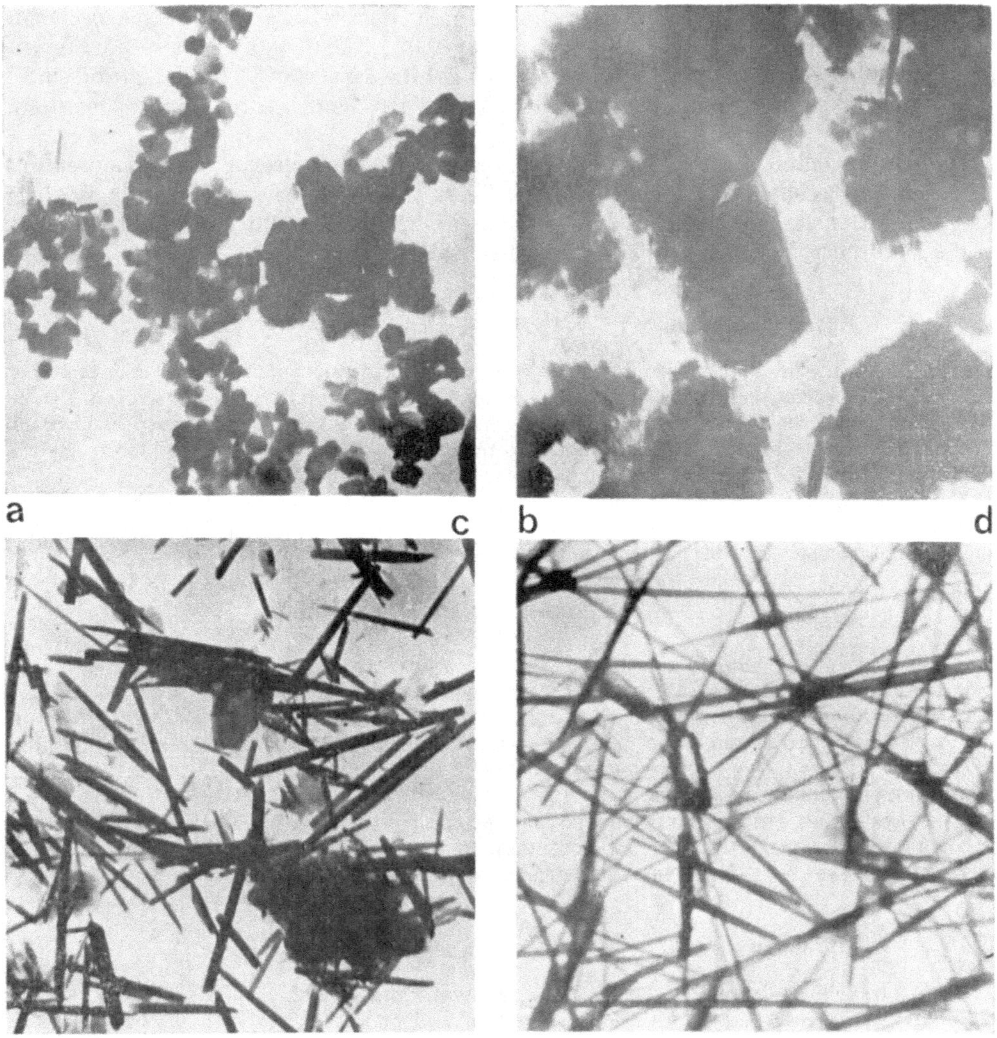

Abb. 4. Elektronenmikroskopische Aufnahmen; Vergr. 10000×

a – Kaolinit, Probe 7c, Kara-Murat; b – Dickit, Probe 271, Zaglik; c – Halloysit-Metahalloysit, Probe 46, Tschardachly; d – Halloysit-Metahalloysit, Probe 277, Zaglik

(Abb. 4c und 4d) in Form dünner Röhrchen, wodurch sie von den hexagonalen blättchenförmigen Kaolinitteilchen unterschieden werden können. Diese Minerale besitzen ferner charakteristische thermische Kurven, bei denen neben den thermischen Effekten des Kaolinits ein niedrigtemperatur-endothermer Effekt bei 130–150 °C (Abb. 3) vorhanden ist.

Neben den Mineralen der Kaolinitgruppe gibt es in den untersuchten Kaolinen Minerale mit dem quellfähigen Gitter des Montmorillonits, der charakterisiert ist durch den röntgenographischen Basisreflex erster Ordnung bei 12–14 Å, der nach Sättigung mit Glyzerin auf 17,8 Å aufquillt und bei Erhitzen auf 600 °C bis 9,8 Å kontrahiert (Abb. 2). Auf den elektronenmikroskopischen Aufnahmen erscheint der Montmorillonit als dünne flockige Schichten mit undeutlichen Umrissen.

Die Hydroglimmer sind gekennzeichnet durch Basisreflexe mit Zwischenschichtabständen von d = 10 ± 0,2; 5 ± 0,1; 3,33 ± 0,02; 2,50 ± 0,02; 1,98 ± 0,02 Å und andere, die bei Sättigung mit Glyzerin und bei Erhitzen bis 600 °C (Abb. 2) stabil sind.

Die elektronenmikroskopischen Aufnahmen zeigen den Hydroglimmer als dünne Schüppchen mit scharfen Umrissen.

Die Untersuchungsergebnisse gestatten es, die mineralogische Zusammensetzung und den genetischen Typ der Kaoline detailliert anzugeben. Sie eröffnen die Möglichkeit der rationellen Nutzung und begründen weitere Such- und Erkundungsarbeiten von Kaolinrohstoff in der Aserbaidshanischen SSR.

Zusammenfassung

Im Ergebnis von Feld- und Laboruntersuchungen an Kaolinlagerstätten in der Aserbaidshanischen SSR wurde zwischen dem mineralogischen Aufbau und den verschiedenen genetischen Kaolinlagerstättentypen ein Zusammenhang nachgewiesen. In den Kaolinvorkommen der Aserbaidshanischen SSR wurden Kaolinit, Dickit, Metahalloysit, Halloysit, Montmorillonit, Hydroglimmer, Alunit, Feldspäte, Fe-Oxide und -Hydroxide und andere bestimmt.

Nach dem genetischen Prinzip lassen sich vier Typen ausgliedern: 1. hydrothermale Ausscheidungen; 2. Kolloid-Ausscheidungen; 3. hydrothermal-metasomatische Bildungen; 4. hydrothermal-metasomatische Ablagerungen mit anschließender Verwitterung.

Резюме

В результате проведенных полевых и дабораторных исследований месторождения каолинов Азербайджана автором удалось установить минералогический состав каолинов и различные генетические типы формигования их месторождений. Установлено, что минералогический состав каолинов Азербайджана состоят из каолинита, дикита, метагадуазита, гадуазита, монтмориллонита, гидрослюды, алунита, кварца, полевых шпатов, окислов и гидроокисдов железа и других.

В генетическом отношении выявлено четыре типа: 1) гидротермальные осажденные; 2) коллоидно-осажденные; 3) гидротермально-метасоматические; 4) гидротермально-метасоматические с участием коры выветривания.

Summary

The row of kaolin and fire-clay deposits and manifestations (Chardakhly, Zaglik, Kara-Murat, Gotul, Kyzyldji, Karabulag and others) are established on the territory of Azerbaijan. All of these deposits are confined to the Jurassic formations and dislocated on the Minor Caucasian north-eastern slope.

Results of geological and complex laboratorial investigations allow us to distinguish the following four genetic types of Kaolins in Azerbaijan:

1) Hydrothermal kaolins which were formed by immediate deposition from the solutions;
2) Kaolins formed by deposition from the colloidal solutions and connected with the weathering;
3) Hydrothermal-metasomatic kaolins;
4) Kaolins formed in way of hydrothermal metasomatosis with a sharing of residual crust of weathering.

The hydrothermal kaolins composes the lenses and veins and usually they are more or less monomineral and, for the most part, represented by kaolinite and dickite.

These kaolins are lithoidal (of agalmatolite type) and characterized by the refractoriness of 1,600–1,800 °C.

The halloysite, metahalloysite and alunite are presented in the form of admixtures. One may observe the same genetic types of kaolins within the Kara-Murat and Zaglik deposits.

The second genetic type of kaolins, having only mineralogical interest, is found within the Zaglik deposit, and it is characterized by almost homogeneous composition, generally composed of halloysite, metahalloysite and (as admixture) of kaolinite. These kaolins are found in the form of thin powdery coating and crusts (up to 2—3 mm) and sometimes as a more thick accumulations into the alunitized rock fissures.

Formation of that type of kaolins is connected with the weathering of metasomatically changed rock series, and were deposited from the descending colloidal solutions.

The third type kaolins are formed in the influence of hydrothermal solutions upon the Upper Bajocian quartzic plagioporphyries (Kara-Murat, Chardakly and Gotulian deposits) and the Kimmeridgian tufogens (Zaglik deposit). The kaolins are found here in the form of lenticular zones and stocks among intensely silicificated rocks, and in the form of the nests and impregnations inside of metasomatically changed series. The relict structure of original rocks and polymictic mineralogical composition are characteristic for the mentioned kaolins. Some other clay minerals (hydromica, montmorillonite) and non-clay mineral admixtures (quartz, feldspars, calcite) presents here besides the minerals of kaolinite group (kaolinite, halloysite and metahalloysite).

All the mentioned kaolins are many-coloured (from white up to dark-brown). One may observe the snowy-white amygdules inside of coloured kaolin masses, what tells the presence of porphyric (relict) structure. The fourth type kaolins are developed, for the most part, within the Chardakly deposit, and they were formed in result of two superposed processes: hydrothermal-metasomatic alteration of the mother rocks (quartzic plagioporphyries) and posterior residual crust of weathering.

Tectonic dislocations with a break in continuity, owing to which were formed the zones of intensely crushed rocks with numerous fissures for the descending solutions movement, plays an important role in formation of these kaolins. Mineralogical composition of these kaolins is almost the same of the hydrothermal-metasomatic ones. The clay mineral distribution relationship is pointed out in vertical profile of the weathering, in result of which the following zones one may distinguish: upper zone — of kaolinitic rocks, middle zone — of montmorillonite-kaolinitic rocks and lower zone — of hydromicaceous-montmorillonitic clays with the kaolinite admixture.

Literatur

ALIEV, I. Dž.: Osobennosti kaolinitov v zavisimosti ot stepeni soveršenstva kristalličeskich struktur. In: Mat. naučn.-teoret. konf. molodych. učenych. Ser. nauk o Zemli. — Baku: izd. Akad. nauk Azerb. SSR 1969, (russ.).

— Charakternye osobennosti gidrotermal'nogo kaolinita i dikkita Zaglikskogo i Kara-Muratskogo mestoroždenij. In: Mat. VIII. vsesojužn. plenuma po issled. i ispol'z. glin. SSSR. — Baku: 1970, (russ.).

— Osobennosti veščestvennogo sostav alunitizirovannych i kaolinitizirovannych porod Gotulskogo mestoroždenija (Azerb. SSR). In: Mat. IX. plenuma vsesojužn. kom. po izuč. i po izpol'z. glin. — Minsk: 1971, (russ.).

ALIEV, I. Dž.; CHEIROV, M. B.: Associacii glinistych mineralov v Čardachlinskom kaolinovom mestoroždenii. In: Mat. VIII. vsesojužn. plenuma po issled. i ispol'z. glin. SSSR. — Baku: 1970, (russ.).

KAŠKAJ, M. A.: Obrazovanie glinistych mineralov pri gidrotermal'nych processach. In: Mat. geol., mineral. i ispol'z. glin v SSSR (Dokl. meždun. soveščenii po glinam v Brjussele v 1958 g). — Moskva: izd. Akad. nauk SSSR 1958, (russ.).

— O klassifikacii glinistych pri gidrotermal'nogo i osadočnogo genezisa. In: Mat. geol., mineral. i ispol'z. glin v SSSR. Inform. bjull. kom. po isuč. glin. OGTN SSSR. — Moskva: 1960, (russ.).

SEIDOV, A. G.; ALIEV, I. Dž.: K mineraloggi kaolinov Azerbajdžana. In: Gliny, ich mineralogija, svojstva i praktičeskoe značenie. — Moskva: izd. Nauka 1970, (russ.).

SEIDOV, A. G.; ALIEV, I. Dž.; CHEIROV, M. B.: O prisutstvii alunita v kaolinovych mestoroždenijach Azerbajdžana. — Dokl. Akad. nauk Azerb. SSSR, Baku (1966) 4, (russ. .

SEIDOV, A. G.; ALIEV, I. Dž.; CHEIROV, M. B.: Mineralogičeskie i fiziko-chimičeskie issledovanija kaolinov Azerbajdžana. — Izv. Akad. nauk Azerb. SSR, ser. nauk o Zemle, Baku (1967) 5, (russ.).

Manuskripteingang: 12. Mai 1976

Anschrift der Autoren:

Professor Dr. A. G. SEIDOV, Ing. I. Dž. ALIEV, Geologisches Institut der Akademie der Wissenschaften der Aserbaidshanischen SSR, SU - Baku 370073, prospekt Narimanowa 29a

Schriftenr. geol. Wiss. · Berlin 11 (1978) · S. 265–281

Age and Genesis of the Weathering Crust of the Bohemian Massif

By MANFRED STÖRR, Greifswald; MILOŠ KUŽVART, JOSEF NEUŽIL, Praha

With 7 Figures

1. Introduction

Kaolins occur in weathering crusts which originated in periods of intensive chemical weathering. A great number of kaolin deposits and other mineral deposits typical of the weathering crust are found in the Bohemian Massif. Problems of genesis and age of kaolinization have repeatedly been discussed and Several theories about kaolinization have been developed especially with regard to the kaolins in the territories of the GDR and Czechoslovakia:

- Recent atmospheric weathering (SELLE 1907; RAMANN 1911)
- Tertiary weathering (BERG 1906; BARNITZKE 1909; LINSTOW 1912; FREYBERG 1923; and others)
- Weathering during the Lower Permian (DAMMER 1903)
- Kaolinization effected by humic acids (lignite) (WÜST 1907; LANG 1920; VON ZUR MÜHLEN 1921)
- Laterization and degradation of the laterite profile by humic acids of lignite (HARRASSOWITZ 1926; BUCHWALD 1971)
- Kaolinization effected by the CO_2 of lignite boggy waters (STREMME 1908; 1910, 1912; WEISS 1910; STAHL 1912; and others)
- Hydrothermal kaolinization (RÖSLER 1902; and others).

Besides these theories some special conceptions of minor importance exist (bacterial action, sulphuric acid originating from the pyrite of overlying coals, electric currents, hot volcanic waters).

In Central Europe the role of the lignite often occurring stratigraphically above the kaolins has especially been discussed. Kaolinization and formation of lignite have causally been connected by several authors. Therefore both processes have often been equated regarding their age. Other authors, especially FREYBERG (1923), set kaolinization previous to formation of lignite and declined the influence of lignite moors on kaolinization. HARRASSOWITZ (1916, 1926) interpreted kaolins as laterite profiles which were degraded by humic acids of the lignites. Thereby he set lateritization before lignite formation. Humic acids cause removal of Fe- and Al-oxides so that the residue becomes enriched in kaolinite.

Evidence of older kaolinizations was also given by HARRASSOWITZ (Carboniferous, Jurassic, and Cretaceous periods). He also stated that additional mineral deposits are related to the kaolinitic weathering crust (Mn- and Fe-ores, quartz sands, kaolinite clays, quartzite).

With the present article the authors want to give a survey of the occurrence of the kaolinitic weathering crusts in the GDR and Czechoslovakia including questions of age and genesis. Referring to the work of KUŽVART & KONTA (1968) also the Palaeozoic and Mesozoic kaolinizations will be touched on.

2. Characteristics and Mineral Deposits of Old Weathering Crusts in the Bohemian Massif

2.1. Signs of Old Kaolinitic Weathering Processes

There are the following indications of old kaolinitic weatherings:

- Relics of weathering crusts, especially kaolins;
- Redeposited products of the weathering crust, especially kaolinite clays.

In Central Europe four periods of intensive chemical weathering (kaolinization) can be distinguished:

- Upper Mesozoic—Tertiary kaolinization with well-preserved relics of the weathering crusts and their redeposited products (see paragraph 2.2.)
- Upper Triassic—Lower Jurassic kaolinization, the kaolinite content in the sediments being the only criterion for kaolinization
- Carboniferous—Lower Rotliegend kaolinization with relics of the weathering crust and considerable kaolinite content of the sediments
- Ordovician kaolinization locally discernible in the sediments (clays containing kaolinite, pure quartzite etc.).

The cordierite gneiss of the Saxon granulite massif has been interpreted by Neumann (1974) as evidence for a metamorphosed Proterozoic weathering crust.

In the area of the Bohemian Massif the older weathering crusts were mostly eroded due to tectonic and paleogeographic conditions. The Upper Mesozoic—Tertiary weathering crust has been preserved relatively well. Relics of the Carboniferous crust have been preserved in interior basins and grabens.

2.2. Mineral Deposits of the Weathering Crust of the Bohemian Massif (GDR, Czechoslovakia)

Kaolins are the most important deposits of the weathering crust in the Bohemian Massif.

In the GDR kaolins occur within an area 250 km long (E—W) and 20—150 km wide (N—S, see Fig. 1). From more than 100 known deposits the following are being mined at present: Kemmlitz, Gröppendorf, Spergau, Röblingen, Salzmünde, Caminau, Seilitz, Ockrilla, Wiesa, Dürrweitzschen, Ballendorf, Nerchau, Förstgen.

In Czechoslovakia kaolin deposits are known in the following districts (exploited deposits in brackets): Karlovy Vary (Božicany, Jimlikov, Kaolina Katzenholz, Podlesi, Hajek, Bohemia) Kadan Plzeň (Kaznejov, Horni Briza, Chlumčany), Podbořany (Krasny Dvůr, Detan) Vidnava, Lažánky (worked out deposit), Znojmo (Unanov).

Besides the kaolins other mineral deposits exist formed mainly by weathering.

The occurrences of amorphous magnesite are in South Bohemia (Srnin near Český Krumlov, Holubov near the Ni-laterite at Křemže, Sedlice near Dolni Kralovice) and in South Moravia (Hrubšice near Ivancice, Smrcek near Pernstejn). All originated from weathering of serpentinites.

Laterites with free hydrated alumina derived by weathering of serpentinites were reported from Ransko and Letovice (Czechoslovakia). Near Rychnov the parent rock was amphibolite.

Red kaolinitic weathering crusts are known above all at the Cenomanian base of the Saxon-Bohemian Upper Cretaceous.

Ni-laterites are being mined in the SW part of the Saxon granulite massif (Callenberg, GDR);

In Czechoslovakia occurrences of the same type are known near Křemže in South Bohemia and near Bojanovice, Polanka, Dukovany, Jamolice in South Moravia.

Green earths called seladonite were explored at Priesen near Döbeln (GDR) and at Kadan (Czechoslovakia).

Montmorillonitic weathering products are known in the GDR in SE Lusatia (weathered basalts, tuffs), Neukirchen near Karl-Marx-Stadt (weathered porphyries), Roßwein (weathered diabase tuff), and in Czechoslovakia near Most (Braňany, Stránice).

Cement quartzites resulting from sedimentation of quartz grains and silica released by kaolinization are known in small depressions in Karlovy Vary, Most and Podbořany area (Czechoslovakia), and from many localities of Tertiary sediments in the GDR (e.g. Großkorbetha, Glossen, Ockrilla). The age is mostly Oligocene—Miocene.

Kaolinite clays, redeposited kaolins, are especially common in Tertiary sediments of the GDR (Lusatia: Ritschen, Guttau, Wetro, Klix, Plessa; Löthain near Meißen; NW-Saxony: Brandis, Haselbach, Colditz, Bad Lausick; E-Thuringia; Osterfeld, Eisenburg; Bennstedt near Halle etc.).

In Czechoslovakia Tertiary kaolinite clay deposits are exploited in the basin of Cheb (Skalna), near Plzeň (Kyšice) and near Most (Bzezanky, Brestany, Komorany).

Claystones (Cretaceous) are exploited near Český Brod (Vyšehorovice, Brnik) and in western Moravia (Hrebec, Březina, Březinka).

Claystones of Carboniferous age are worked near Rakovnik (Nove Strašeci, Lubna).

The monomineralic quartz sands of Hohenbocka and Weferlingen (GDR) and Velký Luh near Cheb (ČSSR) are also redeposition products of the kaolinitic weathering crust.

Of all deposits of the weathering crust in the Bohemian Massif (GDR, Czechoslovakia) are exploited kaolin, kaolinite clay, Ni-laterite, cement quartzite, quartzsand.

3. General Conditions of Kaolinization

In the kaolinization process, the principal agents — as in fact all processes on the Earth — are rocks, energy (thermal, chemical and kinetic energy of underground and surface waters), and time.

The formation of great thicknesses of white kaolin requires high contents of minerals with a low bonding energy. Phyllosilicates and feldspars, especially plagioclases, are most suitable. Low contents of dark minerals in the parent rock and its fissuration, cataclasis mylonitization or phyllonitization for the development of kaolin, are also favourable.

During the kaolinization process, thermal and chemical energies are supplied either by an optimal (warm-humid) climate or a low-temperature hydrothermal environment. The conditions of kaolinization can be approximately defined by the following parameters:

- aqueous environment with pH 6.5 to 4 (the acidity of environment is mostly caused by the presence of H_2CO_3);
- for an exogenous kaolinization, mean annual temperature should be 16—18 °C, and annual precipitation should be about 1,000 mm. Such conditions are realized on the surface in the subtropical and especially tropical forested zones; in savannahs, where dry and rainy seasons alternate, the kaolin may originate under a lateritic crust and spotted horizon at depth.
- geomorphological conditions are favourable for permanent removal of kaolinization products (K, Na, Ca, Mg, partly SiO_2) in hilly regions. The products of kaolinization are laterally transported by underground and superficial waters;
- deferrization of kaolinized melanocratic rocks takes place at a pH of 3 (Fe^{3+}) or at a higher pH if organic matter reducing Fe^{3+} to Fe^{2+} is present. Far-reaching deferrization began only after the great evolution of vegetation in the Carboniferous.

An important role in the kaolinization process is played by the time factor. The downward average annual rate of exogenous kaolinization is about 0.01 mm to 0.1 mm in a tectonically quiet environment without transgressions (this represents a rate of 10 to 100 m during a million years). The kaolinization rate, however, decreases with depth.

4. Conditions of Kaolinization in the Bohemian Massif

4.1. Geological Development of the Bohemian Massif

The tectonic and palaeogeographical development of the Bohemian Massif and the area bordering on the North four periods the Phanerozoic comprises.

1. Period of relative tectonic inactivity with development of the East European Platform (Cambrian to Lower Carboniferous) in the North and of the Caledonian—

Variscan geosyncline (Cambrian to Middle Devonian) in the South. Regions of denudation are the Baltic Shield, possibly the East Elbe Massif and Central German Ridge.

2. Period of strong tectonic activity during the Variscan Era. In the Variscan orogenesis the Bohemian Massif was consolidated, elevated and eroded. Thereby the palaeogeographical situation changed fundamentally. The Bohemian Massif became a platform, in which intermountain depressions developed. In these depressions interior molasse was laid down and coal was often formed in them (e.g. Plzeň-Basin, Erzgebirge-Basin).

Between the Bohemian Massif in the South and the Baltic Shield in the North the North German-Polish depression developed after the Permian, in which external molasse of the Variscan age as well as the erosion products of the Baltic Shield were laid down.

In the subsequent period of the Variscan orogenesis granitoids were intruded (e.g. Lusatian Granodiorite Massif) and volcanites were extruded (e.g. NW-Saxony).

3. Period of relative tectonic inactivity in the Later Paleozoic and Mesozoic (Zechstein to Lower Cretaceous). After the consolidation of the Variscan tectonic zone the platform cover development begins with the Zechstein transgression. The whole time span, the Zechstein and Lower Cretaceous included, was characterized tectonically by relative calm, except for epeirogenic movements, during which the palaeogeographical situation was changed. Characteristic features of this period are:

- continuous lowering of the North German-Polish depression with sedimentation from the Baltic Shield and the Bohemian Massif;
- Predominantly continental character of the Bohemian Massif (Vindelicic-Bohemian Island) inclusive of the greater part of Saxothuringia, with only intermittent and marginal transgressions from the bordering basins;
- general elevation of the area in the Upper Jurassic and Lower Cretaceous with development of a large mainland (Ardennes-South German-Sudetes-Bohemian Island).

4. Period of stronger tectonic activity during the Alpine era. The Alpine orogenesis had effected stronger epeirogenic movements in the Bohemian Massif. Fracture tectonics (Germanotype) reached their climax in the Upper Cretaceous and Lower Tertiary (Möbus 1974).

Characteristic features of this period are:

- repeated transgressions and regressions from the North German-Polish depressions so that the northern part of the Bohemian Massif was either submerged (Cenomanian—Turonian, Eocene, Oligocene—Miocene) or mainland (higher Upper Cretaceous—Paleocene, later Eocene—Lower Oligocene, Pliocene);
- tectonic fault movements with predominantly NW—SE direction of major faults (equidistant by about 60 km), and subordinate faults (equidistant by $n = 12$ km); the latter formed lath-shaped fault blocks;
- the final phase of volcanism was going on in the Late Oligocene (North Bohemia and SE Lusatia);
- the general elevation of the Bohemian Massif and the whole GDR took place from the Pliocene onwards.

4.2. Palaeoclimatological Conditions

During the Lower Palaeozoic (Cambrian—Devonian) a warm-humid climate existed in Middle Europe (equator in N-Europe — Fig. 2 — archaeocyathids in the Cambrian, cyclostigmen and coral reefs in the Devonian etc.).

The occurrence of illite and chlorite predominating over kaolinite in Lower Palaeozoic and Precambrian sediments show that in the pre-Carboniferous there was no typical kaolinization, probably because of the absence of any major vegetation cover on the land.

Three main conditions of kaolinization — land environment, tropical or subtropical climate, and abundant vegetation — existed for the first time in the Bohemian Massif in the Carboniferous (Dinantian, Silesian) and Lower Permian.

The climate of the Upper Rotliegende, Zechstein and Triassic was semi-arid and arid.

After the arid period there begins, in the Keuper, an episodic influence of warm-humid climate (coal formation). During the Lower Jurassic the climate changed several

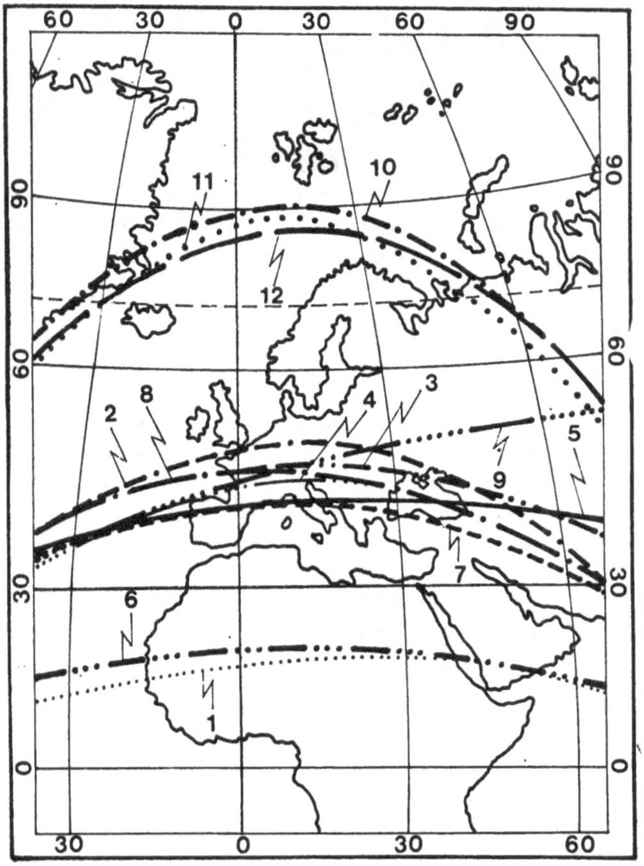

Fig. 2. Positions of the equator from Cambrian to Neogene (Kužvart & Konta, 1968)

1 — Neogene; 2 — Paleogene; 3 — Upper Cretaceous; 4 — Lower Cretaceous; 5 — Lower and Middle Jurassic; 6 — Triassic; 7 — Permian; 8 — Middle and Upper Carboniferous; 9 — Lower Carboniferous; 10 — Devonian; 11 — Silurian; 12 — Ordovician

times between warm-humid and warm-dry; in the younger Jurassic the arid climate predominated.

The climate in the Cretaceous was hot, with an annual precipitation of 800—1,200 mm (Sinicyn 1966).

The temperature of the hottest month in the Paleogene was 20—30 °C, annual precipitation 1,000—1,500 mm (Sinicyn 1965). In some places the kaolinization could have lasted till the Middle Miocene, the covering roof rocks of kaolin being of Upper Miocene age.

4.3. Palaeogeomorphological Conditions

A slightly undulating hilly surface is most favourable for kaolinization. The destruction of the Variscan mountains was very fast. For instance, the eastern part of Krušne Hory (Erzgebirge) Mountains was eroded to a depht of 5,000 m between Namurian and Westphalian A (Sattran 1957).

When the weathering of arkose in the Plzeň-Basin started in Westphalian C, the surface of the sedimentary filling of the basin was hilly. The surroundings of the basin were still mountainous. The peneplanation of the Bohemian Massif went on during the Mesozoic and Kenozoic. At the same time, the whole massif moved slowly upwards and was domed the faults which originated as a consequence of these movements dissected. The peneplain of the Bohemian Massif by grabens and tectonic steps, which were soon more or less levelled. The main factor of kaolinization in the Bohemian Massif was the climate, the massif as a whole being a peneplain since the late Permian.

The thickness of the weathering crust depended on local geomorphological conditions. We can judge these conditions only from the preservation of kaolinized rocks. It is very probable that kaolin weathering crusts in the Bohemian Massif were much more widespread than their recent remnants show.

The palaeomorphologic development of the hill country during the Tertiary of the GDR has repeatedly been dealt with in literature. Several types of peneplains are encountered.

The elevation of the hill country was strongest in the South, whereas towards the North the elevation decreased and finally changed into a depression. In this way an interlocked relief developed in which the peneplains of the uplifted southern part form the piedmont stairway. In the inversion zone the land surfaces overlie each other and in depressions they are covered by sediments.

Obviously elevation and levelling occurred in several phases, the individual blocks developing in widely different ways. Under the aspect of the genesis and preservations of kaolins the palaeogeomorphologic development can be summarized as follows:

- In the tectonically inactive period between Upper Cretaceous and Mid-Eocene a peneplain with a flat morphology was formed. According to Eissmann (1970) there were terraces and minor hills (e.g. Collmberg near Oschatz) in NW-Saxony. This Upper Cretaceous—Eearly Tertiary oldland was subjected to deep-reaching kaolinization and has been preserved under the Upper Eocene sediments. Relics of the peneplain are encountered in the subdued mountains at a height of about 900 m above sea level (peneplain F 2).
- During the continental period — Eocene—Lower Oligocene — peneplanation continued. The peneplain F 3 was formed and overlain by transgressing Mid-Oligocene sediments. In the uplifted southern areas the peneplain F 2 was dissected. At present the F 3 is at a height of 700—800 m above sea level.
- The pre-basaltic peneplain F 4 (present height about 550—600 m) was probably formed in the Mid-Oligocene — Upper Oligocene and is overlain by the volcanic rocks of the Erzgebirge and Lusatia.
- During the Upper Miocene—Pliocene the Young Tertiary land surface (peneplain F 5) was formed, whose present height is around 500 m.
- After the final elevation of the whole region during the Young Tertiary the weathering crusts in the uplifted subdued mountains were almost completely destroyed. They are preserved however under Tertiary covers in the inversion zone.
- In the Pleistocene the subdued mountains formed a barrier against the inland ice so that it was jammed in front of the mountains when its maximal extension was reached.

- The fluviatile erosion in the post-Tertiary led to a deeply dissected relief. The erosion was strongest in the subdued mountains but affected also the kaolins and Tertiary sediments of the northern areas.

4.4. Tectonic Predispositions of Kaolinization

Jointing, cataclasis, mylonitization and phyllonitization involving the rocks before kaolinization open the parent rocks for the agents of kaolinization to greater depth. Therefore, kaolin of greater thickness originates along tectonically affected zones. Moreover, sericite of dynamometamorphic origin is more liable to kaolinization due to its greater surface than feldspar. Kaolin, once existing, is not eroded, but preserved in tectonic depressions (e.g. grabens), especially in the central part of the Bohemian Massif.

In the Karlovy Vary area, the elongation of the deposit near Podlesi was caused by NW—SE jointing of granite. The elongation of the Vidnava deposit follows the strike of Sudetic faults (NW—SE). The mylonitisation of the parent rocks causes an exceptional depth of kaolinization in the Lažanky deposits (113 m) and Plenkovice (more than 80 m).

Post-kaolinization faulting has preserved the kaolin deposits in Lusatia, NW-Saxony, Karlovy Vary area, Kadan area, Plzeň Basin, near Podbořany and Znojmo in tectonic depressions.

4.5. Parent Rocks

Parent rocks of kaolins of the Bohemian Massif show a great variety:

- granitoids
  - Bi-granite (Czechoslovakia: Karlovy Vary, Vidnava, Unanov near Znojmo, Lažanky; GDR: Ockrilla)
  - granodiorite (Czechoslovakia: Hradište near Znojmo; GDR: Lusatia e.g. Caminau, Wiesa)
  - syenodiorite (GDR: Radeburg, Strehla)
  - granite (GDR: Oberrengersdorf/Lusatia, Callenberg)
- volcanites and volcanic tuffs
  - quartzporphyry (GDR: NW-Saxony, e.g. Kemmlitz, Meißen and Halle area) ignimbrite (GDR: NW-Saxony, e.g. Kemmlitz, Hohburg, Nerchau)
  - pitchstone (GDR: Meißen area)
  - tuff (GDR: SE Lusatia e.g. Berzdorf)
  - diabase and diabase tuff (GDR: area N of Görlitz/Lusatia)
- metamorphic rocks
  - orthogneiss (Czechoslovakia: Kadan, Plenkovice near Znojmo)
  - paragneiss (GDR: Precenomanian weathering crust SW of Freiberg)
  - granulite (GDR: Saxony granulite massif e.g. Aitzendorf, Callenberg)
  - phyllite (Czechoslovakia: Přimetice near Znojmo; GDR: Schöneck/Vogtland)
- sedimentary rocks
  - arkose and arkosic sandstone, Carboniferous (Czechoslovakia: Plzeň and Podbořany area)
  - arkose, Triassic (GDR: E-Thuringia, Spergau, Röblingen)
  - graywacke, Proterozoic (GDR: Leipzig area, Lusatia)
  - clay schist, Palaeozoic (GDR: area N of Görlitz, Lusatia)

The profile of deposits of Plzeň (feldspathic psammites) compared to the normal section of kaolin deposits of the weathering crust, is more complicated due to the varying content of feldspar in different beds of arkose, and due to kaolinite clay intercalations which themselves prove synsedimentary kaolinization.

The parent rocks influence the mineralogical composition of the kaolins, especially in the three-layer-silicate-zone. If relatively constant minerals (e.g. illite, mixed-layer-illite-montmorillonite) are formed in the three-layer-silicate-zone, then these minerals are also found in the kaolinite-zone. Often such kaolins contain a high proportion of three-layer-silicates (e.g. kaolins from pitchstone, ignimbrite, clay schists, graywacke; kaolins from sediments also contain primary minerals).

Red kaolin originates e.g. from the biotite granite near Vidnava, from granodiorite near Wiesa etc. where the leaching of iron was only insignificant, Kaolin formed by weathering of autometamorphous granite in Karlovy Vary is richer in alumina and poorer in iron than kaolin on normal biotite granite. Pegmatite and aplite veins are the parent rocks of better kaolin than cataclastic granodiorite on the deposit Hradište near Znojmo or Caminau.

The influence of the parent rock is reflected also in the heavy mineral content of the kaolin. Kaolin on granite contains zircone, tourmaline, topas, xenotime, apatite, rutile, anatase. Metamorphic rocks are the parent rocks of kaolins containing kyanite and garnet. Kaolinized arkoses derived from the reworking of granitoids together with crystalline rocks contain monazite, zircone, rutile, anatase, tourmaline, and xenotime together with staurolite and kyanite.

4.6. Covering Rocks

Almost all kaolin deposits are covered by sedimentary rocks.

— The relics of the Carboniferous weathering crust are overcast by kaolinic claystones, sandstones, and coal of the Carboniferous age (e.g. Erzgebirge-Basin).

— The pre-Cenomanian weathering crust is covered by main continental sandstones (Crednerian-beds) of the Cenomanian age.

— The Upper Cretaceous—Tertiary weathering crust has hanging beds especially of Tertiary age (kaolinite clays, sands, quartzites, lignites), with thicknesses up to 100 m (fig. 3).

- Middle and Upper Eocene hanging beds in the W-Saxony, E-Thuringia, Halle, Bitterfeld, Delitzsch area
- Middle and Upper Oligocene hanging beds in the Leipzig, Karlovy Vary and Podbořany area
- Miocene hanging beds in NW-Saxony, Lusatia and in most localities in Czechoslovakia
- Pliocene hanging beds in small localities in Thuringia
- Pleistocene hanging beds (glacifluvial sands, loess, clay, boulder clay) in many deposits which are in areas with a strong erosion in the Pleistocene.

5. Age of Kaolinization in the Bohemian Massif

The age of kaolinization can be determined with great accuracy, if there is a minor time-span between the origin of the parent rocks and the emplacement of the overlying sediments (e.g. in the Berzdorf basin, Lusatia, where volcanic rocks, formed in the Upper Oligocene—Lower Miocene, are kaolinized and covered by sediments of the Miocene age). This period however is usually of considerable length and given the necessary conditions a weathering crust could develop on the continent at any time within this period. Therefore, if the age of kaolinization at a certain locality is to be determined with reasonable accuracy, it is necessary to compare the corresponding data of extensive areas.

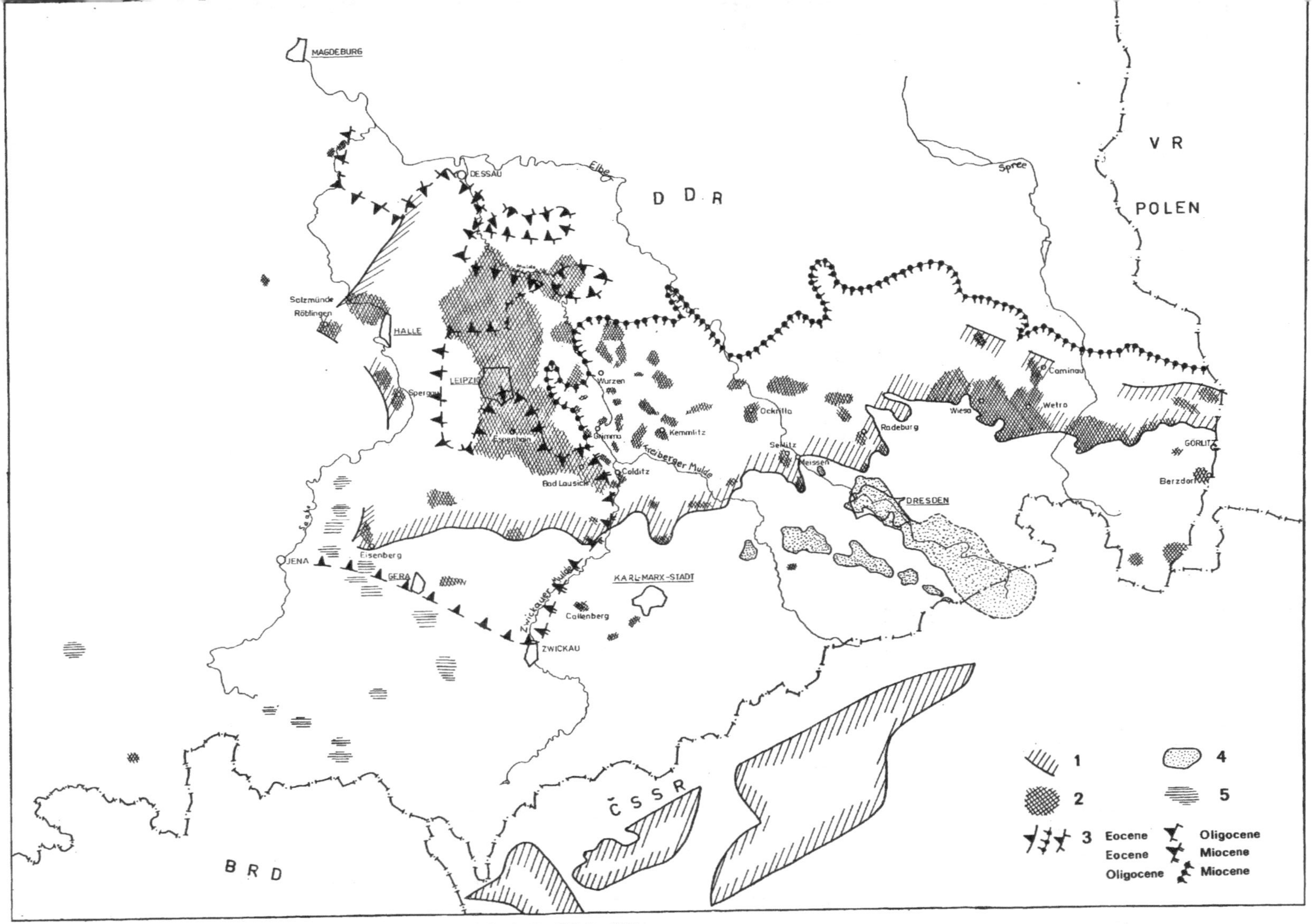

Fig. 1. Areas of the Cretaceous—Tertiary weathering crust in the NE-region of the Bohemian Massif (Störr 1975)

1 — borders of the areas with widespread Upper Cretaceous-Tertiary kaolins; 2 — kaolin > 15 m thick; 3 — border of the covering rocks; 4 — areas of the pre-Cenomanian weathering crust; 5 — areas with occasional relics of weathering crusts

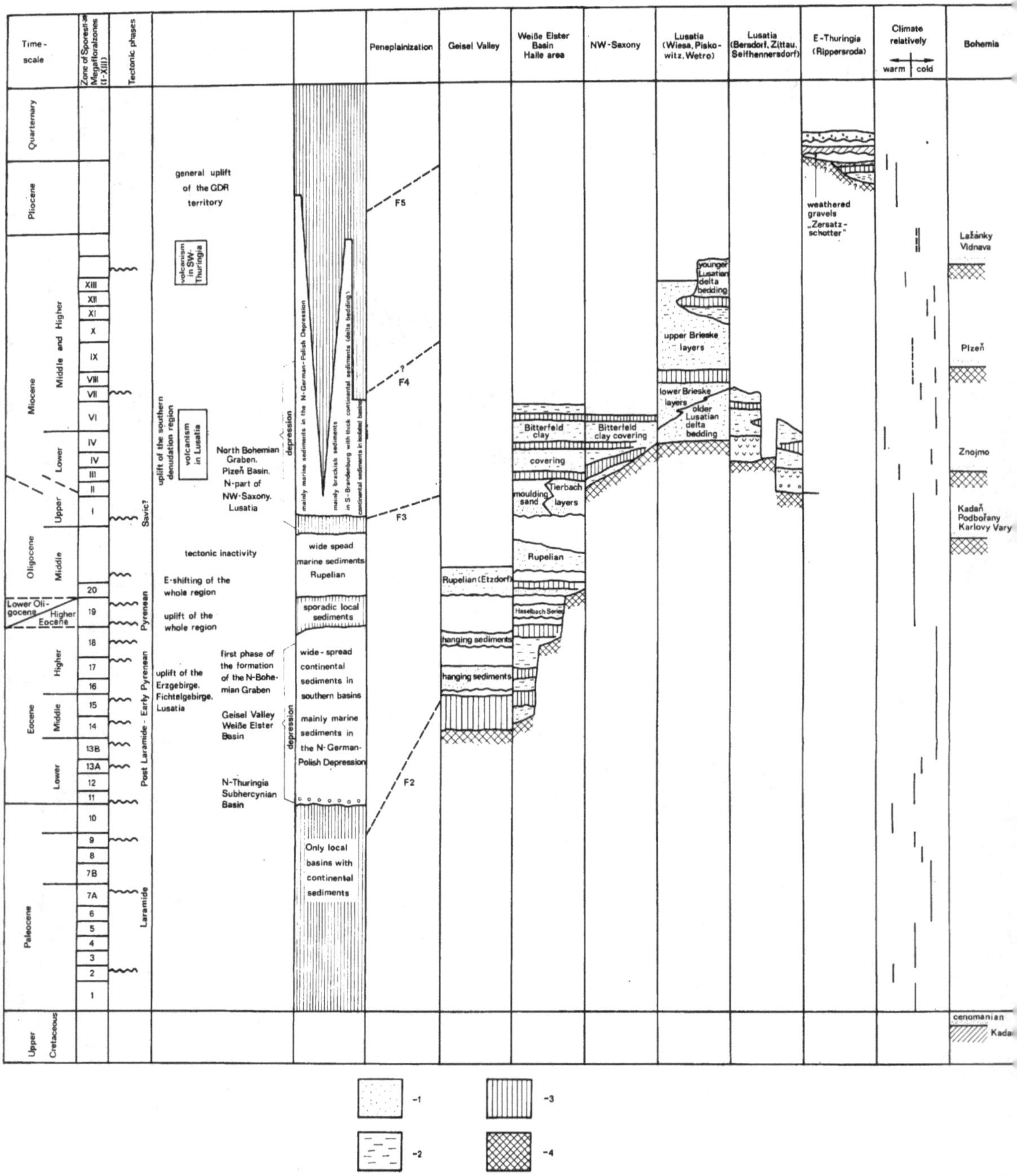

Fig. 3. Scheme of the development of the northern Part of the Bohemian Massif (Störr 1975)

1 — predominantly sands; 2 — predominantly clays; 3 — lignite; 4 — kaolin

For instance, the ages of kaolinization in the whole of Central Europe, which at the present time and certainly also in the past had about the same climatic conditions, should be taken into account. The age of kaolinization can be best determined for a sedimentary rock (e.g. arkose) containing intercalations of redeposited kaolin (kaolinitic clay), for instance in the deposits of the Plzeň area. Kaolinization of an arkose preceded the redeposition of kaolin by a short period of time only and is therefore almost contemporaneous with the age of clay intercalations in Carboniferous arkoses.

The occurrence of kaolinization in past ages is confirmed by the existence of kaolin deposits and kaolinized rocks, sometimes of brown and red colour, which were frequently mistaken for laterites. There is no positive evidence of Precambrian and Lower Paleozoic kaolinization (with the exception of Ordovician kaolinite clays), either because the deposits were destroyed by erosion or metamorphosis, or more probably, because the conditions of weathering were generally not favourable due to different composition of the atmosphere and lack of plant cover on continents.

Therefore, kaolinic weathering can be dated as (Fig. 4):

- Cretaceous to Miocene or possibly Pliocene
- Upper Triassic to Lower Jurassic
- Carbonifereous and Lower Permian
- Ordovician

5.1. The Ordovician Kaolinization

The most important sign of a kaolinitic weathering in the Ordovician is the kaolinite content of the sediments. Also the widespread, feldspar-free quartzites (e.g. Dubrau-quartzite) speak for a regional chemical weathering. The climatic conditions were given (subtropical or warm-humid). Possible mainlands which supplied the kaolin material are the East Elbe Massif, the Central German Ridge and certainly the Baltic Shield.

[The sediments of the Llandvirnian—Llandeilian of Rügen — North GDR contain up to 30% kaolinite (Starke 1970). The weathering crust was redeposited during the Ordovician.]

5.2. Carboniferous — Lower Permian Kaolinization

Signs of a kaolinitic weathering are the relics of the weathering crust under the Carboniferous beds (e.g. Erzgebirge Basin) and the high content of kaolinite in the Carboniferous sediments in the northern and southern part of the GDR and in Czechoslovakia.

The climate was warm and damp (tropical and subtropical) from the Lower Carboniferous to the Upper Rotliegende, with an optimum (tropical) in the Upper Carboniferous.

The development in the northern part of GDR and the Bohemian Massif is different.

In the northern part of GDR the Lower Visean sediments contained kaolinite in great amounts, the Baltic Shield being at this time subject to weathering. As the Carboniferous sediments, over 1,000 m thick, contain kaolinite (up to 75% in clay shales, the ratio of quartz: feldspar being 40—50:1 in sandstones), it seems that during the uplift of the Baltic Shield kaolinization lasted for a long time during the Carboniferous, and kaolinization and erosion balanced each other.

During the Upper Silesian (Rote Folge) the amount of kaolinite gradually decreases with an increase of three-layer-silicates. The sediments of the Variscan geosyncline contain only mica and chlorite (Devonian, Lower Carboniferous—Culm Facies). First small amounts of kaolinite are found in the transgressive sediments of Lusatia and in the limnic-fluviatile sediments of the Kirchhain und Werenzhain beds.

After the uplift of the Variscides the kaolinization was more extended. The sediments (Silesian and Autunian) of most interior basins contain kaolinite as the main constituent. Especially the claystones ("Kohle-Tonsteine"), which were formed from pyroclastic material and were kaolinized in situ, contain large amounts of kaolinite (Hoppe 1966; Rösler et al. 1967).

In the Plzeň basin the kaolinization of Carboniferous age is proved by intercalations of kaolinitic clay in kaolinized arkose and by the fact that most of the kaolin deposits in this area are bound to hiatuses in Carboniferous sedimentation (in Lower Stephanian: deposits Ledce, Obora?, Orlik, in Middle Stephanian: deposits Kaznejov, Chotikov, Horni Briza, Lomnicka, Nekmir, Nevren, Lité, Sokolka, Žilov). Near Kaznejov there is a bed of kaolinized arkose (kaolin) 22 m thick covered by 106 m of unweathered arkose. The deposits near Podbořany are very similar to those near Plzeň. The age of both is the same. In the Plzeň basin as well as in the Kladno—Rakovnik basin there are deposits of Carboniferous claystones (Tonsteine) as mentioned above.

The change of climate during the Upper Rotliegende from humid to semiarid terminated the kaolinitic weathering. The sediments of the Autunian, Zechstein, Bunter Sandstone, Muschelkalk formed in an arid period contain mainly three-layer-silicates, kaolinite is mostly absent.

5.3. Upper Triassic — Lower Jurassic Kaolinization

A sign of a kaolinitic weathering in this period is the high kaolinite content of the sediments. Relics of the weathering crust in the Bohemian Massif are unknown.

In the northern part of the GDR the sediments (clays and sands) of the Lower Keuper, Rhaetian and Lias contain high amounts of kaolinite (e.g. partly up to 70% in red clays of Sinemurian age) beside quartz, mica, illite and mixed-layer illite-montmorillonite.

In the Later Dogger the kaolinite content increases in general. In the North the Baltic Shield had a weathering crust at that time. Possibly the kaolins from Bornholm, which are covered by Early Cretaceous sediments (Almeborg et al. 1968), are relics of this weathering crust.

During the Jurassic the area of the Bohemian Massif was part of the Vindelician Bohemian Land, which was divided by the Saxon Strait into the Bohemian and Sudeten Island. The kaolinitic weathering crust was eroded on these islands, especially in the Keuper and Lias, as is shown by the kaolinite content of the sediments e.g. in Franconia (Krumm 1965).

There was a transgression in the Dogger in the NW-part of the Bohemian Island, but later the sediments were totally eroded, except for small relics in tectonic faults. The erosion was so strong that not only the sediments were removed but also the weathering crust beneath them.

5.4. Young Mesozoic — Tertiary Kaolinization

In the Cretaceous and the Tertiary kaolinization reached a maximum. The kaolins of the Lower Cretaceous (generally red) have been preserved only in the region of the overlying Upper Cretaceous. The widespread white kaolins are dated as Upper Cretaceous—Tertiary.

It is reasonable to assume that, given favourable conditions on the mainland (peneplanation, adequate drainage etc.), kaolinization occurred in all these periods. Thus, thick kaolin crusts occurring in areas which were protected against erosion, can be kaolinized several times and in different periods.

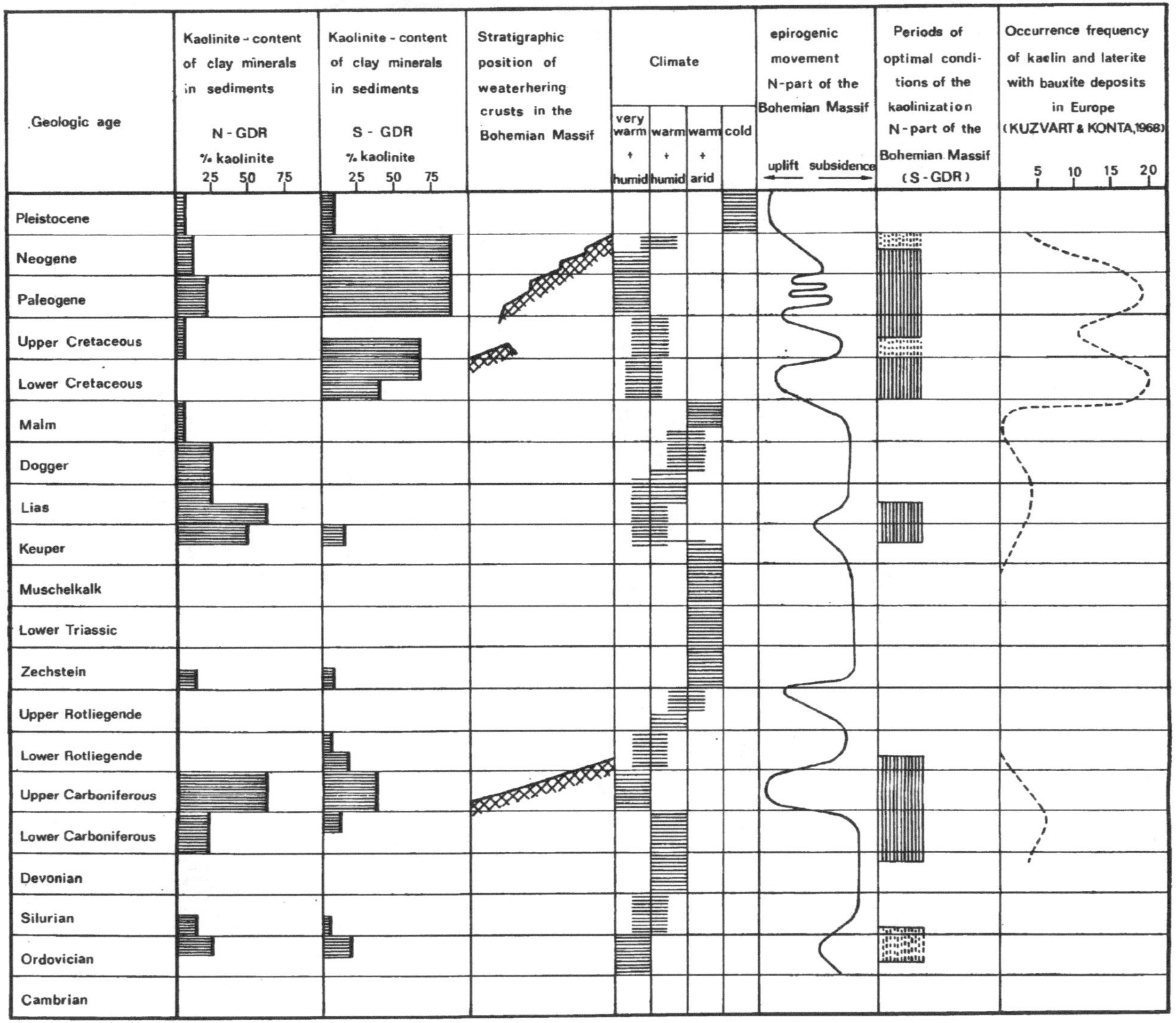

Fig. 4. Survey of the conditions and characteristics of the kaolinization in the GDR (Störr 1975)

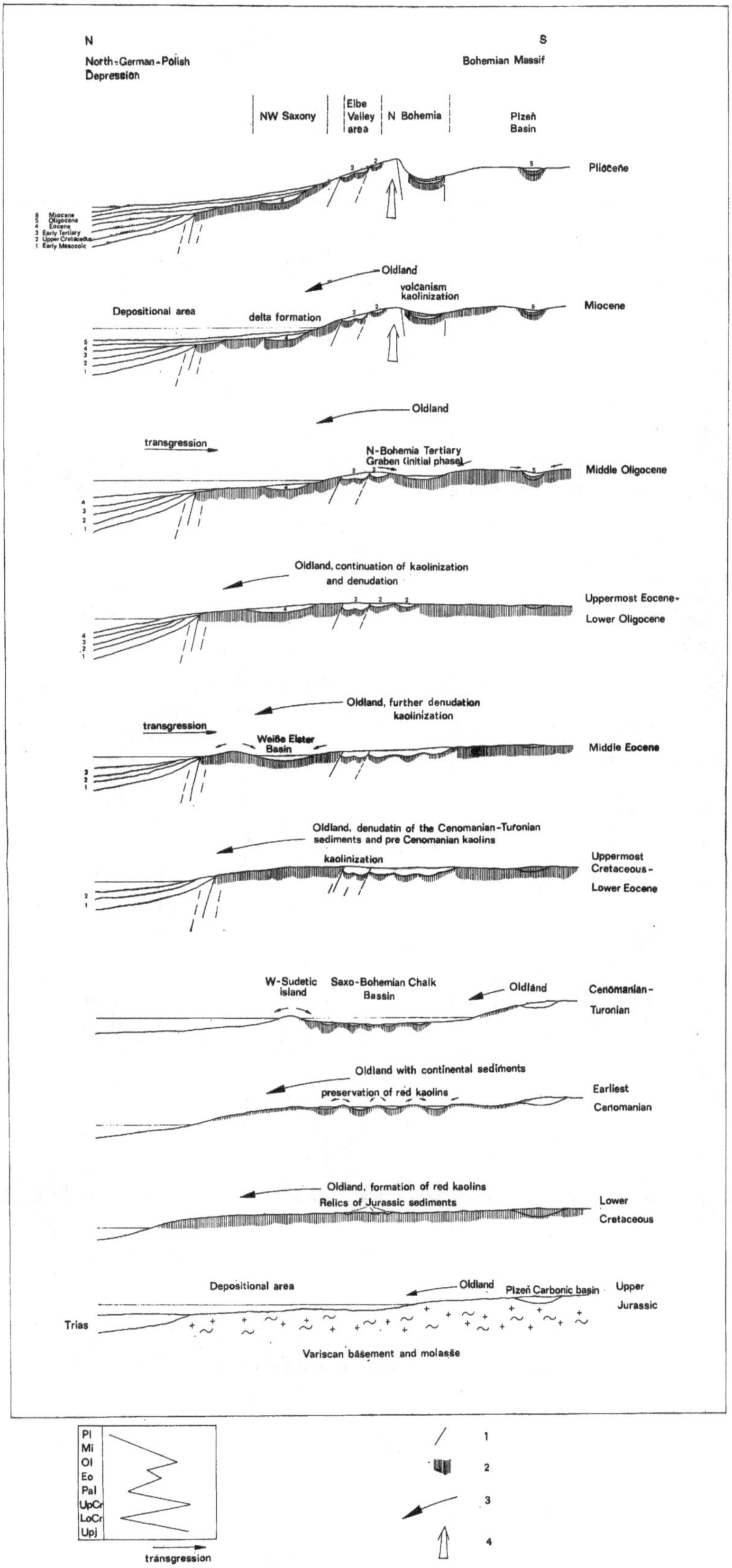

Fig. 7. Cross sections of the development of the NW-part of the Bohemian Massif (Störr 1957)
1 – faults; 2 – kaolinitic weathering crust; 3 – erosion and transport direction; 4 – uplift

This can be seen in two deposits — Chotikov and Chlumčany (Plzeň Basin) — where the present structure could not originate in the Carboniferous alone.

The section of the Chotikov deposit (Fig. 5) shows that kaolinization reaches to a depth of 20—30 m below the present land surface (presumably parallel with the Paleogene surface which stood not very high above it) irrespective of tectonic disturbance of the deposit. Kaolinization affected arkoses from the base of the Lině Formation as well as those which occurred at least 100 m above its bases (determined from the characteristic lithological index horizons). Cretaceous to Palaeogene kaolinization took place after the older, probably pre-Cretaceous phases of Saxonic tectonics, i.e. the Early and Late Cimmerian phases.

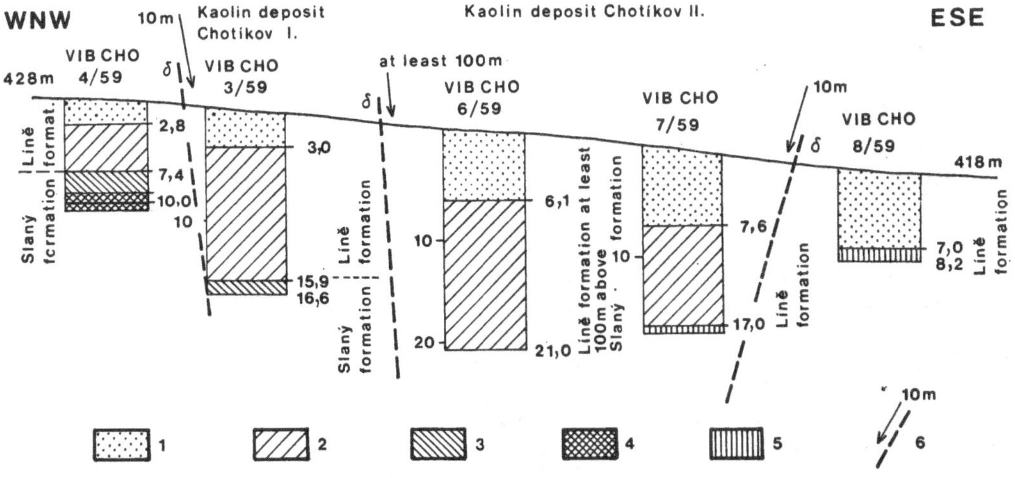

Fig. 5. Section through the kaolin deposit Chotikov

1 — Quaternary; 2 — kaolin; 3 — ochre siltstone and claystone; 4 — grey siltstone and claystone; 5 — red siltstone and claystone; 6 — faults with the extent of downward motion

Kaolinization of Algonkian rocks below a thin relic of the Nyřany Member at the eastern margin of the opencast near Chlumčany (Fig. 6) followed undoubtedly the tectonic movements which juxtaposed arkoses and arkosic sandstones of different stratigraphical levels. West of the boundary fault, kaolinization affected a thick complex of these deposits to a depth of 30 m (the present average thickness of the worked kaolin); east of the fault it caused decomposition of a thin denudation relic of Carboniferous rocks and the underlying Algonkian spilite tuff (total present depth of decomposition is also about 30 m).

In the Kadan-area the kaolinization can be dated as Upper Carboniferous (crystalline rocks covered by Permian sediments are kaolinized), pre-Upper-Cretaceous (crystalline rocks and Permian sediments covered by Cenomanian or Turonian sediments are kaolinized), and Paleogene (greater thickness of kaolin where Cretaceous sediments were eroded during early Paleogene). Young Mesozoic-Tertiary kaolinization gave rise to deposits in the Karlovy Vary area, near Vidnava, Lažánky and Znojmo.

Upper Turonian calcareous illitic claystones weathered to a depth of 10 m near Sedlec in the southern part of North Bohemian brown-coal basin (Vachtl & Žemlička 1959) during the Paleogene.

The weathering of Lower Miocene basalts in the southern part of North-Bohemian coal basin resulted in kaolinite with a small admixture of montmorillonite (Vachtl

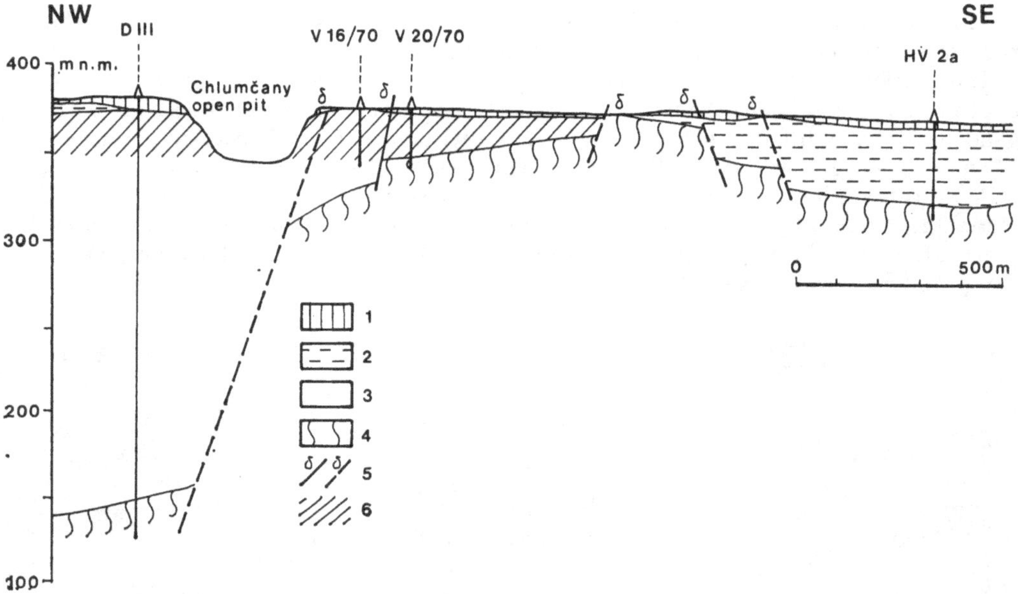

Fig. 6. Section through the kaolin deposit Chlumčany

1 — Quaternary; 2 — Tertiary; 3 — Carboniferous: Kladno Formation; 4 — Proterozoic; 5 — fault; 6— kaolinized rocks

& Žemlička 1959). This is the youngest phase of weathering in the Bohemian Massif in Czechoslovakia — Middle Miocene or younger.

The kaolin area of the GDR, however has become mainland only since the Lower Cretaceous so that an older pre-Cretaceous kaolinization is not very likely. The kaolinization process in this region startet in the Lower-Cretaceous and lasted to the uppermost Tertiary. Due to epeirogenic depressions, leaching of the Zechstein salts or tectonic basin formation certain regions of the mainland became sedimentation areas. In these regions the kaolinization process was terminated by the deposition of sediments.

On the mainland, however, the kaolinization process continued. The youngest kaolinized rocks are the volcanic and athrogenic rocks of Lusatia, which is evidence that the kaolinization process lasted till the Lowest Miocene.

Indicative of a last weak kaolinization are the Upper Pliocene—Lower Pleistocene deposits in Thuringia. In the Neogene the desk-like uplift to the subdued mountains took place (Lusatia, Erzgebirge, Thüringer Wald). In the South the kaolin crust was almost completely destroyed by erosion. Only in such areas in which the Tertiary land surface was preserved relics of the kaolin crust can be found (e.g. near Steinheid in the Thüringer Wald, near Gera in E-Thuringia).

Further to the North, where the elevation was only slight, the kaolin crust and the overlying Tertiary sediments were largely preserved. The southern border of the kaolin area coincides with the 200 m isohypse.

6. Conlusions

In the following a survey will be given of the most important geological aspects of the kaolin genesis of the Northern Part of the Bohemian Massif from the Lower Cretaceous onwards (Fig. 7):

— Lower Cretaceous

- formation of the oldland with kaolinitic weathering crust (red kaolins)

— Cenomanian—Turonian
- transgression
- covering of the crust, predominantly by terrestrial deposits
- redeposition of the weathering crust and deposition of sandstones and kaolinitic clays

— Later Upper Cretaceous—Early Eocene
- formation of the oldland (Peneplain F 2) with kaolinitic weathering of the whole Bohemian Massif

— Middle and Later Eocene
- transgression from the North German-Polish depression
- formation of terrestrial basins in W-Saxony, E-Thuringia, Halle area (partly by leaching)
- covering of the crust by terrestrial sediments
- continuation of the kaolinization on the oldland areas
- first phase of the uplift of the Erzgebirge, Fichtelgebirge and Lusatia with stronger erosion in the uplifted areas

— Latest Eocene—Lower Oligocene
- uplift of the whole area
- continuation of the kaolinization
- formation of the peneplain F 3

— Middle Oligocene
- transgression from the North German-Polish depression and general displacement of the coast to the South
- almost complete erosion of the weathering crust in the area of marine transgression
- covering of the kaolins north of Leipzig
- continuation of the formation of the peneplain F 3

— Upper Oligocene—Miocene
- displacement of the shore to the South
- covering of the kaolins by terrestrial sediments in NW-Saxony and Lusatia
- stronger uplift of the subdued mountains, fracture tectonics (e.g. Erzgebirge fault)
- volcanism in the Erzgebirge and Lusatia
- kaolinization and bentonitization of the volcanic rocks
- stronger erosion in the uplifted subdued mountains and delta formation (sands partly with feldspar, kaolinitic clays and lignite)

— Late Miocene—Pliocene
- uplift of the whole area
- formation of the young Tertiary Peneplain (F 5)
- deposition of fluviatile sediments (gravel, sand) showing signs of weathering ("Zersatz-schotter" Upper Pliocene—Early Pleistocene)
- lateritization of the volcanic rocks of the Vogelsberg area (FRG)

— Quaternary
- glacial erosion in the Elster Ice Age
- fluviatile erosion during the whole Quaternary
- fracture tectonics (Germanotype) between Elster Glacial and Holstein Interglacial.

Summary

On the Bohemian Massif (Czechoslovakia and GDR) four periods of kaolinitic weathering are recognizable:

— Upper Mesozoic—Tertiary kaolinization with well-preserved relics of the weathering crusts and their redeposited products (white and red kaolins, amorphous magnetite, laterites with hydrated alumina, Ni-hydrosilicates, green earths, montmorillonitic weathering products, kaolinite clays, cement quartzites, quartz sands).

- Upper Triassic—Lower Jurassic kaolinization, the kaolinite content in the sediments being the only criterion for kaolinization.
- Carboniferous—Lower Rotliegende kaolinization with relics of the weathering crust and considerable kaolinite content of the sediments.
- Ordovician kaolinization, locally discernible in the sediments (clays containing kaolinite, pure quartzite etc.).

The presence in the Ordovician of an intense chemical weathering is reflected by the increased kaolinite content of clay rocks but also by the occurrence of feldspar-free quartzites and oolithic iron ores. Mainland areas are believed to have been the East-Elbian Massif and the Central German Ridge. As in the Ordovician the mainland was not covered by vegetation it is to be supposed that only local kaolinizations could take place. Further investigations are necessary to determine the character of the Ordovician kaolinisation more precisely.

By the Variscan orogenesis a palaeographic situation was created, whose basic features have been retained from the Carbon (after the Sudetic phase) up to the present time. The Bohemian Massif was predominantly a mainland, and between the Bohemian Massif and the Baltic Shield the North-German Polish Depression developed whose waters inundated the border areas of the massifs.

Kaolinitic weathering crusts have been preserved especially in the sole of continental sediments:

- Carboniferous—Lower Rotliegende surface layers representing redeposited kaolins in inland depressions (e.g. The Plzeň Basin);
- Upper Cretaceous surface in the region of the Saxon Bohemian Chalk Depression;
- Tertiary surface layers (Middle Eocene, Mid-Upper Oligocene, Upper Oligocene—Miocene, rarely Pliocene) especially on the northern fringe of the Bohemian Massif and in inland depressions (e.g. North-Bohemian Depression, Berzdorf Basin, Zittau Basin, Weißelster Basin, Plzeň Basin). In the Plzeň Basin repeated kaolinization is assumed to have taken place. In this basin continental kaolinite-bearing arkoses and clays (Stephanian) were formed from Carboniferous kaolins by redeposition and were repeatedly kaolinized after the Carboniferous, the last detectable kaolinization taking place in the Tertiary (pre-Upper Oligocene).

Occurrences of kaolins are found on the northern fringe of the Bohemian Massif. This area was inundated during the Triassic and Jurassic and it was not until the Lower Cretaceous that it became mainland for most of this time. Kaolinization began in the Lower Cretaceous and continued with more or less intensity to the youngest Tertiary. The youngest deeply kaolinized rocks are the Neogene volcanic rocks of Lusatia (Upper Oligocene—Miocene) and of the Rhön Mountains (Upper Miocene—Pliocene). The weathering products of the volcanic rocks contain besides kaolinite Al-hydroxides (laterization). During the Cretaceous and the Tertiary parts of the mainland became deposition areas (Cenomanian-Turonian, Middle Eocene, Middle to Upper Oligocene, Upper Oligocene—Miocene). In the sole of these layers the kaolins are well preserved, whereas in the originally Tertiary-free areas they were strongly eroded.

Zusammenfassung

Auf dem Böhmischen Massiv (Territorium der ČSSR und DDR) sind vier Perioden kaolinitischer Verwitterung zu erkennen:

- Jungmesozoisch—tertiäre Kaolinisierung mit gut erhaltenen Relikten der Verwitterungskruste und ihrer Umlagerungsprodukte (weiße und rote Kaoline, amorpher Magnesit, Laterite mit freien Al-Hydroxiden, Ni-Hydrosilikate, Grünerden, montmorillonitische Verwitterungsprodukte, Kaolinit-Tone, Zementquarzite, Quarzsande).
- Obertriassisch—jurassische Kaolinisierung, die sich nur im erhöhten Kaolinitgehalt der Sedimente widerspiegelt.
- Karbonisch—unterrotliegende Kaolinisierung mit erhaltenen Relikten der Verwitterungskruste und erhöhtem Kaolinitgehalt der Sedimente.
- Ordovizische Kaolinisierung, die sich in den sedimentären Bildungen anzeigt (kaolinitführende Tongesetine, reine Quarzite, oolithische Eisenerze).

Die Existenz einer intensiven chemischen Verwitterung im Ordovizium zeigt sich in der Kaolinit-Führung einiger toniger Gesteine, aber auch in den feldspatfreien Quarziten und oolithischen Eisenerzen. Als wahrscheinliche Festlandsgebiete kommen in Frage: das Ostelbische Massiv und die Mitteldeutsche Schwelle. Die im Ordovizium auf dem Festland noch fehlende Pflanzendecke läßt vermuten, daß nur lokale Kaolinisierungen möglich waren. Der Charakter der ordovizischen Verwitterung muß durch weitere Untersuchungen präzisiert werden.

Durch die variszische Orogenese wurde eine paläogeographische Situation geschaffen, die in ihren Grundzügen vom Karbon (nach der sudetischen Phase) bis zur Gegenwart existiert. Das Böhmische Massiv besaß überwiegend Festlandcharakter und zwischen Böhmischem Massiv und Baltischem Schild entwickelte sich die Norddeutsch-Polnische Senke, von der aus die Massive randlich überflutet wurden.

Kaolinitische Verwitterungskrusten sind besonders im Liegenden kontinentaler Sedimente erhalten geblieben:

— Karbonisch-unterrotliegende Deckschichten in Binnensenken, die selbst umgelagerte Kaoline darstellen (z. B. Plzeň-Becken);
— Oberkreide-Deckschichten im Gebiet der Sächsisch-Böhmischen Kreidesenke;
— Tertiäre Deckschichten (Mitteleozän, Mittel-Oberoligozän, Oberoligozän-Miozän, selten Pliozän), besonders am Nordrand des Böhmischen Massivs und in Innensenken (z. B. Nordböhmische Senke, Berzdorfer Becken, Zittauer Becken, Weißelsterbecken, Plzeň-Becken).

Eine mehrfache Kaolinisierung wird z. B. für das Plzeň-Becken angenommen. Hier sind aus karbonischen Kaolinen durch Umlagerung kontinentale kaolinhaltige Arkosen und Tone (Stephan) entstanden, die postkarbonisch wiederum kaolinisiert wurden. Die letzte nachweisbare Kaolinisierung erfolgte im Tertiär (Präoberoligozän).

Das Verbreitungsgebiet der Kaoline der DDR liegt am Nordrand des Böhmischen Massivs. Dieses Gebiet war während Trias und Jura überflutet und erst ab Unterkreide meist Festland. Die Kaolinisierung begann in der Unterkreide und setzte sich mehr oder weniger kontinuierlich bis ins jüngste Tertiär hinein fort.

Die jüngsten tiefgründig kaolinisierten Gesteine sind die Neogenvulkanite der Lausitz (Oberoligozän—Miozän) und der Rhön (Obermiozän—Pliozän). Die Verwitterungsprodukte der Vulkanite enthalten neben Kaolinit auch Al-Hydroxide (Lateritisierung). Während der Kreide und des Tertiärs wurden Teile des Festlands in den Sedimentationsraum einbezogen (Cenoman—Turon, Mitteleozän, Mittel-Oberoligozän, Oberoligozän—Miozän).

Im Liegenden dieser Schichten sind die Kaoline gut erhalten, während sie in den primär tertiärfreien Gebieten erodiert sind.

Резюме

На Богемском массиве (на территории ГДР и Чехословакии) выделяется 4 периода каолинитового выветривания:

— позднемезозойско-третичная каолинизация с хорошо сохранившимися остатками коры выветривания и их продуктов переотложения (белые и красные каолины, аморфный магнезит, латериты со свободными водяными окисями алюминия, никелевыми гидросиликатами, зеленоземами, монтмориллонитовые продукты выветривания, каолинитовые глины, цементные кварциты и кварцевые пески),
— верхнетриасово-юрская каолинизация, котора отображается лишь в повышенном содержании коалинита в осадках,
— каолинизация карбрново-нижнего лежня возраста со сохранившимися остатками коры выветривания и повышенным содержанием каолинита в осадках,
— ордовицския каолинизация, которая проявляется в осадочных образованиях (каолинитносящие глинистые породы, чистые кварциты и оолитические железные руды).

Существование интенсивного химического выветривания в ордовике выражяается в каолиноносности некоторых глинистых пород, но и в свободных от полевых шпатов кварцитах и оолитических железных рудах. Предположительными материками явются: Восточноэльбский массив и Среднегерманский хребет. Отсутствующая еще в ордовике растительность на суше допускает, что возможными являлись лишь местные каолинизации. Характер ордовицского выветривания требует для уточнения дальнейших исследований. Герцинским сооружением создалось палеогеографическое положение, существовавшее в основных чертах от карбона (после судетской фазы складчатости) до настоящего времени. Богемский массив обладал преимущественно материковым характером и между Богемским массивом и Балтийской щитой развивалась Северогерманская-польская впадина, от которой массивы на краях подвергались повторным затоплениям.

Каолинитовые коры выветривания особенно сохранились в лежачем боку материковых осадков:

— покровные слои карбоново-нижнего лежня возраста во внутренних впадинах, которые сами представляют собой переотложенные каолины (напр. Пльзенский бассейн),
— верхнемеловые покровные слои в пределах Заксонски-Богемской впадины,
— третичные покровные слои (среднеэоцен, средне—верхне—олигоцен, верхнеолигоцен—миоцен, редко плиоцен), особенно на северном краю Богемского массива и во внутренних впадинах (напр. Северобогемская впадина, Берцдорфский бассейн, Циттауский бассейн, бассейн р. Белого Эльстера, Пльзенский бассейн).

Многократная каолинизация, на—пример, предполагается для Пльзенского бассейна. Здесь сформировались из карбоновых каолинов переотложением материковые каолинитсодержащие акрозы и глины (стефан), которые в посткарбоновое время вновь подвергались каолинизации. Последняя доказуемая каолинизация происходила в третичной эре (доверхнеолигоцен).

Площадь распространения каолинов в ГДР расположена на северном краю Богемского массива. Эта площадь была затоплена в триасе и юре и лишь нижемелового времени становилась большей частью сушей. Каолинизация началась в нижнемеловом периоде и продолжалась более или менее последовательно до самой верхнетретичной эры.

Самые молодые коренно каолинизиррованные породы представляют собой неогенновые вулканиты Лужицы (верхнеологицен—миоцен) и Рёна (верхнемиоцен—плиоцен). Продукты выветривания вулканитов содержат наряду с каолинитом и алюминевые водяные окиси (латеризация). В меловом и третичном периодах части материка были включены в седиментационное пространство (сеноман—турон, средний эоцен, срегне—верхнеолигоцен, верхнеолигоцен—миоцен).

В лежачем боку этих слоев каолины имеют хорошую сохраненность, в то время как они эродированы в первично бестретичных районах.

References

Almeborg, J.; Bondam, J.; Heller, E.: Kaolin deposits of Denmark. — Intern. Geol. Congr., Rep. 23rd sess., Praha 1968 (1969), S. 75—85, (engl.).

Barnitzke, J. E.: Über das Vorkommen der Porzellanerde bei Meißen und Halle a. S. — Z. prakt. Geol., Berlin **17** (1909), S. 457—479.

Berg, G.: Über die petrographische Entwicklung des Niederschlesischen Miozäns. — Z. deutsch. geol. Ges., Berlin **58** (1906), S. 56—59.

Buchwald, J.: Zur Genese der Oberlausitzer Kaoline und Tone. — Geologie, Berlin **20** (1971), S. 38—61.

Dammer, B.: Das Rotliegende der Umgegend von Altenburg i. Sa. — Jb. preuß. Landesanst., Berlin **24** (1903), S. 291—332.

Eissmann, L.: Geologie des Bezirkes Leipzig. — Natura regionis Lipsiensis **1** und **2**, Leipzig (1970), 172 S.

Freyberg, B. v.: Die tertiären Landoberflächen in Thüringen. — Fortschr. Geol. Paläont., Berlin **6** (1923), S. 1—77.

Harassowitz, H.: Verwitterungslagerstätten. — Z. prakt. Geol., Berlin **24** (1916), S. 127—136.
— Laterit. — Fortschr. Geol. Paläont., Berlin IV (1926), S. 253—566.

Krumm, H.: Mineralbestand und Genese fränkischer Keuper und Lias-Tone. — Beitr. Mineral. Petrogr., Heidelberg **11** (1965), S. 91—137.

Kužvart, M.; Konta, J.: Kaolin and laterite weathering crusts in Europe. — Acta Univ. Carolinae, ser. geol., Praha (1968) 1/2, S. 1—19, (engl.).

LANG, R.: Die Entstehung von Braunkohle und Kaolin im Tertiär Mitteldeutschlands. Ein geologisch-bodenkundliches Problem. — Jb. hall. Verb., Halle 2 (1920), S. 65—91.

LINSTOW, O. v.: Die geologischen Verhältnisse von Bitterfeld und Umgegend (Carbon, Porphyr, Kaolinisierungsprozeß, Tertiär, Quartär). — N. Jb. Mineral., Beil.-Bd., Stuttgart **33** (1912), S. 754—830.

MÖBUS, G.: Caractéristiques de la zone Saxo-Thuringienne de l'orogénèse varisque d'Europe moyenne. — Publ. Colloque Intern. due CNRS, Rennes 1974, (franz.).

MÜHLEN, L. v. z.: Über die Kaoline und kaolinisierten Granite im Gebiete zwischen Ströbel und Saarau in Schlesien sowie deren Entstehung. — Z. prakt. Geol., Berlin **29** (1921), S. 56—61.

NEUMANN, W.: Über fossile und metamorphe Verwitterungsbildungen auf dem sächsischen Granulitmassiv und an seinem Rande. — Z. geol. Wiss., Berlin 2 (1974), S. 705—715.

RAMANN, E.: Bodenkunde. 2. Aufl. — Berlin: Springer-Verl. 1905. 431 S.

RÖSLER, H.: Beiträge zur Kenntnis einiger Kaolinlagerstätten. — N. Jb. Mineral., Beil.-Bd., A, Stuttgart 15 (1902), S. 231—293.

RÖSLER, H. J.; PÄLCHEN, W.; OSSENKOPF, W., TAUBERT, P.: Die Kohlentonsteine aus dem Steinkohlenbecken von Zwickau-Oelsnitz, Freital-Döhlen (bei Dresden) und Doberlug. — Freiberger Forsch.-H., C, Leipzig 211 (1967).

SATTRAN, V.: Odnos krystalinika v prostoru východnich krušnych hor. — Věstn. ústř. úst. geol., Praha **32** (1957), S. 316—322, (tschech.).

SELLE, V.: Über Verwitterung und Kaolinbildung Hallescher Quarzporphyre. — Z. Naturwiss., Leipzig **79** (1907), S. 321—421.

SINICYN, V. M.: Drevnie klimaty Evrazii. II. Mezozoi. — Leningrad: izd. Leningrad. univ. 1966, (russ.).

STAHL, A.: Die Verbreitung der Kaolinlagerstätten in Deutschland. — Arch. Lagerstättenforsch., Berlin 12 (1912), S. 1—135.

STARKE, R.: Verteilung und Faziesabhängigkeit der Tonminerale in den geologischen Systemen. — Freiberger Forsch.-H., C, Leipzig 254 (1970), S. 1—185.

STÖRR, M. (Ed.): Symposium guide book to the Kaolin Deposits of the GDR in the Northern Region of the Bohemian Massif. — Greifswald: Ernst-Moritz-Arndt-Univ. 1975. 243 S., (engl.).

STREMME, H.: Über Kaolinbildung. — Z. prakt. Geol., Berlin **16** (1908), S. 122—128.

— Überreste tertiärer Verwitterungsrinden in Deutschland. — Geol. Rdsch., Leipzig **1** (1910), S. 337—344.

— Die Chemie des Kaolins. — Fortschr. Mineral., Jena **2** (1912), S. 87—128.

VACHTL, J.; ŽEMLIČKA, J.: K charakteristice fosilniho světravani na jižnim okraji mostecké hnědouhelné pánve. — Sborn. ústř. úst., geol., Praha **25** (1959), (tschech.).

WEISS, F.: Vorkommen und Entstehung der Kaolinerden des ostthüringischen Buntsandsteinbeckens. — Z. prakt. Geol., Berlin **18** (1910), S. 353—367.

WÜST, E.: Die Entstehung der Kaolinerden der Gegend von Halle a.d. Saale. — Z. prakt. Geol., Berlin **15** (1907), S. 19—23.

Manuskripteingang: 29. November 1976

Anschriften der Autoren:

Dr. M. STÖRR, Ernst-Moritz-Arndt-Universität, Sektion Geologische Wissenschaften
DDR - 22 Greifswald, Friedrich-Ludwig-Jahn-Straße 17a

Dr. M. KUŽVART, Katedra loziskové geologie University Karlovy
CS - 12843 Praha 2, Albertov 6

Dr. J. NEUŽIL, Katedra petrografie na přirodovědeckě fakultě University Karlovy
CS - 12843 Praha 2, Albertov 6

Schriftenr. geol. Wiss. · Berlin 11 (1978) · S. 283—291

Aspekte hydrothermaler Untersuchungen zur Kaolingenese

Von GÜNTER STRÜBEL, Gießen

Mit 3 Abbildungen und einer Tabelle

Die Prozesse bei der Kaolinisierung der primären Tonerdesilikate der Gesteine spielen sich bei Temperaturen unterhalb 400 °C ab und bei Drucken, die 1000 bar selten übersteigen dürften. Da die Neubildungen von Mineralphasen der Kaolinitgruppe aus ionaren oder molekular-dispersen wäßrigen Lösungen stattfinden, sind physiko-chemisch gesehen die Bereiche der Löslichkeitsgrenzkurven der Dreiphasengebiete und die unmittelbare Umgebung der Dreiphasenschlinge entsprechender Systeme repräsentativ. Während Stabilitätsbereiche und Phasengrenzen der Hauptreaktionspartner Quarz, Kalifeldspat und Glimmer zum Teil auch für variierende pH-E_h-Bedingungen durch eine Vielzahl von Untersuchungen weitgehend bekannt sind, liegen über die quantitativen hydrothermalen Löslichkeitsverhältnisse, insbesondere für die Feldspäte und die Glimmerminerale, erst spärliche Angaben vor.

Wegen seiner wirtschaftlich-industriellen Bedeutung bei der Quarzsynthese, in erster Linie durch die experimentellen Untersuchungen von KENNEDY (1944 und 1950) und NACKEN (1950), ist das System $SiO_2—H_2O$ heute quantitativ gut erforscht und bekannt.

Die hydrothermalen Löslichkeitsverhältnisse bei den Kalifeldspäten sind für das System $KAlSi_3O_8—H_2O$ durch zahlreiche Meßwerte an Orthoklas aus der Umgebung der P-Schlinge durch SCHLOEMER (1962, 1964) bestimmt worden.

Um Anhaltspunkte für die Reaktions- und Löslichkeitsverhältnisse der Glimmer zu bekommen, wurden jetzt entsprechende Messungen im System $KAl_3Si_3O_{10}(OH)_2—H_2O$ für den Bereich der Grenzkurve des Dreiphasengebiets und unter überkritischen Bedingungen bis 600 °C und Drucken bis zu maximal 5320 bar durchgeführt. Dabei wurden insbesondere die molekulare Zusammensetzung der zwischen 150 °C und 500 °C mit Muskovit koexistierenden gesättigten hydrothermalen Lösungen quantitativ bestimmt.

Erste Löslichkeitsangaben bei Raumtemperaturen und Atmosphärendruck lieferte STEIGER (1901), der bei einem Gesamtalkaligehalt von 10% 0,32% lösliche Alkalien fand. BIELER-CHATALAN (1910) untersuchte neben der Löslichkeit in reinem Wasser den Einfluß von Lösungsgenossen, wobei er einen löslichkeitssteigernden Einfluß in der Reihenfolge H_2O (0,48%), $H_2O + CaSO_4 \cdot 2H_2O$ (1,02%), $H_2O + (NH_4)_2SO_4$ (1,55%), $H_2O + CaO$ (1,76%), $H_2O + C_6H_8O_7$ (1.85%), H_2O + Ca-phosphat (2,24%), H_2O + HCl (2,90%) feststellte. Diese Untersuchungen enthalten allerdings keinerlei Aussagen über die Löslichkeit der Komponenten SiO_2 und Al_2O_3. Keinen Gewichtsverlust registrierte JOHNSTONE (1889) an Muskovitkristallen, die ein Jahr lang mit CO_2 gesättigtem, destilliertem Wasser ohne Austausch des Lösungsmittels behandelt wurden. Aus den chemischen Analysen dieser Muskovite sowie aus dem Verlust der Elastizität und des Glanzes leitet JOHNSTONE den Übergang zu Hydromuskovit ab und weist auf eine chemische Übereinstimmung mit Margarodit hin. Der abnehmende K_2O-, Al_2O_3- und SiO_2-Gehalt dieser Glimmer wird dabei durch Wasseraufnahme kompensiert. Ein Vergleich mit modernen Muskovit-Analysen bzw. mit den theoretischen, der Formel entsprechenden Werten zeigt jedoch, daß die Umsetzungsprodukte keinem Hydromuskovit im heutigen Sinne entsprochen haben konnten.

Erst Boehmecke (1947) führt quantitative Lösungsuntersuchungen im System Muskovit—H_2O mittels einer Ultrafiltrationsapparatur an Muskovitpulver verschiedener Kornfraktionen (3—10 μm und 1 μm) bei Raumtemperatur sowie bei 42 °C durch. Da jedoch bei diesen Untersuchungen keine Gleichgewichtsbedingungen vorlagen, sondern ein kontinuierlicher Austausch des Lösungsmittels stattfand, können die Ergebnisse nicht als Aufschlußwerte der hydrothermalen Löslichkeitsbestimmungen im geschlossenen System herangezogen werden. Boehmeckes chemische Analysen der Lösungen zeigen jedoch, daß sich Kalium im Muskovit im „neutralen" Bereich (pH 5,8) schneller und Aluminium langsamer löst als dies bei Feldspat und Leucit der Fall ist. Kalium wird unter diesen Verwitterungsbedingungen entsprechenden Umständen aus dem Muskovitgitter herausgelöst, wobei sich ein alkalifreies Restgitter bildet, dessen SiO_2/Al_2O_3-Verhältnis stets unter den Wert 2 absinkt, den es nur zu Beginn der Versuche erreicht. Eine direkte Neubildung von Kaolinit aus Muskovit durch Wegfuhr von Kalium ist daher nach Boemecke für diese im Labor simulierten Verwitterungsbedingungen auszuschließen.

Die Ausbildung einer von Correns & Engelhardt (1938) an Kalifeldspat nachgewiesenen Restschicht läßt sich gleichfalls unter den vorliegenden hydrothermalsynthetischen Bedingungen im System $KAl_3Si_3O_{10}(OH)_2$—H_2O durch RFA-Messungen auf den (001)-Spaltflächen der Bodenkörperkristalle nachweisen.

Die Expositionszeiten für die isotherme Einstellung der Löslichkeitsgleichgewichte lag für die unterhalb 300 °C durchgeführten Messungen bei mehr als 3000 h, bei 400 °C und 382 bar erfolgt die Gleichgewichtseinstellung nach ca. 1500 h, bei 500 °C und 914 bar bereits nach ca. 500 h. Da bei den Versuchsreihen Füllungsgrad und Autoklavenvolumen konstant gehalten wurden, ließen sich vergleichbare Expositionszeiten für Zwischenwerte ableiten. Messungen, die unter ähnlichen Versuchsbedingungen an Fluorit, Cölestin und Baryt (Strübel 1965, 1966; Gundlach, Stoppel & Strübel 1972; Strübel & Schäfer 1974) durchgeführt wurden, ergaben durchschnittlich fünfmal größere Auflösungsgeschwindigkeiten, und Vergleiche mit entsprechenden Messungen an β-Quarz von Kennedy (1944), Nacken (1950) und Schloemer (1962) zeigen sogar eine durchschnittlich mehr als zehnmal größere Geschwindigkeit der Einstellung der Sättigungsgleichgewichte im System SiO_2—H_2O. Diese deutliche Differenz des Auflösungsverhaltens zwischen molekulardispers löslichem SiO_2 und den ionar dissoziierten schwerlöslichen Erdalkalisulfaten und des Fluorits einerseits und dem des Muskovits andererseits bestärken die Annahme, daß die Gleichgewichtseinstellung bei den Schichtsilikaten unter neutralen Bedingungen durch die Ausbildung eines extrem schwerlöslichen oberflächlichen Si—Al-Restschichtgitters verzögert wird.

Die experimentell nach Einstellung der Sättigungsgleichgewichte ermittelten Löslichkeitskurven im System $KAl_3Si_3O_{10}(OH)_2$—H_2O sind in Abb. 1 zwischen den entsprechenden Kurven für die Systeme $KAlSi_3O_8$—H_2O und SiO_2—H_2O im T-L-Diagramm dargestellt. Bei allen Meßwerten handelt es sich um arithmetische Mittel aus zwei bis fünf Einzelbestimmungen, wobei der Fehlerstreubereich bei unterkritischen Temperaturen, bedingt durch die extrem kleinen absoluten Löslichkeitsbeträge bei durchschnittlich ±10% liegt.

Die dargestellten Werte entsprechen der gelösten Menge wasserfreier Substanz (mg $KAl_3Si_3O_{10}$/kg H_2O), berechnet aus dem Gesamtgewichtsverlust der Probekörper. Im Vergleich zu den entsprechenden Werten für Kalifeldspat und Quarz nimmt die Löslichkeit von Muskovit entlang der Grenzkurve des Dreiphasengebiets nur geringfügig, oberhalb der kritischen Temperatur extrem stark zu.

Nach einem minimalen Ansteigen der Werte von 10 mg/kg H_2O beim Siedepunkt der wäßrigen Mischphase auf 80 mg/kg H_2O im Bereich der kritischen Temperatur folgt zwischen 400 °C und 600 °C eine Löslichkeitssteigerung um zwei Zehnerpotenzen.

In der logarithmischen Darstellung der Löslichkeit im c-T-Feld zeigt es sich, daß der

Kurvenverlauf entsprechend der abnehmenden Dichte der flüssigen wäßrigen Mischphase mit zunehmender Temperatur entlang der Grenzkurve des Dreiphasengebiets eine „rückläufige Tendenz“ aufweist, die bei der kritischen Temperatur mit einem Wendepunkt in einen progressiv zunehmenden Verlauf übergeht. Dagegen zeigen die Werte für die isochore Löslichkeit, die zwischen 300 °C und 600 °C für die Dichten 0,326, 0,5 und 0,6 g · cm^{-3} bis zu Drucken von 5319 bar experimentell bestimmt wurden, eine außerordentlich starke Zunahme der Löslichkeit mit wachsender Dichte der wäßrigen Mischphasen. Während die isochore Löslichkeit in den Systemen $KAlSi_3O_8$ $-H_2O$ und SiO_2-H_2O mit den koexistierenden Phasen Orthoklas und Quarz mit dem

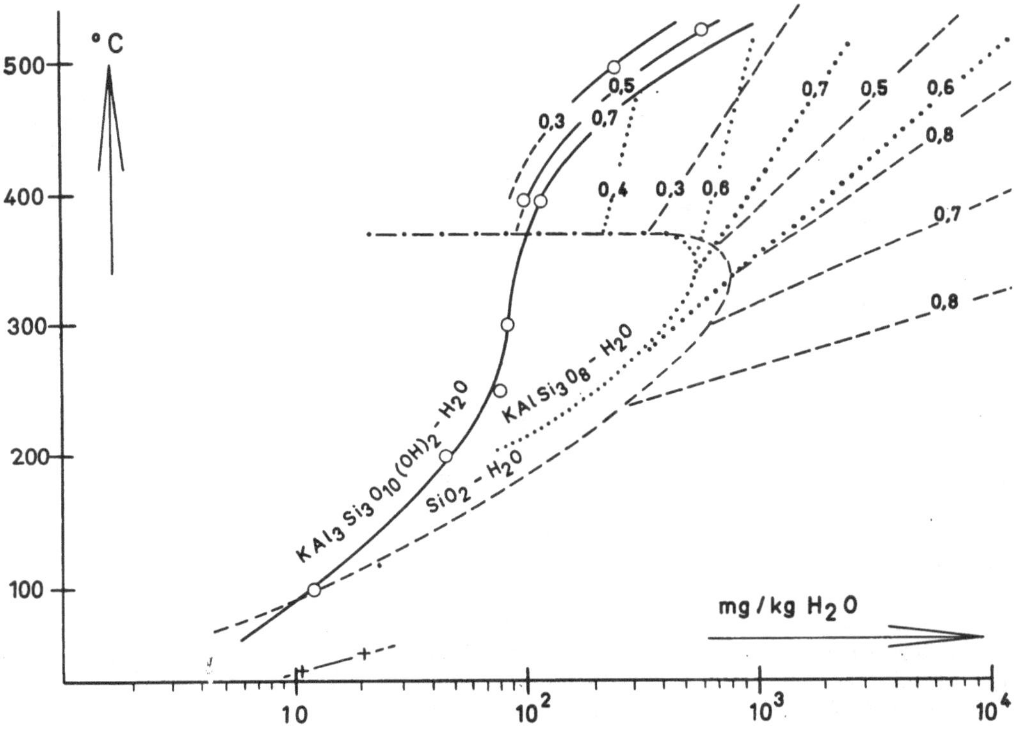

Abb. 1. Hydrothermale Löslichkeit im System $KAl_3Si_3O_{10}(OH)_2-H_2O$ mit Muskovit als koexistierender Mineralphase sowie Löslichkeitswerte im offenen System für 20 °C und 42 °C. Dargestellt sind ferner die hydrothermalen Löslichkeitskurven der P-Q-Systeme SiO_2-H_2O mit β-Quarz und $KAlSi_3O_8-H_2O$ mit Orthoklas.

Quadrat der Dichte der wäßrigen Mischphasen zunimmt, so daß sich bei logarithmischer Darstellung die Löslichkeitsisochoren als Geraden repräsentieren, ist der isochore Löslichkeitszuwachs beim Muskovit wesentlich größer. Aus Werten der isochoren Löslichkeit läßt sich der Verlauf der Löslichkeitsisothermen in Abhängigkeit von der Dichte der wäßrigen Mischphasen und ihren Konzentrationen konstruieren. Bei logarithmischer Darstellung der Löslichkeit im Dichte-Löslichkeitsdiagramm bilden die Löslichkeitsisothermen innerhalb der Meßfehlergrenzen Geraden.

Um die Frage nach den Reaktions- und Auflösungsverhältnissen in den einzelnen p-T-c-Bereichen zu klären, erschien es notwendig, die Komponenten K_2O, Al_2O_3 und SiO_2 in der wäßrigen hydrothermalen Mischphase durch quantitative Analysen der Lösungen zu bestimmen. Die Lösungen wurden daher nach Erreichen des Sättigungsgleichgewichts einem Autoklaven über ein Ventilsystem unter Druck bei den jeweils herrschenden Versuchsbedingungen entnommen. Da nach der dabei angewandten Methode Verluste des Lösungsmittels durch Verdampfen während der Entnahme unvermeidbar sind, ist ein direkter Löslichkeitsvergleich mit den gravimetrisch nach der Differenzmethode bestimmten Werten allerdings nicht möglich. K_2O, Al_2O_3 und SiO_2 wurden in den Residuaten gesammelter und eingedampfter gesättigter Lösungen flammenphotometrisch, kolorimetrisch und atomabsorptionsspektralanalytisch bestimmt.

Tabelle 1. Experimentell bestimmte Werte der molekularen Zusammensetzung und Molverhältnisse hydrothermalsynthetischer Lösungen im System $KAl_3Si_3O_{10}(OH)_2-H_2O$ zwischen 150 °C und 500 °C mit Muskovit als koexistierender Mineralphase

T	P	p	Mol-%			M/M		
(°C)	(bar)	($g \cdot cm^{-3}$)	K_2O	Al_2O_3	SiO_2	SiO_2/K_2O	SiO_2/Al_2O_3	K_2O/Al_2O_3
150	4,8	0,92	50,5	14,3	35,2	0,7	2,5	3,5
200	15,6	0,86	34,1	10,3	55,5	1,6	5,4	3,3
250	39,8	0,79	28,4	8,1	63,5	2,2	7,8	3,5
300	86,0	0,71	24,4	6,3	69,3	2,8	11,0	3,9
350	165	0,57	22,5	6,9	70,6	3,1	10,2	3,3
400	382	0,50	15,5	6,2	78,2	5,0	12,6	2,5
450	650	0,50	15,0	5,3	79,7	5,3	15,0	2,8
500	914	0,50	13,4	5,8	80,8	6,0	13,9	2,3

Dabei zeigen die aus der Summe aller Analysenwerte berechneten molekularen Verhältnisse der Komponenten K_2O, Al_2O_3 und SiO_2 mit steigenden Temperaturen ein zunehmendes Aluminiumdefizit gegenüber Kalium und Silizium (Tabelle). Der Wert 6, der bei stöchiometrischer Zusammensetzung der Lösungen dem Verhältnis $SiO_2:K_2O$ entspricht, wird zwar bei 500 °C erreicht, aber das Molverhältnis $SiO_2:Al_2O_3$ liegt hier bei 15 (2) und $K_2O:Al_2O_3$ bei 2,5 (0,33). Der Verlauf der Molverhältnisse der Komponenten zeigt unter hydrothermalen Bedingungen mit Ausnahme der Werte für $K_2O:Al_2O_3$ zwischen 150 und 500 °C einen quantitativ ähnlichen Verlauf wie unter Verwitterungsbedingungen, d. h. bei ständiger Neuzufuhr von Wasser und Abtransport der Lösung, was sich aus den experimentell bestimmten Werten bei 22 °C und 42 °C von Boehmecke (1947) ergibt. Es findet eine progressive relative Zunahme der SiO_2-Gehalte in den Lösungen mit zunehmender Temperatur gegenüber Kalium und Aluminium statt. Dagegen scheint das Verhältnis $K_2O:Al_2O_3$ im geschlossenen System bei hydrothermalen Bedingungen annähernd konstant zu bleiben, während zwischen 20° C und 42 °C unter Verwitterungsbedingungen ebenfalls eine Zunahme der K-Werte gegenüber Al zu verzeichnen ist. Der Grund hierfür dürfte in der wesentlich größeren Auflösungsgeschwindigkeit des Kaliums liegen, das beim Muskovit an der Außenseite der valenzmäßig in sich gesättigten Netzebene sitzt. Eine Temperaturerhöhung unter ständiger Zu- und Wegfuhr des Lösungsmittels begünstigt hier in viel größerem Maße die Diffusion durch die sich bildenden Oberflächenschichten des bei niedrigen Temperaturen sehr stabilen Si—Al-Restschichtgitters, während eine Temperaturerhöhung unter Hydrothermalbedingungen zum Anstieg der SiO_2-Löslichkeit und damit zur Ablösung des in neutralen Lösungen extrem schwerlöslichen Al_2O_3 aus dem alkalifreien Restschichtgitter führt. Bei 500 °C nähert sich die molekulare Zusammensetzung der wäßrigen Mischphasen schließlich ziemlich genau der von Seki & Kennedy (1965) experimentell bestimmten Zusammensetzung einer „fluiden Phase", die bei der hydrothermalen Bildung von Muskovit aus Kalifeldspat zwischen 600 °C und 900 °C bei Drucken von 10000—34000 bar auftritt (Abb. 2).

Unter natürlichen Bedingungen wird der Charakter hydrothermaler Lösungen meist durch hohe Konzentrationen der Alkalisalze und durch die Anwesenheit von HCO_3^--Ionen bestimmt. Um den quantitativen Einfluß des Na^+ und der Anionen Cl^- und HCO_3^- zu ermitteln, wurden die Messungen und Untersuchungen auch auf 2,0 n NaCl- und Na_2CO_3-Lösungen ausgeführt. Während im System die Daten für die Zustandsvariablen $KAl_3Si_3O_{10}(OH)_2-H_2O$ der wäßrigen Mischphasen durch die relativ geringen Löslichkeitsbeträge praktisch den Daten für reines H_2O gleichgesetzt werden können,

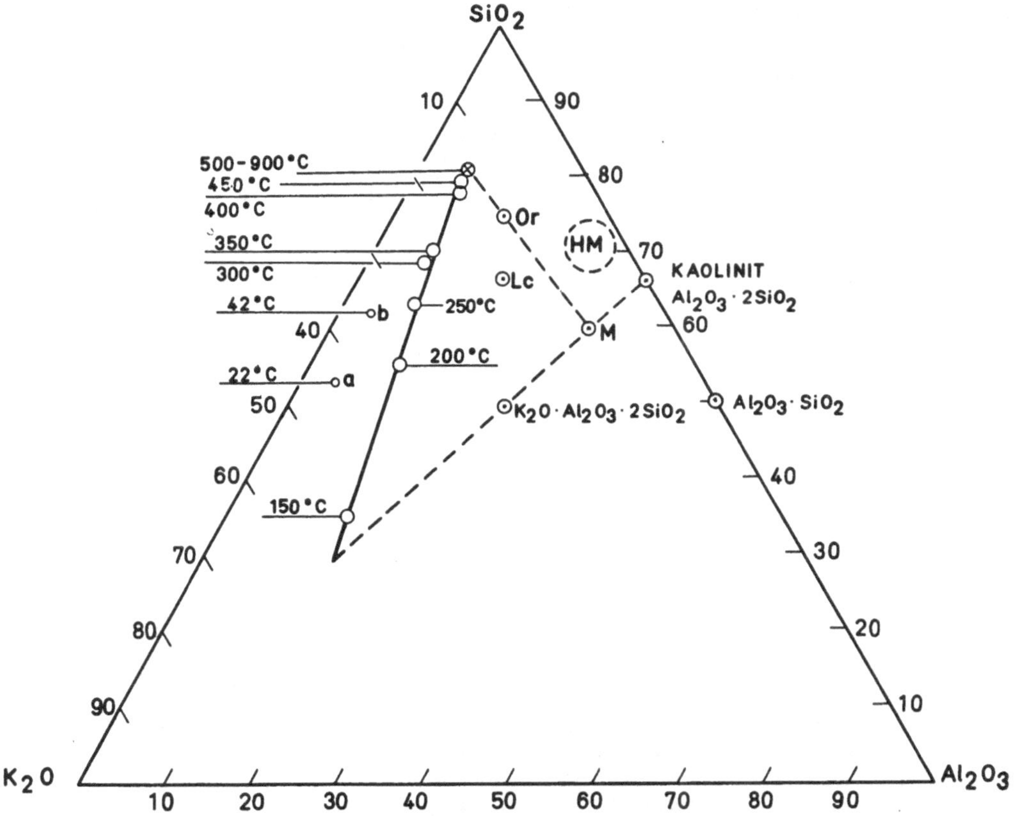

Abb. 2. Zusammensetzung gesättigter hydrothermal-synthetischer Lösungen im System $KAl_3Si_3O_{10}(OH)_2-H_2O$, dargestellt im H_2O-freien System $K_2O-SiO_2-Al_2O_3$

a und b = Zusammensetzung von Lösungsrückständen im offenen System $KAl_3Si_3O_{10}-H_2O$ nach BOEHMECKE (1947); ⊗ = Zusammensetzung einer mit Muskovit koexistierenden „fluiden" Phase im Bereich von 600°C–900°C bei 10000 bis 34000 bar nach SEKI & KENNEDY (1965)

verschieben sich die Dampfdrucke der stärker konzentrierten Salzlösungen entlang der Grenzkurve des Dreiphasengebiets nach niedrigeren, die kritischen Daten nach höheren p/T-Werten hin.

Untersuchungen beim Siededruck der wäßrigen NaCl-führenden Mischphasen unter Atmosphärendruck erbrachten keine reproduzierbaren Gewichtsdifferenzen der Probekörper. Erst ab 150 °C findet in 2,0 n NaCl-Lösungen eine gravitativ meßbare Differenz durch Auflösung statt, die sich bei noch höheren Temperaturen unter anderem durch das Auftreten scharf begrenzter pseudorhombischer Ätzfiguren auf den (001)-Spaltflächen der angelösten Kristalle dokumentiert. Ein Sättigungsgleichgewicht im System $KAl_3Si_3O_{10}(OH)_2-H_2O$ war bei 150 °C nach ca. 3000 Stunden erreicht.

Während die Gesamtlöslichkeit in 2,0 n NaCl-Lösungen bei 150 °C nur geringfügig von der in reinem Wasser abweicht, beträgt sie bei 200 °C bereits das 2,8fache. Sie erhöht sich bei 300 °C um den Faktor 4,5, bei 350 °C um 8,4 und bei 400 °C liegt die Löslichkeit bereits um das 13,4fache höher als in reinem Wasser.

In 2,0 n Na_2CO_3-Lösungen ist die positive Löslichkeitsbeeinflussung bereits bei 150 °C wesentlich größer als bei NaCl-Lösungen gleicher Normalität, sie beträgt hier das 3,2fache (NaCl 1,07) gegenüber reinem Wasser und erhöht sich bei 200 °C um den Faktor 5,4 sowie bei 250 °C um das 5,9fache (NaCl 2,8 und 2,9) gegenüber der Löslichkeit in reinem Wasser (Abb. 3).

In wäßrigen Alkali-Chloridsystemen dürfte daher unter neutralen Bedingungen die Größenordnung von 0,1 Gew.-% der Löslichkeit bei 400 °C, in Anwesenheit von Na_2CO_3

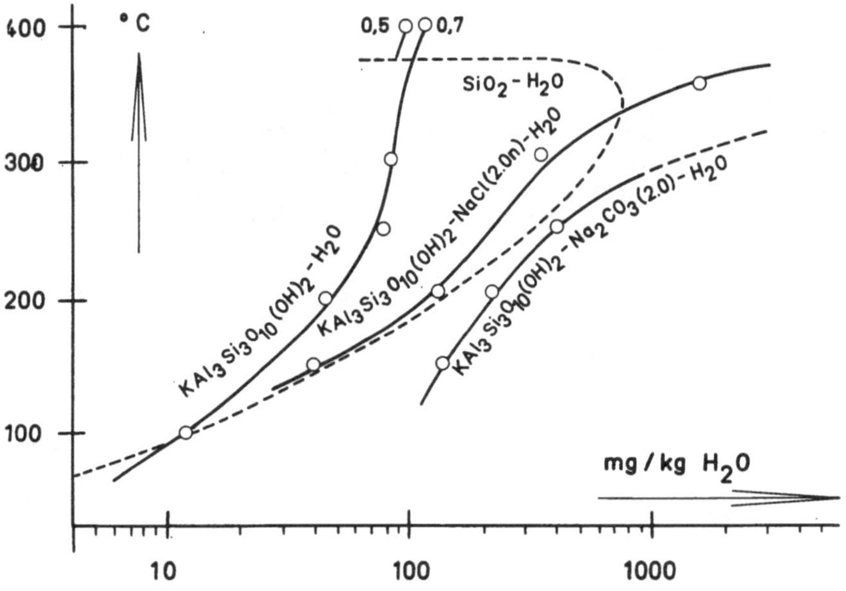

Abb. 3. Hydrothermale Löslichkeit in den Systemen $KAl_3Si_3O_{10}(OH)_2 - H_2O$, $KAl_3Si_3O_{10}(OH)_2 - NaCl(2,0\ n) - H_2O$ und $KAl_3Si_3O_{10}(OH)_2 - Na_2CO_3 - (2,0\ n) - H_2O$ mit Muskovit als koexistierender Mineralphase. Dargestellt ist ferner die Grenzkurve des Dreiphasengebiets für β-Quarz im System $SiO_2 - H_2O$.

und in alkalischen Medien schon bei 300 °C vorliegen, so daß für Transport und Absatz der gelösten Kieselsäure und der Tonerde ausreichende Bedingungen vorhanden sind.

Bei den im geschlossenen System durchgeführten experimentellen Untersuchungen bildeten sich bei höheren Temperaturen als 400 °C im System $KAl_3Si_3O_{10}(OH)_2 - NaCl - H_2O$ Sodalith und Paragonit, im System $KAl_3Si_3O_{10}(OH)_2 - Na_2CO_3 - H_2O$ bereits bei 285 °C Natriumcarbonat-Cancrinit. Das Auftreten dieser kristallinen Phasen in den betreffenden Systemen grenzten die durchgeführten Löslichkeitsuntersuchungen nach oben hin ab. Eine Veränderung der lagerstättengenetischen Faktoren, insbesondere der pH-E_h-Bedingungen und des NaCl : KCl-Verhältnisses der Lösungen während des Transports im offenen System können bei natürlichen Gegebenheiten die Voraussetzungen von hydrothermalen Kaolinisierungsbedingungen schaffen.

Die bei den experimentellen Untersuchungen an Glimmern auftretenden Veränderungen, insbesondere hinsichtlich deren hydrothermalen Auflösungs- und Reaktionsverhaltens, lassen sich begrenzt als Kriterien der Bildungsumstände solcher Kaolinvorkommen heranziehen, die noch primäre Glimmerrelikte enthalten.

Bereits an frischen Glimmern führt die höchst vollkommene Spaltbarkeit nach (001) unter natürlichen Verhältnissen häufig zu einer Zerknitterung durch tektonischen Druck nach (001) durch Translation und zu typischen Rissen, Versetzungen und Ätzfiguren auf den Spaltflächen. Diese im allgemeinen nur elektronenoptisch erkennbaren Störungen sind hinsichtlich ihres Auftretens und ihrer Verteilung von PATEL & TORANSKY (1958), AMELINCKX & DELAVIGNETTE (1960), SILK & BARNES (1961), PATEL & RAMANATHAN (1962 und 1963) sowie AKIZUKI (1967a) an synthetischen und an natürlichen Muskoviten verschiedener Vorkommen und Bildungsbedingungen untersucht worden. Bevorzugte Richtung der linear verlaufenden Störungsbahnen sind dabei die kristallographischen Spuren der auf das Basispinakoid (001) projizierten Kantenrichtungen des monoklinen Prismas (110).

An Kristallen, die bei unseren Versuchen bei 150 °C 8800 Stunden lang hydrothermalen Bedingungen ausgesetzt waren, setzt entlang dieser Störungslinien der Auflösungsprozeß auf den (001)-Spaltflächen ein, die Lineamente verbreitern sich unter Ausbildung von skelettartigen Seitensprossen, mit denen sie einen Winkel von 60 °C bilden. Zur Entstehung breiterer, linear angeordneter unregelmäßiger Anlösungsformen kommt es bei 200 °C, und oberhalb 250 °C bilden sich bereits deutlich isolierte, orientiert angeordnete pseudorhombische Ätzfiguren nach dem monoklinen Prisma (110), die im allgemeinen einen größten Durchmesser von 100 μm aufweisen. Sehr selten tritt in rein wäßrigen Lösungen dabei das seitliche Pinakoid (010) in Kombination mit (110) in Erscheinung. Letzteres ist dagegen sehr viel häufiger der Fall, wenn bei den Reaktionen Lösungsgenossen wie NaCl oder Na_2CO_3 zugegen waren. Während hier bei Temperaturen unter 150 °C durch Kationenaustauschvorgänge in den äußeren Schichten der Kristalle ein Teil des K^+ durch Na^+ ersetzt wird und dadurch die Löslichkeit zum Teil geringer als in reinem Wasser ist, lassen die angelösten Muskovitkristalle in Gegenwart von Na^+ und HCO_3^- bereits bei 200 °C große und scharf begrenzte Ätzgruben nach (110), (010) und (001) erkennen, wie sie im System $KAl_3Si_3O_{10}(OH)_2-H_2O$ erst bei Bedingungen oberhalb 400 °C auftreten. In den Stabilitätsgrenzbereichen der koexistierenden Mineralphasen kommt es durch Rekristallisationsvorgänge beim Abkühlen der gesättigten hydrothermalen Lösungen häufig zu Mineralneubildungen epitaktischer Natur. Dabei ergeben sich elektronenmikroskopisch zum Teil Bilder von Glimmerneubildungen, die in Form pseudohexagonaler Plättchen auf Muskovit mit typischer Mosaikstruktur vorliegen, wie sie aus natürlichen Vorkommen, z. B. von Dry Branch, USA, nach BEUTELLSPACHER & VAN DER MAREL (1968) für Aufwachsungen von Kaolinit auf Muskovit und Feldspat bekannt sind. Beim Überschreiten der Stabilitätsgrenzen bilden sich dagegen bei den Umwandlungsreaktionen, z. B. von Muskovit in Sanidin und Korund anstelle scharf begrenzter Ätzfiguren isotrope, wannenförmige Kristallisationshöfe, von denen aus der Kristallisationsprozeß des Kalifeldspats, ausgehend von der Form (001), (010), (100), einsetzt (STRÜBEL 1972).

Ein Teil der experimentellen Untersuchungen wurden durch die Förderung der Deutschen Forschungsgemeinschaft wesentlich unterstützt, wofür an dieser Stelle gedankt sei.

Zusammenfassung

In dem für hydrothermale Kaolinisierungsprozesse relevanten petrogenetischen Bereich wurden die hydrothermalen Löslichkeitsverhältnisse im System $KAl_3Si_3O_{10}(OH)_2-H_2O$ experimentell untersucht und den Daten für β-Quarz und Kalifeldspat im Bereich der Löslichkeitsgrenzkurve des Dreiphasengebiets und der isochoren Löslichkeit in der Umgebung der Dreiphasenschlinge gegenübergestellt. Ferner wurden die in den hydrothermalen Lösungen mit Muskovit als koexistierender Mineralphase die Molverhältnisse der Komponenten quantitativ bestimmt und, im System $K_2O-SiO_2-Al_2O_3$ zwischen 150 °C und 500 °C dargestellt, mit den Löslichkeiten in offenen Systemen bei 20 °C und 42 °C verglichen. Meßwerte in wäßrigen Alkalichloridsystemen und im System $KAl_3Si_3O_{10}(OH)_2-Na_2CO_3(2,0\ n)-H_2O$ ergeben zwischen 200°C und 400°C für Al_2O_3 und SiO_2 aus KAl-Glimmern als Voraussetzung von Transport und Absatz bei hydrothermalen Kaolinisidrungsprozessen Steigerungen bis zur Größenordnung von 0,1 Gew.-%. Die bei den experimentellen Untersuchungen an Muskovitkristallen beobachteten morphologischen Kriterien können unter bestimmten Voraussetzungen als genetische Hinweise feldgeologisch beobachtbarer glimmerführender Kaolinvorkommen herangezogen werden.

Резюме

В лабораторных условиях каолинизации изучены гидротермальные отношения растворимости в системе калиевый полевой шпат-вода. Полученные значения сравниваются с данными β-кварца и калиевого полевого шпата предельной кривой растворимости трехфазного участка и изохорной растворимости в окружении трехфазной петли. Кроме того определены мольные отношения составляющих в гидротермальных растворах с мусковитом в качестве сопутствующей минеральной фазы. Приведены результаты в системе $K_2O-SiO_2-Al_2O_3$ в интервале от 150 °Ц – 500 °Ц и они сравниваются с растворимистями в открытых системах при 20 °Ц и 42 °Ц. Данные измерения в водяной щелочной-хлоридной системе и в системе $KAl_3Si_3O_{10}(OH)_2-Na_2CO_2(2,0\ n)-H_2O$ дают в интервале от 200 °Ц до 400 °Ц для Al_2O_3 и SiO_2 из KAl-слюд как препосылка переноса и отложения при гидротермальных процессах каолинизации повышения до порядка 0,1 вес.%. Обнаруженные при эксперийметальных исследованиях на кристаллах мусковита морфологические критерии могут быть привлечены как генетические указания на полевогеологически наблюдаемые слюдоносящие местонахождения каолина.

Summary

The hydrothermal solubility conditions in the system $KAl_3Si_3O_{10}(OH)_2-H_2O$ were investigated in that region which is of petrogenetic significance for hydrothermal kaolinization processes. The data obtained were compared with those for low-quartz and K-feldspar in the regions of the solubility curve of the three-phase region and the isochorous solubility in the neighbourhood of the three-phase sling. Molecular proportions of the components were quantitatively determined in hydrothermal solutions with coexisting muscovite. They are presented for the system $K_2O-SiO_2-Al_2O_3$ at temperatures between 150°C and 500°C, and compared with solubilities in open systems at 20°C and at 42°C.

An increase in solubilities of a magnitude up to 0.1 weight % is observed between 220°C and 400°C for aqueous alkali-chlorid'c systems and also in the system $KAl_3Si_3O_{10}(OH)_2-Na_2CO_3(2.0\ n)-H_2O$ as compared with the pure aqueous systems. Leaching of K—Al-micas is the prerequisite for transport and deposition of Al_2O_3 and SiO_2 during hydrothermal kaolinization processes. Muscovites develop characteristic morphological features during that process which might be used as genetic indicators during an investigation of mica-bearing kaolinite deposits.

Literatur

Akizuki, M.: Dislocations in muscovite. — Sci. rep. Tohoku Univ., IX (1967) 3 (1967a), (engl.).

— Electron microscope observations of liquid inclusions in fluorite from some Mississippi Valley type deposits of America. — Sci. rep. Tohoku Univ., IX (1967) 10, S. 485—496, (1967b), (engl.).

Amelinckx, S.; Delavignette, P.: Observation of dislocations in nonmetallic layer structure. — Nature, London **185** (1960), S. 603—604, (engl.).

Beutelspacher, H.; van der Marel, H. W.: Atlas of electron microscopy of clay minerals and their mixtures. — Amsterdam—London—New York: Elsevier Publ. Comp. 1968. 271 S., (engl.).

Bieler-Chatalan, M.: Rôle des micas dans la terre arable. — C. R. Acad. sci. Paris, Paris 1132 (1910), S. 150, (franz.).
Boehmecke, A.: Untersuchungen über die Verwitterung des Muskovits. — Göttingen, Georg-August-Univ., Diss., 1947.
Correns, C. W.; Engelhardt, W. V.: Neue Untersuchungen über die Verwitterung des Kalifeldspates. — Chemie Erde, Jena **12** (1938), S. 1—22.
Gundlach, H.; Stoppel, G.; Strübel, G.: Zur hydrothermalen Löslichkeit von Baryt. — N. Jb. Mineral., Abh., Stuttgart 116 (1972) 3, S. 321—338, (1972a).
Gundlach, H.; Stoppel, G.; Strübel, G.: The Hydrothermal Solubility of Barite. — Intern. Geol. Congr., 24th sess., sect. 10, Abstr., Montreal (1972), S. 119—219, (engl.), (1972b).
Johnstone, A.: On the action of pure water, and of water saturated with carbonic acid gas, on the minerals of the mica family. — Quart. j. geol. soc., London **45** (1889), S. 363—368, (engl.).
Kennedy, G. C.: The hydrothermal solubility of silica. — Econ. geol., Lancaster **39** (1944), S. 25—36, (engl.).
— A portion of the system Silica. — Water econ. geol., **45** (1950), S. 629—653, (engl.).
Nacken, R.: Die hydrothermale Mineralsynthese als Grundlage zur Züchtung von Quarzkristallen. — Chem. Z., **74** (1950), S. 745—749.
Patel, A. R.; Ramanathan, S.: Etching of mica cleavages. — Acta Cryst., Copenhagen **15** (1962), S. 860—862, (engl.).
Patel, A. R.; Ramanathan, S.: Comparative study of the etch patterns on muscovite from different sources. — Amer. Mineral., Washington **48** (1963), S. 691—698, (engl.).
Patel, A. R.; Toransky, F. R. S.: The etching of crystal cleavage. I. Mica. — Proc. roy. soc., London **243** (1958), S. 33—40, (engl.).
Schloemer, H.: Hydrothermal-synthetische gemeinsame Kristallisation von Orthoklas und Quarz. — Radex-Rdsch., **3** (1962), S. 133—156.
— Synthetic hydrothermal crystallization of orthoclase and quartz. — Geochem. intern., 578 (1964), (engl.).
Silk, E. C. H.; Barnes, R. S.: The observation of dislocations in mica. — Acta Metal., **9** (1961), S. 558—562, (engl.).
Steiger, G.: Die Löslichkeit einiger Silikate in Wasser. — Z. Kryst., Frankfurt (Main) **34** (1901), S. 204—205.
Strübel, G.: Quantitative Untersuchungen über die hydrothermale Löslichkeit von Flußspat (CaF_2). — N. Jb. Mineral., Mh., Stuttgart (1965) 3, S. 83—95.
— Die hydrothermale Löslichkeit von Cölestin im System $SrSO_4-NaCl-H_2O$. — N. Jb. Mineral., Mh., Stuttgart (1966) 4, S. 99—108.
— Hydrothermale Kristallwachstumsprozesse. — Z. gemmol. Ges., **21** (1972) 2, S. 58—85.
— Hydrothermale Löslichkeit und Auflösungsverhalten von Muskovit. — Gießener geol. Schr., Gießen 3 (1974), 163 S.
Strübel, G.; Schaefer, B.: Experimentelle Untersuchungen zur hydrothermalen Löslichkeit von Fluorit im System $CaF_2-NaCl-H_2O$. — Tagungsh. Geochem. Schriftenr. GDMB (1974).

Manuskripteingang: 12. Mai 1976

Anschrift des Autors:

Prof. Dr. G. Strübel, Mineralogisch-Petrologisches Institut der Justus-Liebig-Universität
D - 63 Gießen, Senckenbergstraße 3 — Zeughaus

Schriftenr. geol. Wiss. · Berlin 11 (1978) · S. 293–303

The Processes of Kaolinization of Crystalline Basement of Zittau Basin (Lower Silesia)

By KAZIMIERZ SZPILA, Warsaw

With 7 Figures and 2 Tables

1. Introduction

The Zittau basin is situated in south-western Poland and partly in the area of Czechoslovakia and G.D.R. (fig. 1). It represents an element of Zittau–Węgliniec depressions separating the Lutetian massif from the block of Karkonosze Mts. and it has the nature of tectonic depression. This depression was formed and rejuvenated during the Late Paleogene and Neogene. The bottom and margins of the depression are built of Rumburg granites as well as of gneisses, leucogranites and volcanic rocks of the basalt series. The Rumburg granites and accompanying gneisses and leucogranites are considered as related to the Tertiary volcanism acting from the Oligocene to Pleistocene.

The Zittau basin is infilled with terrestial deposits of the Tertiary age, including brown coals and various clays with sandy and gravel intercalations. The sedimentary

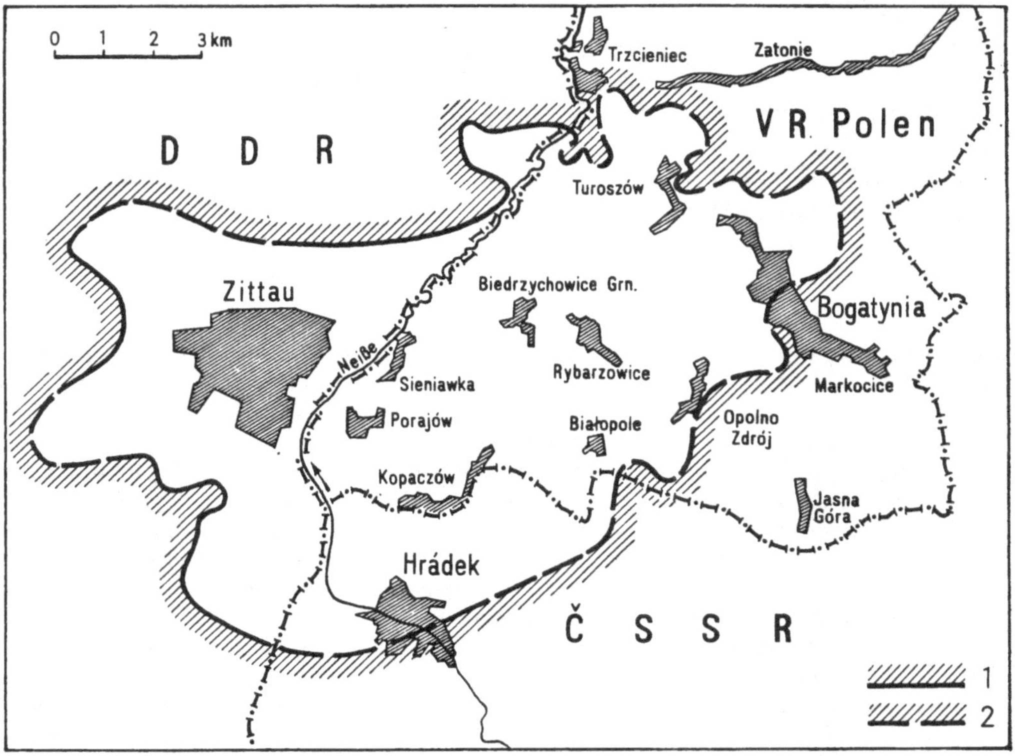

Fig. 1. Location of the Zittau basin (after BIENIEWSKI 1966)

The ascertained (1) and hypothetical (2) brown coal occurence area series has been divided into five lithological complexes by Bieniewski (1966) (fig. 2), and has been dated primarily according to the palynological premises (Mazur 1967). These complexes include:

1. basal beds (A) primarily composed of kaolinite clays with sandy and gravel intercalations, which are dated at the Late Oligocene;

2. lower brown-coal seam (I) of the Late Oligocene age;

3. beds separating coal seams (B), primarily represented by kaolinite clays, dated at the Miocene;

4. upper coal seam (II) of the Miocene age; it is exploited at present in the "Turów" mine.

5. top beds (C), primarily represented by kaolinite clays with sandy, gravel and brown-coal intercalations, dated at the Miocene and the turn of the Miocene and Pliocene (Bieniewski 1967).

These Tertiary deposits are encapped by Quaternary glacial tills and gravels.

The conditions favourable for chemical weathering of the crystalline basement rocks were predominating in this area from the Oligocene till Pliocene. It is indicated by formation of the two brown-coal seams of remarkable thickness as well as well-advanced

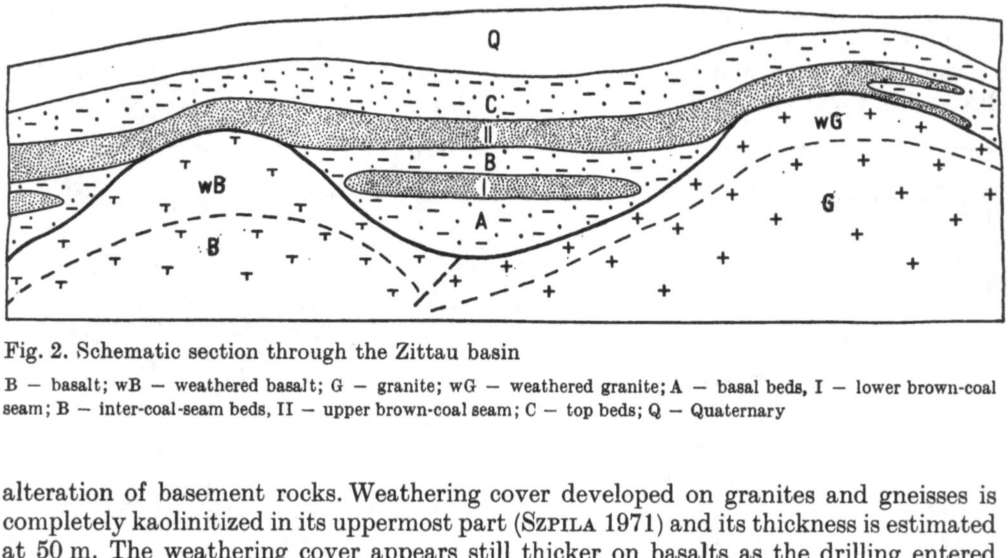

Fig. 2. Schematic section through the Zittau basin

B – basalt; wB – weathered basalt; G – granite; wG – weathered granite; A – basal beds, I – lower brown-coal seam; B – inter-coal-seam beds, II – upper brown-coal seam; C – top beds; Q – Quaternary

alteration of basement rocks. Weathering cover developed on granites and gneisses is completely kaolinitized in its uppermost part (Szpila 1971) and its thickness is estimated at 50 m. The weathering cover appears still thicker on basalts as the drilling entered unaltered basalts 80 m from its top surface.

The basal, inter-coal-seam and top beds are primarily represented by kaolinite clays with sandy, gravel and browncoal intercalations and they yield iron sulphide concretions and spherosiderite nodules. The kaolinite clays exposed in "Turów" mine are characterized by properties advantageous from the point of view of technology and may be utilized as raw materials for the production of ceramics, fire-proof materials or even aluminium because of high content of Al_2O_3.

The fact that the Tertiary deposits directly overlay heavily weathered crystalline basement, the mutual relationships between above mentioned lithological complexes, as well as occurrence of basalts and well-dated brown coals markedly facilitate determination of the time of kaolinization and reconstruction of conditions under which this process acted in the area of the Zittau basin.

2. Mineral and Chemical Composition of Weathering Products

2.1. Granite-Gneiss Weathering Cover

Figure 3 shows DTA and TG curves and fig. 4 — diffractographs of the weathering rocks. The nature of DTA curves indicates that the sample from the top part of weathering cover (G-3) represent a typical kaolin; whereas the diffractograph of this sample shows both the kaolin reflexes and very strong reflexes of micaceous minerals and quartz as well as a weak reflex of feldspars ($d_{hkl} = 3.20$ Å). Samples representing deeper parts of the weathering cover display much weaker kaolinite reflexes and a

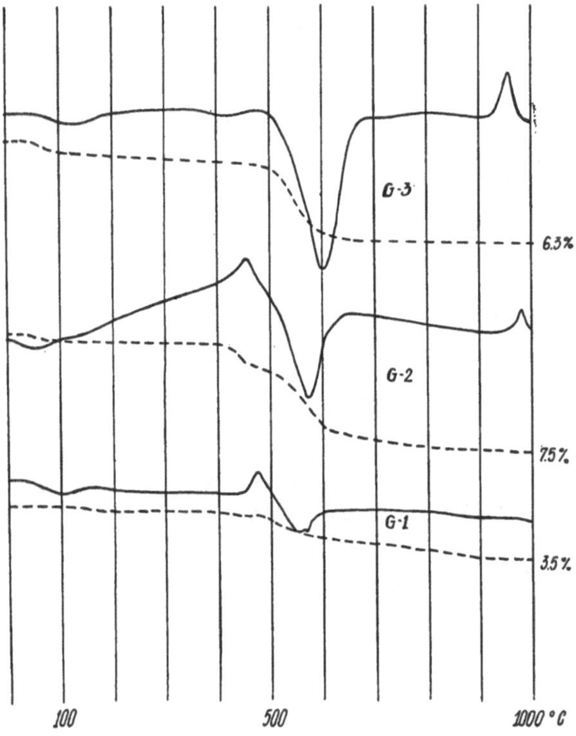

Fig. 3. Termographs of waste of granite-gneisses

G-1 — sample from the depth of 36—38 m; G-2 — sample from the depth of 20—22 m; G-3 — sample from the depth of 2—5 m

marked exothermal effect at 460—475 °C, related to oxidation of pyrite. Diffractographs of these samples show better marked feldspar reflexes, especially in the case of sample G-1 representing relatively weakly kaolinitized rock.

Table 1 shows chemical composition of weathering cover developed on granites and gneisses. Attention should be paid to a markedly lower concentration of iron and titanium in the most heavily kaolinitized sample G-3 than in samples G-2 and G-1 as well as to the concentration of alkali in the products of weathering. Sodium is effectively leached in the process of weathering and its concentration is reduced to trace amounts in the sample G-2. Concentration of potassium decreases markedly slower and it equals 1.70 weight percent in the most heavily kaolinitized sample G-3. In that sample the potassium is primarily bound in structure of mica.

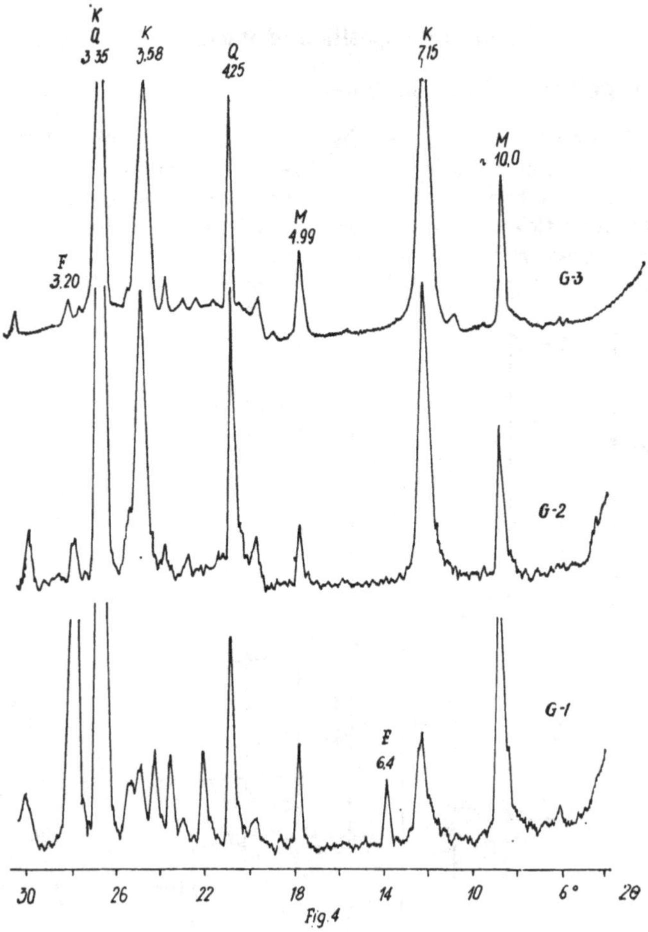

Fig. 4. Diffractographs of waste of granite-gneisses
Explanations as in fig. 3

Table 1. Chemical composition of waste of granite-gneisses

	G-1	G-2	G-3
SiO_2	70,49	67,02	72,57
TiO_2	0,79	0,74	0,13
Al_2O_3	15,95	19,21	18,50
Fe_2O_3	2,62	1,40	0,55
FeO	0,82	2,52	0,24
MgO	1,10	0,82	0,21
CaO	0,19	0,10	0,01
K_2O	2,67	2,33	1,70
Na_2O	2,65	0,07	0,05
H_2O^+	2,66	5,80	5,73
H_2O^-	0,40	0,27	0,35
Total	100,04	100,21	100,34

2.2. Basalt Weathering Cover

"Turów" mine exposed completely alterated basic rocks still displaying original characteristic pillar joint. Transversal section of such basalt pile (fig. 5) displays marked concentric layers differing in colour and degree of alteration.

DTA curve of sample B-1 (fig. 6), representing central part of alterated basalt pile, shows endothermal effects at 180 °C and about 700 °C and exothermal effect at about 940 °C typical of smectite minerals with calcium and magnesium at exchangeable positions. Endothermal effect marked at 580 °C indicates the presence of kaolinite, and exothermal effect marked at about 480 °C — the presence of iron sulphides. The total mass loss up to 1,000 °C equals about 20 weight percents.

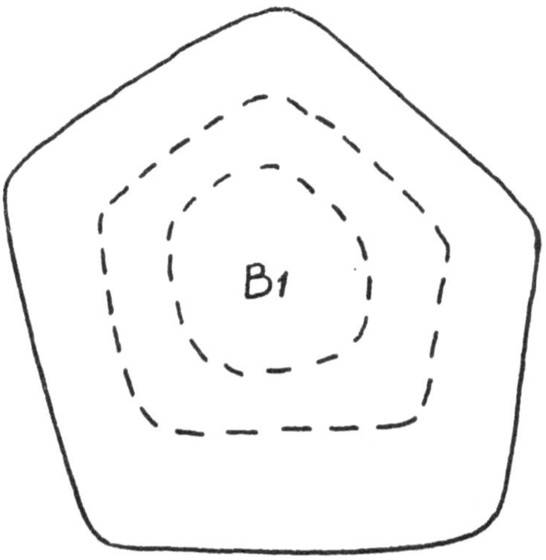

Fig. 5. Schematic section through weathered basalt pile
B-1 — sample analysed

Iron sulphides represented by pyrite and sometimes marcasite are fairly common in all the sedimentary series of the Zittau basin as well as in post-granite and post-basalt weathering covers. They occur also in fractures and fissures cutting the latter covers, thus they are markedly younger than the weathering processes.

DTA curve for the sample B-2 taken from the top part of basalt weathering cover gave typical kaolinite effect as well as a weak endothermal effect at about 300 °C, indicating the presence of gibbsite.

Sample B-3 represents gibbsite and kaolinite with a small boehmite admixture dispersed in the form of light-gray irregular accumulations throughout top part of the weathering cover (Wichrowski & Szpila 1974).

Diffractographs of alterated basic rocks (fig. 7) evidence that sample B-1 consists of smectite with kaolinite admixture, B-2 — of kaolinite with gibbsite admixture, and B-3 — gibbsite with kaolinite admixture. These minerals are usually accompanied by siderite forming encrustations, concretions or cementing other mineral grains.

Chemical compositon of the three samples of basalt weathering cover (table 2) is higly differentiated and it illustrates succesive stages of hypergenic alternations. Sample B-1 is characterized by very high concentrations of iron, magnesium, calcium and water; B-2 — increase in concentration of aluminium at the expense of magnesium, calcium, alkali and, to some degree, silica, whereas concentration of iron remains

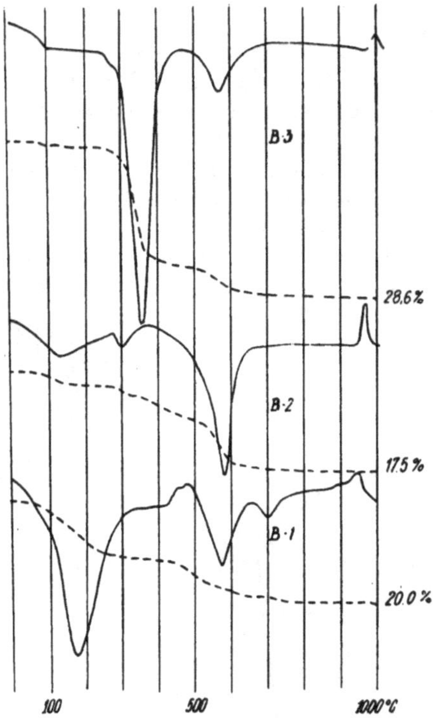

Fig. 6. Thermographs of waste of basalts

B-1 — sample from the center of basalt pile; B-2 — sample from the top part of weathering cover; B-3 — sample of separated light-coloured gibbsite accumulation

Table 2. Chemical composition of waste of basalts

	B-1	B-2	B-3
SiO_2	41,36	37,12	8,94
TiO_2	3,64	4,64	2,43
Al_2O_3	18,59	33,30	56,93
Fe_2O_3	5,26	6,64	1,13
FeO	1,47		
MnO	0,84	0,05	—
MgO	5,27	0,32	0,33
CaO	3,52	0,65	0,65
K_2O	1,32	0,10	0,10
Na_2O	0,98	0,21	0,06
H_2O^+	10,43	13,09	28,22
H_2O^-	7,81	1,75	0,81
CO_2	—	2,04	—
Total	100,94	99,91	99,60

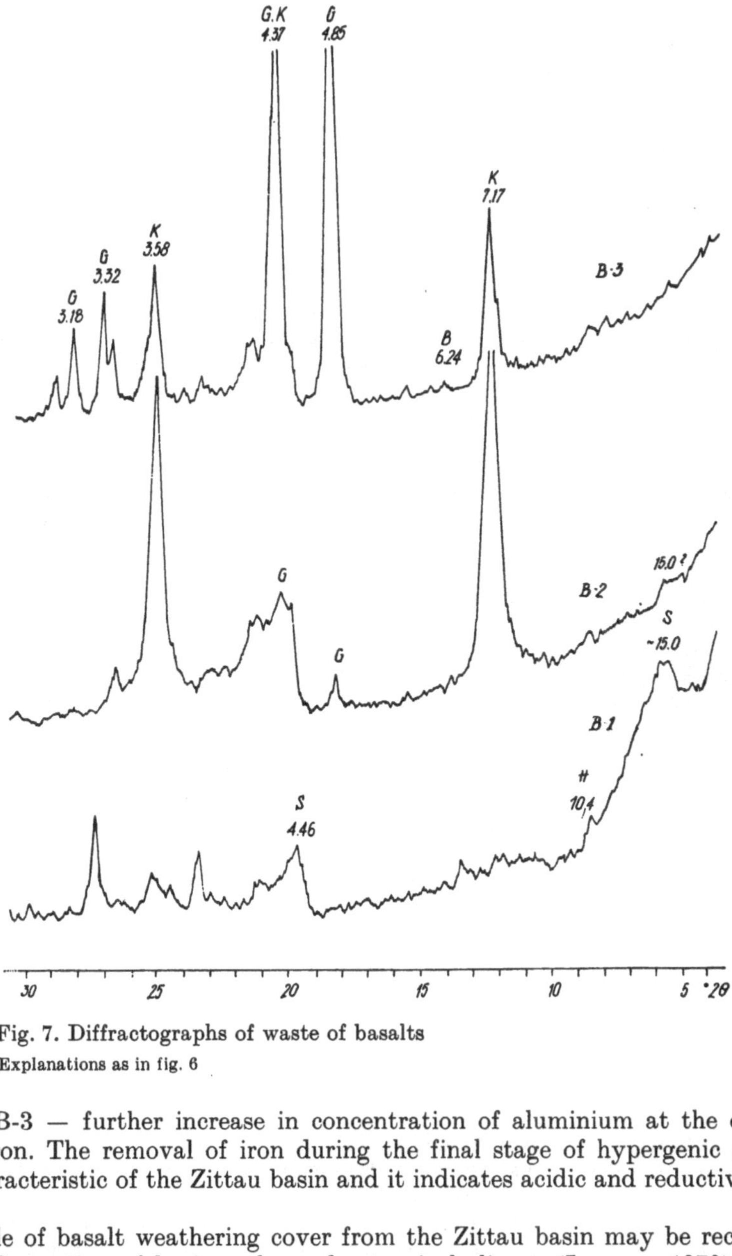

Fig. 7. Diffractographs of waste of basalts
Explanations as in fig. 6

the same; B-3 — further increase in concentration of aluminium at the expense of silica and iron. The removal of iron during the final stage of hypergenic alterations appears characteristic of the Zittau basin and it indicates acidic and reductive environment.

The profile of basalt weathering cover from the Zittau basin may be recognized as typical of alternation of basic rocks under tropical climate (Lisicina 1970). On lower horizons of weathering profile or inside post-basalt piles the smectite' predominates already being accompanied by kaolinite. Top parts of the weathering cover are characterized by kaolinite composition; it is usually kaolinite with poorly-ordered structure or even halloysite. Aluminium hydroxides are sometimes found in the surficial zone of the weathering cover, which indicates the onset of laterite weathering. The process of transformation of primary minerals of basic rocks proceeded gradually through secondary silicates of the type 2:1 and 1:1 to aluminium hydroxides, representing the products of total hydrolysis of silicates (Kukovskij 1973).

Summary

The basic intrusive rocks of the Zittau basin were not accurately dated but according after some earlier studies they are assigned to the Upper Oligocene or Miocene (BIENIEWSKI 1966). The drilling made for brown-coal prospecting have shown that these rocks from traps of small size and thickness, overlaying granites of their weathering covers as well as a few thin layers in the lower part of the basal beds. The basic rocks are fairly heavily altered, thus it is difficult to analyse their relation to granites and sedimentary rocks.

It may be safely assumed that the basalts of the Zittau basin are of the Late Oligocene age, that is they are of the same age as the oldest links of basal beds of the sedimentary series. They appear related to numerous faults and fractures which originated in that time in the area of the Zittau basin and which are responsible for depressional structure of the basin. The vertical movements are also responsible for large-scale denivelations of the area, and especially for depressions which became reservoirs without outflow and thus the site of deposition of waste from weathering of rocks in adjoining areas. The short-distance transportation and rapid deposition are evidenced by angular quartz grains and a remarkable contribution of unweathered feldspars in the deposits. The processes of surficial weathering continued during the Late Oligocene and Early Miocene when the continuous subsidence of the bottom of the depression resulted in submergence of the whole area. Therefore that period may be accepted as the time of origin of the kaolin deposit of the Zittau basin. The kaolins may be also dated at the Late Miocene if the processes operating in the submerged weathering covers are taken into account.

A large quantity of organic matter related to the formation of upper brown-coal seam resulted in reduction of pH and Eh of the environment. This mobilized iron which was subsequently precipitated in the form of sulphides and carbonates. In that sense we may speak about the content of organic matter (brown coal) in the formation of kaolin deposits.

The above data made it possible to define accurately the age of weathering of basalts of the Zittau basin, whereas it is not excluded that the granite-gneiss substratum was already alterated before the Oligocene.

As it was shown by KUŽVART & NEUŽIL (1972) the conditions favourable for formation of kaolin deposits existed also in ealier geological epochs in central Europe. However, subsequent phases of erosion and denudation destroyed older weathering covers and therefore these covers could be preserved up to the present anywhere, only in some places.

In the end I would like to add that taking into account the co-occurrence of basalts and brown coals KURAL (1975) dated kaolins related to Strzegom granitoids at the Paleogene and Early and Middle Miocene. This makes it possible to assume that all kaolin deposits occurring in the Polish part of the Sudety Mts. and their forefield originated in result of hypergenetic processes acting in Tertiary times.

Streszczenie

Niecka żytawska (fig. 1) jest strukturą zapadliskową o charakterze tektonicznym. Wypełniają ją osady trzeciorzędowe w skład których wchodzą iły z wkładkami piasków i żwirów, przedzielone dwoma pokładami węgla brunatnego (fig. 2).

W podłożu niecki występuje głównie granit rumburski, a podrzędnie gnejsy albitowe i leukogranity, ktorym przypsuije się wiek algoncki oraz zasadowe skały wylewne wieku trzeciorzędowego.

Dominującym składnikiem iłów są minerały kaolinitowe, a podrzędnymi — illit, smektyt i minerały ilaste o strukturach mieszano-pakietowych. Wkładki piaszczysto-żwirowe zbudowane są głównie z kwarcu i skalenia z domieszką łyszczyków oraz siarczków i węglanów żelaza.

Podłoże krystaliczne pokryte jest zwietrzeliną osiągającą miąższość kilkudziesieciu metrów.

Procesy wietrzenia granitoidów i gnejsów doprowadziły do ich pełnej kaolinizacji, tak że stropowe partie zwietrzeliny nie zawierają już skaleni (fig. 3, 4; tab. 1).

Bazalty występujące w kopalni Turów II uległy bardzo intensywnemu przeobrazeniu, chociaż zachowana została ich charakterystyczna pierwotna oddzielność słupowa (fig. 5).

Zwietrzelina bazaltowa w głębszych partiach oraz wewnątrz słupów składa się z minerałów kaolinitowych i smektytowych. Natomiast w najbardziej stropowych partiach smektyt jest nieobecny, a obok kaolinitu i haloizytu występują siarczki i węglany żelaza i hydrargilit. Świadczy to o laterytowym charakterze wietrzenia (fig. 6, 7; tab. 2).

Obserwacje terenowe oraz szczegółowe badania laboratoryjne wskazują, że w niecce żytawskiej panowały warunki bardzo sprzyjające wietrzeniu chemicznemu skał. W skałach kwaśnych wietrzenie zakonczyło sië ich kaolinizacją, a w skałach zasadowych zaznaczył się już proces laterytyzacji. Wietrzenie było bardzo intensywne, ale trałwo krótko, gdyż tylko od górnego oligocenu do pliocenu.

Zusammenfassung

Das Zittauer Becken liegt im SW der VR Polen und erstreckt sich bis auf das Gebiet der DDR und ČSSR (Abb. 1). Es ist eine tektonische Senke. Beckenboden und Beckenrand sind im wesentlichen aus Rumburger Graniten und teilweise aus Gneisen, Leukograniten sowie Vulkanitgesteinen der Basaltserie aufgebaut. Das Alter der Rumburger Granite ist algonkisch, während die Entstehung der Basalte mit dem tertiären Vulkanismus in Verbindung gebracht wird.

Das Zittauer Becken ist mit Kontinentalablagerungen aus dem Tertiär angefüllt. Zu ihnen gehören fünf lithologische Komplexe (Bieniewski 1966):

1. Basaltschichten (A), die vorwiegend aus Kaolinittonen mit Zwischenschichten aus Sanden und Schottern des Ober-Oligozäns bestehen;
2. das untere Braunkohlenflöz (I) aus dem Ober-Oligozän;
3. eine Schicht Kaolinittone zwischen den Kohleflözen (B): Miozän;
4. das miozäne obere Braunkohlenflöz (II), das gegenwärtig im Tagebau Turow abgebaut wird;
5. die Deckschichten, aufgebaut aus Kaolinittonen mit Zwischenschichten aus Sand, Schotter und Braunkohle. Nach Bieniewski (1967) in das Miozän mit Übergang zum Pliozän gehörend (Abb. 2).

Über den tertiären Sedimenten lagern postglaziale quartäre Tone und Sande.

Vom Oligozän bis zum Pliozän herrschten in diesem Gebiet sehr günstige Bedingungen für die chemische Verwitterung der Gesteine. Darauf weisen zwei Braunkohlenflöze von großer Mächtigkeit sowie der sehr hohe Umbildungsgrad der Granite und Basalte hin.

Die Lagerung der Tertiärsedimente unmittelbar auf dem stark verwitterten kristallinen Untergrund, das Verhältnis der oben beschriebenen Komplexe zueinander, das Vorkommen von Basalten und Braunkohle, deren Alter sehr gut bestimmt ist, schaffen besonders günstige Voraussetzung für die zeitliche Einordnung der Kaolinisierung im Zittauer Becken.

In Abb. 3 sind Derivatogramme aufgeführt und auf Abb. 4 Diffraktogramme von Proben aus der Verwitterungskruste der Granite, Tab. 1 gibt ihre chemische Zusammensetzung.

Im Tagebau Turów wurden völlig veränderte Basaltgesteine gefunden, die noch die charakteristische ursprüngliche Säulenabsonderung zeigten. Im Querschnitt einer solchen Säule (Abb. 5) sind deutlich konzentrische Schichten unterschiedlichen Veränderungsgrades zu sehen.

Auf Abb. 6 sind Derivatogramme, auf Abb. 7 Diffraktogramme und in Tab. 2 die chemische Zusammensetzung der Proben aus der Verwitterungskruste der Basalte angeführt. Probe B-1 enthält Smektit mit Kaolinit, Probe B-2 Kaolinit mit Hydrargillit und Probe B-3 besteht aus Hydrargillit mit Kaolinit. Man kann annehmen, daß die im Zittauer Becken vorkommenden Basalte zum oberen Oligozän gehören, was bedeutet,daß sie altersgleich mit den ältesten Folgen der Flöze der basalten Sedimentserie sind.

Die Oberflächenverwitterung dauerte während des gesamten oberen Oligozäns und des unteren Miozäns an, als durch das ununterbrochene Absinken des Beckengrunds das ganze Gebiet überflutet wurde. Diese Periode kann man als das Alter der Kaolinisierungsprozesse im Zittauer Becken ansehen. Man kann das obere Miozän noch hinzunehmen, wenn die in der Verwitterungskruste vor sich gehenden Prozesse berücksichtigt werden, als erstere sich bereits unter Wasser befand.

Die in dieser Arbeit vorgelegten Daten bestimmen relativ gut das Alter der Basaltverwitterung im Zittauer Becken, obwohl der Granit-Gneis-Untergrund bereits während des Oligozäns umgestaltet worden sein kann. Jedoch zerstörten spätere Erosionsprozesse die alten Schichten der Verwitterungskruste, die sich nur in Ausnahmefällen bis heute erhalten haben.

Zusammenfassend ist festzustellen, was auch Kural (1975), gestützt auf die Lagerung der Basalte und Braunkohlen nachwies, daß die mit Granitoiden verbundenen Kaolinlagerstätten von Strzegom zum Paläogen, unteren und mittleren Miozän gehören. Das läßt vermuten, daß alle Kaolinlagerstätten, die im polnischen Teil der Sudeten und ihren Vorgebirgen auftreten, sich durch hypergene Verwitterung während des Tertiärs gebildet haben.

Резюме

Житавская мульда находится на юго-западе Польши и частично на территории Чехословакии и ГДР (фиг. I). Она является впадиной тектиноческого характера. Дно и край мульды построены главном из румбурских гранитов и частично из гнейсов, лейкогранитов вулканических пород базальтовой серии. Возраст румбурских гранитов считается льгонским, в то время как возникновение базальтов связивают с третичным вулканизмом.

Житавская мульда заполнена материковыми отложениями третичного периода в состав которых входит пять литологических комплексов (Беневски 1966), а именно:

1. базальные пласты (A), состоящие преимущественно из каолинитовых глин с прослойками песка и щебня, которые причисляют к верхнему олигоцену,
2. нижный пласт бурого угля (I) верхнеолигоценского возраста,
3. слой каолинитовых глин, находящийся между пластами угля (B) и относящийся к миоцену,
4. верхний пласт бурого угля (II), которий добывается в настоящёе время на шахте ,,Туров''. Он относится к миоценскому возрасту,
5. пласты кровли (C), в состав которых входят каолинитовые глины с прослойками песков, щебня и бурого угля и которые относятся к миоцену с переходом к плиоцену (Беневски 1967). Это показано схематически на фиг. 2. На осадки третичной системы наложены глины и пески последедникового происхождения четвертичного возраста.

В период от олигоцена до плиоцена в этом районе существовали очень благоприятные условия химического выветривания пород. На существование этых условий указывают два очень большой мощности пласта бурого угля, а также очень большая степень преобразования гранитов и базальтов.

Залегание третичных отложений непосредственно на сильно выветренном кристаллическом основании, соотношение друг к другу выше описанных комплексов, местонахождение базальтов и бурого угля, возраст которого очень хорошо определён, создают особенно благоприятные условия для определения периода каолинизации на територии житавской мульды.

На фиг. 3 поданы дериватограммы, а на фиг. 4 диффрактограммы образцов из коры выветривания гранитов, а в таблице I их химический состав.

В угольной шахте ,,Туров'' обнаружены в полне измененые базвльтовые породы, но они сохранили ещё характерную первоначальную столбчатую отделфность. В раврезе такого стольба (фиг. 5) отчетлив о видны концентрические слои различной степени изменения.

На фиг. 6 видны дериватограммы, на фиг. 7 диффрактограммы, а в таблице II химический состав обрасцов из коры выветривания базальтов. Проба B-I имеет в своём составе смектит с примесью каолинита, проба B-2 — каолинит с примесью гидраргилита, а проба B-3 сложена из гидраргилита с примесью каолинита.

Можно предположить что встречающиеся в житавской мульде базальты относятся к верхнему олигоцену, а ето значить что они имеют один и тот же возраст что и самые старие цепи пластов базальной осадочной серии.

Процесс поверхностного выветривания продолжался весь верхный олигоцен и нижный миоцен, когда в результате непреривного опусканиа дна котловины вся территория была залита водой. Этот период можно считать за возраст процессов каолинизации в житавской мульде. К возрасту месторождения каолинов можно прицисать ещё верхний миоцен, если учитивать процессы происходящие в коре выветривания которая уже находилась под водой.

Представленные в етой работе данные довольно хорошо определяют возраст выветривания базальтов в житавской мульде, хотя гранито — гнейсовое основание могло быть уже преобразованным во время олигоцена. Однако более поздные процессы эрозии разрушали древние пласты коры выветривания, которые моглы сохранится до сего времени только в исключительных случаях и редко где.

В заключении следует подчеркнуть что тоже Кураль (1975), основываясь на совместном алегании базальтов и бурого угля, определил что месторождения каолинов связанных с стшегомскимы гранитоидами относятся к палеогену и нижнему и среднему миоцену. Это даёт возможност предположить что все месторождения каолинов встречающиеся в польской части Судетов и на их предгорях образовались в третичном периоде в результате гипергенного выветривания.

References

BIENIEWSKI, J.: Powstanie i rozwój serii wegla brunatnego w polskiej części niecki żytawskiej. — Geol. Sudetica, Wrocław **2** (1966), (poln.).

— Geologia niecki żytawskiej. In: Przewodnik XL Zjazdu PTG. — Warszawa: Wyd. Geol. (1967), (pol.).

KUKOVSKIJ, E. G.: Prevraščenija sloevych silikatov. — Kiev: izd. Naukova dumka 1973, (russ.).

KURAL, S.: Geologiczne warunki występowania i powstania kaolinów zachodniej części granitoidowego masywu strzegomskiego i obrzeżenia. — Arch. Inst. Geol., Warszawa (1975), (poln.).

KUŽVART, M.; NEUŽIL, J.: Genesis of kaolin. An example of the deposit in Czechoslovakia. — Intern. Clay Conf., Kaolin Symp., Madrid (1972) (engl.).

LISICINA, J. A.: K geochimii kor vyvetrivanija osnovnych porod tropičeskoj zony Tichogo Okeana. — Kora vyvetrivanija, **11** (1970), (russ.).

MAZUR, J.: Wstępne wiadomości o trzeciorzędzie Sudetów Zachodnich. In: Przewodnik XL Zjadzdu PTG. — Warszawa: Wyd. Geol. 1967, (poln.).

SZPILA, K.: Charakterystyka mineralogiczna kaolinu pierwotnego z Turoszowa. — Biul. Geol., Warszawa 13 (1971), (poln.).

WICHROWSKI, Z.; SZPILA, K.: Gibbsite in clays from Turoszów (Lower Silesia). — Bull. Acad. pol. sci., ser. sci . d. 1. Terre, Warszawa XXII (1974) 3/4, (engl.).

Manuskripteingang: 12. Mai 1976

Anschrift des Autors:

K. SZPILA, Institut für Geochemie, Mineralogie und Petrologie der Universität Warschau
PL - 02 089 Warszawa, Al. Zwirki i Wigury 93

Schriftenr. geol. Wiss. · Berlin 11 (1978) · S. 305—334

Zur Geologie des Kaolins von Aue (Erzgebirge)

Von OTFRIED WAGENBRETH, Weimar

Mit einem Beitrag von PETER LANGE, Weimar

Mit 13 Abbildungen und 4 Tabellen

1. Problemstellung und Forschungsgeschichte

Der Kaolin von Aue im Erzgebirge ist seit über hundert Jahren nicht mehr in Abbau und damit heute unzugänglich. Auf Grund seiner geologischen Position spielt er allerdings immer noch eine Sonderrolle in der Diskussion über die Entstehung der Kaoline und Kaolinlagerstätten.

Für die einzelnen Kaolinlagerstätten stehen zur Zeit noch (oder wieder?!) die exogendynamische Interpretation als Verwitterungskruste und die endogen-dynamische Deutung als magmatisch-hydrothermale Feldspat-Umwandlung einander gegenüber. Dabei wird oft der Versuch unternommen, die Deutung einer Lagerstätte auf andere zu extrapolieren, d. h. die neu gewonnene Erkenntnis zu verallgemeinern. Beim Abwägen der beiden dann konkurrierenden Theorien wird den Befunden oft unterschiedliches Gewicht beigemessen. Was die eine Partei als wesentliche Aussage angibt, betrachtet die „gegnerische" Seite als zufällige Konstellation. Wissenschaftsgeschichtlich ist die verschiedene Wertung der Befunde und der Versuch der Extrapolation einer Deutung auf alle Beispiele der Normalfall. Jede Wissenschaft versucht, möglichst viele Phänomene einer einzigen Theorie zuzuordnen. Je mehr Phänomene in diese Theorie passen, desto sicherer ist sie.

Oft — und gerade auch im Fall der Kaolingenese, — wird die Entscheidung für die eine oder andere Theorie durch Konvergenzen in dem Beweismaterial erschwert. Bei der Entscheidung zwischen der Bildung der Kaoline als Verwitterungskruste oder durch postmagmatisch-hydrothermale Vorgänge beispielsweise so:

Die Kaolinisierung wird in beiden Fällen wesentlich von der Klüftung des betroffenen Gesteins gelenkt. Deshalb können durchaus exogene Kaoline tiefe, gangartige Wurzeln ausbilden und hydrothermale Kaoline lokal flächenhaft verbreitet sein. Diese Möglichkeiten erschweren eine Entscheidung noch mehr, wenn der Bereich der für die hypothetische Kaolinisierung maßgeblichen alten Landoberfläche abgetragen ist bzw. die hypothetischen Zufuhrkanäle der Hydrothermen in nicht erschlossener Tiefe liegen. Aus gleichen Gründen bilden horizontale oder vertikale Übergänge des Kaolins in halb und ganz frischen Feldspat kein entscheidendes Kriterium. Selbst die Gegenwart von Eisenmineralen oder -mineralkonzentrationen kann in beiden Fällen kausal mit dem Kaolin verbunden sein oder eine zufällige Kombination bilden. Ebenso können von beiden Kaolinisierungsmöglichkeiten her Korrelationen zwischen der Intensität der Kaolinisierung und der Korngröße des Gesteins erklärt werden.

Solche Konvergenzerscheinungen zwischen exogenen und hydrothermalen Kaolinen spielen beim Kaolin von Aue eine große Rolle und rechtfertigen einen Versuch, seine geologischen Verhältnisse neu zu bearbeiten und genetisch zu deuten.

Der Kaolin von Aue (Abb. 1) wurde beim Abbau dortiger Eisenerze in der Grube „Roter St. Andreas" im Jahre 1700 entdeckt und diente Johann Friedrich Böttger und der Meißener Porzellanmanufaktur von Anfang an als Porzellanrohstoff. Der

Wert des Porzellans im 18. Jahrhundert und die damals angenommene Einmaligkeit der Kaolinlagerstätte brachten für die Kaolingrube, die sogenannte „Weißerdenzeche St. Andreas“ oder kurz „Weißer St. Andreas“, einen Sonderstatus in bergrechtlicher und ökonomischer Hinsicht mit verschärften Geheimhaltungsbestimmungen. So wurde noch im Jahre 1819 angewiesen: „Es sollen ... der dortige Grubenbau sowohl als das geologische Vorkommen der Porzellanerde auch für die Zukunft als Geheimnis betrachtet und ohne höchste und höhere Erlaubnis niemandem das Befahren dieser Grube gestattet werden“ (Acta 1345, I, S. 1f.). Andererseits führten die strengen Qualitätsforderungen seitens der Meißner Manufaktur und die komplizierten Lagerstättenverhältnisse, insbesondere die Verschlechterung der Kaolinqualität nach Abbau der guten Lagerstättenpartien ab 1800, zu einer detaillierten geologischen Dokumentation, die bis zur Stilllegung der Grube 1855 reicht und in den Akten der damaligen sächsischen Bergbehörden erhalten ist.

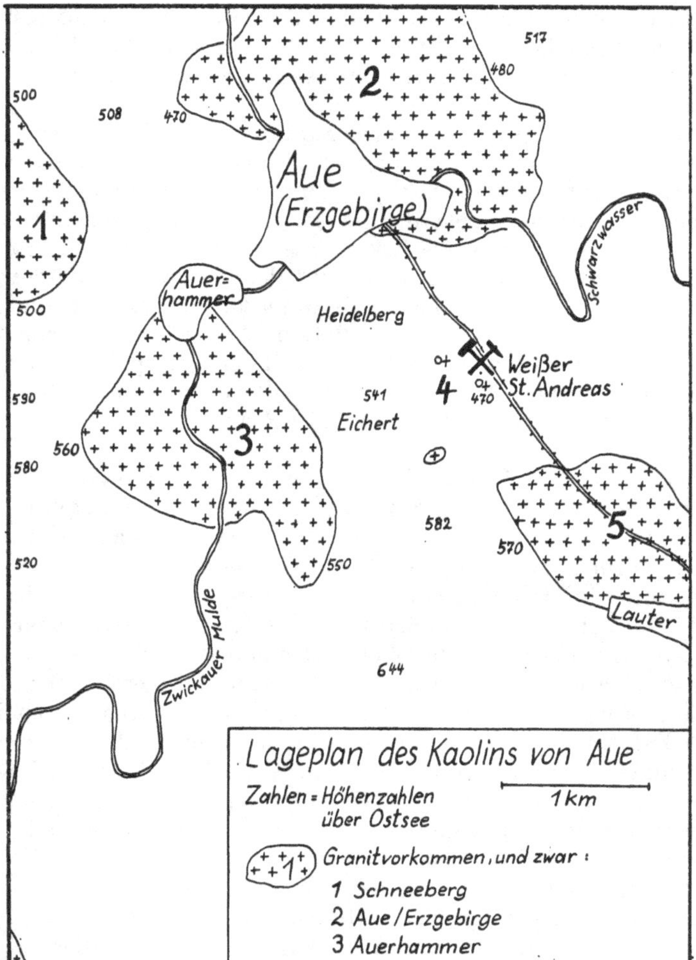

Abb. 1. Lageplan des Kaolins von Aue

Als in den Jahren 1902/1903 grundsätzlich über die beiden genannten gegensätzlichen Theorien der Kaolingenese gestritten wurde (RÖSLER 1902; DAMMER 1903a, 1903b; WEINSCHENK 1903) war der Kaolin von Aue bereits so unbekannt, daß er nicht mit in die Diskussion einbezogen wurde.

Erst OTTO STUTZER (1905) deutete ihn nach Einsicht in die alten Akten als Produkt einer Gesteinszersetzung durch „postvulkanische Dämpfe", also endogen im Sinne der heutigen Theorie postmagmatisch-hydrothermaler Kaolinbildung. STUTZER versuchte gleichzeitig, um die Einheitlichkeit und allgemeine Gültigkeit seiner Kaolinisierungstheorie zu erreichen, alle Kaoline auf ähnliche Weise zu erklären. Er meinte, daß die Kaoline von Spergau, Kemmlitz usw. ebenfalls primär durch postvulkanische Dämpfe entstanden seien und ihre sedimentären oder sedimentähnlichen Lagerungsverhältnisse hätten sie erst durch sekundäre Umlagerung erlangt. Für Spergau, Kemmlitz und andere ähnliche Lagerstätten, die gegenwärtig allgemein als Verwitterungskrusten unter bestimmten paläoklimatischen Bedingungen gedeutet werden, gilt also STUTZERS Verallgemeinerung nicht mehr. Der Kaolin von Aue wird seit STUTZER (1905) allgemein als endogen-hydrothermale Umwandlung einer Granitkuppel betrachtet, wenn auch STAHL (1912) — auf dem gleichen Befund aufbauend — mehr eine hydrothermal-epizonale Bildung vermutete, die genetisch weniger an die Granitkuppel, sondern stärker an die Eisenerzgänge gebunden sein sollte. Doch stellte PETROV in der Diskussion auf dem Kaolin-Symposium in Greifswald 1973 diese Deutung zugunsten seiner Theorie einer einheitlichen exogenen Kaolinisierung im mitteleuropäischen Raum in Frage.

Ich habe deshalb aus den vorhandenen Grubenakten des „Weißen St. Andreas" alle geologischen Angaben herausgezogen und unter Beachtung alter Literatur und der regionalen Geologie zu einer möglichst umfassenden Darstellung der Lagerstättenverhältnisse des dortigen Kaolins kombiniert. Dabei wirken sich gerade bei dem Kaolin von Aue die genannten Konvergenzerscheinungen für die Deutung erschwerend aus. Trotzdem ergab sich mit ziemlich großer Wahrscheinlichkeit eine Bestätigung der Auffassung STUTZERS, nämlich eine postmagmatisch-hydrothermale Deutung des Kaolins von Aue.

2. Der Kaolin von Aue und die kretazisch-tertiäre Rumpffläche

Der Kaolin von Aue liegt als Haube auf einer Granitaufragung unter einem geringmächtigen Dach von Glimmerschiefer (Abb. 2 oben). Dieser Sachverhalt scheint von vornherein für STUTZERS Deutung, d. h. für eine endogen-magmatische Kaolinisierung zu sprechen. Mit einer regionalgeologischen Einordnung der Lagerstätte soll geprüft werden, ob demgegenüber prinzipiell die Möglichkeit besteht, ihn als Rest der Basis der kretazisch-tertiären Kaolindecke zu betrachten.

Die großflächigen sächsisch-thüringischen Kaoline sind als kretazisch-tertiäre Verwitterungskruste an feldspathaltige Gesteine der damaligen Landoberfläche gebunden. Diese stellte eine Rumpffläche dar, die in bestimmten Bereichen — im Vorland unserer Mittelgebirge — heute noch morphologisch wirksam ist, nördlich davon unter jüngeren Sedimenten verborgen liegt, südlich aber in den Hochlagen der Mittelgebirge im Tertiär und Quartär erodiert wurde (Abb. 2 Mitte). Theoretisch denkbar wäre es nun, daß im Bereich des Erzgebirges Kaolin wie der des Weißen St. Andreas oder kaolinisierte Feldspäte wie die im Granit von Eibenstock die tiefsten Wurzeln, also nicht erodierte Tiefenbereiche der allgemeinen kretazisch-tertiären Kaolindecke darstellen (Abb. 2 unten). Der Glimmerschiefer über dem Kaolin von Aue braucht nicht unbedingt dagegen zu sprechen. Er könnte auf Grund seines Mangels an Feldspat als nicht verwitterter Bereich unter der damaligen Landoberfläche betrachtet werden. Bei diesem Versuch der exogenen Deutung des Kaolins von Aue muß man den Glimmerschiefer als so zerklüftet annehmen, daß der Stoffaustausch zur Kaolinisierung durch ein solches Glimmerschieferpaket gewährleistet war. Diese Annahme erscheint möglich, ist aber weder beweisbar noch widerlegbar. Ein entscheidendes Kriterium für die Frage einer exogenen Entstehung des Kaolins von Aue ist seine Tiefenlage unter der kretazisch-tertiären Rumpffläche (dazu Abb. 3). Selbst wenn man einige Rücken von Quarzphyllit als einstige Härtlinge über der Rumpffläche betrachtet, liegt diese im Raum Aue in einer Höhe von mindestens etwa 600 m ü. NN, wogegen der Kaolin der Weißerdenzeche Weißer St. Andreas eine oberste Höhe von 470 m ü. NN einnimmt und noch etwa bis 420 m ü. NN

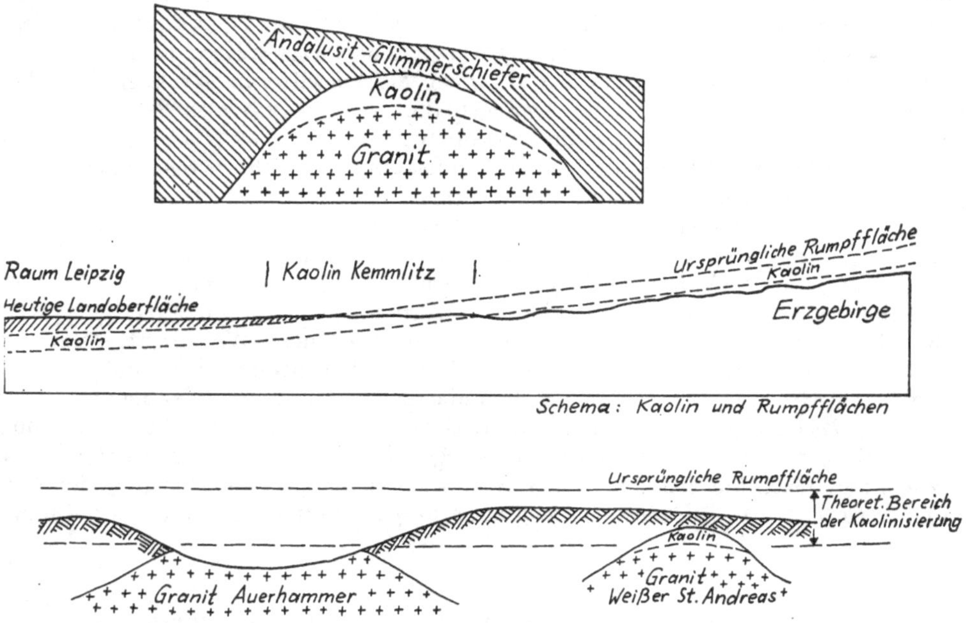

Abb. 2. Schematische Profile zum Versuch einer exogenen Deutung des Kaolins von Aue

oben: schematisches Profil durch die Lagerstätte; Mitte: schematisches Profil zur Lage der kretazisch-tertiären Kaolindecke in bezug auf die heutige Landoberfläche in Sachsen; unten: schematisches Profil zur Deutung des Kaolins von Aue als Wurzelzone der kretazisch-tertiären Verwitterungsdecke

Tiefe angetroffen wurde. Im Vergleich zu der sonst bekannten Mächtigkeit der Kaolindecke in unserem Gebiet (60 m) ist es nicht gut möglich, eine exogene Kaolinisierung von der Intensität wie beim Weißen St. Andreas bis 180 m Tiefe annehmen zu wollen. Drei Argumente machen von der regionalgeologischen Sicht her die Unwahrscheinlichkeit einer solchen Deutung noch größer: Erstens bezieht sich die Angabe der rezenten Höhe der Rumpffläche auf deren heute wirksames morphologisches Niveau. Für den Zeitraum Kreide—Tertiär muß man also die eigentliche Landoberfläche um die Mächtigkeit der seitdem erodierten tertiären Verwitterungsdecke höher annehmen, im Bereich Aue also bei etwa 620—650 m ü. NN. Zweitens wird man im Erzgebirge ähnlich wie für Thüringen mehrere Rumpfflächen annehmen müssen, wobei die für die Kaolinisierung maßgebliche sicher eine der höheren war. Drittens wird bei Annahme einer flächenhaft in die Tiefe wirksamen exogenen Kaolinisierung kaum verständlich, warum andere Granite in der Umgebung von Aue selbst bis in eine Höhe von 580 m ü. NN, also über 100 m höher als der Kaolin des Weißen St. Andreas, nicht kaolinisiert sind. Von dieser regionalgeologischen Einschätzung her kann man sagen, daß

1. über den tiefer erodierten erzgebirgischen Granitarealen zwar möglicherweise eine exogen gebildete Kaolindecke gelegen hat, daß aber

2. der Kaolin des Weißen St. Andreas bei Aue/Erzgebirge kaum als Wurzel einer kreidezeitlich-tertiären Verwitterungskruste betrachtet werden kann.

Die einzige Möglichkeit, trotz der Höhenverhältnisse des Kaolins und der Rumpfflächen die Lagerstätte exogen zu deuten, würde die Annahme fordern, daß der Kaolin von Aue bis einschließlich Tertiär höher lag und nun in einer posttertiär, also nach der Rumpfflächen- und Kaolinbildung bruchtektonisch eingesunkenen Scholle seine tiefe Lage erlangt hat. Dafür gibt es jedoch keine Hinweise.

Von der regionalgeologischen Sicht her, insbesondere vom Lageverhältnis zu den kretazisch-tertiären Rumpfflächen, hat also die postmagmatisch-hydrothermale Deutung des Kaolins von Aue die weitaus größere Wahrscheinlichkeit für sich. Dasselbe ergibt sich bei einer Analyse der Lagerstättenverhältnisse im Detail aus dem Archivmaterial der Zeit etwa von 1780—1850.

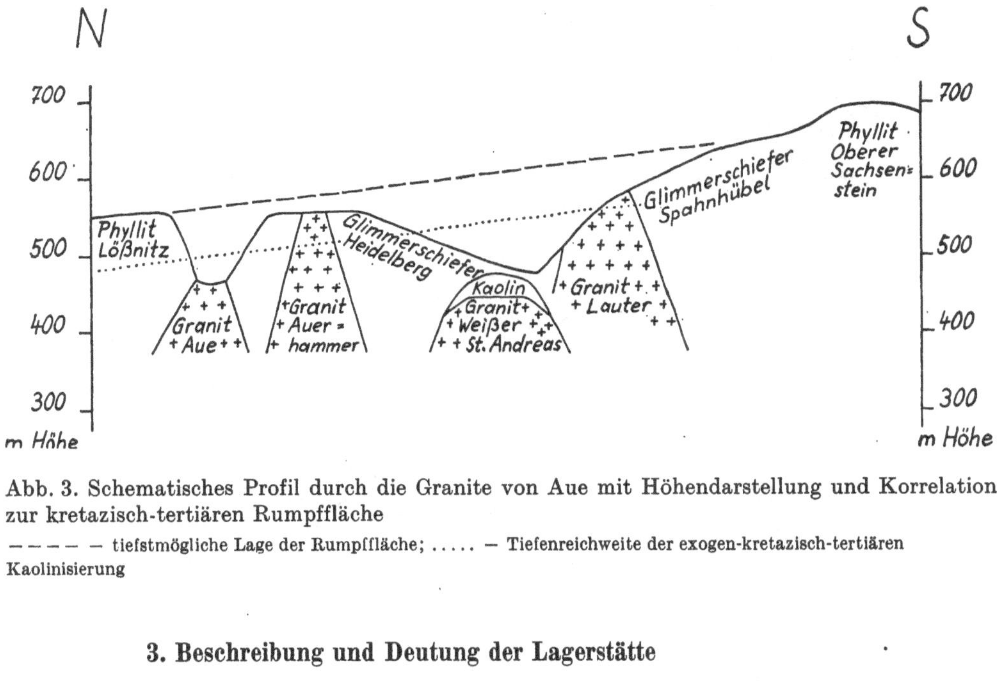

Abb. 3. Schematisches Profil durch die Granite von Aue mit Höhendarstellung und Korrelation zur kretazisch-tertiären Rumpffläche

– – – – – tiefstmögliche Lage der Rumpffläche; . . . . . – Tiefenreichweite der exogen-kretazisch-tertiären Kaolinisierung

3. Beschreibung und Deutung der Lagerstätte

Die alten Grubenakten sind in den Formulierungen zwar so, daß von der heutigen lagerstättenkundlichen Terminologie her nicht alle Angaben bis ins letzte Detail verständlich, subjektive Auslegungen also nicht ganz ausgeschlossen sind, viele Angaben sind aber so klar, daß sich doch ein recht detailliertes Bild der Lagerstätte geben läßt. Mehrere Grubenrisse (Pilz 1801/1803; Schnorr 1810; Martini 1817; Martini 1820/1825) haben unterschiedliche Qualität (Abb. 4b, c, d). Das Manuskript von Martini (1819) sowie die Veröffentlichungen von Freiesleben (1829) und Naumann (1838) beruhen wohl nur zum Teil auf eigener Anschauung, zum anderen auf einer Auswertung der Akten. Ein Vergleich dieses Quellenmaterials zeigt keine wesentlichen Widersprüche. Es ergibt übereinstimmend folgendes Bild:

Der Kaolin bildete die maximal 4 m (oder nach Hoffmann 1788 bis gegen 6 m) mächtige oberste Zone einer unsymmetrisch aufgewölbten, SE—NW gestreckten, nach SE relativ flach mit 15—20° untertauchenden, grob-elliptischen Granitkuppel unter einem

Dach von nur 4—8 m Andalusitglimmerschiefer (Abb. 4). Die Kuppel wird nach SW relativ steil, nach NE flacher, aber auf beiden Seiten nach der Tiefe versteilend von Verwerfungen abgeschnitten, auf denen Eisenerzgänge sitzen. Es sind im SW der „Eiserne-Hilfe-Gang", unter Bezug auf die Hangneigung des Geländes auch als „Obere Gebirgsscheide" bezeichnet, im NE der „Hoffnung zu Gott-Gang" als „Untere Gebirgsscheide". Das relativ flache Kaolinlager auf der eigentlichen Granitkuppel endete nach

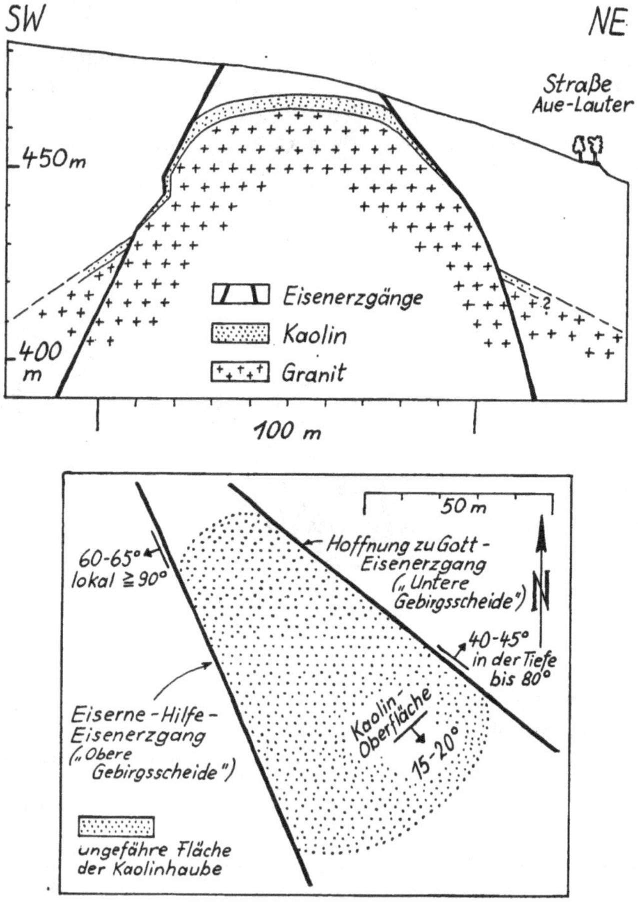

Abb. 4a. Grundriß und Profil des Kaolins vom Weißen St. Andreas bei Aue (nach Angaben in den alten Akten und Grubenrissen)

Martini (1819) an den Flanken schon in etwa 16 m Tiefe unter Tage. Von da aus setzte sich das Lager nach der Tiefe zu als Begleiter der beiderseitigen Eisenerzgänge fort. Die Verwerfungen fallen generell nach außen ein und haben die äußeren Schollen absinken lassen, so daß der Niveau-Unterschied zwischen dem Scheitel der Granitkuppel und der Granitoberfläche jenseits der Verwerfungen heute größer ist als zur Zeit der Granitintrusionen. Dabei war die östliche Randscholle tiefer abgesunken als die westliche. In der westlichen abgesunkenen Randscholle fand man den Kaolin bauwürdig und erschloß ihn unter dem Namen „Neu-Andreas-Abbau". Als Sprunghöhen werden etwa 12,5 (Freiesleben 1829) bis 35 m genannt. Die Angabe von 12,5 m bezieht sich nur auf den Kaolinbereich der Verwerfungen. Die Angabe einer wahren Sprunghöhe dagegen ist methodisch problematisch. Erstens liegt die Granitoberfläche und damit der Kaolin in der Mittelscholle kuppelförmig vor und bietet von daher kein eindeutiges Bezugsniveau. Zweitens sind die sich an die Eisenerzgänge anschmiegenden Bereiche des Kaolinlagers in der tektonisch-genetischen Deutung zweideutig, wobei das Altersverhältnis zwischen den Verwerfungen und der Kaolinisierung diskutiert werden muß

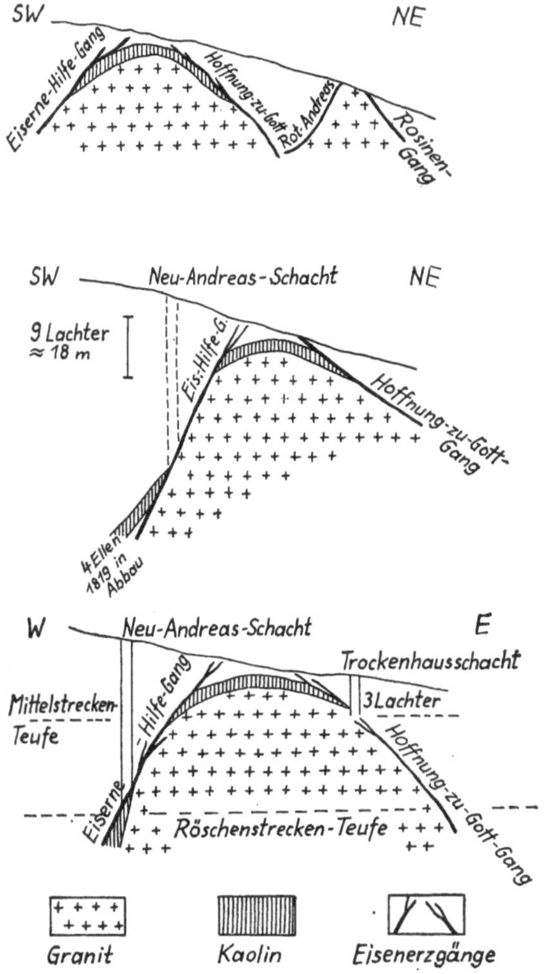

Abb. 4b. Alte Profile durch die Kaolinlagerstätte Weißer St. Andreas bei Aue, umgezeichnet aus MARTINI (1819) oben: MARTINI (1819A), S. 21; Mitte: desgleichen, A, S. 22; unten: desgleichen, B, S. 11

(Abb. 5). Sind die Verwerfungen jünger als die Kaolinisierung, kann der Kaolin an den Verwerfungen so geschleppt sein, daß eine scheinbar geringere Sprunghöhe resultiert (Abb. 5a). Sind die Verwerfungen älter, ist der Kaolin auch im Bereich der Verwerfungen tektonisch unbeeinflußt, d. h. als posttektonische Bildung anzunehmen (Abb. 5b). Die Lagerungsverhältnisse, die Höhenlagen und vor allem das Ausdünnen des Kaolins an den Verwerfungen nach unten und die wieder größere Mächtigkeit des „Neu-Andreas-Lagers“ sprechen für die erste Variante. Die Verwerfungen und damit die Eisenerzgänge sind demnach jünger als die Kaolinisierung.

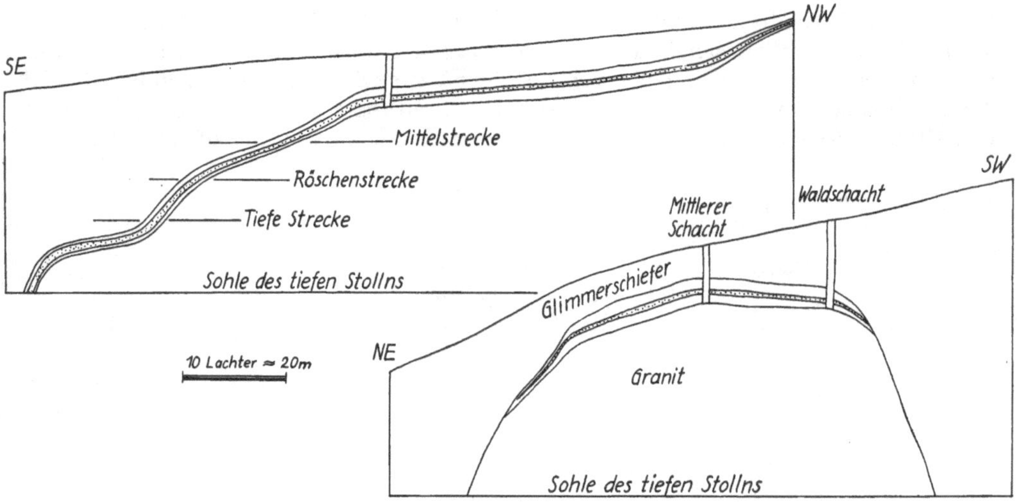

Abb. 4c. Längsprofil (links oben) und Querprofil (rechts unten) durch den Kaolin von Aue, umgezeichnet nach einem Grubenriß des Markscheiders Friedrich August Schnorr (1810) (Original im Historischen Bergarchiv Freiberg)

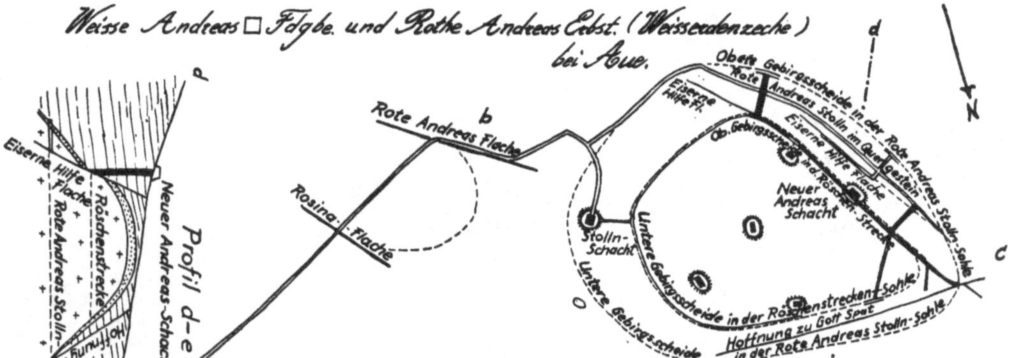

Abb. 4d. Grundriß und Profilschnitte der Roten und Weißen St. Andreas-Grube bei Aue. Nach Grubenrissen von Martini (1817—1825), veröffentlicht in v. Weissbach (1847)

Die Verwerfungsflächen sind vielfältig verbogen und gewellt, so daß das Einfallen der Verwerfungen stellenweise senkrecht bis überkippt erscheint und der Kaolin z. B. „neben dem Eisernhilfer Gang liegend" gefunden wurde. So melden die Akten:

„Dieses Verhältnis ist durch ein stattfindendes Stürzen und fast die entgegengesetzte Richtung bildendes Fallen des Lagers zu erklären, welches sich auch noch durch die Beaugenscheinigung von einem Fallort in 5 Lachter höherer Sohle bestätigte, wo das Lager wegen einer hereingeschobenen Schieferpartie anstatt gegen West ebenfalls gegen Ost zu fallen schien oder doch wenigstens senkrecht fiel" (Acta 1345, I, S. 82). Lokal bildete die Granitoberfläche Buckel von kaum 3 m Höhe.

Im einzelnen ist das Kaolinlager wie folgt aufgebaut: Auf der Granitkuppel gliederte es sich meist in mehrere Horizonte (Abb. 6)

1. 1,0—1,5 m „Porzellanerde"
2. 0,5—2,0 m „stark aufgelöster Granit" („grauer Sand")
3. 1,0—1,5 m „Porzellanerde"
4. ? m „stark aufgelöster Granit mit Augen aufgelöster Porzellanerde"
5. Liegendes: frischer Granit

(Acta 1345, I, S. 112, Freiesleben 1829, S. 174).

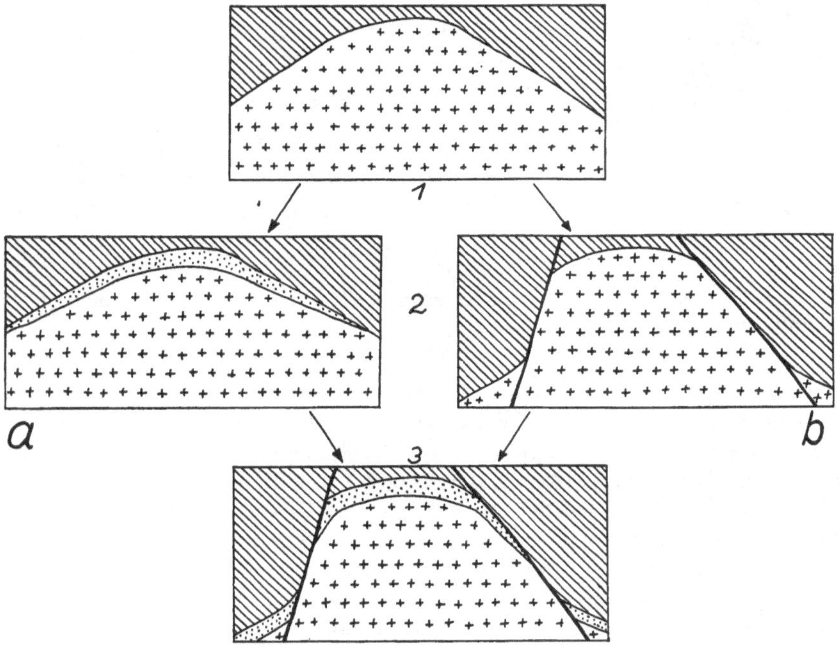

Abb. 5. Genetische Profilreihe (1, 2, 3) zur Problematik des Altersverhältnisses zwischen Kaolinisierung und Bildung der Verwerfungen und Eisensteingänge

1 — Granit-Intrusion; 3 — heutige Situation (punktiert: Kaolin). a — Kaolinisierung älter als Verwerfungen; b — Kaolinisierung jünger als Verwerfungen

Die Horizonte 1 bis 3 bilden das eigentliche Kaolinlager. Sie schwanken in ihrer Mächtigkeit stark, und zwar meist so, daß die Porzellanerdenlager zugunsten des „grauen Sandes" an Mächtigkeit einbüßen und teilweise ganz verschwinden. Durch die gegenseitige Kompensation der Mächtigkeit der einzelnen Horizonte blieb das Lager insgesamt im Bereich der Granitkuppel relativ gleichmäßig stark. Es besaß eine Mächtigkeit von etwa 4 m, nur an wenigen Stellen mehr.

In den beiden „Porzellanerde"-Horizonten machte der Kaolin etwa 20—25% der Gesamtmasse aus (Acta 1345, I, S. 113), d. h. es bestand „fast nur zum geringsten Teil aus Porzellanerde" (Acta 1345, I, S. 113). Dabei war nach Angaben des Stollnfaktors Hesse (1816) die „reine derbe Porzellanerde so zerreiblich, daß sie sehr leicht mit den Fingern zerdrückt werden kann, fühlt sich äußerst fein, fettig und milde an, mit etwas Feuchtigkeit nimmt sie an Mildigkeit und Volumen zu". Die Farbe war rötlichweiß,

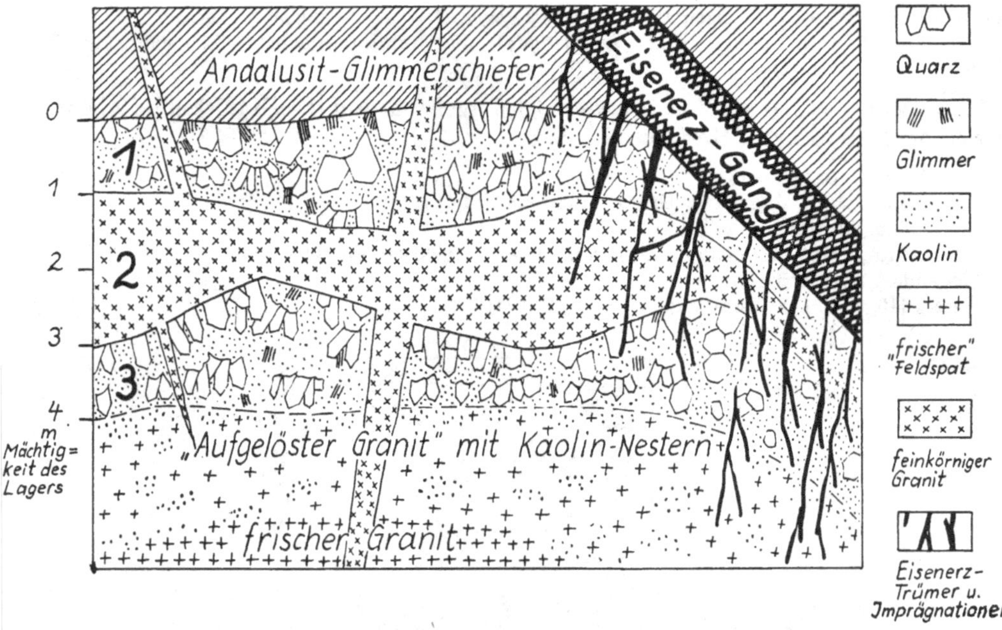

Abb. 6. Maßstäbliches Schema zum internen Aufbau des Kaolinlagers von Weißen St. Andreas (im Bereich der Granitkuppel)

die Brennfarbe weiß (Acta 1345, I, S. 114 Hoffmann 1788). Die Porzellanerde trat in den Lagern in verschiedener Weise auf: „Sie liegt seltener stellenweise in 2 bis 10 m langen Lagen, öfter in Kübelgröße" (also Durchmesser etwa 50 cm), „drunter und drüber, zwischen großen Quarzpartien und zwischen kleinen Partien Glimmer nesterweis innen" (Acta 1345, I, S. 113). Im Bereich der „großen Quarz-Partien" war der Kaolin „reiner und aufgelöster", offenbar, weil den großen Quarzen entsprechend große Feldspäte als Ausgangsmaterial des Kaolins vorhanden waren. Naumann (1838) erwähnt „fußgroße Individuen des Feldspates". Der Glimmer lag „meist von der Größe einer Faust und drüber beisammen", hatte tombakbraune bis bräunlichrote Farbe und trat in unvollkommenen sechsseitigen Tafeln und Säulen auf. Die Quarze waren zum großen Teil Quarzkristalle von 2,5—47 cm Durchmesser, schalig zusammengesetzt, mit rauher Oberfläche und Eindrücken von Feldspatkristallen (Acta 1345, I, S. 114 Hoffmann 1788; Martini 1819; Naumann 1838). Die Quarzkristalle gingen von den Grenzflächen des Lagers aus und waren mit den Spitzen meist nach unten orientiert (Acta 1345, I, S. 115) (Abb. 6). Wenn man bedenkt, daß die Kaolinnester zwischen den Quarzen einst Feldspat waren, wie dies durch die Eindrücke der Feldspatkristalle in den Quarzen bewiesen wird, dann erscheint das Kaolinlager in der Granitkuppel primär als grobpegmatitisches Gestein, genetisch als Stockscheider, wie solche von anderen erzgebirgischen Granitkuppeln insbesondere bei Zinngraniten schon lange bekannt sind. Auf die Ähnlichkeit des Kaolinlagers vom Weißen St. Andreas beispielsweise mit dem Stockscheider des Granits von Geyer wiesen bereits Naumann (1838) und Stelzner (1865) hin. Zu deuten sind diese Stockscheider als pegmatitische Füllmassen eines durch Abkühlung bei der Graniterstarrung bedingten Volumenschwunds. Dem entspricht das Ansetzen der Quarzkristalle an die Dachfläche mit der Spitze nach unten.

Der „graue Sand" war offenbar eine jüngere, lagerhafte Granitintrusion, denn von ihr gingen wahrscheinlich Apophysen durch die eigentliche Porzellanerde darüber und darunter, die vermutlich bis in den Glimmerschiefer reichten. Es heißt: „Es ziehen sich von der zwischen den Lagern befindlichen Granitlage hin und wieder Partien“ durch die Porzellanerden-Lager (Acta 1345, I, S. 113). Zwar nicht auf der Granitkuppel, sondern an der „Unteren Gebirgsscheide“ fand man 1844 eisenschüssigen Glimmerschiefer mit gangartigen Ausläufern von aufgelöstem Granit und Trümer von eisenschüssigen Letten mit Quarz“ (Acta 1345, II, S. 223), also Granitapophysen bis in den Glimmerschiefer. Martini (1825) beschreibt ebenfalls Granitapophysen aus der Grube Weißer St. Andreas.

Für viele Bereiche, sowohl auf der Granitkuppel wie auf den Flanken, gilt über eisenhaltige Lagerpartien die Notiz: „Das Ganze aber ist mit Eisenadern und Eisenrahm von den im Dach befindlichen Eisensteingängen abgehend in verschiedenen Richtungen durchzogen und häufig imprägniert“ (Acta 1345, I, S. 113, vgl. auch Hoffmann 1788).

An den Flanken der Granitkuppel nahm der Kaolin nach unten zu an Mächtigkeit ab und zeigte die Gliederung in die drei Horizonte nur noch andeutungsweise oder nicht mehr (Abb. 6). Nach Martini (1819) nahm die Mächtigkeit des „grauen Sandes“ an den Flanken bis auf etwa 2 cm ab, nach v. Weissenbach (1847) war die Granitzwischenschicht (der „graue Sand“) bei 0,25—0,75 m Lagermächtigkeit in der Stollnsohle nicht mehr vorhanden.

Mächtigkeit, Tiefenerstreckung und Beschaffenheit des Kaolins waren an den Flanken im einzelnen sehr wechselhaft (u. a. Acta 1345, III, S. 123) (Tab. 1). An einer Stelle fand man den Kaolin in dem Rot-Andreas-Stolln, also etwa 30 m unter Tage, nicht mehr bauwürdig, an anderer Stelle erlaubte er noch 41 m tief einen lohnenden Abbau. Stellenweise fand man bereits oberhalb der Stollensohle an der Granit-Glimmerschiefer-Grenze keinen Kaolin mehr. Von den Flankenbereichen wird nicht das Auftreten deutlicher Quarzkristalle, sondern nur von Quarzknauern gemeldet. Diese Befunde und die Lagerungsverhältnisse (vgl. oben!) rechtfertigen die Vermutung, daß der Kaolin in seiner heutigen Lage an den Flanken der Kuppel nicht zu dem primären Stockscheider gehört, sondern tektonisch an den Verwerfungen geschlepptes Material darstellt. Seine an den Flanken schwankenden Mächtigkeiten können dabei leicht durch die erwähnten Unebenheiten der Verwerfungsflächen bedingt sein.

Die Kaolinisierung wirkte im Granit des Weißen St. Andreas verschieden intensiv. Die obersten Bereiche der Granitkuppel, der Stockscheider, der „graue Sand“ und hochliegende Bereiche des normalen Granits waren praktisch vollständig kaolinisiert und enthielten dementsprechend die technisch wertvollsten Lagerstättenbereiche. Nach der Tiefe zu, und zwar an jeder einzelnen Stelle sowie generell an den niedersetzenden Flanken des Lagers, fand ein allmählicher Übergang über teilweise kaolinisierte Feldspäte bis in den normalen, kaolinfreien Granit statt. In sich war das Kaolinlager oft sehr wechselhaft. Doch zeigt sich die genannte Tendenz bei einem Vergleich der Kuppelbereiche mit dem etwa 35 m tiefer liegenden „Neuen Lager“ südwestlich der „oberen Gebirgsscheide“. Über dieses heißt es: Es besteht „bei weitem und besonders an den tieferen Punkten zum größten Teil aus nicht vollkommen aufgelöstem, sondern nur halb verwittertem und ziemlich frischem Feldspat“ (Acta 1345, I, S. 74). Während der gute Lagerstättenbereich auf der Granitkuppel 20—25% Kaolin enthielt, stellte man in tieferen Lagerbereichen auf der Unteren Gebirgsscheide (also im NE der Kuppel) lediglich 13,67% Kaolin fest (Acta 1345, III, S. 83). Auch hier, an der Unteren Gebirgsscheide, war etwa 50 m unter der Kuppel viel Feldspat erhalten: „Wie schon berührt worden, ist das Auftreten der reinen und für die Porzellanmanufaktur allein brauchbaren Erde nur sehr vereinzelt und versteckt innerhalb der übrigen Lagerbestandteile, welche letztere das sieben- bis achtfache der ersteren ausmachen und außer größeren Partien von Quarz und feinkörnigem Granit auch sehr oft bedeutende Ausscheidungen von Feldspat enthalten.“ Der Feldspat war zum Teil zersetzt, oft durch Eisenoxid verunreinigt, also nicht brauchbar (Acta 1345, III, S. 90). „Fußgroße Nester und Individuen des Feldspates“ liegen in „allen Stadien der Zerstörung“ vor, vom spaltbaren Kristall

Tab. 1. Angaben über Mächtigkeit und Beschaffenheit des Kaolinlagers von Aue
(Das Datum kann als Quelle des Zitats in der Akte 1345 sowie zum Verfolgen der Verschlechterung der Abbauverhältnisse im Verlauf der Jahrzehnte dienen)

Datum	Lokalität	Mächtigkeit	Beschaffenheit und Bemerkungen
Etwa 1750	Scheitel der Granitkuppel	4—6 m	vgl. HOFFMANN (1788), nach FREIESLEBEN (1829) lokal bis 8 m?
1815ff	Neu-Andreas-Lager an Nordostgrenze	2,25—2,8 m	„gute weiße Porzellanerde mit größeren oder kleineren Quarznieren und Trümern von Eisenstein“
März 1821	Tiefer Rot-Andreas-Stolln, Obere Gebirgsscheide	0,28 m	„reine Erde“, offenbar tektonisch ausgedünnt zwischen Kuppel und Neu-Andreas-Lager
Juni 1821	Neu-Andreas-Lager, 10 m unter Stolln	1,7 m	„ganz aufgelöste Porzellanerde“
1824	Röschenstrecke auf Unterer Gebirgsscheide	0,56 m	offenbar tektonisch ausgedünnt
Februar 1825	10 m über Stolln, Obere Gebirgsscheide, Strecke vom Eisern-Hilf-Schacht gegen S	1—3 m	meist „mehr oder weniger aufgelöster Feldspat mit wenig Quarz, Glimmer und Speckstein“
1825	Stollnsohle	?	„sehr unrein und rösch“
Februar 1825	Stollnsohle auf Oberer Gebirgsscheide	1 m	„Quarz und unaufgelöster Feldspat, der sich jedoch schon aufzulösen anfängt“
Februar 1825	Röschenstrecke gegen SE	0,5 m	Quarz mit „ziemlich großen Partien guter Erde“
1825	5 Lachter-Strecke (10 m über Stolln?) Röschenstrecke Stollnsohle	0,75—2 m 0,75—1 m 0,25 m	
1829	Röschenstrecke gegen NE (Untere Gebirgsscheide)	0,5—0,75 m	
1836	5 Lachter(= 10 m)-Strecke unter Röschenstrecke (Untere Gebirgsscheide)	1,2 m	Kaolin „von schöner fettiger Beschaffenheit“
1863	Röschenstrecke	4,50 m	„Gemenge von reiner Erde mit viel Quarz, mit eisenschüssigen Schnüren durchtrümert, so daß das Scheiden der Erde sehr erschwert wird“

1837	Untere Gebirgsscheide zwischen Stolln und Röschenstrecke	2,8 m	davon kaum 1,1 m „scheidewürdige Masse“
ca. 1839	4 Lachter = 8 m unter Röschenstrecke	1 m	Quarz und roter Kaolin
ca. 1839	6 Lachter = 12 m unter Röschenstrecke	2 m	fast nur Quarz, stellenweise mit brauchbarem Kaolin
ca. 1839	4—6 Lachter = 8—12 m unter Röschenstrecke	1 m	„darin 14—28 cm mächtige Partien brauchbare Porzellanerde“
April 1842	Abteufen an Unterer Gebirgsscheide	0,8 m	Quarz, etwas Granit, einzelne Trümer von dem im Hangenden liegenden Eisensteingang, reine weiße Porzellanerde, die im unteren Teil „ein ziemlich konstantes, 20—60 cm mächtiges Trum“ bildet
1844	Untere Gebirgsscheide	0,6 m	Porzellanerde „teils weiß und aufgelöst, teils rötlich und rösch, Nester von mehreren Cubikzoll bis 0,5 Cubikfuß in kristallinem und drusigem Quarz. Liegendes: aufgelöster Granit“
1844	Rot-Andreas-Stolln-Flügelort	0,85—1,15 m	„Quarz mit weißer, duktiler völlig aufgelöster, nur selten etwas rötlicher Porzellanerde“
1845	Abteufen unter die tiefe Stollnsohle auf Unterer Gebirgsscheide	1,2 m	meist Quarz und sehr reine Porzellanerde, etwas Granit, zum Teil Porzellanerde auch vorherrschend
Ab 1846 nur:	Untere Gebirgsscheide		
Januar bis April 1846	2,8 m unter Stolln	0,4—1,1 m	Quarz, eisenschüssiger roter Letten, kleine Nester Kaolin, „derbe Partien guter Erde“
Januar 1847	8 m unter Stolln, Südstrecke nahe Kunstschacht	über 2 m	1,0—1,5 m „sehr schöne plastische Porzellanerde von schneeweißer Farbe“, (350 Zentner!), zum Teil „große Quarzpartien“
Juni 1847	8 m unter Stolln, Südoststrecke	1,6—2,8 m	„ziemlich reine Porzellanerde mit etwas Quarz, Feldspat und aufgelöstem Granit“
März 1848	8 m unter Stolln, Südstrecke	1 m	Quarz mit Trümern des Rot-Andreas-Eisensteinganges, dazwischen Kaolinnester
März 1848	11 m unter Stolln	2 m	„schöne plastische Porzellanerde“
August 1848	10 m unter Stolln	2,4 m	„Quarz mit großen Partien schöner reiner Porzellanerde“
November 1848	10 m unter Stolln, Nordstrecke	0,8 m	„Rosinen-Gang“ drückt Kaolinlager zusammen. Lager besteht aus „großen Quarzpartien mit wenig unzersetztem fleischrotem Feldspat“

Fortsetzung Tab. 1.

Datum	Lokalität	Mächtigkeit	Beschaffenheit und Bemerkungen
März 1849	10 m unter Stolln	?	„milde Lagermasse, die aus massigen Partien weißen Quarzes und eines noch sehr unzersetzten fleischroten Feldspats besteht“
September 1849	8 m unter Stolln, nördlich vom Kunstschacht	0,8—1,0 m	„Lager durch eine Schieferpartie verdrückt, besteht nur aus groben Quarz- und Granitpartien mit nur kleinen Nestern förderbarer Erde“
März 1849	20 m unter Stolln, Nordweststrecke	1,0 m	stellenweise unbauwürdig, stellenweise „schöne Porzellanerde, die bis 0,8 m zunimmt,“ Lager steht fast senkrecht
Mai 1850	Rot-Andreas-Stolln am Kunstschacht	1,0 m	„größere Partien Quarz und Feldspat, denen dann in der Regel bald Kaolin folgte“
ca. September 1851	Rot-Andreas-Stolln, nördlich vom Kunstschacht	„geringmächtig“	Kaolin unrein, unbauwürdig
ca. September 1851	10 m unter Rot-Andreas-Stolln, nördlich vom Kunstschacht	„geringmächtig“	Kaolin unrein, unbauwürdig
ca. September 1851	18 m unter Rot-Andreas-Stolln, nördlich vom Kunstschacht	4,0—4,5 m	Kaolin, „rein wie gewöhnlich mit großen Quarzmassen untermengt.“ (Mächtigkeit schräg gemessen und daher zu groß?)
November 1851	Rot-Andreas-Stollnort, nördlich vom Kunstschacht	1,0—1,4 m	Kaolin oben „in hand- bis kopfgroßen, mit derben Quarzmassen untermengten Partien, 1,0—1,4 m ziemlich rein“
1852	20 m unter Stolln	0,05—0,1 m	„ein sehr reines, auf etwa 30 m Länge anstehendes Erdenmittel“
1852/1855	etwa 8 m unter Stolln	0,6 m	Kaolin „etwas unrein und eisenhaltig“
1852/1855	etwa 18 m unter Stolln, nordwestlich vom Kunstschacht	0,45 m	Kaolin „unrein und von Mangantrümern durchzogen“

bis zur zähen Kaolinmasse (NAUMANN 1838). Tonmineralogische Untersuchungen (KIRSCH 1955; WIEGMANN in KIRSCH 1955) ergaben als Hauptgemengteile des Kaolins von Aue den Kaolinit (DTA), und zwar in Form gut kristallisierter, scharf begrenzter sechsseitiger Blättchen (Elektronenmikroskop).

Der Chemismus des Kaolins ist in mehreren Analysen überliefert (KARSTEN 1800; GEHLEN 1811; SCHOLZ 1819; KÜHN 1829; STUTZER 1905; KIRSCH 1955) (Tab. 2). Im Vergleich mit der theoretischen Zusammensetzung des Kaolinits und dem Chemismus der heute in der DDR geförderten bzw. produzierten (aufbereiteten) Kaoline zeigt sich, daß der Kaolin des Weißen St. Andreas den theoretischen Werten des Kaolinits am nächsten kommt. Die Ursache dafür ist, daß im Weißen St. Andreas der Kaolin aus grob- bis großkörnigem Feldspat entstanden ist und durch Hand von dem großkörnigen Quarz geschieden wurde. Der relativ hohe Eisengehalt des Kaolins vom Weißen St. Andreas beruht auf Eisenimprägnation durch die beiden Eisenerzgänge.

Tab. 2. Chemische Analysen des Kaolins vom Weißen St. Andreas bei Aue

	KARSTEN (G. ROSE) 1800	KLAPROTH	BERTHIER 1823	KÜHN 1829	1845 (zit. bei STUTZER) I	II	STUTZER 1905	Kaolinit theoretisch	Kaoline der DDR (1967)
SiO_2	52	46	43 6	47,645	48,49	49,67	48,98	46,54	48,62–59,66
Al_2O_3	47	39	37,7	35,972	37,88	36,48	37,01	39,50	26,34–35,66
Fe_2O_3	0,33	0,25	1,5	n. b.	n. b.	1,28	0,71	–	0,30– 1,19
CaO	0,33	n. b.	n. b.	1,57	n. b.	n. b.	0,24	–	0,05– 0,11
MgO	n. b.	n. b.	n. b.	n. b.	n. b.	n. b.	0,21	–	0,17– 1,70
K_2O	n. b.	n. b.	n. b.	n. b.	n. b.	n. b.	n. b.	–	0,05– 3,48
Na_2O	n. b.	n. b.	n. b.	n. b.	n. b.	n. b.	n. b.	–	0,03– 0,80
TiO_2	n. b.	n. b.	n. b.	n. b.	n. b.	n. b.	0,03	–	0,15– 0,64
H_2O	n. b.	14,5	12,6	13,181	13,58	13,02	12,50	13,96	7,61–12,46

Bemerkenswert ist die in den Akten mehrfach auftretende Notiz, daß der Kaolin erst „durch Zutritt der atmosphärischen Luft in milden und lieferfähigen Zustand versetzt wird“ (Acta 1345, I, S. 46, 58, 74). Diese Lagerung sollte ein Vierteljahr bis ein halbes Jahr dauern und möglichst in der Grube erfolgen, — vermutlich wegen der dort herrschenden Feuchtigkeit. Entscheidend für den Effekt ist wohl eine zusätzliche Wasseraufnahme, nach Angaben bei LAMPADIUS (1800) eventuell auch die Absorption von Sauerstoff. Des weiteren sollte sich vor Abbauörtern mit Kaolin „ein Gas entbinden, das sich vorzüglich bei dem Zutritt ungesättigter Luft in stärkerem Gärungsprozeß entwickelt“ (Acta 1345, I, S. 149). Nach freundlichem Hinweis von Prof. SCHRADER könnte es sich hierbei um adsorbiertes CO_2 handeln, das dann möglicherweise mit aus den Hydrothermen eingewandert ist, oder aber man empfand die Anreicherung der Grubenluft an Stickstoff und Kohlensäure bei der von LAMPADIUS (1800) erwähnten Sauerstoffabsorption subjektiv als Bildung eines Gases.

Die Eisensteingänge im SW und NE der Granitkuppel waren 0,1–1 m mächtig und bestanden aus Quarz, Hornstein, Roteisen und Brauneisen bzw. Gangletten und Eisenocker (Tab. 3). Daß die Eisensteingänge tektonischen Bewegungszonen aufsitzen, zeigen nicht nur die großräumigen Lagerungsverhältnisse (Abb. 4), sondern auch ihr innerer Aufbau: Das Röschenstreckenort erschloß „einen Eisensteingang und chaotisch durcheinander liegende Stücken von Granit, Weißer Erde und Glimmerschiefer“ (Acta 1345, I, S. 146). Im Bereich des spitzwinkligen Zusammentreffens der Eisensteingänge im NW fand man den Kaolin „sehr zusammengedrückt und unedel, in der Sohle ganz

Tab. 3. Lagerung und Ausbildung der Eisensteingänge am Kaolin von Aue

Lokalität	Streichen und Fallen	Mächtigkeit	Ausbildung
a) SW: Eiserne-Hilfe-Gang (= sogenannte Obere Gebirgsscheide)			
Röschenstrecke	SE—NW; 70—80° SW	—	—
allgemeine Angabe	Str. 156°; —	0,1 —0,2 m	Schiefer, Quarz, Letten
allgemeine Angabe	—	0,75—1,0	Quarz, Hornstein, Brauneisen, etwas Roteisen (bauwürdig)
b) NE: Hoffnung-zu-Gott-Gang (= sogenannte Untere Gebirgsscheide)			
Röschenstrecke nach NW	Str. 125°; 45° NE	0,3—0,4 m	Eisenocker und Gangletten
allgemeine Angabe	Str. 125°; —	0,2—0,3 m	Braunsteinmulm, Glimmerschiefer, Quarz und Letten
Röschenstrecke	—	—	Quarz, Hornstein, eisenhaltiger Gangletten, Rot- und Brauneisenocker, Brauneisenstein, Magneteisenstein, im Hangenden: Schiefer als Nebengestein

in Granit übergehend" (Acta 1345, I, S. 180). Beide Beobachtungen bieten zwar keinen Beweis für das Altersverhältnis zwischen den Verwerfungen und der Kaolinisierung, machen aber eine prätektonische Kaolinisierung wahrscheinlich (vgl. Abb. 5).

Trotzdem wird das Verhältnis zwischen den Eisensteingängen und der Kaolinisierung in Akten und Literatur widersprüchlich behandelt. Die Akten melden eine stellenweise Abhängigkeit des Kaolingehalts von dem „Eisernen-Hilfe-Gang": „Die Aufgelöstheit des Feldspats vermindert sich bei jeder größeren Teufe und Entfernung vom Eisernen-Hilfe-Eisensteingang" (Acta 1345, I, S. 25). Der Gang selbst setzte sich in „aufgelöstem Granit" in die Tiefe fort. Im Jahre 1839 wird in den Akten ein genetischer Zusammenhang zwischen den Eisensteingängen und der Kaolinisierung noch deutlicher ausgesprochen: „Einzig und allein scheint die Aufgelöstheit des Feldspats und Umwandlung desselben in Porzellanerde durch das Vorhandensein der genannten Eisensteingänge bedingt zu sein, was dadurch volle Bestätigung erhalten dürfte, daß hin und wieder und besonders auf der südlichen Seite, wo das Lager keine Eisensteintrümer zu begleiten hat, der Feldspat rösch, fest und unverwittert und nur selten in höchstens halb aufgelöstem Zustande vorkommt" (Acta 1345, II, S. 23). Die Eisenimprägnationen im Kaolin werden gelegentlich als Maschenwerk von kleinen Gängen charakterisiert, was vermutlich für jüngeres Alter der Eisenerzbildungen spricht. Äußerungen in der Literatur, daß die Eisensteingänge die Kaolinlagerstätte veredeln sollen, beruhen wohl auf dieser und ähnlichen Aktenstellen (Naumann 1838; Kirsch 1955). Sie sind also selbst nicht unbedingt als authentisch zu betrachten, zumal andere Kenner der Lagerstätte das Gegenteil mitteilen. So schreibt der durch seine genauen Beobachtungen bekannte v. Weissenbach (1847):

„Ob aber diese Eisensteingänge, wie zum Teil angenommen wird, die Ursache der Zersetzung des Feldspatlagers zu Kaolin gewesen sind, bleibt dahingestellt. Die ganz gewöhnliche Zersetzung des Orthoklases zu Porzellanerde im Granit neben den meisten Eisensteingängen des Eibenstocker und Schneeberger Reviers spricht allerdings dafür. Dagegen ist es bei dem Lager der Weißerdenzeche auffallend, daß gerade die Gegend seiner vollkommendsten Zersetzung, der mittlere, am höchsten liegende Teil des glockenförmigen Lagers, mit jenen Gängen weniger in Berührung steht als die minder aufgelösten, seitlichen und tieferen Teile desselben" (Weissenbach 1847, S. 43).

Daß der Kaolin in der Nähe der Eisensteingänge durch Eisen gefärbt war, hat für diesen Zusammenhang keine wesentliche Aussage (Acta 1345, II, S. 98).

Welches Alter man für die Kaolinisierung des Kaolins von Aue annehmen will, hängt wesentlich davon ab, welches Altersverhältnis zwischen Kaolin und Eisenerzgängen man für das wahrscheinlichere hält (vgl. Abb. 5). Der Granit gilt als asturisch. Damit hat man für die Kaolinisierung den Terminus post quem. Die Eisenerzgänge gehören auf Grund ihres Mineralinhalts (freundliche Mitteilung von L. Baumann) vermutlich den jüngeren Gangsystemen an, sind also saxonischen Alters. Führt man die Kaolinisierung von Aue ursächlich auf die Eisenerzgänge zurück (vgl. Stahl 1912), dann ist sie als saxonisch bis postsaxonisch anzusetzen. Bringt man die Kaolinbildung (als postmagmatisch-hydrothermal) mit der Granitintrusion genetisch in Verbindung (Stutzer 1905), so muß der Kaolin von Aue als asturisch bis spätvariszisch gelten. Absolute Altersbestimmungen werden zur Zeit erwogen. Solange der Kaolin von Aue endogen (postmagmatisch-hydrothermal) gedeutet wird, spielt natürlich sein Altersverhältnis zu den kretazisch-tertiären Verwitterungskrusten keine Rolle. Selbst eine Altersgleichheit hätte dann keine kausale Bedeutung.

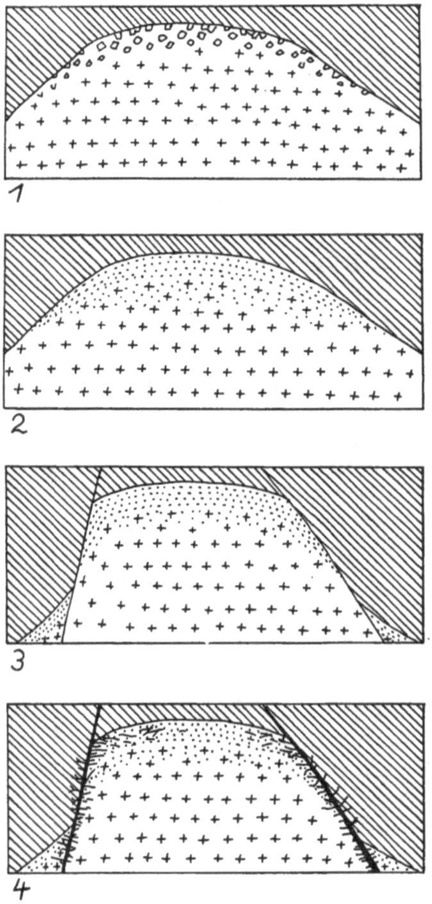

Abb. 7. Genetische Profilreihe zur wahrscheinlichsten Deutung des Kaolins vom Weißen St. Andreas

1 – Granit-Intrusion (Kreuze) mit Stockscheider; 2 – postmagmatisch-hydrothermale Bildung des Kaolins (Punkte mit Übergang in den Granit); 3 – Verwerfungen am Rand der Granitkuppel; 4 – Eisenstein-Mineralisation der Verwerfungen und Eisen-Imprägnationen des Kaolins (mit weiterer Kaolinisierung des Granits ?)

Zusammenfassend ergibt sich für die Entstehung des Kaolins von Aue als wahrscheinlichste Vorgangsfolge (Abb. 7):

1. Intrusion des Granits und Bildung eines Stockscheiders,
2. postmagmatisch-hydrothermale Kaolinisierung des Stockscheiders und benachbarter Granitpartien auf der Granitkuppel und ihren Flanken,
3. spätvariszische oder saxonische Bildung der Verwerfungen an den Flanken der Granitkuppel und Schleppung des Kaolinlagers,
4. Eisenerz-Mineralisation der Verwerfungen, Imprägnierung des Kaolins mit Eisenerz von den Verwerfungen aus und eventuell weitere hydrothermale Kaolinbildung durch die Eisenerz-Hydrothermen.

4. Geologische Aspekte aus der Bergbaugeschichte der Grube und der Kaolinförderung

Der Kaolin von Aue wurde im Jahre 1700 in der Eisenerzgrube „Roter St. Andreas" entdeckt, am 5. März 1700 von dem erzgebirgischen Unternehmer Veit Hans Schnorr unter dem Namen „Weißer St. Andreas" gemutet und danach als „Tongrube" benutzt, da anderweitige Tonvorkommen im Erzgebirge nicht vorhanden sind (Acta 1345, I, S. 117ff; FREIESLEBEN 1829). Im Jahre 1709 sandte Schnorr eine Kaolinprobe an Böttger nach Meißen (FREIESLEBEN 1829). Die Porzellanmanufaktur Meißen wurde bereits 1709, also in den ersten Jahren ihres Bestehens, mit dem Kaolin von Aue versorgt; und zwar unter solcher Geheimhaltung, daß der weitere Betrieb von Bergbauversuchen, die in der Umgebung zufällig Kaolinspuren gefunden hatten, verboten wurde (Acta 1345, I, S. 168). Da der Abbau in den obersten Bereichen mit dem besten Kaolin begann, sank im Ablauf der Jahrzehnte die Qualität des Förderguts. Im Jahre 1824 berichtete K. W. v. OPPEL an den sächsischen König:

„Nach erfolgter Abbauung der ersten, obersten und reinsten Ablagerung von weißer Erde auf St. Andreas Fundgrube, wodurch die Manufaktur 100 Jahre lang mit hinlänglicher Erde von gleicher Güte versorgt worden, konnten seit 1811 bloß schlechtere Überbleibsel und aus dem aufgeschütteten untauglichen Haufwerke ausgeschlämmte Erden der Manufaktur angeliefert werden, die zwar z. T. nicht ganz unbrauchbar, aber doch von weit geringerer Güte als die früheren Lieferungen befunden worden sind. ... nachdem ich auch erfahren hatte, welchen Verlust an Fabrikationskosten, Kredit und Absatz der erzeugten schlechten Porzellane die Manufaktur beim Mangel guter Porzellanerde erlitten ..." (Acta 1345, I, S. 69—71).

Im Jahre 1818 mußte die Lieferung „unreiner, noch mit gelben eisenhaltigen Partien vermengter Erde" gerügt werden (Acta 1345, I, S. 30).

In den Jahren 1780—1814 wurden etwa 64000 Zentner Kaolin nach Meißen geliefert, also durchschnittlich 1820 Zentner/Jahr, zu Anfang allerdings wesentlich weniger, zuletzt etwa 3300 Zentner/Jahr (Acta 1345, I, S. 122). Das ergibt für die Jahre 1780—1814 umgerechnet ungefähr:

3200 t = 1600 m^3 reiner Kaolin. Bei 25—2C% Kaolingehalt
ist ein Lagerstättenvolumen von etwa
8000 m^3, bei 4 m Lagermächtigkeit eine Fläche von
2000 m^2, also etwa 45 m lang und breit
in 35 Jahren abgebaut.

Im Jahr 1815 wurde am westlichen Hang der Granitkuppel in größerer Tiefe ein „kleineres und unedleres Depot" gefunden, „wo der Feldspat jedoch nur zum Teil den Grad von Auflösung erlangt hat, der erforderlich ist, um eine brauchbare Porzellanerde darzustellen" (Acta 1345, I, S. 69). Trotzdem gewährleistete dieser Lagerstättenteil, — tiefer und jenseits des einen Eisensteingangs, — die Förderung für die nächsten Jahrzehnte. Es waren die „Neu-Andreas-Baue".

Im Jahre 1823 erschloß man das Lager auch an der NE-Flanke am „Hoffnung zu Gott-Eisenerzgang“ der Unteren Gebirgs-Scheide in größerer Tiefe (Acta 1345, I, S. 46ff.).

In den Jahren nach 1815 schwankte die Fördermenge, hielt sich aber zunächst generell in der gleichen Größenordnung wie vorher. Die Grube hatte 10 bis 30 Mann Belegschaft und gehörte einer Kapitalgesellschaft, deren meiste Anteile später vom sächsischen König übernommen wurden (Acta 1346, I). Daß der Grubenbetrieb unrentabel war, hat historisch und lagerstättenkundlich nicht viel zu besagen, da die Preise rein bürokratisch festgelegt waren, und zwar so, daß die Manufaktur als einziger Abnehmer (und ebenfalls königliches Unternehmen) einen um so höheren Gewinn abwarf. Um die Ökonomie der Grube zu verbessern, nutzte man die Möglichkeit, auch Quarz an die Meißener Manufaktur und an das Blaufarbenwerk zu verkaufen und auf den beiden Gängen beiderseits der Granitkuppel Eisenerze abzubauen (Acta 1345, I, S. 23, 38ff., 64). Der oft wiederholte Antrag der Grube, den für die Manufaktur unbrauchbaren Kaolin anderweitig zu verkaufen, wurde jedoch jahrzehntelang aus Geheimhaltungsgründen abgelehnt (Acta 1345, III, S. 90). Erst in der Niedergangsperiode der Grube im 19. Jahrhundert gestattete man den Verkauf minderwertigen Kaolins als Töpferton.

Im Jahre 1824 plante die Grubendirektion den Bau einer Schlämmerei und die Gewinnung von Feldspat (Acta 1345, I, S. 48–51). Die Nutzung des Feldspats wurde jedoch von der übergeordneten Instanz sofort abgelehnt (Acta 1345, I, S. 61). Auch das Kaolinschlämmen wurde verboten (Acta 1345, I, S. 190), da damit aus minderwertigem kein brauchbarer Kaolin erzielt werden könnte.

Aus den Neu-Andreas-Bauen in der südwestlich gelegenen Scholle und ab 1823 aus dem Lager der nordöstlich gelegenen abgesenkten Scholle förderte man

1815–1840	meist 1200 Zentner/Jahr, insgesamt 1250 t = 625 m³, ergibt bei schätzungsweise 15% durchschnittlichem Kaolingehalt ein Lagerstättenvolumen von etwa
4200 m³,	bei 2,5 ungefährer Lagermächtigkeit eine Fläche von
1600 m²,	also etwa 40 m × 40 m in 25 Jahren abgebaut.
Gemäß Tab. 4 förderte man in der Schlußphase des Abbaus	
1841–1851	insgesamt 7300 Zentner, also 365 t = 183 m³, ergibt bei schätzungsweise 13% durchschnittlichem Kaolingehalt ein Lagerstättenvolumen von etwa
1400 m³,	bei 1,0 m ungefährer durchschnittlicher Lagermächtigkeit eine Fläche von
1400 m²,	also etwa 40 m × 35 m in 10 Jahren abgebaut.

Diese Zahlen zeigen, daß die Kaolingrube von Aue nach Förderzahlen und Abbaufortschritt ein sehr kleiner Betrieb gewesen ist. Für heutige Betriebsgrößen wäre eine ähnliche Lagerstätte viel zu klein. Aber beim Weißen St. Andreas konnten um die Mitte des 19. Jahrhunderts selbst die kleinen geplanten Fördermengen wegen Erschöpfung oft nicht geliefert werden (Acta 1345, III, S. 55 und Tab. 4). Im Jahre 1836 war das Lager nur noch im NE-Teil in Abbau. Die tiefsten Strecken enthielten nur noch angewitterten Feldspat (Acta 1345, II, S. 15). Ab 1842 wurde das Lieferquantum auf 200 Zentner = 10 t/Jahr herabgesetzt (Acta 1345, II, S. 140). Es fand ein „Nachlesebergbau“, zum Teil in den alten Abbauen statt, wo man die noch brauchbaren Kaolinreste herausholte. Dementsprechend waren 1842 von 30 Lieferungen nur sieben ohne Einschränkung brauchbar (Acta 1345, II, S. 130, 140, 164).

Im Jahre 1849 wurde die Grube wegen Mangel an gutem Kaolin nur noch sporadisch betrieben. Manchmal war vor Ort kein Kaolin anstehend (Acta 1345, III, S. 53–55, 75). Ein Jahr später arbeitete die Grube — mit nur noch etwa halber Belegschaft: 12 Hauern und 2 Knechten — absolut unrentabel: „Die Porzellanerde kommt gegenwärtig auf dem Lager nur in größeren oder kleineren Partien, bald mehr, bald weniger rein und lieferungswürdig vor. Jetzt muß man den einzelnen Nieren nachgehen, um das Lieferungsquantum zu gewinnen“ (Acta 1345, III, S. 93). Ende 1855 wurde die Grube

Tab. 4. Die Förderung von Kaolin, Quarz und Ton im sächsischen Bergbau 1825—1855 (Aus: Jb. sächs. Berg- und Hüttenmann)
Alle Produkte entstammen allein dem Schneeberger Revier, Quarz und Ton möglicherweise verschiedenen Gruben, Kaolin nur dem Weißen St. Andreas. Zahlen in t umgerechnet (1 t = 20 Zentner)

Jahr	Kaolin t	Quarz t	Ton t	Quelle (Jb.)	Jahr	Kaolin t	Quarz t	Ton t	Quelle (Jb.)
1825	40	—	13	1827, S. 100	1841	45	4	42	1843, S. 31
1826	60	26	13	1828, S. 100	1842	28	37	93	1844, S. 85
1827	60	0,8	13	1829, S. 99	1843	7	21	—	1845, S. 17
1828	60	135	31	1830, S. 101	1844	14	46	13	1846, S. 71
1829	60	49	—	1831, S. 100	1845	33	10	185	1847, S. 19
1830	60	54	30	1832, S. 98	1846	28	32	52	1848, S. 39
1831	60	47	26	1833, S. 25	1847	63	11	—	1849, S. 52
1832	60	27	18	1834, S. 42	1848	17*)			
						31	15	—	1850, S. 98
1833	60	25	27	1835, S. 137	1849	33	32	—	1851, S. 82
						4,5*)			
1834	60	56	25	1836, S. 19	1850	19	17	7	1852, S. 18
						3,2*)			
1835	60	24	22	1837, S. 16	1851	66**)	116	2	1853, S. 18
						0,5*)			
1836	60	46	23	1838, S. 13	1852	—	52	—	1854, S. 13
1837	60	5	17	1839, S. 63	1853	—	55	—	1855, S. 18
1838	60	30	25	1840, S. 29	1854	—	15	—	1856, S. 16
1839	60	22	16	1841, S. 64	1855	—	91	—	1857, S. 16
1840	60	66	18	1842, S. 52					

*) = „Porzellanerden-Abfälle"
**) die hohe Zahl am Schluß ergab sich vermutlich aus der Ablieferung aller noch vorrätigen Kaolinposten

stillgelegt. Die Gründe dafür lagen zweifellos in der Verschlechterung und generellen Erschöpfung des Kaolins. Möglicherweise blieben aber die letzten anstehenden Vorräte in der Grube, denn beim Stillegungsvermerk in den Akten wird betont, daß die Meißener Manufaktur noch große Mengen von „Auer Erde" vorrätig habe (Acta 1345, III, S. 158—166).

Erwähnt sei des weiteren das Bemühen um Ersatzlagerstätten. Im Jahre 1810 erwog man bereits, im Jahre 1825 beschloß man, „außerhalb des jetzt aufgeschlossenen Grubenfelds an den benachbarten Granitkulpen Versuche auf Porzellanerde zu machen", (Acta 1345, II, S. 26, 1345, I, S. 86), um für das auslaufende Grubenfeld eine Ersatzlagerstätte zu finden. Vergleichbare Granitkuppen wurden in der Nähe gefunden, so z. B. im NW am Heidelberg (vgl. Abb. 1). Schon 1816 hatte Stollnfaktor Hesse berichtet, daß an der Ostseite des Heidelbergs „eine oben abgestumpfte Granitpyramide aus der Tiefe" aufragt, „die fast vollständig zu Tage ausgeht und oben mit einer kaum 4—6 m starken Glimmerschieferlage bedeckt ist". Auf der Ostseite des Heidelbergs seien „mehrere pyramidale Erhöhungen des Granits". Man extrapolierte also die Gesetzmäßigkeit der Lagerungsverhältnisse des Kaolins für eine Prognose weiterer Kaolinlagerstätten. Die Prognose und die folgenden Schürfarbeiten hatten allerdings keinen Erfolg. Die weiteren Granitkuppeln besaßen keine bauwürdigen Kaolinhauben, sondern ergaben nur geringe Kaolinmengen, zum Teil in hühnereigroßen Partien (1828: 80 Zentner) (Acta 1345, II, S. 26ff., 40, 92, 234). Besonders am Granit von Lauter werden Kaolinnester erwähnt. Dieser Befund und die geologische Situation (vgl. Abb. 1) rechtfertigt heute die Annahme, daß ebenso wie die Granite von Schneeberg und Auerhammer so auch die Granite von Aue, vom Weißen St. Andreas, vom Heidelberg und von Lauter eine im Bereich des Heidelbergs nur etwas untertauchende, SE—NW gestreckte regionalgeologische Einheit darstellen.

Als die Vorräte des Kaolins von Aue der Erschöpfung entgegengingen, seine Qualität zugleich nachließ und in der engeren Umgebung kein weiteres Vorkommen gefunden werden konnte, mußte man anderweitige Kaolinvorkommen suchen und prüfen. Nachdem die Kaoline von Mügeln, „besonders bei Sornzig, Glossen, Kemmlitz und Schleben“ 1817 entdeckt waren (Freiesleben 1829) untersuchte man im Jahre 1836 Kaolinproben von Sornzig und Gottesberg, bewertete sie aber der schmutzigen Brennfarbe wegen als untauglich (Acta 1345, II, S. 13). Dagegen fand der technische Direktor der Meißener Porzellanmanufaktur, Heinrich Gottlob Kühn 1836 „die Porzellanerde der Oschatzer Porphyrformation teilweise mitunter schon mit der besten gegenwärtigen Auer Erde in vielen Eigenschaften völlig übereinkommend“ (Acta 1345, II, S. 15ff.).

5. Zur regionalgeologischen Einordnung des Granits und Kaolins vom Weißen St. Andreas

Im Raum Aue gibt es eine beträchtliche Anzahl größerer und kleinerer Granit-Vorkommen, wobei nur auf dem des Weißen St. Andreas Bergbau auf Kaolin stattfand. Es liegen deshalb die Fragen nahe: Wie ist der Granit des Weißen St. Andreas in die regionale Geologie der umgebenden Granitvorkommen einzuordnen? Inwieweit stellt der Kaolin auf dem Granit des Weißen St. Andreas eine Besonderheit dar?

Wie die Erkundungsarbeiten nach 1800 zeigten (siehe oben) und wie bei Martini (1819, Taf.), Freiesleben (1829) und Naumann (1838) dargestellt, liegen in der näheren Nachbarschaft des Weißen St. Andreas im Bereich des Heidelbergs noch mehrere Granitkuppeln etwa gleicher Größenordnung. Für diese bietet sich nach der geologischen Spezialkarte folgende regionalgeologische Einordnung an (Abb. 8 und 9).

Dem SE—NW gestreckten Eibenstocker Granit, dem größten westerzgebirgischen Granit ist auf der NE-Seite der Granitzug Schneeberg—Auerhammer parallel vorgelagert. Sein SE—NW-Streichen wird durch die ebenso streichende nordöstliche Randstörung, den „Roten Kamm“, besonders betont.

Der Granit des Weißen St. Andreas liegt mit den unmittelbar benachbarten Granitkuppeln in der Verlängerung des Granits von Lauter (worauf bereits Naumann 1838 hinwies) und bildet mit diesem und mit dem von Aue eine ebenfalls NW—SE-strei-

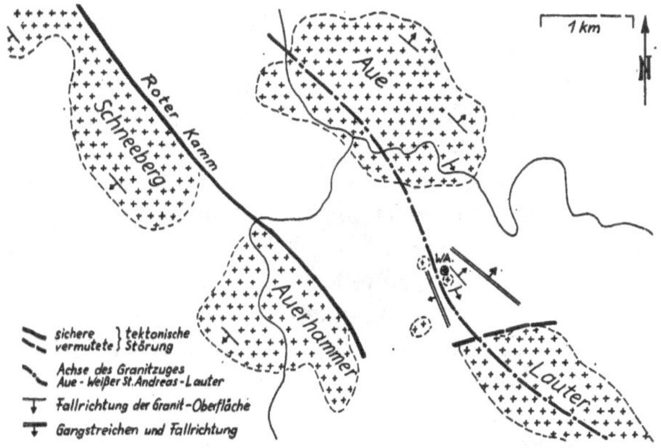

Abb. 8. Karte zur regionalgeologischen Einordnung des Granits vom Weißen St. Andreas in die umgebenden Granite (Kreuz-Signatur)

chende, in der Mitte wohl etwas sigmoidal verbogene Zone. Die Realität dieser Verbindung wird durch die Parallelität zu dem Granitzug Schneeberg—Auerhammer, zu der Roten-Kamm-Störung als deren NE-Begrenzung und zu der Ostgrenze des Eibenstocker Granits wahrscheinlich gemacht. Für unsere Fragestellung ist darüber hinaus von Bedeutung, daß der Granit des Weißen St. Andreas mit dem von Aue das flachere Einfallen der Ostflanke und mit dem von Lauter das Vorkommen von Kaolin gemeinsam hat. Im Bereich der sigmoidalen Verbiegung der Achse liegt eine Einmuldung der Dachgesteine, was ursächlich zusammenhängen kann. In der Mitte der Einmuldung befindet sich der Granit des Weißen St. Andreas und damit die am stärksten kaolinisierte Granitkuppel. Ob diese Tatsache einen Kausalzusammenhang bedeutet, indem die kaolini-

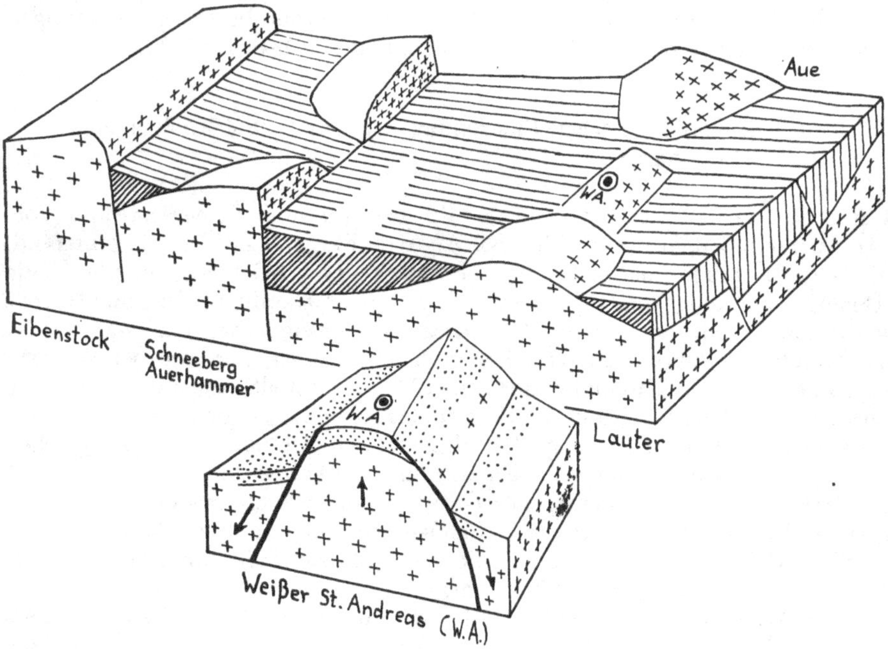

Abb. 9. Schematische Blockbilder zur regionalgeologischen Einordnung des Kaolins vom Weißen St. Andreas bei Aue

sierenden Hydrothermen besonders im Zentrum der Einmuldung aufstiegen, oder ob für die Intensität der Kaolinisierung beim Weißen St. Andreas allein lokale Faktoren (z. B. Dichtigkeit des Dachgesteins) ausschlaggebend waren, soll dahingestellt bleiben.

Nach Form und Lage der Granitoberflächen kann man die parallelen Granitvorkommen von Eibenstock, Schneeberg—Auerhammer und Aue—Weißer St. Andreas—Lauter als Symptome für eine prä- und/oder postmagmatische Schollentreppe betrachten, deren nordöstliche Schollen jeweils abgesenkt sind. Stellenweise deuten die Granite, besonders durch den Roten Kamm, ein antithetisches Einkippen an. Der Granitzug Aue—Lauter scheint durch Querstörungen gegliedert zu sein. Dabei tauchen die Achsen des Granits von Aue und des Granits vom Weißen St. Andreas flach nach S ab. Diesem Schollenbau fügen sich die Eisenerzgänge des Weißen St. Andreas ein. Sie sind deshalb zumindest in ihrer tektonischen Anlage mit in den vorwiegend asturisch geprägten Bauplan der Granite um Aue einzuordnen. Daraus ergibt sich für den Kaolin vom Weißen St. Andreas die Wahrscheinlichkeit eines spätvariszischen postgranitischen Alters. Somit war der Bauplan der Granite des Raums Aue vermutlich für die Kaolinbildung des Weißen St. Andreas der wirksame regionalgeologische Rahmen.

6. Anhang: Lagerstättenkundlich bemerkenswerte Akten- und Literaturzitate

Zusätzlich zu der oben gegebenen geologischen Auswertung der alten Akten seien hier einige Akten- und alte Literaturstellen zitiert, die durch ihren Wortlaut einen Einblick in die Art der Quellen, die damalige geologische Dokumentation und die geologischen Akzente der Betriebsführung geben sollen.

Acta 1345, I, S. 30 (16. 2. 1818): Das Lieferquantum wurde „wegen verminderten Verbrauchs" von 300 auf 200 Zentner pro Quartal herabgesetzt. „Zugleich wurde die Lokaladministration ernstlich dahin angewiesen, ein für allemal die möglichste Aufmerksamkeit bei der Besichtigung der Erden-Anlieferungen anzuwenden, um die Annahme unreiner, insonderheit nicht sorgfältig genug geschiedener, noch mit gelben eisenhaltigen Partien vermengter Erde zu vermeiden."

Acta 1345, I, S. 19 am 15. 3. 1821: „... Auch hat sich vor dem tiefen Rot-Andreas-Stollnorte im Liegenden des Eisernen-Hilfe-Ganges $^1/_2$ Elle mächtige Porzellanerde angelegt, wovon in der neunten Woche (des Quartals) 6 Kübel ganz reiner Erde ausgehalten worden sind."

Acta 1345, I, S. 21, am 6. 6. 1821: „... Desgleichen hat man in den Neu-Andreas-Bauen mit dem 5 Lachter Streckenorte, also $20^1/_2$ Lachter (d. h. etwa 41 m) saiger unter Tage 3 Ellen mächtige ganz aufgelöste Porzellanerde angefahren."

Acta 1345, I, S. 38 am 17. 11. 1823 berichtet der Schichtmeister Hesse an das Bergamt: „Der bedenkliche Zustand des Berggebäudes Weißer St. Andreas Fundgrube samt Roter Andreas Stolln, in welchem die Porzellanerden-Lager auf der oberen Abplattung des Granitkegels meistens abgebaut und niederwärts an den steileren Abhängen schmäler und unbauwürdig worden waren, hat sich durch vielfache Versuche ... dahin verbessert, daß nachdem die Lager in einer Tiefe, in welcher unsere Vorfahren an Porzellanerde gar nichts mehr vermuteten, an der West- und Ostseite des Granitkegels wiederum 2—4 Ellen (= 1,1 bis 2,2 m) mächtig mit guter milder Porzellanerde ersunken und ausgerichtet worden waren, nunmehr seit 6—8 Jahren mit glücklichem Erfolg darauf Abbau hat verführt werden können".

Johann Carl Freiesleben, als der seinerzeit beste Kenner der erzgebirgischen Lagerstätten, schreibt 1829 (S. 172—174) über die geologisch-petrographischen Verhältnisse des Kaolins von Aue/Erzgebirge: „... Viel wichtiger sind die ... lagerartigen Depots von Porzellanerde in dem Granit zwischen Lauter und Aue.

An dem morgendlichen Abhange des dortigen Heidelberges, am sog. Lumbach oder Lumpich, hebt sich der Granit in einigen Kuppen heraus, die teils zu Tage ausstehen, teils von Glimmerschiefer, der mantelförmig um sie herum liegt, bedeckt werden. Eine dieser kegelförmigen Kuppen ist es nun, auf welcher unter einer schwachen Schicht von Glimmerschiefer zwei Lager von Porzellanerde liegen. Das obere Lager, das die Kuppe wie eine Haube bedeckt, ist $^1/_2$ bis $^3/_4$ Lachter mächtig. Unter ihm liegt eine etwa 1 Lachter starke Lage aufgelöster, sehr kaolinreicher Granit und dann kommt wieder eine Porzellanerdenschicht von $^1/_2$ bis $^3/_4$ Lachter Stärke, die auf festem, aber immer noch viel Porzellanerde enthaltenden Granit aufliegt. Nach dem reichen Porzellanerde-Gehalt des Granits läßt es sich auch wohl erklären, daß sich auf der Sohle der alten Baue immer wieder sehr feine Porzellanerde, einige Zoll hoch, aufsetzt.

Die größte Mächtigkeit des ganzen Lagers, bis zu 2 Lachter (in älteren Schriften wird es selbst 3 bis 4 Lachter mächtig angegeben) hat da Statt gefunden, wo es auf der Höhe der Kuppe söhlig lag, nach der Tiefe zu wird es zusammengedrückt. Da wo es neuerdings bebaut wird, nimmt man jede Schicht zu etwa 2 Ellen, das Ganze also zu etwa 6 Ellen Stärke an.

Die mehr gedachte Granitkuppe ist etwa 20 Lachter hoch und wird gegen Abend und Mitternachtmorgen von zwei Eisensteingängen begrenzt, welche sich gegen Mitternachtabend kreuzen und die Gebirgsscheide bilden. Durch diese beiden Gänge wird mit der Kuppe selbst auch die Lagerstätte der Porzellanerde abgeschnitten oder vielmehr verworfen, denn sie ist neuerdings im Hangenden des einen Ganges $6^1/_4$ Lachter tiefer wieder ausgerichtet worden. Hier ist daher das Lager auch noch ziemlich unverritzt, dagegen es auf der Kuppe bis auf einige nur wenig bauwürdige Erde enthaltende Pfeiler bereits abgebaut ist.

Die Masse der Lagerstätte besteht etwa zum fünften oder vierten Teile aus Porzellanerde, das übrige ist aufgelöster und frischer Feldspat, Quarz und etwas Pinit, der gewissermaßen die Stelle des Glimmers vertritt. Die reine Porzellanerde, die am feinsten auf der obern Fläche der Kuppe vorkam, bildet Partien von einigen Zollen bis zu einigen Lachtern Länge. Am mächtigsten ist sie in der Nähe der vorgedachten Eisensteingänge. Sie ist am gewöhnlichsten rötlichweiß, seltner gräulich oder gelblichweiß, auch wohl ockergelb gefleckt. Selten geht sie bis ins blaß fleischrot über."

„In der Entfernung von den mehr gedachten beiden Eisensteingängen, die die Lagerstätte begrenzen, wird die Erde röscher, d. h. sie wird rauher, sandiger und geht in aufgelösten Feldspat über. Aus diesem kann man dann einen ununterbrochenen Übergang bis zum frischen Feldspat und Granit verfolgen. Man kann demnach die hiesige Porzellanerde (mit Gehlen, Scholz u. a.) wohl für nichts anderes als für zersetzten Feldspat annehmen, obschon Klaproth, Mohs u. a. aus mehreren chemischen und geognostischen Gründen sie für ein ursprünglich gebildetes Naturprodukt halten. Habel glaubte sogar, sie sei aus verwittertem Quarz entstanden." (1829, S. 174).

Das Aufbereitungsverhalten und die technologischen Besonderheiten des Kaolins von Aue beschreibt Freiesleben wie folgt: „Wo sie (= die Farbe) sich mehr ins rote zieht, ist sie (die Porzellanerde) minder rein, denn die Lagerstätte ist mit einer großen Menge Trümmer von Roteisenstein nach allen Richtungen durchzogen, welche die Erde sehr verunreinigen. Ehe sie daher in brauchbarem Zustande für die Porzellanfabrik abgeliefert werden kann, wird sie in faustgroße Stücke zerkleinert, von denen jede eisenockrige Beimengung sorgfältig abgeschabt, auch Quarz und Glimmer ausgehalten wird. Demungeachtet muß sie noch mit ungemeiner Vorsicht geschlämmt werden. Wenn hierbei ein Versehen vorgeht, erhält man bei der Fabrik eine ins lichte Fleischrote sich ziehende unbrauchbare Erde, die ein unreinweißes Porzellan liefern würde.

Die reine Auer-Erde gibt dagegen dem Meißner Porzellan seine eigentümliche gelblichweiße, beim Durchscheinen sich ins Blauliche oder Milchweiße ziehende Farbe, seine große Haltbarkeit und den geringen Grad von Durchscheinheit" (1829, S. 174). „Eine merkwürdige Erscheinung ist es übrigens, daß auch die rösche Erde nach erfolgter Auflösung an der freien Luft milder und brauchbarer wird. Ebenso behauptet man, daß sie durch das Trocknen in dem bei der Grube befindlichen Trockenhause immer weißer werde" (1829, S. 175).

Indirekt wird uns ein technologisches Urteil über den Kaolin von Aue dadurch möglich, daß ihn Freiesleben mit anderen, heute noch bekannten Kaolinen verglich: „Die Seilitzer Porzellanerde ist von der Auer sehr verschieden. Sie ist mehr gelblich-, graulich- und grünlichweiß als rötlichweiß. Ja selbst bis in eine apfelgrüne glimmrige Erde geht sie über. Dabei ist sie nicht so feinerdig oder staubartig wie die Auer, vielmehr groberdig, ziemlich verhärtet und fast uneben. Sie geht nie in Feldspat, aber wohl in Ton über und ist auch leichter zu schlämmen als die Auer Erde. Jedoch enthält sie (nach Berthier) weniger Tonerde, dagegen aber mehr Kieselerde wie die Auer, sowie eine Spur von Kali und Talk, der in der Auer Erde nicht enthalten ist. ... Zwar gibt sie (die Seilitzer Erde) kein so feines, leichtes und haltbares Porzellan wie die Auer Erde, ist auch nicht so duktil und schwindet mehr, daher sie zu ganz feinen Fabrikaten nur durch sehr sorgfältige Behandlung brauchbar wird. Aber immer gibt sie für gewisse Artikel ein gutes Porzellan. Nur ist ihr Scherbel durchscheinender und glasiger, auch beim Durchscheinen nicht milchweiß wie der Auer, sondern gelblich. Es veranlaßt auch ihre Sprödigkeit leichter das Reißen der Scherbel." (1829, S. 179).

Über die Kemmlitzer Porzellanerde: „Sie soll viel duktiler sein als die Auer und gibt ein weißes Porzellan, das vorzüglicher ausfällt wie manches ausländische, und besonders zu Sanitätsgeschirr sehr tauglich sein" (1829, S. 181).

Rasterelektronenmikroskopische Untersuchung des Kaolins aus Aue (Erzgebirge)

Von Peter Lange, Weimar

Rohkaolin aus Aue, der noch im VEB Staatliche Porzellanmanufaktur Meißen lagerte und uns von Dr.-Ing. H. Walter zur Verfügung gestellt wurde, ist mit dem Rasterelektronenmikroskop JSM 50A der Hochschule für Architektur und Bauwesen Weimar untersucht worden.

Die Untersuchung zeigte, daß der Kaolinit in gut ausgebildeten pseudohexagonalen Kristallen vorliegt (Abb. 10). Die einzelnen Kristalle sind 0,9—4,5 μm groß und 0,1 bis

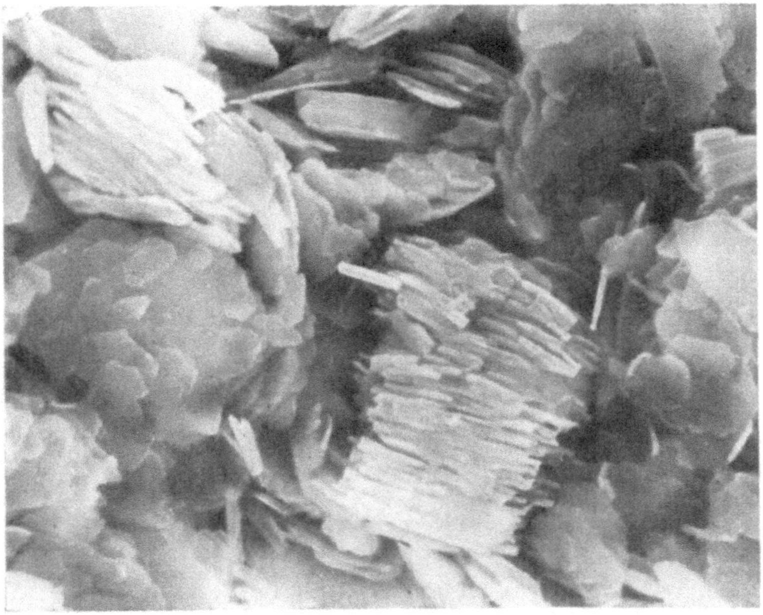

Abb. 10. Kaolin von Aue, Vergr. 6000×

Abb. 11. Kaolin von Aue, Vergr. 3000×

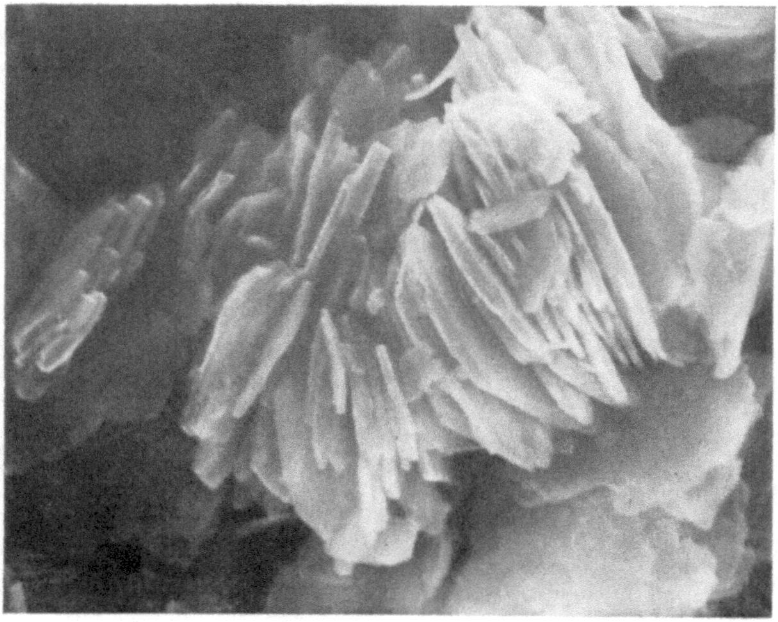

Abb. 12. Kaolin von Aue, Vergr. 10000×

Abb. 13. Kaolin von Tirschenreuth (BRD), Vergr. 3000×

0,6 µm dick. Im Mittel liegt die Länge der Kristalle bei 2 µm und ihre Dicke bei 0,2 µm. Die Kristalle sind meist etwas langgestreckt. Das Längen/Breiteverhältnis schwankt zwischen 1,1 und 4,1 und liegt im Mittel bei 1,8. Häufig treten in den Kristallblättchen einspringende Winkel auf.

Die Kristalle sind zumeist stapelförmig übereinander gelagert, so daß sich das typische Gefügebild von "unexpanded books" ergibt (vgl. Abb. 11, 12).

Die Stapel können bis zu 17 µm hoch und 10 µm breit sein (Abb. 11). Ein Aufblättern der Stapel zu "expanded books" wird nur in geringem Umfang beobachtet (Abb. 12). Damit stellt das Gefüge des Kaolins von Aue eine Ausnahmeerscheinung unter den Kaolinen der DDR dar. In den Porphyr- und Granodioritkaolinen der DDR ist gewöhnlich ein weitgehender Zerfall der „books" und eine wirre Anordnung einzelner Kaolinitkristalle festzustellen (vgl. Beitrag Lange, dieses Heft S. 149). Das Gefüge des Kaolins von Aue ist dem Gefüge des Kaolins von Tirschenreuth (BRD) vergleichbar (Abb. 13)[1]). Die Ausbildung der Kaolinite im Kaolin von Aue läßt hinsichtlich Größe, Gestalt und Anordnung auf hydrothermale Entstehung schließen. Die Ähnlichkeit des Gefüges zum Kaolin von Tirschenreuth spricht gegen diese Deutung, wenn man nicht auch für den Kaolin von Tirschenreuth hydrothermale Entstehung annehmen will (vgl. Beitrag Wieden, dieses Heft S. 335).

Aus den rasterelektronenmikroskopischen Untersuchungen kann die Genese des Kaolins von Aue nicht eindeutig bestimmt werden, jedoch spricht die gegenüber typischen Verwitterungskaolinen unterschiedliche Gefügeausbildung meines Erachtens stark für die hydrothermale Genese.

Zusammenfassung

An Hand alter Akten und Literatur wird der 1709—1855 abgebaute, heute nicht mehr aufgeschlossene Kaolin der Weiß-St-Andreas-Grube bei Aue/Erzgebirge beschrieben und genetisch gedeutet. Auf Grund des Höhenverhältnisses zwischen der kretazisch-tertiären Rumpffläche und dem Kaolin des Weißen St. Andreas kann dieser kaum als Wurzel einer einst dort vorhandenen kretazisch-tertiären Kaolindecke exogener Entstehung angesehen werden. Der Kaolin des Weißen St. Andreas ist mit großer Wahrscheinlichkeit als postmagmatisch-hydrothermal kaolinisierter Stockscheider einer kleinen Granitkuppel zu deuten, die randlich von jüngeren Verwerfungen abgeschnitten wird. Diese Verwerfungen sind jünger als die Kaolinisierung, haben die Kaolinlagerstätte in Schollen zerlegt, tektonisch verformt und geschleppt. Der innere Aufbau des Kaolinlagers ist dadurch kompliziert worden.

Regionalgeologisch ordnet sich die Lagerstätte dem NW—SE gestreckten Granitzug Aue—Lauter auf der Ostflanke des Eibenstocker Granits ein. Die Granite dieses Gebiets weisen an mehreren Stellen Kaolin auf. Bauwürdig war jedoch nur die historisch wichtige Lagerstätte vom Weißen St. Andreas.

Резюме

На основе древних записей и литературных данных описывается каолин рудника Вейсер-Санкт-Андреас около Ауе в Рудных горах. Горные выработки велись от 1709—1855, каолин в настоящее время больше не доступен. Дается также его генетическая интерпретация. Разница между гипсометрическими уровнями денудационной равнины мелового или третичного возраста и каолина рудника Вейсер-Санкт-Андреас говорит о том, что последний вряд ли может считаться корнем бывшей каолиновой коры экзогенного происхождения мелового или третичного возраста. Более правдоподобно предположение что каолин рудника Вейсер-Санкт-Андреас образовался в результате послемагматической и гидротермальной каолинизации штокшейдера небольшого гранитного купола, срезанного по

[1]) Verfasser dankt Prof. Köster für das Probematerial.

краям более молодыми разломами. Возраст этих разломов моложе, чем каолинизация. Они обуславливают глыбовое строение, тектоническую деформацию и волочение месторождения каолина. В результате внутреннее строение залежи оказывается довольно сложным.

В плане региональной геологии данное месторождение приурочен к гранитной полосе Ауе-Лаутер северо-западного и юго-восточного простарания на восточном фланге Эйбенштокского гранита. Каолины неоднократно были обранужены в связи с этими гранитами, промышленное значение, однако, имело только меторически важное месторождение Вейсер-Санкт-Андреас.

Summary

On the basis of old documents and literature the kaolin mined from 1709 to 1855 and no longer exposed today of the Weiß-St-Andreas pit, near Aue in the Erzgebirge, is described and interpreted genetically. In the light of the conditions of elevation between the Cretaceous-Tertiary peneplain and the kaolin of Weißer St. Andreas this may hardly be considered to be the root of an exogenically formed Cretaceous-Tertiary kaolin cover once existing there.

Most probably, the kaolin of Weißer St. Andreas must be interpreted as a postmagmatic-hydrothermally, kaolinized stockscheider of a small granitic dome at the margin cut off from younger faults. These are younger than the kaolinization, have decomposed, tectonically deformed and dragged the kaolin deposit into blocks. As a result, the internal structure of the deposit has been complicated.

From a regional-geological point of view, the deposit is assigned to the Aue—Lauter granitic range extending NW—SO at the eastern flank of the Eibenstock granite. The granites of this area show kaolin in several places, of which, however, the historically important Weißer St. Andreas deposit only was minable.

Literatur

(Akten, Grubenrisse, Manuskripte und gedruckte Quellen, zum Teil mit Bemerkungen zum Inhalt; können als Grundlage einer Bibliographie zur Geologie des Kaolins von Aue betrachtet werden)

Acta, den Haushalt und Grubenbau bei Weißer und Roter Andreas Fundgrube bei Aue betr. — Bergamt Schneeberg, Fach 108, Nr. 1345, Vol. I, 1819ff. — Hist. Bergarch. Freiberg.

Acta, den Haushalt und Grubenbau bei Weißer samt Roter Andreas Stolln und Fundgrube bei Aue betr. — Bergamt Schneeberg, Fach 108, Nr. 1345, Vol. II, 1837ff. — Hist. Bergarch. Freiberg.

Acta, den Haushalt und Grubenbau bei Weißer samt Roter Andreas Fundgrube ... bei Aue betr. — Bergamt Schneeberg, Fach 108, Nr. 1345, Vol. III, 1846ff. — Hist. Bergarch. Freiberg.

Acta, die Weißerdenzeche St. Andreas bei Aue betr. — Bergamt Schneeberg, Fach 108, Nr. 1346, Vol. I, 1820ff; Vol. II, 1828ff. — Hist. Bergarch. Freiberg.

Berthier, P.: Analyse du Kaolin. — Annales de Chimie et de Physique, Paris **24** (1823), S. 107—111, (franz.). — [ref. in Berzelius' Jahresber. 4 (1825), S. 163, 1825 und v. Leonhards Mineral. Z. (1826) 5, S. 479] — [S. 107f: erwähnt Roses Analyse des Kaolins von Aue, teilt aber auch eigene Analyse mit].

Charpentier, J. F. W.: Mineralogische Geographie der kursächsischen Lande. — Leipzig: 1778. [S. 245: Porzellanerde von Aue nur erwähnt].

Dammer, B.: Rezension von H. Rösler: Beiträge zur Kenntnis einiger Kaolinlagerstätten (N. Jb. Mineral. etc., Beil.-Bd., Stuttgart, 15, 2, S. 231—393). — Z. prakt. Geol., Halle (1903) 1, S. 114—115, (1903a).

— Zu Weinschenks Entgegnung auf Dammers Rezension der Arbeit von H. Rösler: Beiträge zur Kenntnis einiger Kaolinlagerstätten. (N. Jb. Mineral. etc., Beil-Bd., Stuttgart 15, 2, S. 231 bis 393). — Z. prakt. Geol., Halle (1903) 11, S. 357—258, (1903b).

Engelhard, K. A.: D. J. Merkels Erdbeschreibung von Kursachsen. 3. Aufl. — Dresden, Leipzig: 1804. — [1. Bd. S. 187—190: Aue und Kaolingrube: 32 Bergleute arbeiten je Tag 8 oder 16 Stunden, alle 14 Tage werden 120 Zentner Kaolin in verschnürten und versiegelten Fässern durch zwei verpflichtete Fuhrleute nach Meißen gefahren. Friedrich II. entführte im siebenjährigen Krieg Kaolin von Aue und Porzellanmacher nach Berlin und ließ in Preußen mit Erfolg nach Kaolin suchen. S. 262 Auer Erde ist „zerstörter Quarz"].

ERSCH, GRUBER: Allgemeine Enzyklopädie, Teil 6. — Leipzig: 1821. S. 284. — [Artikel Aue: von ENGELHARDT, wichtigste Nachrichten etwas primitiv und fehlerhaft].

FREIESLEBEN, J. C.: Magazin für die Oryktographie von Sachsen, 3. Heft. — Freiberg: 1829 — [S. 140ff., 170—195: Übersicht über alle sächsischen Kaoline, historische Angaben zur Erforschung der Kaolinisierung, ausführliche Beschreibung des Kaolins von Aue nach eigener Anschauung].

GEHLEN, F. A.: Einige Bemerkungen über die Verwitterung des Feldspats zu Porzellanerde. — J. Chemie Physik, Nürnberg **1** (1811) 4, S. 447—457. — [zitiert S. 450 ROSES Analyse des Kaolins von Aue].

— Über das Vorkommen und die Gewinnung der Porzellanerde im ehemaligen Fürstentum Passau. — Molls N. Jb. Berg- Hüttenkd., Nürnberg **2** (1812), S. 321—346. — [S. 338f.: Kaolin von Aue durch „Verwitterung des Feldspats" entstanden, zitiert ROSES Analyse des Kaolins von Aue].

HOFFMANN, C. A. S.: Versuch einer Oryktographie von Kursachsen. — Köhlers bergmänn. J., Freiberg **1** (1788) 2, S. 479—522. — [S. 479: Porzellanerde von Aue 6 m unter Oberfläche, Mächtigkeit „meist gegen 6 m", hellweiß bis rötlichweiß, Porzellanerde mit eisenschüssigem Ton vermengt, Quarzkristalle mit Eindrücken ehemaliger Feldspatkristalle].

KARSTEN, D. L. G.: Des Herrn N. G. Leske hinterlassenes Mineralienkabinett. 2 Bde. — Leipzig: 1789. — [bibliograph. auch unter dem Titel „Museum Leskeanum" bekannt; Bd. 1, S. 152 „Tonarten; 2. Porzellan-Erde", Nr. 762: „Ganz feine gelblichweiße Porzellan-Erde, von Aue bei Schneeberg", Nr. 764: „Gräulichweiße etwas gröbere, hie und da mit kleinen Quarzkörnern, eben daher"].

KARSTEN, D. L. G.: Mineralogische Tabellen. — Berlin: 1800. — [S. 30/31 u. 73: Von GUSTAV ROSE ausgeführte Analyse der Porzellanerde von Aue].

KIRSCH, H.: Ergänzende Untersuchungen an der Porzellanerde von Aue in Sachsen. — Silikattechnik, Berlin **6** (1955), S. 207—208. — [zitiert chem. Analyse nach STUTZER (1905), bietet mineralog. Analyse an Hand von DTA und E-Mikroskop].

KLAPROTH, M. H.: Chemische Untersuchung des Kaolins von Aue. — Beitr. chem. Kenntnis Mineralkörper, Berlin und Stettin **6** (1815), S. 275—282. — [Analyse sorgfältig geschlämmten Kaolins, einige Angaben zur Geologie nach anderen Quellen; zitiert bei KÜHN 1829].

KÜHN, O. B.: Über die Porzellan-Erden. — Schweigg. Seidels Jb. Chemie Physik (1829) 9, S. 34 bis 43. — [ref. in N. Jb. Mineral., Heidelberg **1** (1830), S. 494: S. 35: Analyse von geschlämmten Kaolin aus Aue, dazu Zitate der älteren Analysen. KÜHN vermutet, daß BERTHIER aufbereiteten Kaolin analysiert hat und hält diese Analyse nicht als repräsentativ für Rohkaolin].

LAMPADIUS, W. A.: Verschiedene Bemerkungen und eigene Erfahrungen über die Natur der Erden. — W. A. LAMPADIUS' Samml. prakt. chem. Abh., Dresden **3** (1800), S. 186—224. — [S. 216: Kaolin von Aue absorbierte „Lebensluft", also Sauerstoff].

MARTINI, C. C.: Grund- und Durchschnittsriß von den Berggebäuden Roter Andreas Erbstolln und Weißer Andreas Erbstolln und Weißer Andreas Fundgrube bei Aue. — Bergamt Schneeberg, 1817. — Hist. Bergarch. Freiberg. Rißarch. W XI 3.

MARTINI, C.: Geognostische Untersuchung der Gegend um Kirchberg, Schneeberg, Aue und Schwarzenberg, Bände A u. B. — Manuskr. Nr. 65 der geol. Landesuntersuch., Bergamt Freiberg. 1819. — Hist. Staatsarch. Freiberg. — [A, S. 21—22; B, S. 10—11: „Geognostische Verhältnisse bei der Porzellanerdenzeche Weißer Andreas"].

MARTINI, C. C.: Grund- und Saigerriß über die Berggebäude Weißer Andreas Fundgrube und Roter Andreas Erbstolln. Bergamt Schneeberg 1820/1825. — Hist. Bergarch. Freiberg, Rißarch. W XI 4. — [Die beste alte rißliche Darstellung der Kaolinlagerstätte Weißer St. Andreas bei Aue].

MARTINI, C.: Erscheinungen an Gängen beobachtet. — v. LEONHARDS Taschenb. ges. Mineral., Frankfurt (Main) **19** (1825) 2, S. 335—339. — [S. 338: Granitapophysen in der Grube Weißer St. Andreas bei Aue, Kaolin der Grube nur erwähnt].

NAUMANN, C.: Erläuterungen zu Sektion XV der geognostischen Karte des Königreichs Sachsen. 2. Heft: Geognostische Skizze der Gegend zwischen Gößnitz, Oederan, Sebastiansberg und und Auerbach. — Dresden, Leipzig: 1838. — [S. 163—167: „Nur wenig neues"; einige Bemerkungen zur Geschichte der Kaolinforschung; S. 184: Erste genetische Deutungen der Stockscheider durch MOHS und BLÖDE.]

OEHLSCHLÄGEL, F. G.: Über das Vorkommen der Porzellanerde bei Aue. — [Auswahl aus Schr. Ges. Mineral. Dresden, Leipzig **1** (1818), S. 57—62.] — [Beschreibung der auch aus den Akten bekannten Beobachtungen; OEHLSCHLÄGEL hat jedoch die Grube selbst befahren].

PIETZSCH, K.: Geologie von Sachsen. — Berlin: 1962. — [S. 715: Kurzdarstellung des Kaolins von Aue nach MARTINI (1819) und STUTZER (1905), befürwortet die postvulkanische Deutung].

PILZ, C. F.: Grund- und Saigerriß von Weißer St. Andreas Fdgr. Bergamt Schneeberg, 1801/1803. — Hist. Bergarch. Freiberg, Rißarch. IV W. k6. — [bergmännische Grubenbaue vom Stand 1801/1803; Geologie nur indirekt ablesbar].

REINHARDT, C.: Geschichte der Weißerdenzeche St. Andreas bei Aue. — Museumsblätter (Beil. des Auer Tagebl.), Aue (1923), S. 49—107.

RÖSLER, H.: Beiträge zur Kenntnis einiger Kaolinlagerstätten. — N. Jb. Mineral., Beil.-Bd., Stuttgart 15 (1902), S. 231—393. — [S. 334 Kaolin von Aue nur kurz und allgemein nach alter Literatur erwähnt; RÖSLER vertritt extrem die Theorie der endogen-"postvulkanischen" Kaolinbildung und schreibt betr. Aue: „Die Art des Vorkommens scheint gegen eine Entstehung desselben durch Verwitterung zu sprechen und vielleicht gibt die Nähe der berühmten Zinnerzlagerstätten einen anderen Hinweis"].

SCHALCH, F.: Geol. Spezialkarte 1:25000, Bl. Schwarzenberg-Aue, mit Erläuterungen. — Leipzig: 1884. — [S. 92: Granit der Weißerdenzeche knapp beschrieben; in 2. Aufl. von R. BECK (1896) Weißer St. Andreas nicht speziell behandelt].

SCHNORR, F. A.: Saigerrisse „nach der Länge und Breite" vom Weißen St. Andreas. — Bergamt Schneeberg 1810. — Hist. Bergarch. Freiberg, Rißarch. IV W k 4 und k 8 — [geologische Profile, machen etwas primitiven Eindruck, stellen nur die bis 1810 bekannten Lagerteile dar].

SCHOLZ, B.: Über Porzellan und Porzellanerden, vorzüglich in den österreichischen Staaten. — Jb. k. k. polytechn. Inst., Wien 1 (1819), S. 217—292ff. — (S. 252: ROSES Analyse des Kaolins von Aue, S. 259: Aue im damaligen Streit über die Theorien der Kaolinbildung].

SIEBER, S.: Aus der Geschichte des Bergbaues in Aue. — Heimatfreund Erzgebirge, Stollberg (Erzgeb.) **20** (1975) 6, S. 131—136. — [S. 135f.: Bergbaugeschichte der Weißerdenzeche und Photo des noch stehenden Huthauses].

STAHL, A.: Die Verbreitung der Kaolinlagerstätten in Deutschland. — Arch. Lagerstättenforsch., Berlin 12 (1912). — [S. 47—49: Beschreibung des Kaolins von Aue nach STUTZER 1905, sieht genetischen Zusammenhang zwischen Eisenerzgängen und Kaolin, deutet den Kaolin hydrothermal, aus CO_2-haltigen, an der Granitgrenze zirkulierenden Wässern, kritisiert aber STUTZERS genetische Vorstellungen von „heißen Dämpfen und Gasen"].

STELZNER, A. W.: Die Granite von Geyer und Ehrenfriedersdorf sowie die Zinnerzlagerstätten von Geyer. — Beitr. geogn. Kenntn. Erzgeb., Freiberg (1865) 1. — [S. 30: „Eine der Geyerschen vollkommen analoge Stockscheidermasse grenzt nämlich auch die Granitkuppe von Weiße Andreas Fundgrube bei Aue gegen den Glimmerschiefer ab"].

STUTZER, O.: Die „Weiße-Erden-Zeche St. Andreas" bei Aue. — Z. prakt. Geol., Halle **13** (1905), S. 333—337. — [zitiert MARTINI (1819) und SCHALCH (1884), entwickelt die Vorstellung der Kaolinbildung durch „postvulkanische Gase und Dämpfe", bietet Kaolinanalysen].

WEINSCHENK, E.: Zu DAMMERS Rezension von H. RÖSLER: Beiträge zur Kenntnis einiger Kaolinlagerstätten (N. Jb. Mineral., Beil.-Bd., Stuttgart 15, 2, S. 231—393). — Z. prakt. Geol., Halle **11** (1903), S. 210—212.

WEISSENBACH, C. G. A.: Über Gangformationen vorzugsweise Sachsens. — (COTTAS) Gangstudien, Freiberg **1** (1847), S. 1—76. — [S. 41—44 u. Taf. II].

WERNER, A. G.: AXEL VON KRONSTEDTS Versuch einer Mineralogie. — Leipzig: 1780. — [S. 177: Porzellanerde; S. 178: Anmerkung von WERNER über den Kaolin Aue, dieser — ohne nähere Beschreibung — nur genannt].

WINKLER, M.: Beitrag zur Geschichte der Kaolingruben der Porzellan-Manufaktur Meißen. — Jb. Berg- Hüttenwes. Sachsen, Freiberg (1902), S. A129—A134. — [Darstellung der Geologie des Weißen St. Andreas nur knapp, kurze Kennzeichnung der anderen erzgebirgischen Kaolinvorkommen].

Jb. sächs. Berg- und Hüttenmänn., Freiberg (1827—1857). — [Förderzahlen der Porzellanerde von Aue 1825—1855 bei Produktion im Schneeberger Revier angegeben].

Manuskripteingang: 12. Mai 1976

Anschrift des Autors:

Dr. O. WAGENBRETH, Hochschule für Architektur und Bauwesen, Sektion Baustoffverfahrenstechnik, Wissenschaftsbereich Silikattechnik
DDR - 53 Weimar, Coudraystraße 13

Schriftenr. geol. Wiss. · Berlin 11 (1978) · S. 335–342

Genese und Alter der österreichischen Kaolinlagerstätten

Von PAUL WIEDEN, Wien

Mit einer Abbildung

Die österreichischen Kaolinvorkommen sind zwei Lagerstättenprovinzen zuzuordnen:

Niederösterreichisches Waldviertel (N. Ö.)
Nördlicher Teil:
Mallersbach; Niederfladnitz; Grametten (bei Litschau); Gmünd.
Südlicher Teil:
Weinzierl; Kriechbaum.

Gleichenberger Raum (Steiermark) Klausen bei Gleichenberg.
Bonisdorf (Burgenland).

1. Niederösterreichisches Waldviertel (N. Ö.)

Die Kaolinvorkommen der Böhmischen Masse, an Granite und Gneise variszischen bzw. vordevonischen Alters gebunden, sind Relikte einst mächtiger tertiärer Verwitterungsdecken oligozänen Alters. Die geologische Position von Mallersbach und Niederfladnitz ist ähnlich bis gleich der im Raum Znojmo (Znaim) (ČSSR) liegenden tschechoslowakischen Lagerstätten. Sie ist der geologischen Kartenskizze (Abb.) zu entnehmen.

Das nördliche Waldviertel, im österreichischen Anteil der „Böhmischen Masse" gelegen, bildet einen tief abgetragenen und verebneten Grundgebirgskomplex aus granitischen und metamorphen Gesteinen.

Die Kaolinvorkommen liegen in seichten Einsenkungen, die gelegentlich durch Störungen begrenzt sind.

Das seinerzeit abgebaute Hauptvorkommen in Mallersbach, auf einer Hochfläche (etwa 400 m SH) gelegen, besteht aus zwei Linsen. Neben diesem Hauptvorkommen sind in der näheren Umgebung weitere kleinere Vorkommen bekannt, die in nördlicher Richtung auf tschechoslowakischem Staatsgebiet ihre Fortsetzung finden. Diese Vorkommen sind ebenfalls linsenförmig entwickelt. Die Kaoline bzw. Kaolintone von Znojmo [Brenditz, Winau, Primetice, Unanov und Plenkovice (SPALEK 1936)] gehören zur gleichen Lagerstättenprovinz.

Über die geologischen Verhältnisse berichteten ausführlich KÖLBL (1926), HOLZER & WIEDEN (1969), ergänzend dazu FRASL (1970), THIELE, FUCHS und andere Mitarbeiter der Geologischen Bundesanstalt in Wien. Die neueren Arbeiten der tschechoslowakischen Kollegen im angrenzenden Raum wurden ebenfalls berücksichtigt.

KÖLBL (1926) schreibt:

„Das Grundgestein bildet ein stark mechanisch umgeformter Orthogneis, den F. E. SUESS (1897) eingehend beschrieben und als ‚Bittescher Gneis' bezeichnet hat. Dieser Bittescher Gneis läßt sich sowohl in westlicher als auch in nordöstlicher Richtung verfolgen und zeichnet sich durch eine erstaunliche petrographische Einförmigkeit aus.

In einem körnigen Gemenge von Quarz und Feldspat treten größere Augen von Orthoklas auf, die aber nicht als Porphyroblasten gedeutet werden dürfen, sondern in denen Reste alter Einsprenglinge des ehemaligen porphyrischen Granits erblickt werden müssen. Zum Teil sind noch

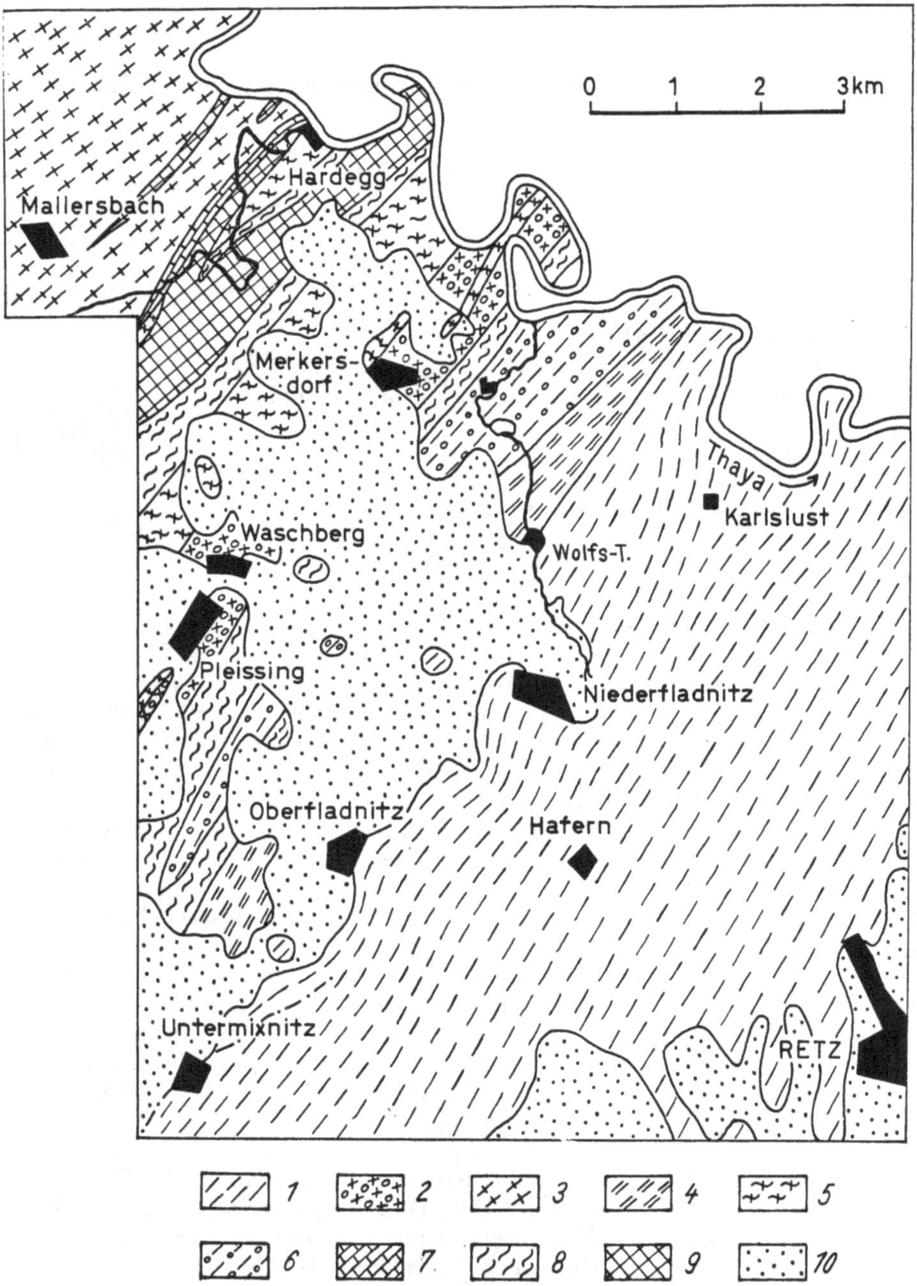

Abb. Geologische Kartenskizze der Moravischen Gesteinszone im österreichischen Anteil des Kartenblatts Znaim (Znojmo)

1 -- Thayabatholit; 2 -- Pleißinger Orthogesteinsdecke; 3 -- Bittescher Gneis; 4 -- Kontaktgesteine im Dach des Batholiten; 5 -- hochmetamorphe Biotitschiefer; 6 -- Chloritmuskovitschiefer; 7 -- Kalksilikatschiefer; 8 -- Phyllite und Quarzite, Biotitphyllite im Westen; 9 -- moravischer Kalk; 10 -- Tertiär und Quartär

Spuren einer kristallographischen Begrenzung erkennbar. Plagioklas, seiner Zusammensetzung nach ein Oligoklas-Albit, tritt nicht sehr häufig auf. Auffallend ist die verhältnismäßige Armut an dunklen Gemengteilen. Von diesen tritt der Biotit in einer Form auf, die auf starke Umformung schließen läßt und stellenweise dem Gestein ein bandstreifiges Aussehen gibt. Muskovit als tektonisch bedingte Neubildung ist ebenfalls vorhanden und wird bei der ‚Verwitterung' im Kaolin etwas angereichert.

Die rezente Verwitterung des Bittescher Gneises führt zu einem tonig-sandigen Boden mit zahlreichen Quarztrümmern. Diese stammen von den Bittescher Gneis durchziehenden Quarzadern und Gängen."

1.1. Vorkommen von Mallersbach und Niederfladnitz (N. Ö.)

Das Ausgangsgestein für die Kaolinisierung in Mallersbach ist ein heller, geschieferter, glimmerhaltiger Orthogneis, der bereits erwähnte „Bittescher Gneis". Nach Holzer & Wieden (1968) wird dieser von einer kaledonischen synorogenetischen Intrusion abgeleitet, die durch eine starke tektonische Beanspruchung umgewandelt wurde.

Frasl (1970) hat in seiner Studie das Problem „Bittescher Gneis" behandelt. Er nimmt für diesen ein suprakrustales Ausgangsgestein an. Dadurch werden die Einschaltungen von vielen dünnen basischen Einlagerungen in vulkanischen Ablagerungen verständlich. Auch die meist feinkörnige Ausbildung ist im Zusammenhang mit Vulkaniten leichter erklärbar.

Schließlich wäre es nach Frasl schwieriger, sich vorzustellen, wie eine so dünne Gneisplatte von 120 km Länge aus einem rundlichen Granitpluton ausgewalzt wird, als wenn das Ausgangsmaterial bereits etwa eine Porphyrplatte darstellt, z. B. als Ergebnis eines Linearergusses, wie dergleichen aus verschiedenen Ignimbritgebieten bekanntgeworden ist. In der geologischen Karte der ČSSR im Maßstab 1:500000 von 1968 sind sowohl Bittescher als auch Spitzer Gneis als Metavulkanite ausgeschieden, während sie früher als syntektonische Intrusionen angesehen wurden.

Nach der bisherigen Ansicht österreichischer Geologen und der der tschechoslowakischen Kollegen sollten alle in diesem Raum liegenden Lagerstätten durch Verwitterung bei feuchtwarmen klimatischen Verhältnissen vor dem oberen Miozän, wahrscheinlich im Oligozän, entstanden sein. Die Mitwirkung von Kohlensäure bei der Umwandlung in Kaolin wird angenommen. Die dynamometamorphe oder hydrothermale Sericitisierung und die Mylonitisierung wirkten sich günstig auf die spätere Kaolinisierung aus.

Jüngste Untersuchungen an der Lagerstätte in Mallersbach (Wieden 1960, 1961, 1968, 1974) und der in Niederfladnitz, 10 km südöstlich von Mallersbach, ließen Zweifel aufkommen, ob die Kaolinisierung allein durch „Verwitterung" zu erklären ist.

Der Rohkaolin von Mallersbach besteht aus etwa 50% Kaolinit und Mixed-Layer (ca. 1—3%), 42% Quarz und Feldspat (vorwiegend Orthoklas, Verhältnis Plagioklas zu Orthoklas 1:6), Muskovit und Schwerminerale.

Die röntgenographische Untersuchung des Rohkaolins zeigt neben den charakteristischen Linien für Kaolinit einzelne Interferenzen von Illit oder Hydromuskovit. Die Feinfraktion $< 2\,\mu m$ ließ neben Kaolinit eindeutig die Mineralkomponenten Quarz, Illit und Hydromuskovit erkennen.

Die DTA-Untersuchung einer Schlämmfraktion $2\,\mu m$ deutete auf die Anwesenheit von Halloysit (Holzer & Wieden 1966; Ross & Kerr 1934) und auf geringe Mengen zersetzten Glimmers (Illit, Hydromuskovit) hin.

Die elektronenoptischen Aufnahmen bestätigten die Anwesenheit von Halloysit, und die Ausbildung der glimmerigen Komponenten ließ den Eindruck entstehen, daß es sich um bereits zersetzte oder umgewandelte Glimmer handelt.

Wenn man nach Kölbl (1926) annimmt, daß die Glimmer (Muskovit) eine Neubildung sind, so wären die unregelmäßig ausgelappten Gebilde im Elektronenmikroskop als

Zwischenphase zu deuten. Es wäre gleichfalls an die Bildung von Illit zu denken. Nach SCHÜLLER verwittern Feldspate unter unseren Klimabedingungen vorwiegend zu Illit, während Kaolinit eher eine seltenere Mineralbildung darstellt.

Felduntersuchungen an den in den letzten Jahren des Abbaus weiträumigen Aufschlüssen der Grube ließen den Eindruck entstehen, daß die Kaolinisierung an ein Spaltensystem gebunden ist und von diesen Spalten die Umsetzung des Feldspats vor sich geht. Gleichzeitig konnte festgestellt werden, daß hell- bis tiefrot gefärbte Zonen von Eisenoxidhydraten, wahrscheinlich durch Zersetzung und Oxydation von Pyrit, auftreten.

Des weiteren wurde die Einlagerung eines sehr plastischen grünen Materials festgestellt, das ebenfalls an Spalten gebunden auftritt, und sich als ein eisenreicher Montmorillonit erwies.

Im Gegensatz dazu steht die sehr plausible, einfache Modellvorstellung: Der Kaolinisierungsprozeß ist ein reicher Verwitterungsprozeß, wobei wahrscheinlich unter Moorbedeckung die Umwandlung des Feldspats von oben nach unten vor sich gegangen ist. Im Kaolin gefundene Kohleschmitzen und größere Braunkohlenvorkommen in der Nähe von Mallersbach stellen Reste dieser Moorbedeckung dar.

Sind heute die nachweisbaren oder erst zu erfassenden Reste dieser Kaolindecke lediglich an einzelnen Punkten erhalten geblieben und durch natürliche Aufschlüsse oder Bohrungen bekannt geworden, so sprechen einige Tatsachen dafür, daß ursprünglich eine weit ausgedehntere Kaolindecke vorlag.

In diesem Zuasmmenhang sei darauf hingewiesen, daß in der DDR und der BRD ebenfalls derartige Verwitterungsdecken in relativ weiter Verbreitung bekannt sind (GINSBURG 1961; KROLL & BORCHERT 1969). So scheint die Ansicht, daß es sich bei den Vorkommen des Niederösterreichischen Waldviertels nicht um rein lokale Bildungen, sondern um Reste einer einst weit verbreiteten Kaolinisierungsdecke handelt, die wahrscheinlichste.

Die Beobachtungen an den Lagerstätten Mallersbach und Niederfladnitz (WIEDEN 1971), an Kaolinlagerstätten der BRD (KROLL & BORCHERT 1969) und das Studium der Literatur, die besonders auf die Genese eingeht, lassen daneben andere Vorgänge, die an der Bildung des Kaolins beteiligt waren, als möglich erscheinen. Die eindeutig in einem Teil der Lagerstätte feststellbare Zersetzung des Ausgangsgesteins entlang kleiner Störungen und im „S" der Schieferung von oben, wird in einem erst kürzlich aufgeschlossenen Teil der Lagerstätte durch eine stärkere Zersetzungszone ergänzt; es ist hier eindeutig festzustellen, daß die Umwandlung senkrecht zu einem Spaltensystem erfolgte. In dieser Zone kommt eine grüne, tonige, mehr oder minder horizontal liegende montmorillonithaltige Einlagerung vor. Diese Spaltenfüllung wird von oxidischen Eisenmineralen (Eisenoxidhydrate) begleitet, die wahrscheinlich aus Pyrit entstanden sind. Es ist anzunehmen, daß sulfat- bzw. kohlensäurehaltige Wasser eine „hydrothermale" Zersetzung des Muttergesteins bewirkt haben. Die Abfolge Kaolinit-Montmorillonit kann durch Schwankungen des pH-Werts und des Redoxpotentials erklärt werden.

1.2. Vorkommen Niederfladnitz

Dieses Kaolinvorkommen wurde durch Bohrungen und geoelektrische Prospektion erschlossen. Die Überlagerung besteht aus quartären Tonen und feinen bis mittelkörnigen Sanden. Die Kaolinisierung erreicht eine maximale Mächtigkeit von etwa 40 m. Das Grundgebirge, in der Randzone des flachen Beckens anstehend, gehört zur „Pulkauer Masse" oder dem „Brno-Intrusiv-Massiv" nach der tschechoslowakischen Nomenklatur. Es stellt einen prädevonischen Granit mit hohen Gehalten an Quarz,

Mikrolin, Perthit, Albit-Oligoklas, Plagioklas und umgewandelten Biotit dar. Einschaltungen von phyllitähnlichen, oftmals stark tektonisch beanspruchten Gesteinslagen und basischen Einlagerungen (Amphibolite) sind festzustellen.

Neben Kaolin in situ kommen umgelagerte Kaolintone vor. Der mittels röntgenographischer und DTA-Untersuchung festgestellte Mineralgehalt umfaßt: Kaolinit 40%, Quarz 37%, Feldspat (Mikroklin) 10—18%, Calcit 3%, Muskovit einschließlich tonartige Glimmerminerale (Illit, Hydromuskovit) 1%, Limonit 0,5%.

Die Begleittone, gelb-, grün- und blaugefärbt, zeigen einen Tonerdegehalt von 20—30% Al_2O_3 und Segerkegelfallpunkte von 26—33.

Zur Genese ist zu bemerken, daß die Kaolinisierung nur zum Teil von oben erfolgte und an Störungen gebunden ist. Nach besserem Aufschluß der Kaolingrube wird es möglich sein, Detailuntersuchungen hinsichtlich Klüftigkeit, Zersetzung und Mineralisation in Klüften und Störungszonen durchzuführen. Eine Auswertung des Bohrkernmaterials von 50 Bohrungen mit insgesamt 1200 Bohrmetern ist in Arbeit.

1.3. Kaolinlagerstätten Weinzierl und Kriechbaum (O. Ö.)

Die beiden Vorkommen befinden sich am Südrand der Böhmischen Masse an abgesunkenen Blöcken, die an NW und NE streichende Störungen gebunden sind. Bisher konnten keinerlei hydrothermale Aktivitäten entlang dieser Störungen festgestellt werden.

Das Vorkommen in Kriechbaum zeigt eine linsenförmige Ausbildung in NW-Streichrichtung. Hingegen hat die Lagerstätte bei Weinzierl eine unregelmäßige Gestalt mit einem flachen Einfallen von 8° gegen W.

Die Lagerstätte Kriechbaum ist derzeit auf etwa 0,5 km^2 aufgeschlossen, die von Weinzierl auf etwa 0,2 km^2.

Die maximale Mächtigkeit der Kaolinisierung beträgt etwa 40 m, wovon 12—13 m ausbeutbar sind.

Den Übergang zum unzersetzten Grundgebirge stellt ein graugrünlicher kaolinitischer Ton dar.

Das Ausgangsgestein für den Kaolin und den Ton ist ein variszischer Granit vom Typ „Mauthausen". Dieser ist ein mittelfeinkörniger Biotitgranit, bestehend aus 27% Kalifeldspat, 37% Plagioklas, 25% Quarz, 11% Biotit, 0,6% Muskovit und 0,3% Akzessorien (z. B. Zirkon, etwa 255 g in einer Tonne Rohkaolin). Für den Granit wurde ein absolutes Alter von 290 Mill. Jahren bestimmt. Geringe Anteile des benachbarten Granits vom Typ „Weinsberg" wurden ebenfalls kaolinisiert. Der Weinsberger Granit wird als älter angenommen als der Mauthausener Granit. Ersterer ist ein grobkörniger Biotitgranit mit sehr großen Kalifeldspaten (bis 12 cm lang).

Die Überlagerung der Vorkommen besteht aus marinen Sedimenten (sandigen Tonen und Sanden) des Oligozäns und Schottern des Pleistozäns. Bei den Kaolinen von Weinzierl und Kriechbaum handelt es sich um Kaoline auf primärer Lagerstätte.

Außerhalb der sich durch das Abtauchen der Blöcke morphologisch abzeichnenden Senken konnte bislang kein Kaolin erbohrt werden. Die Kaolinlager in Weinzierl und Kriechbaum sind relativ homogen, wobei der Kaolinitgehalt gegen das Grundgebirge stetig abnimmt. Das Liegende besteht aus nur zum Teil kaolinisiertem Feldspat bzw. ausgewittertem Granit. Dabei wird der Plagioklas zuerst und oft vollständig kaolinisiert, während der Kalifeldspat weniger zersetzt wird.

Entlang der Störungszonen treten vielfach Quellen aus, so daß die Vermutung naheliegen könnte, daß die Kaolinisierung unter dem Einfluß von Grundwasserströmen vor sich ging.

1.3.1. Mineralaufbau

Der Rohkaolin besteht aus etwa 34% Kaolinit, 1—3% glimmerartigen Tonmineralen (Illit), 44% Quarz und der Rest aus Feldspat, Muskovit und Schwermineralen. Das elektronenoptische Bild zeigt relativ gut kristallisierten Kaolinit und vereinzelt die Anwesenheit von Halloysit.

Die Vorkommen von Kriechbaum und Weinzierl unterscheiden sich wenig von denen von Mallersbach, Niederfladnitz und den weiteren kleineren Lagerstätten im Raum von Litschau und Gmünd. Einstmals großflächig entwickelte Verwitterungsdecken, im Oligozän gebildet, teilweise unter tertiären Sedimenten und pleistozänen Schottern vor dem Abtrag geschützt, sind nur noch in Resten vorhanden. Gemeinsam ist allen die Bindung an Störungen und der Eindruck, daß die Kaolinisierung von oben erfolgt ist und neben den Agentien der „Verwitterung" Grundwasser und hydrothermale Umsetzungen die Kaolinisierung bewirkt haben könnten.

1.4. Vorkommen von Grametten (bei Litschau) und Gmünd (nördliches Waldviertel)

Das kleine, wenig aufgeschlossene und nur durch einige Bohrungen erkundete Vorkommen von Grametten stellt eine in situ-Kaolinisierung des Granits von „Eisgarn" dar. Die Überlagerung beträgt 2—3 m und besteht aus einem plastischen Ton; der Kaolingehalt liegt bei etwa 50%. Das Vorkommen dürfte sehr kleinräumig entwickelt sein.

Beim Aushub einer größeren Baugrube für ein Fabrikgebäude in Gmünd wurde eine Kaolinschicht von etwa 2 m angefahren. Die Zusammensetzung ist ähnlich der des Rohkaolins von Grametten.

2. Gleichenberger Raum

2.1. Vorkommen von Bonisdorf (Burgenland)

Das Vorkommen liegt im südlichen Teil des Burgenlands, unweit des steirischen, jungtertiären Vulkangebiets von Gleichenberg.

Durch Schurfgräben und fünf Erkundungsbohrungen bis etwa 9 m Tiefe wurde versucht, Einblick in die Kaolinführung und die Mächtigkeit des Kaolins zu erhalten.

Nach einer Überlagerung von etwa 2 m plastischen Tons, wobei Einschaltungen von Chlorit-Sericitschiefer festzustellen waren, wurde der ursprünglich dunkelbraune bzw. rote (Eisenoxihydrate) Ton mit zunehmender Tiefe immer heller und ging bei etwa 2 m bzw. 4,5 m und 6,8 m in graue bis weiße Lagen über.

Die mikroskopische Untersuchung der Fraktion $< 75\ \mu m$ zeigte das Vorherrschen von Chlorit, neben Kaolinit, Sericit, Eisenoxihydraten und wenig Quarz (1—2%). Die Mineralkörner und Anteile von Gesteinsresten, von Chlorit-Sericit und Sericitschiefern stammend, sind mehr oder weniger kantengerundet bis gerundet.

Die röntgenographische Untersuchung ergab für die Kaolinschicht: Kaolinit 30%, Chlorit 30%, Sericit 25%, glimmerähnliche Tonminerale (Illit) 2—3%, Quarz 10%, Schwerminerale etwa 2% und Limonit.

Auf Grund der sedimentpetrographischen Untersuchung läßt sich aussagen, daß es sich um mäßig sortiertes, umgelagertes Material handelt.

Die Kaolinbildung ist in diesem Raum im Zusammenhang mit dem tertiären Vulkanismus der unmittelbaren Nachbarschaft erklärbar.

2.2. Vorkommen von Klausen bei Gleichenberg

Im Zentrum des basaltischen bis trachyandesitischen miozänen Vulkanismus in Gleichenberg gibt es ein kleines in-situ-Vorkommen von Kaolin in unmittelbarer Nähe eines Eisensäuerlings.

Zusammenfassung

Die österreichischen Kaolinvorkommen sind zwei Lagerstättenprovinzen zuzuordnen:

1. Niederösterreichisches Waldviertel; Nördlicher Teil (N. Ö.): Mallersbach, Niederfladnitz, Gramettenbei Litschau und Gmünd; Südlicher Teil (O. Ö.): Weinzierl und Kriechbaum.
2. Gleichenberger Raum (Steiermark und Burgenland): Bonisdorf, Klausen bei Gleichenberg und Tauchen.

Die Vorkommen der Böhmischen Masse, sind an Granite und Gneise variszischen bzw. vordevonischen Alters gebunden und Reste einst mächtiger oligozäner Verwitterungsdecken. Normale Verwitterungslösungen und zirkulierende Grundwasserströme mit Schwankungen von pH-Wert und Redoxpotential bzw. Mineralisationen der Wässer sind an der Tonmineralbildung beteiligt (neben Kaolinit auch Montmorillonit). Die geologische Position von Mallersbach und Niederfladnitz ist ähnlich bis gleich der im Raum Znojmo liegenden Lagerstätten der ČSSR. Störungen, Spaltensysteme und Bildung von Montmorilloniteinlagerungen lassen für die Genese hydrolitische bis niedrig hydrothermale Vorgänge wahrscheinlich erscheinen. Die Lagerstätten im Gleichenberger und Tauchener Raum stehen im direkten Zusammenhang mit dem miozänen oststeirischen Vulkanismus und an der hydrothermalen Abkunft dieser Kaoline besteht kein Zweifel.

Резюме

Австрийские каолиновые месторождения относятся к двум провинциям месторождений:

1. Нижнеавстрийский Вальдфиртель; северная часть: Мальерсбах, Нидерфладнитц, тен около Литчау и Гмюнд; южняя часть: Вейнцирл и Крихбаум.
2. Глейхенбергский район (Штейермарк и Бургенланд): Бонисдорф, Клаузен около ГраметГлейхенберг и Таухен.

Месторождения в пределах Богемского массива связаны с гранитами и гнейсами герцинского или же додевонского возраста и являются остатками ранее довольно мощных олигоценовых кор выветривания. При образовании глинистых минералов (каолинит и монтмориллонит) участвоовали нормальные растворы выветривания и циркулирующие потоки грунтовых вод, отличающихся переменными значениями pH и окислительно-восстановительных потенциалов, а также минерализациями вод. Геологические условия месторождений Маллерсбаха и Нидерфладнитца сходны или тождественны с месторождениями Знойского района ЧССР. Разломы, системы трещин и включения монтмориллонита указывают на гидролитические или низкотемпературные гидротермальные процессы при их генпзисе. Месторождения Глейхенбергского и Таухенского районов находятся в непосредственной связи с миоценовым вулканизмом Восточного Штейермарка. В гидротермальном происхождении этих каолинов нет сомнений.

Summary

The Austrian kaolinite deposits can be divided into two mineral provinces:

1st The Lower Austrian Waldviertel. In the northern part (Lower Austria): Mallersbach, Niederfladnitz, Grametten near Litschau and Gmuend. In the southern part (Upper Austria): Weinzierl and Kriechbaum.

2nd The area of Gleichenberg (Styria and the Burgenland): Bonisdorf and Tauchen.

The deposits of the Bohemian Mass are connected with granites and gneisses of Variscian and Predevonian ages. They are the remnants of an Oligocene zone of weathering. Weathering solutions and circulating groundwaters with varying pH-values and redoxpotentials or better the mineralisations have caused the formation of clay minerals (kaolinite and montmorillonite). The geological position of Mallersbach and Niederfladnitz are similar or equal to the situation of the deposites in the area of Znojmo (ČSSR). Fractures, fissure systems, and the formation of montmorillonite layers probably make the activity of low-thermal processes. The deposits of the area of Gleichenberg and Tauchen are products of the Miocene volcanism of Eastern Styria. No doubt there are of hydrothermal origin.

Literatur

FRASL, F.: Zur Metamorphose und Abgrenzung der Moravischen Zone im niederösterreichischen Waldviertel. — Nachr. deutsch. geol. Ges., Hannover 2 (1970).

GINSBURG, J. J.: Grundfragen von Verwitterungskrusten und der Bedeutung beim Aufsuchen von Minerallagerstätten. — Geol. rudn. mestorožd., Moskva **5** (1961), (russ.).

HOLZER, H.; WIEDEN, P.: Über Halloysit aus der Graphitlagerstätte Wegscheid bei Mühldorf/NÖ. — Verh. geol. Bundesanst., Wien (1966) 1/2.

HOLZER, H.; WIEDEN, P.: Kaolin Deposits of Austria. — Intern. Geol. Congr. XXIIIrd sess., proc. Symp. 1, Prague 15 (1968), (engl.).

KÖLBL, L.: Vorkommen und Entstehung des Kaolins im niederösterreichischen Waldviertel. — Tscherm. mineral.-petrogr. Mitt., Wien **37** (1926).

KONTA, J.: Jilove mineraly čekoslovensky. — Naklad. ČSVA, Praha (1957), S. 67—68, S. 144—148, (tschech.).

KROLL, J. M.; BORCHERT, W.: Geologisch-petrographische Untersuchungen an westdeutschen Kaolinlagerstätten. — Ber. deutsch. keram. Ges., **46** (1969) 1—11.

PRECLIK, K.: Zur Analyse des Moravischen Faltenwurfes im Thayatal. — Verh. geol. Bundesanst., Wien (1925).

ROSS, C. S.; KERR, P. F.: US Geol. Surv. 185 G (1934), (engl.).

RÖSLER, H.: Beiträge zur Kenntnis einiger Kaolinlagerstätten. — N. Jb. Mineral. etc., Beil.-Bd., Stuttgart 15 (1902).

SPALEK, V.: Entstehung und Alter der südmoravischen Kaoline bei Znaim. — Věda prirod., **17** (1936).

SUESS, F. E.: Der Bau des Gneisgebietes von Namiest-Bittesch in Mähren. — Jb. österr. geol. Reichsanst., Wien (1897).

WENDLER, L.: Zlepseni jakosti unanovskycho Kaolini. — Zprava UNS, Karlovy Vary (1955), (tschech.).

WIEDEN, P.: Der Kaolin von Mallersbach/NÖ. — Ber. deutsch. keram. Ges., **37** (1960) 10.

— Die Kaolinaufbereitung von Mallersbach/NÖ. — Montan-Rdsch., (1961), Sonderh. Steine und Erden.

— Der Kaolin von Mallersbach NÖ. — Österr. keram. Rdsch., Wien (1968) 11/12.

— Aufschließungsprobleme und Verwertungsmöglichkeiten der Kaolin- und Tonlagerstätte Niederfladnitz/NÖ. — Montan-Rdsch., (1971) 4.

— Kaolinlagerstätte Mallersbach. — Mitt. geol. Bundesanst., Wien **57** (1974) 1.

WÜST, E.: Die Entstehung der Kaoline der Gegend von Halle a. d. Saale. — Z. prakt. Geol., Berlin (1907).

Erläuterungen zur geol. Spezialkarte der Rep. Österreich, Bl. Drosendorf (L. WALDMANN 1931).

Geol. Spezialkarte geol. Reichsanst., Bl. Znaim (1:75000), C. M. PAUL 1891—1892.

Manuskripteingang: 12. Mai 1976

Anschrift des Autors:

Prof. Dr. P. WIEDEN, Geotechnisches Institut der Bundesversuchs- und Forschungsanstalt, Arsenal
A - 1030 Wien, Dirmoserstraße 8

Schriftenr. geol. Wiss. · Berlin 11 (1978) · S. 343–350

Trace Elements Distribution in Fine Fractions of the Lower Silesian Primary and Secondary Kaolins (Poland)

By ANDRZEJ WIEWIÓRA, Warsaw

With 4 Figures

1. Introduction

In various studies the interrelationships of physical properties and particle size distribution in kaolins have been found. For example according to BUNDY et al. (1966) "optimization of particle size distribution is an essential character for maximum packing density and minimum viscosity".

It is interesting to observe that studies of intercalation in kaolinite revealed unexpected resistance of the fine kaolinite particles against the intercalation agents, like potassium acetate, formamide, urea or others (WIEWIÓRA & BRINDLEY 1969; WIEWIÓRA 1975).

From these and similar results one has an impression that the different size fractions, especially those fine kaolinite fractions, display peculiar physico-chemical properties. The investigation of these properties are not completed and further studies are needed.

In recent years, the Polish kaolins have been extensively studied but very little data on the natural properties of raw and fractionated kaolinitic materials has been accumulated. Mineralogical characteristics have been given earlier by the present author (WIEWIÓRA 1973). In this paper the distributions of some trace elements between the fine particle size fractions of the primary and secondary kaolins will be discussed.

The primary kaolins are from Bolesławice and Wyszonowice, which were the same kaolins investigated with chemical methods by SZPILA (1970, 1972, 1973, 1975) and with mineralogical methods by WIEWIÓRA (1973) and WIEWIÓRA & SZPILA (1976).

The sedimentary kaolins are from Ołdrzychów and Czerwona Woda and were described by STOCH (1962) and WIEWIÓRA (1973).

The residual Lower Silesian kaolins were thought to be of Miocene age (GAWROŃSKI & KOZYDRA 1969). Later, it was found that the kaolinization processes began before the Miocene (GAWROŃSKI – personal communication). Similarly, the sedimentary kaolins near Bolesławiec and Nowogrodziec were thought to be of Santonian age (STOCH 1962), but now a Coniacian age is generally accepted.

Some specific problems related especially to iron and titanium were discussed in many publications by STOCH and his co-workers and in the earlier publications of the present author.

Trace element distributions in kaolin may be influenced by the mineral composition of the parent rocks. Therefore a short description of the mineral composition of the parent rocks is presented.

The residual Bolesławice kaolin represents one of the biggest weathered crusts developed on the granodiorites of the Strzegom-Sobótka massif. According to BORKOWSKA (1959) the plagioclases, potash feldspar, quartz and micas are the major minerals of the granodiorites and monzonite granites occurring in the massif. In the typical Strzegom granite, biotite predominates, but in the southern part of the massif, a be-mica granite is present (MAREJOWICZ 1972). Hornblende, chlorite, titanite, apatite, zircon, and epidote are the typical accessory minerals for the Strzegom granites.

The Wyszonowice deposit is developed on the gneisses of the metamorphic cover overlying the Strzelin granite. The gneisses which occur in the cover are composed of quartz, potashe feldspar, oligoclase, and micas; usually muscovite and biotite or biotite alone (Bereś 1969). Silimanite, zircon, apatite, titanite, and iron oxides are the accessory components.

The secondary (sedimentary) kaolins located near Bolesławice and Nowogrodziec were deposited in the terrestrial basins which were occasionally invaded by brackish waters (Stoch 1962). These kaolins occur in a series of sandy-clayey rocks. The rocks are usually sandstones with a clayey cement and contain discontinuous, lenticular-shaped kaolin bodies.

In the kaolinitic clays, quartz and mica are the minor components, rutile, zircon (Stoch 1962) and anatase (Wiewióra 1970) are the accessory minerals, pyrite occurs rather sporadically.

The medium quality washed (< 30 μm) primary kaolins coming from the intermediate part of the weathering profiles of the Bolesławice and Wyszonowice kaolins and washed (< 30 μm) secondary kaolins were divided into several size fractions, namely 0—0.2, 0.2—0.5, 0.5—2, 2—5, 5—15, 15—30, > 30 μm (Wiewióra 1973) and were analysed for the trace elements by the spectrochemical method.

2. Spectrochemical Analysis

Quantitative spectrochemical determination of V, Cr, Mn, Co, Ni, Pb, Sn, Zr, Cu were performed using SU-made grating spectrograph DSF-13. Spectral slit 0.2, diaphragm 2 and Blau-hart ORWO plates were used for photographing spectra of the samples induced from anode in arc of the 10 Å continuous current. An inner standard method was applied. The standard mixtures were prepared by dr M. Gadomski and were the same as those used by Szpila (1975) in his studies.

Results of determinations were plotted against the particle sizes and are presented in fig. 1—4.

3. Trace Elements Distribution

3.1. Primary Kaolins

Pb. The behaviour of lead seems to be the most interesting of all the elements studied and therefore should be discussed more than the other elements. The lead content in the parent rock types of granitoides and gneisses is rather low, ranging from 11 to 36 ppm for the Lower Silesian samples (Kowalski 1967). It is not very high in the lead-bearing rock forming minerals separated from the granitoids and the gneisses. This ranges from 11 to 16 ppm in feldspars (Kowalski 1967) and from 17 to 56 ppm in micas (Zawidzki 1971).

In raw samples of the primary kaolins from Wyszonowice, the lead content is of the same order of magnitude, namely 10 to 50 ppm (Szpila 1972). Similar quantities of lead, 20 to 50 ppm (this paper), were found in the medium and coarse (2—30 μm) fractions of the both, Bolesławice and Wyszonowice primary kaolins.

It should be pointed out that these fractions constitute 78 weight per cent of the Wyszonowice and the same per cent of the Bolesławice washed kaolins. It was shown earlier (Wiewióra 1973) that fractions 0.5—30 μm are rich in micas, which may be an explanation for the presence of at least a large part of the lead.

The finest fractions (< 0.2 μm) of the primary kaolins are mica free and they contain much higher quantities of Pb than the medium fractions (fig. 1) but even higher Pb concentrations are characteristic for the < 2 μm fractions.

A positive relationship between the lead and the mica content in the medium size fractions is quite normal from the geochemical point of view as lead and potassium, the last one being the major element in micas, show a close crystallochemical affinity.

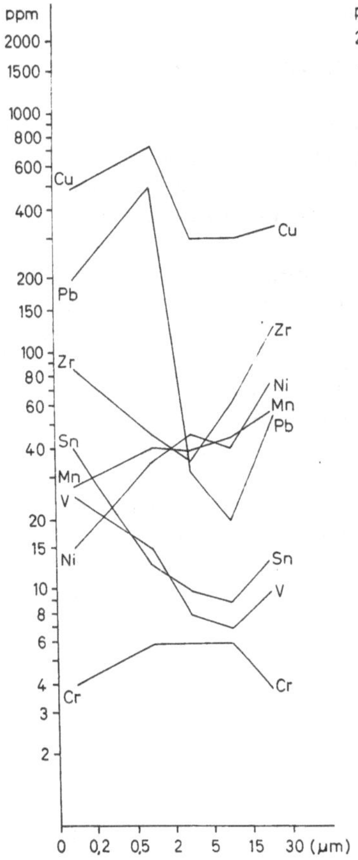

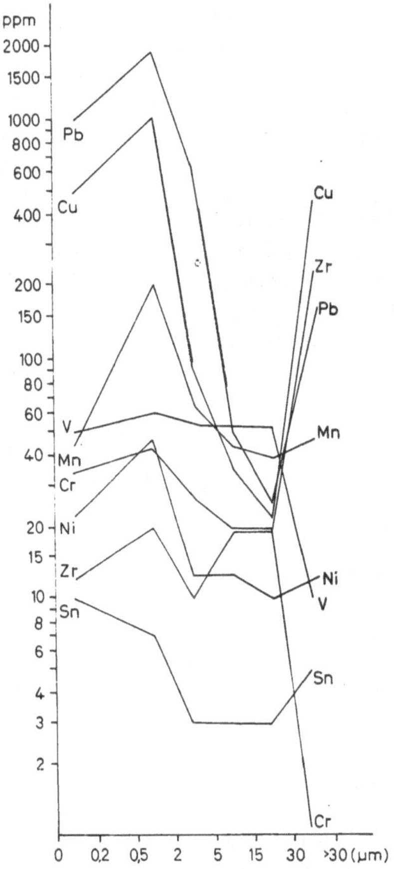

Fig. 1. Distribution curves of Pb, Sn, Cu, Zr, Mn, Ni, V, Cr in the fractions of the Bolesławice primary kaolin

Fig. 2. Distribution curves of Pb, Sn, Cu, Zr, Mn, Ni, V, Cr in the fractions of the Wyszonowice primary kaolin

This part of the lead, inherited in micas from the parent rocks, may be called "primary" lead.

Very high concentrations of lead in the minus 2 µm fractions cannot be explained by the geochemical criteria. They must be due to superficial adsorptions on the clay particles displaying a large surface area.

Cu. Concentrations of copper are high in all the studied fractions. The general pattern of distribution of copper between the various particle size fractions of the primary kaolins is similar to that of lead. In the Wyszonowice kaolin the distribution of copper and lead are almost identical in all of fraction (fig. 2). In the Bolesławice kaolin changes in copper concentrations in the various fractions are smaller than the changes in the lead concentrations (fig. 1).

High concentration of copper in kaolins may be explained by its chalcophile geochemical properties. Due to these properties Cu concentrates in the sulfide minerals, which in the weathering profiles may be transformed into sulfates in the oxidation environment or may become sulfides again in the cementation zone. The similarites between the copper and lead distribution may be due to the coexistence of sulfides of these elements and of mica, which, except for quartz, is the most resistant of all the other magmatic rock forming minerals to weathering.

The highest concentrations of copper in the finest kaoline fractions are no doubt due to the adsorption phenomena by clay particles.

Sn. Sn concentrations are rather low, ranging from 7 to 40 ppm in the Bolesławice and from only 3 to 10 ppm in the Wyszonowice kaolin fractions. The lowest figures correspond with the medium fractions and the highest with the finest ones. It seems that the micas, first of all biotite but also to a lesser degree muscovite, might be the source of Sn adsorbed by the finest kaoline fractions.

Zr. The largest Zr content was found in the finest and coarsest fractions, and the lowest content in the medium ones. From the petrographical data it is known that zircon is the major Zr-bearing mineral of the parent rocks. In kaolins it accumulates in the coarse fractions, which agree with the observations on the typomorphic importance of the grain sizes of minerals. If $ZrSiO_4$ is resistant to disintegration processes, then we may assume that Zr in the fine fractions is contained in a form other than silicate. Most probably it exists in chemically mobile complex compounds in the weathering crusts and thus may be adsorbed by the clay particles.

Mn, V, Cr, Ni, Co. These elements occur in low concentrations, usually from a few ppm to 60 ppm with the exception of manganese in the 0.5—2 μm fractions of the Wyszonowice kaolin, where the content is 200 ppm. The cobalt content is usually too low to be determined by the spectrochemical methods used in this study. Small proportions of some of these elements may by related to micas which are present in > 0.5 μm fractions in largest amount (WIEWIÓRA 1973), but a logical pattern for the distribution of these elements is difficult to distinguish.

3.2. Sedimentary Kaolins

Pb. Very high concentrations of lead up to as much as 1,800 ppm in the finest fractions, and a continuous decrease in the content of lead along with the increase in particle sizes, are the most characteristic features of the sedimentary kaolins. It should be emphasized that the distribution of lead in the kaolin fractions was exactly the same for all five fractionated kaolin samples that were studied. Some of the Pb is present in the micas because of the affinity between lead and potassium, however the distribution pattern of lead depends primarily on the adsorption phenomena on clay particles.

Sn. The concentration of tin is approximately ten times less than that of lead but the modes of distributions of these two elements are very similar. The highest concentrations are in the finest fractions and the lowest concentrations are in the coarse fractions. This suggests that tin also may be mobilized during the weathering process and selectively adsorbed by the clay particles, proportionately to their surface area.

Zr. Highest concentrations of zircon are characteristic of the fines (< 0.2 μm) and the coarse (> 15 μm) fractions, the lowest concentrations are in the medium (0.5—5 μm) fractions.

High Zr contents (up to 600 ppm) in the coarse fractions are due to the presence of $ZrSiO_4$. High Zr contents in the finest fractions are due to the adsorption phenomena on the clay particles surfaces.

Cu. Copper concentrations vary from 200 to 800 ppm and do not show a consistent mode of distribution in the fractions of the five classified samples. Changes in the concentration depend mostly on the sporadic occurrence of sulfides and partly on the superficial adsorption on clay particles.

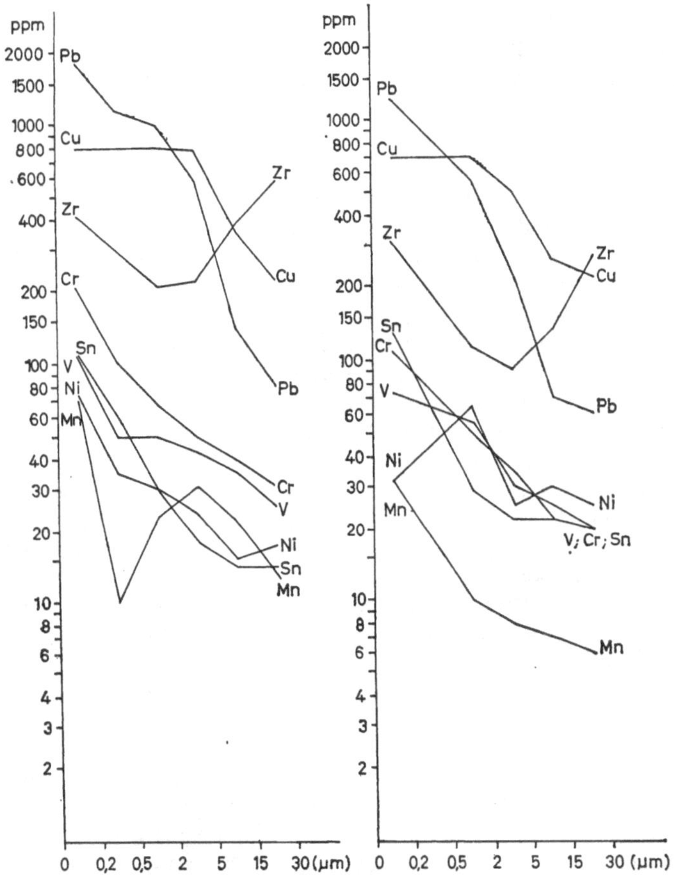

Fig. 3. Distribution curves of Pb, Sn, Cu, Zr, Mn, Ni, V, Cr in the fractions of the Ołdrzychów sedimentary kaolin

Fig. 4. Distribution curves of Pb, Sn, Cu, Zr, Mn, Ni, V, Cr in the fractions of the Czerwona Woda sedimentary kaolin. The data are averages of four determination in the samples coming from the different cores

Mn, V, Cr, Ni, Co. From fig. 3 and 4 a general mode of distribution of these elements may be observed. The highest contents, 100 ppm, are found in the finest fractions. The concentrations of the elements decrease with an increase in the particle sizes. However some deviations from the general pattern may be seen, namely in the Maria kaolin where the lowest Mn content was observed in 0.2—0.5 μm fractions and in the Zofia Kaolin where the highest Ni content was recorded in 0.5—2.0 μm fractions.

In spite of these deviations it should be noted the difference in the behaviour of the elements in the sedimentary ("ordered" distribution) and the primary kaolins ("disordered" distribution).

4. Conclusions

In the investigated fractions of the primary and secondary kaolins the highest concentrations were those of lead, copper and zircon.

The most uniform distribution pattern, independent upon the origin of kaolin, is characteristic for zircon. Very high Zr concentration in the coarse fractions, namely 15—30 μm, and especially > 30 μm (fig. 2), are due to the presence of the $ZrSiO_4$ grains. Zirconium silicate is resistant to disintegration, and therefore, the Zr content decreases with a decrease in particle sizes. Starting with the 0.5—2.0 μm fractions, an increase in the Zr content may be observed, which can be explained only by the adsorption phenomena on the clay particle surfaces.

Among the elements studied lead is the only element which can be used as a clear indicator of either the sedimentary or residual origin of kaolin. A very high content of lead in the < 2 μm fractions, approximately two times lesser content of the element in < 0.2 μm fractions than in the 0.5—2.0 μm fractions, decrease in concentration along with the increase in particle sizes up to the interval of 15—30 μm and increase of concentration starting the last mentioned particle diameter are the most characteristic features of the distribution of lead between the Lower Silesian primary kaolin fractions.

A totaly different distribution of lead is found in the sedimentary kaolins when they are characterized by the high lead content in the finest fractions and by the continuous decrease in lead concentration along with the particle size increase.

The distributions of the other elements are of much lesser significance.

It should be pointed out that the distributions of Cr, V, Mn, Ni, Sn are more "ordered" in the secondary kaolins than in the primary ones. This is no doubt directly related to the different origin of the kaolins.

Finally, it should be mentioned that the distribution patterns of most of the elements are influenced by the contents of the individual element bearing minerals. Among the rock forming minerals mica seems to be the most important. However for the distribution of elements the adsorption phenomenon is of greater importance. The < 0.2 μm fractions have very high surface areas and are able to trap elements ten to twenty times more effectively than the coarse fractions. The retention of the various elements in large quantities, not only trace elements but also some major ones, like iron, is a peculiar attribute of the very fine fractions of kaolin.

The uncommon surface properties stimulated by the surface area are the prevalent driving factors governing the behaviour of chemical compounds in the contact of fine clay particles.

Summary

Nine trace elements, namely Pb, Cu, Zr, Sn, V, Cr, Mn, Ni, Co were determined quantitatively in the primary and secondary fine kaolin fractions, to find relationship between the concentration of element and origin of kaolin.

The distribution pattern of zirconium is characteristic for various size fractions, however it is quite independent on the origin of kaolin. On the contrary to zirconium, lead can be used as an indicator of either sedimentary or residual origin of kaolin. The distributions of V, Cr, Mn, Ni, Sn are more "ordered" in the sedimentary kaolins than in the residual ones.

Streszczenie

Spektralnie oznaczono zawartośćdziewięciu pierwiastków śladowych Pb, Cu, Zr, Sn, V, Cr, Mn, Ni, Co w bardzo drobnych frakcjach ziarnowych kaolinów pierwotnych i sedymentacyjnych z Dolnego Śląska aby zbadać zależność pomiędzy ich koncentracjami a genezą kaolinu.

Rozkład koncentracji Zr pomiędzy frakcje ziarnowe jest ściśle zdefiniowany, ale zupełnie niezależny od genezy kaolinu. W przeciwieństwie do Zr ołów może być wskaźnikiem rezydualnego lub osadowego pochodzenia kaolinu. Rozkłady koncentracji V, Cr, Mn, Ni, Sn mają charakter uporządkowany w kaolinach osadowych a nieuporządkowany w rezydualnych.

Zusammenfassung

Die feinen Fraktionen des primären und sedimentären Kaolins wurden auf die neun Spurenelemente Pb, Cu, Zr, Sn, V, Cr, Mn, Ni und Co untersucht, um ein mögliche Beziehung zwischen Elementkonzentrationen und Herkunft des Kaolins zu finden.

Das Verteilungsdiagramm ist zwar für die verschiedenen Korngrößenfraktionen charakteristisch, jedoch unabhängig von der Herkunft des Kaolins. Im Unterschied zu Zirkon kann Blei als Indikator für sedimentäre oder residuale Entstehung des Kaolins dienen. Die Verteilung von V, Cr, Mn, Ni und Sn ist im sedimentären Kaolin besser „geordnet" als im Residualkaolin.

Резюме

Было определено спектральными методами содержание девяти следовых элементов Pb, Cu, Zr, Sn, V, Cr, Mn, Ni, Co в очень мелко зернистых фракциях первичных и седиментальных каолинов Нижней Силезии с целью исследования зависимости между их концентрацией и происхождением каолина.

Распределение концентрации циркония между мелко зернистыми фракциями является очень характерным, но оно не зависит от происхождения каолина. В отличии от него свинец может быть показателем резидуального или же осадочного генезиса каолина. Распределение концентрации V, Cr, Mn, Ni, Sn имеет упорядоченный характер в осадочных каолинах и неупордядоченный — в резидуальных каолинах.

References

Berés, B.: Petrografia granitu Strzelina i okolicy. — Arch. Mineral., Warszawa **28** (1969) 8, (poln.).

Borkowska, M.: Granitoidy Kudowskie na tle petrografii głownych typów kwaśnych intruzji Sudetćw i ich przedpola. Arch. Mineral., Warszawa **21** (1959) 2, (poln.).

Bundy, W. M.; Johns, W. D.; Murray, St. H.: Interrelationships of physical and chemical properties of kaolinits. — Proc. 14th National Conf. Clays and Clay Miner., (1966), (engl.).

Gawronski, O.; Kozydra, Z.: Kaolin deposits in Poland. — Intern. Geol. Congr., Rep. 23rd sess., Proc. Symp. 1 — Kaolin deposits of the world, A-Europe, Prague 1969, (engl.).

Kowalski, W.: Geochemia potasu, sodu, wapnia, rubidu, ołowiu, baru i strontu w granitoidach sudeckich i ich pegmatytach. — Arch. Mineral., Warszawa **27** (1967) 1, (poln.).

Majerowicz, A.: Masyw granitowy Strzegom-Sobótka. — Geol. Sudetica, Wrocław **6** (1962), (poln.).

Stoch, L.: Mineralogia glin okolic Boleslawca, Dolny Śląsk. — Prace Inst. Geol., Warszawa 8 (1962) 6, (poln.).

Szpila, K.: Pierwiastki rozproszone w niektórych surowcach kaolinowych. — Zbiór ref. I Symp. Ceramiki i Surowców, (1970), (poln.).

— Chemical variability of original kaolins in Wyszonowice deposit, Poland. — Proc. Intern. Clay Conf. 1972, Madrid 1973, (engl.).

— Pierwiastki rozproszone w kaolinach niektórych złóż dolnośląskich. — Zbiór ref. II Symp. Ceramiki i Surowców, (1973), (poln.).

— Studium mineralogiczno-geochemiczne kaolinów pierwotnych ze złóż Dolnego Śląska. — Arch. Mineral., Warszawa (1975), (poln.).

Wiewióra, A.: Nowe metody w analizie rentgenograficznej kaolinów. II. Tytan w kaolinie i w strukturze kaolinitu. — Zbiór ref. I Symp. Ceramiki i Surowców (1970), (1970a), (poln.).

— Nowe metody w analizie kaolinów. III. Zelazo w kaolinie i strukturze kaolinitu. — Zbiór. ref. I Symp. Ceramik i Surowców, (1970), (1970b), (poln.).

— Mineralogical characteristics of fine fractions of the Lower Silesian primary and secondary kaolins (Poland). — 6th Conf. Clay Mineral. Petrol., Praha (1973), p. 383—394, (engl.).

— X-ray infrared and DTA studies of expanded kaolinite. — Mineralogia Polonica (1975) 5, (engl.).

WIEWIÓRA, A.; BRINDLEY, C. S. Potassium acetate intercalation in kaolinite and its removal: effect of material characteristics. — Proc. Intern. Clay Conf., Tokyo **1** (1969), (engl.).
WIEWIÓRA, A.; SZPILA, K.: Primary kaolins from Strzegom-Strzelin region, Lower Silesia, Poland. — Schriftenr. geol. Wiss., Berlin **6** (1976), S. 279–291, (engl.).
ZAWIDZKI, P.: Pierwiastki śladowe w łyszczykach gnejsów Gòr Sowich. — Arch. Mineral., Warszawa **29** (1971) 1/2, (poln.).

Manuskripteingang: 12. Mai 1976

Anschrift des Autors:

Doz. Dr. habil. A. WIEWIÓRA, Polnische Akademie der Wissenschaften, Forschungszentrum für Geologische Wissenschaften
PL - 02-089 Warszawa, ul. Zwirki i Wigury 93

FSC
www.fsc.org
MIX
Papier | Fördert gute Waldnutzung
FSC® C083411

Kolibri 360 GmbH
Ferdinand-Jühlke-Straße 7
99095 Erfurt, Deutschland
produktsicherheit@kolibri360.de